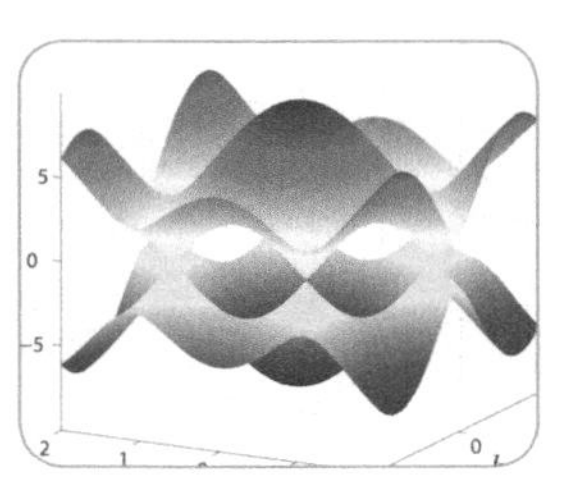

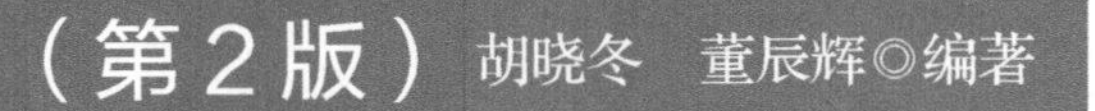

人 民 邮 电 出 版 社

北 京

图书在版编目（CIP）数据

MATLAB从入门到精通 / 胡晓冬，董辰辉编著. -- 2版. -- 北京 : 人民邮电出版社，2018.12
ISBN 978-7-115-49315-6

Ⅰ. ①M… Ⅱ. ①胡… ②董… Ⅲ. ①Matlab软件 Ⅳ. ①TP317

中国版本图书馆CIP数据核字(2018)第208133号

内 容 提 要

本书系统讲解了 MATLAB 的基本操作环境和操作方法，介绍了 MATLAB 的功能，并分章阐述了数据类型、数值计算、符号计算、编程基础、可视化、Simulink、应用程序接口等内容，结合例题详细讲解了 MATLAB 的用法。本书还专门讲解了实用的 MATLAB 编程技巧与数学建模应用等内容。

本书内容丰富，贴近实战应用，可以作为高校学生系统学习 MATLAB 的书籍，也可以作为科研人员和工程技术人员的 MATLAB 参考书。

◆ 编　　著　胡晓冬　董辰辉
　责任编辑　谢晓芳
　责任印制　焦志炜

◆ 人民邮电出版社出版发行　北京市丰台区成寿寺路 11 号
　邮编　100164　电子邮件　315@ptpress.com.cn
　网址　http://www.ptpress.com.cn
　固安县铭成印刷有限公司印刷

◆ 开本：787×1092　1/16
　印张：29.75　　2018 年 12 月第 2 版
　字数：799 千字　　2024 年 12 月河北第 35 次印刷

定价：89.00 元

读者服务热线：(010) 81055410　印装质量热线：(010) 81055316
反盗版热线：(010) 81055315
广告经营许可证：京东市监广登字20170147号

前　言

MATLAB 是 MathWorks 公司开发的用于概念设计、算法开发、建模仿真、实时实现的集成环境。自问世以来，其完整的专业体系和先进的设计开发思路使得 MATLAB 在众多领域都有着广阔的应用空间。在 MATLAB 的主要应用方面，即科学计算、建模仿真和信息工程系统的设计开发上，它已经成为行业内的首选设计工具，广泛应用于生物医学工程、图像信号处理、语音信号处理、信号分析、电信、时间序列分析、控制论和系统论等领域。

本书内容是基于 MATLAB R2014a 版本编写的。虽然 MATLAB 每次版本更新对于一般用户来说没有太大的区别，但是每次更新会增加更多的功能，界面、函数、操作等内容都会令使用者感到更加方便，所以建议读者（尤其是初学者）使用新版本，最好参考与之配套的基于最新版本的书籍。

本书内容

本书包含了较新的 MATLAB 功能，分章阐述了数据类型、数值计算、符号计算、编程基础、可视化、Simulink、应用程序接口等内容，结合案例详细讲解了 MATLAB 语言的使用。尤其在矩阵和数组、数值计算、数据类型、编程基础等方面，本书对于编程过程中所能够用到的内容尽量进行更为全面的介绍。本书是作者结合多年的 MATLAB 使用经验的基础上进行撰写的，希望能够帮助读者更好地应用 MATLAB。

本书特点

实用是本书的最大特点。本书用了较多的篇幅专门讲解实用的 MATLAB 编程技巧与数学建模应用等。这些技巧包括数组的创建与重构、数据类型的使用、数值计算、文件读写、编程风格、内存的使用、运行效率的提高等内容。相信读者通过阅读这些内容能够更加深入地理解 MATLAB 的内涵。

本书具有以下特点。

- 软件版本采用当前较新的 MATLAB R2014a 版本。在知识点讲解过程中穿插了新功能的介绍与应用。
- 知识全面、系统，科学安排内容层次架构，由浅入深，循序渐进，符合读者的学习规律。
- 理论与实践应用紧密结合。基础理论知识穿插在知识点的讲述中，言简意赅、目标明确，目的是使读者知其然，亦知其所以然，达到学以致用的目的。
- 结合例题，讲述每个知识点，可以使读者快速地掌握 MATLAB R2014a 的用法并且应用相关知识点解决工程实践中的问题。同时，深入细致剖析工程应用的流程、细节、难点、技巧，可以起到融会贯通的作用。

本书由胡晓冬、董辰辉主编，参与编写的还有郝旭宁、李建鹏、赵伟茗、刘钦、于志伟、张永岗、周世宾、姚志伟、曹文平、张应迁、张洪才、邱洪钢、张青莲、陆绍强、汪海波。

由于作者水平有限，书中不妥之处在所难免，望各位读者不吝赐教。编辑联系邮箱为:zhangtao@ptpress.com.cn。

作　者

资源与支持

本书由异步社区出品，社区（https://www.epubit.com/）为您提供相关资源和后续服务。

配套资源

本书提供如下资源：

- 本书源代码；
- 书中视频文件。

要获得以上配套资源，请在异步社区本书页面中单击 配套资源 ，跳转到下载界面，按提示进行操作即可。注意：为保证购书读者的权益，该操作会给出相关提示，要求输入提取码进行验证。

如果您是教师，希望获得教学配套资源，请在社区本书页面中直接联系本书的责任编辑。

提交勘误

作者和编辑尽最大努力来确保书中内容的准确性，但难免会存在疏漏。欢迎您将发现的问题反馈给我们，帮助我们提升图书的质量。

当您发现错误时，请登录异步社区，按书名搜索，进入本书页面，单击“提交勘误”，输入勘误信息，单击“提交”按钮即可。本书的作者和编辑会对您提交的勘误进行审核，确认并接受后，您将获赠异步社区的 100 积分。积分可用于在异步社区兑换优惠券、样书或奖品。

详细信息　写书评　提交勘误

页码：　页内位置（行数）：　勘误印次：

字数统计

提交

扫码关注本书

扫描下方二维码，您将会在异步社区微信服务号中看到本书信息及相关的服务提示。

与我们联系

我们的联系邮箱是 contact@epubit.com.cn。

如果您对本书有任何疑问或建议，请您发邮件给我们，并请在邮件标题中注明本书书名，以便我们更高效地做出反馈。

如果您有兴趣出版图书、录制教学视频，或者参与图书翻译、技术审校等工作，可以发邮件给我们；有意出版图书的作者也可以到异步社区在线提交投稿（直接访问 www.epubit.com/selfpublish/submission 即可）。

如果您是学校、培训机构或企业，想批量购买本书或异步社区出版的其他图书，也可以发邮件给我们。

如果您在网上发现有针对异步社区出品图书的各种形式的盗版行为，包括对图书全部或部分内容的非授权传播，请您将怀疑有侵权行为的链接发邮件给我们。您的这一举动是对作者权益的保护，也是我们持续为您提供有价值的内容的动力之源。

关于异步社区和异步图书

“异步社区”是人民邮电出版社旗下 IT 专业图书社区，致力于出版精品 IT 技术图书和相关学习产品，为作译者提供优质出版服务。异步社区创办于 2015 年 8 月，提供大量精品 IT 技术图书和电子书，以及高品质技术文章和视频课程。更多详情请访问异步社区官网 https://www.epubit.com。

“异步图书”是由异步社区编辑团队策划出版的精品 IT 专业图书的品牌，依托于人民邮电出版社近 30 年的计算机图书出版积累和专业编辑团队，相关图书在封面上印有异步图书的 LOGO。异步图书的出版领域包括软件开发、大数据、AI、测试、前端、网络技术等。

异步社区

微信服务号

目 录

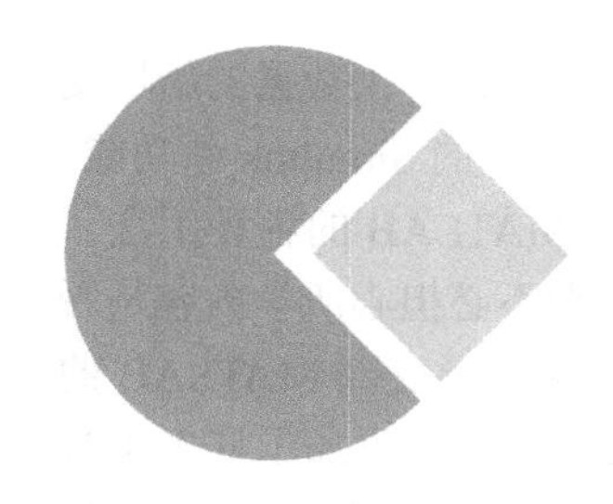

第1章　MATLAB概述

本章主要介绍 MATLAB 的发展历史、主要功能、安装与启动方法，以及界面操作等，并对 MATLAB 的基础知识进行了总体概括。

1.1　MATLAB 简介

MATLAB 是美国 MathWorks 公司出品的一款商业数学软件，是一种数值计算环境和编程语言，主要包括 MATLAB 和 Simulink 两大部分。MATLAB 基于矩阵（Matrix）运算，因其全称 MATrix LABoratory（矩阵实验室）而得名于此，MATLAB 名称即来自于这两个单词中前 3 个字母的组合。在数学类科技应用软件中，它在数值计算方面首屈一指。MATLAB 可以进行矩阵运算、绘制函数和数据、实现算法、创建用户界面、与其他编程语言进行混合编程等，主要应用于工程计算、数据统计、优化、控制设计、信号处理与通信、图像处理、信号检测、金融建模设计与分析等领域。使用 MATLAB 可以比使用传统的编程语言（如 C、C++和 Fortran 等）更快地解决技术计算问题。

20 世纪 70 年代，美国新墨西哥大学计算机科学系主任 Cleve Moler 为了减轻学生编程的负担，用 Fortran 编写了最早的 MATLAB。1984 年由 Little、Moler、Steve Bangert 合作成立了 MathWorks 公司，正式把 MATLAB 推向市场。到了 20 世纪 90 年代，MATLAB 已成为国际控制界的标准计算软件。

从 MATLAB 版本的发布历史可以看出，从 2006 年开始，MathWorks 公司每年定期在 3 月和 9 月对 MATLAB 进行两次更新，并将相应的“版本号”以相应的年份作为标记。所以读者可以根据此编号非常方便地知道自己使用的 MATLAB 版本是什么时候发布的，这对于我们清楚地了解相应的版本更新信息非常有帮助。

在 R2006a 版中，主要更新了 10 个产品模块，增加了多达 350 个新特性，增加了对 64 位 Windows 系统的支持，并新推出了.net 工具箱。2007 年 3 月 1 日，MATLAB R2007a 发布，R2007a 版新增了两个新产品、82 个产品更新及 bug 修复功能等。除此之外，R2007a 版可支持安装英特尔（Intel）处理器的 Mac 平台、Windows Vista，以及 64 位的 Sun Solaris SPARC 等操作系统。2008 年 9 月，MATLAB R2008b 发布，在此版本中，MATLAB 的桌面系统等有了较大的改变，变得比以前更加方便、实用。例如增加了 Function Browser 和 Map Containers 数据类型。

2012 年 9 月，MATLAB 做出了一个重要更新，可显著提升用户的使用与导航体验。MATLAB 桌面改为了选项卡模式，看起来有 Microsoft Office 的风格，并新添了一个工具栏，以方便用户快速访问常用功能和 MATLAB 应用程序库。新增的 Simulink 编辑器支持信号线智能布控和仿真回退。此外，2012b 版中还包含经过重新设计的帮助系统，改进了浏览、搜索、筛选和内容分类功能。这些重大改进使 MATLAB 跨入了崭新的 8.0 时代。

在 2013a 版中，MATLAB 增加了金融交易工具箱（Trading Toolbox）、定点设计器（Fixed-Point Designer）等。

2014 年 10 月，MATLAB 再次做出了一个重要更新，其中包括新的图形系统、大数据的新增支持、代码打包与分享功能，以及源控制集成，支持模型搭建加速与连续仿真运行的 Simulink 新功能。

本书将以 MATLAB 2014b、Windows 7（64 位）操作系统为例，讲解 MATLAB 的各种用法。不同版本的操作界面基本一致，常用的基本函数用法也基本一致，所以读者不必担心所学内容是否能够应用于其他版本。本书将对主要的更新内容加以介绍，让初学者也能从中感受到 MATLAB 的便利特性。新版本的 MATLAB 在很多函数的算法、效率等方面都有很大改进，还添加了许多工具箱，因此，笔者强烈建议初学者使用最新版本。除非有特殊的编程需要（如旧版本软件占用的空间更小或混合编程生成的文件更小等），笔者建议中高级用户也使用新版本。

虽然 MATLAB 以一种科学软件的面目出现，但它更像是一种语言，通过工程人员比较容易理解和学习的方式，借助积木般的构建和解决问题的方式，将目前工程和科学界重要的问题通过软件制作成工具包。其中最基础的两个部分是 MATLAB 和 Simulink，但最强大的部分是它的工具箱。每一版 MATLAB 都会增加一些工具箱，而且很多科学家还在不断地完善这些工具箱，一些爱好者也会在新闻组中发布自己的工具箱。例如，在 MATLAB 7.0.1 版本中，SimMechanics 就提供了实现机械仿真的工具箱，而此前如果要实现这个功能，就需要使用更专业的软件或者通过更复杂的编程才能完成，这就意味着学习软件和开发程序的时间成本会增加很多。

1.2 MATLAB 主要功能

目前，MATLAB 产品族有如下一些应用领域。

- 技术计算。比如，数学计算、分析、可视化和算法开发。
- 控制系统设计。控制系统基于模型的设计包括嵌入式系统仿真、快速原型及代码生成等。
- 信号处理和通信。信号处理和通信系统基于模型的设计包括仿真、代码生成和验证等。
- 图像处理。比如，图像采集、分析、可视化和算法开发。
- 测试和测量。比如，测试和测量应用中的硬件连接性和数据分析。
- 计算生物学。比如，生物数据和系统的分析、可视化与仿真。
- 计算金融。比如，金融建模、分析、交易及应用程序开发。

下面对 MATLAB 主要功能进行介绍。

1.2.1 开发算法和应用程序

MATLAB 提供了一种高级语言和开发工具，使用户可以迅速地开发并分析算法和应用程序。

1. MATLAB 语言

MATLAB 语言支持向量和矩阵运算，这些运算是解决工程和科学问题的基础，可以使开发和运行的速度非常快。

使用 MATLAB 语言，编程和开发算法的速度较使用传统语言大大提高了，这是因为无须执行诸如声明变量、指定数据类型以及分配内存等低级管理任务。在很多情况下 MATLAB 无须使用 `for` 循环，因此，一行 MATLAB 代码经常等效于多行 C 或 C++代码。

同时，MATLAB 还提供了传统编程语言的所有功能，包括算法运算符、流程控制、数据结构、数据类型、面向对象编程（OOP）以及调试功能等。

为快速进行大量的矩阵和向量计算，MATLAB 使用了处理器经过优化的库。对于通用的标量计算，MATLAB 使用其 JIT（即时）编译技术生成机器代码命令，这一技术可用于大多数平台，它提供了可与传统编程语言相媲美的执行速度。

2. 开发工具

MATLAB 包含以下一些有助于高效实现算法的开发工具。

- MATLAB 编辑器：提供标准的编辑和调试功能，如设置断点及单步执行。
- M-Lint 代码检查器：对代码进行分析并提出更改建议，以提高其性能和可维护性。
- MATLAB 事件探查器：记录执行各行代码所花费的时间。
- 目录报表：扫描目录中的所有文件，并报告代码效率、文件差异、文件相关性和代码覆盖率等。

3. 设计图形用户界面

可以使用交互式工具 GUIDE（图形用户界面开发环境）布置、设计及编辑用户界面。利用 GUIDE 可以在用户界面中包含列表框、下拉菜单、按钮、单选按钮、滑块、MATLAB 图形、ActiveX 控件和菜单等。此外，也可以使用 MATLAB 函数以编程方式创建 GUI。

1.2.2 分析和访问数据

MATLAB 对数据的整个分析过程提供支持，该过程从外部设备和数据库获取数据，通过对其进行预处理、可视化和数值分析，最后到产生满足演示、应用要求的输出为止。

1. 数据分析

MATLAB 提供了以下一些用于数据分析运算的交互式工具和命令行函数。

- 内插和抽取。
- 抽取数据段、缩放和求平均值。
- 阈值和平滑处理。
- 相关性、傅里叶分析和筛选。
- 一维峰值、谷值以及零点查找。
- 基本统计数据和曲线拟合。
- 矩阵分析。

2. 数据访问

MATLAB 是一个可高效地从文件、其他应用程序、数据库以及外部设备访问数据的平台。用户可以从各种常用文件格式（如 Microsoft Excel）、ASCII 码文本或二进制文件、图像、语音和视频文件，以及诸如 HDF 和 HDF5 等科学文件中读取数据。借助低级二进制文件 I/O 函数，可以处理任意格式的数据文件。而使用其他函数，用户则可从 Web 页面和 XML 中读取数据。

用户可以调用其他应用程序（如 Microsoft Excel）和语言（如 C、C++、Java、Fortran 等）并访问 FTP 站点和 Web 服务。通过使用数据库工具箱，也可以从 ODBC/JDBC 兼容的数据库中访问数据。

用户可以从诸如计算机串口或声卡等硬件设备获取数据。使用数据获取工具箱，实时测量得到的数据可以直接输入 MATLAB，用于分析和可视化处理。使用仪器控制工具箱，可以实现与 GPIB 和 VXI 硬件的通信。

1.2.3 数据可视化

MATLAB 中提供了将工程和科学数据可视化所需的全部图形功能，包括绘制二维和三维图形，交互式创建图形，以及将结果输出为各种常用图形格式。用户可以通过添加多个坐标轴、更改线的颜色和标记、添加批注、LaTEX 方程和图例以及绘制形状等，对图形的细节进行自定义。

1. 二维绘图

MATLAB 可以使用二维绘图函数将数据向量可视化，创建以下图形。

- 线图、区域图、条形图以及饼图。
- 方向图及速率图。
- 直方图。
- 多边形图和曲面图。
- 散点图和气泡图。
- 动画。

2. 三维绘图

MATLAB 提供了一些用于将二维矩阵、三维标量和三维向量数据可视化的函数。可以使用这些函数可视化庞大的、较复杂的多维数据，以帮助理解；还可以指定图形特性，如相机取景角度、透视图、灯光效果、光源位置以及透明度等。

三维绘图函数包括以下几种。

- 曲面图、轮廓图和网状图。
- 成像图。
- 锥形图、切割图、流程图以及等值面图。

3. 交互式创建和编辑图形

MATLAB 提供了一些用于设计和修改图形的交互式工具。在 MATLAB 图形窗口中，可以执行以下任务。

- 将新的数据集拖放到图形上。
- 更改图形上任意对象的属性。
- 缩放、旋转、平移。
- 更改相机角度和灯光。
- 添加批注和数据提示。
- 绘制形状。
- 生成可供各种数据重复使用的 M 代码函数。

4. 导入和导出图形文件

MATLAB 使用户可以读写各种常见的图形和数据文件格式，如 GIF、JPEG、BMP、EPS、TIFF、PNG、HDF、AVI 以及 PCX 等。因此，用户可以将 MATLAB 图形导出到其他应用程序（如 Microsoft Word 和 Microsoft PowerPoint）或桌面排版软件。在导出前，可以创建并应用样式模板，替代诸如版面、字体以及线条粗细等特性，以满足出版规格的要求。

1.2.4　数值计算

MATLAB 包含了各种数学、统计及工程函数，支持所有常见的工程和科学运算。这些由数学方面的专家开发的函数是 MATLAB 语言的基础。这些核心的数学函数使用 LAPACK 和 BLAS 线性代数子例程库和 FFTW 离散傅里叶变换库。由于这些与处理器相关的库已针对 MATLAB 支持的各种平台进行了优化，因此其执行速度比等效的 C 或 C++代码的执行速度要快。

MATLAB 提供了以下类型的函数，用于进行数学运算和数据分析。

- 矩阵操作和线性代数。

- 多项式和内插。
- 傅里叶分析和筛选。
- 数据分析和统计。
- 优化和数值积分。
- 常微分方程（ODE）。
- 偏微分方程（PDE）。
- 稀疏矩阵运算。

MATLAB 还可对包括双精度浮点数、单精度浮点数和整型在内的多种数据类型进行运算。

另外，附加的工具箱还提供了专门的数学计算函数，用于包括信号处理、优化、统计、符号数学、偏微分方程求解以及曲线拟合在内的各个领域。

1.2.5 发布结果和部署应用程序

MATLAB 提供了很多用于记录和分享工作成果的功能。可以将 MATLAB 代码与其他语言和应用程序集成，并将 MATLAB 算法和应用程序部署为独立程序或软件模块。

1. 发布结果

利用 MATLAB，可以将结果导出为图形或完整的报表。可以将图形导出为各种常用的图形文件格式，然后将图形导入诸如 Microsoft Word 或 Microsoft PowerPoint 等软件中。使用 MATLAB 编辑器，可以用 HTML、Word、LaTeX 和其他格式发布 MATLAB 代码。

要创建更加复杂的报表，如仿真运行和多参数测试，可以使用 MATLAB 报表生成器。

2. 将 MATLAB 代码与其他语言和应用程序集成

MATLAB 提供了一些用于将 C 和 C++代码、Fortran 代码、COM 对象以及 Java 代码与用户的应用程序集成的函数。用户可以调用 DLL、Java 类以及 ActiveX 控件，也可以使用 MATLAB 引擎库，从 C、C++或 Fortran 等代码中调用 MATLAB。

3. 部署应用程序

可以在 MATLAB 中创建算法，并将其作为 M 代码发布给其他的 MATLAB 用户。使用 MATLAB 编译器，可以将算法作为项目中的独立应用程序或软件模块，部署给未使用 MATLAB 的用户。

借助其他产品，可以将算法转换为能从 COM 或 Microsoft Excel 中调用的软件模块。

1.3 MATLAB 的安装与启动

1.3.1 MATLAB 的安装

MATLAB 的安装过程比较简单，下面以在 Windows 7（64 位）系统下安装 MATLAB 2014b 为例进行介绍，其过程如下。

1）插入 MATLAB 的安装光盘，启动 setup 文件，显示图 1-1 所示的 Mathsworks Installer 窗口。窗口中有 Log in with a Mathworks Account 和 Use a File Installation Key 两个选项，前者为应用 Internet 自动安装，后者为不用 Internet 手动安装（MATLAB 会根据用户系统的地区和语言设置自动选择 Installer 的语言，中文安装界面会更容易理解。为了界面的一致性，这里仍然采用英文界面）。用户可根据自己的需要自由选择。单击 Next 按钮继续进行安装。

2）出现 Licence Agreement 窗口，如图 1-2 所示，选择 Yes 单选按钮，接受软件协议，然后单击 Next 按钮进行下一步的安装。

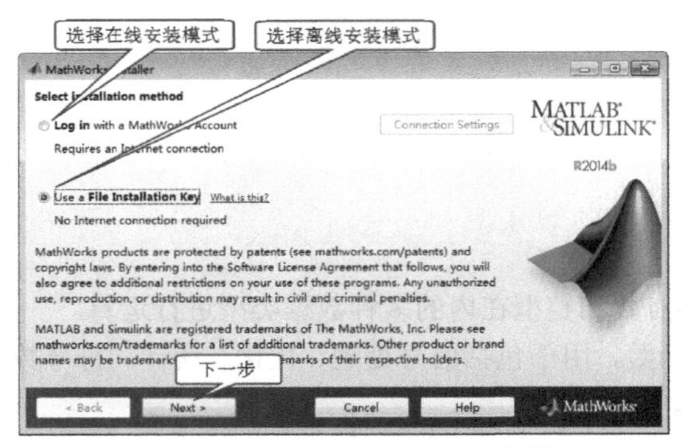

▲图 1-1　Mathsworks Installer 对话框

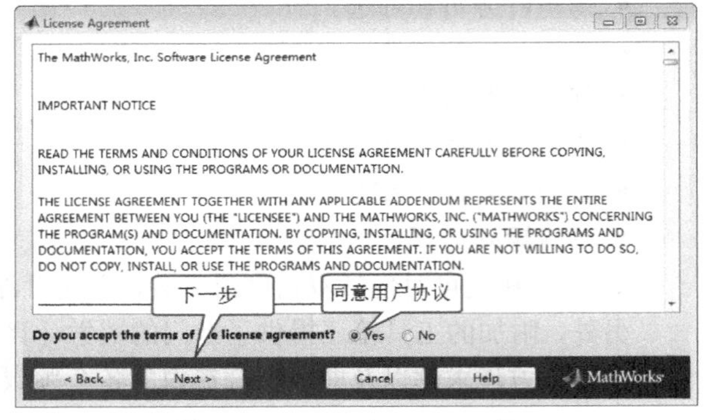

▲图 1-2　Licence Agreement 窗口

3）在图 1-3 所示的 File Installation Key 窗口中填写使用许可密码，单击 Next 按钮进行下一步的安装。

4）在 2014b 版本中会直接跳转到第 5）步，而在以前版本的 MATLAB 中会出现图 1-4 所示的 Installation Type 窗口。在 Installation Type 窗口中，有 Typical 和 Custom 两个安装选项。如果选择 Typical，即典型安装选项，系统将按照默认设置自动安装用户所购买的组件；如果选择 Custom，即自定义安装选项，用户可以自己指定将要安装的组件。在这里选择 Custorn 安装选项，然后单击 Next 按钮进行下一步的安装。

▲图 1-3　File Installtion Key 窗口

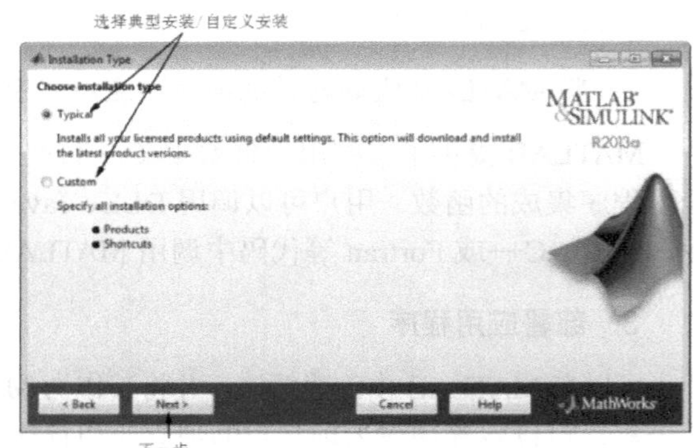

▲图 1-4　旧版本中的 Installation Type 窗口

5）弹出图 1-5 所示的 Folder Selection 窗口，用户可以单击 Browse 按钮选择安装路径，然后单击 Next 按钮进行下一步的安装。

6）弹出图 1-6 所示的 Confirmation 窗口，单击 Install 按钮确认安装。

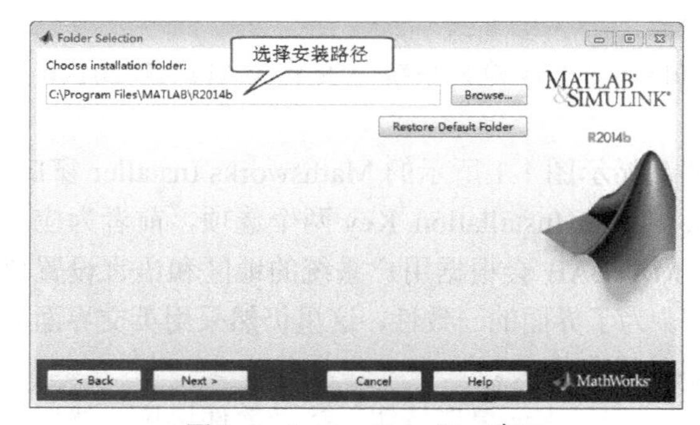

▲图 1-5　Folder Selection 窗口

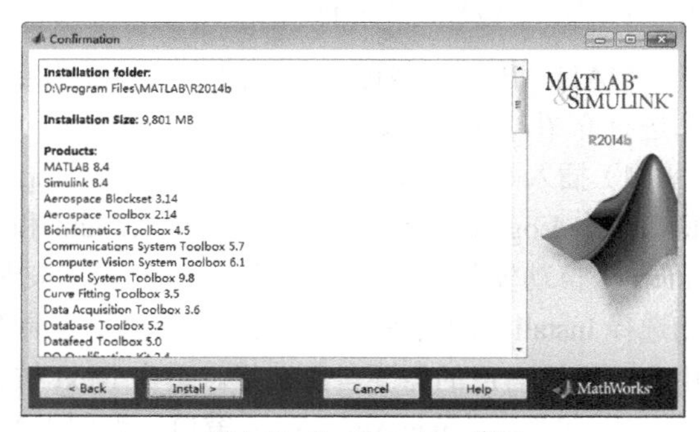

▲图 1-6　Confirmation 窗口

7）经过几分钟的安装过程之后，将弹出 Installtion Complete 窗口，如图 1-7 所示，单击 Next 按钮。

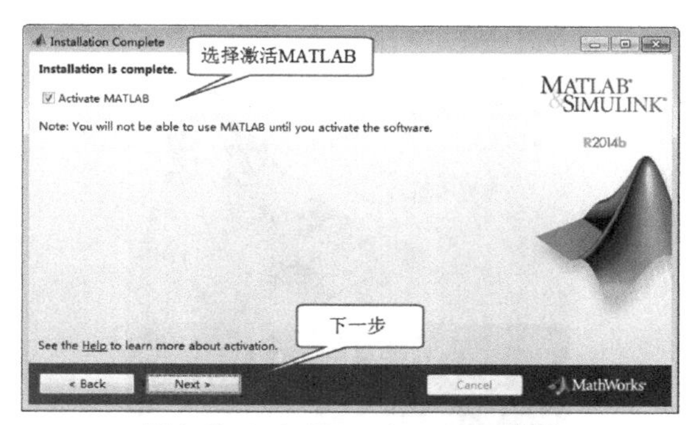

▲图 1-7 Installtion Complete 对话框

8）弹出图 1-8 所示的 Activate Mathworks Software 窗口，其中有 Activate automatically using the Internet（recommended）和 Activate manually without the Internet 两个选项，前者为应用 Internet 自动激活，后者为不用 Internet 手动激活。一般来说，两者没有太大区别，用户可根据自己的软件购买类型进行选择。这里选择手动激活，然后单击 Next 按钮。

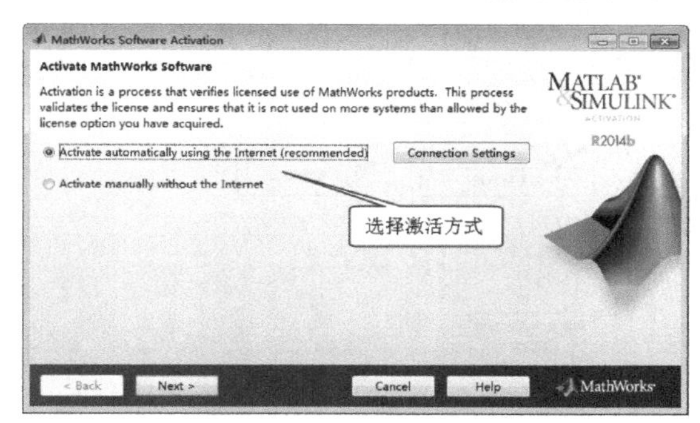

▲图 1-8 Activate Mathworks Software 窗口

9）安装完成后出现的界面，如图 1-9 所示，单击 Finish 按钮完成安装。读者此时即可开始体验 MATLAB 2014b 之旅了。

▲图 1-9 Activation Complete 窗口

1.3.2 MATLAB 的启动

本节介绍如何启动 MATLAB 2014b。和一般的 Windows 程序类似，可以通过计算机桌面、“开始”菜单、硬盘等快捷方式启动 MATLAB。

启动 MATLAB 程序后，出现图 1-10 所示的等待画面。初始化完成，进入 MATLAB 2014b Desktop 操作界面，如图 1-11 所示。

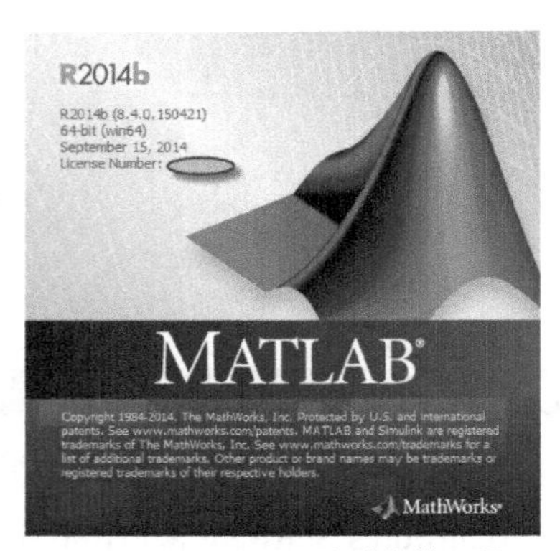

▲图 1-10　MATLAB 启动等待画面

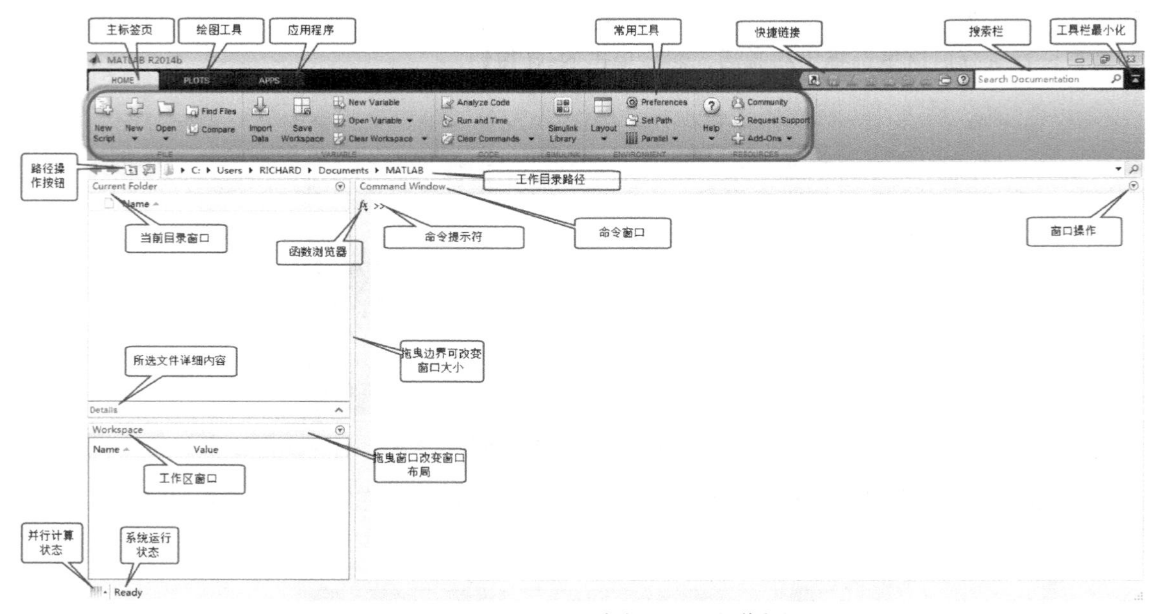

▲图 1-11　MATLAB 2014b 默认 Desktop 操作界面

1.3.3　Desktop 操作界面简介

自从 MATLAB 2012b 版本开始，MATLAB 进入了 8.0 时代，而该版本表面上看最大的不同就是更新的 Desktop 操作界面，MATLAB 将原有的菜单形式改为了类似于 Office 的标签页形式，更为直观明了，简洁方便。另外，帮助浏览器也有较大的改进，这些新亮点本书稍后将予以详细介绍。

MATLAB 2014b Desktop 操作界面包括多个窗口。除了包含 MENU 标签页、PLDTS 标签页、APPS 标签页外，还包括 Command Window（命令）窗口、Workspace（工作区）窗口、Current Folder（当前目录）窗口等。

MATLAB 的 Desktop 操作界面中 MENU 标签页分为文件操作、变量操作、代码操作、Simulink 操作、环境操作、资源操作等类别，用户可以在这里方便地找到各种常用操作的按钮。由此可见，MATLAB 菜单的使用非常简单，而且比较人性化。

1.4 Command Window 运行入门

MATLAB 有许多使用方法，但最基本并且入门时首先要掌握的是 MATLAB Command Window（命令窗口）的使用方法。

MATLAB 用于输入数据，运行 MATLAB 函数和脚本，并显示结果。默认情况下，MATLAB Command Window 位于 MATLAB Desktop 操作界面的中部。另外，Command Window 不仅可以内嵌在 MATLAB 的 Desktop 操作界面中，单击命令窗口上的⊙按钮，然后选择 Undock ，还可以使 Command Window 浮动在界面上，结果如图 1-12 所示。若希望重新将 Command Window 嵌入 MATLAB 界面中，可以单击⊙按钮，然后选择 Dock 命令即可。

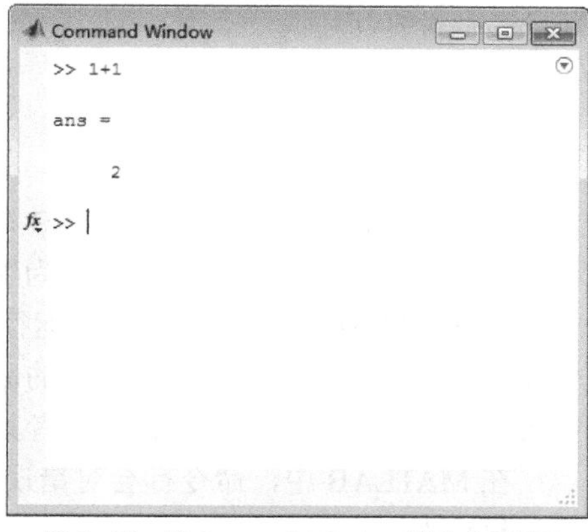

▲图 1-12 使 Command Window 浮动在界面上

Command Window 中的>>为运算提示符，表示 MATLAB 正处于准备状态。在提示符后面输入命令并按 Enter 键，MATLAB 将给出计算结果或者相应的错误/警告信息，然后再次进入准备状态。当 MATLAB 在 Command Window 中显示 K>>提示符时，表示当前处于调试模式，键入 dbquit，则可返回正常模式。在 MATLAB 学生版中，显示的提示符为 EDU>>。

1.4.1 命令行的使用

在命令提示符后面可以输入数据或者运行函数。

【例 1-1】 数据的输入。

```
>> A = [1 2 3; 4 5 6; 7 8 10]
```

输入完矩阵 3×3 的矩阵 A 之后按 Enter 键，即可运行相应的命令，并完成数据的输入，得到如下结果。

```
A =
     1     2     3
     4     5     6
     7     8    10
```

需要指出的是，MATLAB 区分大小写。比如本例中，把矩阵赋给了变量 A，并不是变量 a。

另外，在 MATLAB 2014b 中，用户可以在其他地方（网页或者电子文档中）复制命令，并粘贴到命令行中运行。这是其他语言都可以实现的，没有什么特别的，但是显然 MATLAB 做得比较人性化，它会将多行命令中每行开头的命令提示符自动去掉（命令提示符后面须有空格以供识别），用户可以直接运行，而不必复制每一行，不必小心地避开命令提示符，这样用户在阅读其他电子材料的过程中需要验证结果时就方便多了。

【例 1-2】 算术运算。求运算式 $29\times(2+23/3)-5^2$ 的结果。

在命令行输入以下命令，然后按 Enter 键，即可得到相应的结果。

```
>> 29*(2+23/3)-5^2
ans =
  255.3333
```

因为用户没有指定返回的变量名，所以 MATLAB 将结果返回给了默认变量名 ans。

如果要运行一个系统自带的或者自己编写的函数，该函数必须在当前目录或者在 MATLAB 的搜索目录上。默认情况下，MATLAB 自带的函数都在搜索目录上，读者可以直接运行。关于搜索目录，本书后面章节会详细介绍。输入函数及其变量并按 Enter 键，MATLAB 即可显示相应的结果。

【例 1-3】　MATLAB 魔方函数的运行。

```
>> magic(3)
ans =
     8     1     6
     3     5     7
     4     9     2
```

在本例中，magic 是 MATLAB 软件自带的一个函数。magic 函数可以生成每行每列之和相等的魔方矩阵，输入的 magic(3)为生成的魔方矩阵的行数。

在 MATLAB 中，每次只可以运行一个命令序列。如果 MATLAB 正在运行一个函数，那么任何输入的函数会排入队列，等之前的命令结束后才可以运行。有时候一个程序可能运行很长时间，如果读者因为发现了程序的错误或者其他原因想要中止程序的运行，可以使用 Ctrl+C 快捷键。

在 MATLAB 中，命令行会对错误的语法格式进行判断，然后给出可能的正确表达方式。本例中如果输入

```
>> magic(3
```

然后运行，命令行则会给出错误消息，并自动给出正确的表达形式。

```
 magic(3
        |
Error: Expression or statement is incorrect--possibly unbalanced (, {, or [.

Did you mean:
>> magic(3)
```

这时用户直接按 Enter 就可以得到正确的结果了。目前语法的自动更正包括括号“)”“]”和“}”的缺失等。这一功能对用户（尤其是初学者）来说非常方便。

1.4.2　数值、变量和表达式

前一节中的例子只涉及 MATLAB 最简单的算术运算和函数的运行。在进一步学习之前，有必要了解 MATLAB 的一些基本规定。本节介绍关于数值、变量和表达式的若干规定。

1. 数值的表示方式

MATLAB 的数值采用习惯的十进制表示方式，可以带小数点或者负号。以下表示方式均合法。

4　　-29　　0.114　　84.249　　1.349e-4　　6.3e13

在采用 IEEE 浮点算法的计算机上，数值的相对精度是 eps(=2.2204e-16)，即大约保留的有效数字是 16 位。数值范围为 10e-308～10e308，即 1×10^{-309}～1×10^{309}。

2. 变量的命名规则

在 MATLAB 中，变量不用预先声明就可以进行赋值。变量名、函数名区分大小写。如变量 FU 和变量 fu 表示的是两个不同的变量。sin 是 MATLAB 定义的正弦函数，而 SIN 和 Sin 则不是。当输入 SIN 时系统会提示错误，然后给出以下建议。

```
>> SIN(3)
Undefined function 'SIN' for input arguments of type 'double'.

Did you mean:
>> sin(3)
```

在 MATLAB 中，变量名的第一个字符必须是英文字母。变量名最多可包含 63 个字符。但为了程序可读性的需要以及编写方便，变量名称不宜过长。

MATLAB 系统自带的变量名一般都符合这个命名规则。命名采用英语单词的缩写，从名字即可知道函数的功能。

变量名中不得包含空格、标点，但可以包含下画线，例如 myvar_ga。

3. MATLAB 默认的预定义变量

在 MATLAB 中有一些预定义变量（predefined variable）。每当 MATLAB 启动时，这些变量就会生成。建议读者在编写程序时，应尽可能不对表 1-1 中所列的预定义变量名重新赋值，以免产生混淆，致使计算结果错误。

表 1-1 MATLAB 的预定义变量

预定义变量	含　义	预定义变量	含　义
ans	计算结果的默认变量名	NaN 或 nan	非数，如 0/0，∞/∞
eps	浮点相对精度	Nargin	函数输入的变量数目
Inf 或 inf	无穷大	nargout	函数输出的变量数目
i 或 j	虚数单位 $i=j=\sqrt{-1}$	realmax	最大正实数 1.7977e+308
pi	圆周率 π	realmin	最小正实数 2.2251e-308

4. 复数

MATLAB 将复数作为一个整体处理，而像其他程序语言那样，把实部和虚部分开处理。虚数单位用预定义变量 i 或者 j 表示。

【例 1-4】 复数的输入与相关函数。

```
>> sd=5+6i
sd =
   5.0000 + 6.0000i
>> r=real(sd)              % 给出复数 sd 的实部
r =
     5
>> im=imag(sd)             % 给出复数 sd 的虚部
im =
     6
>> a=abs(sd)               % 给出复数 sd 的模
a =
    7.8102
>> an=angle(sd)            % 以弧度为单位给出复数 sd 的相位角
an =
    0.8761
```

本例中，每行命令后面的%表示注释的意思。MATLAB 在执行命令的时候，会将本行%之后的语句忽略。本书采用这种注释方式，目的是让读者更加清楚函数语句的意义，同时节省篇幅。

【例 1-5】　复数矩阵的生成及运算。

```
>> A=[2,4;1,6]-[3,7;3,9]*i
A =
   2.0000 - 3.0000i   4.0000 - 7.0000i
   1.0000 - 3.0000i   6.0000 - 9.0000i
>> B=[2+5i,3+2i;6-9i,3-5i]
B =
   2.0000 + 5.0000i   3.0000 + 2.0000i
   6.0000 - 9.0000i   3.0000 - 5.0000i
>> C=B-A
C =
        0 + 8.0000i  -1.0000 + 9.0000i
   5.0000 - 6.0000i  -3.0000 + 4.0000i
```

从本例可以看出，复数矩阵的输入可以有多种形式，读者可通过后面章节介绍的矩阵构成方法，根据需要生成相应的矩阵。

【例 1-6】　用 MATLAB 计算-8 的立方根。

```
>> a=-8;               %  如果在命令行的结尾加上分号";"
                       %  则运行结果只保存在工作区内，而不在命令窗口中显示出来
>> r=a^(1/3)           %  对 a 求立方根
r =
   1.0000 + 1.7321i
```

可见 MATLAB 在直接计算的过程中给出的是-8 在第一象限的根，并不是我们所熟知的-2。若想得到-8 的全部立方根，运行以下命令即可。

```
>> m=[0,1,2];                    %  为 3 个立方根而设
>> R=abs(a)^(1/3);               %  模的开 3 次方
>> theta=(angle(a)+2*pi*m)/3;    %  -pi<theta<=pi 的 3 个相位角
>> r=R*exp(i*theta)              %  将得到的结果赋给 r
r =
   1.0000 + 1.7321i  -2.0000 + 0.0000i   1.0000 - 1.7321i
```

1.4.3　命令行的特殊输入方法

在 MATLAB 中，有些特殊情况下需要使用一些小“技巧”才能够正确输入。本节介绍相关的内容。

1. 输入多行命令并且不运行

若要在输入完多行命令之前并不运行其中的任何一行，可以输入完一行命令之后按 Shift+Enter 快捷键，然后光标就会移动到下一行，在该行前并不会显示命令提示符，此时用户可以输入下一行命令。这样重复进行，直到输入完所有的命令之后按 Enter 键，即可将所有的命令按照输入顺序逐行运行。通过这样的方法，可以对之前输入的各命令行进行修改。具体举例如下。

```
>> a=1     %  按 Shift+Enter 快捷键暂不执行此行命令，并输入下一行
b=2        %  按 Shift+Enter 快捷键输入下一行，此时还可以编辑本行或上面一行命令
c=a+b      %  按 Enter 键运行 3 行命令
```

MATLAB 运行 3 行命令并返回如下结果。

```
a =
     1
```

```
b =
     2
c =
     3
```

当用户输入有关键词的多行循环命令时，例如 for 和 end，并不需要使用 Shift+Enter 快捷键，直接按 Enter 键即可输入下一行，直到完成循环体之后，MATLAB 才会将各行程序一起执行。例如以下命令。

```
>> for r=1:5        % 按Enter键
a=pi*r^2            % 按Enter键
end                 % 按Enter键并执行循环体内的命令
```

MATLAB 执行 3 行命令，并返回如下结果。

```
a =
    3.1416
a =
   12.5664
a =
   28.2743
a =
   50.2655
a =
   78.5398
```

2. 在同一行内输入多个函数

在多个函数之间加入逗号或者分号将各个函数分开，即可实现在同一行内输入多个函数命令。例如，可以在一行内输入 32 个函数，从而输出一个对数表。

```
>> x = (1:10)'; logs = [x log10(x)]
logs =
    1.0000         0
    2.0000    0.3010
    3.0000    0.4771
    4.0000    0.6021
    5.0000    0.6990
    6.0000    0.7782
    7.0000    0.8451
    8.0000    0.9031
    9.0000    0.9542
   10.0000    1.0000
```

在上面的命令行中，MATLAB 是按照从左至右的顺序依次执行两个函数命令的。

3. 长命令行的分行输入

在某行命令过长的情况下，将其分行输入则会更加方便阅读。可以连用 3 个句号（...）作为标识符，然后按 Enter 键输入其余命令。（...）用来表示下一行命令和本行是连续的，然后可以继续用此方法输入，或者按 Enter 键运行之前的命令。例如可以使用以下命令对一个字符串数组进行赋值。

```
>> headers = ['Author First Name, Author Middle Initial ' ...
'Author Last Name ']
headers =
Author First Name, Author Middle Initial Author Last Name
```

需要指出的是：标识符（...）如果出现在两个单引号的中间，MATLAB 则会报错，如下所示。

```
>> headers = ['Author Last Name, Author First Name, ...
Author Middle Initial']
```

如果运行以上命令，MATLAB 则会报错。

```
headers = ['Author First Name, Author Middle Initial  ...
                |
Error: String is not terminated properly.
```

1.4.4 Command Window 的显示格式

在命令行中，if、for 等关键词的显示采用蓝色字体，输入的命令、表达式以及计算结果等采用黑色字体，字符串则采用紫色字体。

注意： 尽管 MATLAB 的默认显示结果为 4 位有效数字的 short 格式，但是 MATLAB 在计算和存储中则都采用双精度浮点数格式。

根据需要，用户可以在命令行中使用 format 函数对显示格式进行设置。format 函数的参数说明如表 1-2 所示。

表 1-2 **format 函数的参数说明**

调用格式	作　用	说　明	示例
format	短格式	默认格式，同 short	3.1416
format short	短格式	在小数点后面只显示 4 位有效数字	3.1416
format long	长格式	16 位有效数字	3.141592653589793
format short e	短格式 e 方式	5 位科学计数格式	3.1416e+00
format long e	长格式 e 方式	16 位科学计数格式	3.141592653589793e+00
format short g	短格式 g 方式	从 short 和 short e 中自动选择更紧凑的表示方法	3.1416
format long g	长格式 g 方式	从 long 和 long e 中自动选择更紧凑的表示方法	3.14159265358979
format hex	十六进制格式	十六进制	400921fb54442d18
format +	+格式	用于显示大矩阵，正数、负数，零分别用+、-、空格表示	+
format bank	银行格式	用于表示货币，两位有效数字	3.14
format rat	有理数格式	用近似的有理数表示	355/113
format compact	压缩格式	在显示变量之间没有空行	>> theta = pi/2 theta = 1.5708
format loose	宽松格式	在显示变量之间有空行	>> theta = pi/2 theta = 1.570796326794897e+00

1.4.5 Command Window 的常用快捷键与命令

为了方便操作，在 Command Window 中可以对输入的命令进行编辑。表 1-3 给出了键盘常用快捷键的使用说明。表 1-4 列出了命令行中常用的操作命令。

表 1-3　常用快捷键

功 能 键	功 能 说 明
↑	调出前一个输入的命令
↓	调出后一个输入的命令
←	光标左移一个字符
→	光标右移一个字符
Ctrl+←	光标左移一个单词
Ctrl+→	光标右移一个单词
Home	光标移至行首
End	光标移至行尾
Esc	清除当前行
Del	清除光标所在位置后面的字符
Backspace	清除光标所在位置前面的字符
F9	运行选中命令
Ctrl+k	删除光标之后到行尾的所有字符
Ctrl+c	中断正在执行的命令
Ctrl+d	打开当前变量或函数文件
Ctrl+0	打开 Command Window
Ctrl+1	打开 Command History
Ctrl+2	打开 Current Folder
Ctrl+3	打开 Workspace

表 1-4　常用的操作命令

命 令	含 义	命 令	含 义
cd	设置当前工作目录	exit	关闭/退出 MATLAB
clf	清除当前图形窗口内的图形	quit	关闭/退出 MATLAB
clc	清除 Command Window 的显示内容	md	创建目录
clear	清除 MATLAB 工作区中保存的变量	more	使其后显示的内容分页进行
dir	列出指定目录下的文件和子目录清单	type	显示指定 M 文件的内容
whos	显示工作区中的所有变量信息	close	关闭指定图形窗口

1.5 Command History 窗口

MATLAB 的 Command Window 提供了非常友好的交互功能，用户可以在此环境中边思考边验证。完成设计之后，可以通过 MATLAB 的历史记录功能将已验证的命令再次提取出来。这种记录命令的能力就是在 MATLAB 的 Command History（历史记录）窗口中利用相应的命令完成的。

在 2014a 及以后版本中，Command History 窗口不再出现在 MATLAB 默认布局中，同时增加了通过向上的方向键调出 Command History 窗口的功能（如图 1-13 所示），并对历史记录功能做了加强，增加了“标记错误命令”“搜索（区分大小写）”“筛选”以及“显示运行时长”等功能。

如果读者希望将 Command History 窗口像之前版本那样嵌入桌面中，那么可以在 Layout（布局）选项中进行设置，然后选择 Dock 命令即可将其嵌入桌面，如图 1-14 所示。另外和 command

Window 相同，单击 Command History 窗口上的按钮，然后选择 Undock 就可以使该窗口浮动在界面上，令其在命令行可以通过向上的方向键调出。

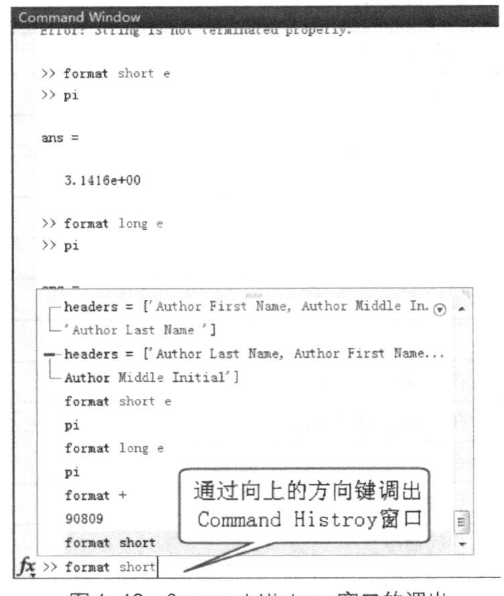

▲图 1-13 Command History 窗口的调出

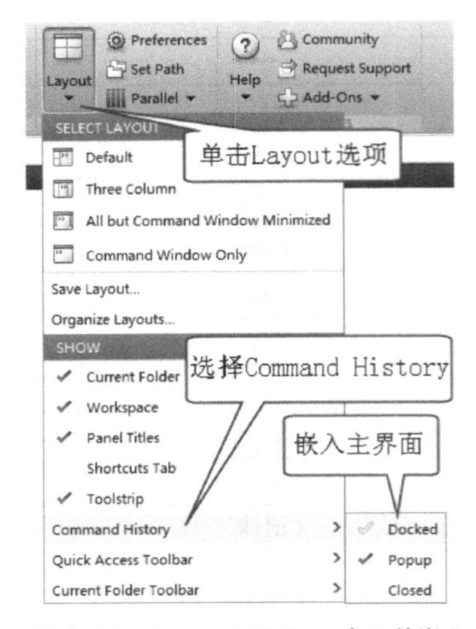

▲图 1-14 Command History 窗口的嵌入

嵌入桌面之后的 Command History 窗口如图 1-15 所示。在 Command History 窗口中，如果一行命令在运行过程中出错，那么在其最左端会有红色的标记，这一标记可以很容易让用户明白哪些命令出错了，这对于分析出错原因或者调试程序来说是非常有用的。另外，如果几行命令是作为一组整体运行的，那么在这组命令的最左端会有方括号将其括起来，如图 1-15 中所示的 for 循环等。

单击 Command History 窗口上的按钮，可以选择 Find、Show Execution Time 等，如图 1-16 所示。通过选择 Show Execution Time 选项即可在 Command History 窗口中显示该行命令的运行时间。在此菜单中单击 Find 选项，即可调出查找工具栏。如果要在工具栏中查找首字母为 a 的命令，那么查找到的命令就以黄色高亮显示。如果单击图标，即可将所有符合条件的查找结果筛选出来，具体的结果如图 1-17 所示。

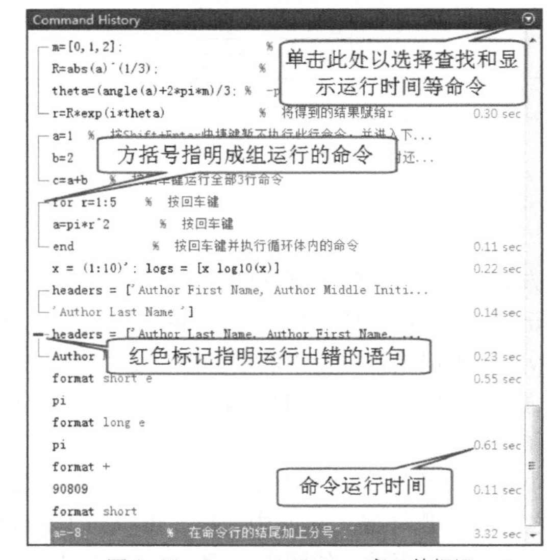

▲图 1-15 Command History 窗口的标记

▲图 1-16 Command History 窗口的菜单

在 Command History 窗口中，记录了在 MATLAB 命令窗口中键入的所有命令，包括每次启动 MATLAB 的时间，以及启动后在命令行中键入的所有 MATLAB 命令。这些命令不但可以记录在 Command History 窗口中，而且可以再次执行。通过 Command History 窗口执行历史命令的方法有以下几种。

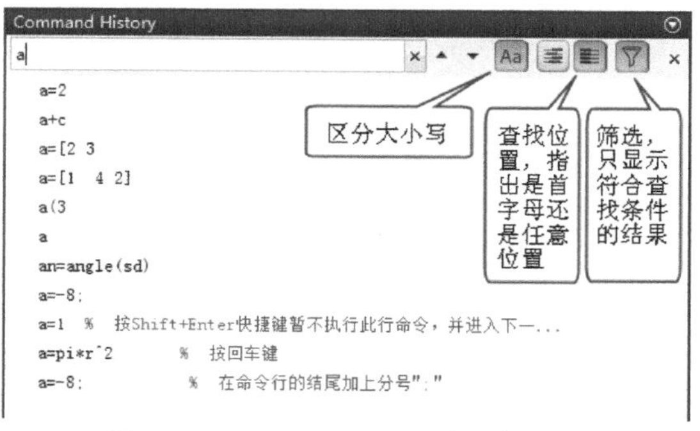

▲图 1-17 Command History 窗口查找功能

- 双击某一条命令，就可以将其发送到命令窗口中立即执行。
- 选中想要再次执行的命令，然后复制到命令窗口中。
- 选中需要执行的命令并右击，选择 Evaluate Selection 选项（或者按快捷键 F9），即可运行相应的命令。此方法在需要一次执行多行命令时更加方便。

另外，在 Command History 窗口中也可以通过这些命令记录直接创建 M 文件。

为了方便以后使用，用户可能希望将命令窗口中使用的命令通过文件的方式保存起来。MATLAB 为此提供了 diary 命令，以实现上述功能。diary 命令用于产生“日志”文件，即把当前命令窗口中的所有内容（包括命令和结果等）如实地记录为 ASCII 码文件并加以保存。

用户如果想把 Command Window 中的全部内容记录为“日志”文件，可以按照下面的步骤进行。

- 将日志文件的目录（如 D: \workdir）设置为当前目录。设置目录可以通过 Command Window 的“cd d: \ workdir”命令实现（同样也可以通过鼠标在 Current Folder 窗口或工作目录路径进行操作）。
- 在 MATLAB 中运行命令 diary xxx（名字可任取）。此后，Command Window 显示的内容（包括命令、结果、提示信息等）将全部记录下来。
- 运行关闭命令 diary off 后，内存中保存的操作内容就将全部记录在 D: \ workdir 目录下的名为 xxx 的目录文件中。

需要指出的是，在 diary 中创建的日志文件为纯文本文档格式，此文件不能直接在 MATLAB 中运行，但可以通过 MATLAB 中的 M 文件编辑器或其他文本读写软件阅读和编辑。另外，diary 函数记录命令的功能仅在执行了 diary 命令之后的 MATLAB 会话中有效。如果关闭 MATLAB 后再启动，则需要重新输入 diary 命令。

1.6 Current Folder 窗口

MATLAB 加载任何文件、执行任何命令都是从当前目录下开始的，因此 MATLAB 提供了 Current Folder（当前目录）窗口。该窗口默认情况下位于 MATLAB 界面的左上方。和前面的几个窗口一样，对于 Current Folder 窗口，也可以单击窗口右上角的按钮，通过 Dock 和 Undock 选项实现浮动窗口与内嵌窗口的转换。浮动的 Current Folder 窗口如图 1-18 所示。

MATLAB 的当前路径是指所有文件的保存和读取都是在这个默认路径下进行。这个工作路径可以在桌面工具栏下方的工作路径栏中进行修改。在 MATLAB R2008b 之后的版本中，路径的修改和 Windows 7 操作系统中的修改方式类似，可以直接修改任何一级路径名，这样操作起来更加方便。

右击桌面上的 MATLAB 启动图标，选择“属性”，弹出的“MATLAB R2014b 属性”对话框如图 1-19 所示。其中有一个“起始位置”的文本输入框，在这里可以设置 MATLAB 启动时的默认工作路径。

▲图 1-18 Current Folder 窗口

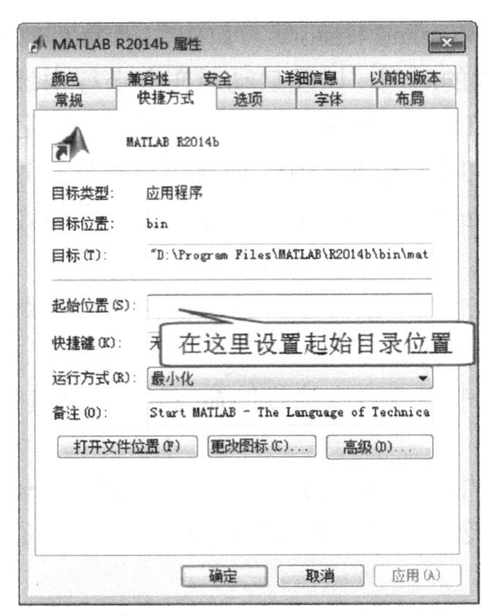

▲图 1-19 "MATLAB R2014b 属性"对话框

通过对工作目录的设置，可以更改 MATLAB 在调用函数过程中的搜索路径。选择工具栏中的 Set Path 菜单项（如图 1-20 所示），可以弹出 Set Path 窗口（见图 1-21），从中可以设置相应的搜索路径。搜索路径关系着 MATLAB 在运行一句命令时如何选择函数，搜索被运行函数的顺序，本书将在后续章节对此做详细介绍。

▲图 1-20 Set Path 菜单项

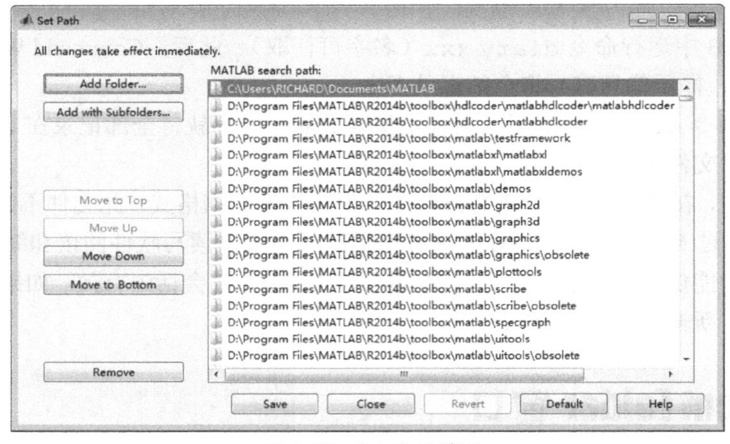

▲图 1-21 Set Path 窗口

1.7 Workspace 和 Variable Editor 窗口

本节将详细介绍 Workspace 和 Variable Editor 窗口的相关知识。

1.7.1 Workspace 窗口

MATLAB 要处理各种各样的数据，这需要有一个专门的内存空间来存放它们，这个地方就是 MATLAB 的 Workspace 窗口。数据存放在 Workspace 窗口中，可以随时被调用。Workspace 窗口是 MATLAB 的重要组成部分。在 Workspace 窗口中将显示目前内存中的所有 MATLAB 变量的名称、

数据结构、字节数、类型、最大值、最小值、平均数及方差等统计信息，不同的变量类型分别对应不同的变量名图标。当 Workspace 窗口没有打开时，可以单击工具栏中的 Layout|Workspace 菜单命令打开。默认情况下，MATLAB 的 Workspace 窗口显示在桌面的左下角。另外，MATLAB 的 Command Window 窗口内嵌在 MATLAB 的用户界面中，和 Command Window 相同，单击 Command History 窗口上的按钮，然后选择 Undock 选项就可以浮动该窗口，如图 1-22 所示。若希望重新将 Workspace 窗口嵌入到 MATLAB 的界面中，可以单击按钮，然后选择 Dock 选项即可。

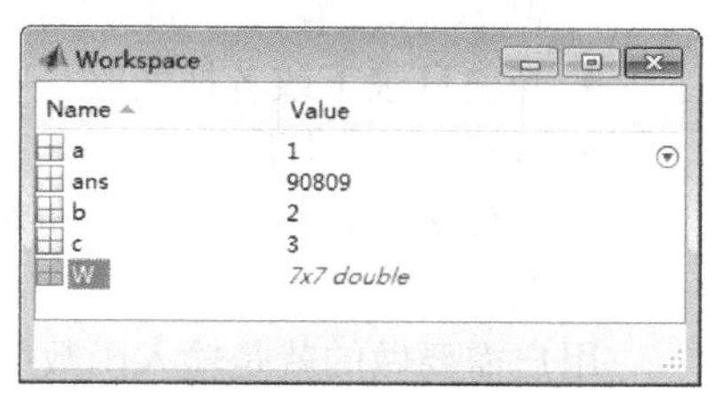

▲图 1-22 Workspace 窗口

1.7.2 Variable Editor 窗口

双击 Workspace 窗口中的变量名，比如图 1-22 中的 W，就会弹出 Variable Editor 窗口。通过该窗口可以查看变量的内容，还可以对变量进行各种编辑操作。Variable Editor 窗口如图 1-23 所示，双击需要修改的数据单元，即可对相应的数据进行修改。在 Variable Editor 窗口中用户可以选择所需要的元素，然后通过 PLOTS 选项卡中的绘图工具进行快速绘图。在 VARIABLE 选项卡中，用户可以对变量进行插入、删除、转置、排序等操作，如图 1-24 所示。

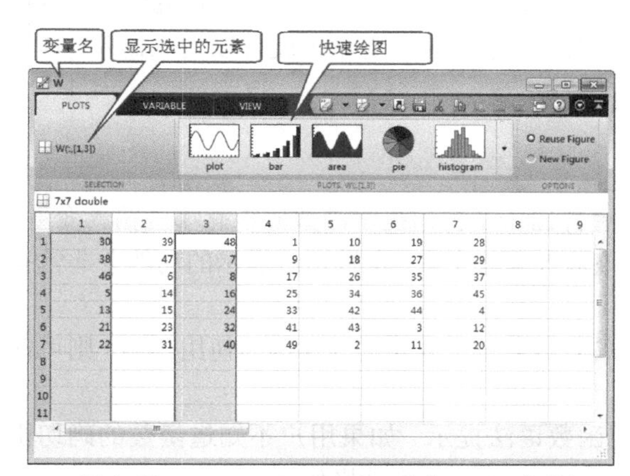

▲图 1-23 Variable Editor 窗口中的 PLOTS 选项卡

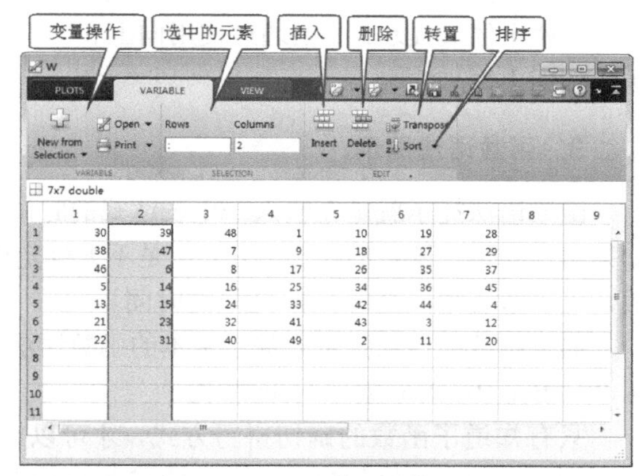

▲图 1-24 Variable Editor 窗口中的 VARIABLE 选项卡

1.8 命令行辅助功能与 Function Browser

在 MATLAB 中，命令行的辅助功能在逐渐完善。最显著的特点是在 R2008b 之后的版本中加入了 Function Browser，即函数浏览器，这使得 MATLAB 在查询、输入函数的过程中更加人性化。这也是本书强烈建议使用 MATLAB 新版本的一个原因，尤其是对初学者来说，这会为用户在学习过程中提供更多便利。

1. 分隔符匹配

在 MATLAB 命令行和编辑器中输入命令的过程中，MATLAB 会提醒用户哪些分隔符是相对应的。比如，在输入引号、括号、循环体的过程中，MATLAB 会将相匹配的分隔符高亮显示。

2. Tab 键的使用

MATLAB 可以帮助用户完成已知命令的输入，这样用户就可以减少拼写错误，并减少查询帮助和其他书籍的时间。MATLAB 可以帮助用户完成以下内容的输入。

- Workspace 窗口中的变量，包括结构数组。
- 当前目录下或者搜索路径中的函数或者模型。
- MATLAB 对象。
- 文件名和目录，包括面向对象编程组和类目录。
- 图形句柄属性。

用户需要做的就是输入函数或者对象的前几个字母，然后按 Tab 键。在 MATLAB 编辑器中也可以使用 Tab 键完成输入。下面举例说明在命令行中如何使用 Tab 键来完成输入。

如果 Workspace 窗口中有变量 costs_may，那么在命令行中只需要输入以下内容。

```
>>costs
```

然后按 Tab 键，MATLAB 即可自动完成变量名字的输入，显示以下内容。

```
>> costs_may
```

之后用户可以在此基础上添加其他运算符、变量、函数等，完成表达式之后按 Enter 键即可运行相应的命令。

如果在变量空间中还有一个变量名为 costs_april，那么在输入 costs 并按 Tab 键之后，会出现两个候选提示，只要通过使用向上和向下的方向键移动光标或者单击就可以完成输入，具体操作如图 1-25 所示。

3. 函数语法提示

函数语法提示就是在输入一个表达式的时候，会弹出一个窗口提示函数应该有哪些输入变量。如果用户知道了函数的拼写方法，但是不太确定应该输入哪些变量，函数语法提示的功能会非常有用，可以节省很多查看 help 文档的时间。

通常函数的语法提示只提示基本的函数语法结构，如果用户需要更为详细的使用说明，则可使用 Function Browser 或者 Help 替代。

只有知道了函数的确切拼写方式，才可以应用函数语法提示。如果用户不知道函数的确切拼写，则可使用 Tab 键的自动补全功能或者 Function Browser 等帮助文档操作。

如图 1-26 所示，在输入了函数名称与括号之后等待 2s，就会弹出函数的语法提示窗口，用户按照提示的顺序输入相应的变量即可。

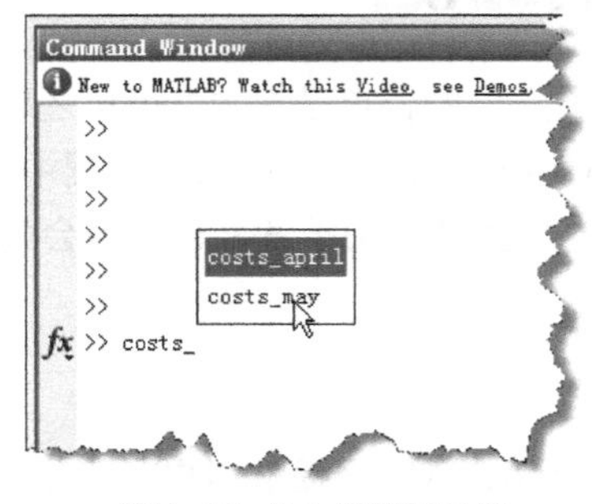

▲图 1-25　Tab 键使用示例

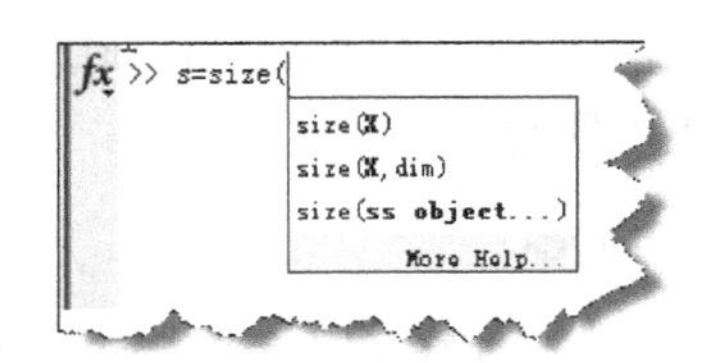

▲图 1-26　函数语法提示

4. Function Browser

Function Browser 在命令行中特别有用。通过 Function Browser，可以像在 Help Browser 中一样

查找函数，使用户的工作更加流畅。

可以使用 Shift+F1 快捷键或者命令提示符前面的 *fx* 图标打开 Function Browser，如图 1-27 所示。

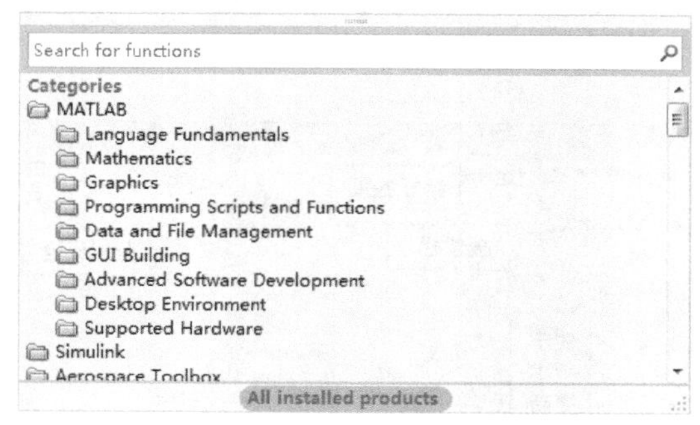

▲图 1-27 Function Browser

在 Function Browser 中输入需要查找的函数，然后按 Enter 键，就可以得到所有与输入的关键词相关的函数列表。单击函数名称，会弹出一个函数使用说明窗口，如图 1-28 所示。Function Browser 的方便之处在于，在查找到需要的函数之后，直接双击即可将该函数插入命令行中的光标位置处。这一点是 Help 所不具备的，实际使用起来非常方便。

▲图 1-28 使用 Function Browser 查找函数

1.9 帮助系统

对于任何一位 MATLAB 的使用者，都必须学会使用 MATLAB 的帮助系统，因为 MATLAB 和相应的工具箱中包含了上万条不同的指令，每条指令都对应一种不同的操作或者算法，没有哪个人能够将这些指令都清楚地记忆在脑海中，这就需要经常查阅帮助系统来验证函数的用法。MATLAB 的帮助系统是针对 MATLAB 应用的优秀教科书，讲解全面、清晰、透彻，通过查阅帮助系统可以获取大多数关于函数用法、内置算法、参数设置等信息。所以养成使用 MATLAB 帮助系统的良好习惯，对于使用 MATLAB 来说是非常必要的。

本节主要介绍 MATLAB 的 Help Browser 和命令行查询帮助。

1.9.1 帮助浏览器

MATLAB 拥有非常强大的帮助浏览器即 Help Browser，进入帮助浏览器的方法有以下几种。

- 直接单击 MATLAB 桌面工具栏中的 ❓ 按钮。
- 使用快捷键 F1。

通过以上方法打开的是帮助浏览器窗口的导航主页，如图 1-29 所示。它主要包括搜索栏以及各工具箱文档链接两部分。单击某一工具箱链接，例如 MATLAB，即可进入具体工具箱的详细帮助页面，如图 1-30 所示。在这里用户可以通过选择目录查找相关的内容，或者通过搜索关键词来查找所需内容。

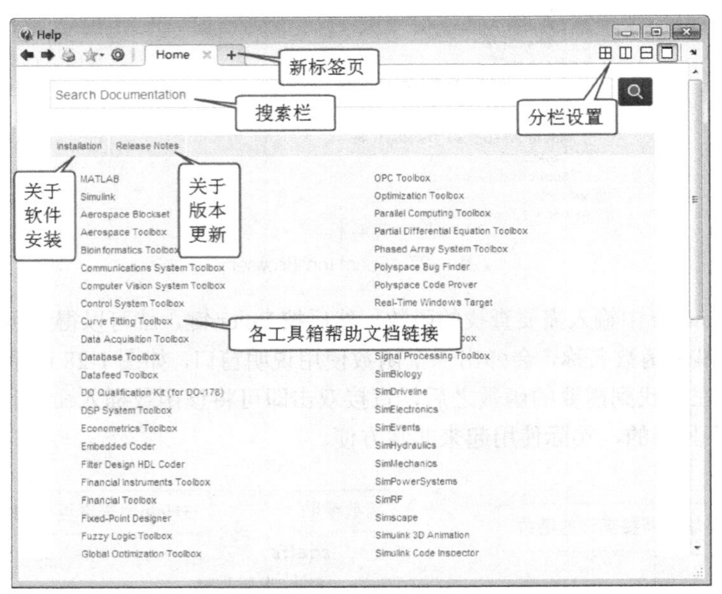

▲图 1-29　帮助浏览器窗口的导航主页

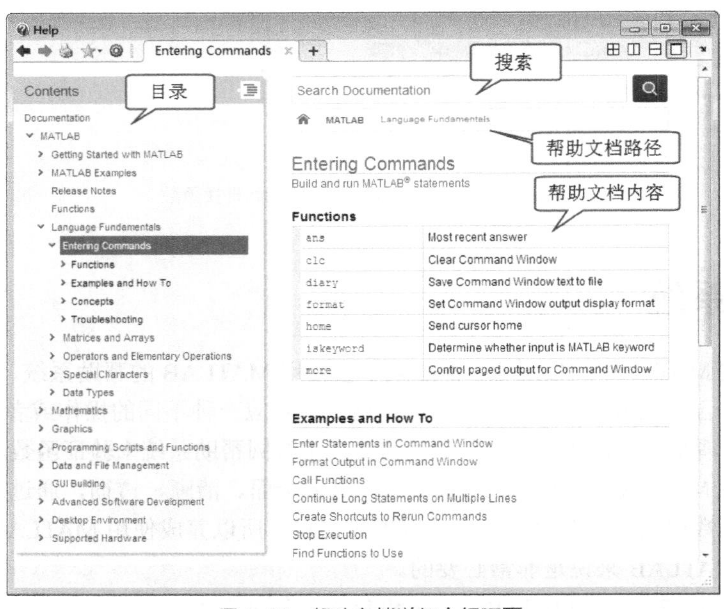

▲图 1-30　帮助文档详细介绍页面

例如，如果在帮助系统中搜索“magic”，则显示的结果如图 1-31 所示。帮助文档的形式在该版本的更新中属于变化比较大的一个窗口。从笔者的使用经验来看，当前的版本是用起来最方便的一个。它有了多标签页功能和分栏功能，有了更为细致的结果分类，查找所需的内容更方便了。

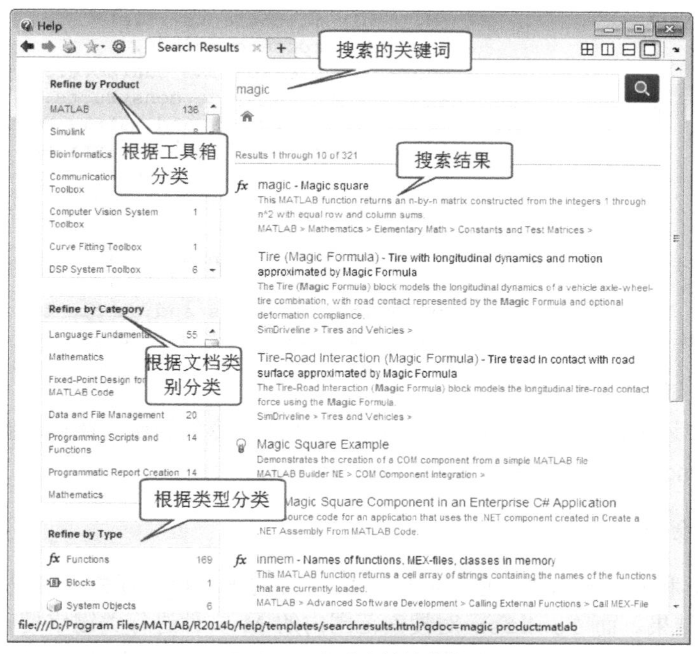

▲图 1-31 帮助文档搜索结果

1.9.2 在 Command Window 中查询帮助

熟练的用户可以使用更为快速的 Command Window 查询帮助。这些帮助主要有 `help` 命令和 `lookfor` 命令。

1. help 命令

（1）应用 `help` 获得指令的使用说明

在 MATLAB 中，可以直接使用 `help` 获得指令的使用说明。比如，如果要准确地知道所要求助的主题词或指令名称，那么使用 `help` 是获得在线帮助最简单有效的方式。要获得 exp 的在线求助，在 Command Window 中输入 `help exp`，输出如图 1-32 所示。

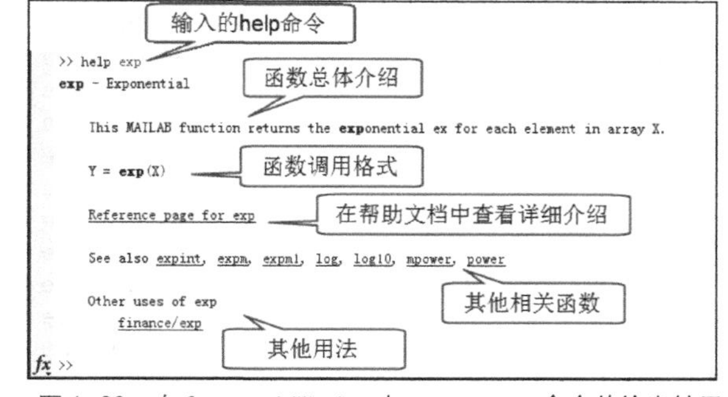

▲图 1-32 在 Command Window 中 `help exp` 命令的输出结果

通过使用 `help` 命令，可以得到相应的使用说明，在说明中用户可以单击 Reference page for exp 直接跳转到相应的帮助文档详细介绍页面。另外，还提供了一些相关函数，这些函数也是有超链接（以下画线为标记）的，单击该链接可以得到更多的说明文档。

（2）应用 `help` 分类搜索

在 MATLAB 中应用 `help` 不仅可以获得指令的说明，还可以直接使用 `help` 进行分类搜索。比如，要使用 `help` 命令进行分类搜索，可以运行不带任何限定的 `help`，得到分类名称明细表。在 Command Window 中直接输入 `help`，可以得到以下内容。

```
>> help
HELP topics:
```

```
My Documents\MATLAB             - (No table of contents file)
matlab\general                  - General purpose commands.
matlab\ops                      - Operators and special characters.
matlab\lang                     - Programming language constructs.
matlab\elmat                    - Elementary matrices and matrix manipulation.
matlab\randfun                  - Random matrices and random streams.
matlab\elfun                    - Elementary math functions.
 ⋮
xpc\xpc                         - xPC Target
xpcblocks\thirdpartydrivers     - (No table of contents file)
build\xpcblocks                 - (No table of contents file)
xpc\xpcdemos                    - xPC Target -- demos and sample script files.
kernel\embedded                 - xPC Target Embedded Option
```

（3）应用 help 获得具体子类

在 MATLAB 中还可以直接应用 help 获得具体子类指令的说明。比如，要获得矩阵操作指令一览表，在 Command Window 中输入 help elmat 即可。

2. lookfor 命令

命令 lookfor 和 help 相似，它们都只对 M 文件的第 1 行进行关键字搜索。help 只搜索与关键字完全匹配的结果。而 lookfor 对搜索范围内的 M 文件进行关键字搜索的条件相对比较宽松，一旦发现此行中含有所查询的字符串，则将该函数名及第 1 行注释全部显示在屏幕上。比如，当知道某函数的函数名而不知其用法时，help 命令可帮助用户准确地了解此函数的用法。然而，若要查找某个不知其确切名称的函数时，help 命令就远远不能满足需要了。在这种情况下，根据用户提供的关键字，可以用 lookfor 命令来查询相关的函数。

比如，利用 lookfor 查找求矩阵的逆的函数。在 Command Window 输入 lookfor inverse，输出如下。

```
>> lookfor inverse
invhilb                         - Inverse Hilbert matrix.
ipermute                        - Inverse permute array dimensions.
acos                            - Inverse cosine, result in radians.
acosd                           - Inverse cosine, result in degrees.
acosh                           - Inverse hyperbolic cosine.
acot                            - Inverse cotangent, result in radian.
acotd                           - Inverse cotangent, result in degrees.
acoth                           - Inverse hyperbolic cotangent.
acsc                            - Inverse cosecant, result in radian.
acscd                           - Inverse cosecant, result in degrees.
acsch                           - Inverse hyperbolic cosecant.
asec                            - Inverse secant, result in radians.
asecd                           - Inverse secant, result in degrees.
asech                           - Inverse hyperbolic secant.
asin                            - Inverse sine, result in radians.
asind                           - Inverse sine, result in degrees.
asinh                           - Inverse hyperbolic sine.
 ⋮
```

其中，inv 的注释为“Matrix inverse”，即为“矩阵的逆”。另外，若对 lookfor 加上-all 选项，则可对 M 文件进行全文检索。

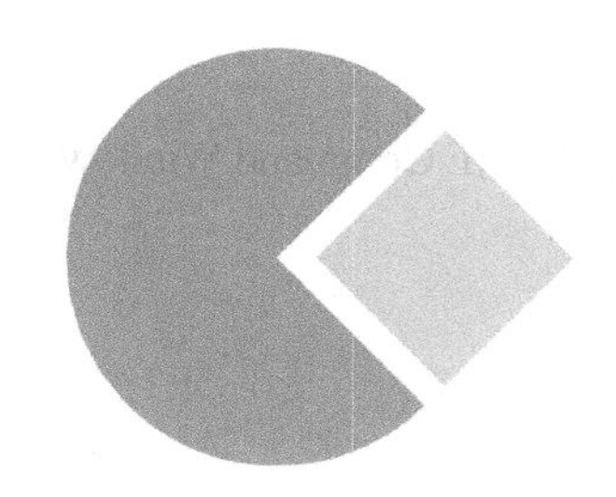

第2章 矩阵和数组

MATLAB 既然以矩阵实验室命名，就说明该软件在矩阵计算方面具有非常优异的表现。在 MATLAB 中，一般情况下矩阵就是指一个长方形的数组。这里有两个特殊情况：一是单一元素的标量；二是只有一行或者一列的矩阵，也就是向量。MATLAB 也有其他存储数值和非数值数据的方式，但是对于初学者来说，最好将所有的情况都考虑为矩阵，这样更容易使用。MATLAB 的设计理念是使所有的操作尽可能自然。其他编程语言在处理数据的过程中，每次只能处理一个数值，而 MATLAB 允许用户快速方便地采用矩阵来操作。

2.1 矩阵的创建与合并

MATLAB 最基本的数据结构就是矩阵。一个二维的、长方形形状的数据，可以用易于使用的矩阵形式来存储，这些数据可以是数字、字符、逻辑状态（true 或者 false），甚至是 MATLAB 的结构数组类型。MATLAB 使用二维的矩阵来存储单个数值或者线性数列。MATLAB 同时支持多于二维的数据结构，这将在 2.8 节介绍。

2.1.1 创建简单矩阵

MATLAB 是基于矩阵的计算环境。所有用户输入的数据都将会以矩阵的形式或者多维数组来存储。即使是一个数值型的标量，比如 100，也会以矩阵的形式来存储。

【例 2-1】 单个标量的输入。

```
>> A = 100;                 %  输入数值A
>> whos                     %  whos 命令可以用来查看 Workspace 中所存储的变量信息
  Name       Size           Bytes  Class     Attributes
  A          1x1                8   double
```

从本例可以看出，标量 A 的存储格式为 1×1 的矩阵，它占用了 8 字节的内存空间，数据的类型是双精度浮点数。

创建 MATLAB 矩阵最简单的方式是使用 MATLAB 的矩阵构建标识符，即方括号[]。创建一个行向量只需要在中括号里面输入相应的元素，并用空格或者逗号作为分隔符分隔相邻的元素。

```
>> row = [E1, E2, ..., En]
>> row = [E1 E2 ... En]
```

如果要在矩阵中输入下一行，用分号作为行之间的分隔符即可。

```
>>A = [row1; row2; ...; rown]
```

例如，要创建一个包括 5 个元素的单行矩阵，可以在 Command Window 中输入下面的命令。

```
>> A = [12 62 93 -8 22];
```

【例 2-2】　创建 2~20 区间内以 2 为步长的向量。

在 MATLAB 中可以通过“初值：步长：终值”的方式创建向量。本例中可以在 Command Window 中输入以下命令。

```
>>a=2:2:20
```

按 Enter 键，在 Command Window 显示以下结果。

```
a =
     2     4     6     8    10    12    14    16    18    20
```

需要指出的是，步长可以为正数、负数或者小数。若用户不指定表达式中的步长一项，MATLAB 则默认步长为 1。例如以下命令中步长默认为 1。

```
>> b=1:10
b =
     1     2     3     4     5     6     7     8     9    10
```

另外如果用户指定的区间并不是步长的整数倍，那么将以初值为准，依次加上步长来产生序列，如下所示。

```
>> c=3:5:15
c =
     3     8    13
```

【例 2-3】　举例说明如何创建一个 3 行 5 列的矩阵。需要指出的是，在矩阵的输入过程中，矩阵的每一行必须具有同样多的元素个数。

```
>> A = [12 62 93 -8 22; 16 2 87 43 91; -4 17 -72 95 6]
A =
    12    62    93    -8    22
    16     2    87    43    91
    -4    17   -72    95     6
```

方括号标识符只能创建二维矩阵，包括 0×0、1×1、1×n、m×n 等类型。如果要创建多维矩阵，请参考 2.8 节。而如果需要读取矩阵中的某些元素并赋值，请参考 2.2 节。

在将一个带正负号的数值输入矩阵的时候要注意，符号后面要紧跟着数值，两者之间不要有空格。通过下面的比较可以看出有哪些不同。

【例 2-4】　矩阵中带符号的数值输入。

下面两个关于运算表达式的例子说明，符号与数值之间是否有空格并不影响计算结果。

```
>> 7 -2 +5
ans =
    10
>> 7 - 2 +5
ans =
    10
```

但是下面的两个例子则说明，在矩阵的输入过程中如果符号与数值之间有空格，那么其结果是不同的。读者在这方面一定要注意，以免导致计算结果错误。

```
>> [7 - 2 + 5]
ans =
    10
>> [7 -2 +5]
ans =
     7    -2     5
```

2.1.2 创建特殊矩阵

MATLAB 内嵌了很多函数，可以直接用来创建不同的特殊矩阵。比如创建汉克尔矩阵和范德蒙德矩阵。表 2-1 中列出了常用特殊矩阵的创建函数。这里需要再次强调一下，函数名称区分大小写。在 MATLAB 中函数名称一般全部小写，如果转换了其中一个字母的大小写，那么可能调用的就是另一个函数或者会发生调用错误。

表 2-1　　常用特殊矩阵的创建函数

函 数 名 称	函 数 功 能	函 数 名 称	函 数 功 能
zeros	创建所有元素为 0 的矩阵	pascal	创建 PASCAL 矩阵
diag	创建对角矩阵	rand	随机产生均匀分布的矩阵
ones	创建所有元素为 1 的矩阵	randn	随机产生正态分布的矩阵
eye	创建单位矩阵	randperm	产生一个由指定整数元素随机分布构成的矩阵
magic	创建魔方矩阵		

【例 2-5】　创建特殊矩阵的函数。

```
>> ones(4)           %  创建所有元素为 1 的矩阵
ans =
     1     1     1     1
     1     1     1     1
     1     1     1     1
     1     1     1     1
>> eye(5)            %  创建单位矩阵
ans =
     1     0     0     0     0
     0     1     0     0     0
     0     0     1     0     0
     0     0     0     1     0
     0     0     0     0     1
>> rand(2,3)         %  创建 2*3 的均匀分布随机数矩阵
ans =
    0.8147    0.1270    0.6324
    0.9058    0.9134    0.0975
>> randperm(7)       %  创建由 1：7 构成的随机数列
ans =
     5     1     2     7     3     4     6
```

需要指出的是，每次运行随机函数都会得到不同的结果，这是因为默认状态下随机数的种子都不同。这也是随机数的意义所在。若要用函数产生相同的矩阵以验证操作结果，可以按如下方法设置随机种子状态。

```
>>rand('state', 0);
>> randperm(7)
ans =
     2     7     4     3     6     5     1
```

2.1.3 矩阵的合并

矩阵的合并是指将两个或者多个矩阵合并到一起构成一个新的矩阵。前面提到的矩阵标识符方括号[]，不仅可以用来创建新的矩阵，还可以用来将若干个矩阵合并到一起。

表达式 `C = [A B]`将矩阵 A 和 B 在水平方向上合并到一起；而表达式 `C = [A; B]`则将矩

阵 A 和 B 在竖直方向上合并到一起。

【例 2-6】　求矩阵 A 和 B 在竖直方向上合并到一起后得到的矩阵 C。

```
>> rand('state', 0);                    %  设置随机种子，便于读者验证
>> A = ones(2, 5) * 6;                  %  元素全部为 6 的 2*5 的矩阵
>> B = rand(3, 5);                      %  3*5  的随机数矩阵
>> C = [A; B]
C =
    6.0000     6.0000     6.0000     6.0000     6.0000
    6.0000     6.0000     6.0000     6.0000     6.0000
    0.9501     0.4860     0.4565     0.4447     0.9218
    0.2311     0.8913     0.0185     0.6154     0.7382
    0.6068     0.7621     0.8214     0.7919     0.1763
```

需要指出的是，在矩阵的合并过程中要保持新生成的矩阵为长方形，否则 MATLAB 将会报错。也就是说，如果要在水平方向上合并矩阵，那么每个子矩阵的行数必须相同；如果要在竖直方向上合并矩阵，那么每个子矩阵的列数必须相同。

如图 2-1 所示，图中具有相同行数的矩阵可以水平合并，而行数不同的矩阵是不能水平合并的。

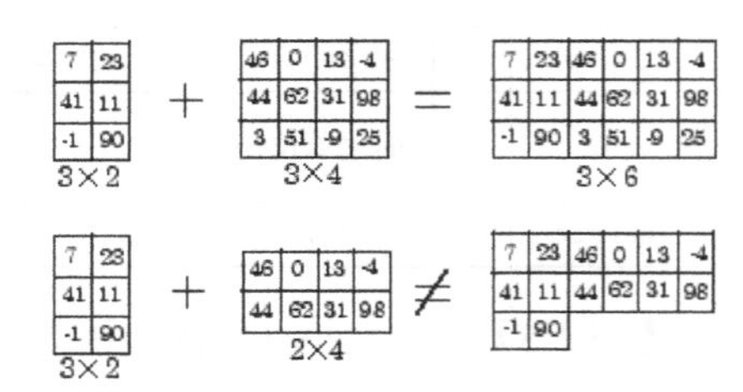

▲图 2-1　矩阵水平合并示意图

2.2　矩阵的寻访与赋值

在创建了矩阵之后，我们经常需要访问矩阵中的某一个或者某一些元素。另外，可能需要对其中的某些元素重新赋值或者删除某一部分元素。本节介绍如何进行矩阵的寻访与赋值。

2.2.1　矩阵的标识

本节介绍标识单个元素的 3 种方式：全下标标识法、单下标标识法和逻辑 1 标识法。

1. 全下标标识法

经典数学教科书在引述具体矩阵元素时，通常采用全下标标识法，即指出某一元素是在第几行第几列。这种标识法的优点是：几何概念清楚，引述简单。全下标标识法在 MATLAB 的寻访和赋值中最直观，也最常用。

对于二维矩阵来说，全下标标识法中要采用两个下标：行下标和列下标。如 A(3,5)表示二维矩阵 A 的第 3 行第 5 列。

这里值得注意的是，MATLAB 中对下标的标识是从 1 开始的，就是和我们平时在数学中使用的说法是一致的。这和其他一些编程语言中从 0 开始标识是不同的。

2. 单下标标识法

MATLAB 尽管是以矩阵作为基本的计算单元，但是矩阵的后台存储形式并不像显示出来的那样呈长方形排列，而是按照单下标标识法作为一列存储到内存中。单下标标识法就是“只用一个下标来指明元素在矩阵中的位置”。当然，这样做首先要对二维矩阵的所有元素进行“一维编号”。所谓“一维编号”就是首先设想把二维矩阵的所有列，按照先左后右的次序首尾相连排成一维长列，然后自上而下对元素位置进行编号。

下面介绍单下标与全下标的转换关系。以 $m \times n$ 的二维矩阵 $\boldsymbol{A}$ 为例，若全下标的元素位置是“第

a 行，第 b 列”，那么相应的单下标则为 $c=(b-1)m+a$。

在 MATLAB 中，有两个函数可以实现全下标和单下标的转换。

- sub2ind：根据全下标换算出单下标。
- ind2sub：根据单下标换算出全下标。

单下标的优势是在特定情境下使用更为简洁，例如编写某些循环的时候只需要一个循环变量就可以了。另外，比如需要将某数组赋值给另一维数不同的数组的时候。

3. 逻辑 1 标识法

在实际使用中，有时会遇到查找矩阵中大于或者小于某值的元素的问题，这时就可以使用逻辑 1 标识法。逻辑 1 标识法用一个基于原矩阵 $\boldsymbol{A}$ 相对位置的逻辑数组 B 来对矩阵 $\boldsymbol{A}$ 进行寻访。数组 B 中每一个 true 值（也就是 1）表示 $\boldsymbol{A}$ 中相对位置的元素可以被寻访。如果需要通过逻辑 1 标识法来对矩阵进行寻访，只须将符合条件的元素位置的标识设置为逻辑 1 即可。

采用逻辑 1 标识法的程序在速度方面具有一定的优势。

2.2.2 矩阵的寻访

【例 2-7】 二维矩阵的寻址。

```
>> a=[1 2 3; 4 5 6]            % 创建测试矩阵
a =
     1     2     3
     4     5     6
>> A=a(2,2)                    % 采用全下标标识法寻访
A =
     5
>> b=a(5)                      % 采用单下标标识法寻访
b =
     3
>> B=a>5                       % 返回逻辑下标
B =
     0     0     0
     0     0     1
>> c=a(B)                      % 采用逻辑 1 标识法寻访
c =
     6
>> d=a(1,:)                    % 通过使用冒号可以寻访全行元素
d =
     1     2     3
>> e=a(:,2)                    % 通过使用冒号可以寻访全列元素
e =
     2
     5
>> f=a(:)                      % 采用单下标标识法寻访
f =
     1
     4
     2
     5
     3
     6
>> g=a(:,[1 3])                % 寻访地址可以是向量，以同时寻访多个元素
g =
     1     3
     4     6
```

本例中的 B=a>5 和 c=a(B)，就表示采用逻辑 1 标识法访问矩阵 a 中大于 5 的元素。

2.2.3　矩阵的赋值

在了解了矩阵的寻访方法以后，给矩阵中的特定元素赋值也就成了一件很简单的事情。下面举例来说明。

【例 2-8】　二维矩阵的赋值。

```
>> a=magic(4)
a =
    16     2     3    13
     5    11    10     8
     9     7     6    12
     4    14    15     1
>> a(3,4)=0      % 对单个元素进行赋值
a =
    16     2     3    13
     5    11    10     8
     9     7     6     0
     4    14    15     1
>> a(:,1)=1      % 对第 1 列进行赋值
a =
     1     2     3    13
     1    11    10     8
     1     7     6     0
     1    14    15     1
>> a(14)=16      % 采用单下标标识法对第 14 个元素进行赋值
a =
     1     2     3    13
     1    11    10    16
     1     7     6     0
     1    14    15     1
```

2.3　进行数组运算的常用函数

在 MATLAB 中有一些常用函数，这些函数在日常的编程计算过程中会经常遇到，一般是基本的数学概念在 MATLAB 中的函数表达方式。这些函数在 MATLAB 中可以同时作用于整个矩阵或者数组，应用起来非常方便，不需要再另写循环程序来对各元素分别进行计算。掌握这些函数是进一步学习的基础。MATLAB 人性化的地方在于其自带函数基本按照相对应的英文名称缩写而来，所以便于记忆。

2.3.1　函数数组运算规则的定义

对于（$m\times n$）的数组 $\boldsymbol{X}=\begin{bmatrix} x_{11} & x_{12} & \cdots & x_{1n} \\ x_{21} & x_{22} & \cdots & x_{2n} \\ \vdots & \vdots & \vdots & \vdots \\ x_{m1} & x_{m2} & \cdots & x_{mn} \end{bmatrix}=[x_{ij}]_{m\times n}$，函数 $f()$ 的数组运算规则是指：

$$f(\boldsymbol{X})=[f(x_{ij})]_{m\times n}$$

也就是说，函数的数组运算是指将函数作用于矩阵中的每一个元素，并将最后的结果另存为与原矩阵行数和列数相同的矩阵。

2.3.2 进行数组运算的常用函数

本节列出进行数组运算的常用函数。MATLAB 中，常用的基本数学函数见表 2-2，常用的三角函数见表 2-3，适用于向量的常用函数见表 2-4。

表 2-2 MATLAB 常用的基本数学函数

函　数	说　明	函　数	说　明
abs(x)	绝对值或向量的长度	rat(x)	将实数 x 转化为分数表示
angle(z)	复数 z 的相角	sign(x)	符号函数 0 当 x<0 时，sign(x)=−1; 当 x=0 时，sign(x)=0; 当 x>0 时，sign(x)=1
sqrt(x)	开平方	rem(x,y)	求 x 除以 y 的余数
real(z)	复数 z 的实部	gcd(x,y)	整数 x 和 y 的最大公因数
imag(z)	复数 z 的虚部	lcm(x,y)	整数 x 和 y 的最小公倍数
conj(z)	复数 z 的共轭复数	exp(x)	自然指数
round(x)	四舍五入至最近的整数	pow2(x)	2 的指数
fix(x)	无论正负，向 0 的方向取最近的整数	log(x)	以 e 为底的对数，即自然对数
floor(x)	用舍去法取最近的整数	log2(x)	以 2 为底的对数
ceil(x)	用进一法取最近的整数	log10(x)	以 10 为底的对数

表 2-3 MATLAB 常用的三角函数

函　数	说　明	函　数	说　明
sin(x)	正弦函数	sinh(x)	超越正弦函数
cos(x)	余弦函数	cosh(x)	超越余弦函数
tan(x)	正切函数	tanh(x)	超越正切函数
asin(x)	反正弦函数	asinh(x)	反超越正弦函数
acos(x)	反余弦函数	acosh(x)	反超越余弦函数
atan(x)	反正切函数	atanh(x)	反超越正切函数
atan2(x,y)	四象限的反正切函数		

表 2-4 适用于向量的常用函数

函　数	说　明	函　数	说　明
min(x)	向量 x 的元素的最小值	norm(x)	向量 x 的欧氏长度，也就是范数
max(x)	向量 x 的元素的最大值	sum(x)	向量 x 的元素总和
mean(x)	向量 x 的元素的平均值	prod(x)	向量 x 的元素总乘积
median(x)	向量 x 的元素的中位数	cumsum(x)	向量 x 的累计元素总和
std(x)	向量 x 的元素的标准差	cumprod(x)	向量 x 的累计元素总乘积
diff(x)	向量 x 的相邻元素的差	dot(x, y)	向量 x 和 y 的内积
sort(x)	对向量 x 的元素进行排序	cross(x, y)	向量 x 和 y 的外积

【例 2-9】 数组运算。

```
>> a=[1 2 4 9;16 25 36 49]
a =

     1     2     4     9
```

```
    16    25    36    49
>> b=sqrt(a)                         %  应用函数对矩阵中的每一个元素分别开平方
b =
    1.0000    1.4142    2.0000    3.0000
    4.0000    5.0000    6.0000    7.0000
```

2.4 查询矩阵信息

在矩阵的使用过程中，经常需要查询某个矩阵的一些基本信息，比如行数、列数、总元素个数、各元素的数据类型等，这就需要我们掌握矩阵信息查询函数。

2.4.1 矩阵的形状信息

表 2-5 中的函数可以用来查询关于矩阵形状的信息。

表 2-5　　查询矩阵形状信息的函数

函数名称	函数功能	函数名称	函数功能
Length	返回矩阵最长的一维的长度	numel	返回矩阵的元素个数
Ndims	返回矩阵的维数	size	返回矩阵各维的长度

下面举例说明如何使用这些函数。

【例 2-10】　查询的矩阵形状信息。

```
>> rand('state', 0);          %  设置随机种子，便于读者验证
>> A = rand(5) * 10           %  生成 5*5 的随机矩阵
A =
    9.5013    7.6210    6.1543    4.0571    0.5789
    2.3114    4.5647    7.9194    9.3547    3.5287
    6.0684    0.1850    9.2181    9.1690    8.1317
    4.8598    8.2141    7.3821    4.1027    0.0986
    8.9130    4.4470    1.7627    8.9365    1.3889
>> A(4:5, :) = []             %  删除第 4 行和第 5 行
A =
    9.5013    7.6210    6.1543    4.0571    0.5789
    2.3114    4.5647    7.9194    9.3547    3.5287
    6.0684    0.1850    9.2181    9.1690    8.1317
>> size(A)
ans =
     3     5
>>a= length(A)
a =
     5
>> b=sum(A(:))/numel(A)       %  使用 sum 和 numel 函数计算矩阵 A 的平均值
b =
    5.8909
>> c=mean(mean(A))            %   使用 mean 函数验证矩阵 A 的平均值
c =
    5.8909
```

2.4.2 矩阵的数据类型

与其他编程语言类似，MATLAB 提供了多种数据类型，相关内容将在第 3 章中介绍。本节介绍用来查询数据类型的函数。

表 2-6 中的函数可以用来查询矩阵中的数据类型。

表 2-6 判断矩阵中数据类型的函数

函数名称	函数功能	函数名称	函数功能
isa	判断输入矩阵是否是给定类型	isinteger	判断输入矩阵是否是整数数组
iscell	判断输入矩阵是否是 cell 数组	islogical	判断输入矩阵是否是逻辑数组
iscellstr	判断输入矩阵是否是由字符串构成的 cell 数组	isnumeric	判断输入矩阵是否是数值数组
ischar	判断输入矩阵是否是字符串数组	isreal	判断输入矩阵是否是实数数组
isfloat	判断输入矩阵是否是浮点数组	isstruct	判断输入矩阵是否是 structure 数组

2.4.3 矩阵的数据结构

表 2-7 中的函数可以用来查询矩阵中所用的数据结构。

表 2-7 查询矩阵中数据结构的函数

函数名称	函数功能	函数名称	函数功能
isempty	判断输入矩阵是否为空	issparse	判断输入矩阵是否是稀疏矩阵
isscalar	判断输入矩阵是否是 1×1 的标量	isvector	判断输入矩阵是否是向量

2.5 数组运算与矩阵运算

在 MATLAB 中，术语矩阵和数组在一般情况下是没有区别的。严格地说，矩阵就是一个二维数组，是用来进行线性代数运算的。MATLAB 运用于矩阵上的数学运算符是以线性代数中的矩阵运算法则来进行计算的，而数组运算是基于两个矩阵对应元素之间的运算，所以在 MATLAB 中数组运算和矩阵运算是有区别的。

为了更清晰地表述数组运算和矩阵运算的区别，本节将二者相对应的命令列表进行对比，以说明其异同。表 2-8 列出了两种运算指令形式和实质功能的区别。

表 2-8 数组运算与矩阵运算的区别

数组运算		矩阵运算	
指令	说明	指令	说明
A.'	非共轭转置，相当于(conj(A'))	A'	共轭转置
A+B 与 A-B	A①与 B①对应元素之间加减	A+B 或 A-B	A①与 B①对应元素之间加减
k.*A 或 A.*k①	k 乘 A 的每个元素	k*A 或 A*k	k 乘 A 的每个元素
k+A 与 k-A	k 加（减）A 的每个元素	k+A 与 k-A	k 加（减）A 的每个元素
A.*B	两数组对应元素相乘	A*B	按线性代数的矩阵乘法规则计算矩阵 A 和 B 的乘积
A.^k	对 A 的每个元素进行 k 次方运算	A^k	k 个矩阵 A 相乘
k.^A	以 k 为底，分别以 A 的元素为指数求幂值	k^A	矩阵的幂。K 和 A 不能同时为矩阵。按照矩阵幂的运算法则进行计算
k./A 和 A.\k	k 分别被 A 的元素除	—	—
左除 A.\B	A 的元素被 B 的对应元素除	左除 A\B	AX=B 的解
右除 B./A	与上式结果相同	右除 B/A	XA=B 的解

① k 为标量，即单个数值，A 和 B 均为矩阵或者数组。

【例 2-11】　数组运算和矩阵运算的比较。

```
>> A=[1 2;3 4];                    % 测试矩阵 A
>> B=[4 3;2 1];                    % 测试矩阵 B
>> r1=100+A                        % 矩阵 A 加上一个常数
r1 =
   101   102
   103   104
>> r2_1=A*B                        % 两个矩阵相乘，矩阵乘法
r2_1 =
     8     5
    20    13
>> r2_2=A.*B                       % 两个矩阵相乘，数组乘法
r2_2 =
     4     6
     6     4
>> r3_1=A\B                        % 矩阵左除
r3_1 =
   -6.0000   -5.0000
    5.0000    4.0000
>> r3_2=A.\B                       % 数组除法
r3_2 =
    4.0000    1.5000
    0.6667    0.2500
>> r4_1=B/A                        % 矩阵右除
r4_1 =
   -3.5000    2.5000
   -2.5000    1.5000
>> r4_2=B./A                       % 数组除法
r4_2 =
    4.0000    1.5000
    0.6667    0.2500
>> r5_1=A.^2                       % 数组幂
r5_1 =
     1     4
     9    16
>> r5_2=A^2                        % 矩阵幂
r5_2 =
     7    10
    15    22
>> r6_1=2.^A                       % 数组幂
r6_1 =
     2     4
     8    16
```

2.6 矩阵的重构

2.6.1　矩阵元素的扩展与删除

MATLAB 可以对矩阵中的元素进行行或者列的扩展与删除。

1. 矩阵元素的扩展

当将数据保存在矩阵现有维数以外的元素中时，矩阵的尺寸会自动增加，以便容纳这些新元素。这个功能可以用来进行矩阵的扩展。

【例 2-12】 矩阵的扩展。

```
>> A=magic(4)
A =
    16     2     3    13
     5    11    10     8
     9     7     6    12
     4    14    15     1
>> A(6,7)=17
A =
    16     2     3    13     0     0     0
     5    11    10     8     0     0     0
     9     7     6    12     0     0     0
     4    14    15     1     0     0     0
     0     0     0     0     0     0     0
     0     0     0     0     0     0    17
>> A(:,8)=ones(6,1)
A =
    16     2     3    13     0     0     0     1
     5    11    10     8     0     0     0     1
     9     7     6    12     0     0     0     1
     4    14    15     1     0     0     0     1
     0     0     0     0     0     0     0     1
     0     0     0     0     0     0    17     1
```

本例中，A 的原始矩阵并没有 A(6,7) 这个元素，通过给 A(6,7) 赋值，矩阵 A 扩展成了一个 6×7 的新矩阵，其中未赋值的扩展部分以 0 来填充。另外，本例还说明了如何对矩阵的多个元素进行扩展赋值，直接将一个列向量赋值给扩展的部分。

2. 矩阵元素的删除

通过将行或列指定为空矩阵[]，即可从矩阵中删除行和列。

【例 2-13】 矩阵的删除。

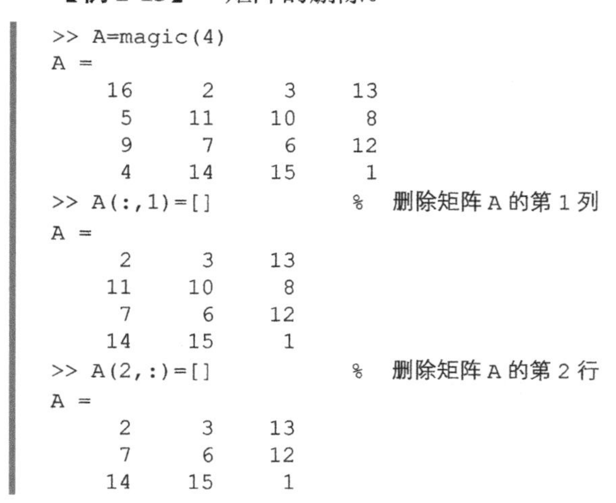

```
>> A=magic(4)
A =
    16     2     3    13
     5    11    10     8
     9     7     6    12
     4    14    15     1
>> A(:,1)=[]              % 删除矩阵 A 的第 1 列
A =
     2     3    13
    11    10     8
     7     6    12
    14    15     1
>> A(2,:)=[]              % 删除矩阵 A 的第 2 行
A =
     2     3    13
     7     6    12
    14    15     1
```

2.6.2 矩阵的重构

用户可以通过矩阵旋转，改变维数和截取部分元素来产生所需要的新矩阵。MATLAB 提供了一些矩阵重构函数，如表 2-9 所示。

表 2-9　常用的矩阵重构函数[1]

函数形式	函数功能	函数形式	函数功能
B=rot90(A)	矩阵 B 由矩阵 A 逆时针旋转 90°所得	L=tril(A,k)	L 矩阵第 k 条对角线及以下的元素取矩阵 A 的元素，其余元素为 0

续表

函数形式	函数功能	函数形式	函数功能
B=rot90(A,k)	矩阵 B 由矩阵 A 逆时针旋转 k×90°所得	L=tril(A)	L 矩阵主对角线及以下的元素取矩阵 A 的元素，其余元素为 0
B=flipud(A)	矩阵 B 由矩阵 A 上下翻转所得	U=triu(A,K)	U[①]矩阵第 k 条对角线及以上的元素取矩阵 A 的元素，其余元素为 0
B=reshape (A,m,n)	将矩阵 A 改写为矩阵 B，矩阵 B 的维数为(m×n)，m×n 等于矩阵 A 的元素总个数	U=triu(A)	U 矩阵主对角线及以上的元素取矩阵 A 的元素，其余元素为 0
B=fliplr(A)	矩阵 B 由矩阵 A 左右翻转所得		

① A、B、L、U 均为矩阵。

【例 2-14】 矩阵的重构。

```
>> a=reshape(1:9,3,3)                    % 创建测试矩阵
>> a= [1,7;2,8;3,9;4,10;5,11;6,12]       % 创建测试矩阵

a =
     1     7
     2     8
     3     9
     4    10
     5    11
     6    12
>> a  = reshape(a,4,3)                   % 使用 reshape 改变 a 的形状，
                                         % 注意，前后两个 a 中每一个单下标对应的元素是一致的

a =
     1     5     9
     2     6    10
     3     7    11
     4     8    12
>> b=rot90(a,3)                          % 将矩阵 a 逆时针旋转 3×90°
b =
     4     3     2     1
     8     7     6     5
    12    11    10     9
>> c=fliplr(a)                           % 将矩阵 a 左右翻转
c =
     9     5     1
    10     6     2
    11     7     3
    12     8     4
>> d=flipud(a)                           % 将矩阵 a 上下翻转
d =
     4     8    12
     3     7    11
     2     6    10
     1     5     9
```

【例 2-15】 矩阵部分元素的提取。

```
>> a=[1 2 3;4 5 6; 7 8 9]  % 创建测试矩阵
a =
     1     2     3
     4     5     6
     7     8     9
>> b=diag(a)               % 求 a 的对角矩阵
b =
```

```
      1
      5
      9
>> c=triu(a,1)                   % c 矩阵第 1 条对角线及以上的元素取矩阵 a 的元素，其余元素为 0
c =
      0      2      3
      0      0      6
      0      0      0
>> d=triu(a,2)                   % d 矩阵第 2 条对角线及以上的元素取矩阵 a 的元素，其余元素为 0
d =
      0      0      3
      0      0      0
      0      0      0
>> e=triu(a,-1)                  % e 矩阵中除了第 3 行第 1 列元素为 0 之外，其余元素都取矩阵 a 的元素
e =
      1      2      3
      4      5      6
      0      8      9
>> f=tril(a,-1)                  % 下三角矩阵的提取
f =
      0      0      0
      4      0      0
      7      8      0
```

2.7 稀疏矩阵

稀疏矩阵是一种特殊类型的矩阵，即矩阵中包括较多的零元素。对于稀疏矩阵的这种特性，在MATLAB 中可以只保存矩阵中非零元素及非零元素在矩阵中的位置。在用稀疏矩阵进行计算时，通过消去零元素可以减少计算的时间。

2.7.1 稀疏矩阵的存储方式

对一般矩阵而言，MATLAB 保存矩阵内的每一个元素，矩阵中的零元素与其他元素一样，需要占用同样大小的内存空间。但对于稀疏矩阵，MATLAB 仅存储稀疏矩阵中的非零元素及其对应的位置，其他空余位置只在访问时以默认的零元素来填充。对于一个含有大量零元素的大型矩阵，采用这种方法可以大大地减少数据占据的内存空间。

MATLAB 采用 3 个内部数组来保存元素为实数的稀疏矩阵。

稀疏矩阵也可用于存储复数。当稀疏矩阵用于存储复数数据时，须用第 4 个内部数组保存非零复数的虚部。一个复数非零是指其实部或虚部至少一个不为零。

【例 2-16】 稀疏矩阵与一般矩阵的内存占用量对比。

```
>> M_full = magic(1100);              % 创建一个 1100*1100 矩阵
>> M_full(M_full > 50) = 0;           % 将大于 50 的元素设置为 0
>> M_sparse = sparse(M_full);         % 创建稀疏矩阵
>> whos
  Name              Size              Bytes  Class     Attributes

  M_full         1100×1100          9680000  double
  M_sparse       1100×1100             9608  double    sparse
```

本例中，`M_full` 和 `M_sparse` 两个变量存储的实际上是同一个矩阵，但是二者因为采用的存储形式分别为一般矩阵和稀疏矩阵，所以占用的内存量相差了近 1000 倍。因为 MATLAB 版本不同，操作系统不同（例如 32 位和 64 位），所以内部存储格式也有些变化，但总体上来说稀疏矩

阵占用的内存空间比一般矩阵小很多。

2.7.2　稀疏矩阵的创建

MATLAB 绝不会自动创建一个稀疏矩阵，这需要用户来决定是否使用稀疏矩阵。在创建一个矩阵前，用户需要根据此矩阵中是否包含较多的零元素，采用稀疏矩阵技术是否有利，来决定是否采用稀疏矩阵的形式。矩阵中非零元素的个数除以所有元素的个数得到的商，就叫作矩阵的密度。密度越小的矩阵采用稀疏矩阵的格式越有利。

要将一般矩阵转换为稀疏矩阵，可以使用函数 sparse，如 s=sparse (A)，是指将矩阵 A 转换为稀疏矩阵。另外，使用函数 full 则可把稀疏矩阵转换为一般矩阵。

【例 2-17】　一般矩阵与稀疏矩阵的转换。

```
>> A=[0 0 0 1;0 1 0 0;1 2 0 0;0 0 3 0]
A =
     0     0     0     1
     0     1     0     0
     1     2     0     0
     0     0     3     0
>> s=sparse(A)
s =
   (3,1)        1
   (2,2)        1
   (3,2)        2
   (4,3)        3
   (1,4)        1
>> B=full(s)
B =
     0     0     0     1
     0     1     0     0
     1     2     0     0
     0     0     3     0
```

本例的结果中列出了 s 的所有非零元素列表及其对应的行列序号。所有非零元素保存在一列中，反映了数据的内部结构。

稀疏矩阵的创建一般有以下几种方式。

1. 直接创建稀疏矩阵

使用函数 sparse，可以用一组非零元素直接创建一个稀疏矩阵。该函数调用格式为如下。

```
S=sparse(i,j,s,m,n)
```

其中，i 和 j 都为矢量，分别是指矩阵中非零元素的行号与列号；s 是一个全部为非零元素的矢量，元素在矩阵中排列的位置为 (i,j)；m 为输出的稀疏矩阵的行数；n 为输出的稀疏矩阵的列数。

【例 2-18】　稀疏矩阵的创建。

```
>> S=sparse([1 3 2 1 4],[3 1 4 1 4],[1 2 3 4 5],4,4)
S =
   (1,1)        4
   (3,1)        2
   (1,3)        1
   (2,4)        3
   (4,4)        5
>> full(S)
ans =
     4     0     1     0
```

```
     0     0     0     3
     2     0     0     0
     0     0     0     5
```

本例中通过 sparse 函数直接创建了稀疏矩阵 S。sparse 函数中的前两个输入变量[1 3 2 1 4]和[3 1 4 1 4]就是元素在矩阵中排列的位置，第 3 个输入变量[1 2 3 4 5]就是稀疏矩阵前面两个输入变量中的位置所对应元素的值，而最后两个相同的输入变量 4 分别指输出的稀疏矩阵的行数是 4，输出的稀疏矩阵的列数同样也为 4。通过 full 函数把稀疏矩阵转换为一般矩阵，这样就可以清楚地看出 sparse 函数输入和输出之间的关系。

需要指出的是，函数 sparse 还有一个变化形式，它可以设置最大数目的非零元素。如有必要，可以在函数 sparse 中添加第 6 个输入参数，设置稀疏矩阵中非零元素的最大数目，这样以后要在矩阵中添加非零元素，就无须再修改矩阵的结构。具体的使用方法请查阅 help 文档。

2. 从对角线元素中创建稀疏矩阵

要将一个矩阵的对角线元素保存在一个稀疏矩阵中，可以使用函数 spdiags。其调用格式如下。

```
S=spdiags(B,d,m,n)
```

函数 spdiags 用于创建一个大小为 m 行 n 列的稀疏矩阵 S，其非零元素来自矩阵 B 中的元素且按对角线排列，参数 d 指定矩阵 B 中用于生成稀疏矩阵 S 的对角线位置。可以认为矩阵的主对角线是第 0 条对角线，每向右上移动一条对角线编号加 1，向左下移动一条对角线编号减 1。也就是说，B 中的 j 列填充矢量 d 元素，j 指定对角线。

【例 2-19】 稀疏矩阵的创建。

```
>> B=[1 2 3;4 5 6;7 8 9;10 11 12]
B =
     1     2     3
     4     5     6
     7     8     9
    10    11    12
>> d=[-3 0 2]
d =
    -3     0     2
>> A=spdiags(B,d,7,4)
A =
   (1,1)        2
   (4,1)        1
   (2,2)        5
   (5,2)        4
   (1,3)        9
   (3,3)        8
   (6,3)        7
   (2,4)       12
   (4,4)       11
   (7,4)       10
>> full(A)
ans =
     2     0     9     0
     0     5     0    12
     0     0     8     0
     1     0     0    11
     0     4     0     0
     0     0     7     0
     0     0     0    10
```

本例生成了一个 7 行 4 列的稀疏矩阵 A。B 的第 1 列元素排列在主对角线以下的第 3 条对角线上，第 2 列元素排列在主对角线上，第 3 列中的非零元素排列在主对角线上方的第 2 条对角线上。注意，B 中的第 3 列元素并没有全部分布在主对角线上方的第 2 条对角线上，而是最后两个元素 9 和 12 排列在该对角线上。

3. 从外部文件中导入稀疏矩阵

用外部文件创建的文本文件，如果该文件中的数据按 3 列或者 4 列排列，则可将这个文本文件载入内存，用于创建一个稀疏矩阵。

【例 2-20】　稀疏矩阵的创建。

假如有这样一个文件 uphill.dat（用户可以通过记事本打开并编辑其内容），文件内含有以下数据。

```
1     1     1.000000000000000
1     2     0.500000000000000
2     2     0.333333333333333
1     3     0.333333333333333
2     3     0.250000000000000
3     3     0.200000000000000
1     4     0.250000000000000
2     4     0.200000000000000
3     4     0.166666666666667
4     4     0.142857142857143
4     4     0.000000000000000
```

那么通过使用 load 命令可以将此数据文件载入 MATLAB，然后对其进行操作。实际中，用户可以在 Command Window 中输入以下命令。

```
>> load uphill.dat  %  用 load 命令将数据的文本文件 uphill.dat 载入工作区
>> H = spconvert(uphill)
H =
   (1,1)        1.0000
   (1,2)        0.5000
   (2,2)        0.3333
   (1,3)        0.3333
   (2,3)        0.2500
   (3,3)        0.2000
   (1,4)        0.2500
   (2,4)        0.2000
   (3,4)        0.1667
   (4,4)        0.1429
>
>> full(H)

ans =

    1.0000    0.5000    0.3333    0.2500
         0    0.3333    0.2500    0.2000
         0         0    0.2000    0.1667
         0         0         0    0.1429
```

本例首先使用 load 函数导入了一个 3 列数据的文本文件 uphill.dat，用户可以通过在命令行中输入变量名 uphill 查看数据 uphill 中的具体内容来验证数据读取是否正确，然后调用 spconvert 将 uphill 转换为相应的稀疏矩阵 H。通过调用 full 函数可以直观地查看得到的稀疏矩阵。

MATLAB 使用 load 函数来导入外部数据文件的具体用法可以参阅第 10 章。

2.7.3 稀疏矩阵的运算

MATLAB 自带的多数数学函数都可用于处理稀疏矩阵，此时可以将稀疏矩阵视为一般矩阵。另外，MATLAB 也提供了一些专门针对稀疏矩阵的函数。当处理稀疏矩阵时，计算的复杂程度与稀疏矩阵中非零元素的数目成正比，也与矩阵的行数和列数有关。比如稀疏矩阵的乘法、乘方等，都是比较复杂的运算。

当用函数处理稀疏矩阵时，计算结果要遵循以下原则。

- 当 MATLAB 函数处理一个矩阵时，不管这个矩阵是一般矩阵还是稀疏矩阵，其返回值都为一个数值或矩阵。返回值都按一般矩阵形式进行保存，并不会因为接受的参数是稀疏矩阵，而将结果保存为稀疏矩阵。
- 当函数处理一个数值或矢量返回一个矩阵时，如果矩阵为零矩阵、随机矩阵、单位矩阵，或者元素全为 1 的矩阵，这些矩阵全按一般矩阵形式保存。对于零矩阵，有一种类似稀疏矩阵的存储方法，因为零矩阵中没有非零元素，所以不能将零矩阵转换为稀疏矩阵，但指令 zeros(m,n) 和 sparse(m,n) 是可用的。对于单位矩阵和随机矩阵，可以使用类似稀疏矩阵的操作指令，即 speye 和 sprand。对于元素全为 1 的矩阵，则没有类似的操作指令。
- 对于以矩阵为参数并且返回矩阵或矢量的一元函数，返回值的存储类型与参数的存储类型相同。例如，对于矩阵 S 的 cholesky 分解，如果 S 为一般矩阵，结果也为一般矩阵；如果 S 为稀疏矩阵，结果也为稀疏矩阵。对于按列方向处理矩阵的函数，如求各列最大值的函数 max，求各列之和的函数 sum 等，也都返回与参数相同的存储类型。如果参数是稀疏矩阵，即使返回的矩阵或矢量全为非零元素，也用稀疏方式表示。例外情况只有函数 sparse 和 full，因为它们用于一般矩阵和稀疏矩阵之间的转换。
- 对于两个输入参数都为矩阵的情况，如果输入的两个矩阵都为稀疏矩阵，则输出仍为稀疏矩阵；如果输入的两个矩阵都为一般矩阵，结果也为一般矩阵；如果两个输入参数中一个为稀疏矩阵，一个为一般矩阵，结果通常为一般矩阵，但在能够保证矩阵稀疏性不变的运算中，结果则为稀疏矩阵。
- 当使用方括号对矩阵进行组合时，如果组合的矩阵中有稀疏矩阵，结果则为稀疏矩阵。
- 对于子矩阵在右边的赋值操作，返回值为右边子矩阵的存储类型，子矩阵在左边赋值不改变其存储类型。

【例 2-21】 稀疏矩阵的组合。

```
>> A=[1 0 0;0 0 1;1 2 0]
A =
     1     0     0
     0     0     1
     1     2     0
>> B=sparse(A)
B =
   (1,1)        1
   (3,1)        1
   (3,2)        2
   (2,3)        1
>> C=[A(:,1),B(:,2)]
C =
   (1,1)        1
   (3,1)        1
   (3,2)        2
```

本例将矩阵 A 的第 1 列和矩阵 B 的第 2 列组成了新的矩阵 C，从结果可知，C 为稀疏矩阵。

【例 2-22】　稀疏矩阵子矩阵的赋值。

```
>> A=[1 0 0;0 0 1;1 2 0];
>> B=sparse(A);
>> C=sparse(cat(1,full(B),A))
C =
   (1,1)          1
   (3,1)          1
   (4,1)          1
   (6,1)          1
   (3,2)          2
   (6,2)          2
   (2,3)          1
   (5,3)          1
>> i=[1 2 3];
>> j=[1 2 3];
>> T=C(i,j)
T =
   (1,1)          1
   (3,1)          1
   (3,2)          2
   (2,3)          1
>> C(j,i)=full(T)          %  将一般矩阵赋值给一个稀疏矩阵，仍返回稀疏矩阵
C =
   (1,1)          1
   (3,1)          1
   (4,1)          1
   (6,1)          1
   (3,2)          2
   (6,2)          2
   (2,3)          1
   (5,3)          1
```

2.7.4　稀疏矩阵的交换与重新排序

稀疏矩阵 S 的行交换与列交换可以用以下两种方法表示。

- 对于交换矩阵 P，对稀疏矩阵 S 进行行交换可表示为 P*S，进行列交换可表示为 P*S'。
- 对于一个交换矢量 p，p 为一般矢量（其中包含 1～n 个自然数的一个排列），对稀疏矩阵进行行交换，可以表示为 S(p,:)。S(:,p)为列交换形式。对于矩阵 S 的某一列进行行交换，可以表示为 S(p,n)，如 S(p,1)表示对第 1 列进行行交换。

【例 2-23】　稀疏矩阵 S 的交换。

```
>> p=[1 3 2 4];
>> S=eye(4,4)
S =
     1     0     0     0
     0     1     0     0
     0     0     1     0
     0     0     0     1
>> P=S(p,:)
P =
     1     0     0     0
     0     0     1     0
     0     1     0     0
     0     0     0     1
>> V=S(p,2)
V =
     0
     0
```

```
     1
     0
```

矩阵 P 的第 1 行为 S 的第 1 行，第 2 行为 S 的第 3 行。即对矩阵 S 的行，按照矢量 p 指定的顺序进行调整。

```
>> S1=speye(4,4)
S1 =
   (1,1)          1
   (2,2)          1
   (3,3)          1
   (4,4)          1
>> P1=S1(p,:)         %  对稀疏矩阵进行行列的交换，返回的形式仍为稀疏矩阵
P1 =
   (1,1)          1
   (3,2)          1
   (2,3)          1
   (4,4)          1
```

对稀疏矩阵 S1 进行行列的交换，返回的 P1 仍为稀疏矩阵。对稀疏矩阵的列重新排序，有时可以使矩阵分解的速度更快。最简单的矩阵排序是根据矩阵中非零元素的个数进行的。这种方法对于元素极不规则的矩阵很有效，特别适用于非零元素在行或列中数目变化较大的矩阵。MATLAB 提供了一个非常简单的函数 colperm，用于实现这种排序方法。此函数的 M 文件仅有以下几行。

```
function p=colperm(S)

if ~ismatrix(S)                                         %  判断输入变量是否是一个矩阵
    error(message('MATLAB:colperm:invalidInput'));      %  如果不满足条件，就返回错误消息
end
[~,p] = sort(full(sum(S ~= 0, 1)));
```

程序的第 5 行实现了以下 4 个功能。

- 调用 S ~= 0 判断矩阵中各元素是否为 0，若不为 0 则返回逻辑值 1。
- 函数 sum 求上一步创建的矩阵各列的和，也即为各列中非零元素的个数。
- 函数 full 将上一步创建的矢量转换为一般矢量的格式。
- 使用函数 sort 对上一步操作创建的矢量元素进行升序排序，函数 sort 的第 2 个输出参数 p，即为对矩阵 S 各列中非零元素的个数进行重新排序的交换矢量。

【例 2-24】 对下面的矩阵 A，先用函数 colperm 获取一个交换矢量 p，然后根据矢量 p 对矩阵 A 的列，按照非零元素的个数升序排序。

```
>> A=[0 1 2 3;3 2 1 0;0 0 2 0;1 0 0 2]
A =
     0     1     2     3
     3     2     1     0
     0     0     2     0
     1     0     0     2
>> p=colperm(A)
p =
     1     2     4     3
>> B=A(:,p)
B =
     0     1     3     2
     3     2     0     1
     0     0     0     2
     1     0     2     0
```

结果显示，矩阵 B 就是将 A 的各列按照非零元素的个数升序排序的结果。

2.7.5　稀疏矩阵视图

MATLAB 提供了 spy 函数，用于观察稀疏矩阵非零元素的分布视图。本节举例说明 spy 函数的用法。

【例 2-25】　稀疏矩阵视图。本例采用 spy 函数绘制 Buckminster Fuller 网格球顶的 60×60 邻接矩阵视图。这个矩阵还可用来表示碳 60 模型和足球。

```
>>B = bucky;
>>spy(B)
```

得到的结果如图 2-2 所示。图中显示了稀疏矩阵 B 的非零元素分布视图。

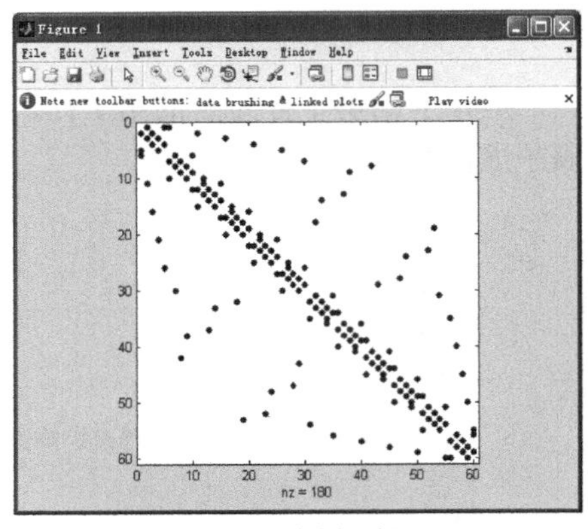

▲图 2-2　稀疏矩阵视图

2.8　多维数组

在实际应用的过程中，经常需要构造多于二维的数组，我们将多于二维的数组统称为多维数组。

对于二维数组，人们习惯于把数组的第 1 维称为“行”，把第 2 维称为“列”，我们将第 3 维称为“页”。

因为更多维的数组的显示并不直观，所以本节以三维数组为例来介绍多维数组的使用。

2.8.1　多维数组的创建

创建多维数组最常用的方法有以下 4 种。

- 直接通过“全下标”元素赋值的方式创建多维数组。
- 由若干同样大小的二维数组组合成多维数组。
- 由函数 ones、zeros、rand、randn 等直接创建特殊的多维数组。
- 借助 cat、repmat、reshape 等函数构建多维数组。

【例 2-26】　采用“全下标”元素赋值的方式创建多维数组。

```
>> A(3,3,3)=1                    %  创建 3*3*3 数组，未赋值元素默认设置为 0
A(:,:,1) =
     0     0     0
     0     0     0
     0     0     0
A(:,:,2) =
     0     0     0
     0     0     0
     0     0     0
A(:,:,3) =
     0     0     0
     0     0     0
     0     0     1
>> B(3,4,:)=1:4                  %  创建 3*4*4 数组
B(:,:,1) =
     0     0     0     0
     0     0     0     0
     0     0     0     1
B(:,:,2) =
     0     0     0     0
     0     0     0     0
     0     0     0     2
```

```
B(:,:,3) =
     0     0     0     0
     0     0     0     0
     0     0     0     3
B(:,:,4) =
     0     0     0     0
     0     0     0     0
     0     0     0     4
```

【例 2-27】 由二维数组组合成多维数组。

```
>> clear
>> A(:,:,1)=magic(4);                    % 创建数组 A 第 1 页的数据
>> A(:,:,2)=ones(4);                     % 创建数组 A 第 2 页的数据
>> A(:,:,3)=zeros(4)                     % 创建数组 A 第 3 页的数据
A(:,:,1) =
    16     2     3    13
     5    11    10     8
     9     7     6    12
     4    14    15     1
A(:,:,2) =
     1     1     1     1
     1     1     1     1
     1     1     1     1
     1     1     1     1
A(:,:,3) =
     0     0     0     0
     0     0     0     0
     0     0     0     0
     0     0     0     0
```

【例 2-28】 由函数 rand 直接创建特殊的多维数组。

```
>> rand('state', 0);          % 设置随机种子，便于读者验证
>> B=rand(3,4,3)
B(:,:,1) =
    0.9501    0.4860    0.4565    0.4447
    0.2311    0.8913    0.0185    0.6154
    0.6068    0.7621    0.8214    0.7919
B(:,:,2) =
    0.9218    0.4057    0.4103    0.3529
    0.7382    0.9355    0.8936    0.8132
    0.1763    0.9169    0.0579    0.0099
B(:,:,3) =
    0.1389    0.6038    0.0153    0.9318
    0.2028    0.2722    0.7468    0.4660
    0.1987    0.1988    0.4451    0.4186
```

【例 2-29】 借助 cat 函数构建多维数组。

```
>> B=cat(3,ones(2,3),ones(2,3)*2,ones(2,3)*3)
B(:,:,1) =
     1     1     1
     1     1     1
B(:,:,2) =
     2     2     2
     2     2     2
B(:,:,3) =
     3     3     3
     3     3     3
```

cat 指令第 1 个输入变量中填写的数字表示“扩展方向的维号”。本例中，第 1 个输入变量

是 3，它表示“沿第 3 维方向扩展”。为了对比，下面分别演示使用 cat 函数沿其他方向进行扩展的情况。

```
>> B=cat(2,ones(2,3),ones(2,3)*2,ones(2,3)*3)          % 沿第 2 维方向扩展
B =
     1     1     1     2     2     2     3     3     3
     1     1     1     2     2     2     3     3     3
>> B=cat(1,ones(2,3),ones(2,3)*2,ones(2,3)*3)          % 沿第 1 维方向扩展
B =
     1     1     1
     1     1     1
     2     2     2
     2     2     2
     3     3     3
     3     3     3
>> B=cat(4,ones(2,3),ones(2,3)*2,ones(2,3)*3)          % 沿第 4 维方向扩展
B(:,:,1,1) =
     1     1     1
     1     1     1
B(:,:,1,2) =
     2     2     2
     2     2     2
B(:,:,1,3) =
     3     3     3
     3     3     3
```

【例 2-30】　借助 repmat 函数构建多维数组。

```
>> repmat([1,2;3,4;5,6],[1,2,3])
ans(:,:,1) =
     1     2     1     2
     3     4     3     4
     5     6     5     6
ans(:,:,2) =
     1     2     1     2
     3     4     3     4
     5     6     5     6
ans(:,:,3) =
     1     2     1     2
     3     4     3     4
     5     6     5     6
```

repmat 函数的第 1 个输入变量是构成多维数组的源数组。第 2 个输入变量是指定向各维方向上扩展的源数组个数。本例中输入变量[1,2,3]是指将源数组在行方向上扩展为 1 个，在列方向上扩展为 2 个，在页方向上扩展为 3 个。

【例 2-31】　借助 reshape 函数构建多维数组。

```
>> A=reshape(1:60,5,4,3)
A(:,:,1) =
     1     6    11    16
     2     7    12    17
     3     8    13    18
     4     9    14    19
     5    10    15    20
A(:,:,2) =
    21    26    31    36
    22    27    32    37
    23    28    33    38
    24    29    34    39
```

```
      25      30      35      40
A(:,:,3) =
      41      46      51      56
      42      47      52      57
      43      48      53      58
      44      49      54      59
      45      50      55      60
>> B=reshape(A,4,5,3)
B(:,:,1) =
       1       5       9      13      17
       2       6      10      14      18
       3       7      11      15      19
       4       8      12      16      20
B(:,:,2) =
      21      25      29      33      37
      22      26      30      34      38
      23      27      31      35      39
      24      28      32      36      40
B(:,:,3) =
      41      45      49      53      57
      42      46      50      54      58
      43      47      51      55      59
      44      48      52      56      60
```

reshape 的第 1 个输入变量是源数组，第 2～4 个输入变量分别是要生成的数组的行数、列数和页数。将要生成的数组必须和源数组中元素的个数相同。当重组时，元素排列遵循“单下标”编号规则：第 1 页的第 1 列接该页的第 2 列，依次类推，直至第 1 页的最后一列。在第 1 页排列结束后，开始排列第 2 页的第 1 列，依次类推，直至所有的元素排列结束。

2.8.2 多维数组的寻访与重构

1. 多维数组的寻访

和二维数组一样，可以使用“全下标”“单下标”和“逻辑下标”来寻访多维数组。“全下标”和“逻辑下标”两种形式与二维数组相同，是以非常直观的形式来表现的，这里不再详述。而多维数组的“单下标”就比较复杂。本节对此进行介绍。

多维数组的“单下标”其实就是二维数组“单下标”的扩展。换句话说，二维数组的“单下标”编排方式是“单下标”的一种简单形式。用语言表示就是：将数组“全下标”格式中的各维按照出现的先后顺序依次循环，直至将所有的数据编排为一列。

【例 2-32】 多维数组的“单下标”排列。

```
>> a=ones(2,2,2,2)                    % 创建全为 1 的 2*2*2*2 四维数组 a
a(:,:,1,1) =
       1       1
       1       1
a(:,:,2,1) =
       1       1
       1       1
a(:,:,1,2) =
       1       1
       1       1
a(:,:,2,2) =
       1       1
       1       1
>> a(1:16)=1:16                       % 按照单下标形式为数组 a 赋值
a(:,:,1,1) =
       1       3
```

```
      2      4
a(:,:,2,1) =
      5      7
      6      8
a(:,:,1,2) =
      9     11
     10     12
a(:,:,2,2) =
     13     15
     14     16
```

从输出结果中数组 a 被赋值以后各元素的分布，可以看出多维数组是如何按照“全下标”的各维顺序来存储数据的。

2. 多维数组的重构

除了前面介绍的可以用来进行多维数组的重构函数 cat、repmat 和 reshape 之外，还有其他一些函数可用来进行多维数组的重构，详见表 2-10。

表 2-10　进行多维数组重构的函数

函数形式	函数功能	函数形式	函数功能
permute	广义非共轭转置	flipdim	以指定维交换对称位置上的元素
ipermute	广义反转置，permute 的反操作	shiftdim	维移动函数

【例 2-33】　多维数组元素对称交换函数 flipdim 的使用。

```
>> A=reshape(1:18,2,3,3)                % 创建演示用的三维数组
A(:,:,1) =
      1      3      5
      2      4      6
A(:,:,2) =
      7      9     11
      8     10     12
A(:,:,3) =
     13     15     17
     14     16     18
>> B=flipdim(A,1)                       % 以第 1 维为中心进行对称变换
B(:,:,1) =
      2      4      6
      1      3      5
B(:,:,2) =
      8     10     12
      7      9     11
B(:,:,3) =
     14     16     18
     13     15     17
>> C=flipdim(A,3)                       % 以第 3 维为中心进行对称变换
C(:,:,1) =
     13     15     17
     14     16     18
C(:,:,2) =
      7      9     11
      8     10     12
C(:,:,3) =
      1      3      5
      2      4      6
```

从本例可以看出，函数 flipdim(A,k)中的输入变量 k 就是指进行对称变换的维。另外，

flipdim(A,k)函数也可用于二维数组，读者可以自行验证。

【例 2-34】 多维数组元素维移动函数 shiftdim 的使用。

本例在上例所建立的三维数组 A 上进行演示。

```
>> D=shiftdim(A,1)          % 将各维向左移动 1 位，使 2*3*3 数组变成 3*3*2 数组
D(:,:,1) =
     1     7    13
     3     9    15
     5    11    17
D(:,:,2) =
     2     8    14
     4    10    16
     6    12    18
>> E=shiftdim(A,2)          % 将各维向左移动两位，使 2*3*3 数组变成 3*2*3 数组
E(:,:,1) =
     1     2
     7     8
    13    14
E(:,:,2) =
     3     4
     9    10
    15    16
E(:,:,3) =
     5     6
    11    12
    17    18
```

运算 D=shiftdim(A,1)实现以下操作：D(j,k,i)=A(i,j,k)，i、j、k 分别指各维的下标。对于三维数组，D=shiftdim(A,3)的操作就等同于简单的 D=A。

【例 2-35】 多维数组元素广义非共轭函数 permute 的使用。

本例在上例所建立的三维数组 A 上进行演示。

```
>> F=permute(A,[3 2 1])
F(:,:,1) =
     1     3     5
     7     9    11
    13    15    17
F(:,:,2) =
     2     4     6
     8    10    12
    14    16    18
>> G=permute(A,[3 1 2])
G(:,:,1) =
     1     2
     7     8
    13    14
G(:,:,2) =
     3     4
     9    10
    15    16
G(:,:,3) =
     5     6
    11    12
    17    18
```

运算 F=permute(A, [3 2 1])实现以下操作：F(k,j,i)=A(i,j,k)，i、j、k 分别指各维的下标。函数 permute 就是函数 shiftdim 的特殊形式，它可以任意指定维的移动顺序。

2.9 多项式的表达式及其操作

2.9.1 多项式的表达式和创建方法

1. 多项式的表达式

MATLAB 用一个行向量来表示多项式，此行向量就是将幂指数降序排列之后多项式各项的系数。例如，考虑下面的表达式。

$$p(x)=x^3-2x-5$$

这就是 Wallis 第一次在法国科学院提出牛顿法的时候所用的多项式。在 MATLAB 中，该多项式可以用以下命令来输入。

```
>> p = [1 0 -2 -5];
```

这个表达式的含义是：x^3 的系数为 1，x^2 的系数为 0（原公式中无此项，须补写为 0），x 的系数为−2，常数项为−5。

2. 多项式行向量的创建方法

多项式系数向量的直接输入法就是按照多项式表达式的约定，把多项式的各项系数依次排放在行向量的元素位置上。

正如前面所提到的：多项式的系数要以降幂顺序排列，假如多项式中缺少了某一幂次，那么就认为该幂次的系数为零。

利用命令 P=poly(A) 生成多项式系数向量。若 A 是方阵，多项式 P 就是该方阵的特征多项式。若 A 是一个向量，就认为 A 的元素是多项式 P 的根。

【例 2-36】 求 3 阶方阵 A 的特征多项式。

```
>>A=[11 12 13;14 15 16;17 18 19];
>>PA=poly(A)                              %  A 的特征多项式
>>PPA=poly2str(PA,'s')                    %  以较为习惯的方式显示多项式
PA =
    1.0000  -45.0000  -18.0000    0.0000
PPA =
   s^3 - 45 s^2 - 18 s + 1.6206e-014
```

【例 2-37】 由给定根向量求多项式系数向量。

```
>> R=[-0.5,-0.3+0.4*i,-0.3-0.4*i];      %  根向量
>> P=poly(R)                              %  R 的特征多项式
P =
    1.0000    1.1000    0.5500    0.1250
>> PR=real(P)                             %  求 PR 的实部
PR =
    1.0000    1.1000    0.5500    0.1250
>> PPR=poly2str(PR,'x')
PPR =
   x^3 + 1.1 x^2 + 0.55 x + 0.125
```

需要指出的是：要形成实系数多项式，根向量中的复数根必须以共轭形式成对出现；含复数的根向量所生成的多项式系数向量（如 P）的系数有可能包含处于截断误差数量级的虚部，此时可以采用取实部的函数 real 来将此虚部滤除掉。

2.9.2 多项式运算函数

常用的多项式运算所涉及的函数见表 2-11。

表 2-11 多项式运算函数

函数形式	函数功能	函数形式	函数功能
conv	实现卷积和多项式乘法	polyint	解析多项式积分
deconv	实现去卷积和多项式除法	polyval	按数组运算规则计算多项式值
poly	求具有指定根的多项式	polyvalm	按矩阵运算规则计算多项式值
polyder	多项式求导	residue	实现部分分式展开式和多项式系数之间的转换
polyeig	求多项式的特征值	roots	求多项式的根
polyfit	实现多项式的拟合		

【例 2-38】 求 $\dfrac{(s^2+2)(s+4)(s+1)}{s^3+s+1}$ 的“商”及“余”多项式。

```
>> p1=conv([1,0,2],conv([1,4],[1,1]));                      % 计算分子多项式
>> p2=[1 0 1 1];                                              % 注意缺项补零
>> [q,r]=deconv(p1,p2);
>> cq=' 商多项式为 ';
>> cr=' 余多项式为 ';
>> disp([cq,poly2str(q,'s')]),disp([cr,poly2str(r,'s')])   % 显示运算结果
```

运行结果如下。

```
商多项式为    s + 5
余多项式为    5 s^2 + 4 s + 3
```

【例 2-39】 两种多项式求值指令的差别。

```
>> S=pascal(4)                          % 生成一个 4 阶方阵
S =
     1     1     1     1
     1     2     3     4
     1     3     6    10
     1     4    10    20
>> P=poly(S);
>> PP=poly2str(P,'s')
PP =
   s^4 - 29 s^3 + 72 s^2 - 29 s + 1
>> PA=polyval(P,S)                      % 当独立变量取数组中 S 元素时的多项式值
PA =
  1.0e+004 *
    0.0016    0.0016    0.0016    0.0016
    0.0016    0.0015   -0.0140   -0.0563
    0.0016   -0.0140   -0.2549   -1.2089
    0.0016   -0.0563   -1.2089   -4.3779
>> PM=polyvalm(P,S)                     % 当独立变量取矩阵 S 时的多项式值
PM =
  1.0e-010 *
   -0.0013   -0.0063   -0.0104   -0.0241
   -0.0048   -0.0217   -0.0358   -0.0795
   -0.0114   -0.0510   -0.0818   -0.1805
   -0.0228   -0.0970   -0.1553   -0.3396
```

从理论上讲，PM 应该为零。这就是著名的“Caylay-Hamilton”定理：任何一个矩阵满足它自己的特征多项式方程。本例中 PM 的元素都很小，这是由截断误差造成的。

【例 2-40】 部分分式展开。

```
>> a=[1,3,4,2,7,2];                  % 分母多项式系数向量
>> b=[3,2,5,4,6];                    % 分子多项式系数向量
>> [r,s,k]=residue(b,a)
r =
   1.1274 + 1.1513i
   1.1274 - 1.1513i
  -0.0232 - 0.0722i
  -0.0232 + 0.0722i
   0.7916
s =
  -1.7680 + 1.2673i
  -1.7680 - 1.2673i
   0.4176 + 1.1130i
   0.4176 - 1.1130i
  -0.2991
k =
     []
```

本例中的 k 是空阵，这说明分母的阶数高于分子。另外，从计算数学上来讲，如果某些根很靠近，极点和留数的计算受截断误差的影响就会比较大。此时，用这种表达方式的数值稳定性不如用状态方程或零点、极点展开可靠。

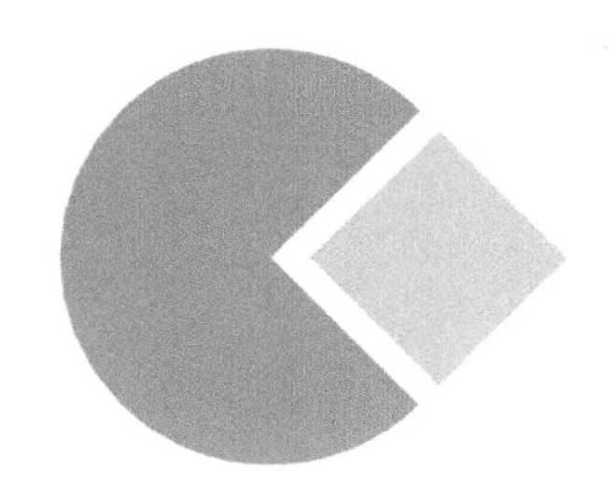

第3章　数据类型

MATLAB 提供了多种数据类型，以供用户在不同的情况下使用。用户可以创建浮点型或者整型矩阵和数组、字符和字符串、逻辑（`true` 或者 `false`）表达式、函数句柄、结构（structure）数组、元胞（cell）数组、Map 容器、日期和时间、分类（categorical）数组、表格、时间序列等。

在 MATLAB 中任何一种数据类型都以矩阵或者数组的形式来表示。这里说的矩阵或者数组，是指最小的 0×0 或 N 维任何大小的矩阵或者数组。

3.1　数值型

MATLAB 中的数值型包括有符号和无符号整数、单精度和双精度浮点数。默认情况下，MATLAB 在存储数据时使用的是双精度浮点数。用户不可以更改默认的数据类型和精度，但是可以选择用非默认的整数或者单精度浮点数来存储矩阵或者数组。整数数组和单精度数组比双精度数组能节省更多的内存空间，灵活运用可以更高效地利用内存。

所有的数值型数组都支持基本的数组操作，比如数组的重构、使用数学运算符等。

数值型数组或矩阵比较简单，因篇幅有限这里不再详述。

3.2　逻辑型

逻辑型的数据是我们经常使用到的数据类型之一。本节介绍 MATLAB 中逻辑型数据的使用方法。

3.2.1　逻辑型简介

所谓逻辑数据类型，就是仅具有“true”和“false”两个数值的一种数据类型。一般来说，逻辑 true 用 1 表示，逻辑 false 用 0 表示。在 MATLAB 中，参与逻辑运算或者关系运算的并不一定必须是逻辑型的数据，任何数值都可以参与逻辑运算。在逻辑运算中，MATLAB 将所有的非零值作为逻辑 true 来进行计算，而将零值作为逻辑 false 来进行计算。

和一般的数值型类似，逻辑型数据可以通过数值型转换得到，或者使用创建函数生成。

创建逻辑型矩阵或者数组的函数主要有以下 3 个。

- `logical` 函数：可将任意类型的数组转换成逻辑型。其中非零元素为 true，零元素为 false。
- `true` 函数：产生全部元素为逻辑 true 的数组。
- `false` 函数：产生全部元素为逻辑 false 的数组。

【例 3-1】　利用函数创建逻辑型数组。

```
>> rand('state',0)
>> a=rand(4,3)                          % 生成测试矩阵
```

```
a =
    0.9501    0.8913    0.8214
    0.2311    0.7621    0.4447
    0.6068    0.4565    0.6154
    0.4860    0.0185    0.7919
>> a(a<0.6)=0                                      % 生成测试矩阵
a =
    0.9501    0.8913    0.8214
         0    0.7621         0
    0.6068         0    0.6154
         0         0    0.7919
>> b=logical(a)                                    %  计算逻辑型矩阵 b
b =
     1     1     1
     0     1     0
     1     0     1
     0     0     1
>> c=true(size(a))                                 %  生成全为 true 的矩阵
c =
     1     1     1
     1     1     1
     1     1     1
     1     1     1
>> d=false([size(a),2])                            %  生成全为 false 的矩阵
d(:,:,1) =
     0     0     0
     0     0     0
     0     0     0
     0     0     0
d(:,:,2) =
     0     0     0
     0     0     0
     0     0     0
     0     0     0
>> whos                                            %  查看现有的变量与数据类型
  Name      Size                 Bytes  Class       Attributes

  a         4*3                     96  double
  b         4*3                     12  logical
  c         4*3                     12  logical
  d         4*3*2                   24  logical
```

由最后对结果的比较可以看出，逻辑型数组中每一个元素仅占用一字节的内存空间。所以，尽管矩阵 b 和矩阵 a 的大小一样，但是在内存的占用上有相当大的差距，并且属于不同的数据类型。这会影响计算的效率与数据的处理方式，因为逻辑型数据在使用二进制进行计算时速度要快得多。

3.2.2　返回逻辑结果的函数

表 3-1 中所列的 MATLAB 逻辑运算符或函数将会返回逻辑型的 true 或者 false。

表 3-1　　逻辑运算符或函数

运算符或函数	说　明	运算符或函数	说　明
&&	具有短路作用的逻辑“与”操作，仅能处理标量	==	关系运算符，等于
||	具有短路作用的逻辑“或”操作，仅能处理标量	~=	关系运算符，不等于
&	元素“与”操作	<	关系运算符，小于

续表

运算符或函数	说　明	运算符或函数	说　明
|	元素"或"操作	>	关系运算符，大于
~	逻辑"非"操作	<=	关系运算符，小于等于
xor	逻辑"异或"操作	>=	关系运算符，大于等于
any	当向量中的元素有非零元素时，返回 true（也就是 1）	所有以 is 开头的函数	判断操作
all	当向量中的元素都是非零元素时，返回 true	strcmp、strncmp、strcmpi 和 strncmpi	字符串比较函数

需要说明的是，参与逻辑运算的数组不必是逻辑型变量或常数，也可以是其他类型的数据，但是运算结果一定是逻辑型数据。

所谓具有短路作用是指：在进行&&或||运算时，若参与运算的变量有多个，例如 a&&b&&c&&d，并且 a、b、c、d 这 4 个变量中的 a 为 false，则后面 3 个变量都不再处理，运算结束，并返回运算结果 false（也就是 0）。

关系运算符适用于各种数据类型的变量或者常数，运算结果是逻辑型数据。标量也可以和矩阵或者数组进行比较，比较的时候将自动扩展标量，返回的结果是和数组同维的逻辑型数组。如果进行比较的是两个数组，则数组必须是同维的，且每一维的大小也必须一致。

【例 3-2】 逻辑"与""或""非"的使用。

```
>> a=[1 2 3;4 5 6];
>> b=[1 0 0;0 -2 1];
>> A=a&b                    % 逻辑"与"
A =
     1     0     0
     0     1     1
>> B=a|b                    % 逻辑"或"
B =
     1     1     1
     1     1     1
>> C=~b                     % 逻辑"非"
C =
     0     1     1
     1     0     0
```

【例 3-3】 函数 any 和 all 的使用。

```
>> a=[1 1 0; 1 0 0;1 0 1]
a =
     1     1     0
     1     0     0
     1     0     1
>> A=all(a)                 % 当每列元素均非零时返回 true
A =
     1     0     0
>> B=any(a)                 % 当每列中存在非零元素时返回 true
B =
     1     1     1
```

本例中，首先创建数组 a=[1 1 0; 1 0 0;1 0 1]，因为 a 的第 1 列均为 1，所以 all 命令返回 1；而其他列含有 0，所以返回 0，如结果中 A 显示的那样。any 函数在数组一列中含有非零元素时就会返回逻辑 1，所以 B 中的元素全部为 1。

【例 3-4】　isstrprop 函数的使用。

isstrprop 函数可以用来判断一个字符串中的各字符是否属于某一类别。

```
>> A = isstrprop('abc123def', 'alpha')
A =
     1     1     1     0     0     0     1     1     1
```

本例中，'alpha'参数的作用就是判断输入字符串 abc123def 中哪些元素是字母。对于字母，相对应地返回逻辑值 true，也就是 1。而对于数字返回的是 false，也就是 0。

【例 3-5】　关系运算。

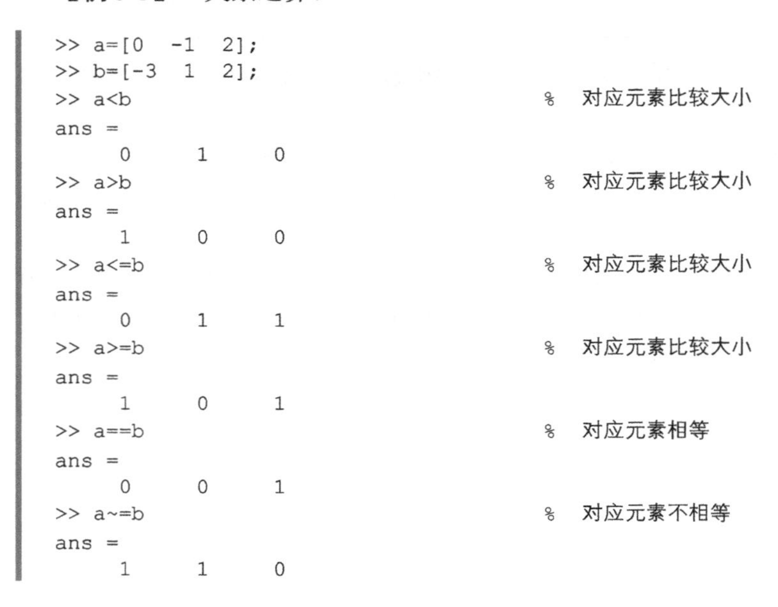

```
>> a=[0  -1  2];
>> b=[-3  1  2];
>> a<b                                    % 对应元素比较大小
ans =
     0     1     0
>> a>b                                    % 对应元素比较大小
ans =
     1     0     0
>> a<=b                                   % 对应元素比较大小
ans =
     0     1     1
>> a>=b                                   % 对应元素比较大小
ans =
     1     0     1
>> a==b                                   % 对应元素相等
ans =
     0     0     1
>> a~=b                                   % 对应元素不相等
ans =
     1     1     0
```

3.2.3　运算符的优先级

在 MATLAB 语言中，可以自由组合运算符，组成更为复杂的运算表达式。需要注意的是，MATLAB 语言中的运算符和其他的高级编程语言一样，具有优先级问题。对运算优先级的掌握，可以使我们正确地完成复杂的运算。下面将 MATLAB 语言的运算符和计算优先级，按照从高到低的顺序进行排列。

1）括号（）。

2）数组的转置（.'），数组幂（.^），复转置（'），矩阵幂（^）。

3）代数正（+），代数负（-），逻辑非（～）。

4）数组乘法（.*），数组除法（./），矩阵乘法（*），矩阵右除（/），矩阵左除（\）。

5）加法（+），减法（-）。

6）冒号运算符（:）。

7）小于（<），小于等于（<=），大于（>），大于等于（>=），等于（==），不等于（～=）。

8）元素“与”（&）。

9）元素“或”（|）。

10）短路逻辑“与”（&&）。

11）短路逻辑“或”（||）。

如果同一级别的运算符出现在一个表达式中，则按照运算符在表达式中出现的次序，由左到右排列。在具体的程序编写过程中，需要牢记运算符优先级并灵活使用。

3.3 字符和字符串

在 MATLAB 中，几个字符（character）可以构成一个字符串（string）。把一个字符串视为一个行向量，而字符串中的每一个字符（含空格符）则以 ASCII 的形式存放于此向量的每一个元素中，只是它的外显形式仍然是可读的字符。字符串类型在数据的可视化、应用程序的交互方面有着非常重要的作用。

3.3.1 创建字符串

1. 一般字符串的创建

在 MATLAB 中，所有的字符串都用两个单引号括起来，进行输入赋值。如在 MATLAB 命令窗口中输入以下内容，会创建一个字符串 matlab。

```
>> a='matlab'
a =
matlab
```

字符串的每个字符（空格也是字符）都是相应矩阵的一个元素。上述变量 a 是 1×6 的矩阵，阶数可以用 size(a)命令查得。

```
>> size(a)
ans =
      1      6         %  1行6列
```

2. 中文字符串的创建

中文也可以作为字符串的内容。但需要注意的是，在中文字符串的输入过程中，两边的单引号必须是英文状态的单引号。例如，以下代码会创建一个中文字符串。

```
>> A='中文字符串输入演示'
A =
中文字符串输入演示
```

3. 字符串的寻访

在 MATLAB 中，字符串的寻访可以通过其坐标来实现。在一个字符串中，MATLAB 按照从左至右的顺序对字符串中的字符依次编号（1，2，3，…）。进行字符串的寻访，只需要像寻访一般矩阵那样即可。例如在前面创建了中文字符串 A 之后可以得到以下结果。

```
>> A(3:5)
ans =
字符串
```

4. 字符串数组的创建

二维字符串（数组）的建立也非常简单。要创建字符串数组，可以像数值数组的建立那样直接输入，也可以使用 str2mat 等函数。

【例 3-6】 多行字符串数组的直接输入。

```
>> clear
>> S=['This string array '
'has multiple rows.']
S =
This string array
has multiple rows.
```

```
>> size(S)
ans =
      2    18
```

需要注意的是，在直接输入多行字符串数组的时候，每一行的字符个数必须相同。

【例 3-7】　使用函数 str2mat 创建多行字符串数组。

```
>> a=str2mat('这','字符','串数组','','由 5 行组成')
a =
这
字符
串数组

由 5 行组成
>> size(a)
ans =
      5     6
```

在使用函数 str2mat 创建字符串数组的时候，不用担心每一行的字符个数是否相等，函数在运行中会以字符最多的一行为准，而将其他行中的字符以空格补齐。

3.3.2　比较字符串

在 MATLAB 中，有多种对字符串进行比较的功能。

- 比较两个字符串或者子串是否相等。
- 比较字符串中的单个字符是否相等。
- 对字符串内的元素分类，判断每个元素是否是字符或者空格。

用户可以使用下面 4 个函数中的任意一个，来判断两个输入字符串是否相等。

- strcmp：判断两个字符串是否相等。
- strncmp：判断两个字符串的前 *n* 个字符是否相等。
- strcmpi 和 strncmpi：这两个函数的作用分别与 strcmp 和 strncmp 相同，只是在比较的过程中忽略了字母大小写。

例如下面两个字符串。

```
>>str1 = 'hello';
>>str2 = 'help';
```

因为字符串 str1 和 str2 并不相等，所以在以下代码中使用 strcmp 函数来判断，将会返回逻辑 0（false）。

```
>>C = strcmp(str1,str2)
C =
     0
```

因为字符串 str1 和 str2 的前 3 个字符相等，所以在以下代码中使用 strncmp 函数来比较前 3 个字符以内的字符，将会返回逻辑 1（true）。

```
>>C = strncmp(str1, str2, 2)        %  比较前两个字符
C =
     1
```

下面介绍如何对大小写不同的情况进行比较。

```
>> str3 = 'Hello';
>> D = strncmp(str1, str3,2)                    % 区分大小写
D =
```

```
     0
>> F = strncmpi(str1, str3,2)          % 不区分大小写
F =
     1
```

用户可以使用关系运算符进行字符串的比较，只要比较的数组具有相同的尺寸，或者其中一个是标量即可。例如，可以使用（==）运算符来判断两个字符串中有哪些字符相等。

```
>>A = 'fate';
>>B = 'cake';
>>A == B
ans =
    0   1   0   1
```

所有的关系运算符都可以用来比较字符串对应位置上的字符。

3.3.3 查找与替换字符串

MATLAB 提供了很多函数供用户进行字符串的查找与替换。更加强大的是，MATLAB 也支持在字符串的查找与替换中使用正则表达式。通过灵活地使用正则表达式，可以对字符串进行各种形式的查找与替换。至于正则表达式的应用，用户可以查询帮助文档中的 Regular Expressions 部分。

【例 3-8】 使用 strrep 函数进行字符串查找和替换。

考虑有这样一个标签。

```
>> label = 'Sample 1, 03/28/15'
label =
Sample 1, 03/28/15
```

函数 strrep 用于实现一般的查找与替换功能。本例中使用 strrep 函数，将日期从"03/28"替换为"03/30"，命令如下。

```
>> newlabel = strrep(label, '28', '30')
newlabel =
Sample 1, 03/30/15
```

【例 3-9】 使用 findstr 函数进行字符串查找。

findstr 函数用于返回某一子串在整个字符串中的开始位置。例如，要在字符串中查找字母 a 和 oo 出现的位置，可以使用如下命令。

```
>> strtemp='have a good time!'
strtemp =
have a good time!
>> position1= findstr('a', strtemp)
position1 =
     2     6
>> position2 = findstr('oo', strtemp)
position2 =
     9
```

从本例可以看出，字母 a 出现在第 2 个和第 6 位置，这说明 findstr 函数返回的位置信息包括所有出现的子串的位置。而字母'oo'只出现了一次，所以只返回一个位置信息。

strtok 函数用于返回分隔字符第 1 次出现之前的字符。如果不自行指定分隔字符，默认的分隔字符则是泛空格字符，因此用户可以使用 strtok 函数将一个句子按照单词分开。

【例 3-10】 使用 strtok 函数进行字符串查找。

```
>> t='I have walked out on a handful of movies in my life.';    % 测试字符串
```

```
>> remain = t;
>> while true                                           % 使用 while 循环结构
[str, remain] = strtok(remain);                         % 以默认的空格为分隔符查找
if isempty(str),  break;  end                           % 循环跳出控制
disp(sprintf('%s', str))                                % 显示结果
end
```

以下就是使用 strtok 函数进行多次查找得到的结果。

```
I
have
walked
out
on
a
handful
of
movies
in
my
life.
```

函数 strmatch 用于查找一个字符数组中以指定子串开始的字符串，该函数返回的是以指定子串开始的行编号。

【例 3-11】　使用 strmatch 函数进行字符串查找。

```
>> maxstrings = strvcat('max', 'minimax', 'maximum')    % 测试字符串数组
maxstrings =
    max
    minimax
    maximum
>> strmatch('max', maxstrings)          % 在测试字符串数组中查找以 max 开头的字符串
ans =
      1
      3
```

在本例中 minimax 虽然也包含 max 子串，但是这个子串并不是以 max 开始的，所以在查找过程中没有返回第 2 行的子串。

3.3.4　类型转换

在 MATLAB 中允许不同类型的数据和字符串类型的数据之间进行转换，这种转换需要使用不同的函数完成。另外，同样的数据（特别是整数数据）有很多种表示格式，例如十进制、二进制或者十六进制。在 C 语言中，需要使用 printf 函数通过相应的格式字符串输出不同格式的数据。而在 MATLAB 中，则直接提供了相应的函数来完成数制的转换。表 3-2 和表 3-3 分别列举了这些函数。

表 3-2　　数字与字符串之间的转换函数

函　数	说　明	函　数	说　明
num2str	将数字转换为字符串	str2num	将字符串转换为数字
int2str	将整数转换为字符串	sprintf	格式化输出数据到命令窗口
mat2str	将矩阵转换为 eval 函数可以使用的字符串	sscanf	读取格式化字符串
str2double	将字符串转换为双精度类型的数据		

表 3-3 不同数值之间的转换函数

函　数	说　明	函　数	说　明
hex2num	将十六进制整数字符串转换为双精度数据	dec2bin	将十进制整数转换为二进制整数字符串
hex2dec	将十六进制整数字符串转换为十进制数据	base2dec	将指定数制类型的数字字符串转换为十进制整数
dec2hex	将十进制整数字符串转换为十六进制整数字符串	dec2base	将十进制整数转换为指定数制类型的数字字符串
bin2dec	将二进制整数字符串转换为十进制整数		

在表 3-2 列举的数字与字符串之间的转换函数中，常用的是 num2str 和 str2num。这两个函数在 MATLAB 的图形用户界面编程中应用较多。

【例 3-12】 num2str 和 str2num 函数用法实例。

```
>> a=['1 2';'3 4']            % 创建一个字符串数组
a =
1 2
3 4
>> b=str2num(a)               % 将字符串转换为数值形式
b =
     1     2
     3     4
>> c=str2num('1+2i')          % 将字符串转换为数值形式
c =
   1.0000 + 2.0000i
>> d=str2num('1 +2i')         % 将字符串转换为数值形式
d =
   1.0000 + 0.0000i    0.0000 + 2.0000i>> e=num2str(rand(3,3),6) %  将数值转换为字符串形式
e =
0.814724      0.913376      0.278498
0.905792      0.632359      0.546882
0.126987     0.0975404      0.957507
>> whos
  Name        Size              Bytes  Class     Attributes
  a           2*3                  12  char
  b           2*2                  32  double
  c           1*1                  16  double    complex
  d           1*2                  32  double    complex
  e           3*35                210  char
```

本例中转换生成变量 c 和 d 时得到了不同的结果，主要原因是在变量 d 中，数字“1”和字符“+2i”之间存在空格，而加号“+”和数字“2”之间没有空格，所以转换的结果与生成变量 c 时不同。当创建变量 c 的时候，在数字“1”、加号“+”和数字“2”之间都存在空格。为了避免出现上述问题，可以使用 str2double 函数，但是该函数仅能转换标量，不能转换矩阵或者数组。

使用 num2str 函数将数字转换为字符串时，可以指定字符串所表示的有效数字位数，详细信息可以查阅 MATLAB 的 help 文档。

3.3.5 字符串应用函数小结

MATLAB 主要以矩阵计算闻名于世。除此以外，该软件在字符串处理方面也提供了一系列非常强大的函数。表 3-4 对常用字符串函数进行了分类小结。

表 3-4　字符串函数

函　数		说　明
字符串创建函数	'str'	由单引号（英文状态）创建字符串
	blanks	创建空格字符串
	sprintf	将格式化数据写入字符串
	strcat	组合字符串
	strvcat	在竖直方向组合字符串
字符串修改函数	deblank	删除尾部空格
	lower	将所有字符小写
	sort	将所有元素升序或降序排列
	strjust	对齐字符串
	strrep	替换字符串
	strtrim	删除开始和尾部的泛空格符
	upper	将所有字符大写
字符串的读取和操作	eval	将一个字符串作为 MATLAB 命令执行
	sscanf	读取格式化的字符串
字符串查找替换函数	findstr	查找子串
	strcmp	字符串比较
	strcmpi	字符串比较，忽略大小写
	strmatch	查找符合要求的行
	strncmp	比较字符串的前 N 个字符
	strncmpi	比较字符串的前 N 个字符，忽略大小写
	strtok	查找某个字符最先出现的位置

3.4 结构数组

结构数组（structure 数组）在有些书籍中称作架构数组。结构是 MATLAB 提供的一种将选择的数据存储到一个实体中的数据类型。结构可以由数据容器组成，这种容器叫作域，每个域中可以存储 MATLAB 支持的数据类型。用户可通过使用存储数据时指定的域名来对域中的数据进行访问。图 3-1 所示是一个包括了 a、b 和 c 3 个域的结构数组 S 的示意图。

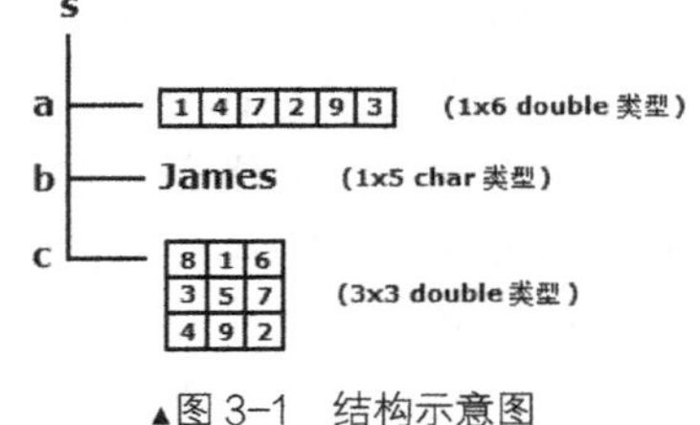

▲图 3-1　结构示意图

结构中的每一个域都存储一个独立的 MATLAB 数组，这个数组可以属于任何一个 MATLAB 或者用户自定义的数据类型，而且可以具有任何合法的数组尺寸。结构中的一个域可以存储和另外一个域完全不同类型的数据，而且数据的尺寸也可以完全不同。例如图 3-1 所示的结构 s 的第 1 个域 a 中存储了 1×6 double 类型的数组，第 2 个域 b 中存储了 1×5 字符串类型的数组，第 3 个域 c 中存储了 3×3 double 类型的数组。

和 MATLAB 其他的数据类型相同，结构类型也是一个数组。在 MATLAB 中，结构类型称为 struct，若干个结构组成的数组可以称为结构数组。和其他的 MATLAB 数据类型相同，结构数组可以具有任何大小。如图3-2所示，一个结构数组s由两个元素s(1)和s(2)构成，每个元素都具有域a、b和c的结构。

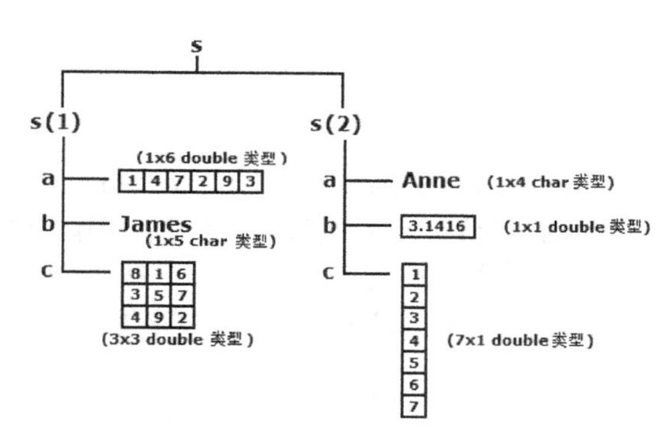

▲图3-2 结构数组示意图

结构数组具有很多优点，使用结构数组的理由如下。

- 一般情况下使用结构数组（或者下面提到的元胞数组）的原因是在实际中需要存储多种混合的数据类型和大小，而一般的MATLAB数组只能存储同样大小和同种数据类型的元素。结构数组和元胞数组就是重要的混合数据类型存储手段。
- 一个结构还提供了在一个实体中存储特定数据的方法，这可以令用户对数据进行整体或者部分访问与操作。同时用户可以将函数直接运用于结构，在用户自定义的M文件函数之间进行数据传递，显示结构中任何域的值，或者进行支持结构类型的任何MATLAB操作。
- 用户可以给数据提供文字标签，这样在应用中可以清楚地对数据所包含的信息进行标注。

3.4.1 结构数组的创建

结构数组的创建可以使用两种方法：一种是直接赋值法；另外一种是利用`struct`函数创建。

1. 使用直接赋值法创建结构数组

每一个结构数组可以包含若干个域，而每个域又可以是不同类型的数据。所谓直接赋值法，就是直接定义结构数组的域，并将相应的数据值赋给该元素。

【例3-13】 用直接赋值法创建结构数组，以结构数组保存员工资料数据。

```
>> employee.name='henry';
>> employee.sex='male';
>> employee.age=25;
>> employee.number=12345;
>> employee
employee =
      name: 'henry'
       sex: 'male'
       age: 25
    number: 12345
```

employee 即是以结构类型存储的数据。结构还可以通过赋值的方式扩展为结构数组。例如，在本例中要添加员工lee的基本数据可以使用如下命令。

```
>> employee(2).name='lee';
>> employee(2).sex='female';
>> employee(2).age=23;
>> employee(2).number=98765;
>> employee(2)
ans =
      name: 'lee'
       sex: 'female'
       age: 23
    number: 98765
>> employee                          % 查看 employee 结构数组
employee =
1*2 struct array with fields:
```

```
    name
    sex
    age
    number
```

可以看出，在添加元素之后，employee 成为 1×2 的结构数组。

【例 3-14】　用直接赋值法创建含子域的结构数组。

在结构数组的使用过程中，一个结构的域可以进一步存储子域，操作方法和域相同，只须在名称书写过程中用“.”符号加上子域名即可。

```
>> green_house.name='一号房';
>> green_house.volume='2000 立方米';
>> green_house.parameter.temperature=...
[31.2 30.4 31.6 28.7;29.7 31.1 30.9 29.6];       %子域温度
>> green_house.parameter.humidity=...
[62.1 59.5 57.7 61.5;62.0 61.9 59.2 57.5];       %子域湿度
green_house =
         name: '一号房'
       volume: '2000 立方米'
    parameter: [1*1 struct]
```

本例中域 parameter 所存储的就是一个结构，在 parameter 中包括子域。

```
>> green_house.parameter                         %  显示域的内容
ans =
    temperature: [2*4 double]
       humidity: [2*4 double]
>> green_house.parameter.temperature             %  显示子域中的内容
ans =
   31.2000    30.4000    31.6000    28.7000
   29.7000    31.1000    30.9000    29.6000
```

2. 使用 struct 函数创建结构数组

除了直接赋值法之外，用户还可以使用 struct 函数创建结构数组。struct 函数可以根据指定的域及其相应的值创建结构体数组。此函数的—般形式如下。

```
str_array=struct('filed1',{val1},'filed2',{val2}…)
str_array=struct('filed1',val1,'filed2',val2…)
```

其中，'filed1'为域名；val1 为该域的值，它可能是一个标量或元胞数组，而使用的元胞数组必须具有相同的大小。

【例 3-15】　使用 struct 函数创建结构数组。

```
>> student=struct('name','henry','age',25,'grade',uint16(1))     %  创建结构数组
student =
     name: 'henry'
      age: 25
    grade: 1
>> whos
  Name          Size              Bytes  Class     Attributes
  student       1*1                 548  struct
 >> student=struct('name',{'richard','jackson'},...
'age',{23,24},'grade',{2,3})                              %创建结构数组
student =
1*2 struct array with fields:
    name
```

```
    age
    grade
>> whos
  Name          Size              Bytes  Class     Attributes
  student         1*2               924  struct
>> student=struct('name',{},'age',{},'grade',{})
student =
0*0 struct array with fields:
    name
    age
    grade
>> whos
  Name          Size              Bytes  Class     Attributes
  student         0*0               192  struct
```

【例 3-16】　继续使用 struct 函数创建结构数组。

```
>> s = struct('a', {{1 4 7 2 9 3}, 'Anne'}, ...
            'b', {'James', pi}, ...
            'c', {magic(3), (1:7)});          %  使用 struct 函数创建结构数组
>> s(1)
ans =
    a: {[1]  [4]  [7]  [2]  [9]  [3]}
    b: 'James'
    c: [3*3 double]
>> s(2)
ans =
    a: 'Anne'
    b: 3.1416
    c: [7*1 double]
```

注意：本例中所创建的结构数组与上例中的类似，区别在于本例中 s(1)和 s(2)相对应的域中的数据类型并不相同，这在 MATLAB 中是允许的。用户在使用过程中可以使用这种方法满足特殊的要求。不过，在域命名的时候，建议同一域下所存储的应是同一类数据，这样在数据的访问与操作过程中就可以减少发生错误的可能性。

另外需要注意的是：在 MATLAB 中，符号“{}”是用来表示元胞数组的（这将在下一节介绍），而在结构数组的赋值过程中，符号“{}”用来进行参数传递，如果要将元胞数组赋值给结构数组，则应使用符号“{{}}”。

3.4.2　结构数组的寻访

本节介绍如何通过使用域名和下标对结构数组进行寻访。

1. 一般结构和域下标

一般对结构数组进行存储和寻访的方法如下。

```
structName(sRows, sCols, ...).fieldName(fRows, fCols, ...)
```

即在结构数组名后面通过下标对数组中的某一个结构进行寻访，然后通过使用小数点“.”+域名对域进行寻访。

如果结构是一个标量，则可省略结构名中的下标。

```
structName.fieldName(fRows, fCols, ...)
```

2. 多层结构数组的寻访

在实际应用中，经常需要在一个域中设置多个子域，甚至进行多层嵌套，这些子域中可以存储 MATLAB 支持的数组类型。表 3-5 列出了寻访多层结构数组的语法示例。

表 3-5　寻访多层结构数组的语法示例

元素类型	寻访语法示例	元素类型	寻访语法示例
S 为结构数组， 域 A 中为一般数组	`S(3,15).A(5,25)`	S 为结构数组， 域 A 中为元胞数组， 子域 B 中为一般数组	`S(3,15).A{5,20}.B(50,5)`
S 为结构数组， 域 A 中为元胞数组	`S(3,15).A{5,20}`	S 为结构数组， 域 A 中为一般结构， 子域 B 中为元胞数组	`S(3,15).A.B{5,20}`
S 为结构数组， 域 A 中为一般数组， 子域 B 中为一般数组	`S(3,15).A(5,20).B(50,5)`		

3. 结构数组寻访技巧

在结构数组的寻访过程中，可以使用以下技巧。

使用 whos 函数来查看正在处理的数据的类型和大小。结合这些信息，用户可以更准确地对需要的数据进行寻访。

仅输入表达式中等号右边的部分，充分利用默认结果变量名 ans。通过不指定输出结果的数据类型，可以尽量避免指定结果类型所造成的错误，用户可以使用输出结果中 MATLAB 软件决定的数据类型，这样在输出结果中可以看出需要采用哪种方式来对数据进行寻访。

另外用户还可以分步对多层结构数组进行寻访，而不是一次性寻访。例如可以将表达式 S(5,3).A(4,7).B(:,4) 分解成以下形式。

```
>> x = S(5,3).A;        %  x 是一个结构数组
>> y = x(4,7).B;        %  y 也是一个结构数组
>> z = y(:,4)           %  z 是一个一般数组
```

3.4.3　结构数组域的基本操作

MATLAB 提供了部分函数用于结构数组域的操作，在表 3-6 中对这些函数进行了总结。

表 3-6　结构数组操作函数

函数	说明	函数	说明
struct	创建结构数组或将其他数据类型转换为结构数组	rmfield	删除结构的指定域
fieldnames	获取结构的域名	isfield	判断给定的字符串是否为结构的域名
getfield	获取结构的域内容	isstruct	判断给定的数据对象是否为结构类型
setfield	设置结构的域内容	orderfields	对结构域排序

【例 3-17】　使用结构数组操作函数。

```
>> USPres.name = 'Franklin D. Roosevelt';
```

```
>> USPres.vp(1) = {'John Garner'};
>> USPres.vp(2) = {'Henry Wallace'};
>> USPres.vp(3) = {'Harry S Truman'};
>> USPres.term = [1933, 1945];
>> USPres.party = 'Democratic';           % 创建包括 4 个域名的结构数组
>> presFields = fieldnames(USPres)        % 使用 fieldnames 函数获取现有域名
presFields =
    'name'
    'vp'
    'term'
    'party'
>> orderfields(USPres)                    % 使用 orderfields 函数对域名按照字母顺序进行排序
ans =
     name: 'Franklin D. Roosevelt'
    party: 'Democratic'
     term: [1933 1945]
       vp: {'John Garner'  'Henry Wallace'  'Harry S Truman'}
>> mystr1 = getfield(USPres, 'name')     % 获取结构的域内容
mystr1 =
Franklin D. Roosevelt
>> mystr2= setfield(USPres, 'name', 'ted')     % 设置结构的域内容
mystr2=
     name: 'ted'
       vp: {'John Garner'  'Henry Wallace'  'Harry S Truman'}
     term: [1933 1945]
    party: 'Democratic'
```

3.4.4 结构数组的操作

本节对结构数组的操作进行深入的介绍。

1. 结构数组的扩充和收缩

【例 3-18】 结构数组的扩充与收缩。

1）通过以下代码可以创建结构数组

```
>> USPres.name = 'Franklin D. Roosevelt';
>> USPres.vp(1) = {'John Garner'};
>> USPres.vp(2) = {'Henry Wallace'};
>> USPres.vp(3) = {'Harry S Truman'};
>> USPres.term = [1933, 1945];
>> USPres.party = 'Democratic';             % 创建包括 4 个域名的结构数组
```

2）通过以下代码可以扩充结构数组。

```
>> USPres(3,2).name='Richard P. Jackson'   % 结构数组的扩充
USPres =
3*2 struct array with fields:
    name
    vp
    term
    party
```

3）通过以下代码可以收缩结构数组。

```
>> USPres(2,:)=[]                           % 通过把空矩阵赋值给结构数组来实现删除
USPres =
2*2 struct array with fields:
    name
```

```
    vp
    term
    party
```

2. 增添或删除结构数组域

增加结构数组域常用的方法就是对其直接赋值，如 3.4.1 节中介绍的那样。至于结构数组域的删除，则必须使用 rmfield 函数才能够实现。

【例 3-19】 对结构数组进行域的增添和删减操作。

1）通过以下代码，创建结构数组。

```
>> clear,for k=1:10;department(k).number=['No.',int2str(k)];end
>> department
department =
1*10 struct array with fields:
    number
```

2）通过以下代码，在数组中任何一个结构上进行的域增添操作都将影响到整个结构数组。

```
>> department(1).teacher=40;
>> department(1).student=300;
>> department(1).PC_computer=40;
>> department
department =
1*10 struct array with fields:
    number
    teacher
    student
    PC_computer
>> department(2)
ans =
         number: 'No.2'
        teacher: []
        student: []
    PC_computer: []
```

3）通过以下代码可以发现，增添子域的操作只影响被操作的那个具体结构，而不影响整个结构数组。

```
>> department(2).teacher.male=35;         %  增添子域
>> department(2).teacher.female=13;       %  增添子域
>> D2T=department(2).teacher              %  第 2 结构 teacher 域包含两个子域
D2T =
      male: 35
    female: 13
>> D1T=department(1).teacher              %  第 1 结构 teacher 域仅是一个数
D1T =
    40
```

4）通过以下代码可以发现，删除子域的操作也只影响被操作的那个具体结构。

```
>> department(2).teacher=rmfield(department(2).teacher,'male');
>> department(2).teacher
ans =
    female: 13
```

5）通过以下代码可以发现，删除域的操作是对整个结构数组进行的。

```
>> department=rmfield(department,'student')
department =
```

```
1*10 struct array with fields:
    number
    teacher
    PC_computer
>> department=rmfield(department,{'teacher';'PC_computer'})
department =
1*10 struct array with fields:
    number
```

3. 数值运算操作和函数在结构数组中的应用

如果结构数组域中的内容是数值型的一般矩阵，那么适用于一般矩阵的数值操作和函数也可以应用于结构数组。

【例 3-20】 数值运算操作和函数在结构数组中的应用。

```
>> A.a=magic(3)           %  创建数值型的结构数组
A =
    a: [3*3 double]
>> A.a
ans =
     8     1     6
     3     5     7
     4     9     2
>> A.a.^2                 %  运算符操作
ans =
    64     1    36
     9    25    49
    16    81     4
>> sqrt(A.a)              %  函数操作
ans =
    2.8284    1.0000    2.4495
    1.7321    2.2361    2.6458
    2.0000    3.0000    1.4142
```

3.5 元胞数组

元胞（cell）数组是 MATLAB 的一种特殊数据类型。可以将元胞数组看作一种无所不包的通用矩阵，或者叫作广义矩阵。组成元胞数组的元素可以是任何一种数据类型的常数或者常量，每一个元素也可以具有不同的大小并占用不同的内存空间，每一个元素的内容也可以完全不同。和一般的数值矩阵一样，元胞数组的内存空间也是动态分配的。图 3-3 所示为元胞数组的结构示意图，表示的是一个 2×3 的元胞数组。元胞数组的第 1 行包括了无符号整数、字符串数组和复数数组；第 2 行包括了其他 3 种类型的数组，其中，最后一个是另外的元胞数组的嵌套。

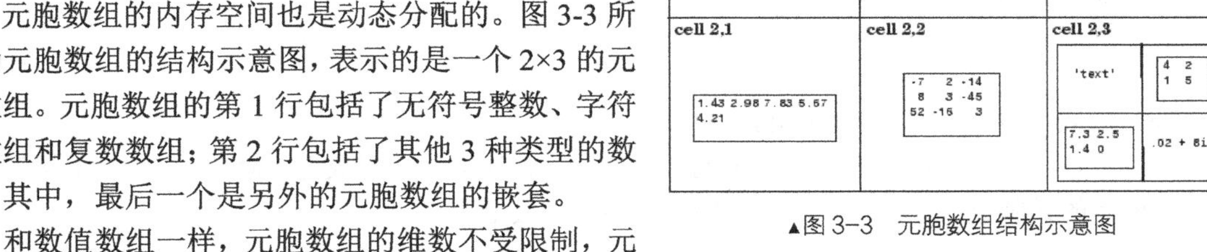

▲图 3-3　元胞数组结构示意图

和数值数组一样，元胞数组的维数不受限制，元胞数组可以是一维的、二维的，也可以是多维的。对元胞数组的元素进行寻访，可以使用“单下标”或者“全下标”方式。

元胞数组和结构数组有着非常相似的功能，但是二者又有所区别，具体比较如下。

- 元胞数组和结构数组在使用目的上类似，都是提供一种存储混合格式数据的方法。二者最大的区别在于：结构数组中存储数据的容器称作“域”，而元胞数组是通过数字下标索引来进行访问的。

- 结构数组经常用于重要数据的组织和存储。而元胞数组因为采用数字下标，所以经常在循环控制流中使用。元胞数组还常用来存储不同长度的字符串。

在实际应用中，二者一般可以随意选择，用户可以根据自己的习惯和实际应用来决定。

3.5.1 元胞数组的创建

组成元胞数组的数据可以是任意类型的数据，所以在创建元胞数组之前需要创建相应的数据。本节结合具体的示例介绍创建元胞数组的方法。

在表现形式上，和一般矩阵一样，元胞数组也必须是长方形的。一般矩阵的创建使用中括号“[ ]”，而元胞数组使用的是花括号“{ }”。元胞数组的创建方式同矩阵的创建方式类似，只需要将中括号“[ ]”替换为花括号“{ }”即可。在元胞数组创建的过程中使用逗号或者空格来分隔元素，使用分号来分行。

【例 3-21】 创建元胞数组。

```
>> A = {[1 4 3; 0 5 8; 7 2 9], 'Anne Smith'; 3+7i, -pi:pi/4:pi};
>> A
A =
           [3*3 double]    'Anne Smith'
    [3.0000 + 7.0000i]    [1*9 double]
```

本例中元胞数组 A 的第 1 个元素是一个数值矩阵，矩阵的输入只需要使用正常的中括号“[ ]”即可。而第 1 行第 2 列字符串正常使用单引号即可。

【例 3-22】 创建嵌套元胞数组。

（1）通过以下代码，可以直接创建嵌套元胞数组。注意，需要将内层和外层的元胞数组都用花括号括起来。

```
>> header = {'Name', 'Age', 'Pulse/Temp/BP'};                % 元胞数组的创建
>> records(1,:) = {'Kelly', 49, {58, 98.3, [103, 72]}};   % 嵌套元胞数组的创建
>> header, records
header =
    'Name'    'Age'    'Pulse/Temp/BP'
records =
    'Kelly'    [49]    {1*3 cell}
```

（2）通过以下代码，可以分步创建元胞数组。

```
>> vitalsigns = {60, 98.4, [105, 75]};
>> records(1,:) = {'Kelly', 49, vitalsigns}
% 将元胞数组 vitalsigns 嵌套进 records
records =
    'Kelly'    [49]    {1*3 cell}
```

【例 3-23】 依次创建元胞数组。

在以下代码中，通过每次创建一个元胞的方式，依次创建元胞数组，MATLAB 会根据表达式依次对原有的元胞数组进行扩展，从而建立新的元胞数组。

```
>> A(1,1) = {[1 4 3; 0 5 8; 7 2 9]};
>> A(1,2) = {'Anne Smith'};
>> A(2,1) = {3+7i};
>> A(2,2) = {-pi:pi/4:pi};
```

如果用户对超出数组尺寸的元胞进行赋值，那么 MATLAB 就会自动扩展至新的尺寸，以将新

赋的值包括进来。例如，要将上面的 A 由 2×2 扩展为 3×3，可以使用如下命令。

```
>> A(3,3) = {5};
```

扩展之后的元胞数组 A 的示意图如图 3-4 所示。

除了上面所讲的方法之外，MATLAB 还提供了一个专门的函数用于创建元胞数组，即 cell 函数。cell 函数用于创建一维、二维或者多维空元胞数组。

cell (1,1)	cell (1,2)	cell (1,3)
1 4 3 0 5 8 7 2 9	'Anne Smith'	[ ]
cell (2,1)	cell (2,2)	cell (2,3)
3+7i	[-3.14...3.14]	[ ]
cell (3,1)	cell (3,2)	cell (3,3)
[ ]	[ ]	5

▲图 3-4 元胞数组 A 的示意图

【例 3-24】 创建空元胞数组。

```
>> a=cell(1)
a =
    {[]}
>> b=cell(3,3)
b =
     []      []      []
     []      []      []
     []      []      []
>> c=cell(2,2,2)
c(:,:,1) =
     []      []
     []      []
c(:,:,2) =
     []      []
     []      []
>> whos
  Name       Size                Bytes  Class    Attributes
  a          1*1                     8  cell
  b          3*3                    72  cell
  c          2*2*2                  64  cell
```

使用 cell 函数创建空元胞数组的主要目的是为数组预先分配连续的存储空间，节约内存，提高执行的效率。

3.5.2 元胞数组的寻访

元胞数组的寻访和一般数组的寻访类似，但是情况更为复杂。

对于二维数组 A 来说，A(2,4)表示数组第 2 行第 4 列的元素。但是在元胞数组中，元胞和元胞中的内容是两个不同范畴的东西。因此，寻访元胞和元胞中的内容是两种不同的操作。为寻访不同的内容，MATLAB 设计了两种不同的寻访方法："元胞外标识"（cell indexing）和"元胞内编址"（content addressing）。

以元胞数组 A 为例，A(2,4)指的是元胞数组中第 2 行第 4 列的元胞元素，而 A{2,4}指的则是元胞数组中第 2 行第 4 列的元胞内容。注意，这两种方式的区别仅在于使用的括号不同。

【例 3-25】 元胞数组的寻访。

```
>> a={20,'matlab';ones(2,3),1:3}
a =
    [          20]    'matlab'
    [2*3 double]    [1*3 double]
>> str=a{1,2}         %  返回字符型数组 str，a{1,2}表示对应元胞的内容
str =
matlab
>> class(str)         %  查看变量 str 的数据类型，结果为字符型
ans =
```

```
char
>> str2=a(1,2)        % a(1,2)表示元胞数组中的一个元胞
str2 =
    'matlab'
>> class(str2)        % 查看变量 str2 的数据类型，结果为元胞数组
ans =
cell
```

3.5.3 元胞数组的基本操作

本节结合示例对元胞数组的一些基本操作进行介绍。

【例 3-26】 合并元胞数组。

```
>> C1 = {'Jan' 'Feb';  '10' '17';  uint16(2004) uint16(2001)};
>> C2 = {'Mar' 'Apr' 'May';  '31' '2' '10';  ...
uint16(2006) uint16(2005) uint16(1994)};
>> C3 = {'Jun';  '23';  uint16(2002)};
>> C1
C1 =
    'Jan'     'Feb'
    '10'      '17'
    [2004]    [2001]
>> C2
C2 =
    'Mar'     'Apr'     'May'
    '31'      '2'       '10'
    [2006]    [2005]    [1994]
>> C3
C3 =
    'Jun'
    '23'
    [2002]
>> C4 = {C1 C2 C3}                 % 生成嵌套元胞数组
C4 =
    {3*2 cell}    {3*3 cell}    {3*1 cell}
>> C5 = [C1 C2 C3]                 % 生成元胞数组
C5 =
    'Jan'     'Feb'     'Mar'     'Apr'     'May'     'Jun'
    '10'      '17'      '31'      '2'       '10'      '23'
    [2004]    [2001]    [2006]    [2005]    [1994]    [2002]
>> whos                             % 查看变量的结构
  Name       Size              Bytes  Class    Attributes
  C1         3*2                 696  cell
  C2         3*3                1042  cell
  C3         3*1                 348  cell
  C4         1*3                2422  cell
 C5          3*6                2086  cell
```

【例 3-27】 删除元胞数组。

本例在上例的基础上进行计算。

```
>> C5(:,3)=[]            % 删除元胞数组 C5 的第 3 列
C5 =
    'Jan'     'Feb'     'Apr'     'May'     'Jun'
    '10'      '17'      '2'       '10'      '23'
    [2004]    [2001]    [2005]    [1994]    [2002]
```

3.5.4 元胞数组的操作函数

和其他数组一样，MATLAB 也为元胞数组提供了一系列的操作函数，对此进行了简要归纳，

如表 3-7 所示。

表 3-7 元胞数组的操作函数

函　数	说　明	函　数	说　明
cell	创建空的元胞数组	num2cell	将数值数组转换为元胞数组
cellfun	对元胞数组的每个元胞执行指定的函数	mat2cell	将数值矩阵转换为元胞数组
celldisp	显示所有元胞的内容	cell2struct	将元胞数组转换为结构
cellplot	利用图形方式显示元胞数组	struct2cell	将结构转换为元胞数组
cell2mat	将元胞数组转换为普通的矩阵	iscell	判断输入是否为元胞数组

【例 3-28】 使用 cellfun 函数。

```
>> clear
>> a={20,'matlab',3-7i;ones(2,3),1:3,0}
a =
        [          20]     'matlab'          [3.0000 - 7.0000i]
        [2*3 double]     [1*3 double]     [                 0]
>> b=cellfun('isreal',a)                     % 判断 a 中各元素是否是实数
b =
     1     1     0
     1     1     1
>> c=cellfun('length',a)                     % 查看 a 中各元素的长度
c =
     1     6     1
     3     3     1
>> d=cellfun('isclass',a,'double')           % 判断 a 中各元素是否是 double 型
d =
     1     0     1
     1     1     1
>> A = {1:10, [2; 4; 6], []};
>> averages = cellfun(@mean, A)              %  将 mean 函数应用于每一个元胞元素
averages =
    5.5000    4.0000       NaN
>> [nrows, ncols] = cellfun(@size, A)      %  将 size 函数应用于每一个元胞元素
nrows =
     1     3     0
ncols =
    10     1     0
>> whos
  Name            Size              Bytes  Class      Attributes
  A               1*3                 440  cell
  a               2*3                 788  cell
  averages        1*3                  24  double
  b               2*3                   6  logical
  c               2*3                  48  double
  d               2*3                   6  logical
  ncols           1*3                  24  double
  nrows           1*3                  24  double
```

从例子中可以看出，cellfun 函数的主要功能是对元胞数组的元素（元胞）分别应用不同的函数。在这里前面 4 个函数的调用是通过直接用单引号括起来的文本来实现的。通过这种形式可以在 cellfun 中使用的函数详见表 3-8。

表 3-8　可以在 **cellfun** 中使用的函数

函　　数	说　　明	函　　数	说　　明
isempty	若元胞元素为空，则返回逻辑真	length	返回元胞元素的长度
islogical	若元胞元素为逻辑类型，则返回逻辑真	ndims	返回元胞元素的维数
isreal	若元胞元素为实数，则返回逻辑真	prodofsize	返回元胞元素包含的元素个数
size	返回元胞元素的尺寸	isclass	判断元胞元素是否属于某一类型

如果用户需要调用其他函数，就不能用文本，而是用函数句柄进行输入，如下面的示例所示。

【例 3-29】　使用显示元胞数组内容的函数 celldisp 和 cellplot。

本例在上例的基础上演示函数 celldisp 和 cellplot 的使用方法。

```
>> celldisp(a)      %  显示元胞数组的所有元素
a{1,1} =
    20
a{2,1} =
     1     1     1
     1     1     1
a{1,2} =
matlab
a{2,2} =
     1     2     3
a{1,3} =
   3.0000 - 7.0000i
a{2,3} =
     0
>> cellplot(a)      %  以图片表示元胞数组的基本结构
```

输出图形如图 3-5 所示。

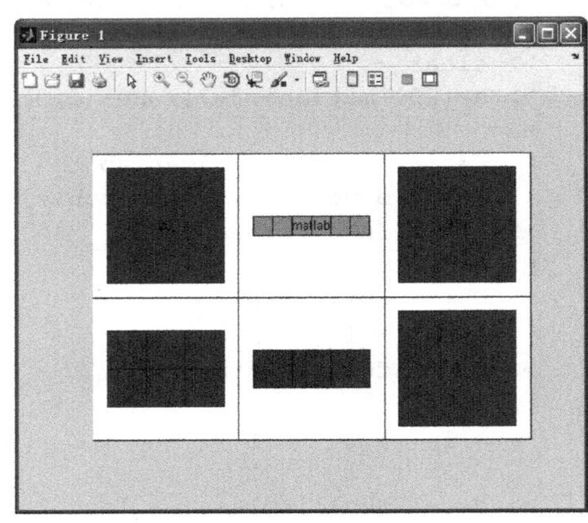

▲图 3-5　输出图形

3.6　Map 容器

Map 容器是 MATLAB R2008b 版本新增加的数据类型。

3.6.1　Map 容器数据类型介绍

1. Map 容器数据结构概述

Map 容器是一种快速键查找数据结构，可以提供多种方法对其中的个体元素进行寻访的数据类型。和 MATLAB 其他数据结构不同的是，一般的数据结构只能通过整数下标索引来进行寻访，而 Map 容器的索引可以是任何数值或者字符串。

对 Map 容器中元素进行寻访的索引称为“键”(key)。这些键及其相对应的数据值存储在 Map 容器中。Map 容器的每一个条目都包括唯一的键和相对应的值。图 3-6 所示为一个存储月降雨量统计数据的 Map 容器，此 Map 容器中的一个索引是字符串“Aug”，对应于该月的降雨量 37.3。

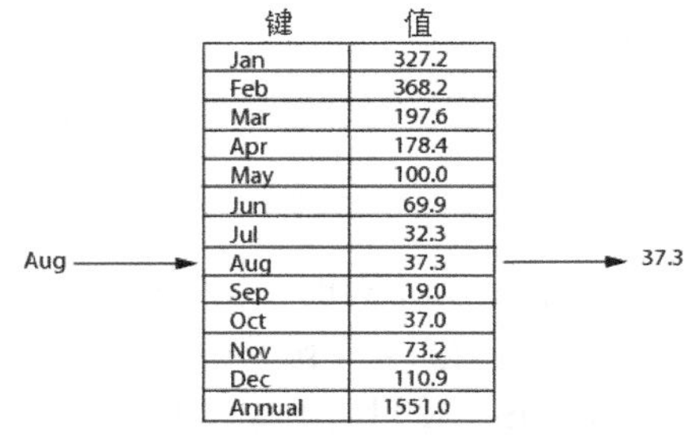

▲图 3-6　存储月降雨量统计数据的 Map 容器示意图

Map 容器中所使用的键不必像其他数组那样限制在整数范围内。键可以是以下任何一种类型。

- 1×*N* 字符串。
- 单精度或者双精度实数标量。
- 有符号或者无符号标量整数。

Map 容器中存储的数据可以是任何类型，包括数值数组、结构数组、元胞数组、字符串、对象或者其他 Map 容器。需要指出的是：当 Map 容器中存储的是数值标量或者字符串数组的时候，该 Map 容器的内存使用效率最高。

2. Map 类介绍

Map 容器实际上是 MATLAB 中称为 Map 类的一个对象。和其他的 MATLAB 句柄对象一样，它也是一个句柄对象。

Map 类的所有对象都具有 3 种属性。用户不能直接对这些属性进行修改，而只能通过作用于 Map 类的函数进行修改。具体属性见表 3-9。

表 3-9　　Map 类的属性

属　性	说　明	默认值
`Count`	无符号 64 位整数，表示 Map 对象中存储的键/值对的总数	0
`KeyType`	字符串，表示 Map 对象中包括的键的类型。`KeyType` 可以是如下类型：双精度、单精度、有符号或者无符号 32 位或 64 位整数。如果用户添加了不支持的类型，如 int8，MATLAB 会自动将其转换为双精度类型	char
`ValueType`	字符串，表示 Map 对象中包括的数据类型。如果一个 Map 对象中存储的是同一种类型的数据，那么 `ValueType` 就会被设置成该类型。例如，如果 Map 对象中的数据全部为字符串数组，那么 `ValueType` 就是'char'。在其他情况下，`ValueType` 的值是'any'	any

要查看 Map 类中的属性，在 Map 类名字的后面加一个小数点“.”，然后加上属性名即可，和结构数组的表现形式一样。例如，为了查看名为 `mapObj` 的 Map 类中的键类型，可以使用如下命令。

```
mapObj.KeyType
```

Map 类是一个句柄对象，因此，如果用户创建了一个对象的副本，MATLAB 并没有创建一个新的 Map 类，而是创建一个指定的已有 Map 类的新句柄。如果用户通过新句柄改变了 Map 类中的内容，MATLAB 同时也会将此改变应用于原始 Map 类。但是用户可以在不影响原始 Map 类的情况下删除新句柄。

表 3-10 中的函数可以应用于 Map 类，具体用法将在后面的章节中介绍。

表 3-10　　Map 类的函数

函　数	说　明	函　数	说　明
`isKey`	检查 Map 类是否包含指定键	`remove`	在 Map 类中删除键及其相对应的值
`keys`	Map 类中所有键的名称	`size`	Map 类的尺寸
`length`	Map 类的长度	`values`	Map 类中包括的值

3.6.2 Map 对象的创建

Map 对象是一个 Map 类中的对象，它由 MATLAB 中名为“容器”（containers）的一个包来定义，可以通过构造函数来创建 Map 对象。在调用构造函数创建 Map 对象的过程中，必须指定包的名字 containers。

```
newMap = containers.Map(optional_keys_and_values)
```

1. 空 Map 对象的创建

当用户在调用 Map 构造函数时，如果未指定输入变量，那么 MATLAB 将会创建一个空 Map 对象。下面给出一个示例。

```
>> newMap = containers.Map()
newMap =
  containers.Map handle
  Package: containers
  Properties:
        Count: 0
      KeyType: 'char'
    ValueType: 'any'
  Methods, Events, Superclasses
```

把空 Map 对象的属性设置为默认属性。

- `Count = 0`
- `KeyType = 'char'`
- `ValueType = 'any'`

一旦用户创建了空 Map 对象，之后就可以使用 keys 和 values 函数对其进行填充。

2. 初始化后的 Map 对象创建

大多数情况下，用户希望在创建 Map 对象的时候就对其进行初始化，至少对部分键和值进行初始化。用户可以通过以下语法输入一个或多个键/值对。

```
mapObj = containers.Map({key1, key2, ...}, {val1, val2, ...});
```

对于键和值为字符串的情况，应注意将字符串放到单引号里面。例如，要创建一个包括字符串键的 Map 对象，可以使用以下命令。

```
mapObj = containers.Map(...
    {'keystr1', 'keystr2', ...}, {val1, val2, ...});
```

【例 3-30】 创建存储图 3-6 所示降雨量统计数据的 Map 对象。

```
>> k = {'Jan', 'Feb', 'Mar', 'Apr', 'May', 'Jun', ...
 'Jul', 'Aug', 'Sep', 'Oct', 'Nov', 'Dec', 'Annual'};
>> v = {327.2, 368.2, 197.6, 178.4, 100.0,  69.9, ...
  32.3,  37.3,  19.0,  37.0,  73.2, 110.9, 1551.0};
>> rainfallMap = containers.Map(k, v)
rainfallMap =

  Map with properties:

        Count: 13
      KeyType: char
    ValueType: double
```

从显示的结果可以看出：Count 属性现在被设置成了 13，表示 Map 中键/值对的数目；KeyType 的属性是 char；ValueType 的属性则是 double。

3.6.3 Map 对象内容的查看

Map 对象中的每个条目都包括两部分：一个唯一的键及其相对应的值。可以通过使用 keys 函数查看 Map 对象中包括的所有键，同时还可以使用 values 函数查看所有的值。

【例 3-31】 查看 Map 对象的内容。

创建一个名为 ticket Map 的对象，存储航空公司机票的编号和乘客名字。

```
>> ticketMap = containers.Map(...
    {'2R175', 'B7398', 'A479GY', 'NZ1452'}, ...
    {'James Enright', 'Carl Haynes', 'Sarah Latham', ...
     'Bradley Reid'});
>> keys(ticketMap)              %  使用 keys 函数查看 Map 对象中包括的所有键
ans =
    '2R175'    'A479GY'    'B7398'    'NZ1452'
>> values(ticketMap)            %  使用 values 函数查看 Map 对象中包括的所有值
ans =
    'James Enright'    'Sarah Latham'    'Carl Haynes'    'Bradley Reid'
```

3.6.4 Map 对象的读写

当从 Map 对象读取数据时，可以使用当初定义时所用的键名。当为 Map 对象写入新的条目时，需要用户提供每一条的键名和数值。

需要注意的是，对于大型 Map 对象，键和值所涉及的函数会占用大量的内存，因为它们的输出是元胞数组。

1. Map 对象的读取

在创建并填充好 Map 对象之后，用户就可以用它来进行数据的存储和寻访了。一般情况下，使用 Map 对象和使用数组类似，除非用户使用的是整数下标索引。寻访指定键（keyN）所对应的值（valueN）的使用方法如下。

```
valueN = mapObj(keyN);
```

如果键名是一个字符串，应注意使用单引号将键名括起来。

【例 3-32】 Map 对象的读取。

用户可以通过使用正确的键名访问任何 Map 对象中的单个值。本例在上例建立的机票 Map 对象上进行讲解。

```
>> passenger = ticketMap('2R175')
passenger =
James Enright
```

如果要查找机票编号为 A479GY 的乘客，可以使用如下命令。

```
>> sprintf('   Would passenger %s please come to the desk?\n', ...
    ticketMap('A479GY'))
ans =
   Would passenger Sarah Latham please come to the desk?
```

如果需要同时对多个键进行寻访，可以使用 values 函数，在一个元胞数组中对键名进行指定。

```
>> values(ticketMap, {'2R175', 'B7398'})
ans =
    'James Enright'    'Carl Haynes'
```

需要指出的是，用户不能像在其他数据类型中那样使用冒号运算符。例如，下面的表达式将会产生错误。

```
>> ticketMap('2R175':'B7398')
Warning: Colon operands must be real scalars.
??? Error using ==> subsref
The specified key is not present in this container.
```

2. 添加键/值对

当用户向一个 Map 对象中写入新值的时候，必须同时提供键名，这个键名的类型必须和 Map 对象中的其他键一致。

可以使用如下命令向 Map 对象中写入新的元素。

```
existingMapObj(newKeyName) = newValue;
```

【例 3-33】 写入 Map 对象。

在上例的基础上，通过以下代码，向 `ticketMap` 添加两个新的条目，并验证 Map 对象中的键/值对数目。

```
>> ticketMap('947F4') = 'Susan Spera';
>> ticketMap('417R93') = 'Patricia Hughes';
>> ticketMap.Count
ans =
                    6
```

通过以下代码，查看 Map 对象 `ticketMap` 中的键和值。

```
>> keys(ticketMap)
ans =
    '2R175'    '417R93'    '947F4'    'A479GY'    'B7398'    'NZ1452'
>> values(ticketMap)
ans =
  Columns 1 through 3
    'James Enright'    'Patricia Hughes'    'Susan Spera'
  Columns 4 through 6
    'Sarah Latham'    'Carl Haynes'    'Bradley Reid'
```

3. Map 对象的合并

用户可以通过 Map 对象合并的方式向已有的 Map 对象中写入一组键/值对。Map 对象的合并和 MATLAB 中的其他数据类型不同，MATLAB 返回的是一个包括源 Map 对象的键/值对的单 Map 对象。

Map 对象的合并规则如下。

- 只有包括垂直向量的 Map 对象才可以合并。不能创建一个 $m \times n$ 的数组或者一个水平向量 s。所以，`vertcat` 函数支持 Map 对象，但是 `horzcat` 函数不支持。
- 所有源 Map 对象的键必须是同一种类型。
- 可以将具有不同数目键/值对的 Map 对象合并，返回的结果是一个包括源 Map 对象的键/值对的单 Map 对象。
- Map 对象合并结果中不包括源 Map 对象中键名重复的键/值对。

【例 3-34】 合并 Map 对象。

```
>> tMap1 = containers.Map({'2R175', 'B7398', 'A479GY'}, ...
    {'James Enright', 'Carl Haynes', 'Sarah Latham'});
>> tMap2 = containers.Map({'417R93', 'NZ1452', '947F4'}, ...
    {'Patricia Hughes', 'Bradley Reid', 'Susan Spera'});
>> ticketMap = [tMap1; tMap2];                    % Map 对象的合并
>> ticketMap.Count                                % 查看合并之后的键/值对数目
ans =
```

```
                          6
>> keys(ticketMap)
ans =
    '2R175'    '417R93'    '947F4'    'A479GY'    'B7398'    'NZ1452'
>> values(ticketMap)
ans =
  Columns 1 through 3
    'James Enright'    'Patricia Hughes'    'Susan Spera'
  Columns 4 through 6
    'Sarah Latham'    'Carl Haynes'    'Bradley Reid'
```

【例 3-35】 合并具有重复键名的 Map 对象。

在本例中，对象 m1 和 m2 都有键名 8。在 Map 对象 m1 中，8 是值 C 对应的一个键；而在 m2 中，8 是值 X 对应的键。

```
>> m1 = containers.Map({1, 5, 8}, {'A', 'B', 'C'});
>> m2 = containers.Map({8, 9, 6}, {'X', 'Y', 'Z'});
```

下面将两个 Map 对象进行合并。

```
>> m3 = [m1; m2];
```

合并以后的结果如下。

```
>> keys(m3)
ans =
    [1]    [5]    [6]    [8]    [9]
>> values(m3)
ans =
    'A'    'B'    'Z'    'X'    'Y'
>> m4 = [m2; m1];                           % m4 与 m3 的合并顺序不同
>> keys(m4)
ans =
    [1]    [5]    [6]    [8]    [9]
>> values(m4)
ans =
    'A'    'B'    'Z'    'C'    'Y'     % 键 8 所对应的值是不同的
```

值得注意的是，在具有重复键名的时候，合并顺序不同，得到的结果也不同。得到的结果将保存重复键名靠后位置所对应的值。

3.6.5 Map 对象中键和值的修改

除了对 Map 对象进行读写、添加与合并之外，用户还可以删除键/值对，修改任何值或者键。

1. 从 Map 对象中删除键/值对

函数 remove 用于从 Map 对象中删除键/值对。在调用这个函数的时候，需要指定 Map 对象的名字和需要删除的键名，MATLAB 会在命令运行之后删除指定的键名及其相对应的值。

函数 remove 的语法结构如下。

```
remove('mapName', 'keyname');
```

【例 3-36】 在例 3-34 的基础上，从 Map 对象中删除键/值对。

```
>> remove(ticketMap, 'NZ1452');             %  删除键 NZ1452 对应的条目
>> keys(ticketMap)
ans =
```

```
    '2R175'    '417R93'    '947F4'    'A479GY'    'B7398'
>> values(ticketMap)
ans =
  Columns 1 through 3
    'James Enright'    'Patricia Hughes'    'Susan Spera'
  Columns 4 through 5
    'Sarah Latham'    'Carl Haynes'
```

2. 修改值

通过简单的覆盖，用户可以对 Map 对象中的值进行修改。

【例 3-37】 修改 Map 对象中的值。

为方便起见，此处在上例的基础上进行修改。通过以下代码，可知持有机票 A479GY 的乘客名字为 Sarah Latham。

```
>> ticketMap('A479GY')
ans =
Sarah Latham
```

要修改乘客的名字为 Anna Latham，可以通过以下命令来实现。

```
>> ticketMap('A479GY') = 'Anna Latham';
```

可以输入以下命令来验证修改的结果。

```
>> ticketMap('A479GY')
ans =
    'Anna Latham';
```

3. 修改键

如果需要在保持值不变的情况下对键名进行修改，首先需要删除键名和对应的值，然后添加一个有正确键名的新条目。

【例 3-38】 修改 Map 对象中的键。

在上例的基础上，修改乘客 James Enright 的机票号码。

```
>> remove(ticketMap, '2R175');                    % 删除原有的机票号码条目
>> ticketMap('2S185') = 'James Enright';          % 添加新的机票号码条目
>> k = keys(ticketMap);
>> v = values(ticketMap);
>> str1 = '   ''%s'' has been assigned a new\n';
>> str2 = '    ticket number: %s.\n';
>> fprintf(str1, v{1}),fprintf(str2, k{1})       % 显示修改的结果
   'James Enright' has been assigned a new
    ticket number: 2S185.
```

4. 修改副本 Map 对象

因为 ticketMap 是一个句柄对象，所以用户在通过复制这个 Map 对象创建 Map 对象的副本时需要非常小心。在对 Map 对象创建副本的时候，实际上只是创建了同一个对象的新句柄而已，所有对于新句柄的操作都会影响到原始 Map 对象。

【例 3-39】 创建 ticketMap 的一个副本，在副本中写入新条目。注意原始对象的改变。

```
>> copiedMap = ticketMap;                              % 创建副本
>> copiedMap('AZ12345') = 'unidentified person';      % 在副本中添加新条目
>> ticketMap('AZ12345')                                % 查看原始 Map 对象
```

```
ans =
unidentified person
```

通过查看原始 Map 对象可以发现，通过对副本的修改，原始对象也发生了改变。

```
>> remove(ticketMap, 'AZ12345');      % 删除原始对象中的条目
>> keys(ticketMap)
ans =
    '2S185'    '417R93'    '947F4'    'A479GY'    'B7398'
>> keys(copiedMap)
ans =
    '2S185'    '417R93'    '947F4'    'A479GY'    'B7398'
>> clear copiedMap;                   % 删除副本
>> keys(ticketMap)                    % 并没有删除原始 Map 对象
ans =
    '2S185'    '417R93'    '947F4'    'A479GY'    'B7398'
```

3.6.6 映射其他数据类型

在 Map 容器中存储其他数据类型是非常常见的，例如结构数组或者元胞数组。但是，当 Map 对象中存储的是双精度浮点数、字符串、整数或者逻辑值的时候，内存的使用效率则最高。

1. 映射到结构数组

下面的例子将座位号映射到包含乘客名字的结构数组。

【例 3-40】 映射到结构数组。

首先，需要创建一个包括乘客相关信息的结构数组。

```
>> s1.ticketNum = '2S185'; s1.destination = 'Barbados';
>> s1.reserved = '06-May-2008'; s1.origin = 'La Guardia';
>> s2.ticketNum = '947F4'; s2.destination = 'St. John';
>> s2.reserved = '14-Apr-2008'; s2.origin = 'Oakland';
>> s3.ticketNum = 'A479GY'; s3.destination = 'St. Lucia';
>> s3.reserved = '28-Mar-2008'; s3.origin = 'JFK';
>> s4.ticketNum = 'B7398'; s4.destination = 'Granada';
>> s4.reserved = '30-Apr-2008'; s4.origin = 'JFK';
>> s5.ticketNum = 'NZ1452'; s5.destination = 'Aruba';
>> s5.reserved = '01-May-2008'; s5.origin = 'Denver';
```

要将 5 个座位号映射到这些结构数组，可以使用以下命令。

```
>> seatingMap = containers.Map( ...
    {'23F', '15C', '15B', '09C', '12D'}, ...
    {s5, s1, s3, s4, s2});
```

使用这个 Map 对象，可以查找到预订了 09C 座位的乘客信息。

```
>> seatingMap('09C')
ans =
      ticketNum: 'B7398'
    destination: 'Granada'
       reserved: '30-Apr-2008'
         origin: 'JFK'
>> seatingMap('15B').ticketNum
ans =
A479GY
```

结合上面例子中的 Map 对象，用户可以查找到预订了该座位的乘客姓名。

```
>> passenger = ticketMap(seatingMap('15B').ticketNum)
passenger =
   Anna Latham
```

2. 映射到元胞数组

和结构数组类似，用户可以将 Map 对象映射到一个元胞数组。本节继续在前面机票例子的基础上对此进行介绍。一些乘客在航空公司开有“frequent flyer”账号。要将这些乘客的名字映射到他们已经飞行的里程数和剩余里程数，可以使用如下命令。

```
>> accountMap = containers.Map( ...
    {'Susan Spera','Carl Haynes','Anna Latham'}, ...
    {{247.5, 56.1}, {0, 1342.9}, {24.6, 314.7}});
```

要使用 Map 对象对乘客的账户信息进行寻访，可以使用如下命令。

```
>> name = 'Carl Haynes';
>> acct = accountMap(name);
>> fprintf('%s has used %.1f miles on his/her account,\n', ...
    name, acct{1})
>> fprintf('  and has %.1f miles remaining.\n', acct{2})
Carl Haynes has used 0.0 miles on his/her account,
  and has 1342.9 miles remaining.
```

3.7 日期和时间

MATLAB 在 2014b 版本中将日期和时间单独作为一种数据类型，新的版本中对于时间数据的处理功能更为强大。比如 datetime 和 duration 等函数，可以支持对时间的高效计算、对比、格式化显示。对这类数组的操作方法和对普通数组的操作是基本一致的。下面就对主要的功能进行介绍。

3.7.1 创建日期和时间数组

存储日期和时间信息的最主要形式就是 datatime 数组，它支持代数运算、排序、比较、绘图和格式化显示。代数运算的结果通过 duration 数组返回。如果采用基于日历的函数进行计算，那么返回的结果将是 calendarDuration 数组。MATLAB 提供了以下函数来进行日期及时间类型的计算，请见表 3-11。

表 3-11 日期和时间函数

函　数	说　明	函　数	说　明
datetime	基于当前日期创建时间数组，或者将日期字符串或数据转换为时间数组	yyyymmdd	将 MATLAB datetime 数据类型转化为 YYYYMMDD 数值格式
years	年数长度	minutes	分钟数长度
days	天数长度	seconds	秒数长度
hours	小时数长度	duration	由数值创建 duration 数组
calyears	日历年数长度	calweeks	日历周数长度
calquarters	日历季度数长度	caldays	日历天数长度
calmonths	日历月数长度	calendarDuration	由数值创建日历时间长度数组

下面举例说明如何创建日期和时间数组。

【例 3-41】 创建日期时间数组。

如果要表示这样两个日期：June 28, 2014 at 6 a.m 和 June 28, 2014 at 7 a.m，那么可以将这些数值赋值给 datetime 函数相应的各元素。

```
>> t = datetime(2014,6,28,6:7,0,0)
t =
   28-Jun-2014 06:00:00   28-Jun-2014 07:00:00
```

如果要对数组中的某一元素进行修改，那么只需要将新的数值赋值给相应的元素即可。

```
>> t.Day = 27:28
t =
   27-Jun-2014 06:00:00   28-Jun-2014 07:00:00
```

如果要更改数组的显示格式，只需要改变 Format 属性即可。这一过程中改变的只是数据显示格式，数据本身没有任何改动。

```
>> t.Format = 'MMM dd, yyyy'
t =
   Jun 27, 2014   Jun 28, 2014
```

如果将一个 datetime 数组减去另一个 datetime 数组，那么结果就是 duration 数组。

```
>> t2 = datetime(2014,6,29,6,30,45)
t2 =
   29-Jun-2014 06:30:45
>> d = t2 - t
d =
   48:30:45   23:30:45
```

默认情况下，duration 数组的显示格式为“hours:minutes:seconds”。通过设置 Format 属性，用户可以更改显示格式。例如，要更改为单一单位“小时”，具体操作如下。

```
>> d.Format = 'h'
d =
   48.512 hrs   23.512 hrs
```

通过使用 seconds、minutes、hours、days 或 years 函数，也可以直接创建一个新的单一单位的 duration 数值。例如，创建一个两天的天数长度，也就是正好等于 24h×2。

```
>> d = days(2)
d =
   2 days
```

通过使用 caldays、calweeks、calquarters 和 calyears 函数，也可以直接创建一个新的单一单位的 calendar duration 数值。例如，创建一个两个月的日历天数长度。

```
>> L = calmonths(2)
L =
   2mo
```

在以下代码中，将一个 calendar months 和一个 calendar days 数值相加，在输出结果中天数数值还将会分开显示，因为每个月的天数并不一致，除非将其和一个具体的日期时间相加。

```
>> L = calmonths(2) + caldays(35)
L =
   2mo 35d
```

通过以下代码，将一个 calendar durations 和一个 datetime 数组相加。

```
>> t2 = t + calmonths(2) + caldays(35)
t2 =
   Oct 01, 2014    Oct 02, 2014
```

此时得到的 t2 依然是一个 datetime 数组。

```
>> whos t2
  Name        Size            Bytes  Class       Attributes
  t2          1*2               161  datetime
```

总的来说，日期和时间的表达方式有多种，如图 3-7 所示。

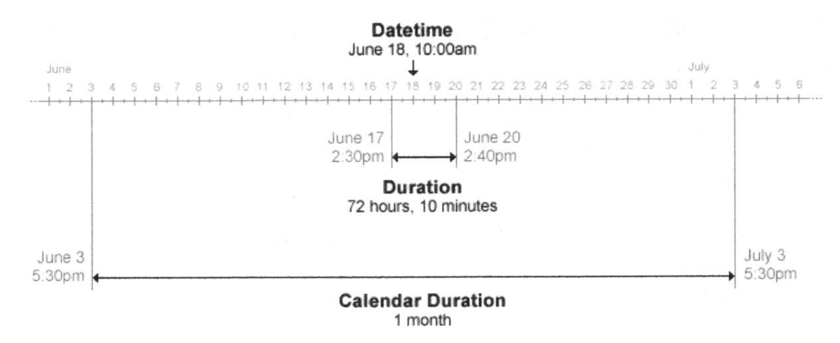

▲图 3-7　选择需要导入的图像文件

- 要表达时间点，使用 datetime 数据格式。例如 Wednesday, June 18, 2014 10:00:00。
- 要表达一段时间的长度，采用固定时间长度单位和 duration 数据类型。例如：72 小时 10 分钟。在使用此种类型的时候，1 天等于 24 小时，1 年等于 365.2425 天。
- 要表达一段时间的长度，采用可变时间长度单位，使用 calendarDuration 数据类型。例如 1 个月可以是 28、29、30 或者 31 天。另外，calendarDuration 还考虑了夏令时和闰年，所以 1 天的时间可以大于或者小于 24 小时，1 年可以是 365 天或者 366 天。

【例 3-42】　指定时区与完成相关计算。

在对日期和时间的计算中，MATLAB 还提供了时区设置选项。这样我们只须在创建日期时间数组的时候指定好时区，然后就可以在不同时区之间进行相关计算了，而不必人工换算中间有多少时差。下面举例来说明。

首先，创建指定了时区的 datetime 数组。

```
>> t = datetime(2014,3,8:9,6,0,0,'TimeZone','local',...
     'Format','d-MMM-y HH:mm:ss Z')
t =
   8-Mar-2014 06:00:00 +0800   9-Mar-2014 06:00:00 +0800
```

在这里指定的是系统内部的时区设置'local'，返回的结果中“+0800”一项就是我们所处的时区和 Coordinated Universal Time 之间的时差。

用户也可以指定时区，如下所示。

```
>> t.TimeZone = 'Asia/Tokyo'
t =
   8-Mar-2014 07:00:00 +0900   9-Mar-2014 07:00:00 +0900
```

以同样的方式可以定义另一个伦敦时间。

```
>> u = datetime(2014,3,9,6,0,0,'TimeZone','Europe/London',...
    'Format','d-MMM-y HH:mm:ss Z')
u =
   9-Mar-2014 06:00:00 +0000
```

两个时间相减，就可以得到两个时间点相差的实际时间。

```
>> dt = t - u
dt =
   -32:00:00    -8:00:00
```

【例 3-43】 日期和时间序列的产生。

本例将演示如何通过使用冒号（:）来产生日期和时间序列。

采用默认步长来产生序列，默认步长为 1 个日历天。

```
>> t1 = datetime('01-Nov-2013 08:00:00');
t2 = datetime('05-Nov-2013 08:00:00');
t = t1:t2
t =
Columns 1 through 3
   01-Nov-2013 08:00:00   02-Nov-2013 08:00:00   03-Nov-2013 08:00:00
Columns 4 through 5
   04-Nov-2013 08:00:00   05-Nov-2013 08:00:00
```

用户还可以指定步长。

```
>> t = t1:caldays(2):t2        %  使用 caldays 函数来指定两个日历天为步长
t =
   01-Nov-2013 08:00:00   03-Nov-2013 08:00:00   05-Nov-2013 08:00:00
>>t = t1:hours(18):t2          % 使用 18 小时作为步长
t =
Columns 1 through 3
   01-Nov-2013 08:00:00   02-Nov-2013 02:00:00   02-Nov-2013 20:00:00
Columns 4 through 6
   03-Nov-2013 14:00:00   04-Nov-2013 08:00:00   05-Nov-2013 02:00:00
```

通过指定时区为纽约时间，t1 所对应时间正好在夏令时之前。

```
>> t1.TimeZone = 'America/New_York';
>> t2.TimeZone = 'America/New_York';
```

如果用户这时使用 1 个日历天作为步长，那么这两个时间点之间每天的时间长度并不都是 24 小时。

```
>> t = t1:t2;
>> dt = diff(t)
dt =
   24:00:00   25:00:00   24:00:00   24:00:00
```

通过以下代码，将步长设置为固定长度的 1 天。

```
>> t = t1:days(1):t2
t =
Columns 1 through 3
   01-Nov-2013 08:00:00   02-Nov-2013 08:00:00   03-Nov-2013 07:00:00
Columns 4 through 5
   04-Nov-2013 07:00:00   05-Nov-2013 07:00:00
```

这时可以验证各时间点之间的长度是否都等于 24 小时。

```
>> dt = diff(t)
dt =
   24:00:00    24:00:00    24:00:00    24:00:00
```

【例 3-44】　日期和时间序列的计算。

日期和时间序列可以像数组那样进行加减。

首先，创建一个日期时间点。

```
>> t1 = datetime('01-Nov-2013 08:00:00');
```

然后，将一个固定长度小时数组加到这一个时间点上。

```
>> t = t1 + hours(0:2)
t =
   01-Nov-2013 08:00:00   01-Nov-2013 09:00:00   01-Nov-2013 10:00:00
```

还可以加上一个日历月份时间长度。

```
>> t = t1 + calmonths(1:5)
t =
Columns 1 through 3
   01-Dec-2013 08:00:00   01-Jan-2014 08:00:00   01-Feb-2014 08:00:00
Columns 4 through 5
   01-Mar-2014 08:00:00   01-Apr-2014 08:00:00
```

上面结果中的每一个时间点都是当月的第一天。如果要计算数组时间点之间的相隔天数，可以使用以下命令。

```
>> dt = caldiff(t,'days')
dt =
   31d    31d    28d    31d
```

如果要产生一个包含每月最后一天的日期序列，可以使用如下方法。

```
>> t = datetime('31-Jan-2014') + calmonths(0:11)
t =
Columns 1 through 5
   31-Jan-2014    28-Feb-2014    31-Mar-2014    30-Apr-2014    31-May-2014
Columns 6 through 10
   30-Jun-2014    31-Jul-2014    31-Aug-2014    30-Sep-2014    31-Oct-2014
Columns 11 through 12
   30-Nov-2014    31-Dec-2014
```

3.7.2　日期和时间元素

本节将介绍如何对指定日期和时间元素的数值进行提取，以及如何通过 datetime 的属性来对指定的元素进行赋值。MATLAB 提供了一些函数进行元素操作，如表 3-12 所示。

表 3-12　日期和时间元素提取函数

函　数	说　明	函　数	说　明
year	年份	minute	分钟
hour	小时	second	秒
day	日	quarter	季度数
month	月份	week	周数
ymd	年月日	hms	时分秒

续表

函　数	说　明	函　数	说　明
split	将日历时间长度按单位级别分解为数值形式	time	将日历时间长度转换为固定时间长度
timeofday	将时间点转换为时间长度	isdst	检测夏令时元素
isweekend	判断是否是周末	tzoffset	检测时区，返回和 UTC 的时差

下面举例说明如何从已有的 datetime 数组中提取日期和时间元素，以及如何对指定元素通过对数组属性的设置来进行修改。

【例 3-45】 日期和时间数组元素的提取。

首先，创建一个测试用 datetime 数组。

```
>> t = datetime('now') + calyears(0:2) + calmonths(0:2) + hours(20:20:60)
t =
   04-Sep-2014 20:42:32   05-Oct-2015 16:42:32   06-Nov-2016 12:42:32
```

如果想提取数组中的“年”这一元素，那么只需要使用“.”这一符号加 Year 属性就可以了。

```
>> t_years = t.Year
t_years =
         2014         2015         2016
```

输出的 t_years 是一个数值数组。

同样，如果想提取月这一元素，可以通过以下方法。

```
>> t_months = t.Month
t_months =
     9    10    11
```

除以上方法之外，用户还可以通过函数来对日期和时间的各元素进行检索。例如，要检索月份，就可以通过 month 函数来实现。

```
>> m = month(t)
m =
     9    10    11
```

通过使用 month 函数而不是 Month 属性来提取月份的全名。

```
>> m = month(t,'name')
m =
    'September'    'October'    'November'
```

同样，也可以使用 year、quarter、week、hour、minute 和 second 函数来分别提取时间数组 t 中的其他元素。

```
>> w = week(t)
w =
    36    41    46
```

这里返回的数据表示当年的第几周。

使用 ymd 函数可以同时提取年、月、日三个元素。

```
>> [y,m,d] = ymd(t)
y =
         2014         2015         2016
m =
```

```
     9     10     11
d =
     4      5      6
```

使用 hms 函数可以同时提取时、分、秒三个元素。

```
>> [h,m,s] = hms(t)
h =
    20     16     12
m =
    42     42     42
s =
   32.9365   32.9365   32.9365
```

【例 3-46】　日期和时间数组元素的修改。

对已有时间数组中元素数值的修改可以通过“.”加属性名来实现。

改变时间数组 t 中的年份，令其等于 2014。

```
>> t.Year = 2014
t =
   04-Sep-2014 20:42:32   05-Oct-2014 16:42:32   06-Nov-2014 12:42:32
```

将时间数组 t 中的月份分别改成 1 月、2 月、3 月。

```
>> t.Month = [1,2,3]
t =
   04-Jan-2014 20:42:32   05-Feb-2014 16:42:32   06-Mar-2014 12:42:32
```

通过 TimeZone 属性更改时间数组的时区。

```
>> t.TimeZone = 'Europe/Berlin';
```

下面更改时间数组的显示格式。

```
>> t.Format = 'dd-MMM-yyyy'
t =
   04-Jan-2014   05-Feb-2014   06-Mar-2014
```

如果用户在赋值的时候给出的数值超出了正常范围，那么 MATLAB 会对相应的元素进行正常化处理。例如，日期的正常范围是 1～31，如果将范围之外的数值赋值给数组，结果如下。

```
>> t.Day = [-1 1 32]
t =
   30-Dec-2013   01-Feb-2014   01-Apr-2014
```

这里月份和年份的数值同时做了调整，从而使结果是属于正常范围的。例如，这里将 January -1, 2014 转化成了 December 30, 2013。

3.7.3　日期和时间的计算与绘图

本节将介绍日期和时间的相关加、减、绘图操作。对此，MATLAB 提供了多种函数以供使用，见表 3-13。

表 3-13　　计算日期和时间的函数

函　　数	说　　明	函　　数	说　　明
between	日历代数差	isdatetime	判断是否是 datetime 数组
caldiff	日历连续代数差	isduration	判断是否是 duration 数组

续表

函　数	说　明	函　数	说　明
dateshift	平移日期或者产生日期和时间序列	iscalendarduration	判断是否是 calendar duration 数组
isbetween	判断元素是否在日期和时间区间内	isnat	判断是否是 NaT 元素（非时间元素）

【例 3-47】 日历时间长度与时间数组相加。

通过以下代码，将一个日历时间长度数组和日期 January 31,2014 相加。

```
>> t1 = datetime(2014,1,31)                    % 测试时间数组
t1 =
   31-Jan-2014
>> t2 = t1 + calmonths(1:4)                    % 将日历月相加
t2 =
   28-Feb-2014   31-Mar-2014   30-Apr-2014   31-May-2014
```

结果中的每一个时间点都是当月的最后一天。

使用 caldiff 函数可以计算数组中相邻的一对时间点之差。

```
>> dt = caldiff(t2,'days')                     % 计算数组中各时间点之间的日历天数差
dt =
   31d   30d   31d
```

从结果中可以看出，连续的几对时间点之间的差都是一个日历月，但是天数并不都等于 31 天。

同样，对年份也可以进行类似的操作。

```
>> t2 = t1 + calyears(0:4)                     % 初始测试数组
t2 =
   31-Jan-2014   31-Jan-2015   31-Jan-2016   31-Jan-2017   31-Jan-2018
```

使用 caldiff 函数可以计算数组 t2 中相邻时间点之间的天数差。

```
>> dt = caldiff(t2,'days')
dt =
   365d   365d   366d   365d
```

由结果可以看出，并不是每一年的天数都等于 365 天。

【例 3-48】 计算两个日历时间点之间的时间差。

使用 between 函数可以计算两个日历时间点之间的年、月、日之差。

```
>> t1 = datetime('today')
t1 =
   02-Apr-2015
>> t2 = t1 + calmonths(0:2) + caldays(4)
t2 =
   06-Apr-2015   06-May-2015   06-Jun-2015
>> dt = between(t1,t2)
dt =
         4d    1mo 4d    2mo 4d
```

【例 3-49】 datetime 和 duration 数组的比较。

本例将演示如何对 datetime 和 duration 数组进行比较。用户可以在两个 datetime 数组之间进行元素对元素的对比，也可以对两个 duration 数组采用逻辑运算符进行比较，这里使用的逻辑运算符为“>”和“<”。

要对比两个 datetime 数组，这两个数组必须具有相同的尺寸或者其中一个是标量。

```
>> A = datetime(2013,07,26) + calyears(0:2:6)
>> B = datetime(2014,06,01)
A =
   26-Jul-2013   26-Jul-2015   26-Jul-2017   26-Jul-2019
B =
   01-Jun-2014
>> A < B
ans =
     1     0     0     0
```

在 A 中时间早于 B 中时间的情况下，逻辑运算符“<”将会返回逻辑值 1（true）。

对比一个 datetime 数组和一个日期字符串，返回结果如下。

```
>> A >= 'September 26, 2014'
ans =
     0     1     1     1
```

读者还可以对比不同时区的时间。例如，比较洛杉矶的 September 1, 2014 at 4:00 p.m 和同一天的纽约时间 5:00 p.m。

```
>> A = datetime(2014,09,01,16,0,0,'TimeZone','America/Los_Angeles',...
    'Format','dd-MMM-yyyy HH:mm:ss Z')
A =
   01-Sep-2014 16:00:00 -0700
>> B = datetime(2014,09,01,17,0,0,'TimeZone','America/New_York',...
    'Format','dd-MMM-yyyy HH:mm:ss Z')
B =
   01-Sep-2014 17:00:00 -0400
>> A < B
ans =
     0
```

从结果可以看出洛杉矶时间下午 4 点在纽约时间下午 5 点之后。

下面对 duration 数组之间的比较进行演示。

```
>> A = duration([2,30,30;3,15,0])                  % 测试数据 A
>> B = duration([2,40,0;2,50,0])                   % 测试数据 B
A =
   02:30:30
   03:15:00
B =
   02:40:00
   02:50:00
>> A >= B
ans =
     0
     1
```

从结果可以看出，和 B 相比较，A 的第 1 个元素较短，而第 2 个元素较长。

如果将一个 duration 数组和一个数值型的数组进行比较，那么数值型的数组将会被看作天数（固定每天 24 小时）。

```
>> A < [1; 1/24]                % A 和 [1 天   1 小时] 相比较
ans =
     1
     0
```

使用 isbetween 函数可以判断某一日期时间是否在一个时间区间内。

首先，需要创建时间区间的两个边界时间点：

```
>> tlower = datetime(2014,08,01)      %  起点
>> tupper = datetime(2014,09,01)      %  终点
tlower =
   01-Aug-2014
tupper =
   01-Sep-2014
```

然后，创建一个 datetime 数组，然后判断数组是否在所设定的时间区间内。

```
>> A = datetime(2014,08,21) + calweeks(0:2)
A =
   21-Aug-2014   28-Aug-2014   04-Sep-2014
>> tf = isbetween(A,tlower,tupper)
tf =
     1     1     0
```

【例 3-50】 日期和时间数组的绘图。

首先，创建一个 datetime 数组作为 x 轴。

```
>> t = datetime(2014,6,28) + caldays(1:10);
```

然后，将 y 轴数据定义为一个随机数组，并绘制曲线。

```
>> y = rand(1,10);
>> plot(t,y);
```

得到的结果如图 3-8 所示。

在默认情况下，plot 函数会基于数据的范围自动选择刻度线。当用户放大或缩小图形时，刻度线会自动随之调整。另外，用户还可以自定义刻度线格式，例如，通过下面的语句，可以将刻度线定义为日-月-年的格式。

```
>> plot(t,y,'DatetimeTickFormat','dd-MMM-yyyy')
```

得到的结果如图 3-9 所示。

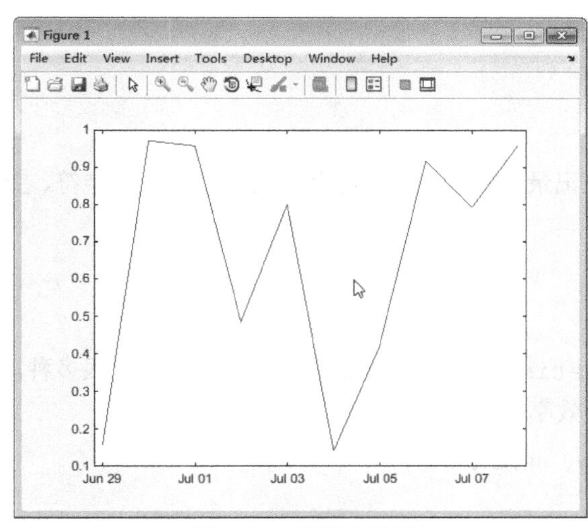

▲图 3-8　日期数组绘图

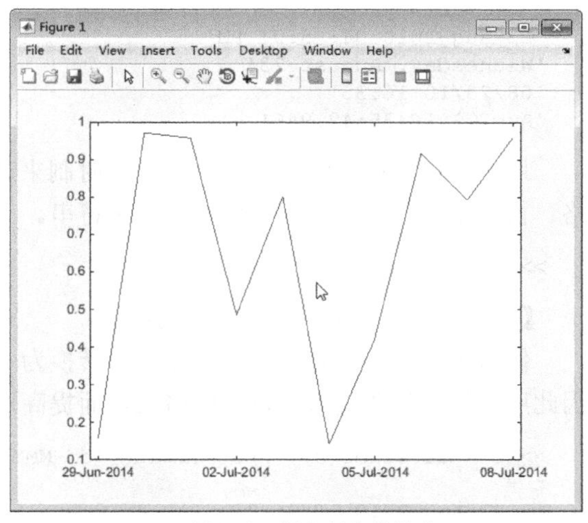

▲图 3-9　指定刻度线格式

对于 duration 数组来说，也可以使用类似的方式进行绘图。

首先，创建一个 duration 数组，例如，以 30 秒为步长并且总时间 3 分钟的一个数组。

```
>> t = 0:seconds(30):minutes(3);
```

同时创建随机数组作为 y 轴的数据。

```
>> y = rand(1,7);
```

在绘图过程中可以指定横轴刻度以秒为单位。

```
>> h = plot(t,y,'DurationTickFormat','s');
```

得到的结果如图 3-10 所示。

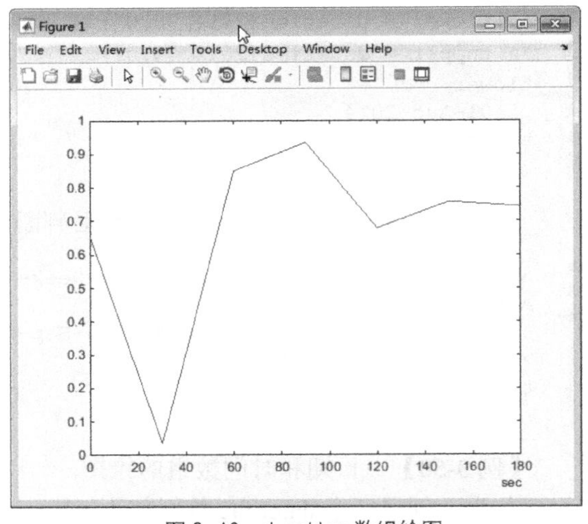

▲图 3-10　duration 数组绘图

3.7.4　以日期和时间作为数值和字符

如果用户在使用 MATLAB 2014a 及以前版本，或者和其他使用之前版本的人共享代码，就需要处理存储为双精度数值或字符串形式的日期和时间数据。此外，用数值形式表示的日期和时间还可以适用于一些不接受 datetime 和 duration 数据类型的函数。

尽管 datetime 数组是表达时间点的最佳数据类型，但用户还可以通过以下 3 种形式来表示日期和时间。

- Date String：字符串，例如 Thursday, August 23, 2012　9:45:44.946 AM。
- Date Vector：1×6 的数值向量，包含了年、月、日、时、分、秒，例如[2012　8　23　9　45　44.946]。
- Serial Date Number：数值，从 January 0, 0000 开始计算，例如 7.3510e+005

采用元胞数组、矩阵等可以以数组形式存储上述各种类型的日期时间数据。

用户可以使用 datetime 函数将上述类型数据转换为 datetime 数组。反过来，用户可以分别使用 datenum、datevec 或 datestr 函数将 datetime 数组转换为日期数值、日期向量或者日期字符串类型。

日期字符串由表示日期或者时间的字符组成，可以有多种格式，例如下面的字符串都表示 August 23, 2010 at 04:35:42 PM。

```
'23-Aug-2010 04:35:06 PM'
'Wednesday, August 23'
'08/23/10 16:35'
'Aug 23 16:35:42.946'
```

用户可以采用 12 小时制或者 24 小时制来进行记录。在记录的字符串中还可以加入连字符、空格、冒号来分隔各个元素，例如以下字符串。

```
>> d = '23-Aug-2010 16:35:42'
```

【例 3-51】　日期字符串的转换。

使用 datetime 函数可以将字符串转换为 datetime 数组。由于输入字符串的格式有很多种，因此用户最好指明输入字符串的格式从而提高运行效率。

```
>> t = datetime(d,'InputFormat','dd-MMM-yyyy HH:mm:ss:')
t =
   23-Aug-2010 16:35:42
```

尽管日期字符串 d 和 datetime 标量 t 看起来非常相似，但是二者是不相同的。

```
>> whos d t
  Name      Size            Bytes  Class       Attributes
  t         1*1               121  datetime
  d         1*20               40  char
```

日期向量就是一个 1×6 的双精度数值类型的数组，其中的数值除了秒以外都是整数，采用 24 小时制的形式来表示。日期向量采用年、月、日、时、分、秒的顺序来进行记录。例如[2012 10 24 10 45 07]表示的是 10:45:07 AM on October 24, 2012。

【例 3-52】 日期向量的转换。

使用 datetime 函数将日期向量[2012 10 24 10 45 07]转换为 datetime 数组。

```
>> t = datetime([2012  10  24  10  45  07])
t =
   24-Oct-2012 10:45:07
```

连续日期数值表示距离计时起点过去了多少天。在 MATLAB 里面，这个起点日期是 January 0, 0000。日期数值通过小数来表示不满一天的情况，例如 6 p.m 等于 0.75 天。所以采用日期数值表示 '31-Oct-2003, 6:00 PM' 就是 731 885.75。

【例 3-53】 日期数值的转换。

使用 datetime 函数将日期数值转换为 datetime 数组。

```
>> t = datetime(731885.75,'ConvertFrom','datenum')
t =
   31-Oct-2003 18:00:00
```

【例 3-54】 将 datetime 数组转换为日期数值。

一些 MATLAB 函数只接受日期数值输入但并不接受 datetime 数组输入。如果想要调用这些函数，就需要将 datetime 数组转换为日期数值格式，然后再调用函数。例如，log 函数只接受数值格式输入，不接受 datetime 数组。

假设用户有一个 datetime 数组表示一项实验的时间数据。

```
>> t = datetime('18-Jun-2014') + calmonths(1:4)
t =
   18-Jul-2014   18-Aug-2014   18-Sep-2014   18-Oct-2014
```

从上述时间数据减去实验开始的时间就可以得到在该时间点实验所花的时间长度。

```
>> dt = t - '1-Jul-2014'
dt =
    408:00:00    1152:00:00    1896:00:00    2616:00:00
```

dt 是一个 duration 数组。使用 years、days、hours、minutes 或 seconds 函数将 dt 转换为统一单位的数值。

```
>> x = hours(dt)
x =
         408          1152          1896          2616
```

将此双精度数组输入到 log 函数中就可以进行相应的计算。

```
>> y = log(x)
y =
    6.0113    7.0493    7.5475    7.8694
```

3.8 类别数组

类别（categorical）数组是一种存储有限类别数据的数组。类别数组可以实现对非数值数据的高效存储以及操作。另外，类别数组还保持了原有类别的名字，这样使用起来更加直观方便。类别数组可以和表（table）数据类型一起使用。

默认情况下，类别数组中包含的类别是没有顺序的。例如，一组离散的宠物类别{'dog' 'cat' 'bird'}是没有顺序的。所以 MATLAB 采用字母表顺序来对其进行排序，排序结果是{'bird' 'cat' 'dog'}。顺序类别数组包含的类别是有顺序的，例如尺寸大小的类别{'small', 'medium', 'large'}是具有顺序的。

【例 3-55】　类别数组的创建。

本例演示如何创建一个类别数组。用户可以使用 categorical 函数把数值数组、逻辑数组、字符串元胞数组或者已有的类别数组创建为类别数组。

首先，创建一个包含新英格兰地区州名的一个元胞数组。

```
>> state = {'MA','ME','CT','VT','ME','NH','VT','MA','NH','CT','RI'};
```

之后将此元胞数组转换为类别数组。

```
>> state = categorical(state)
>> class(state)
state =
  Columns 1 through 9
     MA       ME       CT       VT       ME       NH       VT       MA       NH
  Columns 10 through 11
     CT       RI
ans =
categorical
```

通过 categories 函数可以列出类别数组中包含了哪些类别。

```
>> categories(state)
ans =
    'CT'
    'MA'
    'ME'
    'NH'
    'RI'
    'VT'
```

从结果可以看到，所有的类别都是按照字母顺序来排序的。

【例 3-56】　顺序类别数组的创建。

创建一个记录物体尺寸大小的元胞数组：

```
>> AllSizes = {'medium','large','small','small','medium',...
            'large','medium','small'};
```

这个元胞数组有 3 种尺寸：'large''medium'和'small'。如果使用元胞数组进行记录，那么没有一种方便的形式可以用来表示 small < medium < large 这种大小关系。使用 valueset 变量用来指明顺序的先后，在调用 categorical 函数时对顺序参数进行设置就可以实现顺序类别数组的创建。

```
>> valueset = {'small','medium','large'};
>> sizeOrd = categorical(AllSizes,valueset,'Ordinal',true)
sizeOrd =
  Columns 1 through 6
     medium       large       small       small       medium       large
  Columns 7 through 8
     medium       small
>> class(sizeOrd)                % 查看创建数组的类型
ans =
categorical
```

类别数组中的顺序 sizeOrd 是保持不变的。同样使用 categories 函数列出所有的类别。

```
>> categories(sizeOrd)
ans =
    'small'
    'medium'
    'large'
```

这时，所有类别的列举就不再按照字母顺序了，而是按照用户定义的 small<medium<large 顺序来列举。

创建 1～44 的 100 个整数向量。

```
>> x = gallery('integerdata',44,[100,1],1);
```

然后使用 histc 函数创建 3 个箱子，将 x 中 1～15 的数值放进第 1 个箱子；15～30 的数值放进第 2 个箱子；30～45 的数值放进第 3 个箱子。分界点 15 和 30 会归入第 2 个和第 3 个箱子。

```
>> [~,bin] = histc(x,[1,15,30,45]);
```

bin 是一个 100×1 的向量，用来表示 x 中的每一个向量属于哪个箱子。创建一个顺序类别数组 sizeOrd2，其中 3 个箱子变成了 3 个类别：small、medium 和 large。

```
>> valueset = 1:3;
>> catnames = {'small','medium','large'};
>> sizeOrd2 = categorical(bin,valueset,catnames,'Ordinal',true);
```

sizeOrd2 是一个 100×1 的顺序类别数组，它有 3 个类别，顺序是 small<medium<large。

使用 summary 函数可以对类别进行求和。

```
>> summary(sizeOrd2)
     small         33
     medium        36
     large         31
```

通过结果可以看出，其中，33 个元素是属于 small 类别的；36 个是属于 medium 类别的；31 个是属于 large 类别的。

【例 3-57】 类别数组元素的比较。

首先，由一个字符串元胞数组来创建类别数组。

```
>> C = {'blue' 'red' 'green' 'blue';...
    'blue' 'green' 'green' 'blue'};                    % 创建测试元胞数组
>> colors = categorical(C)                             % 转换为类别数组
colors =
     blue       red        green      blue
     blue       green      green      blue
```

这里创建了 2×4 的类别数组，然后可以通过 categories 函数查看数组中有哪些类别。

```
>> categories(colors)
ans =
    'blue'
    'green'
    'red'
```

接下来，可以使用“==”来比较数组第 1 行元素是否和第 2 行元素相等。

```
>> colors(1,:) == colors(2,:)
ans =
     1     0     1     1
```

从结果可以看出，只有第 2 列的两个元素不相等。

还可以把整个类别数组 colors 和单个字符串'blue'来对比。

```
>> colors == 'blue'
ans =
     1     0     0     1
     1     0     0     1
```

结果显示在 colors 数组中一共有 4 个 blue。

通过指定颜色的顺序，可以将 colors 转换为顺序类别数组。例如指定顺序为 red<green<blue。

```
>> colors = categorical(colors,{'red''green' 'blue'},'Ordinal',true)
colors =
     blue       red        green      blue
     blue       green      green      blue
```

在输出结果中类别数组中的各元素和转换之前是相同的。下面检验数组中有哪些类别。

```
>> categories(colors)
ans =
    'red'
    'green'
    'blue'
```

在设置了顺序之后，就可以对各元素的顺序进行比较。例如比较第 1 列的元素是否比第 2 列的元素大。

```
>> colors(:,1) > colors(:,2)
ans =
     1
     1
```

第 2 列中的元素是 red 和 green，按照设定的顺序都比第 1 列中的 blue 小，所以均返回了 1（true）。

还可以查找所有比 blue 小的元素。

```
>> colors < 'blue'
ans =
     0     1     1     0
     0     1     1     0
```

返回结果中为 1 的元素就是比 blue 小的元素。

【例 3-58】 类别数组元素的组合。

首先，创建测试数组，记录的是一个班 25 名学生午餐饮料的种类。

```
>> A = gallery('integerdata',3,[25,1],1);
>> A = categorical(A,1:3,{'milk' 'water' 'juice'});
```

然后，对类别数组 A 进行统计。

```
>> summary(A)
     milk       8
     water      8
     juice      9
```

从结果可以看出，8 名学生喜欢喝牛奶，8 名学生喜欢喝水，剩下的 9 名学生喜欢喝果汁。

创建另一个类别数组，用于表示另一个班 28 人的午餐饮料种类。

```
>> B = gallery('integerdata',3,[28,1],3);
>> B = categorical(B,1:3,{'milk' 'water' 'juice'});
```

B 是一个和 A 具有相同类别的 28×1 的数组。对数组 B 进行统计。

```
>> summary(B)
     milk        12
     water       10
     juice        6
```

从结果可以看出，有 12 名学生喜欢喝牛奶，有 10 名学生喜欢水，还有 6 名学生喜欢果汁。

有了两个类别数组之后，可以将其组合成一个新的数组。

```
>> Group1 = [A;B];                % 组合的方法和普通数值矩阵相同
```

对总的类别数组 Group1 进行统计。

```
>> summary(Group1)
     milk        20
     water       18
     juice       15
```

Group1 是一个 53×1 的类别数组，它包含 3 个类别：milk、water 和 juice。

现在创建一个包含 50 个学生的新的类别数组，可选的饮料增加了苏打水。

```
>> Group2 = gallery('integerdata',4,[50,1],2);
>> Group2 = categorical(Group2,1:4,{'juice' 'milk' 'soda' 'water'});
```

对 Group2 进行统计。

```
>> summary(Group2)
     juice       18
     milk        10
     soda        13
     water        9
```

Group2 是一个 50×1 的数组，它有 4 个类别：juice、milk、soda 和 water。

将 Group1 和 Group2 组合。

```
>> students = [Group1;Group2];
```

对新建的总数组进行统计。

```
>> summary(students)
     milk        30
     water       27
     juice       33
     soda        13
```

可见结果中的数组有 4 个类别。下面使用 reordercats 来更改数组中类别的排列顺序。

```
>> students = reordercats(students,{'juice','milk','water','soda'});
>> categories(students)        % 查看有哪些类别
ans =
    'juice'
    'milk'
    'water'
    'soda'
```

3.9 表

表（table）是一种面向列或者列成表格的数据，这些数据经常以列的形式存储为文本格式或者表格格式。表包含多行和面向列的变量。表中的各变量可以具有不同的数据类型，也可以有不同的尺寸，只是各变量必须要具有相同的行数。例如，表用来存储实验数据，列用来表示不同的变量，行用来表示每次观测所得到的数值。

【例 3-59】　表的创建。

本例将演示表的创建。表是一种在一个容器内收集异构数据、元数据属性和变量单位等信息的数据类型。

MATLAB 提供了一批名为'patients.dat'的测试数据。测试数据中是以逗号为分隔符的文本文件，它包含了 100 位不同病人的信息。下面是该文件的前 6 行。

```
LastName,Gender,Age,Location,Height,Weight,Smoker,Systolic,Diastolic,SelfAssessedHealthStatus
Smith,Male,38,County General Hospital,71,176,1,124,93,Excellent
Johnson,Male,43,VA Hospital,69,163,0,109,77,Fair
Williams,Female,38,St. Mary's Medical Center,64,131,0,125,83,Good
Jones,Female,40,VA Hospital,67,133,0,117,75,Fair
Brown,Female,49,County General Hospital,64,119,0,122,80,Good
```

从文件内容可以看出，第 1 行包含了每列的名称，中间由逗号隔开。

使用 readtable 函数通过默认设置创建表。用户还可以使用 readtable 函数将 Excel 表格转换为表。readtable 函数可以处理具有分隔符且后缀为 txt、dat 和 csv 的文本文件，也可以处理后缀为 xls 和 xlsx 的表格文件。通过以下命令，查看 dat 文件。

```
>> T = readtable('patients.dat');
```

通过以下命令，查看表的尺寸信息。

```
>> size(T)
ans =
   100    10
```

从结果可以看出，表 T 包含 10 个变量和 100 行数据。

通过以下命令，可以查看表 T 的前 5 行数据和前 5 个变量。

```
>> T(1:5,1:5)
ans =
     LastName        Gender       Age              Location               Height
    __________     ________     ___     ___________________________     ______

    'Smith'         'Male'       38      'County General Hospital'        71
    'Johnson'       'Male'       43      'VA Hospital'                    69
    'Williams'      'Female'     38      'St. Mary's Medical Center'      64
    'Jones'         'Female'     40      'VA Hospital'                    67
    'Brown'         'Female'     49      'County General Hospital'        64
```

默认情况下，readtable 函数用第 1 行来作为变量名。如果第 1 行不包含变量名，那么用户可以使用 T = readtable(filename,'ReadVariableNames',false)来改变默认设置。

此外，用户还可以由 workspace 中的变量来创建表，具体的操作请读者查阅相关的帮助文档。

使用 summary 函数可以查看表的数据类型、描述、单位和其他统计信息，例如以下代码。

```
>> format compact                      % 以紧凑格式显示结果，以节约篇幅
>> summary(T)
Variables:
    LastName: 100×1 cell string
    Gender: 100×1 cell string
    Age: 100×1 double
        Values:
            min        25
            median     39
            max        50
    Location: 100×1 cell string
```

```
    Height: 100×1 double
        Values:
            min       60
            median    67
            max       72
    Weight: 100×1 double
        Values:
            min         111
            median    142.5
            max         202
    Smoker: 100*1 double
        Values:
            min       0
            median    0
            max       1
    Systolic: 100*1 double
        Values:
            min       109
            median    122
            max       138
    Diastolic: 100*1 double
        Values:
            min         68
            median    81.5
            max         99
    SelfAssessedHealthStatus: 100*1 cell string
```

从结果中可以看出，表中的数据是多种格式的。其中 LastName、Gender、Location 和 SelfAssessedHealthStatus 是字符串元胞数组，其他变量是数值格式。

通过以下命令，将显示格式设置成默认格式。

```
>> format
```

表可以像普通数值矩阵那样通过小括号加下标来进行寻访。除了数值和逻辑型下标之外，用户还可以使用变量名和行名作为下标。本例中可以使用 LastName 作为行名，然后将这一列数据删除。

```
>> T.Properties.RowNames = T.LastName;
>> T.LastName = [];
>> size(T)                          %  查看当前表 T 的尺寸
ans =
   100     9
```

表 T 中包含了 100 行数据和 9 个变量。行名和变量名都不属于表的尺寸范畴。显示表的前 5 行和后 4 列来对此进行验证。

```
>> T(1:5,6:9)
ans =
                Smoker    Systolic    Diastolic    SelfAssessedHealthStatus
                ______    ________    _________    ________________________

    Smith       1         124         93           'Excellent'
    Johnson     0         109         77           'Fair'
    Williams    0         125         83           'Good'
    Jones       0         117         75           'Fair'
    Brown       0         122         80           'Good'
```

现在文本中的第 1 列 LastName 已经成为行名。行名和变量名都是表的属性。用户可以通过 T.Properties.RowNames 来对已有表的行名进行添加或修改。

如果用户想将 Systolic 和 Diastolic 两个变量合并成为一个 blood pressure 变量，那么可以通过以下命令来实现。

```
>> T.BloodPressure = [T.Systolic T.Diastolic];
>> T(:,{'Systolic' 'Diastolic'}) = [];
>> size(T)                    %  查看此时表的尺寸
ans =
   100     8
```

从结果可以看到表 T 包含 100 行数据和 8 个变量。行名和变量名是表的属性，是不包含在尺寸中的。即使 BloodPressure 包含了两列，但依然是按照一个变量来统计的。

通过以下命令，查看表的前 5 行数据和后 4 个变量。

```
>> T(1:5,5:8)
ans =
                Weight    Smoker    SelfAssessedHealthStatus    BloodPressure
                ______    ______    ________________________    _____________

    Smith       176       1         'Excellent'                 124        93
    Johnson     163       0         'Fair'                      109        77
    Williams    131       0         'Good'                      125        83
    Jones       133       0         'Fair'                      117        75
    Brown       119       0         'Good'                      122        80
```

从结果可以看出，刚才新合并的变量 BloodPressure 包含两列数据，它是表的最后一个变量。

基于已有变量（身高和体重），用户可以创建新的变量 BMI（也就是体重指数），还可以添加变量的单位和描述等属性。

```
>> T.BMI = (T.Weight*0.453592)./(T.Height*0.0254).^2;
>> T.Properties.VariableUnits{'BMI'} = 'kg/m^2';
>> T.Properties.VariableDescriptions{'BMI'} = 'Body Mass Index';
>> size(T)                %  查看当前表的尺寸
ans =
   100     9
```

现在表 T 包含了 100 行数据和 9 个变量，比之前增加了一个变量 BMI。现在查看前 5 行数据和后 4 个变量。

```
>> T(1:5,6:9)
ans =
                Smoker    SelfAssessedHealthStatus    BloodPressure      BMI
                ______    ________________________    _____________    ______

    Smith       1         'Excellent'                 124        93    24.547
    Johnson     0         'Fair'                      109        77    24.071
    Williams    0         'Good'                      125        83    22.486
    Jones       0         'Fair'                      117        75    20.831
    Brown       0         'Good'                      122        80    20.426
```

【例 3-60】　在表中添加和删除行。

首先，载入上例中的病人测试数据，并且创建表 T。

```
>> load patients
>> T = table(LastName,Gender,Age,Height,Weight,Smoker,Systolic,Diastolic);
>> size(T)                    %  查看表的尺寸
ans =
   100     8
```

从结果可以看出，表 T 有 100 行数据和 8 个变量。

创建一个以逗号为分隔符的其他病人的数据文件，其中包含以下病人的数据。

```
LastName,Gender,Age,Height,Weight,Smoker,Systolic,Diastolic
Abbot,Female,31,65,156,1,128,85
```

```
Bailey,Female,38,68,130,0,113,81
Cho,Female,35,61,130,0,124,80
Daniels,Female,48,67,142,1,123,74
```

将此数据文件读入，并附在表 T 之后，合并为一个表。

```
>> T2 = readtable('morePatients.txt');
>> Tnew = [T;T2];
>> size(Tnew)
ans =
   104     8
```

从结果可以看出表 Tnew 有 104 行数据。要纵向合并两个表，就需要两个表具有相同的变量个数与变量名。如果变量名不同，那么用户可以通过命令 T(end+1:end+4,:) = T2 直接将另一个表中的数据作为新行赋值给原表。

如果用户想要将一个元胞数组中的数据作为新行与表合并，就需要首先将元胞数组转换为表，然后再合并。

```
>> cellPatients = {'LastName','Gender','Age','Height','Weight',...
    'Smoker','Systolic','Diastolic';
    'Edwards','Male',42,70,158,0,116,83;
    'Falk','Female',28,62,125,1,120,71};
>> T2 = cell2table(cellPatients(2:end,:));
>> T2.Properties.VariableNames = cellPatients(1,:);
>> Tnew = [Tnew;T2];
>> size(Tnew)           %  查看合并后的尺寸
ans =
   106     8
```

用户还可以将结构数组中的数据与表合并。同样，首先需要将结构数组转换为表，然后再和原表合并。

```
>> structPatients(1,1).LastName = 'George';
>> structPatients(1,1).Gender = 'Male';
>> structPatients(1,1).Age = 45;
>> structPatients(1,1).Height = 76;
>> structPatients(1,1).Weight = 182;
>> structPatients(1,1).Smoker = 1;
>> structPatients(1,1).Systolic = 132;
>> structPatients(1,1).Diastolic = 85;

>> structPatients(2,1).LastName = 'Hadley';
>> structPatients(2,1).Gender = 'Female';
>> structPatients(2,1).Age = 29;
>> structPatients(2,1).Height = 58;
>> structPatients(2,1).Weight = 120;
>> structPatients(2,1).Smoker = 0;
>> structPatients(2,1).Systolic = 112;
>> structPatients(2,1).Diastolic = 70;

>> Tnew = [Tnew;struct2table(structPatients)];
>> size(Tnew)               %  查看合并之后的表尺寸
ans =
   108     8
```

使用 unique 函数可以删除在合并过程中产生的重复行数据。

```
>> Tnew = unique(Tnew);
>> size(Tnew)
```

```
ans =
   106     8
```

从结果可以看出有两行重复的数据被删除了。

如果用户需要从表中删除 18、20 和 21 这 3 行数据，方法如下。

```
>> Tnew([18,20,21],:) = [];
>> size(Tnew)
ans =
   103     8
```

现在表中只包含 103 个病人的数据了。

如果用户想要通过行名来删除某行数据，那么需要首先定义行名，然后删除作为行名的列，最后删除某行的数据。

```
>> Tnew.Properties.RowNames = Tnew.LastName;
>> Tnew.LastName = [];
>> Tnew('Smith',:) = [];
>> size(Tnew)
ans =
   102     7
```

现在表中少了一个变量，也少了一个病人的数据。

假如用户需要删除符合某些条件的行数据，比如删除年龄小于 30 的病人数据，那么可以采用下面的方法。

```
>> toDelete = Tnew.Age<30;
>> Tnew(toDelete,:) = [];
>> size(Tnew)
ans =
    85     7
```

现在表中又删除了 17 个病人的数据。

【例 3-61】　在表中添加和删除变量。

首先，载入病人的测试数据。然后创建两个表 T 和 T1。其中，表 T 包含了问诊的信息，表 T1 包含了体检数据。

```
>> load patients
>> T = table(Age,Gender,Smoker);
>> T1 = table(Height,Weight,Systolic,Diastolic);
>> T(1:5,:)              %  查看前 5 行数据
ans =
    Age      Gender       Smoker

    ___     ________      ______
    38      'Male'        true
    43      'Male'        false
    38      'Female'      false
    40      'Female'      false
    49      'Female'      false
>> T1(1:5,:)             %  查看前 5 行数据
ans =
    Height     Weight     Systolic     Diastolic

    ______     ______     ________     _________
    71         176        124          93
    69         163        109          77
    64         131        125          83
    67         133        117          75
    64         119        122          80
```

表 T 有 100 行数据和 3 个变量，表 T1 有 100 行数据和 4 个变量。横向合并两个表即可将变量添加到新表中。

```
>> T = [T T1];
>> T(1:5,:)              %  查看前 5 行数据
ans =
       Age      Gender       Smoker     Height     Weight     Systolic      Diastolic
       ___    ________      ______     ______     ______     ________      _________
       38     'Male'        true       71         176        124           93
       43     'Male'        false      69         163        109           77
       38     'Female'      false      64         131        125           83
       40     'Female'      false      67         133        117           75
       49     'Female'      false      64         119        122           80
```

现在表 T 具有 7 个变量。

如果参与合并的两个表都有行名，那么在横向合并表的时候相同行名的数据会合并到一起，这要求两个表必须有相同的行名，但行名的顺序可以不同。

用户可以通过列编号来删除变量，例如以下代码。

```
>> T(:,[3,6]) = [];                        %  删除第 3 个和第 6 个变量
```

查看删除之后表的前 5 行数据。

```
>> T(1:5,:)
ans =
       Age      Gender       Height     Weight     Systolic
       ___    ________      ______     ______     ________
       38     'Male'        71         176        124
       43     'Male'        69         163        109
       38     'Female'      64         131        125
       40     'Female'      67         133        117
       49     'Female'      64         119        122
```

这时表 T 有 5 个变量和 100 行数据。

【例 3-62】 表的相关计算。

首先，创建一个 testScores.csv 测试文件，其中包括以下内容，数据间采用逗号作为分隔符。

```
LastName,Gender,Test1,Test2,Test3
HOWARD,male,90,87,93
WARD,male,87,85,83
TORRES,male,86,85,88
PETERSON,female,75,80,72
GRAY,female,89,86,87
RAMIREZ,female,96,92,98
JAMES,male,78,75,77
WATSON,female,91,94,92
BROOKS,female,86,83,85
KELLY,male,79,76,82
```

然后，调用 `readtable` 函数由文件 testScores.csv 创建表，并使用第 1 列作为行名。

```
>> T = readtable('testScores.csv','ReadRowNames',true)
T =
                  Gender      Test1     Test2     Test3
                ________     _____     _____     _____
    HOWARD      'male'       90        87        93
    WARD        'male'       87        85        83
    TORRES      'male'       86        85        88
    PETERSON    'female'     75        80        72
```

```
    GRAY        'female'    89        86        87
    RAMIREZ     'female'    96        92        98
    JAMES       'male'      78        75        77
    WATSON      'female'    91        94        92
    BROOKS      'female'    86        83        85
    KELLY       'male'      79        76        82
```

得到的数组 T 是一个包含 10 行数据和 4 个变量的表。

调用 summary 函数来对表的数据类型、描述、单位和统计信息进行汇总。

```
>> summary(T)
Variables:
    Gender: 10*1 cell string
    Test1: 10*1 double
        Values:
            min         75
            median    86.5
            max         96
    Test2: 10*1 double
        Values:
            min       75
            median    85
            max       94
    Test3: 10*1 double
        Values:
            min       72
            median    86
            max       98
```

从结果可以看到，汇总信息中包含了每次考试的最低分、最高分和平均分。

假如需要计算每个人在各次考试中的平均分，那么需要对每行第 2 个、第 3 个、第 4 个变量求平均，并将结果赋值给新变量 TestAvg。

```
>> T.TestAvg = mean(T{:,2:end},2)
T =
                Gender      Test1    Test2    Test3    TestAvg
               --------     -----    -----    -----    -------
    HOWARD     'male'       90       87       93           90
    WARD       'male'       87       85       83           85
    TORRES     'male'       86       85       88       86.333
    PETERSON   'female'     75       80       72       75.667
    GRAY       'female'     89       86       87       87.333
    RAMIREZ    'female'     96       92       98       95.333
    JAMES      'male'       78       75       77       76.667
    WATSON     'female'     91       94       92       92.333
    BROOKS     'female'     86       83       85       84.667
    KELLY      'male'       79       76       82           79
```

除以上采用数值下标对变量进行寻访之外，用户还可以使用变量名进行寻访，例如 T{:,{'Test1','Test2','Test3'}}。

如果要将所有数据分为男生和女生两组，分别计算两组的平均分，那么可以采用以下方法。

```
>> varfun(@mean,T,'InputVariables','TestAvg',...
    'GroupingVariables','Gender')
ans =
              Gender      GroupCount    mean_TestAvg
             --------     ----------    ------------
    female   'female'     5             87.067
    male     'male'       5               83.4
```

当前满分是按照 100 分来设置的，如果需要将满分设置为 25 分，各人成绩按比例缩小，可以采用以下方法。

```
>> T{:,2:end} = T{:,2:end}*25/100
T =
                  Gender      Test1    Test2    Test3    TestAvg
                 --------     -----    -----    -----    -------
    HOWARD        'male'       22.5    21.75    23.25      22.5
    WARD          'male'      21.75    21.25    20.75     21.25
    TORRES        'male'       21.5    21.25       22    21.583
    PETERSON      'female'    18.75       20       18    18.917
    GRAY          'female'    22.25     21.5    21.75    21.833
    RAMIREZ       'female'       24       23     24.5    23.833
    JAMES         'male'       19.5    18.75    19.25    19.167
    WATSON        'female'    22.75     23.5       23    23.083
    BROOKS        'female'     21.5    20.75    21.25    21.167
    KELLY         'male'      19.75       19     20.5     19.75
```

如果需要将学生多次考试的平均分作为期末的最终成绩，也就是将 `TestAvg` 变量名改为 `Final`，那么采用以下方法。

```
>> T.Properties.VariableNames{end} = 'Final'
T =
                  Gender      Test1    Test2    Test3    Final
                 --------     -----    -----    -----    ------
    HOWARD        'male'       22.5    21.75    23.25      22.5
    WARD          'male'      21.75    21.25    20.75     21.25
    TORRES        'male'       21.5    21.25       22    21.583
    PETERSON      'female'    18.75       20       18    18.917
    GRAY          'female'    22.25     21.5    21.75    21.833
    RAMIREZ       'female'       24       23     24.5    23.833
    JAMES         'male'       19.5    18.75    19.25    19.167
    WATSON        'female'    22.75     23.5       23    23.083
    BROOKS        'female'     21.5    20.75    21.25    21.167
    KELLY         'male'      19.75       19     20.5     19.75
```

第4章 数值计算

本章将用较大篇幅讨论若干常见的数值计算问题：因式分解、特征值、数据统计、积分、插值、曲线拟合、傅里叶变换和微分方程等。本章的重点在于如何使用 MATLAB 这一优秀的计算软件来进行常用的数值计算。至于相应的计算原理，请读者参阅相关的书籍，本书因篇幅有限不再详述。

本章各节之间并没有依从关系，也就是说，读者没有必要按照顺序来阅读，可以根据自己的需要自行选择阅读的顺序与内容。

4.1 因式分解

本节介绍线性代数的一些基本操作，包括行列式、逆、秩、LU 分解、QR 分解以及范数等。其中 LU 分解和 QR 分解使用对角线上方或者下方的元素均为 0 的三角矩阵来进行计算。使用三角矩阵表示的线性方程组，可以通过向前或者向后置换得出结果。

4.1.1 行列式、逆和秩

在 MATLAB 中，用户可以通过以下命令来计算矩阵 A 的行列式、逆和矩阵的秩。

- det(A)：求方阵 A 的行列式。
- rank(A)：求矩阵 A 的秩，即 A 中线性无关的行数和列数。
- inv(A)：求方阵 A 的逆矩阵。如果 A 是奇异矩阵或者近似奇异矩阵，则会给出一条错误消息。
- pinv(A)：求矩阵 A 的伪逆。如果 A 是 $m\times n$ 的矩阵，则伪逆的尺寸为 $n\times m$。对于非奇矩阵 A 来说，pinv(A)=inv(A)。
- trace(A)：求矩阵 A 的迹，也就是对角线元素之和。

下面用具体示例对矩阵行列式、逆和秩进行简要说明。

【例 4-1】 矩阵的行列式计算。

det 函数可以用来计算矩阵的行列式。

```
>>  A1=[1 2;3 4]          %  创建矩阵 A1
A1 =
     1     2
     3     4
>> A2=[1 2;36]            %  创建矩阵 A2
A2 =
     1     2
     3     6
>> A3=[1 2;3 4;5 6]       %  创建矩阵 A3
A3 =
     1     2
     3     4
     5     6
```

```
>>  det1=det(A1)        %  求方阵 A1 的行列式
det1 =
    -2
>> det2=det(A2)         %  求方阵 A2 的行列式
det2 =
     0
>> det3=det(A3)         %  注意，非方阵的行列式没有意义
??? Error using ==> det
Matrix must be square.
>> det_1=det(A1')       %  实数矩阵的行列式和它的转置矩阵的行列式相同
det_1 =
    -2
>> det_2=det(A2')
det_2 =
     0
>> det_3=det(A3')
??? Error using ==> det
Matrix must be square.
```

本例中，当使用 det 函数计算 A3 的行列式时返回了错误消息，提醒用户 A3 必须是方阵才可以调用 det 函数。

【例 4-2】 矩阵的逆计算。

本例基于上例创建的矩阵进行演示。

```
>> inv1=inv(A1)
inv1 =
   -2.0000    1.0000
    1.5000   -0.5000
>>  inv2=inv(A2)             %   A2 的行列式为 0，它不存在逆矩阵
Warning: Matrix is singular to working precision.
inv2 =
   Inf   Inf
   Inf   Inf
>> inv3=inv(A3)              %  非方阵不存在逆矩阵
??? Error using ==> inv
Matrix must be square.
>> detinv1=det(inv(A1))      %  A1 的逆矩阵的行列式就等于 1/det(A1)
detinv1 =
   -0.5000
>> 1/det(A1)
ans =
   -0.5000
```

【例 4-3】 使用 pinv 函数计算矩阵的伪逆。

```
>> pinv1=pinv(A1)    % A1 的逆矩阵和它的伪逆是一样的
pinv1 =
   -2.0000    1.0000
    1.5000   -0.5000
>> pinv2=pinv(A2)
pinv2 =
    0.0200    0.0600
    0.0400    0.1200
>> pinv3=pinv(A3)
pinv3 =
   -1.3333   -0.3333    0.6667
    1.0833    0.3333   -0.4167
```

本例调用 pinv 函数计算了矩阵 A1、A2、A3 的伪逆。因为矩阵 A2 的行列式为 0，矩阵 A3

不是方阵，所以不能求矩阵 A2 和 A3 的逆，但是可以求这两个矩阵的伪逆。

【例 4-4】 使用 rank 函数求解矩阵的秩。

```
>> rank1=rank(A1)
rank1 =
     2
>> rank2=rank(A2)
rank2 =
     1
>> rank3=rank(A3)
rank3 =
     2
>> rank_1=rank(A1')
rank_1 =
     2
>> rank_2=rank(A2')
rank_2 =
     1
>> rank_3=rank(A3')
rank_3 =
     2
```

从本例中可以看出矩阵的秩和它的转置矩阵的秩相同。

通过上面的这 4 个例子，可以总结出以下规律。

- 只有方阵的行列式才有意义。
- 只有方阵的逆才有意义，但如果方阵的行列式为 0，则该方阵不存在逆矩阵。
- 如果方阵的逆矩阵存在，它的伪逆和逆相同。
- 如果方阵的逆矩阵存在，它的逆矩阵的行列式 det(A-1) 等于 1/det(A)。
- 矩阵的秩和它的转置矩阵的秩相同。
- 实数矩阵的行列式和它的转置矩阵的行列式相同。

4.1.2　Cholesky 因式分解

分解法是将原方阵分解成一个上三角形矩阵（或者以不同次序排列的上三角阵）和一个下三角形矩阵，这样的分解法又称为三角分解法，它主要用于简化大矩阵行列式值的计算过程、矩阵的求逆和联立方程组的求解。需要注意的是，这种分解法所得到的上下三角阵并不是唯一的，可以找到多个不同的上下三角阵对，每对三角阵相乘都会得到原矩阵。

对线性系统的求解，MATLAB 依据系数矩阵 $\boldsymbol{A}$ 的不同，而相应地使用不同的方法。如有可能，MATLAB 会先分析矩阵的结构。例如，如果 $\boldsymbol{A}$ 是对称且正定的，则使用 Cholesky 分解。

如果没有找到可以替代的方法，则采用高斯消元法和部分主元法，主要是对矩阵进行 LU 因式分解或 LU 分解。这种方法就是令 $\boldsymbol{A}=\boldsymbol{LU}$，其中 $\boldsymbol{A}$ 是方阵，$\boldsymbol{U}$ 是一个上三角矩阵，$\boldsymbol{L}$ 是一个带有单位对角线的下三角矩阵。

Cholesky 因式分解是把一个对称正定矩阵 $\boldsymbol{A}$ 分解为一个上三角矩阵 $\boldsymbol{R}$ 及其转置矩阵的乘积，其对应的表达式为：$\boldsymbol{A}=\boldsymbol{R}'\boldsymbol{R}$。从理论上说，并不是所有的对称矩阵都可以进行 Cholesky 因式分解，只有正定矩阵才可以。

下面以 Pascal 矩阵为例，说明 Cholesky 因式分解的使用方法。

【例 4-5】 Cholesky 因式分解。

```
>> A = pascal(6)                 %  创建 Pascal 矩阵
A =
     1     1     1     1     1     1
```

```
     1     2     3     4     5     6
     1     3     6    10    15    21
     1     4    10    20    35    56
     1     5    15    35    70   126
     1     6    21    56   126   252
```

矩阵 ***A*** 的元素是二项式系数，每一个元素都是上方和左方两个元素的和。在 MATLAB 中，用于进行 Cholesky 因式分解的是 `chol` 函数。矩阵 ***A*** 的 Cholesky 因式分解可以通过以下命令得到。

```
>> R = chol(A)
R =
     1     1     1     1     1     1
     0     1     2     3     4     5
     0     0     1     3     6    10
     0     0     0     1     4    10
     0     0     0     0     1     5
     0     0     0     0     0     1
```

得到的矩阵 ***R*** 的元素同样也是二项式系数。

Cholesky 因式分解允许线性方程组 $\boldsymbol{A}\boldsymbol{x}=\boldsymbol{b}$ 被 $\boldsymbol{R'Rx=b}$ 代替。在 MATLAB 环境中，这个线性方程组可以通过以下命令来求解。

```
>> x=R\(R'\b)
```

4.1.3 LU 因式分解

LU 分解法主要用于简化大矩阵行列式值的计算过程、矩阵的求逆和联立方程组的求解。需要注意的是：这种分解法得到的上下三角阵对并不是唯一的，可以找到多个不同的上下三角阵对，每对三角阵相乘都会得到原矩阵。

在 MATLAB 中，用于求矩阵 ***A*** 的 LU 分解的函数是 lu，调用格式如下。

```
[L,U]=lu(A)
```

另外，矩阵 ***A*** 的 LU 分解为线性系统 $\boldsymbol{Ax=b}$ 提供了以下表达式来快速求解。

```
x=U\(L\b)
```

【例 4-6】 矩阵 ***A*** 的 LU 分解。

```
>> A=[5 2 0;2 6 2;5 6 7]
A =
     5     2     0
     2     6     2
     5     6     7
>> [L,U]=lu(A)                          % 分解所得 L 是带有单位对角线的下三角矩阵，U 是上三角矩阵
L =
    1.0000         0         0
    0.4000    1.0000         0
    1.0000    0.7692    1.0000
U =
    5.0000    2.0000         0
         0    5.2000    2.0000
         0         0    5.4615
>> L*U                                  % 验证结果
ans =
     5     2     0
     2     6     2
     5     6     7
```

【例 4-7】　矩阵 $\boldsymbol{A}$ 的 LU 分解。

已知 $\boldsymbol{A}=\begin{pmatrix}1 & 2 & 3\\4 & 5 & 6\\7 & 8 & 9\end{pmatrix}$，$\boldsymbol{B}=\begin{pmatrix}9 & 8 & 7\\6 & 5 & 4\\3 & 2 & 1\end{pmatrix}$，$\boldsymbol{AX}=\boldsymbol{B}$，求 $\boldsymbol{X}$。

```
>> A=[1 2 3;4 5 6;7 8 9];
>> [L,U]=lu(A);
>> B=[9 8 7;6 5 4; 3 2 1];
>> x=U\(L\B)
Warning: Matrix is close to singular or badly scaled.
         Results may be inaccurate. RCOND = 1.586033e-017.
x =
   -27   -26   -17
    42    41    24
   -16   -16    -8
>> A*x            %  验证结果
ans =
     9     8     7
     6     5     4
     3     2     1
```

4.1.4　QR 因式分解

如果 $\boldsymbol{A}$ 是正交矩阵，那么它满足 $\boldsymbol{A'A}$=1。二维坐标旋转变换矩阵就是一个简单的正交矩阵。

$$\begin{pmatrix}\cos\theta & \sin\theta\\-\sin\theta & \sin\theta\end{pmatrix}$$

矩阵的正交分解又称 QR 分解，用于将矩阵分解成一个单位正交矩阵和上三角形矩阵。假设 $\boldsymbol{A}$ 是 $\boldsymbol{m}\times\boldsymbol{n}$ 的矩阵，那么 $\boldsymbol{A}$ 就可以分解成：

$$\boldsymbol{A}=\boldsymbol{QR}$$

其中，$\boldsymbol{Q}$ 是一个正交矩阵，$\boldsymbol{R}$ 是一个维数和 $\boldsymbol{A}$ 相同的上三角矩阵，因此 $\boldsymbol{Ax}=\boldsymbol{B}$ 可以表示为 $\boldsymbol{QRx}=\boldsymbol{B}$ 或者等同于 $\boldsymbol{Rx}=\boldsymbol{QB}$。这个方程组的系数矩阵是上三角的，因此容易求解。

在 MATLAB 中，用户可以调用函数 qr 求 QR 因式分解，这个命令可用于分解 $m\times n$ 的矩阵，假设 $\boldsymbol{A}$ 是 $m\times n$ 的矩阵。qr 函数常用调用格式有以下几种。

- [Q,R]=qr(A)：求得 $m\times m$ 阶矩阵 Q 和 $m\times n$ 阶上三角矩阵 R。Q 和 R 满足 A=QR。
- [Q,R,P]= qr(A)：求得矩阵 Q、上三角矩阵 R 和置换矩阵 P。R 的对角线元素按降序排列，且满足 AP=QR。
- [Q,R]= qr(A,0)：求矩阵 A 的 QR 因式分解。如果在 $m\times n$ 的矩阵 A 中行数小于列数，则给出 Q 的前 n 列。
- [Q1,R1]=qradelete(Q,R,j)：求去掉矩阵 A 中第 j 列之后形成的矩阵的 QR 因式分解，矩阵 Q 和 R 是 A 的 QR 因子。
- [Q1,R1]=qrinset(Q,R,b,j)：求在矩阵 A 的第 j 列前插入列向量 b 后形成的矩阵的 QR 因式分解，矩阵 Q 和 R 是 A 的 QR 因子。如果 j=n+1，那么插入的一列放在最后。

【例 4-8】　QR 分解。

已知魔方矩阵 $\boldsymbol{A}=\begin{pmatrix}8 & 1 & 6\\3 & 5 & 7\\4 & 9 & 2\end{pmatrix}$，对其进行 QR 分解。

用户只需要调用 qr 函数就可以实现对 $\boldsymbol{A}$ 进行 QR 分解。具体过程如下。

```
>> A=magic(3)
A =
     8     1     6
     3     5     7
     4     9     2
>> [Q,R]=qr(A)                    %  QR 分解
Q =
   -0.8480    0.5223    0.0901
   -0.3180   -0.3655   -0.8748
   -0.4240   -0.7705    0.4760
R =
   -9.4340   -6.2540   -8.1620
         0   -8.2394   -0.9655
         0         0   -4.6314
>> Q*R                            %  验证结果
ans =
    8.0000    1.0000    6.0000
    3.0000    5.0000    7.0000
    4.0000    9.0000    2.0000
```

【例 4-9】 利用 QR 分解求线性方程组的解。

求解 $\boldsymbol{AX}=\boldsymbol{B}$，其中，$\boldsymbol{A}=\begin{pmatrix}1 & 2 & 2\\ 3 & 2 & 2\\ 1 & 1 & 2\end{pmatrix}$，$\boldsymbol{B}=\begin{pmatrix}7\\ 9\\ 5\end{pmatrix}$。

用户可以通过求 ***A*** 的 QR 分解并计算 ***R\Q'*B*** 来求解 ***X***。具体过程如下。

```
>> A=[1 2 2;3 2 2;1 1 2]
A =
     1     2     2
     3     2     2
     1     1     2
>> B=[7;9;5]
B =
     7
     9
     5
>> [Q,R]=qr(A)
Q =
   -0.3015    0.9239   -0.2357
   -0.9045   -0.3553   -0.2357
   -0.3015    0.1421    0.9428
R =
   -3.3166   -2.7136   -3.0151
         0     1.2792    1.4213
         0          0    0.9428
>>  X=R\Q'*B
X =
    1.0000
    2.0000
    1.0000
>> A\B
ans =
    1.0000
    2.0000
    1.0000
```

4.1.5 范数

向量的范数是一个标量，用来衡量向量的长度。需注意不要把向量范数和向量中元素的个数相

混淆。在 MATLAB 中，可以用命令 norm 得到不同的范数。

- norm(x)：用于求欧几里得范数，即 $\|x\|_2=\sqrt{\sum_k |x_k|^2}$。
- norm(x,inf)：用于求∞范数，即 $\|x\|=\max(\mathrm{abs}(x))$。
- norm(x,1)：用于求 1 范数，即 $\|x\|_1=\sum_k |x_k|$。
- norm(x,p)：用于求 p 范数，即 $\|x\|_p=\sqrt{\sum_p |x_p|^2}$。和 norm(x) 相比较，就会发现 norm(x)=norm(x,2)。

norm 的表达式还有 norm(x,-inf)，但它不是求向量的范数，而是求向量 x 的绝对值的最小值，即 min(abs(x))，请注意区分。

【例 4-10】 向量范数的求解。

```
>> x=[2 4 5]
x =
     2     4     5
>> norm1=norm(x)                % 欧几里得范数
norm1 =
    6.7082
>> norm2=norm(x,1)              % 1 范数
norm2 =
    11
>> norm3=norm(x,inf)            % ∞范数
norm3 =
     5
>> norm4=norm(x,4)              % p 范数
norm4 =
    5.4727
>> norm5=norm(x,-inf)           % 向量绝对值的最小值
norm5 =2
```

4.2 矩阵特征值和奇异值

对于 n 阶方阵 $\boldsymbol{A}$，求数 λ 和向量 $\boldsymbol{X}$，使得等式 $\boldsymbol{AX}=\lambda\boldsymbol{X}$ 成立，满足等式的数 λ 称为 $\boldsymbol{A}$ 的特征值，向量 $\boldsymbol{X}$ 称为 $\boldsymbol{A}$ 的特征向量。方程 $\boldsymbol{AX}=\lambda\boldsymbol{X}$ 和 $(\boldsymbol{A}-\lambda\boldsymbol{I})\boldsymbol{X}=0$ 是两个等价方程，要使方程 $(\boldsymbol{A}-\lambda\boldsymbol{I})\boldsymbol{X}=0$ 有非 0 解 $\boldsymbol{X}$，则必须使其行列式等于 0，即 $|\boldsymbol{A}-\lambda\boldsymbol{I}|=0$。

由线性代数可知，行列式 $|\boldsymbol{A}-\lambda\boldsymbol{I}|$ 是一个关于 λ 的 n 阶多项式，因此方程 $|\boldsymbol{A}-\lambda\boldsymbol{I}|=0$ 是一个 n 次方程，有 n 个根（包含重根）。n 个根就是矩阵 $\boldsymbol{A}$ 的 n 个特征值，每一个特征值对应无穷多个特征向量。所以，矩阵的特征值问题有确定的解，但特征向量问题没有确定的解。

4.2.1　特征值和特征向量的求取

特征值和特征向量在科学研究和工程计算中的应用非常广泛。在 MATLAB 中，计算矩阵 $\boldsymbol{A}$ 的特征值和特征向量的函数是 eig(A)，常用的调用格式有以下 3 种。

- E=eig(A)：用于求矩阵 A 的全部特征值，构成向量 E。
- [V,D]=eig(A)：用于求矩阵 A 的全部特征值，构成对角矩阵 D，并求 A 的特征向量，构成 V 的列向量。
- [V,D]=eig(A,'nobalance')：与上一种格式类似，只是上一种格式中首先对 A 进行相似变换，然后再求矩阵 A 的特征值和特征向量，而本格式中则是直接求矩阵 A 的特征值和特征向量。

一个矩阵 A 的特征向量有无穷多个，eig 函数只找出其中的 n 个，A 的其他特征向量均可由这 n 个特征向量组合表示。

【例 4-11】 简单实数矩阵的特征值。

```
>> A=[1,-3;2,2/3]
A =
    1.0000   -3.0000
    2.0000    0.6667
>> [V,D]=eig(A)
V =
   0.7746 + 0.0000i   0.7746 + 0.0000i
   0.0430 - 0.6310i   0.0430 + 0.6310i
D =
   0.8333 + 2.4438i   0.0000 + 0.0000i
   0.0000 + 0.0000i   0.8333 - 2.4438i
```

【例 4-12】 当矩阵中有元素与截断误差相当时的特征值问题。

```
>> A=[3      -2       -0.9    2*eps
     -2       4        -1     -eps
     -eps/4   eps/2    -1      0
     -0.5     -0.5     0.1     1 ];
>> [V1,D1]=eig(A);                          %  求特征值
>> ER1=A*V1-V1*D1                           %  查看计算误差
ER1 =
    0.0000          0    -0.0000     0.0000
         0    -0.0000     0.0000    -0.0000
    0.0000    -0.0000    -0.0000          0
         0     0.0000     0.0000    -0.3789
>> [V2,D2]=eig(A,'nobalance');
>> ER2=A*V2-V2*D2                           %  查看计算误差
ER2 =
   1.0e-14 *
   -0.1776    -0.0111    -0.0559    -0.0833
    0.3553     0.1055     0.0343     0.0555
    0.0017     0.0002     0.0007          0
    0.0264    -0.0222     0.0222     0.0333
```

在本例中，若求特征值的过程中不采用'nobalance'参数，那么计算结果会有相当大的误差。这是因为在执行 eig 命令的过程中，首先要调用使原矩阵各元素大致相当的“平衡”程序，这些“平衡”程序使得原来方阵中本可以忽略的小元素（本例中如 eps）的作用被放大了，所以产生了较大的计算误差。

但是这种误差被放大的情况只发生在矩阵中有元素与截断误差相当的时候，在一般情况下，“平衡”程序的作用是减小计算误差。

【例 4-13】 函数 eig 与 eigs 的比较。

eigs 函数是计算矩阵最大特征值和特征向量的函数。

```
>> rand('state',0)                    %  设置随机种子，便于读者验证
>> A=rand(100,100)-0.5;
>> t0=clock;[V,D]=eig(A);T_full=etime(clock,t0)    %  函数 eig 的运行时间
>> options.tol=1e-8;                               %  为 eigs 设置计算精度
>> options.disp=0;                                 %  不显示中间迭代结果
>> t0=clock;[v,d]=eigs(A,1,'lr',options);          %  计算实部最大的特征值和特征向量
>> T_part=etime(clock,t0)                          %  函数 eigs 的运行时间
>> [Dmr,k]=max(real(diag(D)));                     %  在 eig 求得的全部特征值中找实部最大的
>> d,D(1,1)
```

运行结果如下。

```
T_full =
    0.9510
T_part =
    1.6540
d =
   2.7278 + 0.3006i
ans =
   2.5933 + 1.5643i

>> vk1=V(:,k);                          %  与 d 相同的特征向量应是 V 的第 k 列
>> vk1=vk1/norm(vk1);v=v/norm(v);       %  向量长度归一化
>> V_err=acos(norm(vk1'*v))*180/pi      %  求复数向量之间的夹角
V_err =
  8.5377e-007
>> D_err=abs(D(k,k)-d)/abs(d)           %  求两个特征值间的相对误差
D_err =
  2.6420e-009
```

在本例中，对函数运行所需要的时间进行了评估。需要指出的是，在实际使用中因为计算机的配置和系统状态不同，所以评估得到的绝对时间也不尽相同，不过我们可以通过比较同一台计算机上两种函数运行所需要的时间判断两种算法的优劣。通过本例可以得出结论：使用 eigs 函数求一个特征值和特征向量所需要的时间，反而比使用 eig 函数求全部特征值和特征向量的时间多。

【例 4-14】 用求特征值的方法，求解方程 $x^4-2x^3+3x^2+4x-5=0$ 的根。

为了求解方程，要先构造与方程对应的多项式的伴随矩阵 ***A***，再求 ***A*** 的特征值，伴随矩阵 ***A*** 的特征值即为方程的解。具体过程如下。

```
>>  B=[1,-2,3,4,-5]
B =
    1    -2     3     4    -5
>> A=compan(B)                 %  求 B  的伴随矩阵
A =
    2    -3    -4     5
    1     0     0     0
    0     1     0     0
    0     0     1     0
>> C=eig(A)
C =
   1.1641 + 1.8573i
   1.1641 - 1.8573i
  -1.1973 + 0.0000i
   0.8691 + 0.0000i

>> D=roots(B)                  %  直接求多项式 B 的零点
D =
   1.1641 + 1.8573i
   1.1641 - 1.8573i
  -1.1973 + 0.0000i
   0.8691 + 0.0000i
```

函数 compan 计算的是矩阵 ***B*** 的伴随矩阵 ***A***。伴随矩阵的特征值 ***C*** 就是方程的根。roots 函数用于直接对线性方程求解，根据结果 ***D***，可以看出两种方法得出的结果是一样的。

4.2.2 奇异值分解

如果存在两个矢量 ***u***、***v*** 及一个常数 *s*，使得矩阵 ***A*** 满足下式。

$$Av=su$$

$$A'u=sv$$

则称 s 为奇异值，称 $\boldsymbol{u}$、$\boldsymbol{v}$ 为奇异矢量。

如果将奇异值写成对角方阵 $\boldsymbol{\Sigma}$，而把相对应的奇异矢量作为列矢量，则存在两个正交矩阵 $\boldsymbol{U}$、$\boldsymbol{V}$，使得下式成立。

$$AV=U\Sigma$$

$$A'U=V\Sigma$$

因为 $\boldsymbol{U}$、$\boldsymbol{V}$ 正交，所以可得到奇异值的表达式。

$$A=U\Sigma V'$$

一个 m 行 n 列的矩阵 $\boldsymbol{A}$ 经奇异值分解，可求得 m 行 m 列的矩阵 $\boldsymbol{U}$，m 行 n 列的矩阵 $\boldsymbol{\Sigma}$，n 行 n 列的矩阵 $\boldsymbol{V}$。

奇异值分解是另一种正交矩阵分解法，也是最可靠的分解法，但是与 QR 分解法相比，它要花近 10 倍的计算时间。奇异值分解由 svd 函数实现，其调用格式为：[U,S,V]=svd(A)。

【例 4-15】 奇异值分解。

```
>> A=magic(4)
A =
    16     2     3    13
     5    11    10     8
     9     7     6    12
     4    14    15     1
>> [U,S,V] = svd(A)                 %  奇异值分解
U =
   -0.5000    0.6708    0.5000   -0.2236
   -0.5000   -0.2236   -0.5000   -0.6708
   -0.5000    0.2236   -0.5000    0.6708
   -0.5000   -0.6708    0.5000    0.2236
S =
   34.0000         0         0         0
         0   17.8885         0         0
         0         0    4.4721         0
         0         0         0    0.0000
V =
   -0.5000    0.5000    0.6708    0.2236
   -0.5000   -0.5000   -0.2236    0.6708
   -0.5000   -0.5000    0.2236   -0.6708
   -0.5000    0.5000   -0.6708   -0.2236
>> U*S*V'                           %  分解结果正确性验证
ans =
   16.0000    2.0000    3.0000   13.0000
    5.0000   11.0000   10.0000    8.0000
    9.0000    7.0000    6.0000   12.0000
    4.0000   14.0000   15.0000    1.0000
```

4.3 概率和统计

MATLAB 不但提供了强大的矩阵运算功能，而且在线性代数方面有着广阔的应用。另外，它还能对大量的数据进行分析和统计，比如求平均值、最大值、标准差等最常用的操作，还有统计工具箱（用于求二项分布、正态分布和泊松分布等），以及其他更为深入的统计功能。

4.3.1 基本分析函数

1. sum 函数

sum 函数用于求矩阵列方向元素或向量的和，调用格式如下。

● B=sum(A)：若 A 为向量，则返回所有元素的和；如 A 为矩阵，则分别对其各列所有元素求和并返回结果。

● B=sum(A,dim)：分别对矩阵 A 中第 dim 维的所有元素求和。

【例 4-16】　sum 函数的应用。

```
>> A = pascal(6)
A =
     1     1     1     1     1     1
     1     2     3     4     5     6
     1     3     6    10    15    21
     1     4    10    20    35    56
     1     5    15    35    70   126
     1     6    21    56   126   252
>> A=A(:,1:4)                          % 创建演示矩阵
A =
     1     1     1     1
     1     2     3     4
     1     3     6    10
     1     4    10    20
     1     5    15    35
     1     6    21    56
>> B=sum(A)                            % 求各列的和
B =
     6    21    56   126
>> C=sum(A')                           % 求转置后矩阵各列的和
C =
     4    10    20    35    56    84
>> D=sum(A,1)                          % 求第 1 维方向（也就是列方向）各元素的和
D =
     6    21    56   126
>> E=sum(A,2)                          % 求第 2 维方向（也就是行方向）各元素的和
E =
     4
    10
    20
    35
    56
    84
```

2. cumsum 函数

cumsum 函数用于求矩阵或向量的累加和，调用格式如下。

● B=cumsum(A)：若输入参数 A 为一个向量，则返回该向量所有元素的累加和；若 A 为矩阵，则返回该矩阵列方向各元素的累加和。

● B=cumsum(A,dim)：A 为矩阵，dim 为指定维数，若 dim=1，则表示在列方向上求累加和；若 dim=2，则表示在行方向上求累加和，如果 A 是多维矩阵，那么 dim 可以为其他维数。

【例 4-17】　cumsum 函数的应用。

```
>> cumsum(1:5)
ans =
     1     3     6    10    15
>> A=magic(4)
A =
    16     2     3    13
     5    11    10     8
     9     7     6    12
     4    14    15     1
```

```
>> cumsum(A)                % 在列方向上求累加和
ans =
    16     2     3    13
    21    13    13    21
    30    20    19    33
    34    34    34    34
>> cumsum(A,1)              % 在列方向上求累加和
ans =
    16     2     3    13
    21    13    13    21
    30    20    19    33
    34    34    34    34
>> cumsum(A,2)              % 在行方向上求累加和
ans =
    16    18    21    34
     5    16    26    34
     9    16    22    34
     4    18    33    34
```

通过比较例 4-16 和例 4-17 可以看出 sum 函数和 cumsum 函数的区别：sum 给出的是最终求和的结果；而 cumsum 函数计算的是累加和，结果中含有每一步的计算结果。

3. prod 函数

prod 函数用于求矩阵元素的积，其调用格式如下。

- B=prod(A)：若 A 为向量，则返回所有元素的积；若 A 为矩阵，则返回各列所有元素的积。
- B=prod(A,dim)：返回矩阵 A 中第 dim 维方向的所有元素的积。

【例 4-18】 prod 函数的应用。

```
>> prod(1:10)               % 计算 10 的阶乘
ans =
     3628800
>> M = magic(3)
M =
     8     1     6
     3     5     7
     4     9     2
>> prod(M)                  % 在列方向上求积
ans =
    96    45    84
>> prod(M,2)                % 在行方向上求积
ans =
    48
   105
    72
```

4. cumprod 函数

cumprod 函数用来求矩阵或向量的累计乘积，其调用格式如下。

- B=cumprod(A)：若输入参数 A 为一个向量，则返回该向量所有元素的累计乘积；若 A 为矩阵，则返回该矩阵列方向各元素的累计乘积。
- B=cumprod(A,dim)：A 为矩阵，dim 为指定维数，若 dim=1，则表示在列方向上求累计乘积；若 dim=2，则代表在行方向上求累计乘积。

【例 4-19】 cumprod 函数的应用。

```
>> cumprod(1:10)
ans =
```

```
  Columns 1 through 7
         1           2           6          24         120         720        5040
  Columns 8 through 10
     40320      362880     3628800
>> A = [1 2 3; 4 5 6]
A =
     1     2     3
     4     5     6
>> cumprod(A,1)          %  在列方向上求累计乘积
ans =
     1     2     3
     4    10    18
>> cumprod(A,2)          %  在行方向上求累计乘积
ans =
     1     2     6
     4    20   120
```

通过比较例 4-18 和例 4-19 可以看出，prod 函数和 cumprod 函数的区别在于：prod 给出的是最终乘积的结果；cumprod 函数则用于求累计乘积，结果中含有每一步的计算结果。

5. sort 函数

sort 函数用于对矩阵元素按升序或者降序进行排序，其调用语法如下。

- B=sort(A)：对 A 进行默认的升序排序。输入参量 A 可以是向量、矩阵或字符串。若 A 为向量，则对向量中的所有元素进行排序；若 A 为矩阵，则对列方向上的各元素进行排序；若 A 为字符串，则按其对应的 ASCII 码的大小进行排序。
- B=sort(A,dim)：对矩阵 A 中的第 dim 维进行升序排序。
- B = sort(...,mode)：按照指定升序或降序进行排序。mode 可以是'ascend'（默认升序），或者是'descend'（降序）。
- [B,IX] = sort(A,...)：对 A 进行排序，并返回排序后各元素的下标值。

【例 4-20】　sort 函数的使用。

```
>>  A = [ 3 7 5;0 4 2 ]
A =
     3     7     5
     0     4     2
>> sort(A,1)                %  在列方向排序
ans =
     0     4     2
     3     7     5
>> sort(A,2)                %  在行方向排序
ans =
     3     5     7
     0     2     4
>> sort(A,2,'descend')      %  在行方向降序排序
ans =
     7     5     3
     4     2     0
>> [B,IX] = sort(A,2)       %  排序并返回下标
B =
     3     5     7
     0     2     4
IX =
     1     3     2
     1     3     2
>> B=reshape(18:-1:1,3,3,2) %  创建高维矩阵
```

```
B(:,:,1) =
    18    15    12
    17    14    11
    16    13    10
B(:,:,2) =
     9     6     3
     8     5     2
     7     4     1
>> sort(B,1)                     % 在列方向排序
ans(:,:,1) =
    16    13    10
    17    14    11
    18    15    12
ans(:,:,2) =
     7     4     1
     8     5     2
     9     6     3
>> sort(B,2)                     % 在行方向排序
ans(:,:,1) =
    12    15    18
    11    14    17
    10    13    16
ans(:,:,2) =
     3     6     9
     2     5     8
     1     4     7
>> sort(B,3)                     % 在页方向排序
ans(:,:,1) =
     9     6     3
     8     5     2
     7     4     1
ans(:,:,2) =
    18    15    12
    17    14    11
    16    13    10
```

6. sortrows 函数

sortrows 函数用于在保持各行相对元素不变的情况下，对各行整体进行升序排列。sortrows 函数的调用语法如下。

- B = sortrows(A)：按列对 A 进行升序排列。输入变量 A 必须是矩阵或者列向量。
- B = sortrows(A,column)：基于向量 column 指定的列对矩阵 A 进行排序。
- [B,index] = sortrows(A,...)：在对矩阵 A 进行排序的同时，返回下标索引。如果 A 是一个列向量，则 B = A(index)；如果 A 是一个 $m \times n$ 的矩阵，则 B = A(index,:)。

【例 4-21】 sortrows 函数的使用。

```
>> rand('state',0)                          % 设定随机数种子，以便于读者验证
>> A = floor(rand(6,7) * 100);              % 创建测试矩阵，floor 函数用于取整，以便于观察
>> A(1:4,1)=95;  A(5:6,1)=76;
>> A(2:4,2)=7;  A(3,3)=73                   % 修改部分数据，以体现函数用法
A =
    95    45    92    41    13     1    84
    95     7    73    89    20    74    52
    95     7    73     5    19    44    20
    95     7    40    35    60    93    67
    76    61    93    81    27    46    83
    76    79    91     0    19    41     1
>> B = sortrows(A)                          % 按照第 1 列元素大小对矩阵 A 进行排序
```

```
B =
      76    61    93    81    27    46    83
      76    79    91     0    19    41     1
      95     7    40    35    60    93    67
      95     7    73     5    19    44    20
      95     7    73    89    20    74    52
      95    45    92    41    13     1    84
```

通过比较可以看到，矩阵 ***A*** 中第 1 列具有相等的元素。在进行排序操作时，如果指定列中存在相等元素，则 sortrows 函数通过比较指定列右侧列中的元素来进行排序，若右侧列中还有相等元素，则按照右侧再下一列的元素进行排序。

```
>> C = sortrows(A,2)             % 按照第 2 列的大小进行排序
C =
      95     7    73    89    20    74    52
      95     7    73     5    19    44    20
      95     7    40    35    60    93    67
      95    45    92    41    13     1    84
      76    61    93    81    27    46    83
      76    79    91     0    19    41     1
>> D = sortrows(A,[1 7])         % 按照第 1 列和第 7 列进行升序排序
D =
      76    79    91     0    19    41     1
      76    61    93    81    27    46    83
      95     7    73     5    19    44    20
      95     7    73    89    20    74    52
      95     7    40    35    60    93    67
      95    45    92    41    13     1    84
>> E = sortrows(A,[1 -7])        % 按照第 1 列和第 7 列进行降序排序
E =
      76    61    93    81    27    46    83
      76    79    91     0    19    41     1
      95    45    92    41    13     1    84
      95     7    40    35    60    93    67
      95     7    73    89    20    74    52
      95     7    73     5    19    44    20
```

矩阵 ***D*** 和 ***E*** 都按照第 1 列和第 7 列进行排序，即首先按照第 1 列进行排序，如果第 1 列中存在相等元素，则按照第 7 列进行排序。参数[1-7]中负号的含义是按照降序排序。

```
>> F = sortrows(A, -4)  % 按照第 4 列进行降序排序
F =
      95     7    73    89    20    74    52
      76    61    93    81    27    46    83
      95    45    92    41    13     1    84
      95     7    40    35    60    93    67
      95     7    73     5    19    44    20
      76    79    91     0    19    41     1
```

7. max 和 min 函数

函数 max 和 min 用于求向量或者矩阵的最大或最小元素，它们的调用格式基本相同，这里以 max 为例进行说明。

- C=max(A)：返回 A 的最大元素，输入参数 A 可以是向量或矩阵。若 A 为向量，则返回该向量中所有元素的最大值；若 A 为矩阵，则返回一个行向量，向量中各个元素分别为矩阵各列元素的最大值。
- C=max(A,B)：比较 A、B 中对应元素的大小，A、B 可以是矩阵或向量，要求尺寸相同，返回由 A、B 中比较大的元素组成的矩阵或向量。另外，A、B 中也可以有一个为标量，返回与该

标量比较后得到的矩阵或向量。

- C=max(A,[],dim)：返回 A 中第 dim 维的最大值。
- [C,I]=max(...)：返回向量或矩阵中的最大值及其下标值。

【例 4-22】 函数 max 和 min 的使用。

```
>> A=magic(4)
A =
    16     2     3    13
     5    11    10     8
     9     7     6    12
     4    14    15     1
>> max(A)                        %  求最大值
ans =
    16    14    15    13
>> min(A)                        %  求最小值
ans =
     4     2     3     1
>> B=reshape(1:16,4,4)
B =
     1     5     9    13
     2     6    10    14
     3     7    11    15
     4     8    12    16
>> max(A,B)                      %  比较两个矩阵
ans =
    16     5     9    13
     5    11    10    14
     9     7    11    15
     4    14    15    16
>> [C,I]=min(A,[],2)             %  求行的最小值并返回下标
C =
     2
     5
     6
     1
I =
     2
     1
     3
     4
```

8. mean 函数

mean 函数用于求向量或矩阵的平均值，其调用语法如下。

- M=mean(A)：若输入参数 A 为向量，就返回该向量所有元素的平均值；若 A 为矩阵，则返回每列元素的平均值。
- M=mean(A,dim)：返回矩阵 A 第 dim 维方向各元素的平均值。

【例 4-23】 mean 函数的使用。

```
>> A = reshape(1:25,5,5)
A =
     1     6    11    16    21
     2     7    12    17    22
     3     8    13    18    23
     4     9    14    19    24
     5    10    15    20    25
>> mean(A)              %  在列方向求平均数
ans =
```

```
     3      8     13     18     23
>> mean(A,2)        %  在行方向求平均数
ans =
    11
    12
    13
    14
    15
```

9. median 函数

median 函数用于求向量或矩阵的中值，它是统计工具箱中的函数，其调用语法与 mean 函数类似。下面通过示例简要说明。

【例 4-24】　median 函数的使用。

```
>> A = [1 2 4 4; 3 4 6 6; 5 6 8 8; 5 6 8 8]
A =
     1      2      4      4
     3      4      6      6
     5      6      8      8
     5      6      8      8
>> median(A)                 %  在列方向求中值
ans =
     4      5      7      7
>> median(A,2)               %  在行方向求中值
ans =
     3
     5
     7
     7
```

10. std 函数

std 函数用于求向量或矩阵中元素的标准差。在一般的书中，标准差（standard deviation）有以下两种不同的计算方法（标准差与样本标准差）：

$$s=\left(\frac{1}{n-1}\sum_{i=1}^{n}(x_i-\overline{x})^2\right)^{\frac{1}{2}} \tag{4-1}$$

$$s=\left(\frac{1}{n}\sum_{i=1}^{n}(x_i-\overline{x})^2\right)^{\frac{1}{2}} \tag{4-2}$$

$$\overline{x}=\frac{1}{n}\sum_{i=1}^{n}x_i$$

其中，n 是样本的元素个数。这两种方法的区别在于：式（4-1）中的除数一个是 n-1，而式（4-2）中的除数是 n。

std 函数调用语法如下。

- s=std(x)：若 x 为向量，按照式（4-1）计算该向量元素的样本标准差；若 x 为矩阵，就返回 x 各列元素的标准差。
- s=std(x,flag)：若 flag=0，则该函数等同于 s=std(x)；若 flag=1，则按照式(4-2)求 x 的标准差。
- s=std(x,flag,dim)：返回第 dim 维方向各元素的标准差。

【例 4-25】 std 函数的使用。

```
>> A=magic(5)
A =
    17    24     1     8    15
    23     5     7    14    16
     4     6    13    20    22
    10    12    19    21     3
    11    18    25     2     9
>> s1=std(A,0,1)
s1 =
    7.2457    8.0623    9.4868    8.0623    7.2457
>> s2=std(A,1,1)
s2 =
    6.4807    7.2111    8.4853    7.2111    6.4807
>> s3=std(A,0,2)
s3 =
    8.8034
    7.2457
    8.0623
    7.2457
    8.8034
```

11. var 函数

var 函数用于求向量或矩阵中元素的方差。方差就是标准差的平方。var 函数的调用语法如下。

- V = var(X)：若 X 为向量，则计算 X 的样本方差；若 X 为矩阵，则按列计算 X 的方差。
- V = var(X,1)：按照式（4-2）中 s 的平方计算 X 的方差。
- V = var(X,w)：使用权重向量 w 计算方差。
- V = var(X,w,dim)：计算矩阵 X 第 dim 维的方差。

【例 4-26】 var 函数的使用。

```
>> A=magic(5)
A =
    17    24     1     8    15
    23     5     7    14    16
     4     6    13    20    22
    10    12    19    21     3
    11    18    25     2     9
>> v1=var(A)                              %  样本方差
v1 =
   52.5000   65.0000   90.0000   65.0000   52.5000
>> v2=var(A,0,1)                          %  和 v1 结果相同
v2 =
   52.5000   65.0000   90.0000   65.0000   52.5000
>> v3=var(A,1,1)                          %  计算方差
v3 =
    42    52    72    52    42
```

12. cov 函数

cov 函数用于求协方差矩阵，计算协方差的数学公式为：$\mathrm{cov}(x_1,x_2)=\mathrm{E}[(x_1-u_1)(x_2-u_2)]$。其中，E 是数学期望，$u_1=\mathrm{E}(x_1)$，$u_2=\mathrm{E}(x_2)$。cov 函数的调用语法如下。

- C=cov(x)：若 x 为向量，返回的则是向量元素的方差，该方差为标量；若 x 为矩阵，则返回协方差矩阵。

● C=cov(x,y)：计算列向量 x、y 的协方差，要求 x、y 具有相等的元素个数。如果 x、y 是矩阵，那么 MATLAB 会将其转换为列向量，相当于 cov([A(:),B(:)])。

【例 4-27】 cov 函数的使用。

```
>> A = [-1 1 2 ; -2 3 1 ; 4 0 3]
A =
    -1     1     2
    -2     3     1
     4     0     3
>> C=cov(A)                              % 协方差矩阵
C =
   10.3333   -4.1667    3.0000
   -4.1667    2.3333   -1.5000
    3.0000   -1.5000    1.0000
>> v = diag(cov(A))'                     % 矩阵 A 每列的方差
v =
   10.3333    2.3333    1.0000
>> V = var(A)                            % 矩阵 A 每列的方差
V =
   10.3333    2.3333    1.0000
```

通过比较可以看出，协方差矩阵主对角线上的元素就是每列的方差。

13. corrcoef 函数

corrcoef 函数用来计算矩阵相关系数。相关系数用符号 ρ_{xy} 表示，它是一个无量纲的量，计算公式为：$\rho_{xy}=\dfrac{\mathrm{cov}(X,Y)}{\sqrt{\mathrm{D}(X)}\sqrt{\mathrm{D}(Y)}}$。

函数 corrcoef 的调用语法如下。

● corrcoef(x)：若 x 为矩阵，返回的是一个相关系数矩阵，其尺寸与矩阵 x 一样。

● corrcoef(x,y)：计算列向量 x、y 的相关系数，要求 x、y 具有相等的元素个数。如果 x、y 是矩阵，那么 corrcoef 函数会将其转换为列向量，相当于 corrcoef([x(:),y(:)])。

【例 4-28】 随机生成一组数据，考察第 4 列和其他列的相关性。

```
>> x = randn(30,4);          % 无关联的数据
>> x(:,4) = sum(x,2);        % 引入相关性
>> [r,p] = corrcoef(x)       % 计算样本相关系数和 p 值
r =
    1.0000    0.3006   -0.1030    0.6403
    0.3006    1.0000   -0.1786    0.6412
   -0.1030   -0.1786    1.0000    0.2719
    0.6403    0.6412    0.2719    1.0000
p =
    1.0000    0.1065    0.5881    0.0001
    0.1065    1.0000    0.3449    0.0001
    0.5881    0.3449    1.0000    0.1461
    0.0001    0.0001    0.1461    1.0000
>> [i,j] = find(p<0.05);     % 查找显著性相关
>> [i,j]                     % 显示下标索引
ans =
     4     1
     4     2
     1     4
     2     4
```

4.3.2 概率函数、分布函数、逆分布函数和随机数

以往要知道一个事件发生的概率、置信区间，几乎离不开查表。至于绘制概率密度函数、分布函数和图示置信区间，则需要付出更多的劳动。现在，借助 MATLAB 不但可以简洁而高效地解决以上问题，而且可以更加自如地进行复杂问题的研究工作。

表 4-1 中列出了 7 种常见分布的相关函数。这些函数是概率密度函数、累积分布函数、逆累积分布函数和随机数发生器。

表 4-1　　7 种常见分布的相关函数

分布名称	概率密度函数	累积分布函数	逆累积分布函数	随机数发生器
二项分布	binopdf	binocdf	binoinv	binornd
泊松分布	poisspdf	poisscdf	poissinv	poissrnd
正态分布	normpdf	normcdf	norminv	normrnd
均匀分布	unifpdf	unifcdf	unifinv	unifrnd
χ^2 分布	chi2pdf	chi2cdf	chi2inv	chi2rnd
F 分布	fpdf	fcdf	finv	frnd
t 分布	tpdf	tcdf	tinv	trnd

由于篇幅有限，本节只举例介绍泊松分布、正态分布和 χ^2 分布。对于其他分布，相应函数的使用方法类似，不再详述。

【例 4-29】　泊松分布与正态分布的关系。

当泊松分布的 $\lambda>10$ 时，该泊松分布十分接近正态分布 $N(\lambda,\sqrt{\lambda})$。泊松分布的概率密度函数和对应正态分布的概率密度函数的计算可以使用如下命令。

```
>> Lambda=20;x=0:50;yd_p=poisspdf(x,Lambda);    %  泊松分布
>> yd_n=normpdf(x,Lambda,sqrt(Lambda));          %  正态分布
```

本例通过画图对两种分布进行比较，结果如图 4-1 所示。

```
>> plot(x,yd_n,'b-',x,yd_p,'r+')                              %  绘图
>> text(30,0.07,'\fontsize{12} {\mu} = {\lambda} = 20')       %  在图中标注
```

【例 4-30】　χ^2 分布的逆累积分布函数的应用。

```
>> v=4;xi=0.9;x_xi=chi2inv(xi,v);           %  指定置信水平为 90%
>> x=0:0.1:15;yd_c=chi2pdf(x,v);            %  计算 χ2 (4)的概率密度函数
%  绘制图形，并给置信区间填色
>> plot(x,yd_c,'b'),hold on
>> xxf=0:0.1:x_xi;yyf=chi2pdf(xxf,v);       %  为填色而计算
>> fill([xxf,x_xi],[yyf,0],'g')             %  加入点(x_xi,0)使填色区域封闭
%  添加注释
>> text(x_xi*1.01,0.01,num2str(x_xi))
>> text(10,0.16,['\fontsize{16} x~{\chi}^2' '(4)'])
>> text(1.5,0.08,'\fontname{隶书}\fontsize{22}置信水平 0.9')
>> hold off
```

得到的结果如图 4-2 所示。

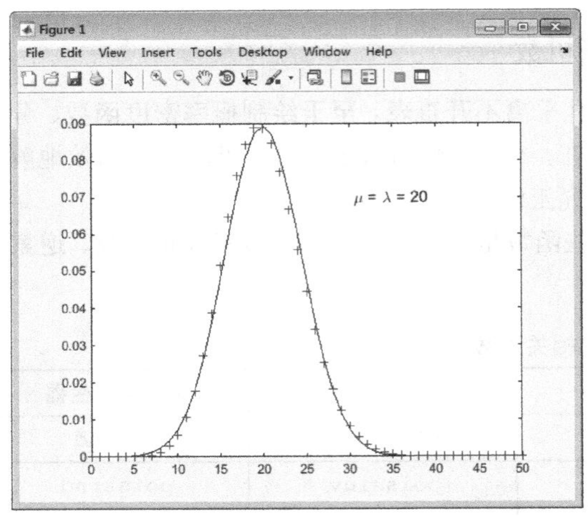

▲图 4-1　λ =20 的泊松分布和 μ =20 的正态分布的比较

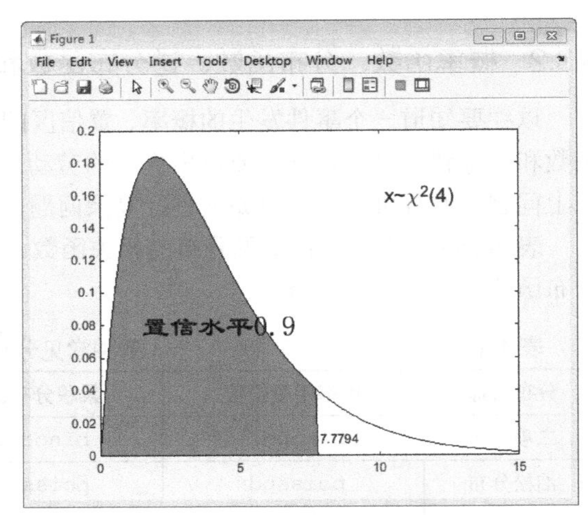

▲图 4-2　置信水平为 90%的置信区间

4.4 数值求导与积分

在数学计算中，积分和求导是最常见的运算。

4.4.1　导数与梯度

导数的数值计算是数值计算的基本操作之一。如牛顿法求根、微分方程求解、泰勒级数展开等，都离不开导数。

1. 导数

在 MATLAB 中，diff 函数用来计算数值差分或者符号导数。本节只介绍 diff 函数如何用来计算差分，符号导数的计算将在下一章介绍。

diff 函数的调用语法如下。

- Y = diff(X)：求 X 相邻行元素之间的一阶差分。
- Y = diff(X,n)：求 X 相邻行元素之间的 n 阶差分。
- Y = diff(X,n,dim)：在 dim 指定维上求 X 相邻行元素之间的 n 阶差分。

【例 4-31】　diff 函数的应用。

```
>> rand('state',0)              % 设置随机种子
>> A=randperm(9)                % 生成随机数列
A =
     8     2     7     4     3     6     9     5     1
>> B = diff(A)                  % 求数列的差分
B =
    -6     5    -3    -1     3     3    -4    -4
>> C = pascal(6)
C =
     1     1     1     1     1     1
     1     2     3     4     5     6
     1     3     6    10    15    21
     1     4    10    20    35    56
     1     5    15    35    70   126
     1     6    21    56   126   252
>> D = diff(C)                 % 对矩阵 C 列方向上的各元素进行差分计算
```

```
C =
     0     1     2     3     4     5
     0     1     3     6    10    15
     0     1     4    10    20    35
     0     1     5    15    35    70
     0     1     6    21    56   126
```

2. 梯度

梯度也经常在数值计算中使用。MATLAB 提供了 gradient 函数来进行梯度计算。gradient 函数的调用语法如下。

- FX = gradient(F)：返回 F 的一维数值梯度，F 是一个向量。
- [FX,FY] = gradient(F)：返回二维数值梯度的 x 和 y 部分，F 是一个矩阵。
- [FX,FY,FZ,...] = gradient(F)：求高维矩阵 F 的数值梯度。
- [...] = gradient(F,h)：h 是一个标量，用于指定各个方向上点之间的间距。
- [...] = gradient(F,h1,h2,...)：指定各个方向上的间距。

【例 4-32】　梯度求解。

```
>> v = -2:0.2:2;
>> [x,y] = meshgrid(v);
>> z = x .* exp(-x.^2 - y.^2);        %  创建测试数据
>> [px,py] = gradient(z,.2,.2);       %  求梯度
>> contour(v,v,z), hold on, quiver(v,v,px,py), hold off
%  绘制等高线和梯度方向
```

运行以上命令，可以得到图 4-3 所示的结果。

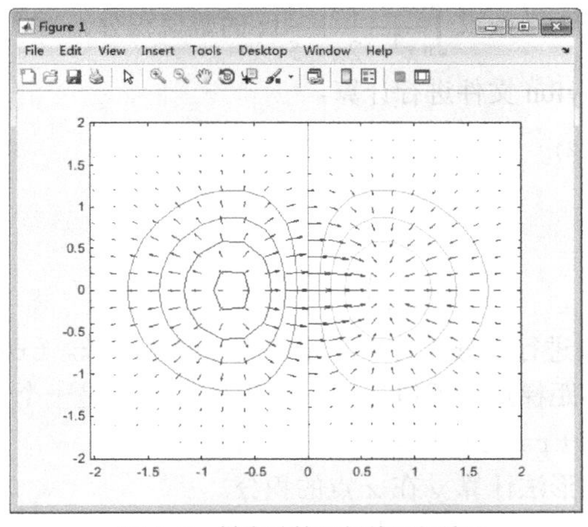

▲图 4-3　梯度计算示例的运行结果

4.4.2　一元函数的数值积分

1. quad 函数

函数 quad 采用自适应 Simpson 方法计算积分，特点是精度较高，较为常用。quad 函数的调用语法如下。

- q=quad(fun,a,b)：计算函数 fun 在 a～b 区间内的数值积分，其中 fun 是一个函数句柄，默认误差为 10^{-6}。若给 fun 输入向量 $\boldsymbol{x}$，应返回 $\boldsymbol{y}$，即 fun 是一个单值函数。
- q=quad(fun,a,b,tol)：用指定的绝对误差 tol 代替默认误差。tol 越大，函数计算的

次数越少，速度越快，但相应计算结果的精度会越低。

- [q,fcnt]=quad(fun,a,b)：计算函数 fun 的数值积分，同时返回函数计算的次数 fcnt。

【例 4-33】　使用 quad 函数求 $\int_0^2 \frac{1}{x^3-2x-5}\mathrm{d}x$ 的数值积分。

为了求函数的积分，首先要在工作目录下建立函数文件，不妨命名为 myfun.m。该函数文件的内容如下。

```
function y = myfun(x)
y = 1./(x.^3-2*x-5);
```

函数文件的创建与使用将在第 6 章介绍。在建立好函数文件之后，需要传递相应的函数句柄 @myfun 到 quad 函数，同时需要指定上下限。

```
>> Q = quad(@myfun,0,2)
Q =
   -0.4605
```

2. quadl 函数

函数 quadl 采用自适应 Lobatto 方法计算积分，特点是精度较高，最为常用。quadl 函数的主要调用语法如下。

- q=quadl(fun,a,b)：计算函数 fun 在 a～b 区间内的数值积分，其中 fun 是一个函数句柄，误差为 10^{-6}。若给 fun 输入向量 x，应返回 y，即 fun 是一个单值函数。
- q=quadl(fun,a,b,tol)：用指定的绝对误差 tol 代替默认误差。tol 越大，函数计算的次数越少，速度越快，但相应计算结果的精度会越低。

【例 4-34】　使用 quadl 函数求 $\int_0^2 \frac{1}{x^3-2x-5}\mathrm{d}x$ 的数值积分。

本例基于前例建立的 myfun 文件进行计算。

```
>> Q = quadl(@myfun,0,2)
Q =
   -0.4605
```

3. trapz 函数

trapz 函数使用梯形法进行积分，特点是速度快，但精度低。trapz 函数的调用语法如下。

- T=trapz(y)：用等距梯形法近似计算 y 的积分。若 y 是一个向量，则 trapz(y)为 y 的积分；若 y 是一个矩阵，则 trapz(y)为 y 的每一列的积分。
- trapz(x,y)：用梯形法计算 y 在 x 点的积分。
- T=trapz(…,dim)：沿着 dim 指定的维对 y 进行积分。若参量当中包含 x，则应有 length(x)=size(y,dim)。

【例 4-35】　trapz 函数的使用。

计算 $\int_0^\pi \sin(x)\mathrm{d}x$ 。

通过数学推导可知，$\int_0^\pi \sin(x)\mathrm{d}x$ 的精确值为 2。现在使用 trapz 函数进行计算以对比结果。首先，需要划分梯形法使用的均匀区间。

```
>> X = 0:pi/100:pi;
>> Y = sin(X);              %  被积函数
>> Z = trapz(X,Y)
```

```
Z =
    1.9998
>> Z = pi/100*trapz(Y)
Z =
    1.9998
```

4. cumtrapz 函数

cumtrapz 函数用于求累积的梯形数值积分，其调用语法如下。

- Z=cumtrapz(Y)：通过梯形积分法计算单位步长时 Y 的累积积分值，若步长不是一个单位量，则计算出的 Z 值还应该乘以步长。若 Y 为向量，则返回该向量的累积积分；若 Y 为矩阵，则返回该矩阵中每列元素的累积积分。
- Z=cumtrapz(X,Y)：采用梯形积分求 Y 对 X 的积分。注意，X 与 Y 的长度必须相等。
- Z=cumtrapz(X,Y,dim)或 Z=cumtrapz(Y,dim)：对 Y 的 dim 维求积分，X 的长度必须等于 size(Y,dim)。

【例 4-36】 cumtrapz 函数的应用。

```
>> Y = [0 1 2; 3 4 5];
>> cumtrapz(Y,1)
ans =
         0         0         0
    1.5000    2.5000    3.5000
>> cumtrapz(Y,2)
ans =
         0    0.5000    2.0000
         0    3.5000    8.0000
```

4.4.3 二重积分的数值计算

二重积分的数值计算可由函数 dblquad 实现。dblquad 函数有以下几种语法格式。

- q=dblquad(fun,xmin,xmax,ymin,ymax)：调用函数 quad 在区域 xmin≤x≤xmax，ymin≤y≤ymax 上计算二元函数 z=fun(x,y)的二重积分。函数 fun 需要满足条件：若输入向量 ***x***、标量 y，则 $f(x,y)$必须返回一个用于积分的向量。
- q=dblquad(fun,xmin,xmax,ymin,ymax,tol)：用指定的精度 tol 代替默认精度 10^{-6}，再进行计算。
- q=dblquad(fun,xmin,xmax,ymin,ymax,tol,method)：用指定的计算方法 method 代替默认算法 quad。method 的取值有@quadl 或用户指定的与命令 quad 和 quadl 有相同调用次序的函数句柄。

【例 4-37】 应用 dblquad 函数求重积分。

首先，在工作目录下建立一个 M 文件 integrnd.m，该文件的内容如下。

```
function z = integrnd(x, y)
z = y*sin(x)+x*cos(y);
```

然后，调用 dblquad 函数求重积分。

```
>> Q = dblquad(@integrnd,pi,2*pi,0,pi)
Q =
   -9.8696
```

4.4.4 三重积分的数值计算

MATLAB 提供了 triplequad 函数来对三重积分进行数值计算。该函数的调用语法如下。

- q=triplequad(fun,xmin,xmax,ymin,ymax,zmin,zmax)：调用函数 quad 在区域[xmin,xmax, ymin,ymax,zmin,zmax]上进行三重积分运算。fun 参数是一个 M 文件函数或匿名函数的句柄。
- q=triplequad(fun,xmin,xmax,ymin,ymax,zmin,zmax,tol)：用指定的精度 tol 代替默认精度 10^{-6} 进行计算。
- q=triplequad(fun,xmin,xmax,ymin,ymax,zmin,zmax,tol,method)：用指定的计算方法 method 代替默认算法 quad。method 的取值有@quadl 或用户指定的与命令 quad 或 quadl 有相同调用次序的函数句柄。

【例 4-38】　用 triplequad 函数求三重积分 $\int_{-1}^{1}\int_{0}^{1}\int_{0}^{\pi} y\sin(x)+z\cos(x)\mathrm{d}x\mathrm{d}y\mathrm{d}z$ 。

首先，需要在工作目录下建立函数 M 文件 integrnd3.m，该文件的内容如下。

```
function z=integrnd3(x,y,z)
z=y*sin(x)+z*cos(x);
```

然后，在命令窗口输入以下内容。

```
>> q=triplequad(@integrnd3,0,pi,0,1,-1,1)
q =
    2.0000
```

4.5 插值

插值就是在已知数据之间计算估计值的过程，是一种实用的数值方法，是函数逼近的重要方法。在信号处理和图形分析中，插值运算的应用较为广泛，MATLAB 提供了多种插值函数，可以满足不同的需求。

4.5.1　一维数据插值

一维数据插值常使用函数 interp1，其一般的语法格式为：yi=interp1(x,y,xi,method)。其中，y 为函数值矢量；x 为自变量的取值范围，x 与 y 的长度必须相同；xi 为插值点的向量或者数组；method 为插值方法选项。对于插值，MATLAB 提供了如下几种方法。

- 线性插值（method='linear'）：在两个数据点之间连接直线，计算给定的插值点在直线上的值作为插值结果，该方法是 interp1 函数的默认方法。
- 三次样条插值（method='spline'）：通过数据点拟合出三次样条曲线，计算给定的插值点在曲线上的值作为插值结果。
- 立方插值（method='pchip'或'cubic'）：通过分段立方 Hermite 插值方法计算插值结果。

当选择一种插值方法时，考虑的因素包括运算时间、占用的计算机内存和插值的光滑程度。一般来说，各种插值方法的特点如下。

- 邻近点插值方法的速度最快，但平滑性最差。
- 线性插值方法占用的内存较邻近点插值方法多，运算时间也稍长，与邻近点插值不同，其结果是连续的，但顶点处的斜率会改变。
- 三次样条插值方法的运算时间最长，其插值数据和导数都是连续的，但内存的占用较立方插值法要少。在这四种方法中，三次样条插值结果的平滑性最好，但如果输入数据不一致或数据点过近，就可能出现很差的插值效果。

【例 4-39】 一维插值函数 interp1 的应用与比较。

```
>> x=0:10;
>> y=cos(x);
>> xi=0:0.25:10;
>> strmod={'nearest','linear','spline',' pchip'}    % 将插值方法存储到元胞数组
strmod =
        'nearest'    'linear'    'spline'    'pchip'
>> strlb={'(a)method=nearest','(b)method=linear',...
'(c)method=spline','(d)method=pchip'}               % 绘图标签
strlb =
  Columns 1 through 2
    '(a)method=nearest'    '(b)method=linear'
  Columns 3 through 4
    '(c)method=spline'    '(d)method=pchip'
>> for i=1:4
yi=interp1(x,y,xi,strmod{i});                       % 插值
subplot(2,2,i)                                      % 子图
plot(x,y,'ro',xi,yi,'b'),xlabel(strlb(i))           % 绘图
end
```

本例创建了元胞数组 strmod 来存储 4 种用到的插值方法{'nearest','linear','spline','pchip'}，然后通过循环来调用插值函数 interp1，最终插值的结果用图形来对比。一维插值方法的结果比较如图 4-4 所示。可以看出，3 次样条插值结果的平滑性最好，而邻近点插值效果最差。

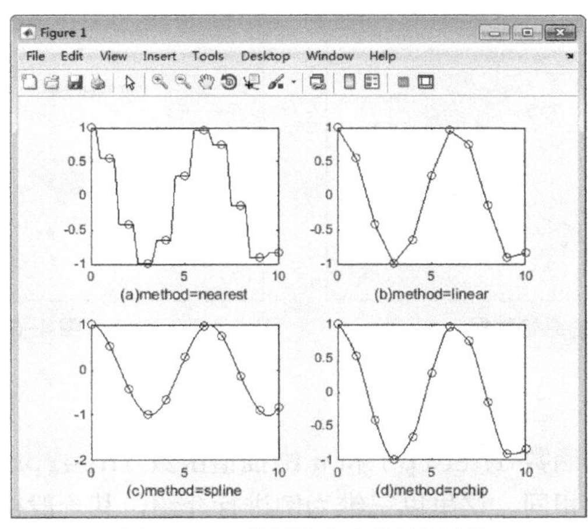

▲图 4-4 一维插值方法的结果比较

4.5.2 二维数据插值

二维插值也是常用的插值运算方法，主要应用于图形图像处理和三维曲线拟合等领域。二维插值由函数 interp2 实现，其一般语法如下。

```
zi=interp2(x,y,z,xi,yi,method)
```

其中，x 和 y 为由自变量组成的数组，x 与 y 的尺寸相同；z 为二者相对应的函数值；xi 和 yi 为插值点数组；method 为插值方法选项。interp1 函数中的 4 种插值方法也可以在 interp2 函数中使用。

【例 4-40】 二维插值函数 interp2 的应用与比较。

```
clear
[x,y,z]=peaks(6);                                   % MATLAB 自带的测试函数
mesh(x,y,z)                                         % 绘制原始数据图
```

```
title('原始数据')
[xi,yi]=meshgrid(-3:0.2:3,-3:0.2:3);                % 生成供插值用的数据网格
strmod={'nearest','linear','spline','cubic'};        % 将插值方法存储到元胞数组中
strlb={'(a)method=nearest','(b)method=linear',...
'(c)method=spline','(d)method=cubic'};              % 绘图标签
figure                                               % 建立新绘图窗口
for i=1:4
    zi=interp2(x,y,z,xi,yi,strmod{i});               % 插值
    subplot(2,2,i)
    mesh(xi,yi,zi);                                  % 绘图
    title(strlb{i})                                  % 图标题
end
```

本例中调用了'nearest''linear''spline'和'cubic'方法进行插值，其中原始数据如图 4-5 所示，插值之后的结果如图 4-6 所示。由结果图可以看出，各种插值方法的精度是不同的。

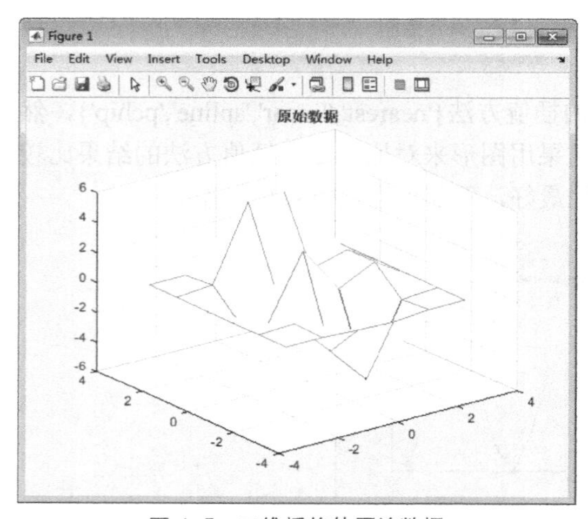

▲图 4-5　二维插值的原始数据

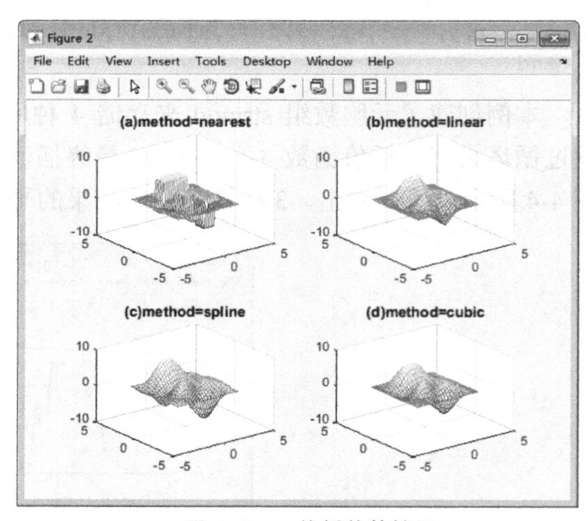

▲图 4-6　二维插值的结果

4.5.3　多维插值

多维插值包括三维插值函数 interp3 和 *n* 维插值函数 interpn，其函数的调用方式及插值方法与一维、二维插值基本相同。这里以三维为例进行介绍，其一般格式如下。

```
zi=interp3(x,y,z,v,xi,yi,zi,method)
```

其中，x、y、z 为由自变量组成的数组，x、y、z 的尺寸相同；v 为相应的函数值；xi、yi、zi 为插值点数组，method 为插值方法选项，和一维插值的 4 种方法一致。

【例 4-41】　三维插值函数 interp3 的使用。

```
>> [x,y,z,v]=flow(8);                                  % flow 是 MATLAB 自带的测试函数
>> slice(x,y,z,v,[3,5],2,[-2,3])                       % 画切片图
>> title('插值前')
>> [xi,yi,zi]=meshgrid(0.1:0.25:10,-3:0.25:3,-3:0.25:3);  % 创建插值点数据网格
>> vi=interp3(x,y,z,v,xi,yi,zi);                       % 插值
>> figure
>> slice(xi,yi,zi,vi,[3,5],2,[-2,3])                   % 画插值后的切片图
>> title('插值后')
```

插值前的 flow 函数如图 4-7 所示，进行三维插值之后的结果如图 4-8 所示。

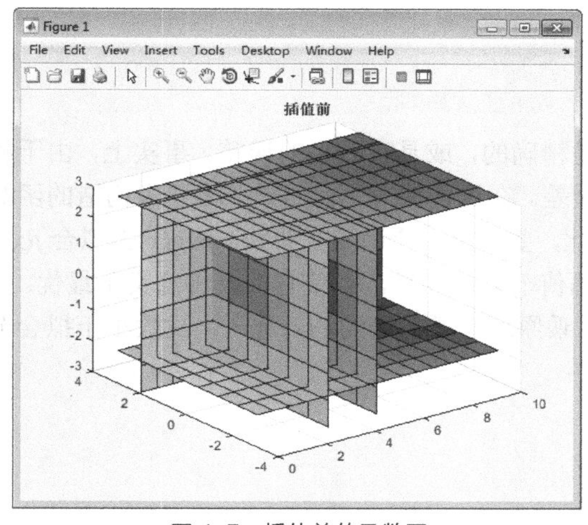

▲图 4-7 插值前的函数图

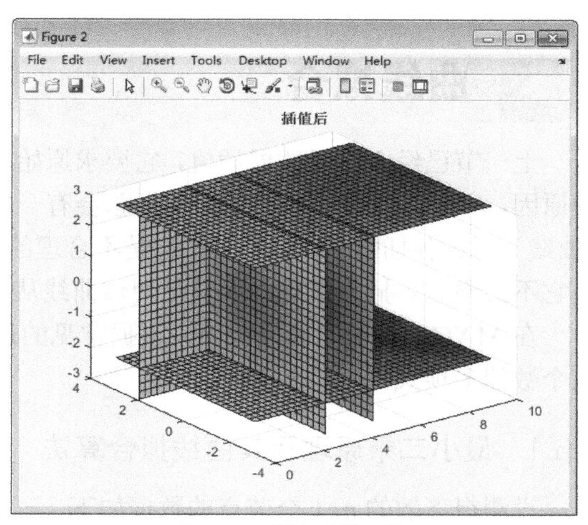

▲图 4-8 插值后的函数图

4.5.4 样条插值

样条函数产生的基本思想是：设有一组已知的数据点，目标是找一组拟合多项式。在拟合过程中，对于此数据组的每个相邻样点（breakpoint）对，用三次多项式去拟合样点之间的曲线。为保证拟合的唯一性，对该三次多项式在样点处的一阶、二阶导数加以约束。这样除被研究区间端点外，所有内样点处可保证样条有连续的一阶、二阶导数。

MATLAB 中提供了 spline 函数来进行样条插值。spline 函数的调用语法如下。

- yy = spline(x,y,xx)：根据样点数据（x,y），求 xx 所对应的三次样条插值。
- pp = spline(x,y)：从样点数据（x,y）获得逐段多项式样条函数数据 pp。

【例 4-42】 样条插值 spline 函数的应用。

```
>> x = -4:4;
>> y = [0 .15 1.12 2.36 2.36 1.46 .49 .06 0];          % 插值前的数据
>> cs = spline(x,[0 y 0]);                               % 插值
>> xx = linspace(-4,4,101);                              % 创建绘图自变量数组
>> plot(x,y,'o',xx,ppval(cs,xx),'-');                    % 绘制结果图
```

得到的结果如图 4-9 所示。

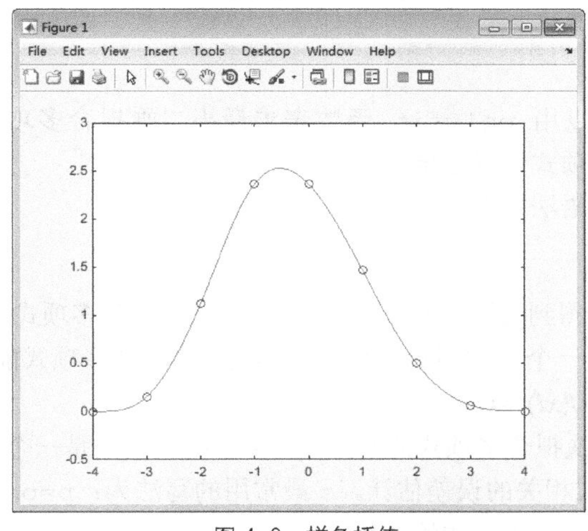

▲图 4-9 样条插值

4.6 曲线拟合

上一节已经介绍了数据插值，它要求原始数据是精确的，或具有较小的误差。事实上，由于种种原因，实验或测量中所获得的数据总会有一定的误差。在这种情况下，如果严格要求构造的函数（曲线）通过各插值节点，显然，这是不合理的。为此，要构造一个函数（曲线）$y=g(x)$去拟合 $f(x)$，但它不必通过各插值节点，而只是使该曲线从这些插值节点中穿过，且使它在某种意义下最优。

在 MATLAB 的曲线拟合中，根据常见的最小二乘原理，所构造的 $g(x)$是一个次数小于拟合节点个数的多项式。

4.6.1　最小二乘原理及其曲线拟合算法

设测得离散的 n+1 个节点的数据如下。

$$(x_1,x_2,\cdots,x_n)\quad(y_1,y_2,\cdots,y_n)$$

构造一个 m 次拟合多项式函数 $g(x)$ $(m\leqslant n)$。

$$g(x)=a_1x^m+a_2x^{m-1}+\cdots+a_mx+a_{m+1}$$

所谓曲线拟合的最小二乘原理，就是使上述拟合多项式在各数据点处的偏差 $g(x_i)-y_i$ 的平方之和最小。

$$\phi=\phi(a_1,a_2,\cdots,a_{m+1})=\sum_{i=1}^{n+1}(\sum_{k=0}^{m}a_{m-k+1}x_i^k-y_i)^2$$

上式中的 x_i、y_i 均为已知值，而式中的系数 $a_k(k=1,2,\cdots,m+1)$ 为 m+1 个未知数，故可以将其看作 a_k 的函数，即 $\phi=\phi(a_1,a_2,\cdots,a_{m+1})$。于是可以把上述曲线拟合归结成求多元函数的极值问题。为使 $\phi=\phi(a_1,a_2,\cdots,a_{m+1})$ 取极小值，必须满足以下方程组。

$$\frac{\partial\phi}{\partial a_k}=0,\ k=1,2,\cdots,m+1$$

经过简单的推导，可以得到一个 m+1 阶线性代数方程组 $\boldsymbol{Sa}=t$，其中 $\boldsymbol{S}$ 为 m+1 阶系数矩阵，t 为右端项，而 $\boldsymbol{a}$ 为未知数向量，即欲求的 m 次拟合多项式的 m+1 个系数。这个方程组也称为正则方程组。至于正则方程组的具体推导，可参阅有关数值计算方法的教材。

4.6.2　曲线拟合的实现

在 MATLAB 中，可以用 polyfit 函数来求最小二乘拟合多项式的系数。另外，可以用 polyval 函数按所得的多项式计算指定值。

polyfit 函数的调用语法如下。

```
[p,s]=polyfit(x,y,m)
```

其中，输入参数 x、y 为测量得到的原始数据，为向量；m 为欲拟合的多项式的次数。polyfit (x,y,m) 将根据原始数据 x、y 得到一个 m 次拟合多项式 $P(x)$的系数，该多项式能在最小二乘意义下最优地近似函数 $f(x)$，即有 $\boldsymbol{p(xi)}\approx \boldsymbol{f(xi)}\approx \boldsymbol{yi}$。

返回的结果中 p 为 m 次拟合多项式的系数，而 s 中的数据则是一个结构数组，代入 polyval 函数后可以得到拟合多项式相关的误差估计。s 最常用的写法为：p=polyfit(x,y,m)。

polyval 函数的功能是按多项式的系数计算指定点所对应的函数值。

【例 4-43】 曲线的拟合。

本例首先在$-0.9x^2+10x+20$ 多项式的基础上加入随机噪声，产生测试数据，然后对测试数据进行数据曲线拟合。

```
>> clear
>> rand('state',0)
>> x=1:1:10;
>> y=-0.9*x.^2+10*x+20+rand(1,10).*5;      %  产生测试数据
>> plot(x,y,'o')                           %  绘图并标出原始数据点
>> p=polyfit(x,y,2)
>> xi=1:0.5:10;
>> yi=polyval(p,xi);                       % 计算拟合的结果
>> hold on
>> plot(xi,yi);                            %  绘制拟合结果图
>> hold off
```

运行以上命令，得到的结果如图 4-10 所示。另外，得到的多项式系数如下。

```
p =
   -0.8923    9.8067   23.6003
```

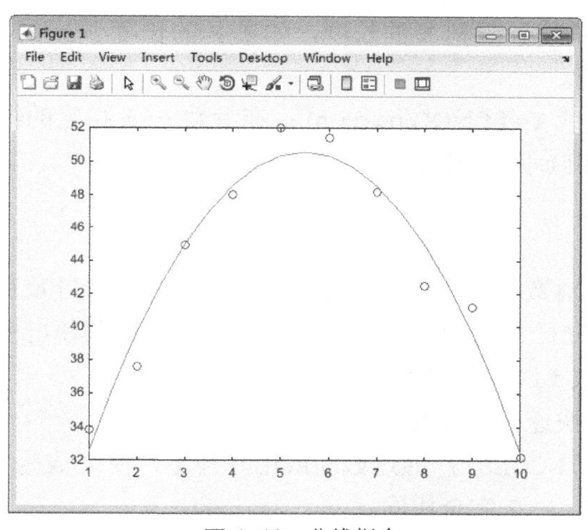

▲图 4-10 曲线拟合

也就是说，通过曲线拟合，得到了多项式$-0.8923x^2+9.8067x+23.6003$。通过比较系数和观察图形，可以看出本次曲线拟合结果的精度是比较高的。

4.7 傅里叶分析

傅里叶（Fourier）分析在信号处理领域有着广泛的应用，现实生活中大部分信号都包含多个不同的频率分量，这些信号的组件频率会随着时间或快或慢地变化。傅里叶级数和傅里叶变换是用来分析周期或者非周期信号的频率特性的数学工具。从时间的角度来看，傅里叶分析包括连续时间和离散时间的傅里叶变换，总共有 4 种不同的傅里叶分析类型：连续时间的傅里叶级数、连续时间的傅里叶变换、离散时间的傅里叶级数和离散时间的傅里叶变换。

频谱分析是在数据中识别频率组成的处理过程。对于离散数据，频谱分析的计算基础是离散傅里叶变换（DFT）。DFT 将基于时间或者基于空间的数据转换为基于频率的数据。

一个长度为 n 的向量 $\boldsymbol{x}$ 的 DFT，也是一个长度为 n 的向量。

$$y_{p+1}=\sum_{j=0}^{n-1}\omega^{jp}x_{j+1}$$

其中，ω 是 n 阶复数根。

$$\omega=\mathrm{e}^{-2\pi i/n}$$

在此表达式中，i 表示虚数单位。

DFT 的一种快速算法称为快速傅里叶变换（FFT）。FFT 并不是与 DFT 不同的另一种变换，而是为了减少 DFT 运算次数的一种快速算法。常用的 FFT 是以 2 为基数的，其长度用 N 表示，N 为 2 的整数倍。

MATLAB 中采用的就是 FFT 算法。MATLAB 提供了函数 `fft` 和 `ifft` 来进行傅里叶分析。

1. 函数 fft 和 ifft

函数 `fft` 和 `ifft` 对数据进行一维快速傅里叶变换和傅里叶反变换。函数 `fft` 的调用语法有如下几种。

- `Y=fft(X)`：如果 `X` 是向量，则采用快速傅里叶变换算法计算 `X` 的离散傅里叶变换；如果 `X` 是矩阵，则计算矩阵每一列的傅里叶变换。
- `Y=fft(X,n)`：用参数 `n` 限制 `X` 的长度，如果 `X` 的长度小于 `n`，用 0 补足；如果 `X` 的长度大于 `n`，则去掉多出的部分。
- `Y=fft(X,[ ],n)` 或 `Y=fft(X,n,dim)`：在参数 `dim` 指定的维上进行操作。

函数 `ifft` 的用法和 `fft` 完全相同。

2. fft2 和 ifft2

函数 `fft2` 和 `ifft2` 对数据进行二维快速傅里叶变换和傅里叶反变换。数据的二维傅里叶变换 `fft2(X)` 相当于 `fft(fft(X)')'`，即先对 `X` 的列进行一维傅里叶变换，然后对变换结果的行进行一维傅里叶变换。函数 `fft2` 的调用语法如下。

- `Y=fft2(X)`：二维快速傅里叶变换。
- `Y=fft2(X,MROWS,NCOLS)`：通过截断或用 0 补足，使 `X` 成为 `MROWS×NCOLS` 的矩阵。

函数 `ifft2` 的用法和 `fft2` 完全相同。

3. fftshift 和 ifftshift

函数 `fftshift(Y)` 用于把傅里叶变换结果 `Y`（频域数据）中的直流分量（频率为 0 处的值）移到中间位置。

- 如果 `Y` 是向量，则交换 `Y` 的左右半边。
- 如果 `Y` 是矩阵，则交换其一、三象限和二、四象限。
- 如果 `Y` 是多维数组，则在数组的每一维中交换其“半空间”。

函数 `ifftshift` 相当于 `fftshift` 函数的逆操作，用法相同。

【例 4-44】　生成一个正弦衰减曲线，进行快速傅里叶变换，并画出幅值（amplitude）图、相位（phase）图、实部（real）图和虚部（image）图。

```
>> tp=0:2048;                                % 时域数据点数 N
>> yt=sin(0.08*pi*tp).*exp(-tp/80);          % 生成正弦衰减函数
>> plot(tp,yt), axis([0,400,-1,1]),          % 绘制正弦衰减曲线
>> t=0:800/2048:800;                         % 频域点数 Nf
>> f=0:1.25:1000;
```

```
>> yf=fft(yt);                                % 快速傅里叶变换
>> ya=abs(yf(1:801));                         % 幅值
>> yp=angle(yf(1:801))*180/pi;                % 相位
>> yr=real(yf(1:801));                        % 实部
>> yi=imag(yf(1:801));                        % 虚部
>> figure
>> subplot(2,2,1)
>> plot(f,ya),axis([0,200,0,60])              % 绘制幅值曲线
>> title('幅值曲线')
>> subplot(2,2,2)
>> plot(f,yp),axis([0,200,-200,10])           % 绘制相位曲线
>> title('相位曲线')
>> subplot(2,2,3)
>> plot(f,yr),axis([0,200,-40,40])            % 绘制实部曲线
>> title('实部曲线')
>> subplot(2,2,4)
>> plot(f,yi),axis([0,200,-60,10])            % 绘制虚部曲线
>> title('虚部曲线')
```

本例首先生成正弦衰减函数 yt，绘制的正弦衰减曲线如图 4-11 所示。然后对 yt 进行快速傅里叶变换，结果如图 4-12 所示。

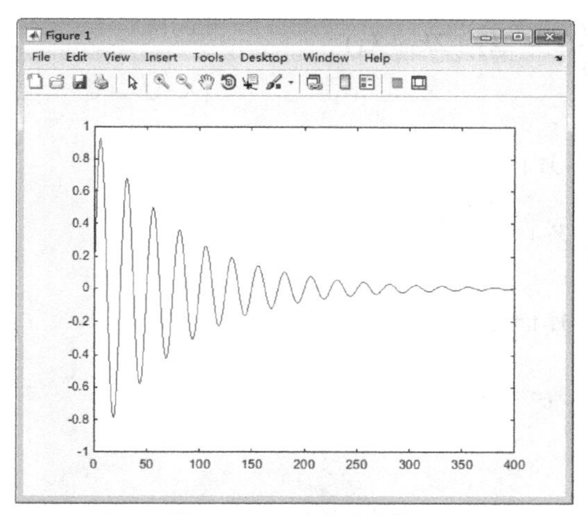

▲图 4-11　正弦衰减曲线图

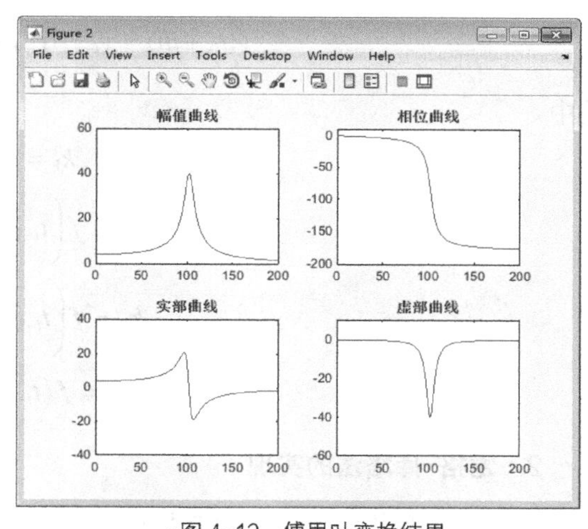

▲图 4-12　傅里叶变换结果

4.8 微分方程

微分方程是数值计算中常见的问题，MATLAB 提供了多种函数来计算微分方程的解。

4.8.1　常微分方程

众所周知，对一些典型的常微分方程，能求解出它们的一般表达式，并用初始条件确定表达式中的任意常数。但实际中存在这种解析解的常微分方程的范围十分狭窄，往往只局限于在线性常系数微分方程（含方程组），以及少数的线性变系数方程。对于更加广泛的、非线性的一般的常微分方程，通常不存在初等函数解析解。由于实际问题求解的需要，求近似的数值解成为解决问题的主要手段。常见的求数值解的方法有欧拉折线法、阿当姆斯法、龙格-库塔法与吉尔法等。其中因为龙格-库塔法的精度较高，计算量适中，所以使用较广泛。

数值解的最大优点是不受方程类型的限制，即可以求任何形式常微分方程的特解（在解存在的情况下），但是求出的解只能是数值解。

1. 龙格–库塔方法简介

对于一阶常微分方程的初值问题，在求解未知函数 y 时，y 在 t_0 点的值 $y(t_0)=y_0$ 是已知的，并且根据高等数学中的中值定理，应满足下式。

$$\begin{cases} y(t_0+h)=y_1\approx y_0+hf(t_0,y_0) \\ y(t_0+2h)=y_2\approx y_1+hf(t_1,y_1) \end{cases} \quad h>0$$

一般而言，在任意点 $t_i=t_0+ih$，满足下式。

$$y(t_0+ih)=y_i\approx y_{i-1}+hf(t_{i-1},y_{i-1}),\ i=1,2,\cdots,n$$

当 (t_0,y_0) 确定后，根据上述递推公式，能算出未知函数 y 在点 $t_i=t_0+ih$，i=1,2,⋯,n，j=1,2,⋯,n 的一列数值解。

$$y_i=y_0,y_1,y_2,\cdots,y_n,\ i=1,2,\cdots,n$$

当然，在递推的过程中同样存在累计误差的问题。实际计算中的递推公式一般都进行过改造，龙格-库塔公式如下。

$$y(t_0+ih)=y_i\approx y_{i-1}+\frac{h}{6}(k_1+2k_2+2k_3+k_4)$$

其中，

$$k_1=f(t_{i-1},y_{i-1})$$

$$k_2=f\left(t_{i-1}+\frac{h}{2},y_{i-1}+\frac{h}{2}k_1\right)$$

$$k_3=f\left(t_{i-1}+\frac{h}{2},y_{i-1}+\frac{h}{2}k_2\right)$$

$$k_4=f\left(t_{i-1}+h,y_{i-1}+hk_3\right)$$

2. 龙格–库塔法的实现

基于龙格-库塔法，MATLAB 提供了 ode 系列函数来求常微分方程的数值解。常用的有 `ode23` 和 `ode45` 函数，其调用语法如下。

- `[t,y]=ode23(filename,tspan,y0)`：采用二阶、三阶龙格-库塔法进行计算。
- `[t,y]=ode45(filename,tspan,y0)`：采用四阶、五阶龙格-库塔法进行计算。

其中，`filename` 是定义 f(t,y)的函数文件名，该函数文件必须返回一个列向量。`tspan` 的形式为[t0,tf]，表示求解区间。`y0` 是初始状态列向量。`t` 和 `y` 分别给出时间向量和相应的状态向量。

这两个函数分别采用了二阶、三阶龙格-库塔法和四阶、五阶龙格-库塔法，并采用自适应变步长的求解方法。当解的变化较慢时，采用较大的步长，从而使得计算的速度很快；当解的变化较快时，步长会自动变小，从而使得计算的精度很高。

【例 4-45】　设有以下初值问题。

$$\begin{cases} y'=\dfrac{y^2-t-2}{4(t+1)} \\ y(0)=2 \end{cases} \quad 0\leqslant t\leqslant 1$$

试求其数值解，并和精确解相比较，精确解为 $y(t)=\sqrt{t+1}+1$。

首先，要建立微分方程所对应的函数文件 myodefun.m，文件内容如下。

```
function y=myodefun(t,y)                    % 建立函数文件 myodefun.m
y=(y^2-t-2)/(4*(t+1));
```

建立 myodefun 函数之后，就可以调用 de2o3 函数求解微分方程。

```
>> t0=0;
>> tf=10;
>> y0=2;
>> [t,y]=ode23 ('myodefun',[t0,tf],y0);    % 求数值解
>> y1=sqrt(t+1)+1;                          % 求精确解
>> plot(t,y,'k.',t,y1,'r')
```

通过图形比较，数值解用黑色圆点表示，精确解用黑色实线表示，如图 4-13 所示。

【例 4-46】 求下面无劲度系统微分方程组的数值解。

$$
\begin{aligned}
y_1' &= y_2 y_3 & \quad y_1(0)&=0 \\
y_2' &= -y_1 y_3 & \quad y_2(0)&=0 \\
y_3' &= -0.51 y_2 y_1 & \quad y_3(0)&=0
\end{aligned}
$$

为了求解方程，首先要建立方程的 m 文件。本例中建立名为 rigid.m 的函数文件，此文件用于描述给出的方程组，文件的内容如下。

```
function dy = rigid(t,y)
dy = zeros(3,1);                % 一个列向量
dy(1) = y(2) * y(3);
dy(2) = -y(1) * y(3);
dy(3) = -0.51 * y(1) * y(2);
```

本例中，通过 odeset 函数对误差进行控制。另外，在时间[0 12]进行求解，0 时刻初始条件向量为[0 1 1]。

```
>> options = odeset('RelTol',1e-4,'AbsTol',[1e-4 1e-4 1e-5]);  % 误差控制
>> [T,Y] = ode45(@rigid,[0 12],[0 1 1],options);               % 求数值解
>> plot(T,Y(:,1),'-',T,Y(:,2),'-.',T,Y(:,3),'.')               % 绘制结果图
```

得到的结果如图 4-14 所示。

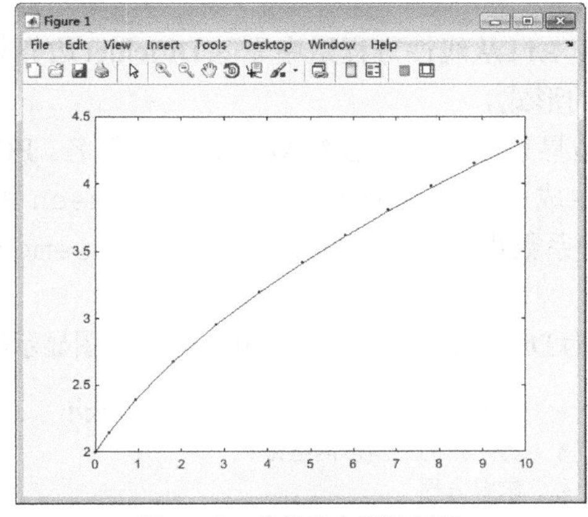

▲图 4-13 常微分方程结果图

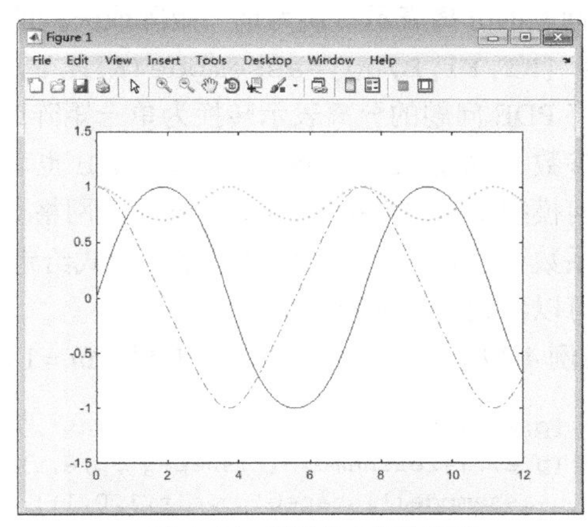

▲图 4-14 常微分方程数值解

4.8.2 偏微分方程

在自然科学的很多领域内，都会遇到微分方程初值问题，特别是偏微分方程，它的定解问题是描述自然界及科学现象的最重要的工具。可以说，几乎自然界和各种现象都可以通过微分方程（特别是偏微分方程）来描述。

MATLAB 提供了一个专门用于求解偏微分方程的工具箱 PDE Toolbox。本节仅介绍一些最简单、经典的偏微分方程，如椭圆型、双曲型、抛物型等偏微分方程，并给出求解方法。用户可以从中了解其解题的基本方法，从而解决类似的问题。

1. 椭圆型问题

assempde 函数是 PDE 工具箱中的一个基本函数，它使用有限元法组合 PDE 问题。该函数用来有选择地生成 PDE 问题的解。可以用 assempde 函数求解下面的标量椭圆型问题。

$$-\nabla\cdot(c\nabla \boldsymbol{u})+a\boldsymbol{u}=f \qquad 在\ \Omega\ 上$$

或者求解系统椭圆型问题。

$$-\nabla\cdot(c\otimes\nabla \boldsymbol{u})+a\boldsymbol{u}=f \qquad 在\ \Omega\ 上$$

对于标量的情况，用解的列向量代表解矢量 $\boldsymbol{u}$，列矢量中的值对应 p 的相应节点处的解。对于具有 np 个节点的 N 维系统，$\boldsymbol{u}1$ 的前 np 行描述 $\boldsymbol{u}$ 的第 1 个元素，接下来的 np 行描述 $\boldsymbol{u}$ 的第 2 个元素，依次类推。这样，$\boldsymbol{u}$ 的元素就作为 N 块节点放到 $\boldsymbol{u}$ 中。assempde 函数的调用语法如下。

- `u=assempde(b,p,e,t,c,a,f)`：通过在线性方程组中剔除 Dirichlet 边界条件来组合和求解 PDE 问题。
- `[K,F]=assempde(b,p,e,t,c,a,f)`：通过刚性位移近似 Dirichlet 边界条件来组合和求解 PDE 问题。`K` 和 `F` 分别为刚性矩阵和右边项。PDE 问题的有限元解为 `u1=K\F`。
- `[K,F,B,ud]=assempde(b,p,e,t,c,a,f)`：通过从线性方程组中剔除 Dirichlet 边界条件来组合 PDE 问题。若 `u1=K\F`，则返回非 Dirichlet 点上的解。完整的 PDE 问题可以通过 MATLAB 中的表达式 `u=B*u1+ud` 求解。
- `[K,M,F,Q,G,H,R]=assempde(b,p,e,t,c,a,f)`：给出 PDE 问题的分离表示。
- u=assempde(K,M,F,Q,G,H,R)：将 PDE 问题的分离表示转换为单一矩阵或矢量的形式，然后通过从线性方程组中剔除 Dirichlet 边界条件来求解。
- `[K1,F1]=assempde(K,M,F,Q,G,H,R)`：用很大的常数修改 Dirichlet 边界条件，从而将 PDE 问题的分离表示转换为单一矩阵或矢量的形式。
- `[K1,F1,B,ud]=assempde(K,M,F,Q,G,H,R)`：从线性方程组中剔除 Dirichlet 边界条件，从而将 PDE 问题的分离表示转换为单一矩阵或矢量的形式。

参数 `b` 描述 PDE 问题的边界条件。`b` 也可以是边界条件矩阵或边界 M 文件的文件名。PDE 问题几何模型由网络数据 `p`、`e`、`t` 描述。网格数据的生成可以查询 help 文档中的 `initmesh` 函数。

系数 `c`、`a`、`d`、`f` 可以通过多种方式给定。这些系数也可以与时间 `t` 相关，在 `assempde` 函数中可以看到所有选项的列表。

【例 4-47】 求解 L 型薄膜的方程 $-\Delta u=1$，$\partial\,\Omega$ 为 Dirichlet 边界条件 $u=0$。最后绘图显示结果。

```
>> [p,e,t]=initmesh('lshapeg','hmax',0.2);     % 生成初始三角形网格，hmax 指网格大小
>> [p,e,t]=refinemesh('lshapeg',p,e,t);        % 将初始的三角形网格细化
>> u=assempde('lshapeb',p,e,t,1,0,1);          % 求解方程
>> pdesurf(p,t,u)                              % 绘制结果图形
```

lshapeg 和 lshapeb 分别为表示对象几何模型和边界条件的 M 文件，为工具箱自带文件。initmesh 函数和 refinemesh 函数分别对网格模型进行初始化和细化。pdesurf 函数绘制解的表面图。L 型薄膜泊松方程的解如图 4-15 所示。

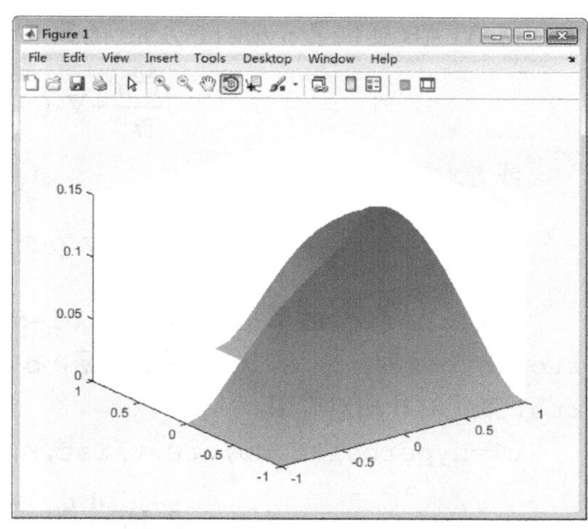

▲图 4-15 L 型薄膜泊松方程的解

2. 抛物型问题

MATLAB 提供了 parabolic 函数来求解标量抛物型问题。

$$d\frac{\partial u}{\partial t}-\nabla\cdot(c\nabla u)+au=f \qquad 在\ \Omega\ 上$$

或者求解系统 PDE 问题。

$$d\frac{\partial u}{\partial t}-\nabla\cdot(c\otimes\nabla u)+au=f \qquad 在\ \Omega\ 上$$

该函数的调用语法如下。

- u1=parabolic(u0,tlist,g,b,p,e,t,c,a,f,d)：p、e、t 为网格数据，b 为边界条件，初值为 u0。
- u1=parabolic(u0,tlist,b,p,e,t,c,a,f,d,rtol,atol)：atol 和 rtol 为绝对和相对容限。
- u1=parabolic(u0,tlist,K,F,B,ud,M)：生成下面 PDE 问题的解。

$$B'MB\frac{\mathrm{d}u_i}{\mathrm{d}t}+Ku_i=F\ ,\quad u=Bu_i+u_d$$

u 的初始值为 u0。

【例 4-48】 求解热传导方程：$\frac{\partial u}{\partial t}=\Delta u$。其中 $-1\leqslant x$，$y\leqslant 1$。在 $x^2+y^2<0.4^2$ 的区域内令 $u(0)=1$，在其他区域内令 $u(0)=0$。使用 Dirichlet 边界条件 $u=0$。要求计算时间 linspace(0,0.1,20) 处的解。

```
% 生成初始三角形网格数据
>> [p,e,t]=initmesh('squareg');                    % 参数 squareg 指计算区域是方形的
>> [p,e,t]=refinemesh('squareg',p,e,t);            % 将初始的三角形网格细化
>> u0=zeros(size(p,2),1);
>> ix=find(sqrt(p(1,:).^2+p(2,:).^2)<0.4);         % 查找 x^2+y^2<0.4^2 区域内的元素
>> u0(ix)=ones(size(ix));                          % 令 u(0)=1
>> tlist=linspace(0,0.1,20);                       % 时间列表
>> u1=parabolic(u0,tlist,'squareb1',p,e,t,1,0,1,1);   % 求解偏微分方程
```

本例首先调用 initmesh 函数生成偏微分方程的初始网格，然后调用 parabolic 函数求解偏微分方程，运行结束后将显示如下信息。

```
96 successful steps
0 failed attempts
194 function evaluations
1 partial derivatives
20 LU decompositions
193 solutions of linear systems
```

具体的结果 u1 是一个 665×20 的矩阵，这里就略去不显示了。

3. 双曲型问题

MATLAB 提供了 hyperbolic 函数来求解标量双曲型问题：

$$d\frac{\partial^2 u}{\partial t^2}-\nabla\cdot(c\nabla u)+au=f \qquad \text{在 } \Omega \text{ 上}$$

或者求解系统双曲型问题。

$$d\frac{\partial^2 u}{\partial t^2}-\nabla\cdot(c\otimes\nabla u)+au=f \qquad \text{在 } \Omega \text{ 上}$$

hyperbolic 函数的调用语法 u1=hyperbolic(u0,ut0,tlist,b,p,e,t,c,a,f,d,rtol,atol)为：p、e、t 为网格数据，b 为边界条件，u0 为初值，初始导数为 ut0。atol 和 rtol 为绝对和相对容限。

u1=hyperbolic(u0,ut0,tlist,K,F,B,ud,M)生成下面 PDE 问题的解。

$$B'MB\frac{d^2u_i}{dt^2}+K\cdot u_i=F\text{，}\quad u=Bu_i+u_d$$

u 的初始值为 u0 和 ut0。

【例 4-49】 求解波动方程：$\frac{\partial^2 u}{\partial t^2}=\Delta u$，其中$-1\leqslant x$，$y\leqslant 1$。当$x=\pm 1$时，有 Dirichlet 边界条件$u=0$。当$y=\pm 1$时，有 Neumannt 边界条件$\frac{\partial u}{\partial n}=0$。选择$u(0)=\arctan(\cos(x))$和$\frac{du(0)}{dt}=3\sin(x)\exp(\cos(y))$，计算时间等于 0，1/6，1/3，…，29/6，5 时的解。

在 MATLAB 命令窗口中输入以下内容。

```
>> [p,e,t]=initmesh('squareg');                              % 生成初始三角形网格
>> x=p(1,:)';
>> y=p(2,:)';
>> u0=atan(cos(pi/2*x));
>> ut0=3*sin(pi*x).*exp(cos(pi*y));
>> tlist=linspace(0,5,31);                                   % 时间列表
>> uu=hyperbolic(u0,ut0,tlist,'squareb3',p,e,t,1,0,0,1);     % 求解方程
```

本例首先调用 initmesh 函数生成偏微分方程的初始网格，然后调用 hyperbolic 函数求解偏微分方程，运行结束后将显示如下信息。

```
462 successful steps
70 failed attempts
1066 function evaluations
1 partial derivatives
156 LU decompositions
1065 solutions of linear systems
```

具体的结果 uu 是一个 177×31 的矩阵，这里就略去不显示了。

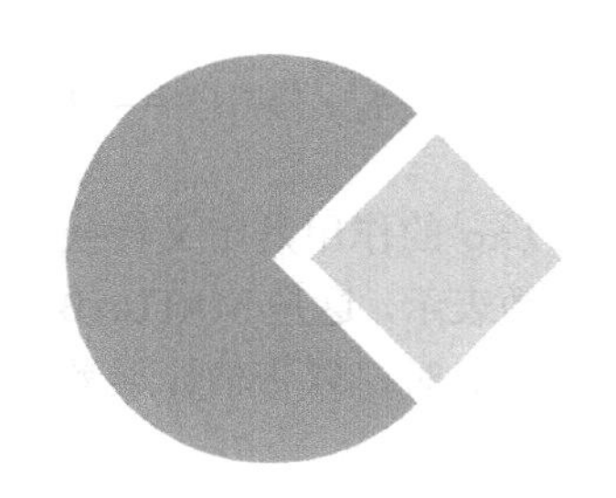

第5章 符号计算

前面章节已经介绍了 MATLAB 在数值计算方面的应用，而 MATLAB 除了具有强大的数值计算功能之外，它的符号计算功能也是相当不错的。符号计算的特点是：第一，运算以推理解析的方式运行，因此不受计算误差问题的困扰；第二，符号计算可以给出完全正确的解析解；第三，符号计算命令的调用比较简单，与经典教科书中的公式相近；第四，计算所需要的时间比较长。

在 MATLAB 的较早版本中，符号运算的功能相对薄弱，用户在进行比较复杂的符号运算时，使用 MATLAB 往往无法求解。在 MATLAB 7 之后，符号运算的功能有了很大的提高，专门提供了符号运算工具箱 Symbolic Math Toolbox，内嵌了 MuPAD 引擎来进行符号计算，完全可以与其他符号运算专用语言（如 Maple 和 Mathematic 等）相媲美。

5.1 符号变量、表达式及符号方程

在科学工程中，数值计算是非常重要的内容，但是自然科学理论中很多情况下更强调各种公式的推导，这就是符号计算要解决的重点内容。在 MATLAB 中，数值和数值变量用于数值的存储和各种计算，而符号对象、变量、函数以及相应操作都需要以符号表达式的方式按照相关的数学运算规则来进行计算，最终得到相应的以符号类型表示的解析解。

在数值计算中首先需要对数值变量赋值，然后才能进行相应的计算。符号计算与此类似，在进行符号运算之前，首先需要定义符号对象，然后利用这些符号对象去构建表达式，最后才能进行符号计算。

由此可以看出，创建符号对象是进行符号运算的基础，MATLAB 提供了多种创建符号对象的命令。数值、字符串和符号对象是 MATLAB 中常见的三种变量，在此基础上 MATLAB 提供了将数值或者字符串变量转换为符号对象的方法，同时提供了将符号对象转换为数值或者字符串变量的方法。

5.1.1 符号变量与表达式的创建

本节介绍如何创建符号对象，而符号对象与其他数据类型的转换方法将在后面的章节中介绍。

1. sym 函数

符号对象的类型在 MATLAB 中称为'sym'，而且定义符号对象的常见命令就是 sym。sym 函数常见的调用语法如下。

- S = sym(A)：把数字、字符串或表达式 A 转换为符号对象 S。
- x = sym('x')：以'x'为名创建符号变量，并将结果存储到 x 中。
- x = sym('x','real')：限定 x 表示的是实型符号变量。
- k = sym('k','positive')：限定 k 表示的是正的实型符号变量。
- x = sym('x','clear')：清除之前赋予变量 x 的属性，无附加条件地设 x 为纯形式变

量（即令 x 既不为实数，也不为正数）。此命令和 MATLAB 之前版本中的 x = sym('x','unreal') 命令的作用相同。

- S = sym(A,flag)：将数值标量或者矩阵转换为符号形式。参数 flag 的作用是定义转换符号对象应该符合的格式。其具体的选项和含义如下：'r'，用最接近的有理数表示，这是 MATLAB 的默认设置；'d'，用最接近的十进制浮点数精确表示；'e'，当表示数值计算时，以带估计误差的有理数表示；'f'，用十六进制浮点数表示。

【例 5-1】　使用不同的转化格式将数值或者数值表达式转换为符号对象。

```
>> a1=[1/3,pi/7,sqrt(5),pi+sqrt(5)]                          %  a1 是数值常数
a1 =
    0.3333    0.4488    2.2361    5.3777
>> a2=sym([1/3,pi/7,sqrt(5),pi+sqrt(5)])                     %  最接近的有理数表示
a2 =
[ 1/3, pi/7, 5^(1/2), 189209612611719/35184372088832]
>> a3=sym([1/3,pi/7,sqrt(5),pi+sqrt(5)],'e')                 %  带估计误差的有理数表示
a3 =
[1/3 -eps/12, pi/7 - (13*eps)/165, (137*eps)/280 + 5^(1/2), 189209612611719/351843720
88832]
>> a4=sym('[1/3,pi/7,sqrt(5),pi+sqrt(5)]')                   %  符号数值表示
a4 =
[ 1/3, pi/7, 5^(1/2), pi + 5^(1/2)]
>> whos
  Name      Size            Bytes  Class     Attributes

  a1        1x4               32  double
  a2        1x4              112   sym
  a3        1x4              112   sym
  a4        1x4              112   sym
```

需要指出的是：本例中的 a2 就是以 S = sym(A)格式定义的，也就是以 S = sym(A,flag)格式在 flag 参数默认为'r'的情况下定义的，所以存储的是有理数格式的符号变量。而 a4 是以 x = sym('x')形式定义的，直接以符号形式进行存储。

【例 5-2】　符号变量的定义，说明符号变量和数值变量的不同。

```
>> A = hilb(3)                          %  生成希尔伯特矩阵
A =
    1.0000    0.5000    0.3333
    0.5000    0.3333    0.2500
    0.3333    0.2500    0.2000
>> A = sym(A)                           %  将希尔伯特矩阵转换为符号形式
A =
[   1, 1/2, 1/3]
[ 1/2, 1/3, 1/4]
[ 1/3, 1/4, 1/5]
>> sqrt(2)
ans =
    1.4142
>> a=sqrt(sym(2))                       %  注意与上一行命令的区别
a =
    2^(1/2)
>> sym(3)/sym(5)                        %  两个符号变量相除，返回的仍然是符号变量
ans =
    3/5
>> 3/5                                  %  直接数值相除，得到的结果仍为数值型
ans =
    0.6000
```

```
>> sym(3)/sym(5)+sym(1)/sym(3)      %  符号变量的运算
ans =
    14/15
```

使用 sym 函数也可以定义符号表达式，有两种定义方法：一是使用 sym 函数将式中的每一个变量定义为符号变量；二是使用 sym 函数定义整个表达式。在使用第二种方法时，虽然也生成了与第一种方法相同的表达式，但是并没有将式中的变量定义为符号变量。

【例 5-3】 使用 sym 函数定义符号表达式。

```
>> a=sym('a');
>> b=sym('b');
>> c=sym('c');
>> x=sym('x');
>> f=a*x^2+b*x+c                          % 符号变量的计算
f =
a*x^2+b*x+c
>> h=sym('a*x^2+b*x+c')                   % 用整体法定义符号表达式
h=
a*x^2+b*x+c
>> g=h^2+2*h-1                            % 符号表达式的计算
g =
2*c + 2*b*x + 2*a*x^2 + (a*x^2 + b*x + c)^2 - 1
```

2. syms 函数

除了上面介绍的 sym 函数之外，MATLAB 还提供了 syms 函数来创建符号对象。syms 函数使用起来比 sym 函数更加简洁，可以同时将多个变量创建为符号对象。syms 函数的调用语法如下。

- syms arg1 arg2 ...等同于 arg1 = sym('arg1');arg2 = sym('arg2'); ...
- syms arg1 arg2 ... real 等同于 arg1 = sym('arg1','real');arg2 = sym('arg2','real'); ...
- syms arg1 arg2 ... clear 等同于 arg1 = sym('arg1','clear'); arg2 = sym('arg2','clear'); ...
- syms arg1 arg2 ... positive 等同于 arg1 = sym('arg1','positive'); arg2 = sym('arg2','positive'); ...

在上面调用的语法中，arg1、arg2，... 表示变量，可以是数值变量，也可以是字符串变量。

【例 5-4】 使用 syms 函数创建符号变量。

```
>> syms alpha beta theta fai
>> whos
  Name        Size            Bytes  Class    Attributes

  alpha       1x1               112  sym
  beta        1x1               112  sym
  fai         1x1               112  sym
  theta       1x1               112  sym
```

5.1.2 符号计算中的运算符和基本函数

前面已经介绍了如何在 MATLAB 中创建符号对象，但是仅仅创建符号对象还不能利用 MATLAB 中的符号资源。如果希望使用 MATLAB 解决更复杂的符号问题，就需要创建符号表达式。

和数值表达式一样，构成符号表达式的基础元素是运算符和函数。无论在形式、名称上，还是使用方式上，符号运算的运算符与函数和数值计算几乎完全相同，这些相同的地方可以为用户在编程时带来极大的方便。下面介绍符号计算中运算符和基本函数的使用方法。

- 基础运算符

对于+、−、×、÷、^等运算，符号计算和数值计算的符号和使用方法完全相同。同时，符号计算同样支持数组运算中的.* 和./等运算符。

- 关系运算符

MATLAB 的符号计算提供了两种关系运算符，即‘==’和‘~=’，分别表示两个符号对象相等和不等。

- 三角、双曲函数

在 MATLAB 中，除了函数 atan2 函数只能用于数值计算中之外，所有的三角函数、双曲函数以及对应的反函数都可以用在符号计算中。

- 指数、对数函数

在 MATLAB 中，指数函数同样可以用于数值计算和符号计算中。但是对于对数函数，在符号计算中只能使用 log 函数，而不能使用 log2 和 log10 函数。

- 复数函数

在 MATLAB 中，符号计算和数值计算具有相同的共轭、实部、虚部和求模等操作方法，只是在符号计算中没有提供求相角的函数。

- 矩阵代数

在 MATLAB 中，关于矩阵代数命令，在数值计算和符号计算中几乎完全相同，只是关于求解奇异解的 svd 命令有所不同。

5.1.3　创建符号方程

方程与函数的区别在于：函数是一个由数字和变量组成的代数式，而方程则是由函数和等号组成的等式。在 MATLAB 中，生成符号方程的方法与使用 sym 函数生成符号函数类似，但是不能采用首先分别定义符号，然后生成符号方程的方法，对符号方程只能整体定义。

【例 5-5】　使用 sym 函数生成符号方程。

```
>> equation=sym('sin(x)+cos(x)=1')
equation =
sin(x)+cos(x)==1
```

5.2　符号微积分

在科研和工程应用中，微积分是最重要的基础内容之一。与数值计算相比，一般来说，符号计算需要消耗更多的计算机资源，但是这并不意味着符号计算可有可无。在某些场合，用符号计算处理问题反而比用数值计算更为简明快捷。

5.2.1　符号求导与微分

本书第 4 章已介绍了在 MATLAB 中用函数 diff 可以实现一元函数求导和多元函数求偏导。当输入参数为符号表达式时，diff 函数还可用来实现符号微分，其调用语法如下。

- diff(S)：对表达式 S 求导，自变量可以通过函数 symvar 查看。
- diff(S,'v')：对表达式中指定变量 v 求导，该语句还可以写为 diff(S,sym('v'))。
- diff(S,n)：求 S 的 n 阶导数。
- diff(S,'v',n)：求 S 对 v 的 n 阶导数，该语句还可以写为 diff(S,n,'v')。

【例 5-6】 求符号表达式的微分。

```
>> syms x
>> f = sin(5*x)                    % 符号表达式
f =
sin(5*x)
>> diff(f)                         % 对 sin5x 求导
ans =
5*cos(5*x)
>> g = exp(x)*cos(x)               % 符号表达式
g =
exp(x)*cos(x)
>> diff(g)                         % 对 exp(x)*cos(x)求导
ans =
exp(x)*cos(x) - exp(x)*sin(x)
>> diff(g,2)                       % 求二阶导数
ans =
-2*exp(x)*sin(x)
>> diff(diff(g))                   % 求两次一阶导数
ans =
-2*exp(x)*sin(x)
```

从本例可以看出，求两次一阶导数等于求一次二阶导数。另外，对于求导的结果，MATLAB 已经进行了自动化简。

在有些情况下结果并没有化简，或者用户需要化简某些表达式，因此用户就可以通过使用 simplify 函数自己手动来化简，该函数将在 5.3 节中介绍。

【例 5-7】 常数的符号求导。

```
>> c = sym('5');          % 将常数定义为符号
>> diff(c)                % 常数求导
ans =
0
>> diff(5)                % 在不定义符号的情况下求导
ans =
     []
```

因为在 diff(5)中 5 并不是一个符号变量，所以返回的是空阵。

【例 5-8】 多变量的符号表达式的求导。

```
>> syms s t
>> f = sin(s*t)           % 含有两个变量的符号表达式
f =
sin(s*t)
>> diff(f,t)              % 对 t 求导
ans =
s*cos(s*t)
>> diff(f,s)              % 对 s 求导
ans =
t*cos(s*t)
```

如果在求导的过程中不指定变量的名字，那么 MATLAB 将按照默认的符号变量进行求导。要查看一个表达式中的默认符号变量是什么，可以使用 symvar 函数，symvar 函数将按照字母顺序返回结果。

```
>> symvar(f,1)            % 查看默认符号变量
ans =
```

```
t
>> diff(f,2)            % 对默认符号变量 t 求二阶导数
ans =
-s^2*sin(s*t)
```

【例 5-9】　符号矩阵的求导。

```
>> syms a x
>> A = [cos(a*x),sin(a*x);-sin(a*x),cos(a*x)]        % 定义符号矩阵
A =
[  cos(a*x), sin(a*x)]
[ -sin(a*x), cos(a*x)]
>> diff(A)                                           % 对符号矩阵求导
ans =
[ -a*sin(a*x),  a*cos(a*x)]
[ -a*cos(a*x), -a*sin(a*x)]
```

5.2.2　符号求极限

极限是微积分的基础，微分和积分都是“无穷逼近”时的结果。极限的定义如下。

$$f'(x)=\lim_{h\to 0}\frac{f(x+h)-f(x)}{h}$$

MATLAB 符号工具箱中的函数 limit 用于求表达式的极限，该函数的调用语法如下。

- limit(F,x,a)：当 x 趋近于 a 时求表达式 F 的极限。
- limit(F,a)：当 F 中的自变量趋近于 a 时求 F 的极限，自变量可通过 symvar 函数查看。
- limit(F)：当 F 中的自变量趋近于 0 时求 F 的极限，自变量可通过 symvar 函数查看。
- limit(F,x,a,'right')：当 x 从右侧趋近于 a 时求 F 的极限。
- limit(F,x,a,'left')：当 x 从左侧趋近于 a 时求 F 的极限。

【例 5-10】　对符号表达式求极限。

```
>> syms h n x                          % 定义符号
>> limit((cos(x+h) - cos(x))/h,h,0)    % 求 cos 导数表达式的极限
ans =
-sin(x)
>> limit((1 + x/n)^n,n,inf)            % 求 e 表达式的极限
ans =
exp(x)
```

【例 5-11】　单侧极限的求导。求表达式 $\frac{x}{|x|}$ 在 0 点的左极限和右极限。

```
>> limit(x/abs(x),x,0,'left')          % 左极限
ans =
-1
>> limit(x/abs(x),x,0,'right')         % 右极限
ans =
1
>> limit(x/abs(x),x,0)
ans =
NaN
```

因为本例中表达式 $\frac{x}{|x|}$ 的左极限和右极限不相等，所以直接求 0 点的极限将会返回非数 NaN。

5.2.3 符号积分

与微分对应的是积分，在 MATLAB 中，函数 int 用于实现符号积分运算。该函数的调用语法如下。

- int(S)：求表达式 S 的不定积分，自变量由 symvar 函数查看。
- int(S,v)：求表达式 S 对自变量 v 的不定积分。
- int(S,a,b)：求表达式 S 在区间[a,b]上的定积分，自变量由 symvar 函数查看。
- int(S,v,a,b)：求表达式 S 在区间[a,b]上的定积分，自变量为 v。

【例 5-12】 符号积分。

```
>> syms x t z alpha;
>> int(-2*x/(1+x^2)^2)                 %  求表达式积分
ans =
1/(x^2 + 1)
>> int(x/(1+z^2),z)                    %  求指定变量 z 的积分
ans =
x*atan(z)
>> int(x*log(1+x),0,1)                 %  求定积分
ans =
1/4
>> int(2*x, sin(t), 1)                 %  求定积分
ans =
cos(t)^2
>> int([exp(t),exp(alpha*t)])          %  求积分
ans =
[ exp(t), exp(alpha*t)/alpha]
>> A=[exp(x),exp(z*x);sin(z),cos(z)]        %  创建符号矩阵表达式
A =
[ exp(x), exp(x*z)]
[ sin(z),   cos(z)]
>> B=int(A)                                 %  求符号矩阵表达式 A 的不定积分
B =
[   exp(x), exp(x*z)/z]
[ x*sin(z),   x*cos(z)]
```

5.2.4 级数求和

在高等数学中，级数是一个重要的分支，MATLAB 提供了 symsum 函数来进行级数的求和。该函数的调用语法如下。

- symsum(s)：设由 symvar 函数查看到的自变量为 k，则该表达式计算 s 从 0 到 k−1 的和。
- symsum(s,v)：以 v 为自变量，计算表达式 s 从 0 到 v−1 的和。
- symsum(s,a,b)：计算默认自变量从 a 到 b 的 s 的和，默认自变量可通过 symvar 函数查询得到。
- symsum(s,v,a,b)：计算变量 v 从 a 到 b 的 s 的和。

【例 5-13】 级数求和。

```
>> syms k n x
>> symsum(k^2)
ans =
k^3/3 - k^2/2 + k/6>> symsum(k)
ans =
k^2/2 - k/2>> symsum(1/2^k,1,inf)          %计算表达式 1/2^k 从 1 到无穷的和
```

```
ans =
1
>> symsum(sin(k*pi)*k,0,n)
ans =
- ((1/exp(pi*(n + 1)*i))*(2*n + 1)*i)/8 + (exp(pi*(n + 1)*i)*(2*n + 1)*i)/8

>> symsum(k^2,0,10)
ans =
385
>> symsum(x^k/sym('k!'), k, 0,inf)
ans =
exp(x)
>> s1 = symsum(1/k^2,1,inf)
s1 =
pi^2/6
>>s2 = symsum(x^k,k,0,inf)        % 对级数求和可以得出分段函数表达式
s2 =
piecewise([1 <= x, Inf], [abs(x) < 1, -1/(x - 1)])
```

5.2.5 泰勒级数

函数 taylor 用于实现泰勒级数的计算。该函数的调用语法如下。

- taylor(f)：返回 f 的 5 阶泰勒级数近似多项式，展开点为 0，自变量由 symvar 函数查看。
- taylor(f,v)：计算 f 关于符号变量 v 的泰勒级数近似多项式。
- taylor(f, v,a)：计算 f 关于符号变量 v 的泰勒级数近似多项式，展开点为 a。
- taylor(f,Name,Value)：使用指定的 Name 和 Value 参数设置进行泰勒级数展开。Name 可以是'ExpansionPoint'，表示展开点；'Order'，表示阶数；'OrderMode'，表示阶数模式，阶数模式包括绝对阶数或相对阶数。

【例 5-14】 泰勒级数近似多项式同实际函数的比较。

```
>> syms x                                 % 创建符号变量
>> f = sin(x)/x;                          % 测试函数
>> t6 = taylor(f)                         % 麦克劳林级数展开式
t6 =
x^4/120 - x^2/6 + 1
>> t8 = taylor(f, 'Order', 8)             % 8 阶泰勒级数展开式
t8 =
- x^6/5040 + x^4/120 - x^2/6 + 1
>> t10 = taylor(f, 'Order', 10)           % 10 阶泰勒级数展开式
t10 =
x^8/362880 - x^6/5040 + x^4/120 - x^2/6 + 1
>> ezplot(t6, [-4, 4])                    % 绘制 6 阶级数近似
>> hold on
>> ezplot(t8, [-4, 4])                    % 绘制 8 阶级数近似
>> ezplot(t10, [-4, 4])                   % 绘制 10 阶级数近似
>> ezplot(f, [-4, 4])                     % 绘制原始函数

>> legend('approximation of sin(x)/x up to O(x^6)',...
'approximation of sin(x)/x up to O(x^8)',...
'approximation of sin(x)/x up to O(x^1^0)',...
'sin(x)/x',...
'Location', 'South')                      % 添加图例

>> title('Taylor Series Expansion')       % 添加图名
>> hold off
```

运行以上命令，即可得到泰勒级数展开式与原来实际函数的曲线比较图，如图 5-1 所示。可以看出，泰勒级数展开式的近似效果是非常好的。

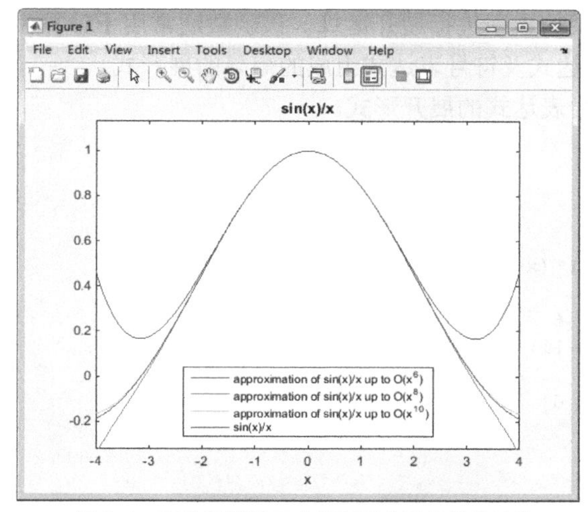

▲图 5-1　泰勒级数展开式近似同实际函数的比较

5.3 符号表达式的化简与替换

在数学计算过程中，同一个表达式可以通过因式分解、多项式展开、提取同类项等方法，令多项式的表达式更为简洁或者更符合实际需要。另外，在计算出符号表达式的结果后，可能需要将其中的某些变量替换为其他变量以更好地显示出结果。MATLAB 中众多的函数可以完成这些任务。

5.3.1　符号表达式的化简

本节的内容包括符号表达式同类项的合并、符号表达式的展开和符号表达式的因式分解等。

1. 合并符号表达式同类项

MATLAB 提供了函数 collect 用于合并符号表达式同类项，其调用语法如下。

- R = collect(P)：对于符号多项式 P，collect(P)按默认变量合并系数，默认变量可以通过 symvar 函数进行查看。
- R = collect(P,var)：按指定的变量 v 合并符号表达式同类项。如果 P 是矩阵，那么可以对矩阵中的每一个元素进行一次运算。

【例 5-15】　合并符号表达式同类项。

```
>> syms x y;
>> R1 = collect((exp(x)+x)*(x+2))
R1 =
x^2 + (exp(x) + 2)*x + 2*exp(x)
>> R2 = collect((x+y)*(x^2+y^2+1), y)
R2 =
y^3 + x*y^2 + (x^2 + 1)*y + x*(x^2 + 1)
>> R3 = collect([(x+1)*(y+1),x+y])
R3 =
[ (y + 1)*x + y + 1, x + y]
```

2. 符号表达式的展开

MATLAB 提供了函数 expand 来进行符号表达式的展开，其调用语法为：expand(S)是指对符号表达式 S 中每个因式的乘积进行展开运算。该函数通常用于计算由多项式函数、三角函数、指数函数和对数函数等表达式及符号表达式组成的矩阵的展开式。

【例 5-16】 各种符号表达式的展开形式。

```
>> syms x y a b
>> expand(a*(x + y))
ans =
a*x + a*y
>> expand((x-1)*(x-2)*(x-3))
ans =
x^3 - 6*x^2 + 11*x - 6
>> expand(x*(x*(x-6)+11)-6)
ans =
x^3 - 6*x^2 + 11*x - 6
>> expand(exp(a+b))
ans =
exp(a)*exp(b)
>> expand(cos(x+y))
ans =
cos(x)*cos(y) - sin(x)*sin(y)
>> expand(cos(3*acos(x)))
ans =
4*x^3 - 3*x
>> expand(3*x*(x^2 - 1) + x^3)
ans =
4*x^3 - 3*x
```

3. 通过 horner 函数分解成嵌套形式

MATLAB 提供了函数 horner 来进行符号表达式的 horner 分解，其调用语法如下：horner(f)用于对符号表达式 f 进行 horner 分解，以分解成嵌套形式的多项式。

【例 5-17】 horner 分解。

```
>> syms x
>> f=x^3-6*x^2+11*x-6;
>> horner(f)                          % 分解成嵌套形式的多项式
ans =
x*(x*(x - 6) + 11) - 6
>> f=1.1+2.2*x+3.3*x^2;
>> horner(f)                          % 分解成嵌套形式的多项式
ans =
x*((33*x)/10 + 11/5) + 11/10
```

4. 符号表达式因式分解

MATLAB 提供了函数 factor 来实现符号表达式的因式分解，其调用语法如下：f = factor(n)，其中参数 n 为符号表达式，它可以是正整数、符号表达式或符号整数。如果 n 为正整数，则 factor(n)返回值为 n 的质数分解式。如果 n 为符号表达式，则 factor 对默认变量进行分解。如果整数矩阵中有一个元素的位数超过 flintmax(=9.0072e+15)，则必须首先应用函数 sym 创建该元素，然后以符号形式对其进行分解。

【例 5-18】 符号表达式因式分解。

```
>> syms x y a b;
>> factor(x^3-y^3)                              % 单个符号表达式的因式分解
```

```
ans =
[ x - y, x^2 + x*y + y^2]
>> factor([a^2-b^2, a^3+b^3])                % 符号表达式矩阵的因式分解
Error using sym/factor (line 31)
The first argument must be a scalar.
```

从 MATLAB 2014b 开始，factor 函数不再支持数组输入，返回的结果是不可再分解的符号数组，而非之前版本的一个符号表达式。

```
>> factor(sym('12345678901234567890'))       % 正整数因式分解
ans =
[ 2, 3, 3, 5, 101, 3541, 3607, 3803, 27961]
>> factor(12345678901234567890)              % 如果不采用符号形式进行分解则会返回错误
Error using factor (line 26)
When n is single or double, its maximum allowed value is FLINTMAX.
```

5. 符号表达式的化简

MATLAB 提供了 simplify 函数来进行符号表达式的化简。它利用各种类型的代数恒等式（包括求和、积分、三角函数、指数函数、Bessel 函数等）来化简符号表达式。simplify 函数的调用语法如下。

- R = simplify(S)：使用代数化简规则对符号表达式进行化简，或者对符号表达式矩阵的每个元素进行化简。
- R = simplify(S, Name,Value)：使用一对或者多对 Name、Value 指定的参数进行代数化简。Name 可选的属性有化简标准（'Criterion'）、化简规则（'IgnoreAnalyticConstraints'）、化简时间（'Seconds'）和化简步数（'Steps'），具体可用参数对的用法可查阅 help 文档。

【例 5-19】 simplify 函数的使用。

```
>> syms x y a;
>> simplify(x*(x*(x-6)+11)-6)                 % 一般多项式的化简，
                                              % 注意此项结果和以前版本运行结果不同，并未化简
ans =
x*(x*(x - 6) + 11) - 6
>> simplify((1-x^2)/(1-x))                    % 一般多项式的化简
ans =
x + 1
>> simplify((1/a^3+6/a^2+12/a+8)^(1/3))       % 一般多项式的化简
ans =
((2*a + 1)^3/a^3)^(1/3)
>> simplify(exp(x) * exp(y))                  % 指数多项式的化简
ans =
exp(x + y)
>> simplify(besselj(2,x) + besselj(0,x))      % 含 besselj 函数多项式的化简
ans =
(2*besselj(1, x))/x
>> simplify(gamma(x+1)-x*gamma(x))            % 含 gamma 函数多项式的化简
ans =
0
>> simplify(cos(x)^2 + sin(x)^2)              %  运用三角函数公式进行化简
ans =
1
```

【例 5-20】 simplify 函数的进一步使用。

```
>> syms x
>> z = diff(x/cos(x)*exp(x),3)
```

```
z =
(6*exp(x))/cos(x) + (6*exp(x)*sin(x))/cos(x)^2 + (6*exp(x)*sin(x)^2)/cos(x)^3 + (4*x*
exp(x))/cos(x)+(6*x*exp(x)*sin(x)^2)/cos(x)^3+ (6*x*exp(x)*sin(x)^3)/cos(x)^4 + (8*x*
exp(x)*sin(x))/cos(x)^2
>> simplify(z)                              % 默认尝试化简 1 次
ans =
(2*exp(x)*(3*cos(x) - x*cos(x)^3 + 3*cos(x)^2*sin(x) + 3*x*cos(x) + 3*x*sin(x) + x*co
s(x)^2*sin(x)))/cos(x)^4
>> simplify(z,'steps',200)                  % 尝试 200 次
ans =
 ((exp(x)*(12*cos(x) - 4*x*cos(x)^3 + 12*x*cos(x)))/2 + (exp(x)*sin(x)*(12*x + 4*x*co
s(x)^2 + 12*cos(x)^2))/2)/(sin(x)^2 - 1)^2
>> simplify(z,'steps',500)                  % 尝试 500 次
ans =
 (sin(x)*(6*x*exp(x) + 2*exp(x)*cos(x)^2*(x + 3)) + 2*exp(x)*cos(x)*(3*x + 3) - 2*x*e
xp(x)*cos(x)^3)/(sin(x)^2 - 1)^2
```

6. 化简符号表达式为最短格式

MATLAB 提供了 simple 函数，该函数通过各种方式对符号表达式以长度最短为目标来对符号表达式进行化简。其调用语法有如下两种。

- r=simple(S)：对符号表达式尝试用多种不同的算法，以长度最短为目标来对符号表达式进行化简。
- [r,how] = simple(S)：返回的 r 为对符号表达式进行化简后的形式，how 为所采用的化简方法。

【例 5-21】 simple 函数的使用。

```
>> syms x
>> f=sym('(x-1)^3/(x-1)');
>> simple(f)
simplify:
 (x - 1)^2
radsimp:
 (x - 1)^2
simplify(Steps = 100):
 (x - 1)^2
combine(sincos):
 (x - 1)^2
combine(sinhcosh):
 (x - 1)^2
combine(ln):
 (x - 1)^2
factor:
 (x - 1)^2
expand:
x^2 - 2*x + 1
combine:
 (x - 1)^2
rewrite(exp):
 (x - 1)^2
rewrite(sincos):
 (x - 1)^2
rewrite(sinhcosh):
 (x - 1)^2
rewrite(tan):
 (x - 1)^2
mwcos2sin:
 (x - 1)^2
collect(x):
```

```
x^2 - 2*x + 1
ans =
 (x - 1)^2
>> g = cos(3*acos(x));
>> g = simple(g)                          % 不显示中间计算过程
g =
4*x^3 - 3*x
```

在本例使用的 simple 调用语法中，在对 f 进行计算时将所有的中间尝试化简过程显示了出来，这对于用户判读运行结果非常有帮助。如果在对 g 进行计算时使用了 g = simple(g) 格式，则只会显示出最终的化简结果。

【例 5-22】 simplify 与 simple 函数的区别。

```
>> syms a positive
>> f=(1/a^3+6/a^2+12/a+8)^(1/3);
>> g1= simplify(f)
g1 =
(2*a + 1)/a
>> g2= simple(f)
g2 =
1/a + 2
>> syms x
>> h=cos(x) + i*sin(x);
>> t1= simplify(h)
t1 =
cos(x) + sin(x)*i
>> t2= simple(h)
t2 =
exp(x*i)
```

通过本例可以看出，simplify 与 simple 函数化简的目标是不同的，simple 函数化简之后的结果表达式最短。

【例 5-23】 simple 函数的多次化简。

```
>> z = diff(x/cos(x),3)
z =
3/cos(x) + (6*sin(x)^2)/cos(x)^3 + (6*x*sin(x)^3)/cos(x)^4 + (5*x*sin(x))/cos (x)^2
>> z1 = simple(z)
z1 =
(6*cos(x) - 3*cos(x)^3 + 6*x*sin(x) - x*cos(x)^2*sin(x))/cos(x)^4
```

在之前的一些旧版本中，表达式调用一次 simple 函数可能得不到最简的结果，有时通过调用两次 simple 函数则可得到更好的结果。不过在 MATLAB 最新的几个版本中符号工具箱的功能得到了加强，如果表达式不是特别复杂，那么调用一次 simple 函数即可得到最简结果。

7. pretty 函数

在 MATLAB 中，pretty 函数的功能是用习惯的“书写”方式来显示符号表达式。

【例 5-24】 pretty 函数的使用。

```
>> A = sym(pascal(2))
A =
[ 1, 1]
[ 1, 2]
>> B = eig(A)
B =
 3/2 - 5^(1/2)/2
 5^(1/2)/2 + 3/2
```

```
>> pretty(B)
/ 3       sqrt(5)  \
| -  -   -------   |
| 2          2     |
|                  |
| sqrt(5)       3  |
| -------   +   -  |
\     2         2  /
>> syms x
>> T=(49*x^6)/131220 + (5*x^4)/1458 + (2*x^2)/81 + 1/9;
>> pretty(T)
      6      4      2
 49 x    5 x    2 x     1
------ + ---- + ---- + -
131220   1458    81     9
```

5.3.2 符号表达式的替换

符号计算结果显得冗长的一个重要原因是，有些子表达式会多次出现在不同的地方。为了使表达式简洁易读，可以将这些子表达式用一个新的变量来替换。MATLAB 符号工具箱提供了 subexpr 和 subs 函数来实现符号表达式的替换。

1. subexpr 函数

在 MATLAB 中，subexpr 函数的功能是将表达式中重复出现的字符串用其他的变量替换，其常用的语法如下。

- [r,sigma] = subexpr(expr)：采用一般子表达式重写符号表达式 expr，子表达式由 sigma 代替。
- [r,var] = subexpr(expr,var)：用变量 var 的值（该变量必须是符号对象）来替代符号表达式中重复出现的字符串。替换的结果由变量 Y 返回，被替换的字符串则由变量 var 代替。
- [r,var] = subexpr(expr,,var,)：这种形式和上一种形式的区别在于，第二个输入参数是字符或者字符串，它用来替换符号表达式中重复出现的字符串。

【例 5-25】 subexpr 函数的使用。

```
>> syms a x                          % 创建符号变量
>> s = solve(x^3+a*x+1)              % 求解方程 x^3+a*x+1=0
s =
((a^3/27 + 1/4)^(1/2) - 1/2)^(1/3) - a/(3*((a^3/27 + 1/4)^(1/2) - 1/2)^(1/3))

 a/(6*((a^3/27 + 1/4)^(1/2) - 1/2)^(1/3)) - (3^(1/2)*(a/(3*((a^3/27 + 1/4)^(1/2) - 1/2)
^(1/3)) + ((a^3/27 + 1/4)^(1/2) - 1/2)^(1/3))*i)/2 - ((a^3/27 + 1/4)^(1/2) - 1/2)^(1/3)/2

 (3^(1/2)*(a/(3*((a^3/27 + 1/4)^(1/2) - 1/2)^(1/3)) + ((a^3/27 + 1/4)^(1/2) - 1/2)^(1/3))
*i)/2 + a/(6*((a^3/27 + 1/4)^(1/2) - 1/2)^(1/3)) - ((a^3/27 + 1/4)^(1/2) - 1/2)^(1/3)/2
>> r = subexpr(s)
 sigma =
 (a^3/27 + 1/4)^(1/2) - 1/2
 r =
sigma^(1/3) - a/(3*sigma^(1/3))

 a/(6*sigma^(1/3)) - (3^(1/2)*(a/(3*sigma^(1/3)) + sigma^(1/3))*i)/2 - sigma^(1/3)/2

 (3^(1/2)*(a/(3*sigma^(1/3)) + sigma^(1/3))*i)/2 + a/(6*sigma^(1/3)) - sigma^(1/3)/2


>> whos
```

```
  Name       Size             Bytes  Class    Attributes

  a          1x1                112  sym
  r          3x1                112  sym
  s          3x1                112  sym
  sigma      1x1                112  sym
  x          1x1                112  sym
```

本例中首先使用 solve 函数求解一个三次方程（此函数将在 5.6 节中详细介绍），然后用一个 MATLAB 默认的符号变量 sigma 替换符号函数求解中产生的(a^3/27 + 1/4)^(1/2) - 1/2，从而使结果看起来简洁一些。通过 whos 命令，可以看到 MATLAB 自动创建了一个 sigma 符号变量。

需要指出的是，在 MATLAB 中，符号表达式中被替换的子表达式是系统自行寻找的，只有比较长的子表达式才会被替换。对于比较短的子表达式，即使存在多次重复出现的情况也不会被替换。

2. subs 函数

在 MATLAB 中，subs 函数的功能是使用指定符号替换符号表达式中的某一个特定符号。相对于 subexpr 函数，subs 是一个通用的替换函数。subs 函数常用的调用语法如下。

- R = subs(S)：用工作区中的变量替换符号表达式 S 中的所有符号变量。如果没有指定某符号变量的值，则返回值中该符号变量不会被替换。
- R = subs(S, new)：用新的符号变量 new 来替换原来符号表达式 S 中的默认变量。确定默认变量的规则和函数 symvar 中的规则相同。
- R = subs(S,old,new)：用新的符号变量 new 替换原来符号表达式 S 中的变量 old。当 new 是数值形式的符号时，实际上，使用数值替换原来的符号来计算表达式的值，只是所得的结果还是字符串形式。

【例 5-26】 subs 函数的使用。

1）单输出类型。

```
>> y = dsolve('Dy = -a*y')
y =
C5*exp(-a*t)
>> a = 980;
>> C5 = 3;
>> subs(y)
ans =
3*exp(-980*t)
```

2）单一变量替换。

```
>> syms a b
>> subs(a+b,a,4)
ans =
b + 4
```

3）多变量替换。

```
>> subs(cos(a)+sin(b),{a,b},{sym('alpha'),2})
ans =
sin(2) + cos(alpha)
```

4）标量扩展形式。

```
>> syms t; subs(exp(a*t),'a',-magic(2))
ans =
[   exp(-t), exp(-3*t)]
[ exp(-4*t), exp(-2*t)]
```

5）多标量扩展形式。

```
>> syms x y;
>> subs(x*y,{x,y},{[0 1;-1 0],[1 -1;-2 1]})
ans =
     0    -1
     2     0
```

【例 5-27】　subs 函数的进一步使用。

以下命令用于计算轮换矩阵 ***A*** 的特征值和特征向量。

```
>> syms a b c
>> A = [a b c; b c a; c a b];                  % 轮换矩阵
>> [v,E] = eig(A);                             % 特征值和特征向量
>> v = simplify(v)                             % 化简
v =
[ - (a^2 - a*b - a*c + b^2 - b*c + c^2)^(1/2)/(a - c) - (a - b)/(a - c),   (a^2 - a*b
 - a*c + b^2 - b*c + c^2)^(1/2)/(a - c) - (a - b)/(a - c), 1]

[   (a^2 - a*b - a*c + b^2 - b*c + c^2)^(1/2)/(a - c) - (b - c)/(a - c), - (a^2 - a*b
 - a*c + b^2 - b*c + c^2)^(1/2)/(a - c) - (b - c)/(a - c), 1]

[1, 1, 1]


>> E
E =
[ (a^2 - a*b - a*c + b^2 - b*c + c^2)^(1/2),        0,          0]
[             0, -(a^2 - a*b - a*c + b^2 - b*c + c^2)^(1/2),          0]
[               0,                        0, a + b + c]
```

下面可以调用 subexpr 函数通过替换简化结果形式。

```
>> E = subexpr(E,'S')
S =
 (a^2 - a*b - a*c + b^2 - b*c + c^2)^(1/2)
E =
[ S,  0,         0]
[ 0, -S,         0]
[ 0,  0, a + b + c]
```

还可以将 S 替换到 v 中。

```
>> v = simplify(subs(v,S,'S'))
v =
[ -(S + a - b)/(a - c),  (S - a + b)/(a - c), 1]
[  (S - b + c)/(a - c), -(S + b - c)/(a - c), 1]
[                    1,                    1, 1]
```

假如需要将 a=10 代入到 v 中，然后计算结果，则可使用如下命令。

```
>> subs(v,a,10)
ans =
[  (S - b + 10)/(c - 10), -(S + b - 10)/(c - 10), 1]
[ -(S - b + c)/(c - 10),    (S + b - c)/(c - 10), 1]
[                     1,                      1, 1]
```

需要注意的是，在上面代入数值的过程中，子表达式 S 中 a 的值并没有被替换，所以 S 并没有受上面替换命令的影响。另外，subs 函数也可以用于在一些表达式中将多个变量用数值替换。例如，在 S 中将 a=10 代入的同时需要将 b=2 和 c=10 同样分别代入 S，因此首先需要将数值赋给

a、b、c3 个变量，然后调用 subs 函数将这些值代入 S。在这个例子中，可以使用如下命令来实现。

```
>> a = 10; b = 2; c = 10;
>> subs(S)
ans =
    8
>> whos                          %  查看现有变量
  Name      Size            Bytes  Class     Attributes
  A         3x3               112  sym
  E         3x3               112  sym
  S         1x1               112  sym
  a         1x1                 8  double
  ans       1x1               112  sym
  b         1x1                 8  double
  c         1x1                 8  double
  v         3x3               112  sym
```

通过查看工作空间中的变量信息，可以看到这时 a、b、c 已经成为 double 类型，而 A、E、S 和 v 仍然是符号对象。如果希望在保留符号变量的同时进行数值替换，则可使用如下命令。

```
>> syms a b c
>> subs(S,{a,b,c},{10,2,10})
ans =
    8
```

这时通过使用 whos 命令再次查看变量信息，可以看到变量 a、b、c 仍然是符号对象。

5.4　符号可变的精度计算

数值计算受计算机字长的限制，每次数值操作都可能带有截断误差，因此，任何一次数值计算不管采用什么算法都可能产生积累误差。

【例 5-28】　计算误差。

```
>> a=0;
>> for n=1:100000
    a=a+0.1;
end
>> format long                        %  以 long 型显示结果
>> a
a =
    1.000000000001885e+004
```

在本例中，因为截断误差的存在，所以 100 000 个 0.1 相加并不等于 10 000。由此读者可以对计算误差有个直观的了解。需要指出的是，这个误差是由于计算机本身二进制的计算模式造成的，并不是 MATLAB 软件造成的。

在 MATLAB 中，符号计算结果是绝对准确的，没有任何计算误差。只是受实际条件的约束，并不一定所有的问题都能够采用符号计算以减小误差。另外，多数符号计算所花的时间成本比数值计算大。本节介绍与数值精度计算有关的内容。

在 MATLAB 的符号计算工具箱中，提供了如下 3 种不同类型的计算精度。

- 数值类型：双精度浮点数计算。
- 有理数类型：精确符号计算，例如 1/3，sqrt(2)，以及 pi。
- VPA 类型：可变精度计算，可用指定的精度计算。

这三种不同的运算方式各有利弊，读者需要在使用的过程中根据计算精度、消耗时间和占用内存等方面的要求，来选择合适的计算精度。

【例 5-29】　MATLAB 中 3 种计算精度的区别。

```
>> format long
>> 1/2+1/3                          %  数值计算
ans =
   0.833333333333333
```

另外，还可以使用符号工具箱中的函数进行计算。

```
>> sym(1/2)+1/3                     %  精确符号计算
ans =
5/6
>> digits(25)                       %  设置计算精度
>> vpa('1/2+1/3')                   %  以指定的精度进行计算
ans =
0.8333333333333333333333333
```

本例中，浮点数值计算是三种方法中计算速度最快的一种，并且需要的内存最少，但是计算的结果会有截断误差。MATLAB 显示 double 型计算结果的格式是由 `format` 函数确定的，但是在后台的计算过程中则由 8 字节浮点表示法进行计算。

MATLAB 提供了 `digits` 和 `vpa` 两个函数来实现任意精度的符号运算。两个函数的调用语法如下。

- `digits(D)`：用于设置数值计算的精度为 D 位，其中 D 为一个整数。
- `D=digits`：返回当前设定的数值精度，返回值 D 是一个整数。
- `R=vpa(s)`：用于显示符号表达式 s 在当前精度下的值。当前精度可以使用 `digits` 函数进行设置或者查看。
- `vpa(s,D)`：用于显示符号表达式 s 在精度 D 下的值，这里 D 可以不是当前精度值，而是临时使用 `digits` 函数设置的 D 位精度。

【例 5-30】　符号可变的精度计算。

```
>> format short
>> A=hilb(4)
A =
    1.0000    0.5000    0.3333    0.2500
    0.5000    0.3333    0.2500    0.2000
    0.3333    0.2500    0.2000    0.1667
    0.2500    0.2000    0.1667    0.1429
>> S = sym(A)                   %  A 矩阵的符号形式
S =
[   1, 1/2, 1/3, 1/4]
[ 1/2, 1/3, 1/4, 1/5]
[ 1/3, 1/4, 1/5, 1/6]
[ 1/4, 1/5, 1/6, 1/7]
```

对于矩阵 A，系统“发现”元素是由较小的整数构成的分数，所以矩阵 A 的符号形式 S 是由分数构成的。然而，在下面的代码中，矩阵的符号形式比较复杂。

```
>> E = [exp(1) (1+sqrt(5))/2; log(3) rand]
E =
    2.7183    1.6180
    1.0986    0.9058
>> sym(E)
ans =
[ 3060513257434037/1125899906842624,    910872158600853/562949953421312]
[ 2473854946935173/2251799813685248, 7338378580900475/9007199254740992]
```

矩阵E的符号形式因为元素本身比较“复杂”，所以未能转换为由较小的整数构成的分数形式。

【例5-31】 复杂的符号可变的精度计算。

```
>> digits                                    % 显示默认符号计算精度
Digits = 32
>> p0=sym('(1+sqrt(5))/2')                   % '(1+sqrt(5))/2'的精确值
p0 =
5^(1/2)/2 + 1/2
>> p1=sym((1+sqrt(5))/2)                     % (1+sqrt(5))/2 的数值计算值
p1 =
910872158600853/562949953421312
>> e01=vpa(abs(p0-p1))                       % 查看精确值与数值计算值之间的误差
e01 =
0.0000000000000000543211520368250588370066858370071
>> p2=vpa(p0)                                % 在32位精度下的p0值
p2 =
1.6180339887498948482045868343656
>> e02=vpa(abs(p0-p2),40)                    %  在40位精度下查看误差
e02 =
-0.00000000000000000000000000000000000000177834685477778895992826391199219053907 7
>> digits                                    % 验证vpa运算对默认计算精度的影响
Digits = 32
```

5.5 符号线性代数

矩阵计算是MATLAB的强项，符号矩阵的线性代数运算规则和数值矩阵规则大致相同，这给用户使用符号矩阵带来了极大的方便。本节介绍符号矩阵在线性代数方面的应用。

5.5.1 基础代数运算

符号对象的基础代数运算和MATLAB数值类型代数运算的操作一样。

【例5-32】 符号矩阵基础代数运算。

```
>> syms t;
>> G = [cos(t) sin(t); -sin(t) cos(t)]       % 创建测试矩阵
G =
[ cos(t), sin(t)]
[ -sin(t), cos(t)]
>> A = G*G                                   % 或者输入 A = G^2
A =
[ cos(t)^2 - sin(t)^2,      2*cos(t)*sin(t)]
[   (-2)*cos(t)*sin(t), cos(t)^2 - sin(t)^2]
>> A = simple(A)                             % 对矩阵A进行化简
A =
[  cos(2*t), sin(2*t)]
[ -sin(2*t), cos(2*t)]
>> B = G.*G                                  % 注意，加“.”“和不加”“.”的结果是不同的
B =
[ cos(t)^2, sin(t)^2]
[ sin(t)^2, cos(t)^2]
```

在计算过程中，simple函数通过尝试多种三角恒等式，然后在化简后的表达式中选择了最短的表达式作为结果返回给了A。

```
>> I = G.' *G
I =
```

```
[ cos(t)^2 + sin(t)^2,                     0]
[                   0, cos(t)^2 + sin(t)^2]
>> I = simple(I)
I =
[ 1, 0]
[ 0, 1]
>> J = G'*G                          %  注意，加“.”“和不加”“.”的结果是不同的
J =
[ cos(conj(t))*cos(t) + sin(conj(t))*sin(t), cos(conj(t))*sin(t) - sin(conj(t))*cos(t)]
[ sin(conj(t))*cos(t) - cos(conj(t))*sin(t), cos(conj(t))*cos(t) + sin(conj(t))*sin(t)]
>> J = simple(J)
J =
[ cos(conj(t) - t), -sin(conj(t) - t)]
[ sin(conj(t) - t),  cos(conj(t) - t)]
```

5.5.2　线性代数运算

下面的例子将演示如何使用符号工具箱进行基本的线性代数运算。

【例 5-33】　符号矩阵线性代数运算。

```
>> H = hilb(3);                      %  希尔伯特矩阵
>> H = sym(H)                        %  将 H 转换为符号矩阵
H =
[   1, 1/2, 1/3]
[ 1/2, 1/3, 1/4]
[ 1/3, 1/4, 1/5]
```

以上命令生成的 H 是准确的希尔伯特矩阵，并不是浮点数近似的希尔伯特矩阵，所以下面的运算结果也是准确的。

```
>> inv(H)                            %  希尔伯特矩阵的逆
ans =
[   9,  -36,   30]
[ -36,  192, -180]
[  30, -180,  180]
>> det(H)                            %  希尔伯特矩阵的行列式
ans =
1/2160
```

用户还可以使用左除运算符求解联立线性方程组。

```
>> b = [1 1 1]'
b =
     1
     1
     1
>> x = H\b                           %   求解 Hx = b
x =
   3
 -24
  30
```

结果中的逆、行列式和线性方程组的解都是准确的结果。然而，下面的计算结果是近似的。

```
>> digits(12)                        %  设置计算精度为 16
>> V = vpa(hilb(3))                  %  显示计算结果
V =
[              1.0,            0.5, 0.333333333333]
[              0.5, 0.333333333333,           0.25]
[ 0.333333333333,           0.25,            0.2]
```

在表达式中，每个元素的小数点是使用变精度计算的信号。结果中每个算术计算都四舍五入到了小数点后 12 位。当对矩阵求逆的时候，误差将会被矩阵的条件数放大，`hilb(3)`的条件数是 500。

```
>> vpa(inv(V),20)
ans =
[  8.9999999999999999855, -35.999999999999999942,  29.999999999999999949]
[ -35.999999999999999942,  191.99999999999999969, -179.99999999999999972]
[  29.999999999999999949, -179.99999999999999972,  179.99999999999999972]
```

和之前采用符号计算方式得到的精确解相比，此结果有了很小的误差。另外，下面在求行列式和求解线性方程组时都有误差。

```
>> vpa(1/det(V),20)
ans =
2160.0000000000000006
>> vpa(V\b,20)
ans =
  3.0000000000000319744
 -24.000000000000166978
  30.000000000000156319
```

因为 `H` 是非奇异的，所以计算 `H` 的零空间的命令 `null(H)` 将返回空矩阵。

```
>> null(H)
ans =
Empty sym: 1-by-0
```

而计算列空间的命令 `colspace(H)` 将返回一个单位矩阵。

```
>> colspace(H)
ans =
[ 1, 0, 0]
[ 0, 1, 0]
[ 0, 0, 1]
```

更有趣的是，下面的代码可以求出 H(1,1)为何值时可以令 `H` 成为奇异矩阵。

```
>> syms s
>> H(1,1) = s
H =
[   s, 1/2, 1/3]
[ 1/2, 1/3, 1/4]
[ 1/3, 1/4, 1/5]
>> Z = det(H)
Z =
s/240 - 1/270
>> sol = solve(Z)
sol =
8/9
>> H = subs(H,s,sol)                    % 将结果代入原 H 矩阵
H =
[ 8/9, 1/2, 1/3]
[ 1/2, 1/3, 1/4]
[ 1/3, 1/4, 1/5]
>> det(H)                               % 行列式
ans =
0
>> inv(H)                               % 矩阵的逆
ans =
FAIL
>> Z = null(H)                          % 零空间
Z =
```

```
  3/10
  -6/5
     1
>> C = colspace(H)                          %   列空间
C =
[      1,    0]
[      0,    1]
[  -3/10,  6/5]
```

需要指出的是，尽管 H 是奇异的，但是 vpa(H) 并不是奇异的。

5.6 符号方程求解

本节介绍如何运用 MATLAB 来求解符号代数方程，包括代数方程、代数方程组、微分方程以及微分方程组。

5.6.1　求代数方程的符号解

这里讲的代数方程包括线性方程、非线性方程和超越方程等，求解函数是 solve。当方程不存在符号解时，solve 将给出数值解。solve 函数的调用语法为：solve(S)。此表达式的作用是求解在 S=0 时表达式中符号变量的值。

【例 5-34】　代数方程求解。

```
>> syms a b c x
>> S = a*x^2 + b*x + c;
>> solve(S)
ans =
 -(b + (b^2 - 4*a*c)^(1/2))/(2*a)
 -(b - (b^2 - 4*a*c)^(1/2))/(2*a)
```

此结果是一个符号向量，其中的两个元素就是两个方程的解。

如果想求解一个指定的符号变量，则必须将指定的变量作为一个附加变量输入 solve 函数。例如，要求解表达式 b 为何值时 S=0，可以使用如下命令。

```
>> b = solve(S,b)
b =
-(a*x^2+c)/x
```

注意，以上这些例子都假设方程的形式为 f(x) = 0。如果需要求解形式为 f(x) = q(x) 的方程，则必须在 solve 命令中引用这个字符串。但比较特别的是，以下命令可返回一个具有 3 个结果的向量。

```
>> s = solve('cos(2*x)+sin(x)=1')
s =
        0
     pi/6
  (5*pi)/6
```

5.6.2　求代数方程组的符号解

本节阐述怎样使用 MATLAB 符号数学工具箱来求解方程组。

【例 5-35】　求解方程组 $\begin{cases} x^2y^2 = 0 \\ x - \dfrac{y}{2} = \alpha \end{cases}$ 中 x 和 y 的值。

首先，需要创建必需的符号对象。

```
>> syms x y alpha
```

然后，调用 solve 函数。solve 函数求解两元方程组的调用语法如下。

```
>> [x,y] = solve(x^2*y^2, x-y/2-alpha)
x =
      0
 alpha
y =
 -2*alpha
       0
```

如果将第一个方程 $x^2y^2=0$ 改为 $x^2y^2=1$，那么方程组将会返回 4 个不同的解。

```
>> eqs1 = 'x^2*y^2=1, x-y/2-alpha';
>> [x,y] = solve(eqs1)
x =
 alpha/2 - (alpha^2 - 2)^(1/2)/2
 alpha/2 - (alpha^2 + 2)^(1/2)/2
 alpha/2 + (alpha^2 - 2)^(1/2)/2
 alpha/2 + (alpha^2 + 2)^(1/2)/2
y =
 - alpha - (alpha^2 - 2)^(1/2)
 - alpha - (alpha^2 + 2)^(1/2)
   (alpha^2 - 2)^(1/2) - alpha
   (alpha^2 + 2)^(1/2) - alpha
```

在求解方程的过程中，因为没有指定变量的名字，所以 solve 函数调用了 symvar 函数来确定哪个是变量。

这种使用 solve 求解的方法适用于“小规模”的方程组。更清楚地说，若有一个 10×10 的方程组，那么在命令行输入以下命令来进行方程组求解是非常笨拙而且耗时的。

```
[x1,x2,x3,x4,x5,x6,x7,x8,x9,x10] = solve(...)
```

为了解决这个问题，solve 函数可以返回一个结果的架构数组。

【例 5-36】 求解方程组 $u_2-v_2=a_2\ u+v=1, a_2-2a=3$。

```
>> S = solve('u^2-v^2 = a^2','u + v = 1','a^2-2*a = 3')
S =
    a: [2x1 sym]
    u: [2x1 sym]
    v: [2x1 sym]
```

a 的结果存储在架构数组 S 的 a 字段中。可以输入 S.a 来查看相应的结果。

```
>> S.a
ans =
 -1
  3
```

可以使用相同的命令来查看 u 和 v 的结果。现在可以通过字段和下标来获得结果的一部分。例如，要检查第二组解，就可以使用下面的命令来提取每一个字段的第二部分。

```
>> s2 = [S.a(2), S.u(2), S.v(2)]
s2 =
[ 3, 5, -4]
```

下面的命令可以创建结果矩阵 M。

```
>> M = [S.a, S.u, S.v]
M =
[ -1, 1,  0]
[  3, 5, -4]
```

其中每一行包含了方程组的一组解。

也可以通过矩阵除法来求解线性方程组。

【例 5-37】 通过矩阵除法求解线性方程组。

定义一个线性方程组，然后使用 solve 函数和矩阵除法两种方法分别来求解定义的线性方程组。相应的 MATLAB 命令如下。

```
>> clear u v x y
>> syms u v x y
%采用 solve 函数求解
>> S = solve(x+2*y-u, 4*x+5*y-v);
>> sol =[S.x;S.y]
sol =
 (2*v)/3 - (5*u)/3
     (4*u)/3 - v/3
%采用矩阵除法求解
>> A =[1 2; 4 5];
>> b =[u; v];
>> z = A\b
z =
 (2*v)/3 - (5*u)/3
     (4*u)/3 - v/3
```

由本例可以看出，尽管采用的方法和返回的变量名称不同，但是 sol 和 z 的结果相同。

5.6.3 求微分方程的符号解

函数 dsolve 可以用来计算常微分方程的符号解。常微分方程由包含表示微分的字母 D 的符号表达式来表示。而符号 D2，D3，…，D*N* 分别对应于 2 阶导数，3 阶导数，…，*N* 阶导数。例如 D2y 等同于表达式 d^2y/dt^2，因变量就是 D 后面的变量，而默认的自变量是 t。注意，符号变量的名字不能包含字母 D。自变量可以由 *t* 改变为其他符号变量，作为最后一个输入变量包含在函数 dsolve 中。

初始条件可以由附加方程来指定。如果没有指定初始条件，那么结果将会包括积分常数项 C1、C2 等。

函数 dsolve 输出的格式设置同函数 solve 是一样的。也就是说，可以设定好返回变量的个数来调用 dsolve 函数，或者也可以将微分方程的解返回一个架构数组。

dsolve 函数的调用语法如下。

- S = dsolve(eqn)
- S = dsolve(eqn,cond)
- S = dsolve(eqn,cond,Name,Value)
- Y = dsolve(eqns)
- Y = dsolve(eqns,conds)
- Y = dsolve(eqns,conds,Name,Value)

在 dsolve 函数语法中，参数 eqn 用来指定常微分方程，参数 Name、Value 代表参数对，而参数 cond 用来设置初始条件。

【例 5-38】 使用 dsolve 函数求解微分方程。

调用 dsolve 命令来求解微分方程。

```
>> dsolve('Dy=t*y')
```

其中，使用 y 作为因变量，而把 t 作为默认的自变量。这个命令输出的结果如下。

```
ans =
C5*exp(t^2/2)
```

y = C*exp(t^2/2) 就是方程的一个解，C 可以是任何常数。另外，可以通过以下命令来指定初始条件并求解。

```
>> y = dsolve('Dy=t*y', 'y(0)=2')
y =
2*exp(t^2/2)
```

需要注意的是，y 是存储在 MATLAB 的工作空间内的，但是自变量 t 并没有。所以在命令行中输入 diff(y,t) 将会发生错误。如果要将 t 加入工作空间内，则可在 MATLAB 命令行中输入 syms t。

【例 5-39】 使用 dsolve 函数求解非线性方程。

即使指定了初始条件，非线性方程也可能返回多个结果。

```
>> x = dsolve('(Dx+x)^2=1','x(0)=0')
x =
exp(-t) - 1
 1 - exp(-t)
```

【例 5-40】 使用 dsolve 函数求解二阶微分方程。

下面求解一个具有两个初始条件的二阶微分方程，相应的 MATLAB 命令如下。

```
>> y = dsolve('D2y=cos(2*x)-y','y(0)=1','Dy(0)=0', 'x');
>> simplify(y)
ans =
1 - (8*sin(x/2)^4)/3
```

【例 5-41】 使用 dsolve 函数求解常微分方程。

求解下面的常微分方程。

$$\frac{\mathrm{d}^3u}{\mathrm{d}x^3}=u$$
$$u(0)=1, u'(0)=-1, u''(0)=\pi$$

本例的关键点是方程的阶数和初始条件。相应的 MATLAB 命令如下。

```
>> u = dsolve('D3u=u','u(0)=1','Du(0)=-1','D2u(0) = pi','x')
u =
(pi*exp(x))/3 - exp(-x/2)*cos((3^(1/2)*x)/2)*(pi/3 - 1) - (3^(1/2)*exp(-x/2)*sin((3^
(1/2)*x)/2)*(pi + 1))/3
```

本例中使用了 D3u 来表示 $\frac{\mathrm{d}^3u}{\mathrm{d}x^3}$，使用 D2u(0)来表示 $u''(0)$。

表 5-1 列出了一些微分方程的例子和 Symbolic Math Toolbox 中对应的语法命令，读者可以从中学习怎样将微分方程改写为代码形式。注意，最后一个例子中的方程是 Airy 微分方程，而它的结果则称为 Airy 函数。

表 5-1　　　　微分方程组求解示例和命令

微分方程	MATLAB 命令
$\frac{dy}{dt}+4y(t)=e^{-t}$ $y(0)=1$	`y = dsolve('Dy+4*y = exp(-t)', 'y(0) = 1')`
$2x^2y''+3xy'-y=0$	`y = dsolve('2*x^2*D2y + 3*x*Dy - y = 0','x')`
$\frac{d^2y}{dt^2}=xy(x)$ $y(0)=0, y(3)=\frac{1}{\pi}K_{\frac{1}{3}}(2\sqrt{3})$ （Airy 微分方程）	`y = dsolve('D2y = x*y','y(0) = 0',` `'y(3) = besselk(1/3, 2*sqrt(3))/pi', 'x')`

5.6.4　求微分方程组的符号解

函数 dsolve 同时还可以在包括或者不包括初始条件的情况下求解多变量常微分方程组。

【例 5-42】　求解由两个线性一阶方程构成的方程组。

```
>> S = dsolve('Df = 3*f+4*g', 'Dg = -4*f+3*g')
S =
    g: [1x1 sym]
    f: [1x1 sym]
```

结果返回架构数组 S。可以通过以下命令来查看变量 f 和 g 的值。

```
>> f = S.f
f =
C20*cos(4*t)*exp(3*t) + C19*sin(4*t)*exp(3*t)

>> g = S.g
g =
C19*cos(4*t)*exp(3*t) - C20*sin(4*t)*exp(3*t)
```

如果想在初始条件下重新对方程求解，可以使用以下命令。

```
>> [f,g] = dsolve('Df=3*f+4*g, Dg =-4*f+3*g', 'f(0) = 0, g(0) = 1')
f =
sin(4*t)*exp(3*t)
g =
cos(4*t)*exp(3*t)
```

5.7　符号积分变换

在数学分析中，通过数学变换将复杂的计算转换为简单的计算是一个重要的手段，而积分变换则是数学变换中的重要内容。其中，傅里叶变换、拉普拉斯变换和 z 变换在信号处理和系统动态特性等方面的研究中起着非常重要的作用。

5.7.1　傅里叶变换及其反变换

函数 $f(x)$ 的傅里叶变换的定义式如下。

$$F[f](w)=\int_{-\infty}^{\infty} f(x)e^{-iwx}dx$$

傅里叶反变换的定义式如下。

$$F^{-1}[f](x)=\frac{1}{2\pi}\int_{-\infty}^{\infty}f(w)e^{iwx}du$$

在 MATLAB 中函数 fourier 和 ifourier 分别用于进行傅里叶变换和傅里叶反变换，其具体的调用语法如下。

- F = fourier(f,u,v)：求时域函数 f 的傅里叶变换 F。其中，f 是以 u 为自变量的时域函数；F 是以频率 v 为自变量的频域函数。
- f = ifourier(F,v,u)：求频域函数 F 的傅里叶反变换 f。其中，f 是以 u 为自变量的时域函数；F 是以频率 v 为自变量的频域函数。

【例 5-43】 求函数 $f(x)=e^{-x^2}$ 的傅里叶变换。

```
>> syms x
>> f = exp(-x^2);
>> fourier(f)                     % 傅里叶变换
ans =
pi^(1/2)/exp(w^2/4)
```

本例的结果说明，函数 $f(x)=e^{-x^2}$ 进行傅里叶变换之后的结果为 $\sqrt{\pi}e^{-w^2/4}$。

【例 5-44】 求函数 $f(x,v)=e^{-x^2\frac{|v|\sin v}{v}}$，（其中$x$为实数)的傅里叶变换。

```
>> syms v u
>> syms x real                    % 定义 x 为实数变量
>> f = exp(-x^2*abs(v))*sin(v)/v
f =
(exp(-x^2*abs(v))*sin(v))/v

>> fourier(f,v,u)                 % 注意，返回结果为分段函数
ans =
piecewise([x ~= 0, atan((u + 1)/x^2) - atan((u - 1)/x^2)])
```

本例的结果说明，函数 $f(x,v)=e^{-x^2\frac{|v|\sin v}{v}}$，（其中$x$为实数)对应的傅里叶变换结果为 $-\arctan\frac{u-1}{x^2}+\arctan\frac{u+1}{x^2}, x\neq 0$。

【例 5-45】 求函数 $f(w)=e^{-w^2/(4a^2)}$ 的傅里叶反变换。

```
>> syms a w real
>> f = exp(-w^2/(4*a^2))
f =
exp(-w^2/(4*a^2))
>> F = ifourier(f)                              % 傅里叶反变换
F =
exp(-a^2*x^2)/(2*pi^(1/2)*(1/(4*a^2))^(1/2))
>> F = simple(F)                                % 化简结果
F =
(exp(-a^2*x^2)*abs(a))/pi^(1/2)
```

本例的结果说明，函数 $f(w)=e^{-w^2/(4a^2)}$ 对应的傅里叶反变换结果为 $\frac{|a|}{\sqrt{\pi}}e^{-(ax)^2}$。

5.7.2 拉普拉斯变换及其反变换

拉普拉斯变换的定义式如下。

$$L[f](s)=\int_0^{\infty} f(t)\mathrm{e}^{-ts}\mathrm{d}t$$

拉普拉斯反变换的定义式如下。

$$L^{-1}[f](t)=\frac{1}{2\pi i}\int_{c-\mathrm{i}\infty}^{c+\mathrm{i}\infty} f(s)\mathrm{e}^{st}\mathrm{d}s$$

在 MATLAB 中函数 `laplace` 和 `ilaplace` 分别用于进行拉普拉斯变换和拉普拉斯反变换，其具体的调用语法如下。

- `L= laplace (F,w,z)`：求时域函数 F 的拉普拉斯变换 L。其中，F 是以 w 为自变量的时域函数；L 是以频率 z 为自变量的频域函数。
- `F = ilaplace(L,y,x)`：求频域函数 L 的拉普拉斯反变换 F。其中，F 是以 x 为自变量的时域函数；L 是以频率 y 为自变量的频域函数。

【例 5-46】 求函数 $f(t)=t^4$ 的拉普拉斯变换。

```
>> syms t
>> f = t^4;
>> laplace(f)
ans =
24/s^5
```

即函数 $f(t)=t^4$ 的拉普拉斯变换为 $\frac{24}{s^5}$。

【例 5-47】 求函数 $\frac{1}{\sqrt{s}}$ 的拉普拉斯变换。

```
>> syms s
>> g = 1/sqrt(s);
>> laplace(g)
ans =
pi^(1/2)/z^(1/2)
```

即函数 $\frac{1}{\sqrt{s}}$ 的拉普拉斯变换为 $\sqrt{\frac{\pi}{z}}$。

【例 5-48】 求函数 $f(s)=\frac{1}{s^2}$ 的拉普拉斯反变换。

```
>> syms s
>> f = 1/s^2;
>> ilaplace(f)
ans =
t
```

即函数 $f(s)=\frac{1}{s^2}$ 的拉普拉斯反变换为 t。

【例 5-49】 求函数 $f(u)=\frac{1}{u^2-a^2}$ 的拉普拉斯反变换。

```
>> syms x u
>> syms a real
>> f = 1/(u^2-a^2)
>> simplify(ilaplace(f,x))
```

```
ans =
(exp(a*x) - exp(-a*x))/(2*a)
```

即函数 $f(u)=\dfrac{1}{u^2-a^2}$ 的拉普拉斯反变换为 $\dfrac{\mathrm{e}^{ax}-\mathrm{e}^{-ax}}{2a}$ 。

5.7.3 *z* 变换及其反变换

z 变换的定义式如下：

$$z[f](z)=\sum_{n=0}^{+\infty} f(n)z^{-n}$$

z 反变换的定义式如下：

$$z^{-1}[g](n)=\frac{1}{2\pi i}\oint_{|z|=R} g(z)z^{n-1}\mathrm{d}z,\ n=1,2,\cdots$$

在 MATLAB 中函数 ztrans 和 iztrans 分别用于进行 ztrans 变换和 ztrans 反变换，其具体的调用语法如下。

- F = ztrans(f,k,w)：求时域函数 f 的 ztrans 变换 F。其中，f 是以 k 为自变量的时域函数；F 是以频率 w 为自变量的频域函数。
- f = iztrans(F,w,k)：求频域函数 F 的 ztrans 反变换 f。其中，f 是以 k 为自变量的时域函数；F 是以频率 w 为自变量的频域函数。

【例 5-50】 求函数 $f(n)=n^4$ 的 z 变换。

```
>> syms n
>> f = n^4;
>> ztrans(f)
ans =
(z^4 + 11*z^3 + 11*z^2 + z)/(z - 1)^5
```

即函数 $f(n)=n^4$ 的 z 变换为 $\dfrac{z(z^3+11z^2+11z+1)}{(z-1)^5}$ 。

【例 5-51】 求函数 $g(z)=a^z$ 的 z 变换。

```
>> syms a z
>> g = a^z
>> ztrans(g)
ans =
-w/(a - w)
```

即函数 $g(z)=a^z$ 的 z 变换为 $\dfrac{w}{w-a}$ 。

【例 5-52】 求函数 $f(z)=\dfrac{2z}{(z-2)^2}$ 的 z 反变换。

```
>> syms z
>> f = 2*z/(z-2)^2;
>> iztrans(f)
ans =
2^n + 2^n*(n - 1)
```

即函数 $f(z)=\dfrac{2z}{(z-2)^2}$ 的 z 反变换为 $n2^n$ 。

【例 5-53】 求函数 $\dfrac{z}{z-a}$ 的 z 反变换。

```
>> syms z a k
>> f = z/(z-a);
>> simplify(iztrans(f,k))
ans =
piecewise([a == 0, kroneckerDelta(k, 0)], [a ~= 0, a^k])
```

即函数 $\frac{z}{z-a}$ 的 z 反变换为 $a^k, a \neq 0$；当 $a=0$ 时，$\delta(k,0)=\begin{cases}0, k \neq 0\\1, k=0\end{cases}$。

【例 5-54】　求函数 $\frac{n(n+1)}{n^2+2n+1}$ 的 z 反变换。

```
>> syms n
>> g = n*(n+1)/(n^2+2*n+1);
>> iztrans(g)
ans =
(-1)^k
```

即函数 $\frac{n(n+1)}{n^2+2n+1}$ 的 z 反变换为（-1^k）。

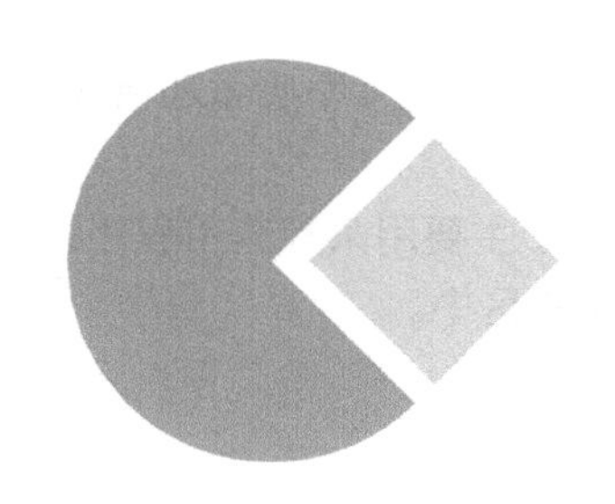

第6章 MATLAB编程基础

作为一种广泛用于科学计算的优秀工具软件，MATLAB 不仅具有强大的数值计算、科学计算和绘图等功能，还具有出色的程序设计功能。与 C、Fortran 等编程语言相比，其开发效率更高，使用更为方便。在 MATLAB 中写的程序，都保存为 M 文件。M 文件是统称，每个程序都有自己的 M 文件，文件的扩展名是.m。通过编写 M 文件，可以实现各种复杂的运算。MATLAB 系统中预定义了大量的 M 文件函数（例如前面几章介绍的数值计算、符号计算等基本操作函数），用户可以调用这些函数文件，还可以编写自己的 M 文件，生成和扩充自己的函数库。

在 MATLAB 中，用户可以在命令行中直接输入命令，从而以一种交互式的方式来编写程序。这种方式适用于命令行比较简单，输入比较方便，同时处理的问题较少的情况。但是当需要处理复杂且容易出错的问题时，直接在命令行输入程序的方式就会比较吃力，这时用户使用 M 文件进行编程就方便得多了。

6.1 M 文件

M 文件的语法类似于一般高级语言，是一种程序化的编程语言。但是与传统的高级语言相比，M 文件又有自己的特点。它只是一个简单的 ASCII 码文本文件，因此它的语法比一般的高级语言要简单，程序也容易调试，并且有很好的交互性。

MATLAB 语言提供了很多的工具箱，工具箱中有很多函数。正是由于有了这些功能丰富的工具箱，MATLAB 才可以广泛地应用到各个领域，如动态仿真、CDMA 参数模块集、通信模块集、通信工具箱、控制系统工具箱和数字信号工具箱等。根据需要，用户可以在这些工具箱中添加自己的 M 文件，或者创建属于自己的工具箱，不过要注意每个 M 文件必须以.m 为扩展名。

从语言特点上来说，MATLAB 是一种解释性的语言，它本身不能完成任何操作，而只是对用户发出的指令起解释的作用。而 MATLAB 语言是由 C 语言编写的，因此它的语法与 C 语言有很大的相似之处，对于熟悉 C 语言或者对 C 语言有初步了解的用户来说，学习 MATLAB 编程将是一件十分简单的事情，但 C 语言等其他语言知识并不是学习 MATLAB 所必需的。而对于从未接触过编程语言的用户来说，MATLAB 语言设计非常直观，所有的表达式和日常所用的书写方式有很大的相似之处，用户可以很容易入门，经过短时间的学习就可以编写自己的程序文件。MATLAB 简单易学，不建议初学者为了更好地学习 MATLAB 而先去学习 C 语言或者其他的编程语言知识。

简单来讲，所谓 M 文件就是将处理问题的各种命令融合到一个文件中，该文件以.m 为扩展名。然后，由 MATLAB 系统编译 M 文件，得出相应的运行结果。M 文件具有相当大的可开发性和扩展性。M 文件有脚本文件和函数文件两种。脚本文件不需要输入参数，也不输出参数，而会按照文件中指定的顺序执行命令序列。而函数文件则接受其他数据为输入参数，并且可以返回结果。

脚本式 M 文件和函数式 M 文件的区别如下。

- MATLAB 脚本（MATLAB script）简单执行一系列 MATLAB 语句，需要多次运行文件；不能接受输入参数，也不返回输出结果；将变量保存在基本（Base）工作区中，这是多个脚本和命令窗口建立的变量的共享空间。

- MATLAB 函数（MATLAB function）有函数定义语句——function，主要用来写应用程序；能够接受输入参数，也能返回输出结果；将变量保存于自己单独的工作区中。

6.1.1　M 文件编辑器

M 文件编辑器一般不会随着 MATLAB 的启动而启动，用户在通过命令将其打开时，该编辑器才启动。如果在上次使用结束时用户在编辑器打开的情况下直接关闭了 MATLAB 主程序，则在再次启动 MATLAB 时会打开编辑器，同时打开上次关闭时编辑器打开的所有 M 文件。需要指出的是，M 文件编辑器不仅可以用来编辑 M 文件，还可以对 M 文件进行交互性调试。另外，M 文件编辑器还可用来阅读和编辑其他的 ASCII 码文件。通常情况下，可以使用下面几种方法来打开 M 文件编辑器。

- 单击常用工具栏上的“新建”图标。
- 单击 New Script 命令新建空白 M 文件。
- 可以在 Command Window 中直接输入 edit 命令，如图 6-1 所示，或使用 edit mfiles 或 open mfiles 命令编辑某个已经存在的 M 文件。其中，mfiles 为用户需要编辑的 M 文件名（可以不带扩展名）。

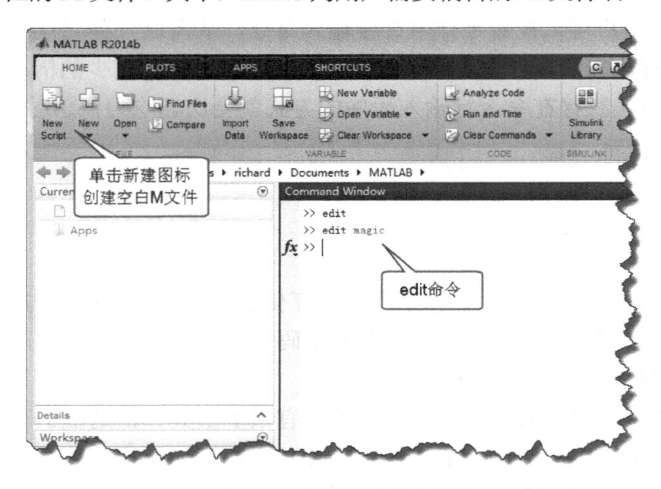

▲图 6-1　打开 M 文件编辑器

- 在 Command History 窗口中，按住 Ctrl 或 Shift 键选定需用的命令，然后右击，选择 Create Script 选项创建以选定命令为内容的 M 文件，如图 6-2 所示。

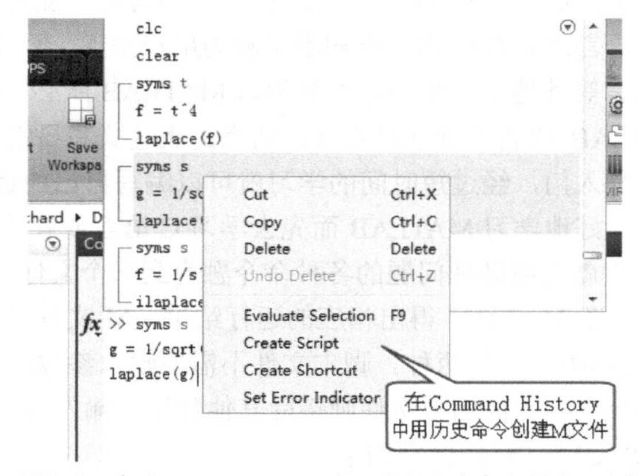

▲图 6-2　在 Command History 窗口中用已有命令创建 M 文件

通过以上任何一种方法都可以打开 M 文件编辑器，如图 6-3 所示。

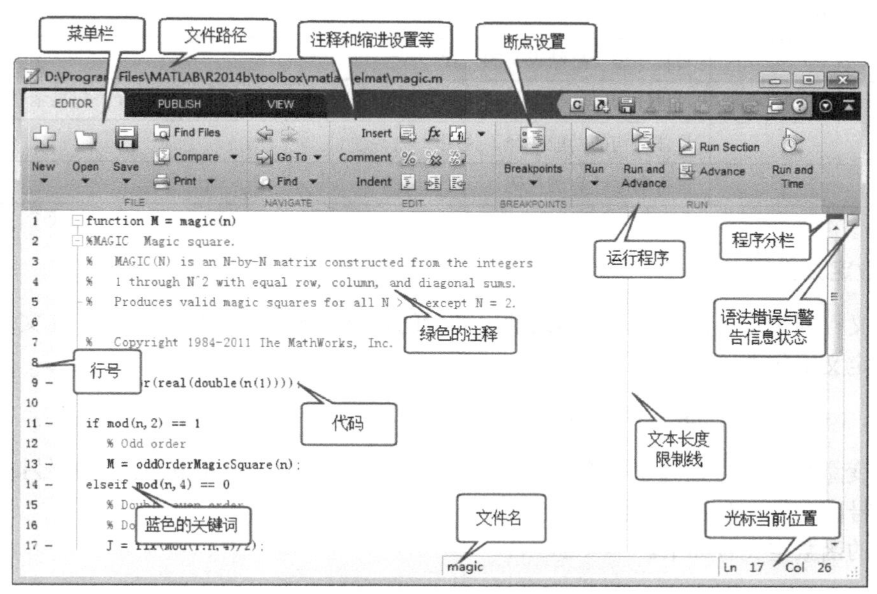

▲图 6-3 M 文件编辑器

图 6-3 中对 M 文件编辑器的主要内容进行了标注。可以看出 M 文件编辑器的功能是非常完善的。除了在图中已经标出的内容之外，M 文件编辑器还有很多非常实用的功能。例如，使用 Tab 键进行函数提醒；循环体的折叠与展开；将部分相邻代码通过%%符号创建为 cell，可以为 cell 取名并进行部分代码的调试；括号匹配与循环体关键词匹配提醒；函数执行效率检查与提醒；一般错误的提醒与自动修改；程序的调试等。用户可以通过查阅 help 文档和实践来熟悉 M 文件编辑器的应用。需要指出的是，有很多功能是最新的 MATLAB 版本才有的，使用旧版本就不能使用这些方便的功能，所以，建议读者（尤其是新手）使用新版 MATLAB。

6.1.2 M 文件的基本内容

下面介绍一个简单的 M 文件的基本内容。

【例 6-1】 简单函数的 M 文件。

本例以一个求 n 的阶乘的函数 M 文件为例，简单介绍 M 文件的基本单元。代码如下。

```
fact.m
function f = fact(n)                       % 函数定义行，脚本式 M 文件无此行
% Compute a factorial value.               % H1 行
% FACT(N) returns the factorial of N,      % Help 文本
% usually denoted by N!

% Put simply, FACT(N) is PROD(1:N).        % 注释
f = prod(1:n);                             % 函数体或脚本主体
```

fact.m 文件包括了一个 M 文件所包含的基本内容。M 文件的基本内容如表 6-1 所示。

表 6-1 M 文件的基本内容

M 文件的内容	说　明
函数定义行（只存在于函数文件中）	定义函数名称，定义输入输出变量的数量、顺序

续表

M 文件的内容	说　明
H1 行	对程序进行总结说明的一行
Help 文本	对程序的详细说明，在调用 help 命令查询此 M 文件时和 H1 行一起显示在命令窗口中
注释	具体语句的功能注释、说明
函数体	进行实际计算的代码

1. 函数定义行

函数定义行用来定义函数名称、输入输出变量的数量和顺序。注意，脚本式 M 文件没有此行。完整的函数定义语句如下。

```
function [out1,out2,out3…] = funName(in1,in2,in3…)
```

其中，输入变量用圆括号括起来，变量间用英文逗号“,”分隔。输出变量用方括号括起来，无输出可用空括号[]，或无括号和等号。

无输出的函数定义行如下。

```
function funName(in1,in2,in3…)
```

在函数定义行中，函数的名字所允许的最大长度为 63 个字符，只是个别操作系统可能有所不同，用户可自行使用 namelengthmax 函数查询系统允许的最长文件名。另外，当保存函数文件时，MATLAB 会默认以函数的名字来保存，请不要更改此名称，否则调用所定义的函数时会发生错误，不过脚本文件并不受此约束。funName 的命名规则与变量的命名规则相同，函数名不能是 MATLAB 系统自带的关键词，不能使用数字开头，也不能包含非法字符，最好也尽量不要使用与 MATLAB 系统自带函数相同的名字。

2. H1 行

H1 行紧跟着函数定义行。因为它是 Help 文本的第一行，所以叫它 H1 行，用百分号（%）开始。

MATLAB 可以通过命令把 M 文件上的帮助信息显示在命令窗口中。这一行在编写函数文件时并不是必需的，但是强烈建议用户在编写 M 文件时建立帮助文本，把函数的功能、调用函数的参数等描述出来，以供自己和别人查看，方便函数的使用。

H1 行是函数功能的概括性描述，在命令窗口提示符下输入以下命令可以显示 H1 行文本。

```
help filename
```

或者转入以下命令。

```
lookfor filename
```

3. Help 文本

Help 文本是为调用帮助命令而建立的文本，可以是连续多行的注释文本。可以在命令窗口中查看，不可以在 MATLAB Help 浏览器中显示。Help 文本在遇到之后的第一个非注释行时结束，函数中的其他注释行不显示。

例如，例 6-1 中的 `function f = fact(n)` 函数可以保存在当前目录下，并且文件名为 fact.m，在命令行中调用 `help` 函数就可以看到相应的 Help 文本。

【例 6-2】 查看 Help 文本。

在本例中，将演示通过 help 命令查看 M 文件中 Help 文本的过程。

```
>> help fact
  Compute a factorial value.                 %  H1 行
  FACT(N) returns the factorial of N,        %  Help 文本
  usually denoted by N!
```

以上命令的结果显示了 fact 函数文件的注释行，直到第一个非注释行——空行。

键入 lookfor 命令可见以下输出。

```
>> lookfor fact
coninputfactor                  - Input factor object for Constraints
cset_fullfact                   - Full Factorial Design generator object
cgexprfactory                   - Construct a new cgexprfactory object
mbcinputfactor                  - input factor class
fact                            - Compute a factorial value.      %  H1 行
...     %  篇幅有限，以下结果省略
```

lookfor 命令搜索所有函数命令中包含 fact 字符串的函数，将这些函数列出来，并且将它们的 H1 行显示出来。从 lookfor 命令的结果中可以看到 4 个其他的包含 fact 字符串的函数，以及要找的 fact 函数，并且分别显示了它们的 H1 行。通过以上内容我们可以发现 H1 行和 help 文本的重要作用，所以，用户在编写函数文件的过程中写好帮助文档对代码使用、交流和维护是非常有用的。

4. 注释

以%开始的注释行可以出现在函数的任何地方，当然，也可以出现在一行语句的右边。

若注释行很多，可以使用注释块操作符%{和%}。下面通过一个简单的示例来演示一下注释块操作符。

【例 6-3】 注释块操作符。

将例 6-1 的 fact 函数中的多行注释改写为注释块。

```
function f = fact(n)                        %函数定义行，脚本式 M 文件无此行
%{
Compute a factorial value.                  %H1 行
FACT(N) returns the factorial of N,         %Help 文本
usually denoted by N!
%}
% Put simply, FACT(N) is PROD(1:N).         % 注释
f = prod(1:n);                              % 函数体
```

将多行注释改为注释块并不影响运行结果。注释行和注释块的作用就是对程序进行注释，方便以后进行阅读和维护，程序运行时是不会运行注释的。

5. 函数体

函数体是函数与脚本中计算和处理数据的主体，可以包含进行计算和赋值的语句、函数调用、循环和流控制语句，以及注释语句、空行等。

如果函数体中的命令没有以分号“;”结尾，那么该行返回的变量将会在命令窗口显示其具体内容。如果在函数体中使用了“disp”函数，那么结果也将显示在命令窗口中。用户可以通过这个功能来查看中间计算过程或者最终的计算结果。

6.1.3　脚本式 M 文件

有的时候用户需要输入较多命令，而且经常要对这些命令进行重复输入、调试等，此时直接在命令窗口输入就显得比较麻烦，而利用脚本文件就会比较方便和简单。用户可以将需要重复输入的所有命令按顺序放到 M 文件中，每次运行时只须输入该 M 文件的文件名，或者使用编辑器打开该文件，并单击 M 文件编辑器的“运行”按钮（或者按下 F5 快捷键）即可。再次提醒读者：在创建 M 文件时要避免文件名与 MATLAB 中的内置函数或工具箱中的函数重名，以免发生内置函数被替换的情况。同时，当用户所创建的 M 文件不在当前搜索路径中时，该函数将无法调用。

因为脚本式文件的运行相当于在命令窗口中依次输入运行命令，所以在编辑这类文件时，只须将所要执行的语句逐行编辑到指定的文件中即可。不需要预先定义变量，命令文件中的变量都是全局变量，任何其他的命令文件和函数都可以访问这些变量，也不存在文件名对应的问题。

【例 6-4】　通过 M 脚本文件，画出下列分段函数所表示的曲面。

$$p(x_1,x_2)=\begin{cases}0.5457\mathrm{e}^{-0.75x_2^2-3.75x_1^2-1.5x_1} & x_1+x_2>1\\0.7575\mathrm{e}^{-x_2^2-6x_1^2} & -1<x_1+x_2\leqslant 1\\0.5457\mathrm{e}^{-0.75x_2^2-3.75x_1^2+1.5x_1} & x_1+x_2\leqslant -1\end{cases}$$

本例中分段函数所对应的 M 文件代码如下。

```
Ex_6_4.m
a=2;
b=2;
clf;
x=-a:0.2:a;y=-b:0.2:b;
for i=1:length(y)
    for j=1:length(x)
        if x(j)+y(i)>1
            z(i,j)=0.5457*exp(-0.75*y(i)^2-3.75*x(j)^2-1.5*x(j));
        elseif x(j)+y(i)<=-1
            z(i,j)=0.5457*exp(-0.75*y(i)^2-3.75*x(j)^2+1.5*x(j));
            else z(i,j)=0.7575*exp(-y(i)^2-6.*x(j)^2);
        end
    end
end
axis([-a,a,-b,b,min(min(z)),max(max(z))]);
colormap(flipud(winter));surf(x,y,z);
```

将以上内容的 M 文件 Ex_6_4.m 保存在系统当前目录下。然后，在命令行输入该 M 文件的文件名 Ex_6_4，或者打开该文件，并单击 M 文件编辑器的“运行”按钮（或者按下 F5 快捷键），即可运行该文件。运行结果如图 6-4 所示。

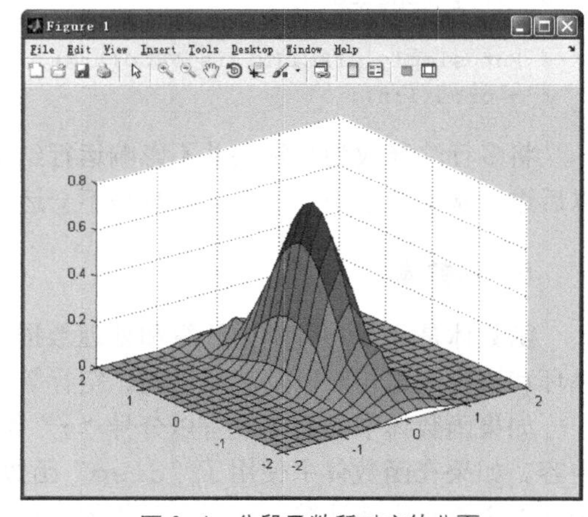

▲图 6-4　分段函数所对应的曲面

6.1.4　函数式 M 文件

函数式 M 文件比脚本式 M 文件相对复杂一些，脚本式 M 文件不需要输入变量，也不一定返回结果，而函数式 M 文件一般要输入变量，并且有返回结果。函数式 M 文件也可以不带变量。另外，文件中还可以使用一些全局变量来实现与外界和其他函数之间的数据交换。

函数式 M 文件的第一行以 function 关键词开始，说明此文件是一个函数。其实质为用户向 MATLAB 函数库中添加的自定义函数。默认情况下，函数式 M 文件中的变量都是局部变量，仅在函数运行期间有效，函数运行结束后，这些变量将从工作区中清除。

函数式 M 文件的编写、保存等与脚本式 M 文件基本相同。

【例 6-5】 使用函数式 M 文件计算向量的平均值。

打开 M 文件编辑器，输入以下内容，并将其另存为 average.m。

```
average.m
function y = average(x)
% AVERAGE Mean of vector elements.
% AVERAGE(X), where X is a vector, is the mean of vector
% elements. Nonvector input results in an error.
[m,n] = size(x);
if (~((m == 1) | (n == 1)) | (m == 1 & n == 1))
    error('Input must be a vector')                    % 错误信息
end
y = sum(x)/length(x);                                  % 实际计算
```

在本例中，真正进行计算的只是 `y = sum(x)/length(x)`这一行命令。除此以外，将会对不合适的输入变量进行判断，如果符合报错条件则给出错误消息。通常这种输入/输出变量格式的判断语句并不是必需的，但对于多人合作开发或开发通用程序供他人使用等情况，则建议添加此部分以增强程序的可读性、通用性和正确性，以提高合作的效率。将以上 average.m 保存到 MATLAB 当前目录下，就可以在命令行或其他的 M 文件中对其进行调用。下面给出一段示例代码。

```
>> z = 1:99;
>> A=average(z)
A =
    50
```

6.2 流程控制

MATLAB 的基本程序结构为顺序结构，即代码的执行顺序为从上到下。然而，顺序结构远远不能满足程序设计的需要。为了编写更加实用并且功能更加强大、代码更加精简的程序，则需要使用流程控制语句。流程控制语句主要包括判断语句、循环语句和分支语句等。

流程控制语句是编写程序的基本的、必需的部分。

6.2.1 顺序结构

顺序结构是最简单的程序结构，用户编写好程序之后，系统将按照程序的物理位置的上下顺序执行。因此，这种程序比较容易编写。但由于它不包含其他的控制语句，程序结构比较单一，因此实现的功能比较有限。尽管如此，对于比较简单的程序来说，使用顺序结构还是能够很好地解决问题。

【例 6-6】 采用顺序结构计算两个数 a 与 b 的和与积，把这两个数的和与积相乘后再减去 c。M 文件的代码如下所示。

```
Ex_6_6.m
a=1;
b=2;
c=3;
ans1=a+b
ans2=a*b
ans3=ans2*ans1-c
```

按 F5 快捷键或单击“运行”按钮，或者将其在当前目录下另存为 Ex_6_6.m，然后在命令窗口中键入 Ex_6_6 并运行，得到如下结果。

```
>> Ex_6_6
ans1 =
     3
ans2 =
     2
ans3 =
     3
```

6.2.2　if 语句

在编写程序时，往往要根据一定的条件进行判断，然后选择执行不同的语句。此时需要使用判断语句来进行流程控制。

条件判断语句为 if…else…end，其使用形式有以下 3 种。

1. if…end

此时的程序结构如下。

```
if  表达式
    执行语句
end
```

这是最简单的判断语句。即当表达式为 true 时，执行 if 与 end 之间的执行语句；当表达式为 false 时，则跳过执行语句，然后执行 end 后面的程序。

【例 6-7】　使用 if…end 语句。

```
Ex_6_7.m
a=6;
if rem(a, 2) == 0                    % 判断 a 是否是偶数
    disp('a is even')
    b = a/2
end
```

本例中的程序首先判断 a 是否是偶数，因为 a 的值为 6，所以命令 rem(a, 2) == 0 返回逻辑值 true。然后程序运行 if 语句之内的程序段，得出如下结果。

```
a is even
b =
     3
```

2. if…else…end

此时的程序结构如下。

```
if  表达式
    执行语句 1
else
    执行语句 2
end
```

如果表达式为 true，则执行 if 与 else 之间的执行语句 1；否则，执行 else 与 end 之间的执行语句 2。

【例 6-8】 使用 if…else…end 语句。

```
if a>b
    disp('a is bigger than b')       %  若 a>b 则执行此句
    y=a;                             %  若 a>b 则执行此句
else
    disp('a is not bigger than b')   %  若 a<=b 则执行此句
    y=b;                             %  若 a<=b 则执行此句
end
```

3. if…elseif…else…end

在有更多判断条件的情况下，可以使用 if…elseif…else…end 结构。

```
if  表达式 1
    执行语句 1
elseif  表达式 2
    执行语句 2
elseif  表达式 3
    执行语句 3
elseif …
       …
else
    执行语句
end
```

在这种情况下，如果程序运行到的某一条表达式为 true，则执行相应的语句。此时系统不再对其他表达式进行判断，即系统将直接跳到 end。另外，最后的 else 可有可无。

需要指出的是，如果 elseif 被空格或者回车符分开，成为 else if，那么系统会认为这是一个嵌套的 if 语句，所以最后需要有多个 end 关键词相匹配，并不像 if…elseif…else…end 语句中那样只有一个 end 关键词。

【例 6-9】 使用 if…elseif…else…end 语句。

```
if n < 0                    % 如果 n 是负数，则显示错误消息
    disp('Input must be positive');
elseif rem(n,2) == 0        % 如果 n 是偶数，则除以 2
    A = n/2;
else
    A = (n+1)/2;            % 如果 n 是奇数，则加 1，然后除以 2
end
```

6.2.3 switch 语句

在 MATLAB 语言中，除了上面介绍的 if…else…end 分支语句外，还提供了另外一种分支语句形式，那就是 switch…case…end 分支语句。这可以使熟悉 C 语言或者其他高级语言的用户更方便地使用 MATLAB 的分支功能。其程序结构如下。

```
switch  开关语句
  case  条件语句 1
      执行语句 1
  case  条件语句 2
      执行语句 2
…
  otherwise
```

```
        执行语句 n
end
```

在 switch 分支结构中，如果某个条件语句的内容与开关语句的内容相匹配，系统将执行其后的语句；如果所有的条件语句与开关条件都不相符合，系统将执行 otherwise 后面的语句。和 C 语言不同的是，switch 语句中如果某一个 case 中的条件语句为 true，则其他的 case 将不会再继续执行，程序将直接跳至 switch 语句结尾。

【例 6-10】　使用 switch…case…end 语句。

```
switch var
    case 1                              %  判断 var 是不是 1
        disp('1')
    case {2,3,4}                        %  判断 var 是不是 2,3,4
        disp('2 or 3 or 4')
    case 5                              %  判断 var 是不是 5
        disp('5')
    otherwise                           %  其他情况
        disp('something else')
end
```

6.2.4　for 循环

前面介绍了两种重要的分支结构语句，使用这两种语句，用户可以对程序的进程进行一定的控制，从而使程序结构清晰，便于操作。而在进行许多有规律的重复运算时，就需要使用 for 或者 while 循环结构。MATLAB 语言提供了两种循环方式，即 for 循环和 while 循环。本节具体介绍 for 循环。

for 循环的循环判断条件通常就是循环次数。也就是说，for 循环的循环次数是预先设定好的。for 循环的一般调用语法如下。

```
for variable = initval:stepval:endval
    statement1
    ...
    statementn
end
```

其中，variable 表示变量，initval:stepval:endval 表示一个以 initval 开始，以 endval 结束，步长为 stepval 的向量。initval、stepval 和 endval 可以是整数、小数或负数。但是当 initval<endval 时，stepval 必须为大于 0 的数；而当 initval>endval 时，stepval 则必须为小于 0 的数。表达式也可以为 initval:endval 这样的形式，此时，stepval 的默认值为 1，initval 必须小于 endval。另外，还可以直接将一个向量赋值给 variable，此时程序进行多次循环，直至穷尽该向量的每一个值。variable 还可以是由字符串、字符串矩阵或由字符串组成的单元阵。

【例 6-11】　使用 for 循环。

```
Ex_6_11.m
x=ones(1,6)
for n = 2:6                     %  循环控制
    x(n) = 2 * x(n - 1);        %  循环体
end
x
```

运行后可得到如下结果。

```
x =
     1     1     1     1     1     1
x =
     1     2     4     8    16    32
```

本例中通过循环体内的表达式改变了变量 x 的原有内容。

【例 6-12】 使用 for 循环嵌套。

```
Ex_6_12.m
for m = 1:5
    for n = 1:10
        A(m, n) = 1/(m + n - 1);          %  使用循环体给变量A赋值
    end
end
A
```

运行以上文件，得到如下结果。

```
A =
  Columns 1 through 7
    1.0000    0.5000    0.3333    0.2500    0.2000    0.1667    0.1429
    0.5000    0.3333    0.2500    0.2000    0.1667    0.1429    0.1250
    0.3333    0.2500    0.2000    0.1667    0.1429    0.1250    0.1111
    0.2500    0.2000    0.1667    0.1429    0.1250    0.1111    0.1000
    0.2000    0.1667    0.1429    0.1250    0.1111    0.1000    0.0909
  Columns 8 through 10
    0.1250    0.1111    0.1000
    0.1111    0.1000    0.0909
    0.1000    0.0909    0.0833
    0.0909    0.0833    0.0769
    0.0833    0.0769    0.0714
```

需要指出的是，由于 MATLAB 是解释性语言，它对于 for 和 while 循环的执行效率并不高，因此用户应尽量使用 MATLAB 更为高效的向量化语言来代替循环。

6.2.5 while 循环

与 for 循环不同，while 循环的判断控制是逻辑判断语句，因此，它的循环次数并不确定。while 循环的调用语法如下。

```
while 表达式
    执行语句
end
```

在这个循环中，只要表达式的值不为 false，程序就会一直运行下去。通常在执行语句中要有使表达式值改变的语句。必须注意的是，当程序设计出了问题（比如表达式的值总是 true）时，程序就容易陷入死循环。因此在使用 while 循环时，一定要在执行语句中设置使表达式的值为 false 的情况，以免出现死循环。

【例 6-13】 使用 while 循环。

```
i=1;
while i<10                    %  当 i 小于 10 时循环
    x(i)=i^3;                 %  循环体内的计算
    i=i+1;                    %  表达式值的改变
end
```

运行以上命令，可以得到如下结果。

```
>> x
x =
     1     8    27    64   125   216   343   512   729
>> i
i =
    10
```

当 i=10 的时候，不满足 while 语句小于 10 的循环条件，因此循环结束。

【例 6-14】　多种循环体的嵌套使用。

```
Ex_6_14.m
clear
clc
for i=1:1:6                     % 行号循环，从 1 到 6
    j=6;
    while j>0                   % 列号循环，从 6 到 1
       x(i,j)=i-j;              % 矩阵 x 的第 i 行第 j 列元素值为其行列号的差
       if x(i,j)<0              % 当 x(i,j)为负数时，取其相反数
           x(i,j)=-x(i,j);
       end
       j=j-1;
    end
end
```

运行 Ex_6_14.m 文件，可以得到如下结果。

```
x =
     0     1     2     3     4     5
     1     0     1     2     3     4
     2     1     0     1     2     3
     3     2     1     0     1     2
     4     3     2     1     0     1
     5     4     3     2     1     0
```

6.2.6　continue 命令

continue 命令经常与 for 或 while 循环语句一起使用，作用是结束本次循环，即跳过循环体中尚未执行的语句，接着进行下一次循环。该命令的调用语法为：continue。

【例 6-15】　使用 continue 命令。

在本例中，将计算魔方矩阵产生函数 magic.m 中总共有多少非注释和非空的命令行。

```
Ex_6_15.m
fid = fopen('magic.m','r');          % 打开魔方矩阵函数文件
count = 0;
while ~feof(fid)                     % 判断是否到了文件的结尾
    line = fgetl(fid);               % 读取一行文件内容
    if isempty(line) || strncmp(line,'%',1) || ~ischar(line)
    % 判断是否是空行与注释
        continue                     % 进入下一轮循环
    end
    count = count + 1;               % 记录行数
end
fprintf('%d lines\n',count);         % 输出结果
fclose(fid);                         % 关闭文件
```

运行 Ex_6_15.m 文件，可以得到如下结果。

```
>> Ex_6_15
31 lines
```

即魔方矩阵产生函数 magic.m 中共有 31 行非注释和非空的命令行。本例中的 M 文件首先打开 MATLAB 自带的 magic.m 文件，然后用循环方式按行读取文件，每读取一行有意义的代码，计数变量 count 加 1。若当前读取的行的内容为空行或者是以字符'%'开头的注释行，则跳过循环体剩余部分，不进行计数变量加 1 的操作，而继续运行 while 循环。

6.2.7 break 命令

命令 break 通常用在循环语句或条件语句中。通过使用 break 命令，可以不必等待循环的自然结束，而可以根据循环的终止条件来跳出循环。

【例 6-16】 使用 while 循环读入快速傅里叶变换函数 fft.m，当遇到空行时停止读入，最后显示第一个空行之前的所有内容。

```
Ex_6_16.m
fid = fopen('fft.m','r');
s = '';

while ~feof(fid)
   line = fgetl(fid);
%  如果遇到空行，则使用 break 命令跳出 while 循环
   if isempty(line) || ~ischar(line), break, end
   s = sprintf('%s%s\n', s, line);                %  将非空行内容写入 s
end
disp(s);                                          %  显示结果

fclose(fid);
```

运行以上命令，可以得到如下结果。

```
>> Ex_6_16
%FFT Discrete Fourier transform.
%   FFT(X) is the discrete Fourier transform (DFT) of vector X.  For
%   matrices, the FFT operation is applied to each column. For N-D
%   arrays, the FFT operation operates on the first non-singleton
%   dimension.
%
%   FFT(X,N) is the N-point FFT, padded with zeros if X has less
%   than N points and truncated if it has more.
%
%   FFT(X,[],DIM) or FFT(X,N,DIM) applies the FFT operation across the
%   dimension DIM.
%
%   For length N input vector x, the DFT is a length N vector X,
%   with elements
%                     N
%      X(k) =       sum  x(n)*exp(-j*2*pi*(k-1)*(n-1)/N), 1 <= k <= N.
%                    n=1
%   The inverse DFT (computed by IFFT) is given by
%                     N
%      x(n) = (1/N) sum  X(k)*exp( j*2*pi*(k-1)*(n-1)/N), 1 <= n <= N.
%                    k=1
%
%   See also FFT2, FFTN, FFTSHIFT, FFTW, IFFT, IFFT2, IFFTN.
```

6.2.8 return 命令

使用 return 命令，能够使得当前正在调用的函数正常退出。首先对特定条件进行判断，然后根据需要，调用 return 语句终止当前运行的函数。return 命令的调用语法为：return。

【例 6-17】　调用 return 命令。

首先，创建一个函数文件，若输入不是空阵，则返回该参数的正弦值。

```
Ex_return.m
function d = Ex_return(A)
%  Ex_return 用来演示 return 命令的使用
if isempty(A)
    disp('输入为空阵');
    return
    d=0;
else
    d=sin(A);
end
```

将上面的内容保存到当前目录下，然后可以进行调用。

```
>> Ex_return([])
输入为空阵
>> d=Ex_return([])        %      这里需要返回结果给变量 d
输入为空阵
Error in ==> Ex_return at 3
if isempty(A)
??? Output argument "d" (and maybe others) not assigned during call to "C:\Documents
and Settings\Administrator\My Documents\MATLAB\Ex_return.m>Ex_return".
>> d=Ex_return(pi/2)
d =
     1
```

本例中，当输入 Ex_return([])文件时，执行的是 disp('输入为空阵')命令，然后调用 return 命令，直接退出函数 Ex_return，并不执行 return 下面的命令。所以以 d=Ex_return([]) 格式调用该文件时会报错，这说明 return 下面一行的 d=0 命令没有执行。

6.2.9　人机交互命令

前面已经介绍了 MATLAB 语言的一些基本控制语句。用户可以使用这些语句进行一些比较复杂的程序设计。此外，MATLAB 还提供了一些特殊的程序控制语句。用户可以使用这些语句来实现输入命令以及暂停与显示 M 文件的执行过程等操作，从而使得用户在设计程序时能够与计算机进行及时的交互。这样程序设计将变得更为得心应手，所设计的程序也能更加合理。

1. 输入提示命令 input

input 命令用来提示用户从键盘输入数据、字符串或表达式，并接收输入值。其调用语法如下。

- user_entry = input('prompt')：显示 prompt，等待用户的输入，把输入的数值赋给变量 user_entry。
- user_entry = input('prompt', 's')：参数's'表示把输入的文本作为字符串返回给 user_entry，而不是作为变量名或数值等可执行表达式。

如果没有输入任何字符，而只是按 Enter 键，input 将返回一个空矩阵。在提示信息的文本字符串中可能包含'\n'字符。'\n'表示换行输出，它允许用户的提示字符串分为多行显示。如果用户在提示字符串中需要输入‘\’符号，则需要输入‘\\’来代替。

【例 6-18】　使用 input 函数，判断输入值是否为 Y，编写的 M 文件如下。

```
Ex_6_18.m
reply = input('Do you want more? Y/N [Y]: ', 's');
```

```
if reply == 'Y'
    disp('Welcome to the MATLAB world !');
else
    disp('Goodbye.')
end
```

运行此文件，将返回 MATLAB 命令窗口，并显示 Do you want more? Y/N [Y]:。这时把控制权交给了用户，例如，可以分别输入 Y 或者 N 以查看结果的异同。

```
>> Ex_6_18
Do you want more? Y/N [Y]: Y
Welcome to the MATLAB world !
>> Ex_6_18
Do you want more? Y/N [Y]: N
Goodbye.
```

2. 请求键盘输入命令 keyboard

如果把请求键盘输入命令 keyboard 放置在 M 文件中，程序执行到这一步时将停止文件的继续执行，并把控制权交给键盘。MATLAB 通过在提示符前面加字母 K 来表征这种特殊状态。在 M 文件中使用该命令，可很方便地进行程序的调试以及在程序运行中修改变量。

在命令行中键入命令 return，然后按 Enter 键，可以终止 keyboard 模式。

3. pause 命令

pause 命令用于暂时中止程序的运行。当程序运行到此命令时，程序暂时中止，然后等待用户按任意键继续运行。该命令在程序的调试过程中和用户需要查询中间结果时十分有用。该命令的调用语法如下。

- pause：导致 M 文件停止，等待用户按任意键继续运行。
- pause(n)：在继续执行前中止执行程序 n 秒，n 可以是任意实数。时钟的精度是由 MATLAB 的工作系统平台决定的，并受其他正在运行的程序的影响。这一命令并不能够保证 100%的准确，如果要求更高的精度，那么其相对误差也就更高。
- pause on：将允许后续的 pause 命令中止程序的运行。
- pause off：将保证后续的任何 pause 或 pause(n) 语句都不中止程序的运行。

pause 命令常用于循环内画图程序之后，这样可以通过短暂的暂停，立刻观察所绘制的图像。

【例 6-19】 pause 在画图中的应用。

```
Ex_6_19.m
t = 0:pi/20:2*pi;
y = exp(sin(t));
h = plot(t,y,'YDataSource','y');
for k = 1:.1:10
y = exp(sin(t.*k));
refreshdata(h,'caller')
drawnow;
    pause(.1)
end
```

本例中所绘制的图形在程序运行过程中是不断变化的，通过 pause 语句可以更清楚地观察这一变化过程，而其最终的图形结果如图 6-5 所示。

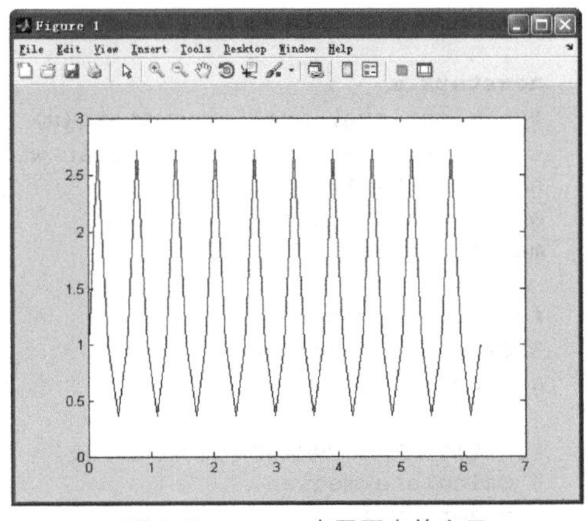

▲图 6-5 pause 在画图中的应用

4. echo 语句

一般情况下，当 M 文件执行时，在命令窗口中看不到文件中的命令。但在某些情况下，为了查看文件中命令的执行情况，就需要将 M 文件中的所有命令在执行过程中显示出来，此时可以使用 echo 命令。该命令对于脚本文件和函数文件略有不同，它们的调用语法如下。

1）在脚本文件中，echo 命令的用法如下。

- echo on：显示以后所有执行的命令。
- echo off：不显示以后所有执行的命令。
- echo：在上述两种情况间切换。

2）在函数文件中，echo 命令的用法如下。

- echo fcnname on：使 fcnname 指定的 M 文件的执行命令显示出来。
- echo fcnname off：使 fcnname 指定的 M 文件的执行命令不显示出来。
- echo fcnname：在上述两种情况间切换。
- echo on all：使其后所有的 M 文件的执行命令显示出来。
- echo off all：使其后所有的 M 文件的执行命令不显示出来。

echo 通常在调试程序或者进行演示的过程中使用。

6.3 函数的类型

MATLAB 中的函数主要有两种创建方法：在命令行中定义和保存为 M 文件。在命令行中创建的函数称为匿名函数。通过 M 文件创建的函数有多种类型，包括主函数、子函数及嵌套函数等。

6.3.1 主函数

主函数在结构上与其他函数没有区别，之所以叫它主函数，是因为它在 M 文件中排在最前面，其他子函数都排在它后面。主函数与其 M 文件同名，是唯一可以在命令窗口或者其他函数中调用的函数。主函数通过 M 文件名（也就是定义的函数名）来调用。

本书前文涉及的函数文件都是主函数，这里就不再举例说明了。

6.3.2 子函数

一个 M 文件中可以写入多个函数定义式，排在第一个位置的是主函数，在主函数后面定义的函数都叫子函数，子函数的排列无规定顺序。子函数只能被同一个文件上的主函数或其他子函数调用。子函数与主函数没有形式上的区别。每个子函数都有自己的函数定义行。

【例 6-20】　调用子函数。

```
newstats.m
function [avg, med] = newstats(u)    % 主函数
% NEWSTATS Find mean and median with internal functions.
n = length(u);
avg = mean(u, n);
med = median(u, n);

function a = mean(v, n)              % 子函数
% Calculate average.
a = sum(v)/n;

function m = median(v, n)            % 子函数
% Calculate median.
w = sort(v);
if rem(n, 2) == 1
```

```
    m = w((n+1) / 2);
else
    m = (w(n/2) + w(n/2+1)) / 2;
end
```

本例中的主函数 newstats 用于返回输入变量的平均值和中位值，而子函数 mean 用来计算平均值，子函数 median 用来计算中位值，主函数在计算过程中调用了这两个子函数。

需要注意的是，虽然几个子函数在同一个文件中，但各有自己的变量存储空间，子函数之间不能相互存取其他子函数的变量。若声明变量为全局变量，就另当别论。

1. 调用子函数时的查找顺序

当从 M 文件中调用函数时，MATLAB 首先查看被调用的函数是否是该 M 文件上的子函数。如果是，则调用它；如果不是，则寻找是否有同名的私有函数。如果没有，则从搜索路径中查找其他 M 文件。因为最先查找的是子函数，所以在 M 文件中可以编写子函数来覆盖原有的其他同名函数文件。例如，例 6-20 中的子函数名称 mean 和 median 是 MATLAB 内建函数，但是通过子函数的定义，可以调用自定义的 mean 和 median 函数。

2. 子函数的帮助文本

用户可以像为主函数写帮助文本那样为子函数添加帮助文本。但是，在命令行查看子函数的帮助文本的 help 命令调用格式与主函数有所不同，要把 M 文件名加在子函数名前面。

如果子函数名为 mysubfun，放在 myfun.m 文件上，要在命令行得到它的帮助信息，需要输入以下命令。

```
help myfun>mysubfun
```

【例 6-21】 查看子函数的帮助文本。

```
>> help newstats>mean                    % 查看例 6-20 中子函数的帮助文本
  Calculate average.
>> help mean                             % 查看一般主函数的帮助文本
 MEAN   Average or mean value.
    For vectors, MEAN(X) is the mean value of the elements in X. For
    matrices, MEAN(X) is a row vector containing the mean value of
    each column.  For N-D arrays, MEAN(X) is the mean value of the
    elements along the first non-singleton dimension of X.
…(以下结果略)
```

6.3.3 私有函数

私有函数在编写形式上和主函数相同，但它是私有的，实际上是另一种子函数，只有父 M 文件函数能调用它。存储私有函数需要在当前目录下创建一个子目录，子目录名字必须为 private。存放于 private 文件夹内的函数即为私有函数，它的上层目录称为父目录，只有父目录中的 M 文件才可以调用该私有函数。

- 私有函数对于其父目录以外的目录中的 M 文件来说是不可见的。
- 调用私有函数的 M 文件必须在 private 子目录的直接父目录内。

假如私有函数名为 myprivfun，为了得到私有函数的帮助信息，需要输入以下命令。

```
help private/myprivfun
```

私有函数只能被其父文件夹中的函数调用，因此用户可以开发自己的函数库。函数名称可以与系统标准 M 函数库名称相同，而不必担心在函数调用时发生冲突，因为 MATLAB 首先查找私有函数，然后才查找标准函数。

私有函数与子函数的区别在于：私有函数可以方便地供一批父 M 文件来调用；而子函数只能供其所在的主函数调用。

6.3.4 嵌套函数

所谓嵌套函数，是指在某函数中定义的函数。

1. 写嵌套函数

MATLAB 允许在函数 M 文件的函数体中定义一个或多个嵌套函数。像任何 M 文件函数一样，被嵌套的函数能包含任何构成 M 文件的成分。

MATLAB 函数文件一般不需要使用 end 语句来表征函数体已经结束。但是嵌套函数（无论是嵌套的还是被嵌套的）都需要以 end 语句结束。另外，在一个 M 文件内，只要定义了嵌套函数，其他非嵌套函数也要以 end 语句结束。

最简单的嵌套函数的结构如下。

```
function x = A(p1, p2)
...
    function y = B(p3)
    ...
    end
...
end
```

另外，一个主函数还可以嵌套多个函数，例如多个平行嵌套函数的结构如下。

```
function x = A(p1, p2)
...
   function y = B(p3)
   ...
   end

   function z = C(p4)
   ...
   end
...
end
```

在这个程序中，函数 A 嵌套了函数 B 和 C，嵌套函数 B 和 C 是并列关系。除了平行嵌套函数外，还有多层嵌套函数。

```
function x = A(p1, p2)
...
   function y = B(p3)
   ...
      function z = C(p4)
      ...
      end
   ...
   end
...
end
```

在这段程序中，函数 A 嵌套了函数 B，而函数 B 又嵌套了函数 C。

2. 嵌套函数的调用

一个嵌套函数可以被下列函数调用。

- 该嵌套函数的直接上一层函数。
- 同一母函数下的同级嵌套函数。
- 任意低级别的函数。

【例 6-22】 调用嵌套函数。

值得注意的是，本例只演示嵌套函数的结构，并未添加有实际作用的函数体。

```
function A(x, y)                % 主函数
B(x, y);
D(y);

   function B(x, y)             % 嵌套在 A 内
   C(x);
   D(y);

      function C(x)             % 嵌套在 B 内
      D(x);
      end
   end

   function D(x)                % 嵌套在 A 内
   E(x);

      function E(x)             % 嵌套在 D 内
      ...
      end
   end
end
```

在这段程序中，函数 A 包含了嵌套函数 B 和嵌套函数 D。函数 B 和函数 D 分别嵌套了函数 C 和函数 E。这段程序中函数间的调用关系如下。

- 函数 A 为主函数，可以调用函数 B 和函数 D，但是不能调用函数 C 和函数 E。
- 函数 B 和函数 D 为同一级嵌套函数，B 可以调用 D 和 C，但是不能调用 E；D 可以调用 B 和 E，但是不能调用 C。
- 函数 C 和函数 E 为分属两个函数的嵌套函数，C 和 E 都可以调用 B 和 D。虽然它们属于同级别的函数，但是它们分属于不同的母函数，所以不能互相调用。

3. 嵌套函数中变量的使用范围

通常，在函数之间，局部变量是不能共享的。子函数不能与主函数或其他子函数共享变量，因为每个函数都有自己的工作空间，用于存放自己的变量。

嵌套函数也都有自己的工作区。但因为它们是嵌套关系，所以有些情况下可以共享变量。

【例 6-23】 使用多层嵌套函数。

```
varScope1.m
function varScope1
x = 5;
nestfun1
   function nestfun1
      nestfun2

      function nestfun2
```

```
            x = x + 1
        end
    end
end
varScope2.m
function varScope2
nestfun1
    function nestfun1
        nestfun2

        function nestfun2
            x = 5;
        end
    end
x = x + 1
end
```

本例中，两个 M 文件都使用了多层嵌套函数。在这两个例子中，变量 x 存储在外层主函数的工作区中，所以它被嵌套在里面的函数读取或者写入。

【例 6-24】　嵌套函数中的变量。

```
varScope3.m
function varScope3
nestfun1
nestfun2

    function nestfun1
        x = 5;
    end

    function nestfun2
        x = x + 1
    end
end
```

本例中的两个嵌套函数 nestfun1 和 nestfun2 是并列关系，外层的函数 varScope3 没有读取 x，因为 x 不在它的工作区中，所以 x 并不能被两个嵌套函数共享。nestfun1 定义了 x， x 在 nestfun1 的工作区中，不能被 nestfun2 共享。因此，当 nestfun2 运行之后试图访问 x 时，就会出错。运行本例中的程序，将会显示如下错误消息。

```
>> varScope3
??? Undefined function or variable "x".

Error in ==> varScope3>nestfun2 at 10
      x = x + 1

Error in ==> varScope3 at 3
nestfun2
```

【例 6-25】　嵌套函数输出变量的共享。

```
varScope4.m
function varScope4
x = 5; nestfun;
    function y = nestfun
        y = x + 1;
    end

y
end
```

```
varScope5.m
function varScope5
x = 5;
z = nestfun;
   function y = nestfun
      y = x + 1;
   end

z
end
```

由嵌套函数返回的结果变量并不被外层的函数共享。在 varScope4.m 和 varScope5.m 中，varScope4.m 在运行到倒数第二行时会发生错误。这是因为虽然在嵌套函数中计算并返回了 y 的值，但是这个变量 y 只存在于嵌套函数的工作区中，并不能被外层函数共享。而在 varScope5.m 中将嵌套函数赋值给了变量 z，所以最终可以正确地显示 z 的值。具体的运行结果如下。

```
>> varScope4
??? Undefined function or variable 'y'.

Error in ==> varScope4 at 7
y

>> varScope5
z =
     6
```

6.3.5 重载函数

重载函数是已经存在函数的另外版本。假设有一个函数是为某种特定的数据类型设计的，当要使用其他类型的数据时，就要重写此函数，使它能处理新的数据类型，但它的名字与原函数名相同。至于调用函数的哪个版本，取决于数据类型和参数的个数。

每个重载的 MATLAB 函数在 MATLAB 目录中都有一个 M 文件。同一种数据类型的不同重载函数的 M 文件放在同一个目录下，目录以这种数据类型命名，并用@符号开头。例如，在目录\@double 下的函数，在输入变量数据类型为 double 时才可以调用；而在目录\@int32 下的函数，则在输入变量数据类型为 int32 时才可以调用。

6.3.6 匿名函数

匿名函数提供了一种不需要每次都调用 M 文件编辑器的快速建立简单函数的方法。用户可以在 MATLAB 命令行、函数文件或脚本文件中建立匿名函数。

匿名函数总体来讲比较简单，它由一个表达式组成，能够接受多个输入或输出参数。使用匿名函数可以避免文件的管理和存储。但是匿名函数的执行效率比较低，会占用较多的时间。

1. 匿名函数的构建

构建匿名函数的语法结构如下。

```
fhandle = @(arglist) expr
```

现在从右向左解释一下这个语法结构：expr 为 MATLAB 表达式，是函数的主体，即执行函数要完成的任务；arglist 为输入变量列表，用逗号分隔；@为 MATLAB 的操作符，用于创建函数句柄。当构建匿名函数时，必须使用这个操作符。

这个语法形式有两个作用：创建匿名函数；把返回的函数句柄的值保存在变量 fhandle 中。

函数句柄为调用匿名函数提供了方便，同时也可以指向任何已存在的 MATLAB 函数。这一点本书将在 6.5 节中进行介绍。

【例 6-26】 调用匿名函数的句柄。

计算一个数的平方。

```
>> sqr = @(x) x.^2;                % 创建匿名函数的句柄
>> a=sqr(5)                        % 函数句柄的调用
a =
    25
```

因为 sqr 是一个函数的句柄，所以用户可以将它作为参数传递到其他函数中。下面的代码表示将 sqr 传递到积分函数 quad 函数中。

```
>> quad(sqr, 0, 1)                 % 将 sqr 所指向的函数从 0 积分到 1
ans =
    0.3333
```

【例 6-27】 创建两个输入变量的匿名函数。

要创建两个输入变量（如 x 和 y）的匿名函数，可以参考以下代码。

```
>> A=7;
>> B=3;
>> sumAxBy = @(x, y) (A*x + B*y);          % 创建匿名函数
>> whos sumAxBy                             % 查看 sumAxBy 类型
  Name          Size            Bytes  Class              Attributes
  sumAxBy       1x1                32  function_handle
>> sumAxBy(5, 7)                            % 函数句柄的调用
ans =
    56
```

【例 6-28】 创建无输入变量的匿名函数。

对于无输入变量的匿名函数，使用空的圆括号代表空的输入变量。例如，要创建获取当前系统时间的匿名函数，可以使用如下命令。

```
>> t = @() datestr(now);
```

datestr 是 MATLAB 自带的返回时间数据的一个函数。在调用此函数时，虽然没有输入参数，但是在创建时以及调用时空括号是不能少的。

```
>> t()
ans =
20-Mar-2015 22:04:39
```

如果不加空括号，就是在查询变量 t 的内容，输出结果如下。

```
>> t
t =
    @()datestr(now)
```

2. 匿名函数数组

可以使用元胞数组实现在一个数组中保存多个匿名函数的目的。

【例 6-29】 保存匿名函数。

下面的命令可以在元胞数组 A 中保存 3 个匿名函数。

```
>> A = {@(x)x.^2, @(y)y+10, @(x,y)x.^2+y+10}
A =
    @(x)x.^2     @(y)y+10     @(x,y)x.^2+y+10
```

可以通过使用一般的元胞数组寻访方法 A{1}和 A{2}，对元胞数组中的前两个函数进行寻访。

```
>> A{1}(4) + A{2}(7)
ans =
    33
```

也可以单独调用第 3 个函数，以得到同样的计算结果。

```
>> A{3}(4, 7)
ans =
    33
```

在一般的函数定义过程中，用户可以使用空格令程序更加清晰可读。但是在定义匿名函数数组时，注意不要使用空格字符，以免造成歧义。为保证 MATLAB 能够准确解释匿名函数，可以使用下面的方法避免歧义。

- 除去函数体中的空格，如下所示。

```
A = {@(x)x.^2, @(y)y+10, @(x, y)x.^2+y+10};
```

- 给每个匿名函数加上括号，括号内可以有空格，如下所示。

```
A = {(@(x)x .^ 2), (@(y) y +10), (@(x, y) x.^2 + y+10)};
```

- 把每个匿名函数赋值给变量，使用变量名创建元胞数组，如下所示。

```
A1 = @(x)x .^ 2;  A2 = @(y) y +10;  A3 = @(x, y)x.^2 + y+10;
A = {A1, A2, A3};
```

3. 匿名函数的输出

函数返回的输出参数的数目取决于调用函数时在等号左边指定的变量数目，匿名函数也是如此。

假设有一个匿名函数 getPersInfo，它能够依次返回人员的地址、家庭电话、工作电话和生日等。若只想得到某人的地址，调用函数时指定一个输出即可。

```
address = getPersInfo(name);
```

为了得到几种信息，可以指定多个输出。

```
[address, homePhone, busPhone] = getPersInfo(name);
```

需要指出的是，指定的输出个数不能超过函数所能生成的最大数目。

4. 匿名函数的变量

匿名函数中通常包含以下两种变量。

- 定义在变量列表中的变量。它们经常随着函数的每次调用而改变。
- 定义在函数表达式中的变量。在整个函数句柄的生命周期中，MATLAB 把它们另存为常数。

当构建匿名函数时，必须先为第二种变量（如果有的话）指定值。一旦 MATLAB 得到了这些变量的值，就会一直使用下去，而不关心它们的改变。如果一定要为它们定义新值，则必须重新构建函数。

【例 6-30】　改变匿名函数中的变量。

首先，在工作区中创建 3 个变量 a、b、c。然后，构建匿名函数，在函数体中使用这 3 个变量作为参数。最后，把函数句柄 parabola 作为参数传递给 MATLAB 函数 fplot，使用 a、b、c 作为参数绘出结果图，如图 6-6 所示。

```
>> a = 1.3;   b = 0.2;   c = 30;
>> parabola = @(x) a*x.^2 + b*x + c;
>> fplot(parabola, [-25 25])
```

现在改变 a、b、c 的值，重新调用 fplot。

```
>> a = -3.9;   b = 52;   c = 0;
>> fplot(parabola, [-25 25])
```

在这次调用过程中，parabola 并没有使用 a、b、c 的新值，而是仍然使用之前的初始值，所以得到的图形与原来一样，如图 **6-7** 所示。

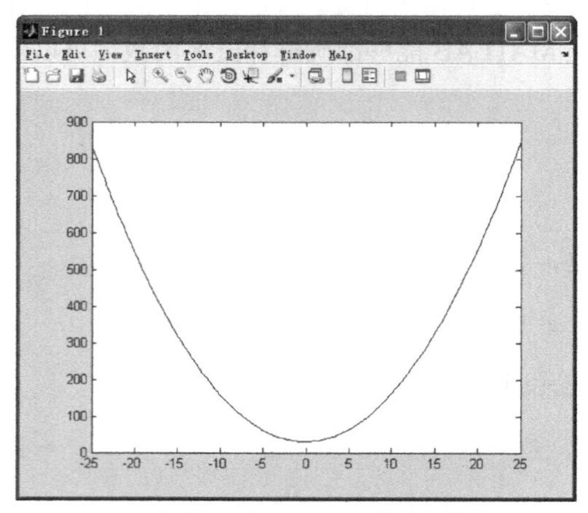

▲图 6-6　用 a、b、c 的值绘图

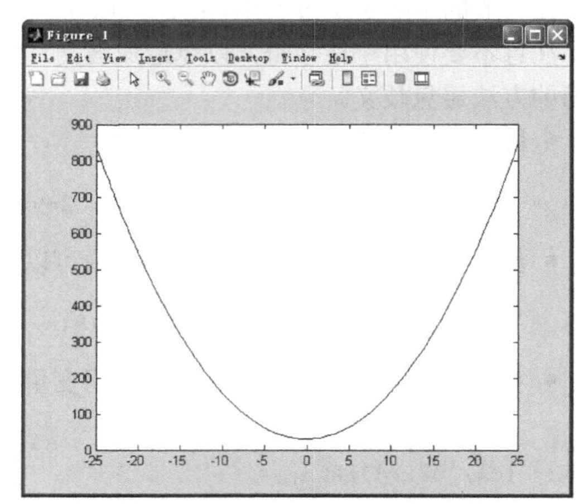

▲图 6-7　为匿名函数中的参数重新赋值后的调用结果

为了令函数句柄使用 a、b、c 的新值，必须用 a、b、c 的新值重新构建函数句柄。

```
>> a = -3.9;   b = 52;   c = 0;
>> parabola = @(x) a*x.^2 + b*x + c;
>> fplot(parabola, [-25 25])
```

这样 MATLAB 才会在新的参数条件下绘图，如图 **6-8** 所示。

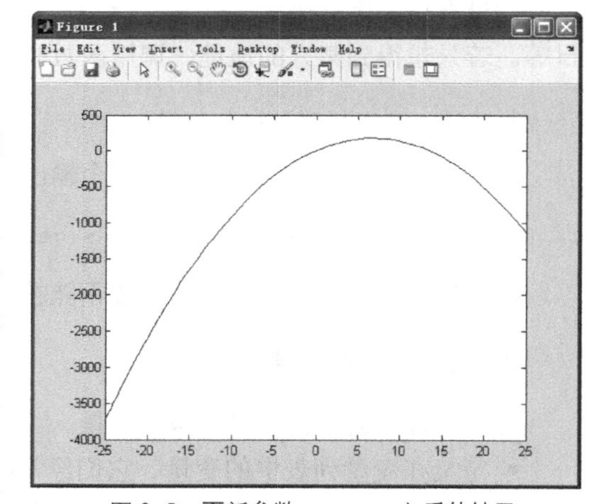

▲图 6-8　更新参数 a、b、c 之后的结果

对函数使用新参数必须重新构建函数句柄的原因是，在保存函数句柄时，连同函数体指定的参数值一起保存了，即将它们捆绑保存为函数句柄了。这就是用函数句柄调用函数与直接调用函数的区别。

基于本例中匿名函数所要达到的目的，并没有必要将匿名函数的句柄赋值给一个变量（parabola）。可以不保存函数句柄，而直接把函数句柄作为参数传递给函数 fplot。

```
>> a = 1.3;   b = .2;   c = 30;
>> fplot(@(x) a*x.^2 + b*x + c, [-25 25])
>> a = -3.9;   b = 52;   c = 0;
>> fplot(@(x) a*x.^2 + b*x + c, [-25 25])
```

由以上命令绘出的结果图可以看出，这样做就可以使用改变后的 a、b、c 值作为参数了。具体图形请读者自行验证。

【例 6-31】 使用匿名函数求积分 $g(c)=\int_0^1(x^2+cx+1)\mathrm{d}x$ 。

1）将括号中的部分 (x^2+cx+1) 写成一个匿名函数，但不必把它赋值给变量，将它直接传递给积分函数 quad。

```
>> @(x) (x.^2 + c*x + 1)
```

2）把函数句柄作为参数传递给解方程函数 quad，变量 x 的值是 0 和 1，quad 函数的表示方式如下。

```
>> quad(@(x) (x.^2 + c*x + 1), 0, 1)
```

3）把 c 作为输入参数，对整个方程构造一个匿名函数，并将函数句柄赋值给 g。

```
>> g = @(c) (quad(@(x) (x.^2 + c*x + 1), 0, 1));
```

4）将 c 指定为 2，计算这个积分式的值。

```
>> g(2)
ans =
    2.3333
```

6.4 函数的变量

要更加深入地理解函数运行的方式，就要理解函数的变量。

6.4.1 变量类型

MATLAB 将每个变量都保存在一块内存空间中，这个空间称为工作区。主工作区包括所有通过命令窗口创建的变量和脚本文件运行生成的变量。脚本文件没有独立的工作区，而每个函数（包括子函数和嵌套函数）都拥有各自独立的工作区，将该函数的所有变量保存在该工作空间内。

本节介绍的变量类型包括局部变量、全局变量和永久变量。这些类型主要是根据变量作用的工作区分类的。

1. 局部变量

每个函数都有自己的局部变量，这些变量存储在该函数独立的工作区中，与其他函数的变量及主工作区中的变量分开存储。当函数调用结束时，这些变量随之删除，不保存在内存中。另外，除了函数返回值之外，该函数不改变工作区中其他变量的值。

然而，脚本文件没有独立的工作区。当通过命令窗口调用脚本文件时，脚本文件共享主工作区；当函数调用脚本文件时，脚本文件共享主调函数的工作区。需要注意的是，如果在脚本中改变了工作区中变量的值，那么脚本文件调用结束后，该变量的值会发生改变。

在函数中，变量默认为局部变量。

2. 全局变量

局部变量只在一个工作区内有效，无论是函数工作空间还是 MATLAB 主工作区。与局部变量不同，全局变量可以在定义该变量的全部工作区中有效。当在一个工作区内改变该变量的值时，该变量在其他工作区中的值同时改变。

如果任何一个函数需要使用全局变量，则必须首先声明全局变量，格式如下。

```
global var1 var2
```

如果一个 M 文件中包含的子函数需要访问全局变量，则需要在子函数中声明该变量；如果需要在命令行中访问该变量，则需要在命令行中声明该变量。

在 MATLAB 中，变量名区分大小写。

【例 6-32】 使用全局变量，求解 Lotka-Volterra 捕食模型。

Lotka-Volterra 捕食模型公式如下。

$$y_1 = y_1 - \alpha y_1 y_2$$
$$y_2 = -y_2 + \beta y_1 y_2$$

首先，创建该模型的函数文件，其中参数 α 和 β 使用了全局变量。

```
lotka.m
function yp = lotka(t,y)
%LOTKA   Lotka-Volterra predator-prey model.
global ALPHA BETA                    %  声明全局变量
yp = [y(1) - ALPHA*y(1)*y(2); -y(2) + BETA*y(1)*y(2)];
```

然后调用函数文件 lotka.m，使用 ode23 函数求解这个微分方程。

```
Ex_6_32.m
global ALPHA BETA
ALPHA = 0.01
BETA = 0.02
[t,y] = ode23(@lotka,[0,10],[1; 1]);
plot(t,y)
```

得到的结果如图 6-9 所示。

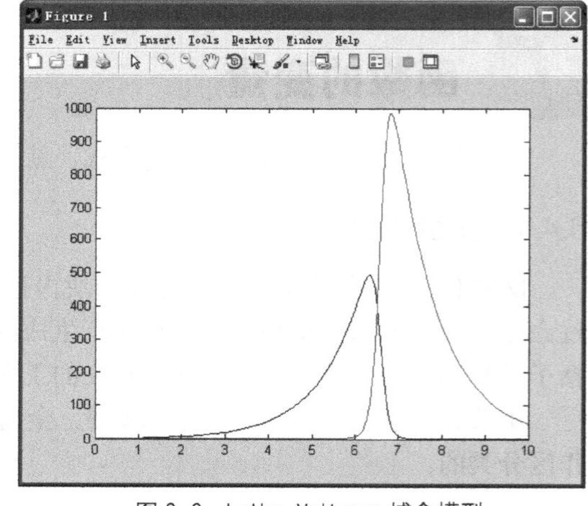

▲图 6-9　Lotka-Volterra 捕食模型

在本例中，因为使用了全局变量，所以在函数文件之外定义的参数 ALPHA 和 BETA 才可以被函数调用。

需要指出的是，使用全局变量有一定的风险，容易造成错误，建议用户尽量少使用全局变量。例如，用户可能不经意间在一个函数文件中声明的全局变量名和另一个函数文件中的全局变量名相同，这样在运行程序的时候，一个函数就可能对另一个函数中使用的全局变量进行覆盖赋值，这种错误是很难发现的。另外，在用户需要更改变量名的时候可能会引发问题。为了不让这种变量名的改变发生错误，就需要查找代码中出现的所有该变量名（如果与他人合作开发代码，那么这个问题尤其严重）。

3. 永久变量

除了局部变量和全局变量外，MATLAB 中还有一种变量类型，即永久变量。永久变量有如下几个特点。

- 只能在函数文件内部定义。
- 只有该变量从属的函数能够访问该变量。
- 当函数运行结束时，该变量的值保留在内存中，因此，当再次调用该函数时，可以再次利用这些变量。

永久变量的定义方法如下。

```
persistent  Var1  Var2
```

6.4.2 变量的传递

在编写程序的时候，参数传递一直是一个非常重要的问题。如何合理安排程序的变量传递，直接关系到程序的效率，有的时候甚至关系到是否能够实现程序功能的问题。在 MATLAB 中。函数的输入变量可以是字符串、文件名、函数句柄、结构数组和元胞数组等多种类型。另外，还提供了多种函数来实现变量的检测和传递，例如，nargin 和 nargout 函数可以用来检测输入/输出变量的个数，varargin 和 varargout 函数可以用来实现可变长度变量的输入/输出等。

MATLAB 函数 M 文件可以有任意数量的输入和输出变量，这些变量的特性和规则如下。

- 函数 M 文件可以没有输入和输出变量。
- 函数可以用比 M 文件中函数定义行所规定的输入/输出变量少的变量个数进行调用，但是不能多于规定的输入/输出变量。
- 在一次调用中，所用到的输入/输出变量的个数可以通过分别调用函数 nargin 和 nargout 来确定。因为 nargin 和 nargout 是函数而不是变量，所以用户不能用诸如 nargin=nargin+pi 之类的语句对它们重新赋值。
- 当调用一个函数时，并没有把输入变量复制到函数的工作区中，但是它们的值在这个函数中是可读的。需要注意的是，如果输入变量的任何值改变了，那么把这个输入变量组复制到了函数的工作区中。这样，为了节省内存并提高速度，最好将元素从大的数组中提取出来，然后再修改它们，而不是迫使整个数组都复制到这个函数的工作区中。另外，如果对输入变量和输出变量使用相同的变量名，则会使 MATLAB 立刻将输入变量的值复制到函数的工作区中。
- 如果一个函数定义了一个或者多个输出变量，但是用户在使用的时候又不想输出所有的结果，那么只要不把输出变量赋值给任何其他变量即可。或者在函数结束之前，使用 clear 命令删除这些变量。
- 函数可以通过在函数声明中将 varargin 作为最后的输入变量，接受可变的任意个数的输入变量。varargin 是一个预先定义的单元数组，这个单元数组的第 i 个单元就是从 varargin 出现的位置算起的第 i 个变量。
- 通过在函数声明行中将 varargout 作为最后的输出变量，函数可以接受任意个数的变量形式的输出参数。varargout 也是一个预定义的单元数组，这个单元数组的第 i 个单元就是从 varargout 出现的位置算起的第 i 个变量。

1. nargin 和 nargout

nargin 和 nargout 用来检测函数的输入/输出变量个数，具体的调用语法如下。

- nargin：在函数体内，用于获取实际输入变量个数。
- nargin(fun)：获取 fun 指定函数所定义的输入变量个数。
- nargout：在函数体内，用于获取实际输出变量个数。
- nargout(fun)：获取 fun 指定函数所定义的输出变量个数。

【例 6-33】 函数输入/输出变量的检测。

```
myplot.m
function [x0, y0] = myplot(x, y, npts, angle, subdiv)
% MYPLOT  Plot a function.
% MYPLOT(x, y, npts, angle, subdiv)
%     The first two input arguments are
%     required; the other three have default values.
 ...
if nargin < 5, subdiv = 20; end             % 检测第 5 个输入变量
```

```
if nargin < 4, angle = 10; end                  % 检测第 4 个输入变量
if nargin < 3, npts = 25; end                   % 检测第 3 个输入变量
 ...                                            % 还可以添加其他变量的检测
if nargout == 0                                 % 输出变量的检测
     plot(x, y)
else
     x0 = x;
     y0 = y;
end
```

本例中的函数 myplot 最少需要输入两个变量，在调用该函数时，若没有输入其他 3 个变量，则会以默认的值代替。

2. varargin 和 varargout

varargin 和 varargout 函数用来实现可变长度变量的输入/输出。其调用语法如下。

- function y = bar(varargin)：可变长度输入变量列表。
- function varargout = foo(n)：可变长度输出变量列表。

【例 6-34】 写一个函数 M 文件，实现对指定和可选输入变量的显示输出。

```
vartest.m
function vartest(argA, argB, varargin)

optargin = size(varargin,2);
stdargin = nargin - optargin;

fprintf('Number of inputs = %d\n', nargin)

fprintf('  Inputs from individual arguments(%d):\n', ...
        stdargin)
if stdargin >= 1
    fprintf('     %d\n', argA)
end
if stdargin == 2
    fprintf('     %d\n', argB)
end

fprintf('  Inputs packaged in varargin(%d):\n', optargin)
 for k= 1 : size(varargin,2)
     fprintf('     %d\n', varargin{k})
 end
```

下面调用 vartest 函数来查看效果：

```
>> vartest(10,20,30,40,50,60,70)
Number of inputs = 7
  Inputs from individual arguments(2):
     10
     20
  Inputs packaged in varargin(5):
     30
     40
     50
     60
     70
```

【例 6-35】 使用 varargout 函数。

```
mysize.m
function [s,varargout] = mysize(x)
```

```
nout = max(nargout,1)-1;
s = size(x);
for k=1:nout, varargout(k) = {s(k)}; end          % 为可变长度输出变量赋值
```

函数中使用了可变长度的变量输出，可以返回一个矩阵的大小和每一维的长度。

```
>> [s,rows,cols] = mysize(rand(4,5))
s =
     4     5
rows =
     4
cols =
     5
```

6.5 函数句柄

函数句柄提供了一种间接访问函数的手段。用户可以很方便地调用其他函数：提供函数调用过程中的可靠性；减少程序设计中的冗余；在使用函数的过程中保存函数的相关信息，尤其是关于函数执行的信息。

6.5.1 函数句柄的创建

函数句柄并不是伴随着函数文件而自动生成的文件“属性”，它必须通过专门的定义才能够生成。为一个函数定义句柄的方法有两种：使用@符号和利用转换函数 str2func。

在此需要强调以下两点。

- 当创建函数句柄时，被创建句柄的函数文件必须在当前视野（scope）范围内。所谓当前视野包括当前目录、搜索路径和当前目录所包含的“private”文件夹。此外，如果创建函数句柄的指令在一个函数文件中，那么该句柄包含的所有子函数也在视野内。
- 假如被创建句柄的函数不在当前视野内，则所创建的函数句柄无效。对于这种无效创建，MATLAB 既不会给出“出错”信息，也不会给出任何警告。

函数句柄的创建比较简单，语法如下。

```
handle = @functionname
```

其中，handle 为所创建的函数句柄；functionname 为所创建的函数。

通过以下方式给匿名函数创建函数句柄。

```
sqr = @(x) x.^2;
```

这里给函数 x.^2 创建了函数句柄。

函数句柄是一个标准的 MATLAB 数据类型，用户可以在数组和结构体中使用它。

【例 6-36】 创建函数句柄。

```
>>h = @plot                          % 创建绘图函数 plot 的句柄
h =
    @plot
>>y=@sin                             % 创建三角函数 sin 的句柄
y =
    @sin
>> trigFun = {@sin; @cos; @tan}      % 函数句柄数组的创建
trigFun =
    @sin
    @cos
    @tan
```

6.5.2　函数句柄的调用

函数句柄的调用比较简单，用户可以通过下例来掌握函数句柄的调用方法。

【例 6-37】　函数句柄的调用。

```
>> y=@sin;                    % 创建函数句柄
>> z=y(pi/2)                  % 调用函数句柄
z =
     1
```

下面演示多输出变量情况下的函数句柄调用。

```
>> f = @(X)find(X);                 % find 用来查找矩阵中的非零元素
>> m = [3 2 0; -5 0 7; 0 0 1]
m =
     3     2     0
    -5     0     7
     0     0     1
>> [row col val] = f(m);            % 多输出变量情况下的函数句柄调用
>> val                              % 运行结果
val =
     3
    -5
     2
     7
     1
```

【例 6-38】　函数句柄的传递。

创建 humps 函数的函数句柄，并将其传递给 fminbnd 函数，求其在区间[0.3, 1]上的最小值。humps 函数是 MATLAB 系统自带的测试函数，通过以下代码绘制其所对应的图形，如图 6-10 所示。

```
>> plot(0:0.05:1,humps)
```

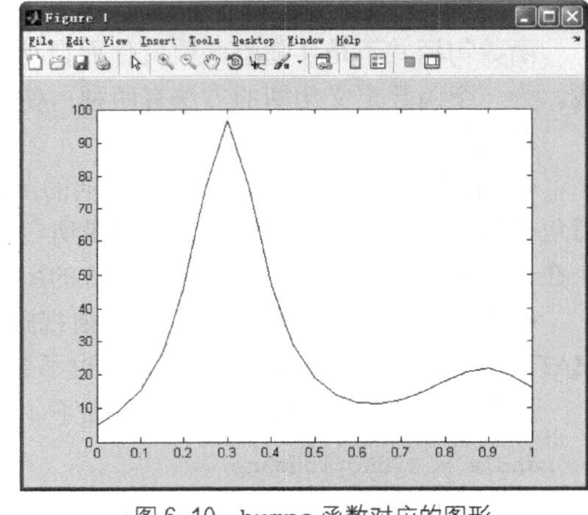

▲图 6-10　humps 函数对应的图形

可以看出，humps 函数在区间[0.3, 1]上有一个最小值，接下来创建 humps 的函数句柄，然后优化求解。具体代码如下。

```
>> h = @humps;                       % 创建函数句柄 h
>> x = fminbnd(h, 0.3, 1)            % 将函数句柄传递给优化函数
x =
    0.6370
```

由结果可知，在区间[0.3, 1]上，humps 函数在 0.6370 处具有最小值。

6.5.3　函数句柄的操作

MATLAB 提供了一些对函数句柄进行操作的函数，如表 6-2 所示。

表 6-2　　**操作函数句柄的函数**

函 数 名	功能描述	函 数 名	功能描述
functions	返回函数句柄的相关信息	load	从一个 M 文件中向当前工作区调用函数句柄
func2str	根据函数句柄创建一个函数名的字符串	isa	判断一个变量是否包含一个函数句柄

续表

函 数 名	功能描述	函 数 名	功能描述
str2func	由一个函数名的字符串创建一个函数句柄	isequal	判断两个函数句柄是否为某一相同函数的句柄
save	从当前工作区向 M 文件保存函数句柄		

【例 6-39】 调用 functions 函数。

```
>> f = functions(@poly)
f =
    function: 'poly'
        type: 'simple'
        file: 'D:\Program Files\MATLAB\R2014b\toolbox\matlab\polyfun\poly.m'
```

下面演示对于嵌套函数句柄 functions 函数的调用。首先创建一个嵌套函数 get_handles_nested，它可以返回函数句柄，具体内容如下。

```
get_handles_nested.m
function handle = get_handles_nested(A)
nestfun(A);

   function y = nestfun(x)
   y = x + 1;
   end

handle = @nestfun;
end
```

然后调用嵌套函数，并使用 functions 函数查看嵌套函数句柄的信息。

```
>> fh = get_handles_nested(5);
>> fhinfo = functions(fh)
fhinfo =
     function: 'get_handles_nested/nestfun'
         type: 'nested'
         file: [1x86 char]
    workspace: {[1x1 struct]}
```

【例 6-40】 调用 func2str 和 str2func 函数。

```
>> fhandle = @sin;
>> func2str(fhandle)
ans =
sin
>> fh = str2func('sin')
fh =
    @sin
```

可见，函数 func2str 根据传递给函数的函数句柄@sin 创建一个函数名的字符串'sin'；函数 str2func 由一个函数名的字符串'sin'创建一个函数句柄@sin。

【例 6-41】 调用 isa 和 isequal 函数。

```
>> func1 = @sin;
>> isa(func1,'function_handle')       %  func1 是函数句柄
ans =
     1
>> f=6;
>> isa(f,'function_handle')           %  f 不是函数句柄
ans =
     0
```

```
>> func2 = @sin;
>> isequal(func1, func2)              %  两个函数句柄都是@sin，所以返回 1
ans =
     1
```

6.6 串演算函数

命令、表达式、语句以及由它们综合组成的 M 文件，是用户为达到自己的计算目的最常使用的形式。为了提高计算的灵活性，MATLAB 还提供了一种利用字符串进行计算的功能，即串演算函数。利用字符串可以构成函数，可以在运行中改变所执行的命令。此外，还可以在泛函命令中调用字符串以实现比较复杂的求零点、求极值等运算。

6.6.1 eval 函数

eval 函数用来执行包含 MATLAB 表达式的字符串，其调用语法如下。

- eval(expression)：执行 MATLAB 表达式 expression 指定的计算。expression 应该是有效的 MATLAB 表达式，并且为字符串格式。
- [a1, a2, a3, ...] = eval('myfun(b1, b2, b3, ...)')：执行函数 myfun(b1, b2, b3, ...)，b1, b2, b3, ...为 myfun 的输入变量，最终输出指定变量到 a1, a2, a3, ...

【例 6-42】 通过 eval 函数批量导入数据。

```
Ex_6_41.m
for d=1:10
   s = ['load August' int2str(d) '.mat'];    %  需要载入的文件名
   eval(s)
end
```

在这段程序中实现了批量导入数据的功能。在实际中，经常需要批量导入数据文件，在这些数据文件的名字中，有一部分是有规律地循环的，所以就可以将需要导入的文件名通过循环建立字符串，然后通过 eval 函数分别执行。在本例程序中通过循环执行了以下命令。

```
load August1.mat
load August2.mat
load August3.mat
load August4.mat
load August5.mat
load August6.mat
load August7.mat
load August8.mat
load August9.mat
load August10.mat
```

【例 6-43】 计算“语句”串，创建变量。

```
>> clear,t=pi;
>> eval('theta=t/2,y=sin(theta)');
>> who                    %  查看运行结果中有哪些变量
theta =
    1.5708
y =
     1
Your variables are:
t       theta   y
```

【例 6-44】 计算多个函数的值。

```
>> CEM={'cos','sin','tan'};
>> for k=1:3
       theta=pi*k/12;
       y(k)=eval([CEM{1},'(',num2str(theta),')']);      % 计算 CEM(theta)
   end
>> y
y =
   0.9659    0.8660    0.7071
```

本例通过循环计算 cos(theta)、sin(theta)和 tan(theta)。由此可以看出，用户可以通过循环分别对某一数据计算多个函数的值。另外，用户还可以根据判断，在不同的流程分支中调用不同的函数。

6.6.2 feval 函数

feval 函数用来进行输入函数所指定的运算。feval 函数的调用语法如下。

[y1, y2, ...] = feval(function, x1, ..., xn)：以 x1, ..., xn 作为输入变量执行函数 function。

另外，function 也可以是函数句柄，但实际中一般没有必要将句柄代入 feval 函数中。

```
[V,D] = eig(A)
[V,D] = feval(@eig, A)
```

上面两行代码的作用是一样的，但是运行 feval(@eig, A)所需要的时间是 eig(A)的几倍，所以建议直接调用原有函数。

有些情况下既可以使用 eval 函数，也可以使用 feval 函数来达到目的。在这种情况下，建议用户使用 feval 函数，因为 feval 函数的运行效率比 eval 函数高。

通常在编写输入变量为函数名或者函数句柄的函数文件时需要使用 feval 函数，因为这样才可以在文件中调用作为变量输入的函数。下面举例说明。

【例 6-45】 feval 函数在 fminbnd 函数中的使用。

```
function [xf, fval, exitflag, output] = ...
    fminbnd(funfcn, ax, bx, options, varargin)
              .                                      % 具体的函数文件略
              .
              .
fx = feval(funfcn, x, varargin{:});        % 执行作为变量输入的 funfcn 函数
```

6.6.3 inline 函数

函数 inline 用来创建 inline 函数对象，其调用语法如下。

- inline(expr)：由字符串 expr 中包含的 MATLAB 表达式创建一个 inline 函数对象。
- inline(expr,arg1,arg2,...)：创建一个 inline 函数，该函数的输入变量由 arg1, arg2,...指定。
- inline(expr,n)：n 是一个标量，创建一个输入变量为 x, P1, P2, ..., Pn 的 inline 函数。

也可以将 inline 函数看作沟通 eval、feval 两个不同函数的桥梁。凡 eval 可以运行的表达式，都可以通过 inline 转换为 inline 函数，而这种 inline 函数总是可以被 feval 函数使用。MATLAB 的许多“泛函”函数，就是由于采用了 inline，而具备了适应各种被处理函数形式的能力。

涉及 inline 函数性质的函数有以下几个。

- char(fun)：将 inline 函数转换为字符串数组。
- argnames(fun)：返回包含 inline 函数的输入变量名的元胞数组。
- formula(fun)：返回 inline 函数使用的计算公式。
- vectorize(fun)：在 inline 函数使用的计算公式中的任何一个^、*、/或者'操作符前面加上一个小数点“.”，从而使 inline 函数可以进行向量计算。

【例 6-46】　创建 inline 函数。

```
>> g = inline('t^2')
g =
     Inline function:
     g(t) = t^2
>> g(2)
ans =
     4
>> char(g)                  %  将 inline 函数转换为字符串数组
ans =
t^2
```

【例 6-47】　创建表示 $f = 3\sin(2x^2)$ 的 inline 函数。

```
>> f = inline('3*sin(2*x.^2)')
f =
     Inline function:
     f(x) = 3*sin(2*x.^2)
>> f(3)                     %  调用 f 函数进行计算
ans =
   -2.2530
>> argnames(f)              %  变量名
ans =
    'x'
>> formula(f)               %  计算公式
ans =
3*sin(2*x.^2)
```

【例 6-48】　创建包括多个输入变量的 inline 函数。

```
>> f = inline('sin(alpha*x)')
f =
     Inline function:
     f(alpha,x) = sin(alpha*x)
>> f(pi,2)
ans =
 -2.4493e-016
```

如果没有返回变量名符合要求的 inline 函数，则可使用 inline 函数指定变量的名称和顺序。下面给出一段示例代码。

```
>> g = inline('sin(alpha*x)','x','alpha')
g =
     Inline function:
     g(x,alpha) = sin(alpha*x)
```

6.7 内存的使用

当用户处理较多数据时，有时会出现 MATLAB 因为内存不足而读取数据不成功的情况，但是此时系统的空闲内存很可能还剩很多。这时需要了解内存的管理知识来解决此类问题。

6.7.1 内存管理函数

可以使用下面的函数在 MATLAB 中管理内存。

- memory 函数：显示或返回有多少空间是可用的和有多少空间已经被 MATLAB 使用。其返回值包括以下几种情况。
  - 当前在 MATLAB 中能创建的最大数组的大小。
  - 当前可用数据空间的大小。
  - 当前 MATLAB 程序使用的内存空间的大小。
  - 当前 MATLAB 能够用到的总的内存。
  - 当前可用的系统内存，包括物理内存和页面文件。
  - 计算机总的虚拟内存和物理内存。
- whos 函数：查看给工作区中的变量分配了多少内存。
- pack 函数：把已经存在的变量保存到磁盘中，然后重新装入，这将降低因为内存碎片而出现问题的概率。
- clear 函数：从内存中删除变量。增加可用内存的一种方法是周期性地把不再使用的变量从内存中清除出去。
- save 函数：有选择地把变量保存到磁盘中。在使用大量数据时，这是一个有用的技巧。
- load 函数：把已保存的数据文件用 load 函数重新载入。
- quit 函数：退出 MATLAB，并把所有分配的内存返回给操作系统。

6.7.2 高效使用内存的策略

为提高内存的使用效率，对用户提供以下建议：使用压缩内存，使用适当的数据存储方式，避免数据碎片状存储，回收内存。

1. 使用压缩内存

导致出现“out of memory”问题经常是由于分析或处理一个已经存在的大文件或大数据库。这需要将整个或部分文件或数据读入 MATLAB 程序中。下面介绍如何压缩这个过程中需要使用的内存总量。

（1）仅导入需要的文件部分

仅仅导入程序需要用到的数据，这对于从一些源上导入数据来说比较容易。例如数据库是可以精确查找满足条件的数据的。对于文本文档和二进制文档来说，导入则有些困难，大多数用户倾向于将整个文件导入，然后再用 MATLAB 进行处理。但是当我们精确了解文件格式和文件中数据的存储状况之后，精确地导入需要的部分就比较容易了。

（2）以块为单位处理数据

以块为单位进行处理表示在循环中一次处理一大段数据中的一小段。可以通过数据过滤，将一个大段数据分成几段数据来实现分块处理。

（3）避免建立临时数组

尽量避免建立较大的临时数组，如果确实需要使用，那么在调用结束后立即清除它们。

（4）使用嵌套函数来传递数据

当处理大的数据组时，我们应该意识到，当将数组传递给调用函数来改变数组的值时，MATLAB 会在内存中保存这个数组的副本。也就是说，当调用子函数时，MATLAB 会将要处理的数组所需要的存储空间变为该数组的两倍，这样当内存不能满足要求时便会出错。

要解决这个问题，可以使用嵌套函数。一个嵌套函数是共享它外部函数的工作区的，这样可以节省内存空间。

【例 6-49】　使用嵌套函数节省内存空间。

创建一个魔方矩阵，并改变其某些元素的值，M 文件的内容如 myfun.m 所示。

```
myfun.m
function myfun
A = magic(500);

    function setrowval(row, value)
    A(row,:) = value;
    end

setrowval(400, 0);
disp('The new value of A(399:401,1:10) is')
A(399:401,1:10)
end
```

本例中，当嵌套函数 setrowval 改变 A 的值时，它直接访问它上层函数的工作区，因此，MATLAB 不会为函数 setrowval 保存 A 的副本，也不会将 A 由嵌套函数返回。所以本例中没有浪费额外的内存。

2. 使用适当的数据存储方式

（1）使用适当的数据种类

MATLAB 默认的数据类型是 double 类型，double 类型的数据能够提供很高的精度，但是需要 8 字节来存储数据。如果数据并不需要那么高的精度，就可以指定数据类型来减少数据所占用的空间。例如，使用 uint8 类型存储 1 000 个小的无符号整数，比使用 double 类型少占用 7 000 KB 内存空间。

（2）在读入文件时选择适当的数据类型

当用 fread 从文件中读入数据时，经常犯的错误是只指定了文件中数据的类型，而没有指定读入数据在 MATLAB 中保存的类型。在这种情况下，读入的数据是使用默认的 double 类型保存的，即使你读入的仅仅是 1 字节的数据。

【例 6-50】　以较小格式读入数据。

附件 large_file_of_uint8s.bin 包含了 100 以内的 1 000 个整数，在读取这个文件时完全不必使用占用内存空间较大的 double 类型。下面通过两种读入方法来比较内存的占用量。

```
>> fid = fopen('large_file_of_uint8s.bin', 'r');
>> a = fread(fid, 1e3, 'uint8');
>> whos a
  Name         Size            Bytes  Class     Attributes
  a         1000x1              8000  double
>> a = fread(fid, 1e3, 'uint8=>uint8');
>> whos a
  Name         Size            Bytes  Class    Attributes
  a         1000x1              1000  uint8
```

可见，当没有指定读入数据在 MATLAB 中保存的类型时，数据以默认的 double 类型保存，占用 8 000 字节；当指定了数据在 MATLAB 中保存的类型时，数据只占用 1 000 字节，占用的内存量明显小得多。

（3）尽可能地使用稀疏矩阵

当数据包含很多 0 时，可以使用稀疏矩阵。稀疏矩阵只存储非零元素和它们的位置，所以可以占用更少的内存。

【例 6-51】 稀疏矩阵与一般矩阵存储的比较。

```
>> A = diag(1e3,1e3);                % 一般矩阵
>> As = sparse(A);                   % 稀疏矩阵
>> whos
  Name          Size                Bytes  Class     Attributes
  A          1001x1001            8016008  double
  As         1001x1001               8032  double    sparse
```

可见，本例中的矩阵 A 用稀疏矩阵存储只需要 8KB，而用一般矩阵形式存储需要约 8MB。

3. 避免数据碎片状存储

因为 MATLAB 总是用邻近的内存片段来存储数值数组，所以运行时可能产生内存碎片。当内存成为碎片时，会有很多闲置的空间。当内存碎片太多时，就没有足够的内存来保存新的大型变量，并导致“Out of memory”错误产生。此时，可以用 pack 函数把内存中现有的变量数据写入硬盘，然后重新读入内存，从而把更多相邻的内存块释放出来。

另外，当需要申请多个变量时，要优先申请占用空间大的变量。

4. 回收内存

回收内存是内存利用的一个简单方法，但是很多时候它是非常有效的方法之一。所谓回收内存，就是指将不再使用的大型数据从内存空间清除掉。因为 MATLAB 不会自动清除内存中的变量，所以需要用户使用 clear Var1, Var2, …命令来清除内存中的变量 Var1, Var2, …

6.7.3 解决“Out of Memory”问题

1. 关于内存的大体建议

- 压缩数据以减少内存碎片。
- 如果可能，将大的矩阵分成小的矩阵使用，这样，同一时间使用的内存就减少了。
- 确保没有外部约束来约束 MATLAB，使 MATLAB 不能使用能够操作的内存大小。
- 增加系统虚拟内存大小，推荐虚拟内存是实际内存的两倍大小。
- 增加物理内存。

2. 相关操作系统

对于 32 位操作系统来说，理论上最多只能利用 4GB 内存。如果需要使用 4GB 以上的内存，建议使用 64 位操作系统。

对于 32 位 Windows 操作系统来说，每个进程只能使用最多 2GB 的虚拟内存地址空间，因此 MATLAB 的可分配内存也会受到相应的限制。MATLAB 引进了新的内存管理机制，可以利用 Windows 的 3GB 开关，使 Windows 的每个进程可以再多分配 1GB 的虚拟地址空间。

另外，还有一些其他的内存利用方法，请读者自行查阅 MATLAB 帮助文档的 Memory Usage 部分。

6.8 程序调试和优化

和其他编程语言一样，当使用 MATLAB 编写函数或者脚本 M 文件时，遇到错误（bug）是在所难免的，尤其是在规模比较大或者多人合作的情况下。因此，掌握程序调试的方法和技巧，对提

高工作效率是很重要的。

一般来讲，程序代码的错误主要分为语法错误和逻辑错误两种。其中，语法错误通常包括变量名和函数名的误写、标点符号的缺漏和 end 等关键词的漏写等。对于这类错误，MATLAB 会在编译运行时发现，并给出错误信息。用户很容易发现这类错误。另外，与逻辑错误相比，这种错误比较容易修改。

对于逻辑错误，情况相对而言比较复杂，处理起来也比较困难。其主要原因如下：逻辑错误一般会涉及算法模型与程序模型是否一致，还涉及编程人员对程序算法的理解是否正确，对 MATLAB 语言和机理的理解是否深入。逻辑错误的表现形态也比较多，如程序运行正常，但是结果异常，或者程序代码不能正常运行而中断等。相对于语法错误而言，逻辑错误更难查找错误原因，此时就需要使用工具来帮助完成程序的调试和优化。

对于一般的错误，我们可以通过直接调试法来调试。

- 经过分析，将重点怀疑语句或者命令行后面的分号去掉，使得运算结果显示在命令窗口中，为调试提供依据。
- 在有疑问的语句附近，添加显示某些关键变量值的语句，通过查看这些关键变量的值来确定哪里发生了错误。
- 在程序的适当位置添加 `keyboard` 命令，当 MATLAB 执行到相应的程序代码时，会暂停执行，同时在命令窗口中显示 `K>>`提示符，用户可以查看或者修改变量的数值。在提示符后面输入 `return` 命令之后，系统会返回程序代码中继续执行原文件。
- 利用 `echo` 命令，在运行程序时在命令窗口中逐行显示正在执行的命令，从而查看是否与程序的设计思路一致。

当程序比较复杂时，则可利用 Debugger 窗口或者命令窗口进行深入的调试。

6.8.1　使用 Debugger 窗口调试

M 文件编辑器其实就是 Debugger 窗口。例如，使用 M 文件编辑器新建函数文件 zrf_v.m，该函数文件的内容如下。

```
zrf_v.m
function f=zrf_v(x)
l=length(x);
s=sum(x);
y=s/l;
t=zrf_fun(x,y);
f=sqrt(t/(l-1));
    function f=zrf_fun(x,y)
        %nested function
        t=0;
        for i=1:length(x)
            t=t+((x-y).^2);
        end
        f=t;
    end
end
```

在 Debugger 窗口中，`function`、`for` 循环、`while` 循环等结构前面都有一个中间有减号的小方框，在这些结构结尾处有一个小横线与之相对应，表示中间这部分从属于一段函数。另外，可以单击减号，将这一段函数折叠。Debugger 窗口的断点设置介绍如图 6-11 所示。

下面以 zrf_v.m 函数为例，介绍在 Debugger 窗口中对其进行调试的过程。

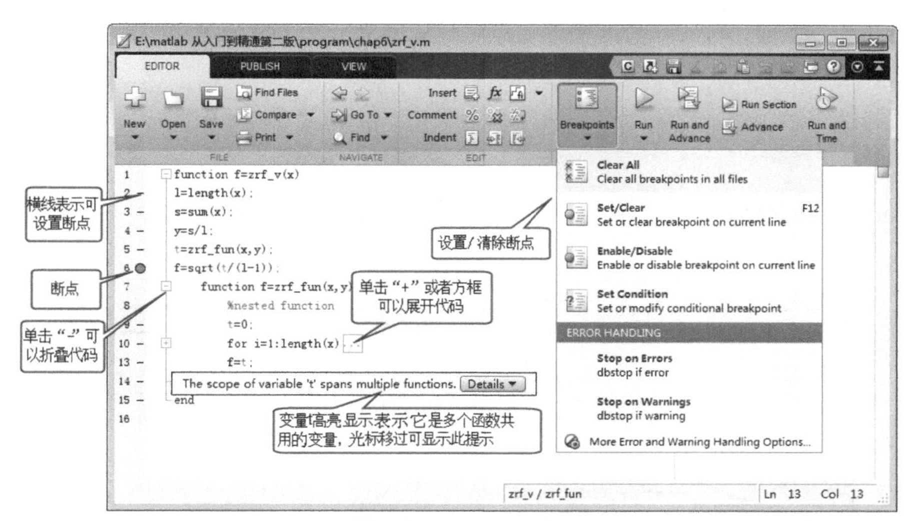

▲图 6-11 Debugger 窗口

在本节开始时给出 zrf_v.m 函数的目的是计算向量的标准差。在 MATLAB 的命令窗口中，调用该函数计算向量标准差的结果如下。

```
>> a=1:6;
>> zrf_v(a)
ans =
    2.7386    1.6432    0.5477    0.5477    1.6432    2.7386
>> std(a)
ans =
    1.8708
```

zrf_v.m 函数计算出的标准差应该与 MATLAB 中函数 std 计算出的标准差一样。然而，实际运行后，两者所给出的标准偏差相差很远。为此，可在 Debugger 窗口中调试，以找出导致错误的原因并改正。

要在 zrf_v.m 函数中的最后一行前面设置一个断点，可以单击需要设置断点那一行所对应的小横线。设定断点以后，行前的小横线就会变为一个红色的圆点标记。断点的选择可以根据个人的经验和算法结构决定，一般选择在比较重要或比较复杂的语句前面添加断点，例如这里将断点设置在第 6 行。

再次调用 zrf_v.m 函数时，就将在断点处暂停，并且 Debugger 窗口将转换到最前端显示，光标在断点行首闪烁。

```
>> zrf_v(a)                        % 设置断点后调用函数
6   f=sqrt(t/(l-1));               % 6 代表断点行数
K>>                                % 注意，这时提示符变为 K>>
```

当执行到断点处时，Debugger 窗口中断点和文本之间将会出现一个绿色的箭头，表示程序运行至此处中断，如图 6-12 所示。另外，此时在命令行中显示的 6 为到当前断点的超链接。

在命令行中，命令提示符>>前面的 K 表示目前正处于调试状态，可以在其后检查变量的数值，或者输入其他的 MATLAB 表达式。下面给出几个示例。

```
K>> l
l =
     6
K>> s
```

```
s =
     21
K>> x
x =
     1     2     3     4     5     6
K>> t
t =
   37.5000   13.5000    1.5000    1.5000   13.5000   37.5000
```

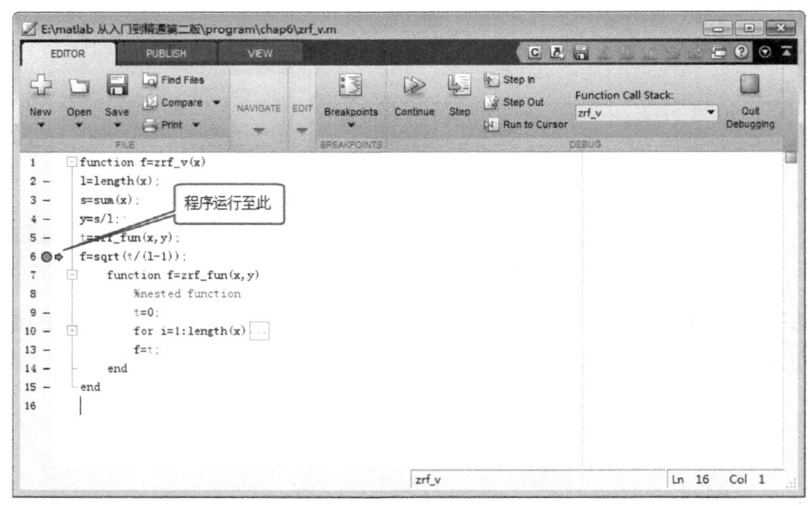

▲图 6-12　断点的设置

断点前的代码段的意义为：首先计算向量 x 的长度，然后计算向量 x 的所有元素总和，接着计算向量 x 所有元素的平均值，最后调用嵌套函数。前几步的代码段十分简单，通过单击可以发现相应变量的值都正确，而调用嵌套函数后的 t 值不正确，由此可以确定问题出在嵌套函数上，为此需要对嵌套函数进行检查调试。

要清除断点，可以直接单击代表断点的红点，将其还原为小横线。此时函数还运行在断点的位置，如图 6-13 所示。然后在第 11 行设置新的断点，并通过单击工具栏中的按钮，或按快捷键 F5 使程序继续运行。

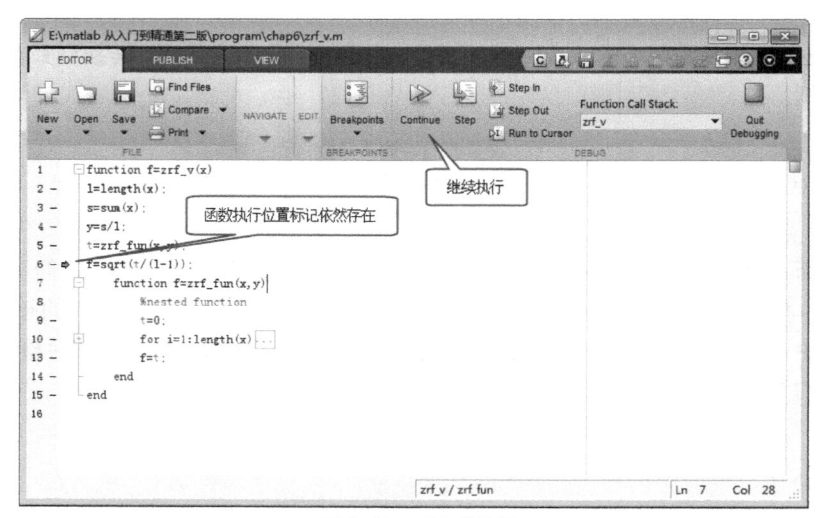

▲图 6-13　断点的清除

通过多次设置断点，可以检查函数流程是否按照算法执行，检查中间过程变量的结果是否正确等。在调试的过程中，把鼠标指针移到变量的名字上面可以预览数据，如图 6-14 所示。

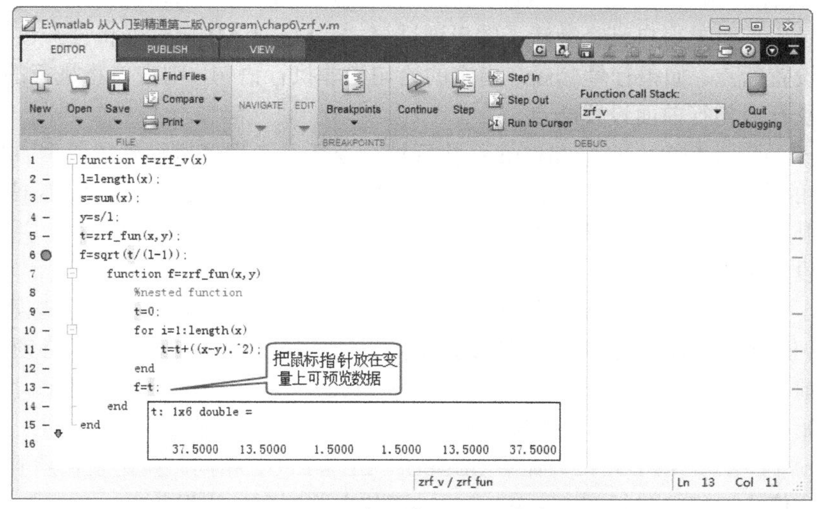

▲图 6-14 在调试过程中预览数据

通过这些手段，可以发现错误出在计算 t 的表达式上。对 t 的表达式进行检查发现，表达式 t=t+((x-y).^2) 中的 x 应该改为 x(i)。

在调试模式下是不能保存文件的，要保存文件，则需要退出调试模式。如果在调试模式下改正，单步运行时运行的还是原来未改变的文件，单击“保存”按钮会跳出警告信息对话框，提示是否要退出调试模式并保存。可以直接单击“确认”按钮并退出。另外，在调试过程中要退出调试模式，可以单击 Debug|Exit Debug Mode 菜单命令，或者在提示符 K>>后面输入 return 命令。

下面对修改之后的文件进行验证。

```
>> zrf_v(a)
ans =
    1.8708
>> std(a)
ans =
    1.8708
```

事实证明我们找到了错误并进行了改正。

除了前面提到的断点设置方法以外，还可以设置条件断点和错误断点，具体的使用方法可查阅 MATLAB 帮助文档。

6.8.2 在命令窗口中调试

除了采用 Debugger 窗口调试程序外，MATLAB 还提供了完善的调试命令，利用这些调试命令同样可以在命令窗口中调试程序。

1. 设置断点

设置断点的函数 dbstop 的调用语法如下。

● dbstop in myfile：执行该命令后，当程序运行到指定 M 文件的第一个可执行语句时，会暂时中止 M 文件的执行，并进入 MATLAB 的调试模式，M 文件必须处在 MATLAB 搜索路径或当前目录内。如果用户已经激活了图形调试模式，MATLAB 调试器将打开该 M 文件，并在第一个可执行语句前面设置断点。此时，用户可以应用各种调试工具，查看工作区变量，或调用任何有效的 MATLAB 函数。

- dbstop in myfile at lineno：执行该命令后，当程序运行到指定的行号 lineno 时，会暂时中止 M 文件的执行，并进入 MATLAB 的调试模式。M 文件 myfile 必须处在 MATLAB 搜索路径或当前目录内。如果用户已经激活了图形调试模式，MATLAB 调试器将打开该 M 文件，并在行号 lineno 处设置断点。如果行号 lineno 指定的语句为非执行语句，则在停止执行的同时，在该行号的下一个可执行语句行前面设置断点。
- dbstop in myfile at subfun：执行该命令后，当程序执行到子函数 subfun 时，会暂时中止 M 文件的执行，并使 MATLAB 处于调试模式。M 文件必须处在 MATLAB 搜索路径或当前目录内。如果用户已经激活了图形调试模式，MATLAB 调试器将打开该 M 文件，并在 subfun 指定的子函数前面设置断点。
- dbstop if error：执行该命令后，当用户运行任何 M 文件遇到运行错误时，将终止 M 文件的执行，并使 MATLAB 处于调试状态，运行将在产生错误的行停止，M 文件必须处在 MATLAB 搜索路径或当前目录内。运行错误不包括在 try…catch 语句中监测到的错误。用户不能在错误的后面重新开始程序的运行。
- dbstop if all error：与命令 dbstop if error 相同。但是它在遇到任何类型的运行错误时，均会停止运行，包括在 try…catch 语句中监测到的错误。
- dbstop if wanning：执行该命令后，当用户运行任何 M 文件遇到运行警告时，则会终止 M 文件的执行，并使 MATLAB 处于调试状态，运行将在产生警告的行暂停。M 文件必须处在 MATLAB 搜索路径或当前目录内。
- dbstop if naninf 或 dbstop if infnan：执行该命令后，当用户运行任何 M 文件遇到无穷值（Inf）或非数值（NaN）时，会终止 M 文件的执行，并使 MATLAB 处于调试状态，运行将在遇到 Inf 或 NaN 的行暂停。M 文件必须处在 MATLAB 搜索路径或当前目录内。

2. 清除断点

清除断点的函数 dbclear 的调用语法如下。

- dbclear all：清除所有 M 文件中所有的断点。
- dbclear all in myfile：清除指定 M 文件中的所有断点。
- dbclear in myfile：清除指定 M 文件 myfile 中第一个可执行语句前面的断点。
- dbclear in myfile at lineno：清除指定 M 文件 myfile 中行号为 lineno 的语句前面的断点。
- dbclear in myfile at subfun：清除指定 M 文件 myfile 中子函数 subfun 行前面的断点。
- dbclear if error：清除由命令 dbstop if error 设置的暂停。
- dbclear if warning：清除由命令 dbstop if warning 设置的暂停。
- dbclear if naninf：清除由命令 dbstop if naninf 设置的暂停。
- dbclear if infnan：清除由命令 dbstop if infnan 设置的暂停。

3. 恢复执行

恢复执行的函数 dbcont 的调用语法为：从断点处恢复 M 文件的执行，直到程序遇到另一个断点或错误后返回 MATLAB 基本工作空间。

4. 切换工作区

切换工作区的函数 dbdown 和函数 dbup 的调用语法如下。

- dbdown：在遇到断点时，将当前工作区切换到被调用的 M 文件的工作区。
- dbup：将当前工作区（在断点处）切换到调用 M 文件的工作区。

5. 调用栈

调用栈的函数 dhstack 的调用语法如下。

- dbstack：显示当前断点所对应的行数和函数调用的 M 文件名，它们是根据运行的先后次序列出的。最近执行的函数紧随调用它的函数优先列出。
- [ST,I]=dbstack：通过 m×I 的结构体 ST 形式返回栈信息。结构体 ST 包括如下内容。
- file：函数出现在哪个文件中，如果没有文件，将返回空字符串。
- name：该文件内的函数名。
- line：函数行号。

把当前工作区的索引返回给参数 I。

6. 列出所有断点

列出所有断点的函数 dbstatus 的调用语法如下。

- dbstatus：列出所有的有效断点，包括错误、警告和 naninf。
- dbstatus function：列出在指定 M 文件中设定的断点列表。
- s=dbstatus(…)：通过 m×I 的结构体形式返回断点信息。结构体包括如下内容。
- name：函数名。
- file：包含断点文件的完整路径。
- line：函数的行号向量。
- anonymous：在前面 line 字段中代表匿名函数的整数向量。
- expression：与之前 line 字段中的行相应的条件表达式对应的元胞向量。
- cond：条件字符串（如 error、warning 或 naninf 等）。
- identifier：当 cond 是 error、caught error、warning 时，设置 cond 所对应状态的 MATLAB 消息标识符字串所组成的元胞向量。

7. 执行一行或多行语句

执行一行或多行语句的函数 dbstep 的调用语法如下。

- dbstep：执行当前 M 文件中下一个可执行语句。
- dbstep nlines：执行指定行数的可执行语句。
- dbstep in：进入下一个可执行语句，如果该行包含对另一个 M 文件的调用，执行将从被调用文件中的第一个可执行语句执行；如果该行不包含对其他 M 文件的调用，该命令与 dbstep 的功能相同。
- dbstep out：执行完当前函数余下的命令，离开当前函数并停止继续运行其他程序。

8. 列出 M 文件并标上标号

列出 M 文件并标上标号的函数 dbtype 的调用语法如下。

- dbtype function：列出指定 M 文件函数的内容，并在每行语句前面标上行号。
- dbtype function start:end：列出 M 文件中指定行号范围内的部分。

9. 退除调试模式

退出调试模式的函数 dbquit 的调用语法为：立即关闭调试器并返回基本工作区，所有断点仍然有效。

6.8.3　通过Profiler检测性能

Profiler是一个能够检测程序性能的工具。

使用Profiler，能从代码中分析哪一个函数耗费的时间最多。这有助于分析哪些环节最需要改进，接下来可以优化程序，从而达到提高程序性能的目的。

Profiler还能帮助弄懂一个M文件。假如有一个很长的M文件，并不是用户所熟悉的，那么可以使用Profiler，让它帮助检测文件。从它给出的详细报告中，能看到它是如何工作的，哪些行被使用了。

对Profiler揭示出来的性能问题，可以用以下3种方法解决。

- 避免进行不必要的计算。
- 修改算法，避免使用代价昂贵的函数。
- 保存结果，便于后面使用，以避免进行重复计算。

如果最终调试的结果是用户把大部分时间都花费在调用少数几个内部函数上，程序代码可能已经优化到用户希望的结果。

1. 使用Profiler的一般过程

使用Profiler的一般过程如下。

1）在由Profiler生成的简略报告上，寻找那些用了大量时间或者频繁调用的函数。

2）查看由Profiler生成的详细报告上标识的那些函数，寻找它们中用了很多时间或最常使用的行。应当保存第一个详细报告的副本，准备与修改文件以后再做的详细报告进行比较。

3）确定是否修改最常使用或最耗费时间的行，以改进性能。例如，在循环中有一条文件操作语句，每次执行循环都调用文件，为了节省时间，可以把它移到循环的前面，只调用它一次。

4）通过链接进入文件，修改标识过的、能提高性能的行。保存文件并执行`clear all`语句，再运行Profiler与原来的报告进行比较。注意，有少量时间波动可能并不是代码造成的，而是固有的。比如，同样的代码运行两次会有细微的时间变化一样。

5）重复这个过程，继续改善性能。

2. 运行Profiler

首先，要打开Profiler，在命令窗口输入以下命令即可。

```
profile viewer
```

打开的Profiler窗口如图6-15所示。要检测M文件，将文件名输入图中所示的位置，然后单击Start Profiling按钮，则开始运行。在运行中，Profiler窗口的Profile time指示器是绿色的。运行结束后，该指示器则变为褐色。

3. 简略报告

运行Profiler之后，窗口会显示M文件的简略检测报告。报告上主要是函数执行的全部统计信息和每个被调用函数的概括统计信息。报告以4列的形式显示统计值，如图6-16所示。

【例6-52】　使用Profiler。

在Run this code输入框内输入`plot(magic(35))`，然后单击Start Profiling按钮，Profiler开始运行。运行结束会给出统计报告，如图6-16所示。另外，还会按照命令绘制图形，如图6-17所示。

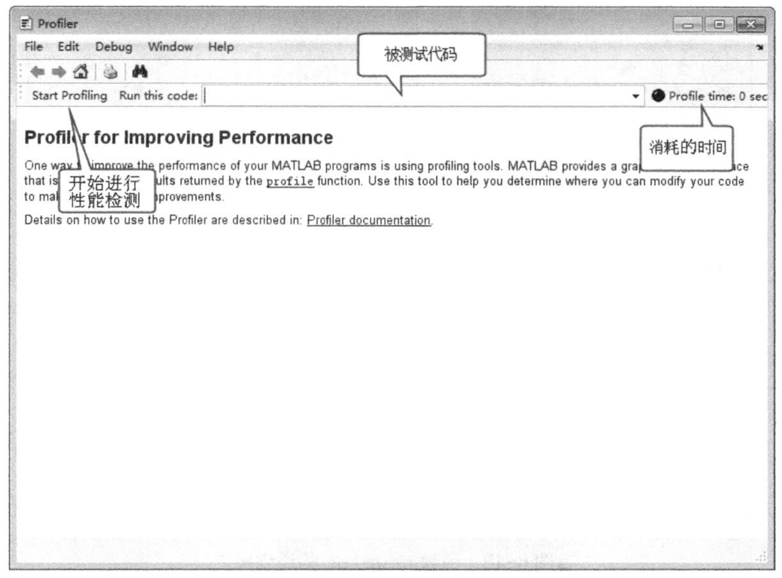

▲图 6-15 Profiler 窗口

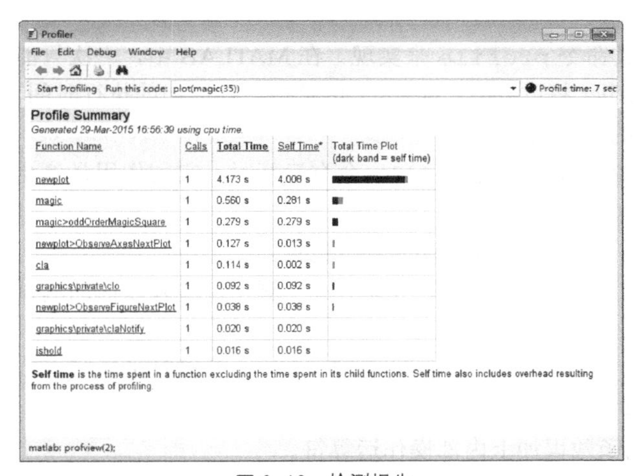

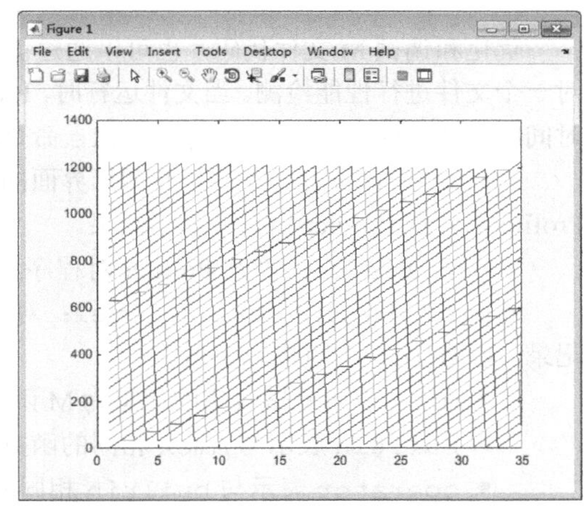

▲图 6-16 检测报告

▲图 6-17 plot(magic(35))命令绘制的图形

图 6-16 中简略报告的 4 个标题下都有下画线，说明它们都是超链接，单击可以显示详细内容。

- Function Name：Profiler 检测的函数，以及被函数调用的子函数的名字。开始按每个函数占用的处理时间的总量顺序排列，单击 Function Name 可以令函数名称按照字母顺序排列。
- Calls：Profiler 运行期间函数被调用的次数。单击 Calls 可以令函数按调用次数排序。
- Total Time Plot：函数（包括它调用的子函数）所耗费的时间，单位是秒。单击 Total Time Plot 可以令函数按它们耗费的时间总量排序。如果不人为干预，整个简略报告的信息将按函数耗费的时间总量排序。总量时间中包含 Profiler 使用的一些时间。当那些函数用的时间微不足道时，总量时间显示为 0。
- Self Time：函数自己耗费的时间，不包括它调用的子函数所花费的时间。单击 Self Time 可以令函数按这个时间排序。

简略报告中最右边的一列是时间总量（Total Time Plot）的图示，其中深色条是 Self Time。

简略报告上的每个函数名都有下画线，表明它们是超级链接。单击一个函数名，就可得到这个函数的详细报告。例如单击 newplot，就会出现如图 6-18 所示的详细报告。

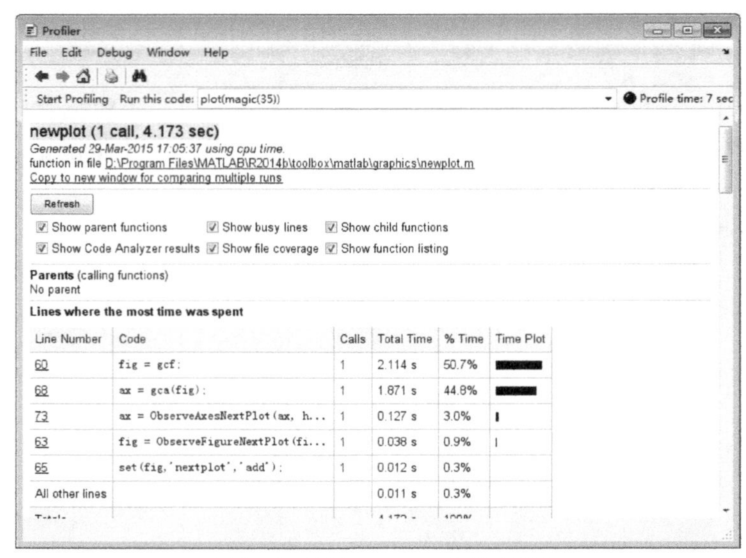

▲图 6-18 函数 newplot 的详细报告

4. 命令格式

优化和调试 M 文件代码，也可以通过工具命令 profile 来实现。在 MATLAB 中，一次只能对一个文件进行性能检测。当文件运行时，Profiler 将以 0.01s 为单位，记录每一行语句的执行时间，时间的记录采用累计的方式。profile 命令的调用语法如下。

- profile viewer：打开图形界面的 Profiler。当 profile 命令运行时，它的作用是停止 Profiler，并在 Profiler 窗口中显示结果。
- profile on：打开 Profiler 对程序进行测试，清除以前的测试记录。
- profile on -detail level：对通过 level 指定的函数组进行测试，清除以前的测试记录。参数 level 可取以下值。
  - mmex 表示测试收集的信息为 M 函数、M 子函数或 MEX 函数，mmex 是默认的选项。
  - builtin 表示与 mmex 相同的函数再加上内部函数。
  - operator 表示与 builtin 相同的函数再加上内部操作运算符。
- profile on -history：打开 Profiler，清除以前的测试记录，记录函数调用的精确次序。Profiler 将记录至多 1 000 000 个函数项目并退出测试。为了记录高于 1 000 000 的项目，Profiler 需要继续进行另一个测试，但是并不属于此次调用的序列。可以用-nohistory 参数来关闭函数调用顺序的记录，-nohistory 参数只有在-history 参数使用过后才可以使用。
- profile off：停止运行 Profiler。
- profile resume：在不清除前一个记录的基础上，复位前一个测试的运行。
- profile clear：消除测试记录统计表。

【例 6-53】 使用命令行格式，对上例中的 magic(35)进行性能检测。

可以通过以下命令，来实现与上例相同的检测功能。

```
>> profile on
>> plot(magic(35))
>> profile viewer
>> p = profile('info');
>> profsave(p,'profile_results')
```

运行以上命令，可以得到与上例相同的结果。

6.9 错误处理

很多情况下，当不同的错误发生时，需要进行不同的操作，如提示用户输入更多的参数，显示错误或警告信息，或者利用默认值进行再次计算等。MATLAB 的错误处理功能，允许应用程序检测可能的错误，并根据不同的错误进行相应的操作。

6.9.1 使用 try…catch 语句捕捉错误

无论程序的编写多么谨慎，在不同的环境下运行都有可能产生意外的错误。因此，有必要在程序中添加错误检测语句，以保证程序在所有条件下都能够正常运行。

在程序代码中，有些语句可能生成不希望的结果，此时最好的办法就是将这些语句放在 try…catch 语句块中，以捕捉运行过程中发生的任何错误，并对错误进行适当的处理。

try…catch 语句的一般调用语法如下。

```
try
   statement
   ...
   statement
catch
   statement
   ...
   statement
end
```

【例 6-54】　try…catch 结构的应用。

对 3×3 魔方阵的行进行援引，当“行下标”超出魔方阵的最大行数时，将改向对最后一行的援引，并显示“出错”警告。

```
>> clear
>> N=4;
>> A=magic(3);
>> try
A_N=A(N,:)                              %  取 A 的第 N 行元素
catch
A_end=A(end,:)                          %  如果取 A(N,:)出错，则改取 A 的最后一行
end
A_end =
     4     9     2
>> lasterr                              %  显示出错的原因
ans =
Attempted to access A(4,:); index out of bounds because size(A)=[3,3].
```

6.9.2 处理错误和从错误中恢复

1. 发出错误报告

在 try…catch 结构中，catch 部分需要能够有效处理 try 语句中可能出现的任何错误。另外，通常还需要发出错误报告，并且中断程序的运行，以防错误数据继续传递到下面的语句中。

MATLAB 中的 error 函数用于报告错误并且中断程序的运行。用户可以通过指定 error 函数参数的方式来指定将要发出的错误信息。下面给出一段示例代码。

```
if n< 1
```

```
    error('n must be 1 or greater.')
end
```

当 n<1 时，在命令窗口中会显示如下信息。

```
??? n must be 1 or greater.
```

在上面的代码中，error 函数的输出内容为指定的字符串。error 函数也可用于格式化输出，调用语法如下。

```
error('formatted_message', a1, a2, ...)
```

当程序无法找到指定文件时，可用下面的语句报告错误的发生。

```
error('File %s not found', filename);
```

需要注意的是，在格式化输出语句中，如果只包含一个参数，那么其中的一些特殊字符（如 %s、%d、\n 等）均被视为普通字符。如语句 error('In this case, the newline \n is not converted.')将输出以下结果。

```
??? In this case, the newline \n is not converted.
```

其中的换行符不能起到换行的作用。只有当 error 函数包含多个参数时，换行符等才能起作用，如以下语句中的换行符。

```
>> error('ErrafTests:convertTest',...
'In this case, the newline \n is converted.')
??? In this case, the newline
 is converted.
```

error 函数可以在错误信息上附加一个唯一的信息标识字串，使人能很容易地识别错误源。其格式如下。

```
error('message_id', 'message')
```

message-id 是信息标识字串，而且在信息串 message 中还可以包含格式转换符，把每一个格式转换符转换成一个由 a1，a2，…表示的值。其格式如下。

```
error('message_id', 'message', a1, a2, ...)
```

2. 识别错误发生的原因

当错误发生时，用户需要知道错误发生的位置及错误原因，以便能够正确地处理错误。lasterror 函数用于返回最后发生错误的相关信息，可以辅助用户识别错误，例如在例 6-54 中使用的那样。

lasterror 返回的结果为一个结构，该结构包含 3 个字段，分别为 message、identifier 和 stack。message 为一个字符串，其内容为最近发生的错误的相关文本信息；identifier 也是一个字符串，内容为错误消息的标识符；stack 为一个结构数组，其内容为该错误的栈中的相关信息。stack 包含 3 个字段，即 file、name 和 line，分别为文件名、函数名和错误发生的行数。

3. 错误重现

在一些情况下，需要重现已经出现过的错误，以便于对错误进行分析。在 MATLAB 中，函数 rethrow 用于重新发出指定的错误。该函数的语法为 rethrow(err)，其中输入参数 err 用于指定需要重现的错误。该语句执行后程序运行会中断，而将控制权转给键盘或 catch 语句的上一层模块。输入参数 err 须为 MATLAB 结构体，包含 message、identifier 或 stack 中至少一个字段，这 3 个字段的类型与 lasterror 的返回结果相同。

rethrow 函数通常与 try…catch 语句一起使用，如下所示。

```
try
   do_something
catch
   do_cleanup
   rethrow(lasterror)
end
```

4. 消息标识符

消息标识符是用户赋予错误或警告的标签，用于在 MATLAB 中对其进行识别。用户可以在错误报告中使用消息标识符，以便更好地识别错误原因；或者对警告应用消息标识符，用于对特定的子集进行处理。

消息标识符为一个字符串，用于指定错误或警告消息的类别（component）及详细信息（mnemonic）。消息标识符通常为“类别：详细信息”的格式，如下所示。

```
MATLAB:divideByZero
Simulink:actionNotTaken
TechCorp:notFoundInPath
```

消息的类别及详细信息两个部分都需要满足如下规则。

- 不能包含空格。
- 第一个字符必须为字母。
- 后面的字符可以为数字或下画线。

消息的类别部分指定错误或警告可能发生的大体位置，通常为某一产品的名字或者工具箱的名字，如 MATLAB 或者 Control。MATLAB 支持使用多层次的类别名称。

而详细信息则用于指定消息的具体内容，如除数为 0 等。

消息标识符通常与 lasterror 函数一起使用，使得 lasterror 函数和 lasterr 函数能够识别错误的原因。lasterror 函数和 lasterr 函数返回消息标识符，用户可以通过其类别信息和详细信息，分别获取错误的总体类别及具体信息。

6.9.3 警告

1. 发出警告

MATLAB 中的 warning 函数的作用，是在程序运行中发现了不希望出现的条件时，向用户发出警告。但是，warning 函数并不停止程序的运行，只是显示出指定的信息而已。例如，如果需要指定输入为字符串，就可以在程序中加入以下内容来提醒程序的使用者。

```
warning('Input must be a string')
```

warning 函数与 error 函数不同，不想看的警告信息可以禁止发出。

warning 函数调用语法中的 warning('message')、warning('message',a1,a2…)、warning('message_ id', 'message') 、 warning('message_id', 'message', a1,a2,…,an) 与 error 函数的输入参数完全一样，这里不再详述。

2. 控制警告

在程序运行期间如果遇到了警告，MATLAB 的警告控制功能能够让用户有选择地处理警告。

- 激活指定的警告。
- 忽略指定的警告。
- 在发出警告时停在调试模式。
- 发出警告以后显示 M-stack trace。

让这些选择作用于程序代码中所有的警告，还是指定的警告，或者仅限于最新发出的警告，取决于如何建立警告控制。

建立警告控制的过程如下。

- 确定控制的范围，是控制代码中生成的所有警告，还是单独地控制某些警告。
- 如果要单独地控制某些警告，就要标识它们，需要给它们加上唯一的信息标识字串。
- 当准备运行程序时，使用 MATLAB 警告控制语句，对所有的警告或选择的警告进行必要的控制。

M 文件代码中的警告语句必须包含字符串，当发出警告时，将会显示这些字符串。如果不打算对警告进行控制，警告语句中仅仅指定信息字符串就够了。如果要对指定的警告实行控制，则必须在警告语句中包含信息标识字串。另外，信息标识字串必须是语句中的第一个参数。这类警告语句的语法如下。

```
warning('warnmsg')                                    % 无警告控制
warning('formatted_warnmsg', arg1, arg2, ...)        % 可以进行警告控制
```

一旦准备好了有警告语句的 M 文件并且要执行，就可以发出警告控制语句，指示 MATLAB 怎样控制警告。这些警告控制语句能将指定的警告置于要求的状态。警告控制语句的语法如下。

```
warning state msg_id
```

警告控制语句也可以返回被选警告的状态信息，只要为上面的语句指定一个输出变量就可以。

```
s = warning('state', 'msg_id');
```

s 表示输出参数是一个结构数组，用于保存被选警告的当前状态；state 表示警告的状态，它的值可以为 on、off 或 query；msg_id 表示信息标识符，它的值是 all、last 或用于指定一个警告的信息标识字串。

下面也是一条警告控制语句。

```
s= warning(state, mode)
```

它能让用户选择怎样处理某些警告，选择是进入调试模式，还是显示 M-stack trace，或者对每个警告显示更多的信息。mode 为模式参数，它的值可以为 debug、backtrace 或 verbose。

【例 6-55】 激活指定的警告。

首先，关闭所有警告，然后激活 Simulink 中的 actionNotTaken 警告。

```
>> warning off all
>> warning on Simulink:actionNotTaken
```

然后，使用 query 决定所有警告的当前状态。MATLAB 会报告用户已经将除了 Simulink:actionNotTaken 之外的所有警告关闭。

```
>> warning query all
The default warning state is 'off'. Warnings not set to the default are
```

```
  State  Warning Identifier
     on  Simulink:actionNotTaken
```

【例 6-56】 关闭最近显示的警告。

当使用 inv 函数计算 0 的逆时会发出警告信息。可以通过以下命令关闭最近显示的警告信息。

```
>> inv(0)
Warning: Matrix is singular to working precision.
ans =
   Inf
>> warning off last
>> inv(0)                       %  这一次就不会再显示警告信息了
ans =
   Inf
```

3. 显示警告信息的内容

可以使用 lastwarn 函数返回最近一次由 MATLAB 发出的警告信息。利用警告信息可以判断出发生警告的原因。例如调用 lastwarn 函数，可以返回例 6-56 中的警告信息。

```
>> lastwarn
ans =
Matrix is singular to working precision.
```

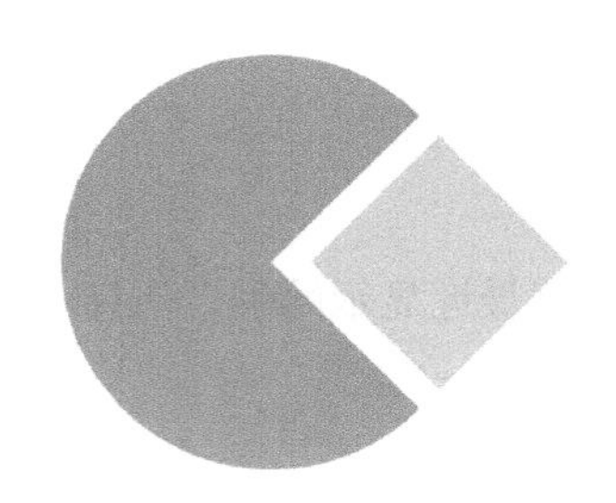

第7章　数据可视化

数据可视化（Data Visualization）是指运用计算机图形学和图像处理技术，将数据转换为图形或图像并在屏幕上显示出来，以进行交互处理的理论、方法和技术。它涉及计算机图形学、图像处理、计算机辅助设计、计算机视觉及人机交互技术等领域。该技术的主要特点如下。

- 交互性：用户可以方便地以交互的方式管理和开发数据。
- 多维性：可以看到表示对象或事件的数据的多个属性或变量，而且可以按数据每一维的值，将其分类、排序、组合和显示。
- 可视化：数据可以用图像、曲线、二维图形、三维图形和动画等来显示，并可对其模式和相互关系进行可视化分析。

数据可视化可以大大加快数据的处理速度，令时刻都在产生的大量数据得到有效的利用；可以在人与数据、人与人之间实现图像通信，从而使人们能够观察到数据中隐含的线索，为发现和理解科学规律提供有力的工具；可以实现对计算与编程过程的引导和控制，通过交互手段改变过程所依据的条件，并观察其影响。

数据可视化有助于工程过程的一体化和流线化，并能使工程的领导与技术人员看到和了解过程中参数的变化对整体的动态影响，从而达到缩短研制周期、节省费用的目的。

前面已经介绍与分析了 MATLAB 在数据处理、运算和分析中的各种应用。和其他类似的科学计算工具相比，MATLAB 的图形编辑功能显得尤为强大。通过图形，用户可以直观地观察数据间的内在关系，也可以十分方便地分析各种数据结果。从最初的版本开始，MATLAB 就一直致力于数据的图形表示，而且在更新版本的时候不断地使用新技术来改进和完善可视化的功能。MATLAB R2014b 推出了全新的 MATLAB 图形系统。全新的默认颜色、字体和样式便于数据解释。抗锯齿字体与线条使文字和图形看起来更平滑。图形对象便于使用，可以在命令窗口中显示常用属性，并且对象支持熟悉的结构化语法，可以更改属性值。

本章介绍 MATLAB 中的绘图方法，以及如何编辑图形、标记图形等。

7.1　绘图的基本知识

7.1.1　离散数据和离散函数的可视化

众所周知，任何二元实数标量对 (x,y) 可以用平面上的一个点表示，任何二元实数“向量对” $(\boldsymbol{x},\boldsymbol{y})$ 可以用平面上的一组点表示。对于离散函数 $y_n=f(x_n)$，当 x_n 以递增（或者递减）的次序取值时，根据函数关系可以求得同样数目的 y_n。当把 $y_n=f(x_n)$ 所对应的向量用直角坐标中的点序列表示时，就实现了离散函数的可视化。当然，图形上的离散序列所反映的只是某些确定的有效区间内的函数关系。需要注意的是，图形不能表现无限区间上的函数关系，这是由图形的原理决定的，并不是 MATLAB 软件本身的限制。

【例 7-1】 用图形表示离散函数 $y=\left|(n-6)\right|^{-1}$。

```
Ex_7_1.m
n=0:12;
y=1./abs(n-6);                      %   准备离散点数据
plot(n,y,'r*','MarkerSize',20)      %   绘图
grid on
```

运行以上代码得到的图形如图 7-1 所示。

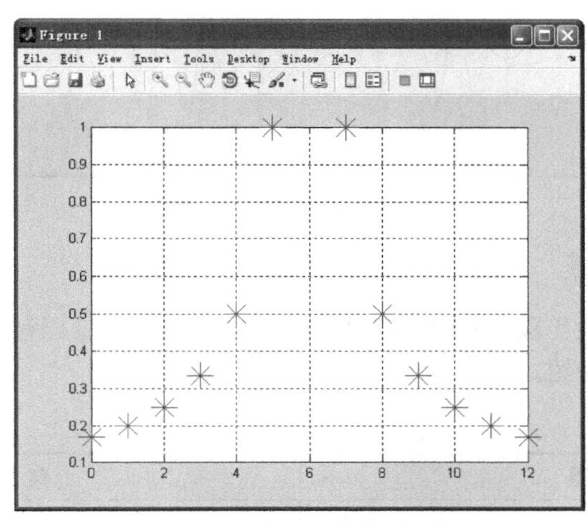

▲图 7-1 离散函数的可视化

7.1.2 连续函数的可视化

与离散函数可视化一样，进行连续函数可视化也必须先在一组离散自变量上计算相应的函数值，并把这一组“数据对”用点表示。但这些离散的点不能表现函数的连续性。为了进一步表示离散点之间的函数情况，有两种常用的处理方法。

- 对区间进行更细的分割，计算更多的点，去近似表现函数的连续变化。
- 把两点用直线连接，近似表现两点间的函数形状。

在 MATLAB 中，以上两种方法都可以采用。但要注意，若自变量的采样点数不够多，则无论使用哪种方法都不能真实地反映原函数。

【例 7-2】 用图形表示连续调制波形 $y=\sin(t)\sin(9t)$。

```
Ex_7_2.m
t1=(0:11)/11*pi;                    %   自变量
y1=sin(t1).*sin(9*t1);              %   对应的函数值
t2=(0:100)/100*pi;
y2=sin(t2).*sin(9*t2);
%   下面绘图，将几个图作为子图放在一起便于比较
subplot(2,2,1),plot(t1,y1,'r.'),axis([0,pi,-1,1]),title('子图 (1)')
subplot(2,2,2),plot(t2,y2,'r.'),axis([0,pi,-1,1]),title('子图 (2)')
subplot(2,2,3),plot(t1,y1,t1,y1,'r.')
axis([0,pi,-1,1]),title('子图 (3)')
subplot(2,2,4),plot(t2,y2)
axis([0,pi,-1,1]),title('子图 (4)')
```

运行以上代码的结果如图 7-2 所示。

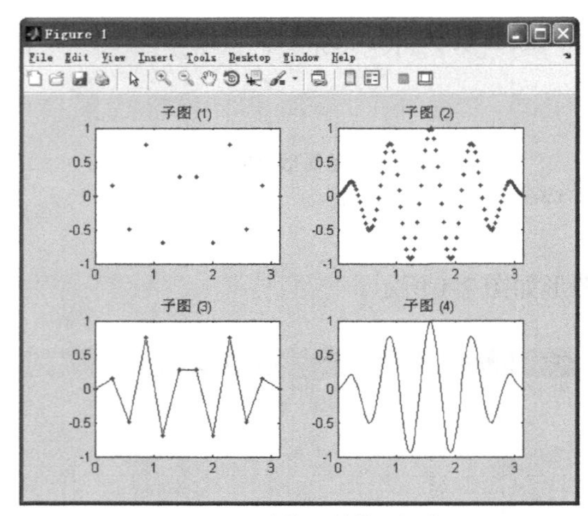

▲图 7-2　连续函数的可视化

7.1.3　可视化的一般步骤

本节介绍可视化的一般步骤，其目的是让读者对图形的绘制过程有一个宏观的了解，如表 7-1 所示。具体细节将在后面介绍。

表 7-1　　绘制图形的一般步骤

步　　骤	典 型 命 令
1）准备数据。选定所要绘图的范围，产生自变量采样向量，计算相应的函数值向量	`t=pi*(0:100)/100` `y=sin(t).*sin(9*t);`
2）选定图形窗口及子图位置。 默认打开 Figure1，或当前窗口，或当前子图。可以用命令指定图形窗口和子图位置	`figure(1)` `subplot(2,2,3)`
3）调用绘图命令（可以包括线型、色彩、数据点型）	`plot(t,y,b-)　　% 用蓝色实线绘图`
4）设置轴的范围与刻度、坐标网格	`axis([0,pi,-1,1])　% 设置轴的范围` `grid on　　　　　% 绘制坐标网格`

5）添加图形注释。
添加图名、坐标名、图例、文字说明等
	`title(figure)　　% 图名`
	`xlabel(t); ylabel(y) % 轴名`
	`legend(sin(t), sin(t).*sin(9*t)) % 图例`
	`text(2,0.5,y=sin(t).*sin(9*t))　% 文字说明`

6）进行图形的精细修饰。 利用对象属性值设置，利用图形窗口工具栏设置	`set(h,MarkerSize,10)` `% 设置数据点大小`
7）导出与打印图形	无命令，采用图形窗口菜单操作

步骤（1）和（3）是最基本的绘图步骤。一般来说，用这两个步骤所画的图形已经具备足够的表现力，其他步骤并不是必需的。另外，其他步骤的输入顺序也可以根据用户的需要或者喜好随意指定，一般情况下并不影响输出结果。二维绘图和三维绘图的基本步骤差不多，只是三维绘图多了一些属性控制和操作方面的选择。

7.2　二维图形

MATLAB 提供了众多二维制形绘制函数，这些函数的分类如图 7-3 所示。

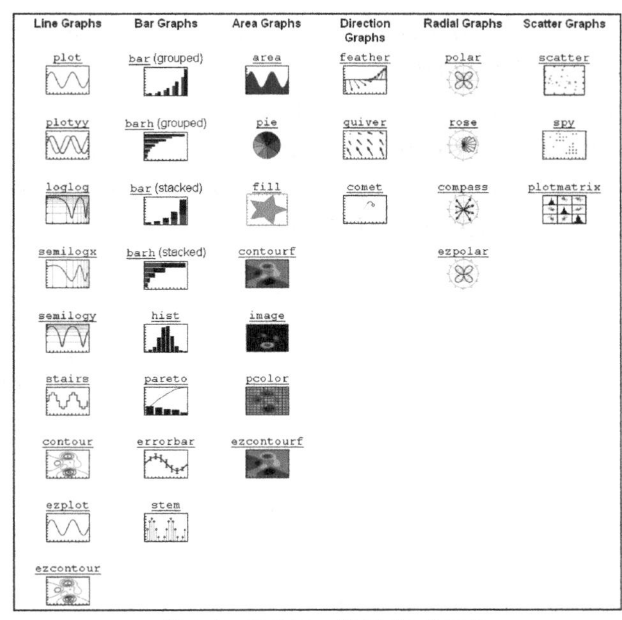

▲图 7-3　MATLAB 二维绘图函数汇总

可以看出，MATLAB 的基本二维图形包括线型（Line）、条型（Bar）、区域型（Area）、方向矢量型（Direction）、辐射型（Radial）、散点型（Scatter）等类型，图中已经显示了各个函数所能够绘制图形的缩略图。本节介绍常用二维绘图函数的使用。至于其他绘图函数，因篇幅有限，这里不再介绍，请读者查阅帮助文档。

7.2.1　基本绘图函数

本节介绍基本的 plot 函数的使用方法。plot 函数用于绘制二维线形图形，其具体调用语法如下。

- plot(Y)：如果 Y 为实数向量，其长度为 m，则 plot(Y) 等价于 plot(X,Y)，其中 X=1:m；如果 Y 为实数矩阵，把 Y 按列的方向分解成几个列向量，而 Y 的行数为 n，则 plot(Y) 等价于 plot(X,Y)，其中 X=1:n；如果 Y 为一个复数，则函数 plot(Y) 等价于 plot(real(Y),imag(Y))。
- plot(X1,Y1,...,Xn,Yn)：Xi 与 Yi 成对出现，该函数将分别按顺序取两个数据 Xi 与 Yi 绘图。如果其中仅有 Xi 或 Yi 是矩阵，其余的为向量，向量长度与矩阵的长度匹配，则按匹配的方向来分解矩阵，再分别将配对的向量绘制出来。
- plot(X1,Y1,LineSpec,...)：将按顺序分别绘出由 3 个参数 Xi、Yi 和 LineSpec 定义的线条。其中参数 LineSpec 指明了线条的类型、标记符号和绘制线条所用的颜色。
- plot(...,'PropertyName',PropertyValue,...)：对所有用 plot 创建的 line 图形对象中指定的属性进行恰当的设置。
- plot(axes_handle,...)：在指定的坐标轴上绘制。
- h = plot(...) ：返回值为 line 图形对象句柄的一列向量，一个线条对应一个句柄值。

【例 7-3】　通过 plot 绘图。

```
>> t=(0:pi/50:2*pi)';k=0.4:0.1:1;Y=cos(t)*k;plot(t,Y)
```

绘制的结果如图 7-4 所示。

本例中将多个曲线数据以矩阵的形式作为 plot 的输入变量，多条曲线便同时绘制在了一张结果图中。读者可再尝试plot(t)、plot(Y)、plot(Y,t)，然后观察生成图形的区别。

【例 7-4】　在原有图形上添加新的曲线。

有时我们需要在已有的结果图上绘制其他的曲线，这就需要用到 hold on 命令。如果不再需要在当前图形窗口中添加绘制其他曲线，则可使用 hold off 命令来取消继续绘图的状态。另外，在之前版本中，使用 hold on 命令多次画图生成的图形中多条曲线默认是相同颜色的，而在 2014b 版本中，多次绘图中系统会自动更改颜色以区分结果。下面在上例的基础上添加新的曲线图形。

```
>> t=(0:pi/50:2*pi)';k=0.4:0.1:1;Y=cos(t)*k;plot(t,Y)    % 绘制二维曲线图
>> hold on                                                % 打开继续绘图状态
>> plot(t,Y+0.5)                                          % 绘制新的曲线
```

绘制的结果如图 7-5 所示。

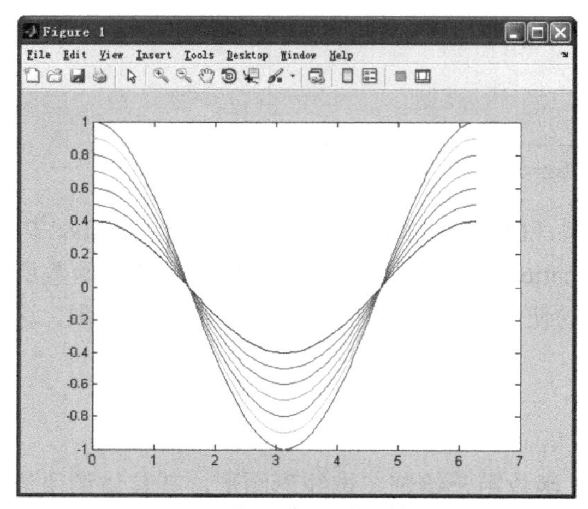

▲图 7-4　使用 plot 绘制的图形

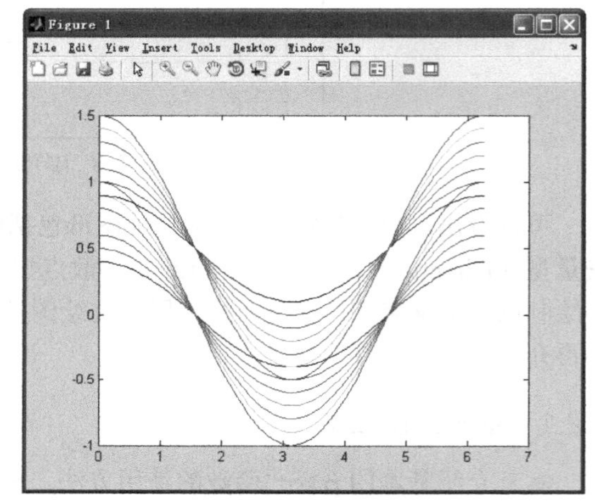

▲图 7-5　添加新的曲线

【例 7-5】　用复数矩阵形式画李萨如图形。

```
Ex_7_5.m
clear
t=linspace(0,2*pi,80)';        %  在[0,pi]产生 80 个等距的采样点
X=[cos(t),cos(2*t),cos(3*t)]+1i*sin(t)*[1, 1, 1]; %(80×3)的复数矩阵
plot(X)
axis square                    %  使坐标轴长度相同
legend('1','2','3')            %  图例
```

本例中，表达式 1i*sin(t)*[1, 1, 1]中采用 1i 代替了虚数单位 I。在新版的 MATLAB 中，这样做可以提高算法的运行速度和鲁棒性。本例绘制的结果如图 7-6 所示。

【例 7-6】　采用模型 $1\frac{x^2}{a^2}+\frac{y^2}{25-a^2}=1$ 绘制一组椭圆。

```
Ex_7_6.m
th = [0:pi/50:2*pi]';
a = [0.5:.5:4.5];
X = cos(th)*a;
Y = sin(th)*sqrt(25-a.^2);
plot(X,Y),axis('equal'),xlabel('x'), ylabel('y')
title('A set of Ellipses')
```

绘制的结果如图 7-7 所示。

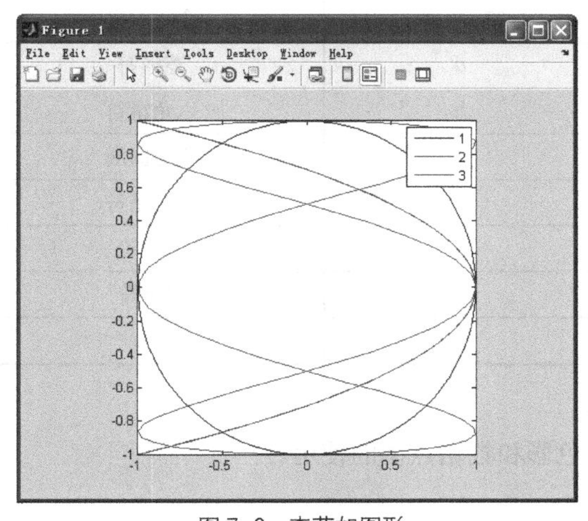

▲图 7-6　李萨如图形

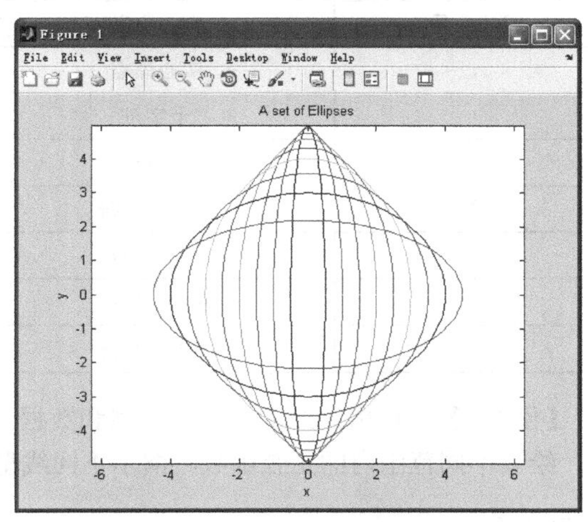

▲图 7-7　绘制的椭圆

7.2.2 曲线的色彩、线型和数据点型

为了使曲线更加直观，同时在复杂图形中便于分辨各个数据系列，在 MATLAB 中，用户可以为曲线设置不同的颜色、线型和数据点行属性。

在 MATLAB 中，关于曲线的线型和颜色参数的设置如表 7-2 所示。

表 7-2　曲线的线型和颜色参数

线型符号和色彩符号	含　义
线型符号	
-	实线
:	虚线
-.	点划线
--	双划线
色彩符号	
b	蓝色
g	绿色
r	红色
c	青色
m	品红色
y	黄色
k	黑色
w	白色

当 plot 中没有设定线型和颜色时，MATLAB 将使用默认的设置画图。默认设置为：曲线一律使用实线类型；不同的曲线按照表 7-2 中的顺序着色，依次为蓝、绿、红、青、品红等。

在 MATLAB 中，除了可以为曲线设置颜色、线型外，还可以为曲线中的数据点设置不同的数据点型。这样用户可以通过点型的设置，很方便地将不同的曲线分开。MATLAB 中数据点型的属性如表 7-3 所示。

表 7-3　　　　　　　　　　　　　　　**数据点型的属性**

符　　号	含　　义	符　　号	含　　义
.	实心黑点	d	菱形符
+	十字符	h	六角星符
*	八线符	o	空心圆圈
^	朝上三角符	p	五角星符
<	朝左三角符	s	方块符
>	朝右三角符	x	叉字符
∨	朝下三角符		

【例 7-7】　使用曲线的色彩、线型和数据点型。

绘制不同范围内的正弦函数，演示不同线型、色彩和数据点型的使用。

```
Ex_7_7.m
clear
t = 0:pi/20:2*pi;
plot(t,sin(t),'-.r*')
hold on
plot(t,sin(t-pi/2),'--mo')
plot(t,sin(t-pi),':bs')
hold off
```

以上代码的运行结果如图 7-8 所示。

另外，还可以通过使用 `plot(...,'PropertyName', PropertyValue,...)`格式对曲线的属性进行设置。

```
figure                                              % 生成新的绘图窗口
plot(t,sin(2*t),'-mo',...
                'LineWidth',2,...                   % 设置曲线粗细
                'MarkerEdgeColor','k',...           % 设置数据点边界颜色
                'MarkerFaceColor',[.49 1 .63],...   % 设置填充颜色
                'MarkerSize',12)                    % 设置数据点型大小
```

运行结果如图 7-9 所示。

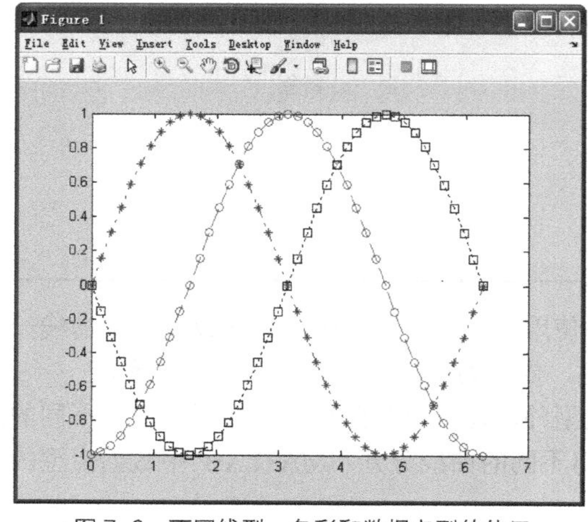

▲图 7-8　不同线型、色彩和数据点型的使用

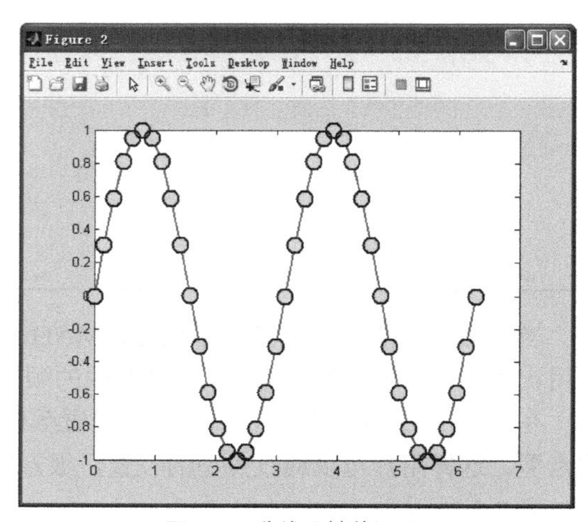

▲图 7-9　曲线属性的设置

7.2.3 坐标、刻度和网格控制

图表的坐标轴对图表的显示效果有着比较明显的影响。尽管 MATLAB 提供了考虑比较周全的坐标轴默认设置，但并不是所有图形的默认设置都是最好的。用户可以根据需要和偏好来设置坐标轴的属性。为此，MATLAB 提供了一系列关于坐标轴设置的命令，用户可以根据情况选取合适的命令，调整坐标轴的取向、范围、刻度、宽高比和网格等。

1. 坐标控制

坐标控制命令 axis 的用途很多，表 7-4 列出了常用的坐标控制命令。

表 7-4　　常用的坐标控制命令

命　令	含　义	命　令	含　义
axis auto	使用默认设置	axis equal	纵横坐标采用等长刻度
axis manual	使当前坐标范围不变	axis fill	在 manual 方式下起作用，使坐标充满整个绘图区
axis off	取消坐标轴背景	axis image	纵横坐标采用等长刻度，且坐标框紧贴数据范围
axis on	打开坐标轴背景	axis normal	默认矩形坐标系
axis ij	矩阵式坐标，原点在左上角	axis square	正方形坐标系
axis xy	普通直角坐标，原点在左下角	axis tight	把数据范围直接设为坐标范围
axis([xmin xmax ymin ymax]) axis([xmin xmax ymin ymax zmin zmax cmin cmax])	人工设定坐标范围	axis vis3d	保持宽高比不变，当用于三维旋转时，可避免图形大小变化

【例 7-8】　坐标轴的设置。

```
>> x = 0:.025:pi/2;
>> plot(x,tan(x),'-ro')
```

以上代码的运行结果如图 7-10 所示。

```
>> axis([0  pi/2  0  5])
```

以上代码的运行结果如图 7-11 所示。

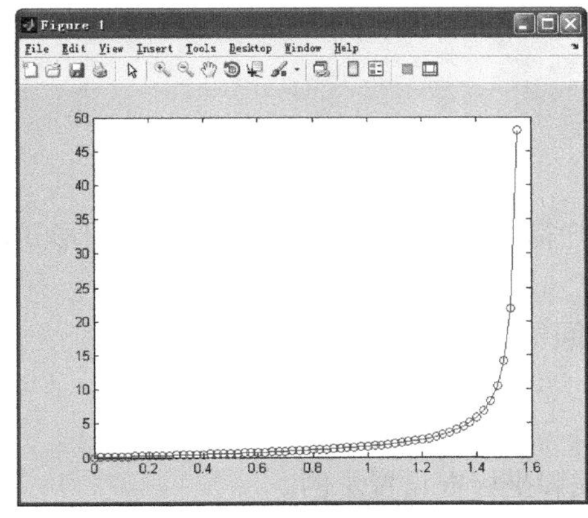

▲图 7-10　原始图形

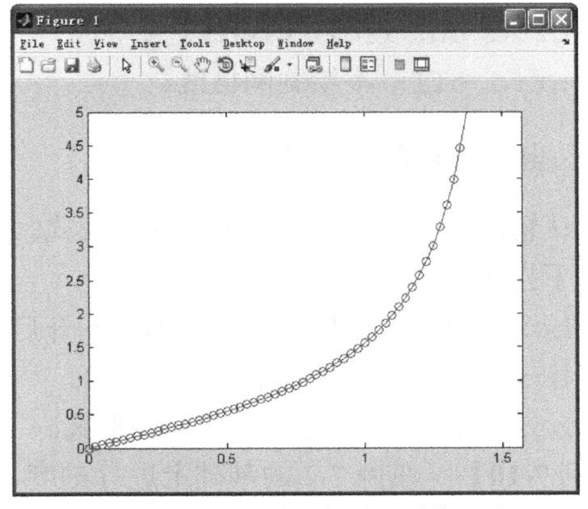

▲图 7-11　设置过坐标轴之后的图形

【例 7-9】　观察各种轴控制指令的影响。演示采用长轴为 3.25、短轴为 1.15 的椭圆。

注意：当采用多子图表现时，图形形状不但受“控制指令”的影响，而且受整个图面“宽高比”及“子图数目”的影响。出于篇幅考虑，本书这样处理。读者若想准确体会控制指令的影响，可在全图状态下观察。

```
Ex_7_9.m
clear
t=0:2*pi/99:2*pi;
x=1.15*cos(t);y=3.25*sin(t);          %  y 为长轴，x 为短轴
subplot(2,3,1),plot(x,y),axis normal,grid on,
title('Normal and Grid on')
subplot(2,3,2),plot(x,y),axis equal,grid on,title('Equal')
subplot(2,3,3),plot(x,y),axis square,grid on,title('Square')
subplot(2,3,4),plot(x,y),axis image,box off,title('Image and Box off')
subplot(2,3,5),plot(x,y),axis image fill,box off
title('Image and Fill')
subplot(2,3,6),plot(x,y),axis tight,box off,title('Tight')
```

以上代码的运行结果如图 7-12 所示。

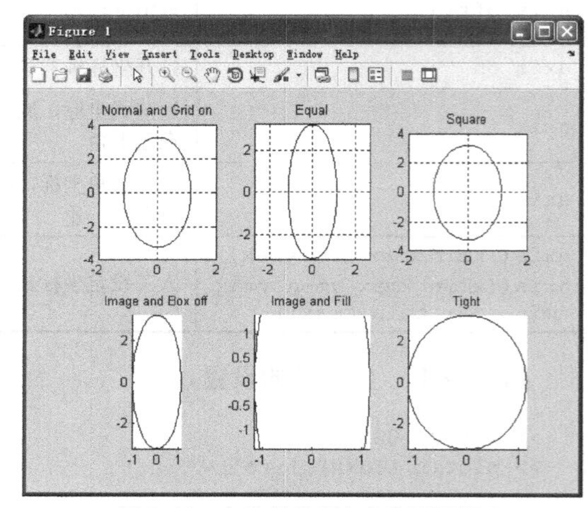

▲图 7-12　各种轴控制命令的不同影响

2. 刻度

MATLAB 中没有现成的高层指令用于设置坐标刻度，因此必须通过如下对象句柄命令进行坐标刻度的设置。

- set(gca,'Xtick',xs,Ytick,ys)：二维坐标刻度的设置。
- set(gca,'Xtick',xs,Ytick,ys,Ztick,zs)：三维坐标刻度的设置。

这是，xs、ys、zs 可以是任何合法的实数向量，它们分别决定 *x*、*y*、*z* 轴的刻度。

3. 网格

关于网络的指令有以下几个。

- grid：控制是否绘制分网格线的双向切换命令。
- grid on：绘制分网格线。
- grid off：不绘制网格线。

4. 坐标的开启与封闭形式

默认情况下，所绘制的坐标呈封闭形式。假如用户需要设置坐标的开启形式与封闭形式，可以使用以下指令。

- box：控制坐标形式在封闭形式和开启形式之间切换的命令。
- box on：使当前坐标呈封闭形式。
- box off：使当前坐标呈开启形式。

【例 7-10】　在例 7-7 的基础上进行刻度、网格线和坐标框设置示例。

```
Ex_7_10.m
```

```
clear
t = 0:pi/20:2*pi;
plot(t,sin(t),'-.r*')
hold on
plot(t,sin(t-pi/2),'--mo')
plot(t,sin(t-pi),':bs')
hold off
set(gca,'Xtick',[pi/2,pi,pi*3/2,2*pi],'Ytick',          [   -1,-0.5,0,0.5,1])
grid on
box off
```

以上代码的运行结果如图 7-13 所示。比较图 7-13 和图 7-8，可以看出进行了刻度、网格线和坐标框设置之后的效果。

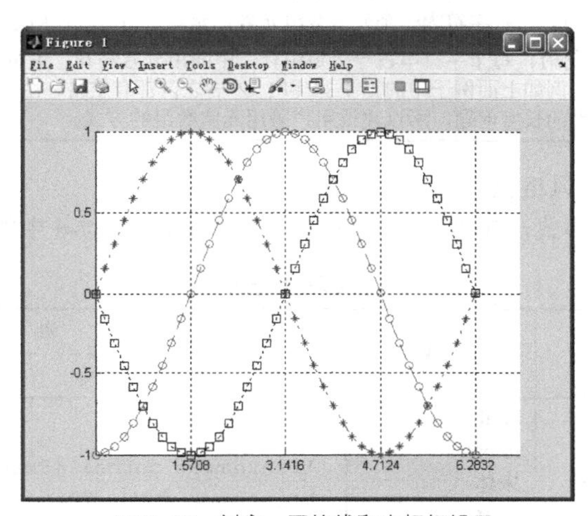

▲图 7-13　刻度、网格线和坐标框设置

7.2.4　图形标识

在 MATLAB 中提供了多个图形标识命令，用户可以用这些命令来添加图形标识。常见的图形标识包括：图形标题、坐标轴名称、图形注释和图例等。关于这些图形标识，MATLAB 提供了简洁命令和精细命令两种方式。

1. 简洁命令方式

在简洁命令方式下，常用的命令有以下几个。

- title(S)：标注图名。
- xlabel(S)：横坐标轴名称。
- ylabel(S)：纵坐标轴名称。
- legend(S1,S2,…)：绘制曲线所用线形、色彩或数据点型图例说明。
- text(xt,yt,S)：在图中(xt, yt)位置标注内容为 S 的注释。

2. 精细命令方式

MATLAB 中所有涉及图形字符串标识的命令（如 title、xlabel、ylabel、legend、text 等命令）都能对字符标识进行以下更精细的控制。

1）允许标识多行字符

标识多行字符可以使用元胞数组，也可以使用多行字符串数组。比较而言，元胞数组更加灵活方便，具体见表 7-5。

表 7-5　多行字符的标识规则

	命　令	arg 取值	举　例	
			示例命令	效　果
单行	'arg'	任何合法字符	'single line'	single line
多行	{'arg1','arg2'}		{'12345','1234','123'}	12345 1234 123
	['arg1';'arg2']		['12345';'1 234';'1 2 3']	12345 1 2345 1 2 3

- 当用元胞数组存放多行字符时，每行字符为一个元胞数组元素，元素之间可以使用逗号、空格、分号分隔
- 当用字符串数组存放多行字符时，每个字符串占一个数组行，中间用分号隔开。数组中每行的字符数必须相等，所以不等的部分需要用空格补齐。例如上面例子中的'1 234'和'1 2 3'之内都有空格。由此来看，通过元胞数组创建多行字符更为方便，不必考虑字符串的长度问题，所以建议用户采用元胞数组的方式

2）允许对标识字体、风格及大小进行设置

要控制图形上的字符样式，在被控制字符前，必须先使用表 7-6 中的命令和设置值。

表 7-6　字体样式设置

	命　令	arg 取值	举　例	
			示例命令	效　果
字体名称	\fontname{arg}	arial roman 宋体 隶书 …	'\fontname{ corbel }Example 1' '\fontname{隶书} 范例 2'	Example 1 范例 2
字体风格	\arg	bf（黑体） it（斜体 1） sl（斜体 2） rm（正体）	'\bfExample 3' '\itExample 4'	**Example 3** *Example 4*
字体大小	\fontsize{arg}	正整数 默认值为 10 磅	'\fontsize{14}Example 5' '\fontsize{6}Example 6'	Example 5 Example 6

- 凡 Windows 字库中有的字体，都可以通过设置字体名称实现调用
- 对中文进行字体选择是允许的

3）允许使用上下标

书写上下标的命令见表 7-7。

表 7-7　上下标设置

	命　令	arg 取值	举　例	
			示例命令	效　果
上标	^{arg}	任何合法字符	'E^{2}'	E^2
下标	_{arg}	任何合法字符	'X_{2}'	X_2

4）允许使用希腊字符和其他特殊字符

为标识图形，MATLAB 从 Tex 字符集中摘引入了包括希腊字母在内的 100 多个特殊字符，其使用见表 7-8。

表 7-8 图形标识用符号

命　令	字　符	命　令	字　符	命　令	字　符
\alpha	α	\upsilon	υ	\sim	~
\beta	β	\phi	Φ	\leq	⩽
\gamma	γ	\chi	χ	\infty	∞
\delta	δ	\psi	ψ	\clubsuit	♣
\epsilon	ε	\omega	ω	\diamondsuit	♦
\zeta	ζ	\Gamma	Γ	\heartsuit	♥
\eta	η	\Delta	Δ	\spadesuit	♠
\theta	θ	\Theta	Θ	\leftrightarrow	↔
\vartheta	ϑ	\Lambda	Λ	\leftarrow	←
\iota	ι	\Xi	Ξ	\uparrow	↑
\kappa	κ	\Pi	Π	\rightarrow	→
\lambda	λ	\Sigma	Σ	\downarrow	↓
\mu	μ	\Upsilon	γ	\circ	□
\nu	ν	\Phi	Φ	\pm	±
\xi	ξ	\Psi	Ψ	\geq	⩾
\pi	π	\Omega	Ω	\propto	∝
\rho	ρ	\forall	∀	\partial	∂
\sigma	σ	\exists	∃	\bullet	•
\varsigma	ς	\ni	∍	\div	÷
\tau	τ	\cong	≅	\neq	≠
\equiv	≡	\approx	≈	\aleph	ℵ
\Im	ℑ	\Re	ℜ	\wp	℘
\otimes	⊗	\oplus	⊕	\oslash	⊘
\cap	∩	\cup	∪	\supseteq	⊇
\supset	⊃	\subseteq	⊆	\subset	⊂
\int	∫	\in	∈	\o	o
\rfloor	ë	\lceil	é	\nabla	∇
\lfloor	û	\cdot	•	\ldots	...
\perp	⊥	\neg	¬	\prime	′
\wedge	∧	\times	x	\O	ϕ
\rceil	ù	\surd	√	\mid	|
\vee	∨	\varpi	ϖ	\copyright	©
\langle	〈	\rangle	〉		

【例 7-11】 标识图形。

```
Ex_7_11.m
clf;clear
t=0:pi/50:2*pi;
y=sin(t);plot(t,y);
axis([0,2*pi,-1.2,1.2])
```

```
text(pi/2,1.02,'\fontsize{16}\leftarrow\fontname{隶书}在\pi/2\fontname{隶书}处\itsin(t)
\fontname{隶书}取极大值')
```

以上代码的运行结果如图 7-14 所示。

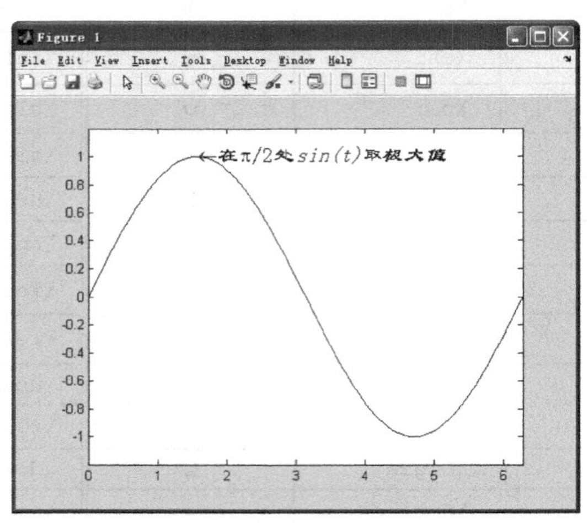

▲图 7-14　标识的设置示例

7.2.5　双坐标图和子图

本节介绍双坐标图形的绘制方法。另外，前面已经有例子涉及了子图的绘制，读者应该有所了解，本节将详细介绍子图的绘制方法。

1. 双坐标图

在实际应用中，常常会提出这样一种需求：把同一自变量的两个不同量纲、不同数量级的函数量的变化绘制在同一张图上。例如，在同一张图上，温度、湿度随时间变化的曲线，温度、压力的响应曲线，人口数量、GDP 的变化曲线，放大器输入、输出电流变化曲线等。为满足这种需求，MATLAB 提供了以下几个命令。

- plotyy(X1,Y1,X2,Y2)：以左右不同纵轴绘制 X1-Y1、X2-Y2 两条曲线。
- plotyy(X1,Y1,X2,Y2,function)：以左右不同纵轴，把 X1-Y1、X2-Y2 绘制成 function 指定形式的两条曲线。
- plotyy(X1,Y1,X2,Y2,'function1','function2')：以左右不同纵轴，把 X1-Y1、X2-Y2 绘制成 function1、function2 指定的不同形式的两条曲线。
- [AX,H1,H2] = plotyy(...)：函数 plotyy 将创建的坐标轴句柄保存到返回参数 AX 中，将绘制的图形对象句柄保存在返回参数 H1 和 H2 中。其中，AX(1)中保存的是左侧轴的句柄值，AX(2)中保存的是右侧轴的句柄值。

【例 7-12】　双坐标轴绘图。

```
Ex_7_12.m
clear
x = 0:0.01:20;                                         %  x 坐标
y1 = 200*exp(-0.05*x).*sin(x);                         %  Y1
y2 = 0.8*exp(-0.5*x).*sin(10*x);                       %  Y2
[AX,H1,H2] = plotyy(x,y1,x,y2,'plot');                 %  绘制双坐标轴图形
set(get(AX(1),'Ylabel'),'String','Slow Decay')         %  纵轴标签 1
set(get(AX(2),'Ylabel'),'String','Fast Decay')         %  纵轴标签 2
```

```
xlabel('Time (\musec)')                         % x 标签
title('Multiple Decay Rates')                   % 图形标题
set(H1,'LineStyle','--')                        % 线形 1
set(H2,'LineStyle',':')                         % 线形 2
```

以上代码的运行结果如图 7-15 所示。

2. 子图

MATLAB 允许用户在同一个图形窗口内布置几幅独立的子图，具体的调用语法如下。

- subplot(m,n,P)：使 m×n）幅子图中的第 *k* 幅成为当前幅。子图的编号顺序是左上方为第 1 幅，向右向下依次排序。
- subplot('Position',[left bottom width height])：在指定位置上绘制子图，并成为当前图。

【例 7-13】 调用 subplot 函数绘制子图。

```
Ex_7_13.m
clf;clear
t=(pi*(0:1000)/1000)';
y1=sin(t);y2=sin(10*t);y12=sin(t).*sin(10*t);
subplot(2,2,1),plot(t,y1);axis([0,pi,-1,1])
subplot(2,2,2),plot(t,y2);axis([0,pi,-1,1])
subplot('position',[0.2,0.05,0.6,0.45])
plot(t,y12,'b-',t,[y1,-y1],'r:');axis([0,pi,-1,1])
```

以上代码的运行结果如图 7-16 所示。

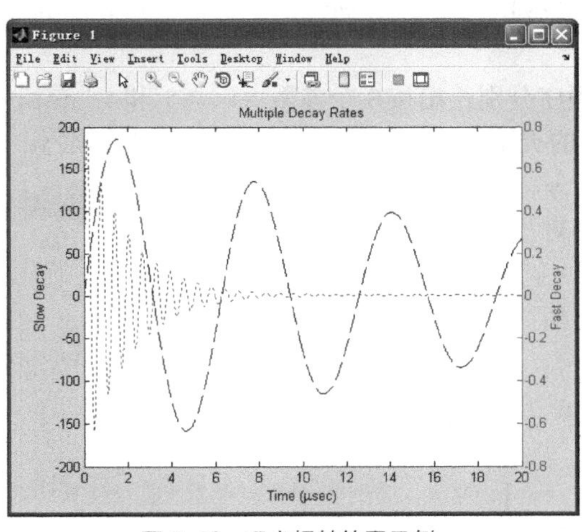

▲图 7-15 双坐标轴绘图示例

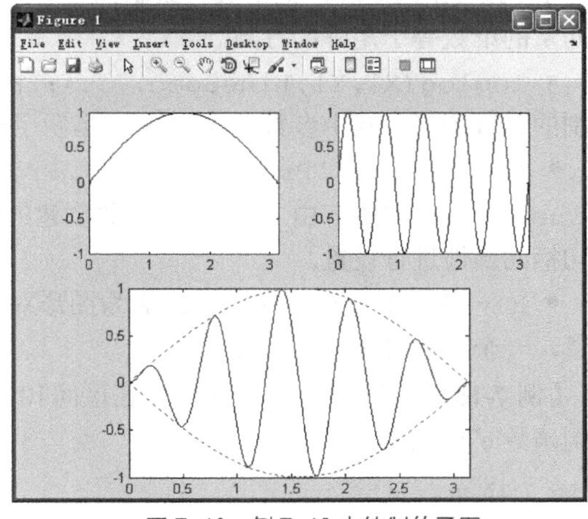

▲图 7-16 例 7-13 中绘制的子图

【例 7-14】 通过 subplot 函数和循环绘制多个子图。

```
Ex_7_14.m
figure
for i=1:12
    subplot(12,1,i)                         % 子图位置
    plot (sin(1:100)*10^(i-1))              % 绘制图形
    set(gca,'xtick',[],'ytick',[])          % 设置坐标轴
end
set(gca,'xtickMode', 'auto')                % 重新设置最底层子图的 x 轴
```

以上代码的运行结果如图 7-17 所示。

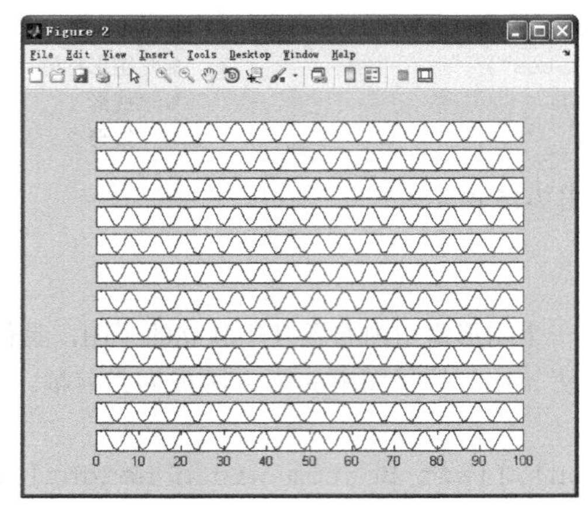

▲图 7-17　例 7-14 中绘制的子图

7.2.6　双轴对数图形

在实际中，我们经常需要绘制坐标轴为对数的图形。所谓双轴对数图形，就是指两个坐标轴都是对数坐标，这需要用到 loglog 函数，其具体调用语法如下。

● loglog(Y)：如果参数 Y 为实数向量或矩阵，则根据 Y 的列向量与它们的索引绘制图形。如果 Y 为复数向量或矩阵，loglog(Y)则等价于 loglog(real(Y),imag(Y))，在 loglog 的其他调用形式中将忽略 Y 的虚数部分。

● loglog(X1,Y1,...,Xn,Yn)：根据参数 Xn 与 Yn 匹配的数据绘制双轴对数图形。如果只有 Xn 或 Yn 为矩阵，则函数将绘制向量对矩阵行或列的图形，行向量的维数等于矩阵的列数，列向量的维数等于矩阵的行数。

● loglog(X1,Y1,LineSpec,...)：将按顺序分别绘出按 3 个参数 Xi、Yi 和 LineSpec 绘制的对数图形。其中参数 LineSpec 指明了线条的类型、标记符号和绘制线条所用的颜色。

● loglog(...,'PropertyName',PropertyValue,...)：对所有由 loglog 函数创建的图形对象句柄的属性进行设置。

● h = loglog(...)：返回值为图形对象句柄向量，一个句柄对应一条直线。

【例 7-15】　使用 loglog 绘图。在区间10^{-2}～10^{2}绘制函数 e^x 的双轴对数图形。

```
Ex_7_15.m
x = logspace(-1,2);  %  生成 50 个等对数间距的坐标
loglog(x,exp(x),'-s')
grid on
```

运行结果如图 7-18 所示。

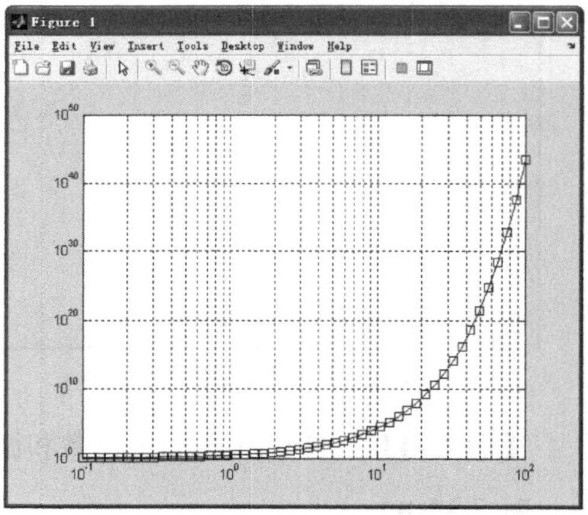

▲图 7-18　双轴对数图形

7.2.7　特殊二维图形

1. 条形图

在 MATLAB 中使用函数 bar 和 barh 来分别绘制纵向和横向二维条形图。这两个函数的用法相同。默认情况下，用 bar 函数绘制的条形图将矩阵中的每个元素均表示为“条形”，横坐标为矩阵的行数，“条形”的高度表示元素值。其调用语法如下。

● bar(Y)：对 Y 绘制条形图。如果 Y 为矩阵，Y 的每一行数据所对应的条形图聚集在一起，坐落在相对应的横坐标上。横坐标表示矩阵的行数，纵坐标表示矩阵元素值的大小。

● bar(...,width)：指定每个条形的相对宽度。条形的默认宽度为 0.8。

● bar(...,'style')：指定条形的样式。style 的取值为 grouped 或者 stacked，默认为 grouped。其中，grouped 表示绘制的图形共有 m 组，其中 m 为矩阵 Y 的行数，每一组有 n 个条形，n 为矩阵 Y 的列数，Y 的每个元素对应一个条形。stacked 表示绘制的图形有 m 个条形，每个条形为第 m 行的 n 个元素的和，每个条形由多种（n 个）色彩构成，每种色彩对应相应的元素。

● bar(...,'bar_color')：指定绘图的色彩，bar_color 的取值与 plot 绘图的色彩相同。

● bar(axes_handles,...)，barh(axes_handles,...)：在指定的坐标轴上绘制。

【例 7-16】 使用 bar 函数与 barh 函数绘图。

```
Ex_7_16.m
Y = round(rand(5,3)*10);      %随机产生一个 5×3 矩阵，每个元素为 1～10 的整数
subplot(2,2,1)                %设定绘图区域，在图形对象的左上角绘制
bar(Y,'group')                %绘制纵向条形图
title 'Group'                 %添加标题 Group
subplot(2,2,2)                %在图形对象的右上角绘制
bar(Y,'stack')
title 'Stack'
subplot(2,2,3)                %在图形对象的左下角绘制
barh(Y,'stack')               %绘制横向条形图
title 'Stack'
subplot(2,2,4)                %在图形对象的右下角绘制
bar(Y,7.5)
title 'Width = 7.5'
```

运行结果如图 7-19 所示。

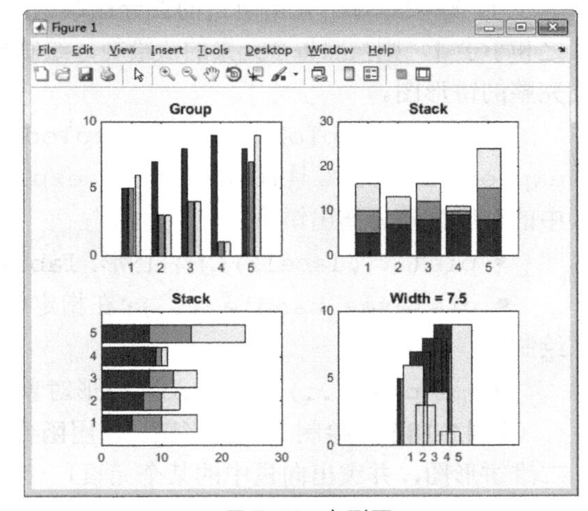

▲图 7-19　条形图

2. 区域图

区域图在显示向量或者矩阵中的元素在 x 轴的特定点占所有元素的比例时十分直观。默认情况下，函数 area 将矩阵中各行的元素集中，将这些值绘成曲线，并填充曲线和 x 轴之间的空间。其调用语法如下。

● area(Y)：绘制向量 Y 或矩阵 Y 各列的和。

● area(X,Y)：若 X 和 Y 是向量，则以 X 中的元素为横坐标、以 Y 中元素为纵坐标绘制图像，并且填充线条和 x 轴之间的空间；如果 Y 是矩阵，则绘制 Y 每一列的和。

● area(...,basevalue)：设置填充的底值，默认为 0。

● area(...,'PropertyName',PropertyValue,...)：对所有由 area 函数创建的图形对象句柄的属性进行设置。

● area(axes_handle,...)：在指定的坐标轴上绘制。

● h = area(...)：返回 area 图形对象的句柄值。

【例 7-17】 调用 area 函数。

本例将 Y 中的数据绘制成区域图。每一列数据在绘制的时候都是在前一列的基础上累加的，

即最下面一条折线绘制的是第 1 列数据，而第 2 列与第 1 列的和是中间折线的数据源，依次类推，这样就可以看出数据中每一列所占的比例。

```
Ex_7_17.m
Y = [1, 5, 3;
     3, 2, 7;
     1, 5, 3;
     2, 6, 1];
area(Y)
grid on
colormap summer                    % 设置颜色
set(gca,'Layer','top')
title 'Stacked Area Plot'          % 图名
```

运行结果如图 7-20 所示。

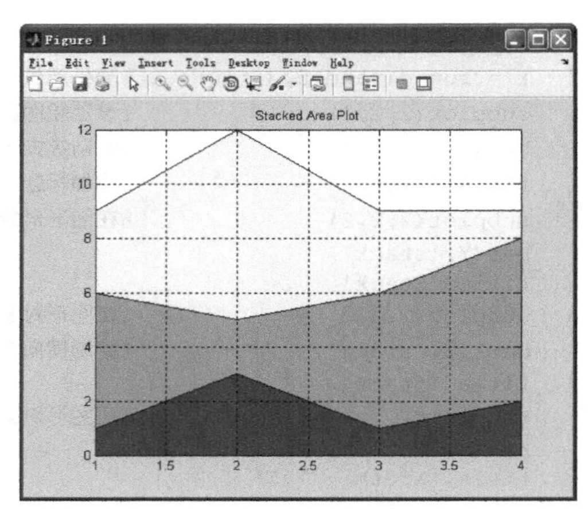

▲图 7-20　区域图

3. 饼形图

在统计学中，经常要使用饼形图来表示各个统计量占总量的份额，饼形图可以显示向量或矩阵中元素占总体的百分比。在 MATLAB 中可以使用 pie 函数来绘制二维饼形图，其调用语法如下。

- pie(X)：绘制 X 的饼形图，X 的每个元素占有一个扇形，从饼形图上方正中开始，按逆时针方向，各个扇形分别对应 X 的每个元素；如果 X 为矩阵，则按照各列的顺序排列。在绘制时，如果 X 的元素之和大于 1，则按照每个元素所占的百分比绘制；如果元素之和小于 1，则按照每个元素的值绘制，绘制出一个不完整的饼形图。
- pie(X,explode)：参数 explode 设置相应的扇形偏离整体图形，用于突出显示。explode 必须与 X 具有相同的维数。explode 和 X 的分量对应，若其中有分量不为零，则把 X 中的对应分量分离出饼形图。
- pie(...,labels)：标注图形，labels 为字符串元胞数组，元素的个数必须与 X 的个数相同。
- pie(axes_handle,...)：在指定的坐标轴上绘制。
- h = pie(...)：返回 pie 图形对象的句柄值。

【例 7-18】　绘制二维饼形图。使用函数 pie 绘制二维饼形图，并突出向量中的某个元素。

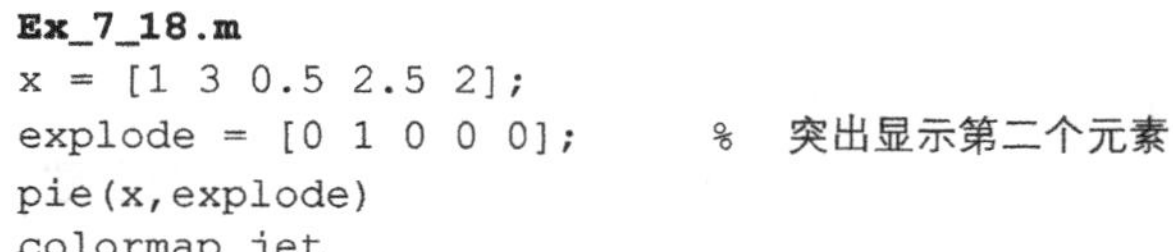

```
Ex_7_18.m
x = [1 3 0.5 2.5 2];
explode = [0 1 0 0 0];        % 突出显示第二个元素
pie(x,explode)
colormap jet
```

运行结果如图 7-21 所示。

▲图 7-21　饼形图

4. 直方图

直方图用于直观地显示数据的分布情况。在 MATLAB 中有两个函数可用于绘制直方图：hist

和 rose，二者分别用于在直角坐标系和极坐标系中绘制直方图。hist 函数的应用更广泛一些，这里只介绍 hist 函数的用法。关于 rose 函数，有兴趣的读者可以参阅 MATLAB 的帮助文档。hist 函数的调用语法如下。

- n = hist(Y)：绘制 Y 的直方图。
- n = hist(Y,x)：指定直方图的每个分格，其中 x 为向量，当绘制直方图时，以 x 的每个元素为中心创建分格。
- n = hist(Y,nbins)：指定分格的数目。

【例 7-19】　使用 hist 函数绘制直方图。

```
Ex_7_19.m
x = -4:0.1:4;
y = randn(10000,1);
hist(y,x)
h = findobj(gca,'Type','patch');
set(h,'FaceColor','r','EdgeColor','w')                    %   设置边界和填充颜色
```

以上代码的运行结果如图 7-22 所示。

5. 离散型数据图

在 MATLAB 中，可以使用函数 stem 和 stairs 绘制离散数据，分别生成二维离散图形和二维阶跃图形。stem 函数的调用语法如下。

- stem(Y)：绘制 Y 的数据序列，图形起始于 x 轴，并在每个数据点处绘制一个小圆圈。
- stem(X,Y)：按照指定的 X 绘制数据序列 Y。
- stem(...,'fill')：指定是否给数据点处的小圆圈着色。
- stem(...,LineSpec)：设置绘制的线型、标示符号和颜色。

【例 7-20】　使用 stem 函数绘制离散图形。在区间 $(-2\pi,2\pi)$ 绘制二维离散图形，设置其线型为虚线，并对数据点处着色。

```
Ex_7_20.m
t = linspace(-2*pi,2*pi,10);          %   创建 10 个位于-2*pi 到 2*pi 的等间隔的数
h = stem(t,cos(t),'fill','--');       %   以'--'绘制离散数据图
set(get(h,'BaseLine'),'LineStyle',':')
set(h,'MarkerFaceColor','red')
```

以上代码的运行结果如图 7-23 所示。

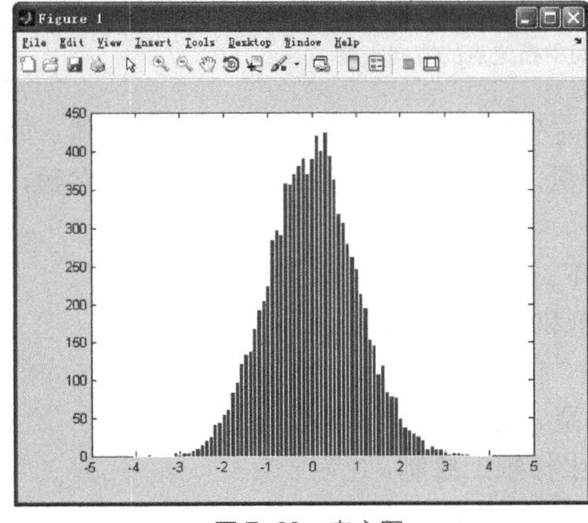

▲图 7-22　直方图

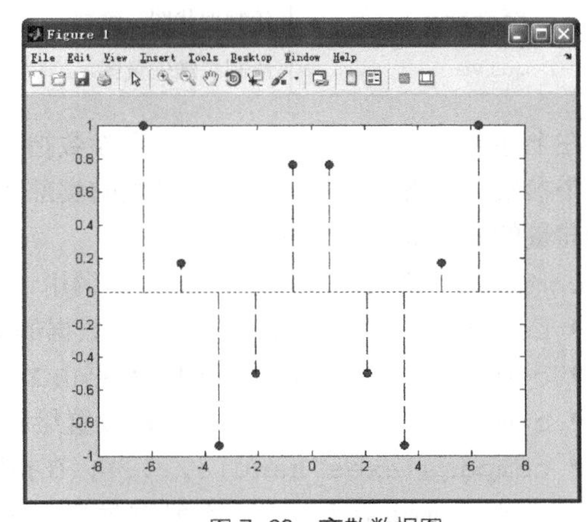

▲图 7-23　离散数据图

stairs 函数用来绘制二维阶跃图形，其调用语法如下。

- stairs(Y)：按照向量 Y 的元素绘制阶跃图形。
- stairs(X,Y)：按照指定 X 对应的向量 Y 中的元素绘制阶跃图形，其中 X 必须单调递增。

stairs 还有其他与 stem 调用语法相同的语法，这里不再详述。

【例 7-21】 使用 stairs 函数绘制正弦波的阶跃图形。在区间（$-2\pi,2\pi$）绘制正弦波的阶跃图形。

```
Ex_7_21.m
x = linspace(-2*pi,2*pi,40); % 创建 40 个位于-2*pi 到 2*pi 的等间隔的数
stairs(x,sin(x))              % 绘制正弦曲线的二维阶跃图形
```

以上代码的运行结果如图 7-24 所示。

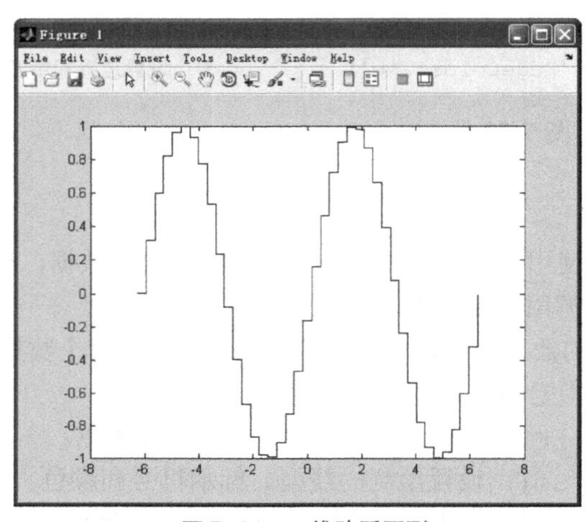

▲图 7-24　二维阶跃图形

6. 方向矢量图和速度矢量图

在 MATLAB 中可以绘制方向矢量图和速度矢量图，用于绘制这两种矢量图的函数如表 7-9 所示。

表 7-9　MATLAB 中用于绘制方向矢量图和速度矢量的函数

函　数	功　能
compass	绘制罗盘图，绘制极坐标图形中的向量
feather	绘制羽状图，绘制向量，向量起点位于与 x 轴平行的直线上，长度相等
quive	绘制二维矢量图，绘制二维空间中指定点的方向矢量

在上述函数中，矢量由一个或两个参数指定，指定矢量相对于圆点的 x 分量和 y 分量。如果输入一个参数，则将参数视为复数，复数的实部为 x 分量，虚部为 y 分量；如果输入两个参数，则分别为向量的 x 分量和 y 分量。

compass 函数用来绘制罗盘图，其调用语法如下。

- compass(U,V)：绘制罗盘图，数据的 x 分量和 y 分量分别由 U 和 V 指定。
- compass(Z)：绘制罗盘图，数据由 Z 指定。
- compass(...,LineSpec)：设置绘制的线型、标示符号和颜色。
- compass(axes_handle,...)：在指定的坐标轴上绘制。
- h = compass(...)：绘制罗盘图，并返回图形句柄。

【例 7-22】　绘制矩阵的本征值的罗盘图。

```
Ex_7_22.m
Z = eig(randn(20,20));          %  求 20*20 随机矩阵的本征值
compass(Z)
```

以上代码运行的结果如图 7-25 所示。

feather 函数用来绘制羽状图，其调用语法如下。

- feather(U,V)：绘制羽状图，数据的 x 分量和 y 分量分别由 U 和 V 指定。
- feather(Z)：绘制羽状图，数据由 Z 指定。
- feather(...,LineSpec)：设置绘制的羽状图的线型、标示符号和颜色。
- feather(axes_handle,...)：在指定的坐标轴上绘制。
- h = feather(...)：绘制羽状图，并返回图形句柄。

【例 7-23】　使用 feather 函数绘制羽状图。

```
Ex_7_23.m
theta = (-90:10:90)*pi/180;       %  生成数据
r = 2*ones(size(theta));          %  生成与 theta 宽度和高度相同的矩阵
[u,v] = pol2cart(theta,r);        %  将极坐标数据 theta 和 r 转换成直角坐标（u,v）
feather(u,v);
```

以上代码的运行结果如图 7-26 所示。

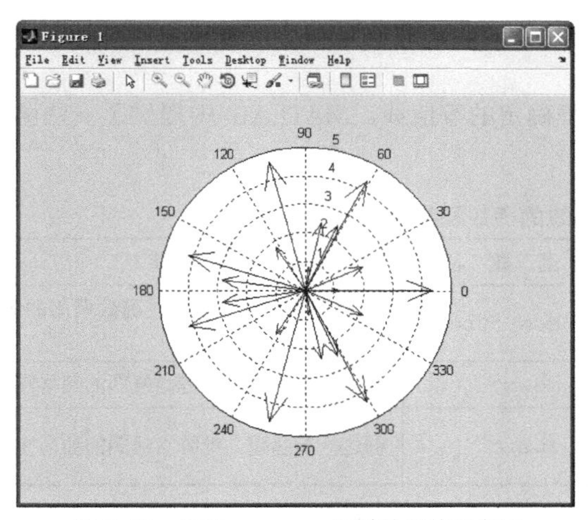

▲图 7-25　使用 compass 函数绘制的罗盘图

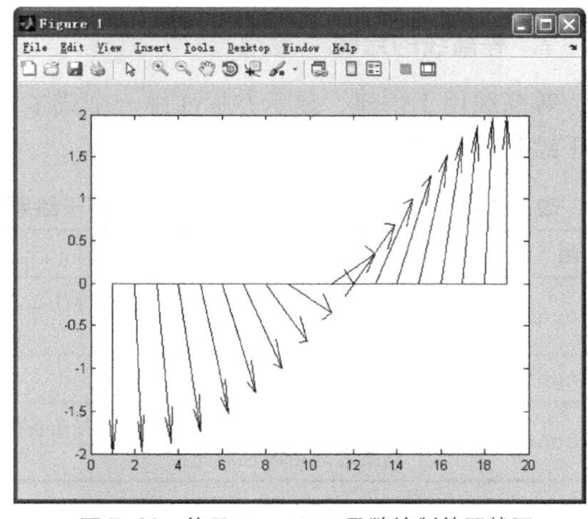

▲图 7-26　使用 feather 函数绘制的羽状图

quiver 函数用来绘制箭状图或者速度矢量图，其调用语法如下。

- quiver(x,y,u,v)：绘制矢量图，参数 x 和 y 用于指定矢量的位置，u 和 v 用于指定要绘制的矢量。
- quiver(u,v)：绘制矢量图，矢量的位置为默认值。
- quiver(...,scale)：自动调整箭头的比例以适合网格，然后用因子 scale 拉伸箭头。

【例 7-24】　绘制函数 $z = xe^{(-x^2-y^2)}$ 的梯度图。

梯度方向也就是速度方向，本例使用 quiver 函数即可达到目的。

```
Ex_7_24.m
[X,Y] = meshgrid(-2:.2:2);       %  生成网格数据
Z = X.*exp(-X.^2 - Y.^2);        %  定义函数 Z
[DX,DY] = gradient(Z,.2,.2);     %  求 Z 在 X 和 Y 方向的梯度
```

```
contour(X,Y,Z)                 % 绘制 Z 的等高线
hold on                        % 打开图形保持功能
quiver(X,Y,DX,DY)
colormap hsv                   % 创建颜色图
hold off                       % 关闭图形保持功能
```

以上代码的运行结果如图 7-27 所示。

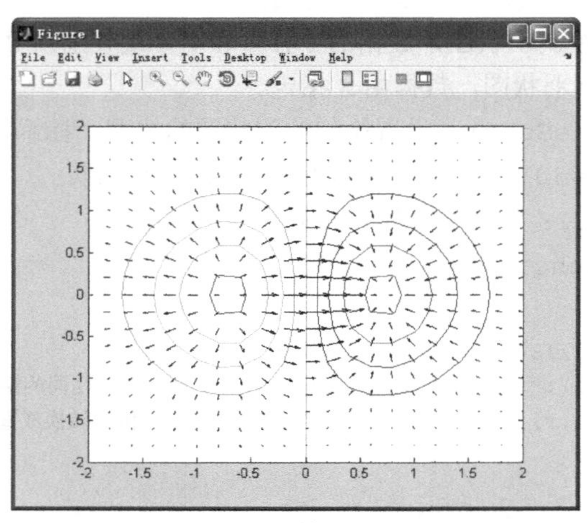

▲图 7-27　梯度图示例

7. 等高线的绘制

等高线用于创建、显示并标注由一个或多个矩阵确定的等值线。MATLAB 中提供了一些函数用于绘制等高线，如表 7-10 所示。

表 7-10　MATLAB 中用于绘制等高线的函数及其功能

函 数 名	功　能	函 数 名	功　能
clabel	使用等值矩阵生成标注，并将标注显示在当前图形	contourc	用于计算由其他等高线函数调用的等值矩阵
contour	显示矩阵 Z 的二维等高线图	meshc	创建一个匹配二维等高线图的网格图
contourf	显示矩阵 Z 的二维等高线图，并在各等高线之间用纯色填充	surfc	创建一个匹配二维等高线图的曲面图

这里只介绍最常用的函数 contour，其他函数请读者自行查阅帮助文档。contour 函数用于绘制二维等高线图，其调用语法如下。

- contour(Z)：绘制矩阵 Z 的等高线，在绘制时将 Z 在 *xOy* 平面上插值，等高线数量和数值由系统根据 Z 自动确定。
- contour(Z,n)：绘制矩阵 Z 的等高线，等高线数目为 n。
- contour(Z,v)：绘制矩阵 Z 的等高线，等高线的值由向量 v 决定。
- contour(X,Y,Z)：绘制矩阵 Z 的等高线，坐标值由矩阵 X 和 Y 指定，矩阵 X、Y、Z 的维数必须相同。
- contour(...,LineSpec)：利用指定的线型绘制等高线。
- [C,h] = contour(...)：绘制等高线，并返回等高线矩阵和图形句柄。

【例 7-25】　绘制 peaks 函数的等高线。

peaks 函数是系统自带的测试函数。

Ex_7_25.m

```
Z = peaks;
[C,h] = contour(interp2(Z,4));                    % 绘制插值以后的等高线图，通过插值可以平滑曲线
text_handle = clabel(C,h);                        % 等高线标注
set(text_handle,'BackgroundColor',[1 1 .6],...    % 设置颜色
    'Edgecolor',[.7 .7 .7])
```

以上代码的运行结果如图 7-28 所示。

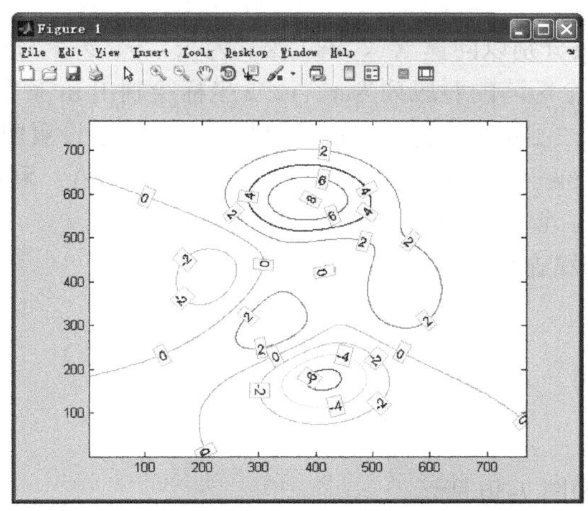

▲图 7-28　peaks 函数的等高线图

7.3 三维图形

除了绘制二维图形，MATLAB 还提供了一系列强大的三维图形绘制函数，这些函数的分类列表如图 7-29 所示。

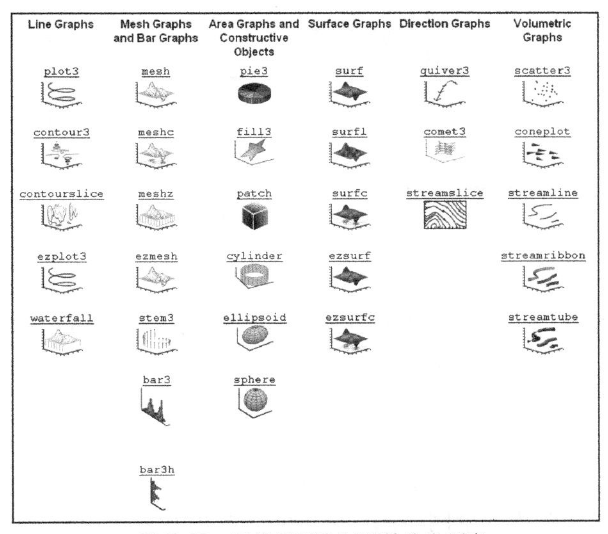

▲图 7-29　三维图形绘制函数分类列表

可以看出，MATLAB 基本的三维图形包括线型（Line）、网格型（Mesh）、区域型（Area）、面型（Surface）、方向矢量型（Direction）和容积型（Volumetric）等类型，图中显示了各个函数所能

够绘制图形的缩略图。本节介绍常用三维绘图函数的使用。至于其他绘图函数，因篇幅有限，这里不再介绍，请读者查阅帮助文档。

7.3.1　绘制三维曲线图

在 MATLAB 中，plot3 函数用于绘制三维曲线图。该函数的用法和 plot 类似，其调用语法如下。

- plot3(X1,Y1,Z1,...)： X1、Y1、Z1 为向量或者矩阵。当 X1、Y1、Z1 为长度相同的向量时，此函数将绘制一条分别以向量 X1、Y1、Z1 为 *x*、*y*、*z* 坐标的空间曲线；当 X1、Y1、Z1 为矩阵时，该命令以每个矩阵的对应列为 *x*、*y*、*z* 坐标绘制出 m 条空间曲线。
- plot3(X1,Y1,Z1,LineSpec,...)：通过 LineSpec 设置曲线和点的属性。
- plot3(...,'PropertyName',PropertyValue,...)：利用指定的属性绘制图形。
- h = plot3(...)：返回一个图形对象句柄的列向量。

【例 7-26】　绘制三维螺旋线。

```
Ex_7_26.m
t = 0:pi/50:10*pi;
plot3(sin(t),cos(t),t)
grid on
axis square
```

以上代码的运行结果如图 7-30 所示。

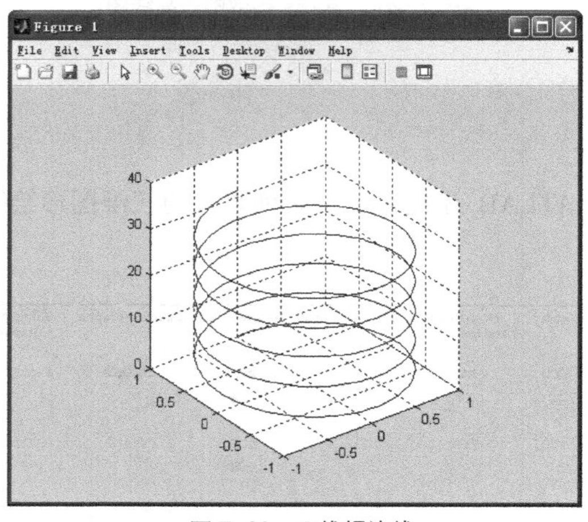

▲图 7-30　三维螺旋线

7.3.2　绘制三维曲面图

在 MATLAB 中，除了 plot3 函数可用于绘制三维图形外，还有一些函数可以用来绘制三维网格图和曲面图。下面分别介绍这些函数。

1. 三维网格图

mesh 函数用于绘制三维网格图，其调用语法如下。

- mesh(X,Y,Z)：绘制出一个网格图，图像的高度由 Z 来决定。另外，图像的颜色也由 Z 确定，即图像的颜色与高度成正比。如果 X 和 Y 为向量，那么 length(X) = n，且 length(Y) = m，其中[m,n]= size(Z)，在绘制的图形中，网格线上的点由坐标(X(j)，Y(i)，Z(i,j))决定。向量 X 对应于矩阵 Z 的列，向量 Y 对应矩阵 Z 的行。

- mesh(Z)：以 Z 的元素为 z 坐标，元素对应矩阵的行数和列数分别为 x 和 y 坐标。
- mesh(...,C)：C 为矩阵。绘制的图像的颜色由 C 指定。MATLAB 对 C 进行线性变换，得到颜色映射表。如果 X、Y、Z 为矩阵，矩阵的维数则应该与 C 相同。
- mesh(...,'PropertyName',PropertyValue,...)：利用指定的属性绘制图形。
- mesh(axes_handles,...)：利用指定的坐标轴绘制，axes_handles 为坐标轴句柄。
- meshc(...)：创建一个匹配二维等高线图的网格图。
- meshz(...)：绘制出网格周围的参考面。
- h = mesh(...)：返回一个图形对象的句柄。

【例 7-27】 绘制函数 $z = x^2 + y^2$ 的网格图。

```
Ex_7_27.m
x=-4:.2:4;y=x;
[X,Y]=meshgrid(x,y);
Z=X.^2+Y.^2;
mesh(X,Y,Z)
```

以上代码的运行结果如图 7-31 所示。

【例 7-28】 绘制 peaks 函数的三维网格图及其在底面投影的等高线图。

```
Ex_7_28.m
[X,Y] = meshgrid(-3:.125:3);
Z = peaks(X,Y);
meshc(X,Y,Z);
axis([-3 3 -3 3 -10 5])
```

以上代码运行的结果如图 7-32 所示。

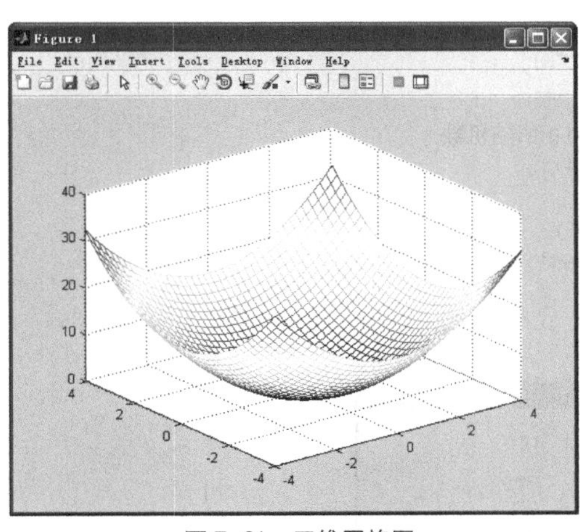

▲图 7-31 三维网格图

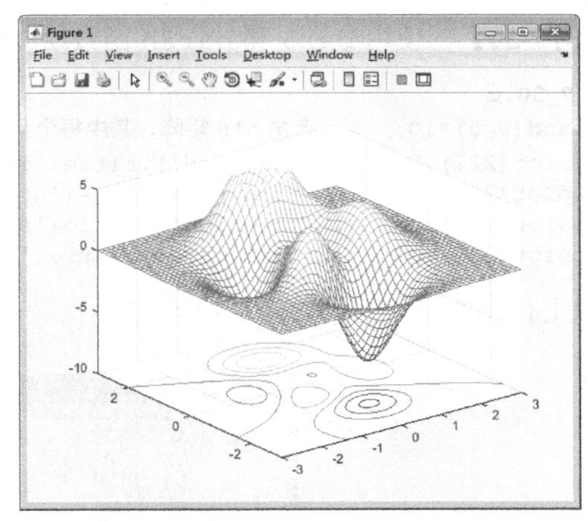

▲图 7-32 peaks 函数的三维网格图及其在底面投影的等高线图

2. 三维曲面图

函数 surf 用来绘制三维表面图形，其调用语法如下。

- surf(Z)和 surf(Z,C)：在这两个用法中，X 默认为 X=1:n，Y 默认为 Y=1:m，此时 Z 是一个单值函数。
- surf(X,Y,Z)：如果 X 和 Y 为向量，那么 length(X)= n，且 length(Y) = m，其中 [m,n]= size(Z)，在绘制的图形中，网格线上的点由坐标(X(j), Y(i), Z(i,j))决定。向量 X 对应矩阵 Z 的列，向量 Y 对应矩阵 Z 的行。

● surf(X,Y,Z,C)：通过 4 个矩阵参数绘制彩色的三维表面图形。其中，图形的视角由 view 函数值定义；图形的各轴范围由 X、Y、Z 通过当前的 axis 函数值定义；图形的颜色范围由 C 定义。

● surf(…'PropertyName',PropertyValue,...)：设置图形表面的属性值，单个语句可以设定多个属性值。

● surf(axes_handles,...)：利用指定的坐标轴绘制，axes_handles 为坐标轴句柄。

● surfc(...)：创建一个匹配二维等高线图的曲面图。

● h = surf(...)：返回一个图形对象的句柄。

【例 7-29】　绘制 peaks 函数的曲面图。

```
Ex_7_29.m
[X,Y,Z] = peaks(30);
surfc(X,Y,Z)
colormap hsv
axis([-3 3 -3 3 -10 5])
```

以上代码运行的结果如图 7-33 所示。

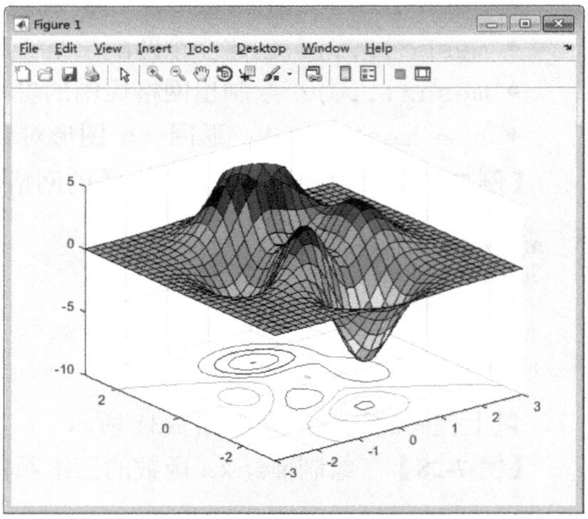

▲图 7-33　peaks 函数的曲面图

7.3.3　特殊三维图形

1. 三维条形图

在 MATLAB 中，可以使用函数 bar3 和 bar3h 来绘制三维条形图，它们的调用语法与前面讲的函数 bar 和 barh 相似，这里不再详述。

【例 7-30】　使用 bar3 和 bar3h 函数绘制条形图。

```
Ex_7_30.m
X=rand(5,5)*10;   %  产生 5*5 矩阵，其中每个元素为 1~10 的随机数
subplot(221),bar3(X,'detached'),title('detached');
subplot(222),bar3(X,'grouped'),title('grouped');
subplot(223),bar3h(X,'stacked'),title('stacked');
subplot(224),bar3h(X,'detached'),title('detached');
```

以上代码的运行结果如图 7-34 所示。

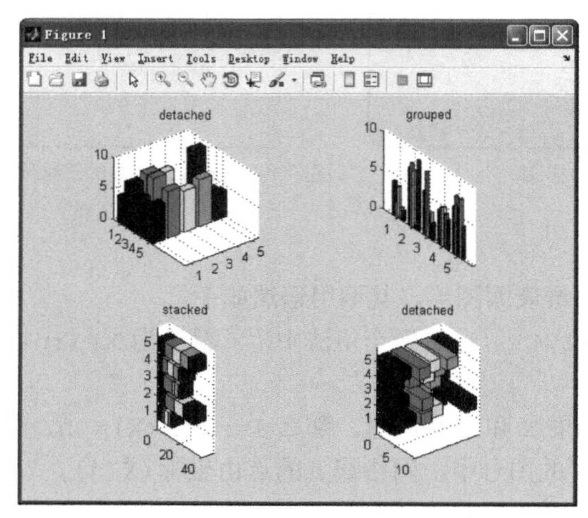

▲图 7-34　三维条形图

2. 三维球体图

MATLAB 提供了 sphere 函数来生成三维球体图。

【例 7-31】 使用 sphere 函数绘制三维球体图。

```
Ex_7_31.m
subplot(2,2,1)
sphere(8)                 %  括号中的数字指生成球体的面数，这里是指 8×8
axis equal
subplot(2,2,2)
sphere(16)
axis equal
subplot(2,2,3)
sphere(24)
axis equal
subplot(2,2,4)
sphere(32)
axis equal
```

以上代码的运行结果如图 7-35 所示。

3. 三维饼形图

函数 pie3 用于绘制三维饼形图，其用法与二维饼形图函数 pie 基本相同。

【例 7-32】 使用函数 pie3 绘制三维饼形图。

```
Ex_7_32.m
x=rand(1,5);              %  产生由 0~1 的 5 个随机数构成的向量
explode=[0 1 0 0 0];      %  分离出向量 x 的第二个元素
pie3(x,explode)
```

以上代码的运行结果如图 7-36 所示。

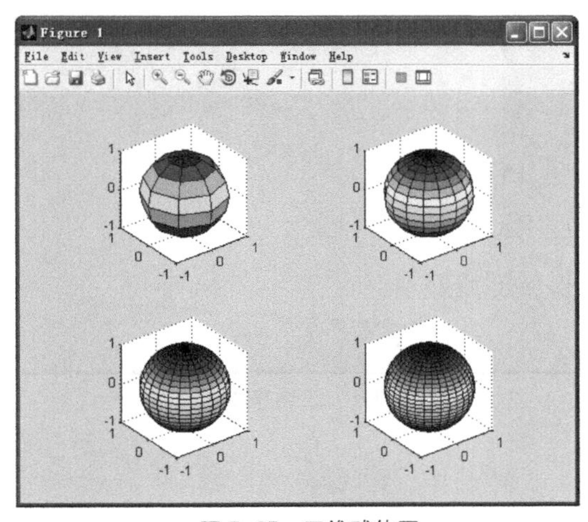

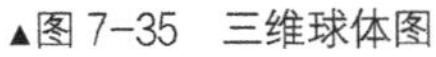
▲图 7-35 三维球体图

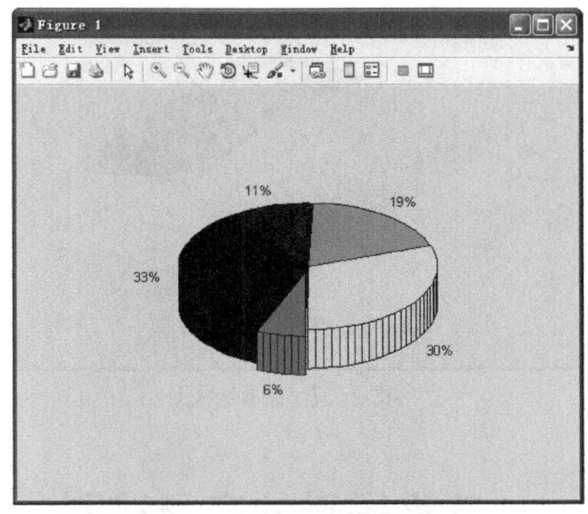

▲图 7-36 三维饼形图

4. 三维箭状图

函数 quiver3 用来绘制三维的箭状图或速度矢量图，其用法和 quiver 类似。

【例 7-33】 绘制曲面 $z = xe^{(-x^2-y^2)}$ 的曲面法线。

```
Ex_7_33.m
[X,Y] = meshgrid(-2:0.25:2,-1:0.2:1);
```

```
Z = X.* exp(-X.^2 - Y.^2);
[U,V,W] = surfnorm(X,Y,Z);
quiver3(X,Y,Z,U,V,W,0.5);
hold on
surf(X,Y,Z);
colormap hsv
view(-35,45)
axis ([-2 2 -1 1 -.6 .6])
hold off
```

以上代码的运行结果如图 7-37 所示。

5. 三维等高线图

contour3 函数用于绘制一个矩阵的三维等高线图，其用法与 contour 函数基本相同。

【例 7-34】 绘制函数 $Z = x * e^{-x^2-y^2}$ 的等高线图形，并使用 cool 颜色图。

```
Ex_7_34.m
[X,Y] = meshgrid([-2:.25:2]);          % 生成维数相同的两个矩阵 X 和 Y
Z = X.*exp(-X.^2-Y.^2);
contour3(X,Y,Z,40)                     % 绘制 Z 的等高线，40 为等高线的数目
surface(X,Y,Z,'EdgeColor',[.8 .8 .8],'FaceColor','none')    % 绘制表面图
grid off                                                     % 去掉网格线
view(-15,25)                                                 % 设定视角
colormap cool                                                % 建立颜色图
```

以上代码的运行结果如图 7-38 所示。

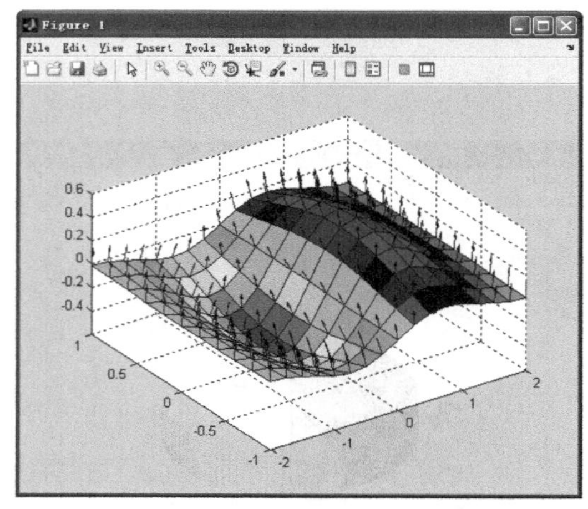

▲图 7-37 曲面法线图

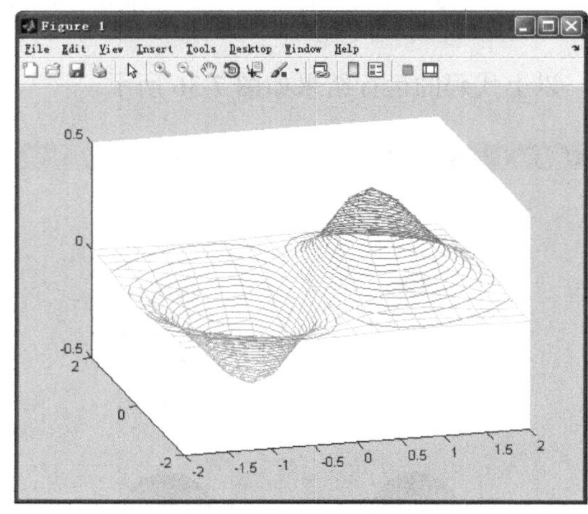

▲图 7-38 三维等高线图

7.4 三维图形的高级控制

三维图形比二维图形包含更多的信息，因此在实际中得到了广泛的应用。对于三维图形，由于其复杂性，如果对其赋予更多的属性，则可得到更多的信息。比如，对于一幅三维图像，从不同的角度观看可以得到不同的信息，采用适宜的颜色可以得到更加直观的效果。本节介绍三维图形的高级控制，包括图形的查看方式、光照控制和图形中颜色的使用。另外，三维图形还有很多其他的属性控制方法，例如旋转、材质属性和透明控制等，因篇幅有限，不能一一介绍，读者可查阅相关的帮助文档。

7.4.1 视点控制

为了使图形的效果更逼真，有时需要从不同的角度观看图形。MATLAB 语言提供了 view、viewmtx 和 rotate3d 这 3 个函数进行这些操作。其中，view 函数主要用于从不同的角度观察图形，viewmtx 函数给出指定视角的正交变换矩阵，rotate3d 函数可以让用户使用鼠标来旋转视图。这里只介绍 view 函数，其调用语法如下。

- view(az,el)：设置查看三维图的 3 个角度。其中 az 是水平方位角，从 y 轴负方向开始，以逆时针方向旋转为正；el 是垂直方位角，向 z 轴方向的旋转为正，向 z 轴负方向的旋转为负。默认的三维图视角为：az=−37.5，el=30。当 az=0，el=90 时，其观看效果是一个二维图形。
- view([x,y,z])：设置在笛卡儿坐标系下的视角，而忽略向量 x、y 和 z 的幅值。
- view(2)：设置为默认的二维视角，即 az= 0, el= 90。
- view(3)：设置为默认的三维视角，即 az= −37.5, el= 30。
- view(T)：根据转换矩阵 T 来设置视角，T 是一个由 viewmtx 产生的 4×4 的转换矩阵。
- [az,el] = view：返回当前的 az 和 el 值。
- T = view：返回一个转换矩阵 T。

【例 7-35】 view 函数的使用。绘制 peaks 函数的表面图，并使用不同的视角观察图形。

```
Ex_7_35.m
[X,Y,Z] = peaks(30);
subplot(121),surf(X,Y,Z)
view(3)                        %  默认的三维视角
subplot(122),surfc(X,Y,Z)
view(30,60)
```

以上代码的运行结果如图 7-39 所示。

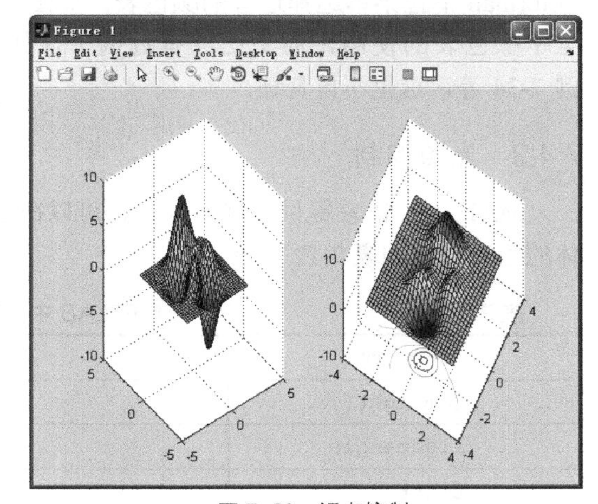

▲图 7-39 视点控制

7.4.2 颜色的使用

图形的颜色是图形的一个重要因素，丰富的颜色变化可以使图形更具有表现力。MATLAB 中图形的颜色控制主要由函数 colormap 完成。

MATLAB 是采用颜色映射表来处理图形颜色的，即 RGB 色系。计算机中的各个颜色都是通过三原色并按照不同的比例调制出来的。每一种颜色的值以一个 1×3 的向量 [R G B] 表达，其中 R、G、B 分别代表 3 种颜色的值，其取值范围位于[0,1]区间内。MATLAB 中的典型颜色配比方案如表 7-11 所示。

表 7-11　　MATLAB 中典型的颜色配比方案

Red（红）分量	Green（绿）分量	Blue（蓝）分量	颜　色
0	0	0	黑
1	1	1	白
1	0	0	红
0	1	0	绿
0	0	1	蓝
1	1	0	黄
1	0	1	洋红
0	1	1	青蓝
2/3	0	1	天蓝

续表

Red（红）分量	Green（绿）分量	Blue（蓝）分量	颜　色
1	1/2	0	橘黄
0.5	0	0	深红
0.5	0.5	0.5	灰色

选择好颜色表后，就可以用其中的颜色来绘图。对于一般的曲线绘制函数，不需要使用颜色表控制色彩显示，而对于曲面绘图函数，则需要使用颜色表。颜色表的设定命令为：`colormap([R,G,B])`，其中输入变量`[R,G,B]`为一个 3 列的矩阵，行数不限，该矩阵称为颜色表。

在 MATLAB 中预定义了几种典型颜色表。用户可以在图形窗口查看和选择这些颜色表。单击 Edit|Figure Properties 菜单，激活属性编辑器。用户可以通过属性编辑器中的 Colormap 下拉菜单选择适宜的颜色表，如图 7-40 所示。至于颜色表的使用，前文已经有过例子，如例 7-33 和例 7-34 等，这里不再赘述。

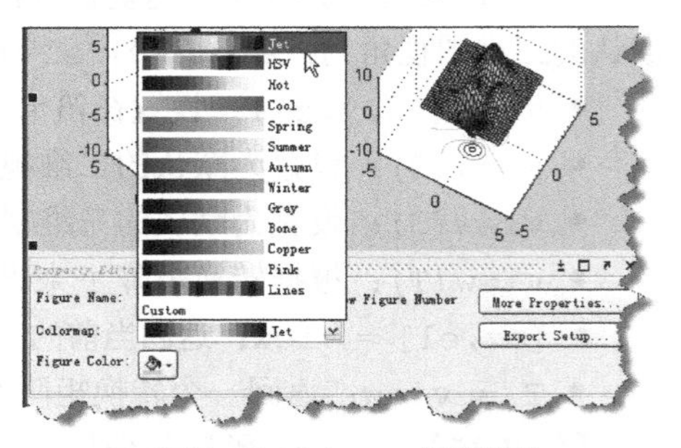

▲图 7-40　Colormap 下拉菜单

7.4.3　光照控制

MATLAB 语言提供了许多函数，可以在图形中对光源进行定位，并改变光照对象的特征，具体的函数介绍如表 7-12 所示。

表 7-12　　MATLAB 中的图形光源操作函数

函　　数	功 能 描 述
Camlight	设置并移动关于摄像头的光源
lightangle	在球坐标下设置或定位一个光源
Light	设置光源
Lighting	选择光源模式
Material	设置图形表面对光照的反应模式

【例 7-36】　本例在例 7-29 的基础上演示如何使用光照控制。未进行光照控制的图形请参见图 7-33。

```
Ex_7_36.m
[X,Y,Z] = peaks(30);
surfc(X,Y,Z)
colormap hsv
axis([-3 3 -3 3 -10 5])
light('Position',[-20,20,5])      %  光照控制
```

以上代码的运行结果如图 7-41 所示。

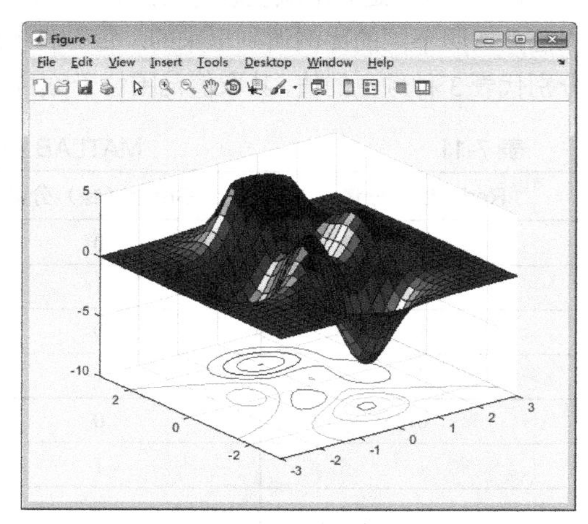

▲图 7-41　光照控制

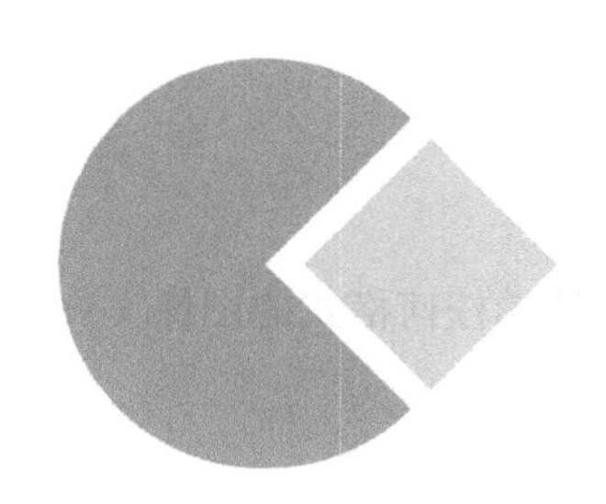

第8章 图像处理

MATLAB 中的图像处理工具箱提供了一套全方位的标准算法和图形工具，用于进行图像处理、分析、可视化和算法开发。可用它对有噪图像进行去噪或对退化图像进行还原、增强以获得更高的清晰度，提取特征，分析形状和纹理，以及对两个图像进行匹配。工具箱中的大部分函数均以开放式 MATLAB 语言编写，这意味着可以检查算法、修改源代码和创建自定义函数。

图像处理工具箱用于生物测定学、遥感、监控、基因表达、显微镜技术、半导体测试、图像传感器设计、颜色科学及材料科学等领域，为工程师和科学家提供支持，同时也促进了图像处理技术的教学。

图像处理工具箱的主要功能如下。

- 图像增强，包括过滤、滤波器设计、去模糊和对比度增强。
- 图像分析，包括功能检测、形态学、分割和测量。
- 空间变换和图像配准。
- 图像变换，包括 FFT、DCT、Radon 和扇形波束投影。
- 支持多维图像处理。
- 支持 ICC 版本 4 颜色管理系统。
- 模块化交互式工具，包括 ROI 选择、直方图和距离测量。
- 交互式图像和视频显示。
- DICOM 导入和导出。

图 8-1 显示了图像处理工具箱中去相关延伸算法（上）、线条检测（中）和基于分水岭分割（下）的结果。

▲图 8-1　图像处理工具箱中相关操作的结果

8.1 图像文件的操作

图像处理工具箱支持多种设备生成的图像，包括数码相机、图像采集系统、卫星和空中传感器、医学成像设备、显微镜、望远镜和其他科学仪器。用户可以用多种数据类型来可视化、分析和处理这些图像，这些数据类型包括单精度和双精度浮点和有符号或无符号的 8、16 和 32 位整数。

在 MATLAB 环境中，导入或导出图像进行处理的方式有几种。用户可以使用图像采集工具箱从 Web 摄像头、图像采集系统、DCAM 兼容相机和其他设备中采集实时图像。另外，通过使用数据库工具箱，用户可以访问 ODBC/JDBC 兼容数据库中存储的图像。

MATLAB 支持标准数据和图像格式，包括 JPEG、TIFF、PNG、HDF、HDF-EOS、FITS、Microsoft Excel、ASCII 和二进制文件等。它还支持多频带图像格式，如 LANDSAT。同时，MATLAB 提供了低级 I/O 函数，可以让用户开发用于处理任何数据格式的自定义程序。

图像处理工具箱支持多种专用图像文件格式。例如对于医学图像，它支持 DICOM 文件格式，包括关联的元数据，以及 Analyze 7.5 和 Interfile 格式。另外，此工具箱还可以读取 NITF 格式的地理空间图像和 HDR 格式的高动态范围图像等。

8.1.1 查询图像文件的信息

在 MATLAB 中，使用函数 imfinfo 能够获得图像处理工具箱所支持的任何格式的图像文件的信息，其调用语法如下。

```
info = imfinfo(filename,fmt)
info = imfinfo(filename)
```

函数 imfinfo 返回一个结构体 info，其中包括了图像文件的信息，filename 是指定图像文件名的字符串，fmt 是指定图像文件格式的字符串。

通过此函数获得的信息与图像文件的类型有关，但至少包含以下一些内容。

- Filename——文件名。
- FileModDate——文件最后修改时间。
- FileSize——文件大小，以字节为单位。
- Format——文件格式。
- FormatVersion——文件格式的版本号。
- Width——图像的宽度，以像素为单位。
- Height——图像的高度，以像素为单位。
- BitDepth——每个像素的位数。
- ColorType——颜色类型。

【例 8-1】 imfinfo 函数的应用。

```
>> info = imfinfo('canoe.tif')                         % canoe.tif 是系统自带的图片
info =
                  Filename: [1x63 char]       % 文件名及路径
               FileModDate: '04-十二月-2000 13:57:56'  % 修改日期
                  FileSize: 69708                  % 图片大小
                    Format: 'tif'                  % 图片格式
             FormatVersion: []
                     Width: 346                    % 图片宽度
                    Height: 207                    % 图片高度
                  BitDepth: 8                      % 像素维数
                 ColorType: 'indexed'
           FormatSignature: [73 73 42 0]
                 ByteOrder: 'little-endian'
            NewSubFileType: 0
             BitsPerSample: 8
               Compression: 'PackBits'
 PhotometricInterpretation: 'RGB Palette'
              StripOffsets: [9x1 double]
           SamplesPerPixel: 1
              RowsPerStrip: 23
           StripByteCounts: [9x1 double]
               XResolution: 72
               YResolution: 72
            ResolutionUnit: 'None'
                  Colormap: [256x3 double]         % 颜色表
       PlanarConfiguration: 'Chunky'
                 TileWidth: []
                TileLength: []
               TileOffsets: []
```

```
        TileByteCounts: []
           Orientation: 1
             FillOrder: 1
      GrayResponseUnit: 0.0100
        MaxSampleValue: 255
        MinSampleValue: 0
          Thresholding: 1
                Offset: 67910
```

8.1.2 图像文件的读写

在 MATLAB 中，可以通过文件导入向导读取图像文件。另外，还可以通过命令来读取图像文件。

1. 使用文件导入向导读取图像文件

在工具栏选择 Import Data 命令，即可弹出 Import Data 对话框，如图 8-2 所示，从中可以选择需要导入的图像文件。

单击“打开”按钮，会弹出 Import Wizard 窗口，如图 8-3 所示，从中选择需要导入的数据，单击 Finish 按钮即可完成图像文件的导入。

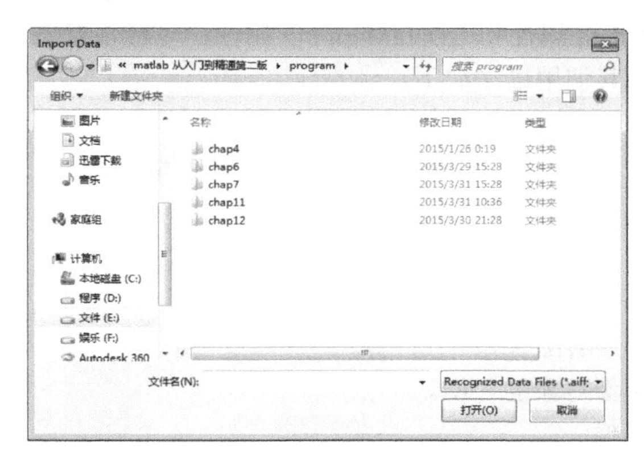

▲图 8-2 选择需要导入的图像文件

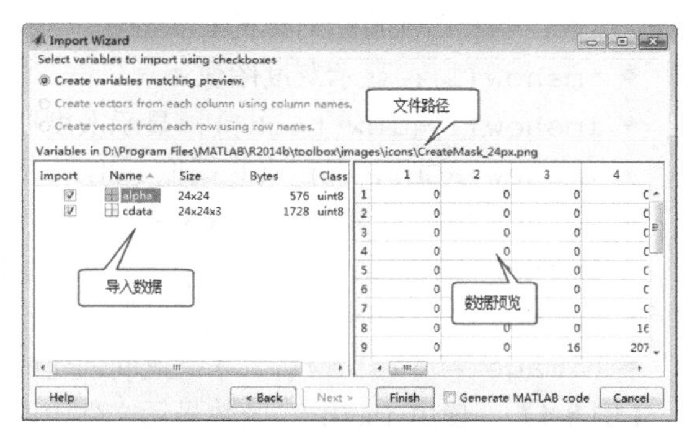

▲图 8-3 使用导入向导读取图像文件

2. 使用命令导入图像文件

MATLAB 提供了 imread 函数来读取图像文件到工作区中。通过 imread 函数，用户可以导入多种文件格式的图像数据，如 TIFF、HDF、BMP、JPEG、GIF、PCX、XWD、Cursor、Icon 和 PNG 等格式。

通常，读取的大多数图像的大小均为 8bit。当把这些图像加载到内存中时，MATLAB 就将其存放在 uint8 类型数组中。此外，MATLAB 还支持 16bit 的 PNG 和 TIF 图像。当读取这类文件时，MATLAB 就将其存储在 uint16 类型数组中。对于索引图像，即使图像数组本身为 uint8 类型或 uint16 类型，imread 函数仍将颜色映象表读取并存储到一个双精度的浮点类型的数组中。

【例 8-2】 使用 imread 函数。

```
>> RGB = imread('football.jpg');          % 读入 jpg 图像文件到 RGB 中
>> [X,map] = imread('trees.tif');         % 读入 tif 文件到[X,map]中
>> whos
  Name        Size                Bytes  Class     Attributes

  RGB       256×320×3            245760  uint8
```

```
  X           258×350                90300  uint8
  map         256×3                   6144  double
```

本例中用到的 football.jpg 和 trees.tif 是 MATLAB 图像处理工具箱中的测试图片。需要指出的是，[X,map]中 X 存储的是图像，而 map 存储的是颜色表。

3. 图像文件的写入

为了把 MATLAB 工作区中的图像数据用一种标准格式输出到图像文件中，需要使用 imwrite 函数来完成这个工作。imwrite 函数用于将数据输出为多种标准的图像文件。

【例 8-3】 调用 imwrite 函数。将上例中导入的数据以图像格式文件输出。

```
>> imwrite(RGB,'footballtemp.jpg')              % 写入 jpg 文件
>> imwrite(X,map,'treestemp.tif')               % 写入 tif 文件
```

通过调用以上命令，在 MATLAB 的当前工作目录下就会新建名为 footballtemp.jpg 和 treestemp.tif 的图像文件。

8.1.3 图像文件的显示

在 MATLAB 中，使用函数 imshow 来显示图像文件，该函数将自动设置图像窗口、坐标轴和图像属性。这些自动设置的属性包括图像对象的 Cdata 属性和 CDataMapping 属性，坐标轴对象的 CLim 属性，以及图像窗口对象的 Colormap 属性。其调用语法如下。

- imshow(I)：显示灰度图像 I。
- imshow(I,[low high])：显示灰度图像 I，[low high]为图像数据的值域。
- imshow(RGB)：显示真彩图像 RGB。
- imshow(BW)：显示二值图像 BW。
- imshow(X,map)：显示索引图像，X 为索引图像的数据矩阵，map 为颜色表。
- imshow(filename)：显示 filename 文件的图像。
- himage = imshow(...)：返回创建的图像对象的句柄。

【例 8-4】 使用 imshow 函数显示文件中的图像。

```
>> imshow('board.tif')
```

board.tif 是系统自带的测试图片，命令显示的结果如图 8-4 所示。

【例 8-5】 使用 imshow 函数显示索引图像。

```
>> [X,map] = imread('trees.tif');
>> imshow(X,map)
```

运行结果如图 8-5 所示。

【例 8-6】 使用 imshow 函数显示灰度图像。

```
>> I = imread('cameraman.tif');
>> imshow(I)
```

运行结果如图 8-6 所示。

另外，还可以对灰度图像的显示范围进行限制，如以下代码所示。

```
>> h = imshow(I,[0 80]);
```

运行结果如图 8-7 所示。

▲图 8-4 board.tif

▲图 8-5 trees.tif

▲图 8-6 cameraman.tif

▲图 8-7 限制显示范围的 cameraman.tif

8.1.4 图像格式的转换

对于不同的图像类型，MATLAB 提供了转换函数。表 8-1 列出了一些主要转换函数的调用语法、功能及参数说明。

表 8-1 MATLAB 图像格式转换函数

函数	功能	变量
X=dither(RGB,map) X=dither(RGB,map,Qm,Qe)	通过颜色抖动，把真彩图像转换成索引图像，或者把灰度图像转换成二进制图像	RGB 是被转换的真彩图像； map 是索引图像的颜色表；
BW=dither(I)		对于转换颜色表，Qm 指定了沿每个色彩轴的量化位数，默认为 5； Qe 是颜色空间误差计算的量化位数，默认为 8，若 Qe<Qm，则抖动不能执行； I 是灰度图像矩阵； BW 是二进制图像

续表

函　　数	功　　能	变　　量
[X,map] = gray2ind(I,n) [X,map] = gray2ind(BW,n)	将灰度图像转换为索引图像	I 是被转换的灰度图像； n 为颜色表的大小，是 1～65536 的整数； BW 为二进制图像
I = ind2gray(X,map)	将索引图像转换为灰度图像	X 为被转换的索引图像，可以是 uint8 或者双精度类型； map 是索引图像的颜色表； I 为返回的灰度图
I = rgb2gray(RGB) newmap = rgb2gray(map)	将 RGB 图像或者颜色表转换为灰度图像	RGB 为被转换的真彩图像； map 为真彩图像的颜色表； I 和 newmap 为灰度图像
[X,map] = rgb2ind(RGB,n) X = rgb2ind(RGB,map) [X,map] = rgb2ind(RGB,tol) [...] = rgb2ind(...,dither_option)	将 RGB 图像转换为索引图像	RGB 为被转换的真彩图像； tol 是位于 0～1 的数，决定了转换后索引图像的颜色数目； n 为 1~65536 的整数； map 是索引图像的颜色表； dither_option 是颜色抖动开关； X 为返回的索引图像
RGB = ind2rgb(X,map)	将索引图像转换为 RGB 图像	X 是输入的矩阵（uint8 或双精度类型）； map 是矩阵对应的颜色表
BW = im2bw(I,level) BW = im2bw(X,map,level) BW = im2bw(RGB,level)	利用阈值将一个图像转换为二进制图像	I 是灰度图像； X 是索引图像； RGB 是真彩图像； level 是阈值范围([0,1])； BW 为返回的二进制图像

【例 8-7】 图像转换。

```
[X,map] = imread('trees.tif');
gmap = rgb2gray(map);
figure, imshow(X,map) ;          % 显示索引图像
figure, imshow(X,gmap);          % 显示灰度图像
```

运行结果如图 8-8 所示。

▲图 8-8 把索引图像转换为灰度图像

8.2 图像的几何运算

本节介绍一种图像的基本变换，即几何变换。它主要改变图像中物体（像素）之间的空间关系，可以认为几何变换是将各像素在图像内移动的过程。几何变换通常包括图像的平移、图像的镜像变换、图像的缩放、图像的旋转和图像的剪切等。

8.2.1 图像的平移

图像平移就是将图像中所有的点按照指定的平移量水平、垂直移动。如图 8-9 所示，设点（$x0, y0$）为原图像上的一点，图像水平平移量为 tx，垂直平移量为 ty，则平移后点（$x0, y0$）坐标将变成（$x1, y1$）。

在 MATLAB 中，可以使用函数 translate 实现图像的平移。其调用语法为：SE2 = translate(SE,V)。其中，SE 为模板，使用函数 strel 创建；V 是向量，用来指定平移的方向。

【例 8-8】 在水平和竖直方向移动图像。

```
Ex_8_8.m
I = imread('football.jpg');
se = translate(strel(1), [30 30]);     %  向下和向右移动 30 个位置
J = imdilate(I,se);                    %  利用膨胀函数平移图像
subplot(121);imshow(I), title('原图');
subplot(122), imshow(J), title('移动后的图像');
```

运行结果如图 8-10 所示。

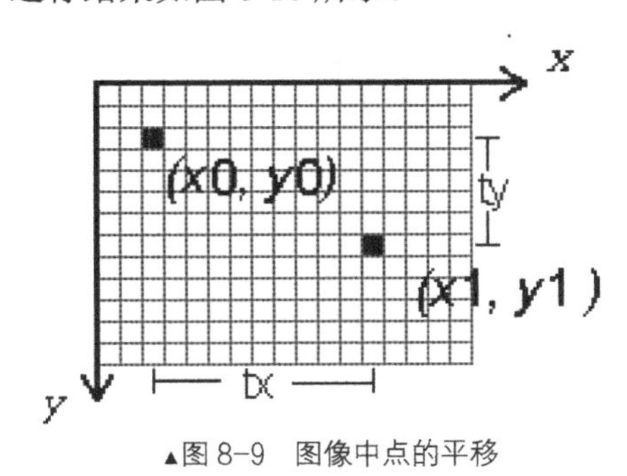

▲图 8-9　图像中点的平移

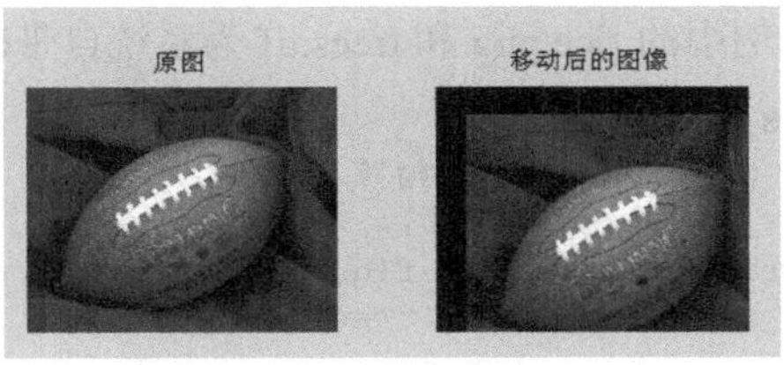

▲图 8-10　图像的平移

8.2.2 图像的镜像变换

图像的镜像变换分为两种：一种是水平镜像，另一种是垂直镜像。图像的水平镜像操作是指将图像左半部分和右半部分以图像垂直中轴线为中心进行镜像变换，图像的垂直镜像操作是指将图像上半部分和下半部分以图像水平中轴线为中心进行镜像变换。

【例 8-9】 对图像分别进行水平镜像和垂直镜像变换。

对图像进行水平镜像和垂直镜像变换是通过对图像的像素数据做变换实现的。使用函数 fliplr 和 flipud 对像素矩阵进行水平和垂直反转，就可以完成图像的镜像变换。

```
Ex_8_9.m
I = imread('cameraman.tif');
Flip1=fliplr(I);                  %  对矩阵 I 左右反转
subplot(131);imshow(I);title('原图');
subplot(132);imshow(Flip1);title('水平镜像');
Flip2=flipud(I);                  %  对矩阵 I 垂直反转
subplot(133);imshow(Flip2);title('竖直镜像');
```

运行结果如图 8-11 所示。

▲图 8-11　图像的镜像变换

8.2.3　图像的缩放

上面介绍的几种图像几何变换都是 1:1 不改变图像比例的变换，本节介绍的图像变换将涉及图像的缩放。这些操作产生的图像中的像素可能在原图中找不到相应的像素点，这样就必须进行近似处理。一般的方法是直接赋值为和它最相近的像素值，也可以通过一些插值算法来计算。后者处理的效果要好些，但是运算量也相应地会增加很多。

MATLAB 提供了 `imresize` 函数来改变图像的尺寸，其调用语法如下。

- `B = imresize(A,m,method)`：使用由参数 `method` 指定的插值元素来改变图像的尺寸，`m` 为缩放比例，如果 `m` 大于 1 就表示放大，如果 `m` 大于 0 小于 1 就表示缩小。`method` 的值可选择。其中，nearest 表示邻近点插值，`bilinear` 表示双线性插值，`bicubic`（默认）表示双三次插值。
- `B = imresize(A,[mrows ncols],method)`：返回一个指定行列的图像，`[mrows ncols]` 用来指定 `B` 的行数和列数。若行列比例和原图不一致，输出图像就会变形。

【例 8-10】　图像缩放。

本例中的 rice.png 和 trees.tif 为系统自带的测试图片。

```
Ex_8_10.m
I = imread('rice.png');
J = imresize(I, 0.5);                       %  缩小
figure, imshow(I), figure, imshow(J)
[X, map] = imread('trees.tif');
[Y, newmap] = imresize(X, map, 0.5);        %  索引图像的缩小
figure, imshow(X,map)
figure, imshow(Y, newmap)
```

运行结果如图 8-12 和图 8-13 所示。

▲图 8-12　图像的缩放

▲图 8-13 索引图像的缩放

8.2.4 图像的旋转

旋转通常的做法是以图像的中心为圆心旋转。MATLAB 提供了 imrotate 函数来实现图像的旋转。该函数的调用语法如下。

- B = imrotate(A,angle)：将图像 A 绕中心按照指定角度 angle 逆时针方向旋转。如果需要顺时针旋转，只需要将角度值设置为负数即可。
- B = imrotate(A,angle,method)：功能同上一种调用语法相同。method 用来指定插值的方法，它可以取三个值。其中，nearest（默认）表示邻近点插值，bilinear 表示双线性插值，bicubic 表示双三次插值。
- B = imrotate(A,angle,method,bbox)：功能同上一种调用语法相同。bbox 用来指定返回图像的大小。bbox 有两种取值：crop，返回图像与原来图像同样大，多余部分将会被裁剪掉；loose（默认），包括整个旋转后的图像，通常比原图像大。

【例 8-11】 图像旋转。

```
Ex_8_11.m
I=imread('cameraman.tif');
%  使用双线性插值法旋转图像，并裁剪图像，使其和原图像大小一致
B=imrotate(I,60,'bilinear','crop');
subplot(121),imshow(I),title('原图');
subplot(122),imshow(B),title('旋转图像 60^{o}，并剪切图像');
```

运行结果如图 8-14 所示。

▲图 8-14 图像的旋转

8.2.5　图像的剪切

对于要处理的图像，用户可能只关心图像的一部分内容，而不是整个图像。如果对整个图像进行处理，不但要花费大量的时间，而且图像的其他部分可能会影响处理的效果，这时就要剪切出所要关心的部分图像，这样可以大大提高处理效率。MATLAB 提供了 imcrop 函数来实现图像的剪切，其调用语法如下。

- I2=imcrop(I)、I2=imcrop(X,map)、RGB2 = imcrop(RGB) 均是交互式的剪切操作，分别对灰度图像、索引图像和真彩色图像进行区域剪切。当程序运行时，等待鼠标选定矩形区域进行剪切。
- I2 = imcrop(I,rect)、X2 = imcrop(X,map,rect) 和 RGB2 = imcrop(RGB,rect) 分别对指定的矩形区域 rect 进行剪切操作。

【例 8-12】　图像剪切。

```
Ex_8_12.m
I = imread('circuit.tif');
I2 = imcrop(I,[75 68 130 112]);          %  [75 68 130 112]为剪切区域
imshow(I), figure, imshow(I2)
```

运行结果如图 8-15 所示。

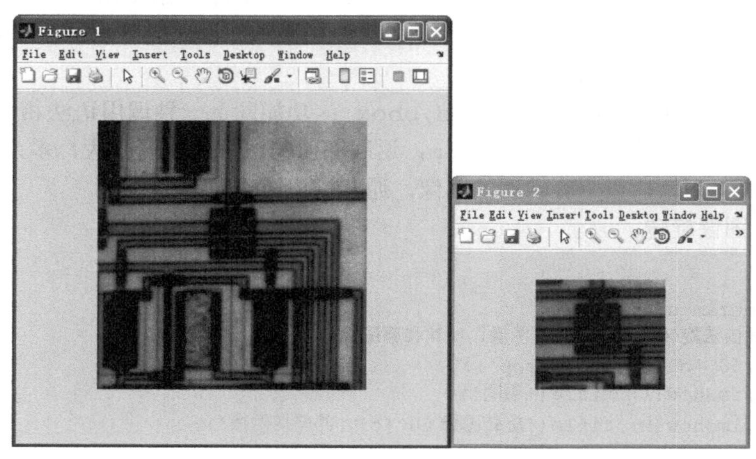

▲图 8-15　图像的剪切

8.3　图像的正交变换

数字图像处理的方法主要有两类：空间域处理法（空域法）和频域法（或者称变换域法）。前面几节介绍的几何变换都是在空域中进行的图像处理，本节介绍数字图像处理中一些常见的频域处理方法。

频域法首先要将图像变换到频域，然后再进行处理。一般采用的变换方式都是线性正交变换，又称为酉变换。目前，图像的正交变换广泛地应用于图像特征提取、图像增强、图像复原、图像压缩和图像识别等领域。

8.3.1　傅里叶变换

傅里叶变换的应用十分广泛，如图像特征提取、空间频域滤波、图像恢复和纹理分析等。因为

4.7 节已经介绍过傅里叶变换函数的调用方法，所以这里主要举例说明傅里叶变换在图像处理中的应用。

【例 8-13】 生成如图 8-16 中所示尺寸为 100×100 的图像，然后分别求平移的 DFT 和不平移的 DFT。

```
Ex_8_13.m
X=ones(100,100);                  % 设定原始图像，尺寸为 100*100
X(35:75,45:55)=0;                 % 设定图像中的黑带
figure(1)
imshow(X,'notruesize');           % 图 8-16
F=fft2(X);                        % 快速傅里叶变换，fft2 为二维傅里叶变换函数
F1=abs(F);                        % 求 F 的模
figure(2)
imshow(F1);                       % 图 8-17
%平移频谱中心到图像的中心
F2=fftshift(F1);
figure(3)
imshow(F2);                       % 图 8-18
```

原始图像如图 8-16 所示。原图的频谱如图 8-17 所示。平移后的频谱如图 8-18 所示。

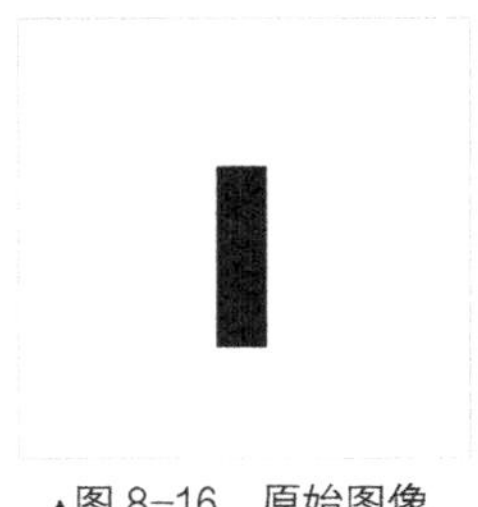
▲图 8-16 原始图像

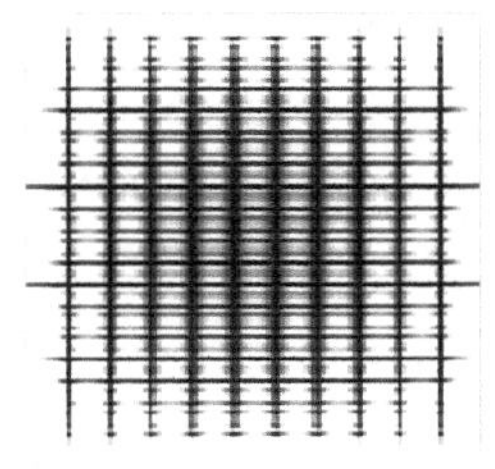
▲图 8-17 原图的频谱图

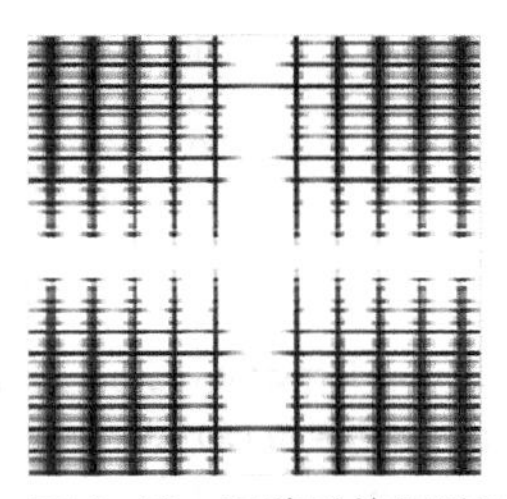
▲图 8-18 平移后的频谱图

8.3.2 离散余弦变换

离散余弦变换（Discrete Cosine Transform，DCT）是与傅里叶变换相关的一种变换，它类似于离散傅里叶变换，但是只使用相当于一个长度大概是它两倍的离散傅里叶变换。离散傅里叶变换是对一个实偶函数进行的（因为一个实偶函数的傅里叶变换仍然是一个实偶函数），在有些变换中需要将输入或者输出的位置移动半个单位。

有两个相关的变换。一个是离散正弦变换（Discrete Sine Transform，DST），它相当于一个长度大概是它两倍的实奇函数的离散傅里叶变换；另一个是改进的离散余弦变换（Modified Discrete Cosine Transform，MDCT），它相当于对交叠的数据进行离散余弦变换。

离散余弦变换经常在信号处理和图像处理中使用，用于对信号或图像（包括静止图像和运动图像）进行有损数据压缩。这是由于离散余弦变换具有很强的“能量集中”特性：大多数的自然信号（包括声音和图像）的能量都集中在离散余弦变换后的低频部分，而且当信号具有接近马尔可夫过程（Markov process）的统计特性时，离散余弦变换的去相关性接近于 K-L 变换（Karhunen-Loève 变换，它具有最优的去相关性）的性能。

例如，在静止图像编码标准 JPEG 以及运动图像编码标准 MJPEG 和 MPEG 等各个标准中都使用了二维离散余弦变换，并在量化结果之后进行熵编码。这时对应离散余弦变换中的 n 通常是 8 或者 16，并用相应公式对每个 8×8 块或者 16×16 块的每行进行变换，然后对每列进行变换，得到变换系数矩阵。其中，(0,0) 位置的元素就是直流分量，矩阵中的其他元素根据其位置表示不同频

率的交流分量。

在 MATLAB 中，实现 DCT 的函数为 dct，其逆变换的函数为 idct。相应的函数调用语法如下。

- y=dct(x)：一维快速 DCT，x 为一个向量，结果 y 为等尺寸的向量。
- B=dct2(A)：二维快速 DCT，A 为一个矩阵，结果 B 为等尺寸的实值矩阵。
- x=idct(y)：一维快速逆 DCT，x 为一个向量，结果 y 为等尺寸的向量。
- B=idct2(A)：二维快速逆 DCT，A 为一个矩阵，结果 B 为等尺寸的实值矩阵。

【例 8-14】 计算输入图像分为 8×8 块的二维离散余弦变换，将每块的离散余弦变换的 64 个系数只留下 10 个（其余的设置为 0），然后通过对每块进行逆变换重建图像。本例中使用了变换矩阵来计算。

```
Ex_8_14.m
I = imread('cameraman.tif');                    % 读入图像
I = im2double(I);                               % 转换为 double 精度
T = dctmtx(8);                                  % 离散余弦变换矩阵
dct = @(x)T * x * T';                           % 离散余弦变换函数
B = blkproc(I,[8 8],dct);                       % 对每个 8*8 块进行变换
mask = [1   1   1   1   0   0   0   0
        1   1   1   0   0   0   0   0
        1   1   0   0   0   0   0   0
        1   0   0   0   0   0   0   0
        0   0   0   0   0   0   0   0
        0   0   0   0   0   0   0   0
        0   0   0   0   0   0   0   0
        0   0   0   0   0   0   0   0];         % 压缩系数矩阵
B2 = blkproc(B,[8 8],@(x)mask.* x);             % 对图像进行压缩
invdct = @(x)T' * x * T;                        % 逆变换函数
I2 = blkproc(B2,[8 8],invdct);                  % 对每个 8×8 块进行逆变换
imshow(I), figure, imshow(I2)                   % 绘制原始图与结果图
```

原始图像如图 8-19 所示，进行离散余弦变换之后的结果如图 8-20 所示。

▲图 8-19　原始图像

▲图 8-20　进行离散余弦变换之后的结果

对比这两幅图可以看出，尽管图 8-20 中的图像质量比原始图像差了一些，而且 85%的离散余弦变换系数都被压缩了，但是图像本身仍然是可以辨认的。

8.3.3　Radon 变换

在医学图像中，往往要通过对某个切面做多个 X 射线投影，来获得切面的结构图形，这就是图像重建。图像重建的方法很多，但实际上，当人们在处理二维或三维投影数据时，真正有效的重建算法都以 Radon 变换和 Radon 逆变换作为数学基础。因此，对这种变换算法和快速算法的研究在医学影像中有着特殊的意义。

图像处理工具箱提供了 radon 函数来计算图像沿着指定方向上的投影。该函数的调用语法为：[R,xp] = radon(I,theta)，其中 I 为输入的图像，theta 为指定角度的向量。

【例 8-15】　图像的 Radon 变换与重建。

```
Ex_8_15.m
P=phantom(256);
%  在 X 射线断层摄影术里广泛使用的一幅测试图像：Shepp-Logan Head 影像
imshow(P)
%  3 种不同角度的投影模式
theta1=0:10:170;[R1,xp]=radon(P,theta1);
%  共存在 18 个角度投影
theta2=0:5:175;[R2,xp]=radon(P,theta2);
%  共存在 36 个角度投影
theta3=0:2:178;[R3,xp]=radon(P,theta3);
%  共存在 90 个角度投影
figure,imagesc(theta3,xp,R3);colormap(hot);colorbar;
%  显示 Shepp-Logan Head 影像的 Radon 变换
xlabel('\theta');ylabel('\prime');
I1=iradon(R1,10);
I2=iradon(R2,5);
I3=iradon(R3,2);
%  3 种情况下的逆 Radon 变换，重建图像
figure;subplot(131);imshow(I1);
subplot(132);imshow(I2);
subplot(133);imshow(I3);
```

原始图像如图 8-21 所示。经 Radon 变换后的图像如图 8-22 所示。

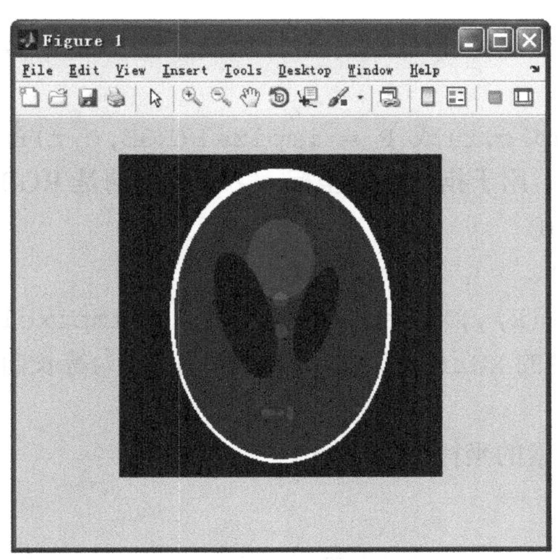

▲图 8-21　原始的 Shepp-Logan Head 影像

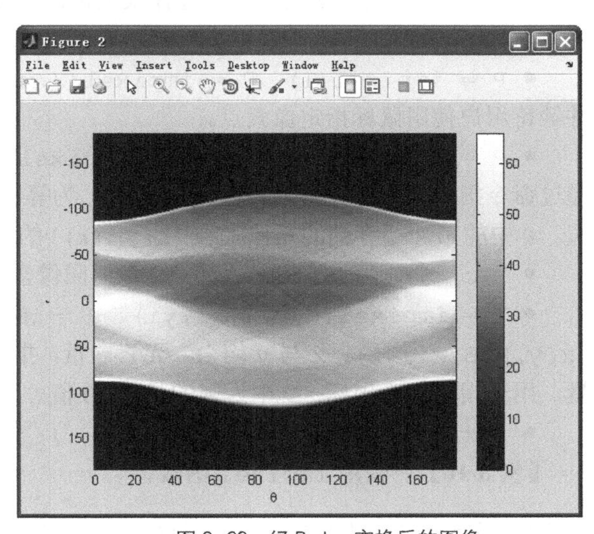

▲图 8-22　经 Radon 变换后的图像

重建后的图像如图 8-23 所示。

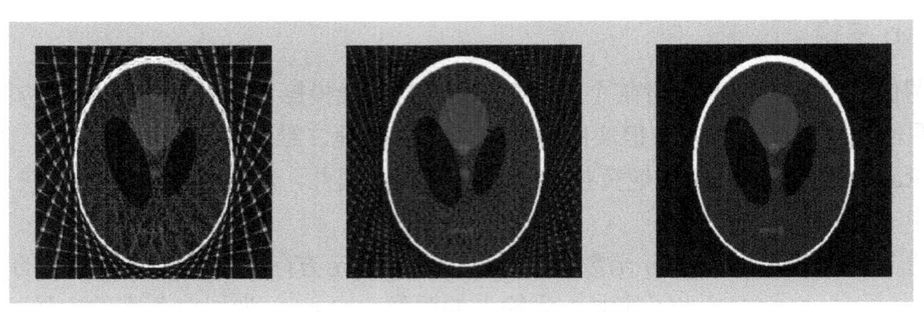

▲图 8-23　3 种经 Radon 变换后重建的图像

8.4 MATLAB 图像增强

图像在采集的过程中不可避免地会受到传感器灵敏度、噪声干扰以及模数转换中量化问题等因素的影响，而导致图像无法达到人眼的视觉效果。为了实现人眼观察或者机器自动分析的目的，对原始图像进行的改善称为图像增强技术。图像增强技术虽然是改善图像质量的通用方法，但是也同样具有针对性，它必须针对某一特定需要而采用特定的算法来实现图像质量的改善。

出于各种不同的目的，图像增强技术中产生了多种算法。对这些算法，可以根据处理空间的不同分为基于空域的图像增强算法和基于频域的图像增强算法。基于空域的图像增强算法又可以分为空域变换增强算法、空域滤波增强算法以及空域彩色增强算法等；基于频域的图像增强算法则可分为频域平滑增强算法、频域锐化增强算法以及频域彩色增强算法等。

8.4.1　像素值及其统计特性

MATLAB 图像处理工具箱提供了一些返回图像数据信息和统计特性的函数。

1. impixel 函数

impixel 函数用来返回鼠标选择或坐标值指定的像素色值。根据不同的操作需要，该函数调用语法如下。

- P = impixel(I)、P = impixel(X,map)或 P = impixel(RGB)：显示输入的图像，并等待用户使用鼠标指定像素点。
- P = impixel(I,c,r)、P = impixel(X,map,c,r)或 P = impixel(RGB,c,r)：通过命令指定像素，并返回其色值。c 和 r 为等长向量，用于指定像素坐标，P 中返回的是 RGB 值。P 中的第 k 行存储的是像素(r(k),c(k))的 RGB 值。
- [c,r,P] = impixel(...)：返回像素的坐标。
- P = impixel(x,y,I,xi,yi)、P = impixel(x,y,X,map,xi,yi)或 P = impixel(x,y,RGB,xi,yi)：x 与 y 均为二元素向量，指定图像的 Xdata 和 Ydata；xi 与 yi 为等长向量，用于指定像素坐标；P 中返回的是 RGB 值。
- [xi,yi,P] = impixel(x,y,...)：返回像素的坐标 xi 与 yi。

【例 8-16】　使用 impixel 函数。

```
>> RGB = imread('peppers.png');            % peppers.png 为系统自带的测试图片
>> c = [12 146 410];
>> r = [104 156 129];
>> pixels = impixel(RGB,c,r)               % 返回指定 3 点像素的 RGB 值
```

```
pixels =
    62    34    63
   166    54    60
    59    28    47
```

2. improfile 函数

improfile 函数用来返回图像中指定线段上的像素值，其调用语法如下。

- c = improfile 或 c = improfile(n)：用鼠标指定线段。
- c = improfile(I,xi,yi)或 c = improfile(I,xi,yi,n)：使用命令指定线段。
- [cx,cy,c] = improfile(...)或[cx,cy,c,xi,yi] = improfile(...)：返回坐标值。
- [...] = improfile(x,y,I,xi,yi)或[...] = improfile(x,y,I,xi,yi,n)：为输入图像指定非默认的空间坐标系。
- [...] = improfile(...,method)：使用 method 指定的插值方法。method 可以取三个值。其中，nearest(默认)表示最近邻域插值；bilinear 表示双线性插值；bicubic 表示双三次插值。

其中，n 为用鼠标选择的路径上指定的点数。返回值 c 为内插数据值。对灰度图像，返回值 c 为 n×1 的元素向量；对于 RGB 图像，返回 c 为 n×1×3 的数组。默认情况下，如果不返回 c，也就是只调用 improfile 函数，则绘制出计算结果的图形。根据选择的路径，图形可能是二维，也可能是三维。xi 与 yi 为等长向量，指定线段端点的空间坐标。cx 和 cy 均为长度是 n 的向量，其中包括待计算点的坐标；x 和 y 为两个元素向量，指定图像的 XData 和 Ydata。

【例 8-17】 使用 improfile 函数。

```
Ex_8_17.m
I = imread('liftingbody.png');
x = [19 427 416 77];
y = [96 462 37 33];                % x 和 y 用于指定线段的端点
improfile(I,x,y),grid on;
```

以上命令的运行结果如图 8-24 所示。

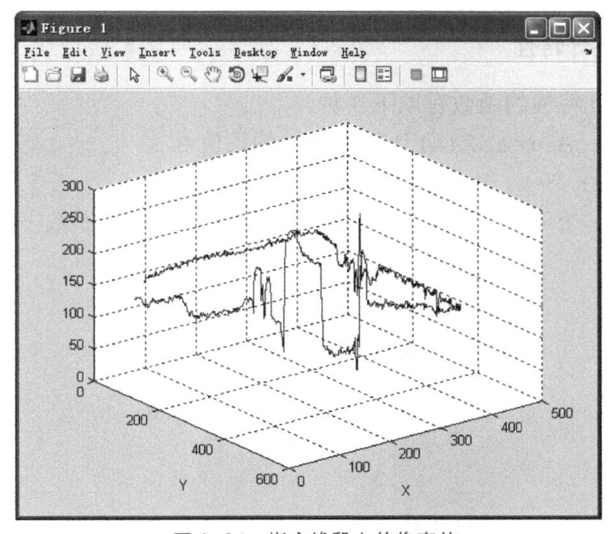

▲图 8-24 指定线段上的像素值

3. imcontour 函数

imcontour 函数用于绘制图像的轮廓线，其调用语法如下。

- imcontour(I,n)：绘制灰度图像 I 的轮廓线，自动设置坐标轴，使方向和外形与图像相匹配。n 是图形的相同间隔轮廓的个数。
- imcontour(I,v)：绘制图像 I 中向量 v 指定的数据值所对应的轮廓线。
- imcontour(x,y,...)：x 和 y 分别表示 x 轴和 y 轴的范围。参数 LineSpec 指定图形的点型、线型和颜色。

【例 8-18】 使用 imcontour 函数。

```
>> I = imread('circuit.tif');              % circuit.tif 为系统自带的测试图片
>> imshow(I)                               % 原始图像
>> figure
>> imcontour(I,3)                          % 轮廓线图
```

运行结果如图 8-25 所示。

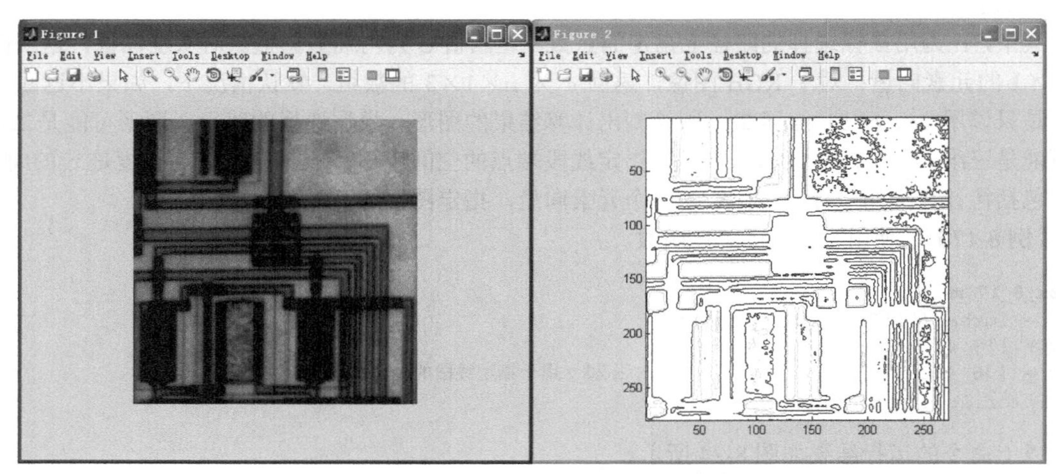

▲图 8-25　使用 imcontour 函数绘制轮廓线

4. 图像像素值的统计特性

计算图像像素值统计特性的函数有以下 3 种。

- 均值函数 mean2：B=mean2(A) 计算图像 A 的均值 B。
- 标准差函数 std2：b=std2(A) 计算图像 A 的标准差 b。
- 相关系数 corr2：r=corr2(A, B) 计算图像 A 和 B 的相关系数 r。其调用计算公式如下。

$$r=\frac{\sum_m\sum_n(A_{mn}-\overline{A})(B_{mn}-\overline{B})}{\sqrt{\sum_m\sum_n(A_{mn}-\overline{A})\sum_m\sum_n(B_{mn}-\overline{B})^2}}$$

$$\overline{A}=\text{mean2}(A)\,,\quad \overline{B}=\text{mean2}(B)$$

8.4.2 对比度增强

对比度增强是增强技术中的一种比较简单但又十分重要的方法。这种方法按一定的规则逐点修

改输入图像中每一个像素的灰度，从而改变图像灰度的动态范围。

MATLAB 提供了 imadjust 函数来对图像的强度进行调整，其调用语法如下。

- J = imadjust(I)：增强图像 I 的对比度。
- J = imadjust(I,[low_in; high_in],[low_out; high_out])：增强指定灰度范围内的图像对比度。
- J = imadjust(...,gamma)：根据指定权重系数来增强图像对比度。
- newmap = imadjust(map,[low_in high_in],[low_out high_out],gamma)：将索引图像的颜色表进行转换。
- RGB2 = imadjust(RGB1,...)：对 RGB 图像进行增强对比度操作。

其中，I 为原始图像；[low_in; high_in]为原始图像的灰度范围；[low_out; high_out]为变换后图像的灰度范围；gamma 用于指定 I 和 J 的关系，若它大于 1 图像会变暗，若它小于 1 图像会变亮。

【例 8-19】　使用 imadjust 函数。

1）调整灰度图像的对比度。

```
Ex_8_19.m
I = imread('pout.tif');
J = imadjust(I);
imshow(I), title('原始图像')
figure, imshow(J),title('调整后图像')
```

运行结果如图 8-26 所示。

▲图 8-26　灰度图像对比度的调整

2）调整彩色图像的对比度。

```
>> RGB1 = imread('football.jpg');
>> RGB2 = imadjust(RGB1,[.2 .3 0; .6 .7 1],[]);
>> imshow(RGB1), title('原始图像')
>> figure, imshow(RGB2),title('调整后图像')
```

运行结果如图 8-27 所示。

▲图 8-27 彩色图像对比度的调整

8.4.3 直方图均衡化

MATLAB 提供了 histeq 函数以通过直方图均衡化方法来增强对比度，其调用语法如下。

- J = histeq(I,hgram)：转换灰度图像，使输出图像的直方图具有 length(hgram)个灰度级。
- J = histeq(I,n)：将灰度图像转换成具有 n 个离散灰度级的灰度图像，n 的默认值为 64。
- [J,T] = histeq(I,...)：返回图像 I 的灰度变换图像 J 和对应的灰度变换 T。

【例 8-20】 使用直方图均衡化方法增强对比度。

```
>> I = imread('tire.tif');          % 读入系统自带的测试图片
>> J = histeq(I);                   % 使用直方图均衡化方法增强对比度
>> imshow(I)                        % 原始图像
>> figure, imshow(J)                % 增强对比度之后的图像
>> figure; imhist(I,64)             % 原始图像的直方图
>> figure; imhist(J,64)             % 增强对比度之后图像的直方图
```

原始图像如图 8-28 所示。增强对比度之后的图像如图 8-29 所示。

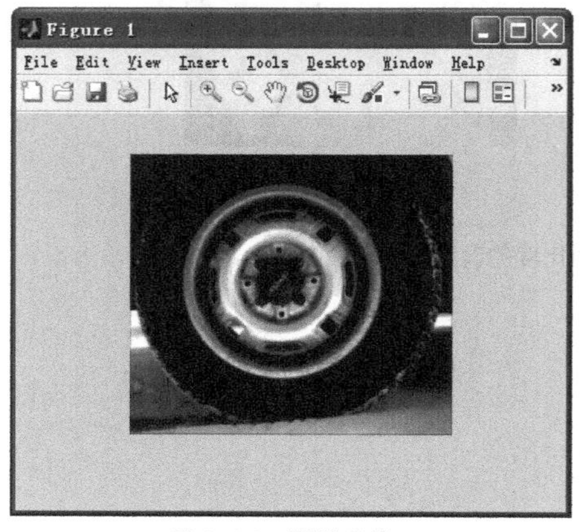

▲图 8-28 原始图像

▲图 8-29 增强对比度之后的图像

原始图像的直方图如图 8-30 所示。增强对比度之后图像的直方图如图 8-31 所示。

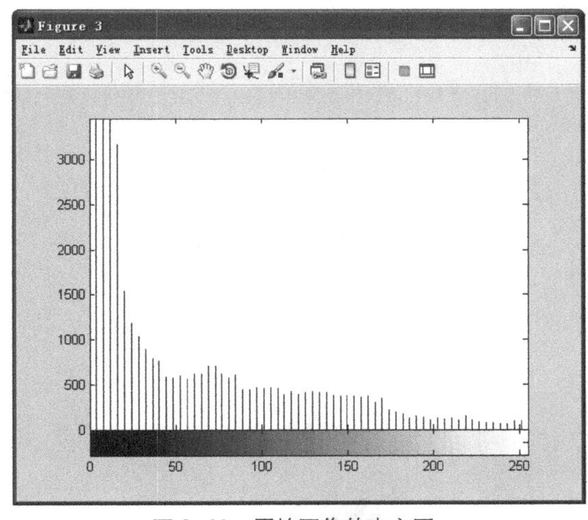

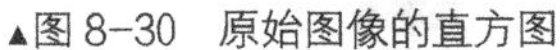
▲图 8-30 原始图像的直方图

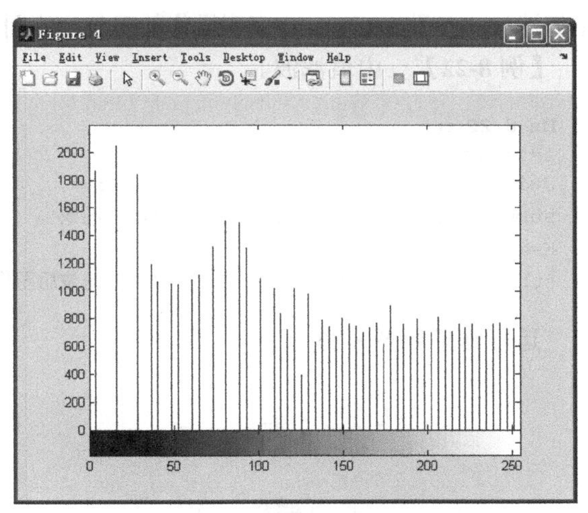

▲图 8-31 增强对比度之后图像的直方图

8.4.4 空域滤波增强

使用空域模板进行的图像处理，称为空域滤波。模板本身称为空域滤波器。按空域滤波处理的效果，空域滤波器可以分为平滑滤波器和锐化滤波器。平滑的目的在于消除混杂图像干扰，改善图像质量，强化图像表现特征。锐化的目的在于增强图像边缘，以便对图像进行识别和处理。

【例 8-21】 邻域平均法滤波。对图像中的每个像素按 3×3 模板进行均值滤波，可以有效地平滑噪声。

```
Ex_8_21.m
I=imread('cameraman.tif');              %  cameraman.tif 为系统自带的测试图片
subplot(131),imshow(I);title('原图')
J=imnoise(I,'salt & pepper',0.01);      %  添加椒盐噪声
subplot(132),imshow(J);title('噪声图像')
%  应用 3×3 邻域窗口法，fspecial 函数用来实现一个均值滤波器
K1=filter2(fspecial('average',3),J,'full')/255;
subplot(133),imshow(K1);title('3*3 窗的邻域平均滤波图像')
```

运行结果如图 8-32 所示。

▲图 8-32 邻域滤波前后图像的对比

MATLAB 图像处理工具箱提供了 medfilt2 函数来实现中值滤波器，其调用语法如下。

- B = medfilt2(A,[m n])：对图像 A 进行二维中值滤波。每个输出像素为 m×n 邻域的中值。在图像边界中用 0 填充图像，因为边缘处的中值在[m n]/2 区域的中值，所以边缘处可能失真。
- B = medfilt2(A, 'indexed', ...)：在 m 和 n 默认值为 3 的情况下对图像进行二维

中值滤波。参数 indexed 表明操作的对象为索引图像。

【例 8-22】　中值滤波。

```
Ex_8_22.m
I=imread('cameraman.tif');
J=imnoise(I,'salt & pepper',0.02);                    % 添加椒盐噪声
subplot(121),imshow(J);title('噪声图像')
K=medfilt2(J);                                        % 使用 3*3 邻域窗的中值滤波
subplot(122),imshow(K);title('中值滤波后图像')
```

运行结果如图 8-33 所示。

▲图 8-33　中值滤波图像

MATLAB 还提供了函数 wiener2 来实现维纳滤波，其调用语法如下。

- J = wiener2(I,[m n],noise)：通过邻域 m×n 估算的平均值和标准偏差对图像应用像素平滑自适应滤波。m 和 n 的默认值为 3，noise 为加性噪声（高斯白噪声）。
- [J,noise] = wiener2(I,[m n])：估算加性噪声 noise。

【例 8-23】　维纳滤波。

```
Ex_8_23.m
I=imread('eight.tif');
subplot(131),imshow(I);title('原图')
J=imnoise(I,'gauss',0,0.01);                          % 添加高斯噪声
subplot(132),imshow(J);title('噪声图像')
[K1,noise]=wiener2(J,[5 5]);                          % 在 5×5 邻域内对图像进行维纳滤波
subplot(133),imshow(K1);title('维纳滤波后图像')
```

运行结果如图 8-34 所示。

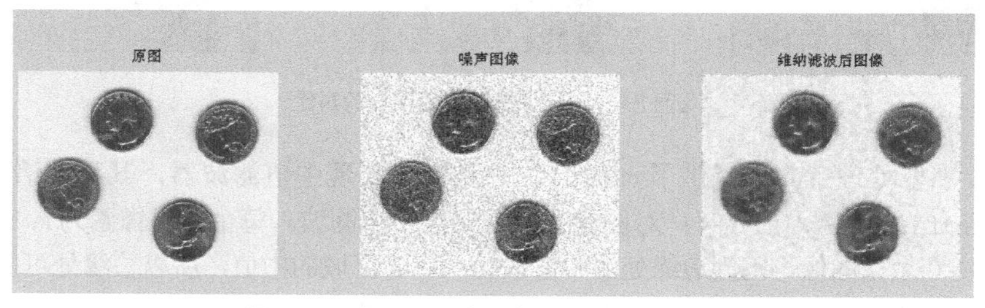

▲图 8-34　原图、噪声图像和维纳滤波后的图像

锐化和平滑恰恰相反，它通过增强高频分量来减少图像中的模糊，因此又称为高通滤波。如果一片暗区中出现了一个亮点，那么锐化处理的结果是这个亮点变得更亮，从而增加了图像的噪声。因为图像中的边缘就是那些灰度发生跳变的区域，所以锐化模板在边缘检测中很有用，但在增强图像边缘的同时也增加了图像的噪声。

【例 8-24】 使用拉普拉斯算子对图像进行锐化。拉普拉斯算子是通过对图像进行模板操作来实现的，可以增强图像的边缘。

```
Ex_8_24.m
I=imread('cameraman.tif');
H=fspecial('disk',5);                       % 产生一个半径为 5 的圆形平均滤波模板
blurred = imfilter(I,H,'replicate');        % 将原图与滤波器 H 卷积得到模糊图像
h=[-1,-1,-1;-1,9,-1;-1,-1,-1];             % 拉普拉斯模板
BW=imfilter(blurred,h,'replicate');         % 将原图与拉普拉斯模板卷积来锐化图像
subplot(131),imshow(I),title('原图')
subplot(132),imshow(blurred),title('模糊图像')
subplot(133),imshow(BW),title('锐化后的图像')
```

运行结果如图 8-35 所示。

▲图 8-35 使用拉普拉斯算子对图像进行锐化

8.4.5 频域增强

和空域增强一样，在频域内也可以进行滤波和边缘检出。前者采用低通滤波器，而后者采用高通滤波器。

一幅图像的边缘、跳跃部分以及颗粒噪声代表了图像信号的高频分量，而大面积的背景区域则代表了图像信号的低频分量。低通滤波器的作用就是滤除这些高频分量，保留低频分量，使图像信号平滑。

高通滤波和低通滤波的作用相反，它让高频信号通过，抑制低频信号。高通滤波器的传递函数主要有理想高通滤波器、巴特沃思（Butterworth）高通滤波器、指数高通滤波器和梯形高通滤波器等。高通滤波器的传递函数正好和低通滤波器的传递函数相反。

【例 8-25】 使用巴特沃思滤波器对图像进行滤波。

```
Ex_8_25.m
I=imread('cameraman.tif');
J=imnoise(I,'salt & pepper',0.02);          % 给原图加了密度为 0.02 的椒盐噪声
subplot(121),imshow(J);title('加了噪声的图像')
J=double(J);
f=fft2(J);                                  % 对噪声图像进行快速傅里叶变换，得到其频谱
g=fftshift(f);
[M,N]=size(f);                              % 读取频域空间的长度和宽度
n=3;d0=30;                                  % 设定巴特沃思滤波的阶数以及截频区域
n1=floor(M/2);n2=floor(N/2);
```

```
%  构建一个三阶巴特沃思滤波器
for i=1:M
    for j=1:N
        d=sqrt((i-n1)^2+(j-n2)^2);
        h=1/(1+0.414*(d/d0)^(2*n));
        g(i,j)=h*g(i,j);
    end
end

g=ifftshift(g);                          %  对滤波后的频域数据进行逆傅里叶变换
g=uint8(real(ifft2(g)));
subplot(122),imshow(g);title('三阶巴特沃思滤波图像')
```

运行结果如图 8-36 所示。

▲图 8-36　使用巴特沃思滤波器对图像进行滤波

由此例可见，由于对噪声模型的估计不准确，使用巴特沃思滤波器在平滑噪声的同时，也使得图像严重模糊。

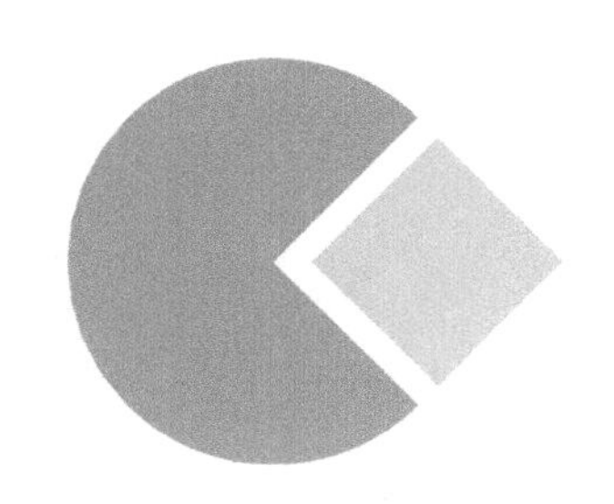

第9章 图形用户界面设计

用户界面是用户与计算机或计算机程序的接触点或交互方式，是用户与计算机进行信息交流的方式。计算机通过屏幕显示图形和文本，通过扬声器产生声音。用户通过输入设备（如键盘、鼠标、跟踪球、手写板或麦克风等）与计算机进行通信。用户界面设定了如何观看和感知计算机、操作系统或应用程序。通常，用户多根据结构的合理性和界面功能的有效性来选择计算机或程序。

图形用户界面（Graphical User Interface，GUI）是包含图形对象的用户界面，如窗口、图标、菜单和文本等。以某种方式选择或激活这些对象，通常引起动作或发生变化。最常见的激活方法是用鼠标或其他单击设备控制屏幕上鼠标指针的运动。按下鼠标按钮，标志着对象的选择或其他操作。

假如用户所从事的数据分析、解方程、计算结果涉及的可视工作比较单一，那么一般不会考虑GUI的制作。但是如果用户想向别人提供应用程序，想进行某种技术、方法的演示，想制作一个可反复使用且操作简单的专用工具，那么图形用户界面也许是最好的选择之一。

9.1 句柄图形对象

句柄图形对象是执行绘图和可视化函数的MATLAB对象。每个创建的对象都有特定的一组属性。用户可以使用这些属性来控制图形的动作和外观。因为在GUI中很多情况下需要使用句柄图形对象的知识来进行设置，所以本节对此进行简要的介绍。

当用户调用MATLAB绘图函数时，往往会使用多种图形对象来创建图形，例如图形窗口、轴、线、文本等。用户可以通过命令来获取所有属性的值，还可以设置大多数属性。

例如，下面的命令创建了一个白色的背景，而且不显示工具栏的图形窗口。

```
figure('Color','white','Toolbar','none')
```

9.1.1 图形对象

MATLAB的图形对象包括计算机屏幕、图形窗口、坐标轴、用户菜单、用户控件、曲线、曲面、文字、图像、光源、区域块和方框等。系统将每一个对象按树状结构组织起来。

这种层次结构如图9-1所示。

下面介绍图形对象中各个部分的含义。

- 根：图形对象的根，对应于计算机屏幕。根只有一个，其他所有的图形对象都是根的子代。
- 图形窗口：根的子代，窗口的数目不限，所有的图形窗口都是根屏幕的子代。除了根之外，其他的对象则都是窗的子代。

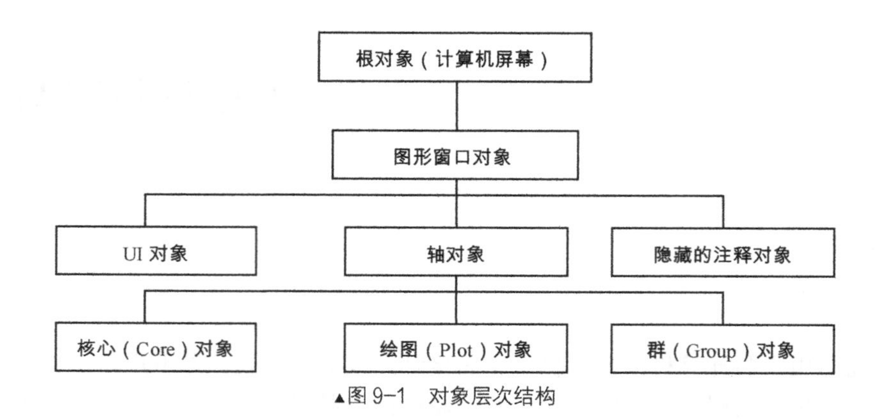

▲图 9-1 对象层次结构

- 界面控制：图形窗口的子代，用于创建用户界面控制对象，使得用户可以使用鼠标在图形上进行功能选择，并返回句柄。
- 界面菜单：图形窗口的子代，用于创建用户界面菜单对象。
- 轴：图形窗口的子代，用于创建轴对象，并返回句柄。
- 线：轴的子代，用于创建线对象。
- 面：轴的子代，用于创建面对象。
- 字：轴的子代，用于创建字对象。
- 块：轴的子代，用于创建块对象。
- 像：轴的子代，用于创建图像对象。

9.1.2 图形对象句柄

MATLAB 在创建每一个图形对象时，都会为该对象分配唯一的值，称其为图形对象句柄（handle）。句柄是图形对象的唯一标识符，不同对象的句柄不能重复和混淆。

句柄图形是底层图形历程集合的总称，它实际上完成生成图形的工作。句柄图形的基本概念即一幅图的每一个组成部分是一个对象，每一个对象有一系列的句柄和它相关，同时每一个对象按需要又可以改变属性。

图形句柄有如下一些特点。

- 句柄图形利用底层绘图函数，通过对对象属性的设置与操作实现绘图。
- 句柄图形中所有的图形操作都是针对图形对象而言的。
- 句柄图形充分地体现了面向对象的程序设计。
- 句柄图形可以随意改变 MATLAB 生成图形的方式。
- 句柄图形允许设置图形的许多特性，无论是对图形进行一点小的改动，还是影响所有图形输出的整体改动。
- 使用高层绘图函数是无法对句柄图形特性进行设置的。在高层绘图中，对图形对象的描述一般是默认的，或者是由高层绘图函数自动设置的，因此对用户来说几乎是不透明的。句柄绘图中上述图形对象都是用户需要经常使用的，所以要做到心中有数，用句柄设置图形对象的属性。

计算机屏幕作为根对象是由系统自动创建的，其句柄值为 0；而图形窗口对象的句柄值为一个正整数，并显示在该窗口的标题栏中；其他图形对象的句柄为浮点数。MATLAB 提供了若干个函数用于对已有图形对象的句柄进行操作，表 9-1 列出了 MATLAB 中实现句柄操作的函数。

表 9-1 实现句柄操作的函数及其功能

函 数 名	功 能 描 述	函 数 名	功 能 描 述
gca	获得当前轴对象的句柄	copyobj	复制对象
gcbf	获得当前正在调用的图形对象的句柄	delete	删除对象
gcbo	获得当前正在调用的对象的句柄	findall	查找所有对象（包括隐藏句柄）
gcf	获得当前图形对象的句柄	findobj	查找指定对象句柄
gco	获得当前对象的句柄	get	查询对象属性值
allchild	获得所有的子代	ishandle	判断是否是句柄
ancestor	获得父图形对象	set	设置对象属性值

9.1.3 图形对象属性的获取和设置

在创建 MATLAB 的图形对象时，通过向构造函数传递“属性名/属性值”参数，用户可以为对象的多数属性（只读属性除外）设置特定的值。首先需要通过构造函数返回其创建的对象句柄，然后利用该句柄，用户可以在创建对象以后对其属性进行查看和修改。

在 MATLAB 中，get 函数用于返回现有图形对象的属性值，set 函数用于设置现有图形对象的属性值。利用这两个函数，还可以列出具有固定设置的属性的所有值。

1. get 函数

在 MATLAB 中，使用 get 函数可以得到对象的属性及其属性值，其调用语法如下。

- get(h)：返回图形对象句柄 h 的所有属性及其属性值。
- get(h,'PropertyName')：返回对象句柄 h 的 PropertyName 属性的值。
- <m-by-n value cell array> = get(H,pn)：返回 m 个图形对象的 n 个属性值，一个有 $m \times n$ 元胞数组，其中 m=length(H)，n 为字符串 pn 所包含的属性名的个数。
- a = get(h)：返回一个结构数组 a，其域名为对象句柄 h 的属性名，相对应的值为 h 的属性值。
- a= get(h,'Default')：返回一个结构数组 a，其域名为对象句柄 h 的属性名，相对应的值为 h 的默认属性值。
- a = get(h,'DefaultObjectTypePropertyName')：返回指定对象句柄 h 指定属性（ObjectType- PropertyName）的默认属性值。在调用时需要将 DefaultObjectTypeProperty Name 替换成需要获取的属性，例如，要查看颜色，可以使用参数 DefaultFigureColor。

2. set 函数

set 函数用于设置对象的属性值，其调用语法如下。

- set(H,'PropertyName',PropertyValue,...)：设置 PropertyName 的属性为 PropertyValue。
- set(H,a)：a 为结构数组，其域名为图形对象的属性名，相对应的数值为对象的属性值。
- set(H,pn,pv,...)：通过元胞数组对图形对象进行属性设置。其中，pn 和 pv 为元胞数组，pn 为 1×n 的字符型元胞数组，各分量为图形对象的属性名，pv 可以是 $m \times n$ 的元胞数组，在这里 m 为句柄数组 H 的长度，即 m=length(H)。
- a = set(h,'Default')：返回句柄 h 可以更改的默认属性值，h 只能是一个对象的句柄。

【例 9-1】 使用 get 函数、gcf 函数和 gca 函数。为节省篇幅，本例中省略了图形。

```
>> clf reset;H_mesh=mesh(peaks(20))            %  创建图形
H_mesh =
  Surface with properties:
       EdgeColor: 'flat'
       LineStyle: '-'
       FaceColor: [1 1 1]
    FaceLighting: 'none'
       FaceAlpha: 1
           XData: [1 2 3 4 5 6 7 8 9 10 11 12 13 14 15 16 17 18 19 20]
           YData: [20*1 double]
           ZData: [20*20 double]
           CData: [20*20 double]
  Show all properties
>> H_grand_parent=get(get(H_mesh,'Parent'),'Parent') %  返回父对象的句柄信息
H_grand_parent =
  Figure (1) with properties:
      Number: 1
        Name: ''
       Color: [0.9400 0.9400 0.9400]
    Position: [403 246 560 420]
       Units: 'pixels'
  Show all properties
>> gcf              % 当前图形句柄信息
ans =
  Figure (1) with properties:
      Number: 1
        Name: ''
       Color: [0.9400 0.9400 0.9400]
    Position: [403 246 560 420]
       Units: 'pixels'
  Show all properties
>> gca              % 当前轴句柄信息
ans =
  Axes with properties:

             XLim: [0 20]
             YLim: [0 20]
           XScale: 'linear'
           YScale: 'linear'
    GridLineStyle: '-'
         Position: [0.1300 0.1100 0.7750 0.8150]
            Units: 'normalized'
  Show all properties
>> get(0,'DefaultLineLineWidth')             %  获取线宽
ans =
    0.5000
>> props = {'HandleVisibility', 'Interruptible';
      'SelectionHighlight', 'Type'};
>> output = get(get(gca,'Children'),props)            %  同时获取多个属性值
output =
    'on'    'on'    'on'    'surface'
```

【例 9-2】 设置已有图形对象的属性。

首先，创建一个测试图形对象。

```
h = plot(magic(5));
```

然后，给图形数据点加上标记并设置颜色。

```
set(h,'Marker','s','MarkerFaceColor','g')
```

以上命令的运行结果如图 9-2 所示。

如果用户需要为每条线添加不同的标记符号，同时将标记符号的颜色设置为线的颜色，则需要定义两个元胞数组，一个存储属性名，另一个存储需要设置的属性值。

比如，可以设置在元胞数组 prop_name 中存储两个元素。

```
prop_name(1) = {'Marker'};
prop_name(2) = {'MarkerFaceColor'};
```

另外，元胞数组 prop_values 存储 10 个值：5 个用来指定标记的形状，另外 5 个用来指定颜色属性。需要注意的是，prop_values 是一个二维元胞数组，第一维表示获取 h 中的哪个句柄，第二维表示获取哪一个属性。

```
prop_values(1,1) = {'s'};                     % 标记形状
prop_values(1,2) = {get(h(1),'Color')};       % 获取线的颜色
prop_values(2,1) = {'d'};
prop_values(2,2) = {get(h(2),'Color')};
prop_values(3,1) = {'o'};
prop_values(3,2) = {get(h(3),'Color')};
prop_values(4,1) = {'p'};
prop_values(4,2) = {get(h(4),'Color')};
prop_values(5,1) = {'h'};
prop_values(5,2) = {get(h(5),'Color')};
```

在定义了以上两个元胞数组之后，接下来调用 set 函数将对象设置为新的属性。

```
set(h,prop_name,prop_values)
```

运行结果如图 9-3 所示。

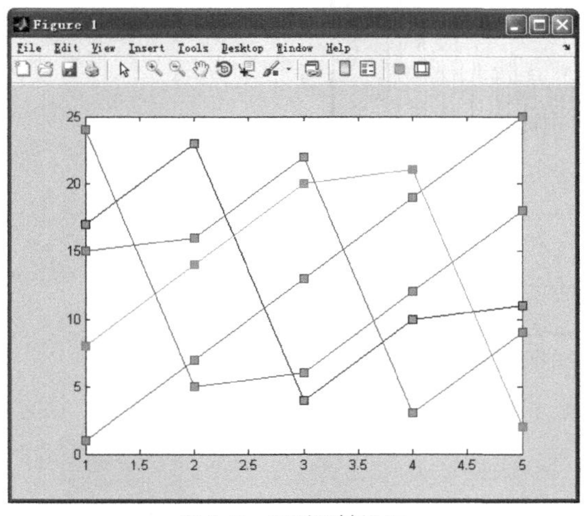

▲图 9-2　图形属性设置

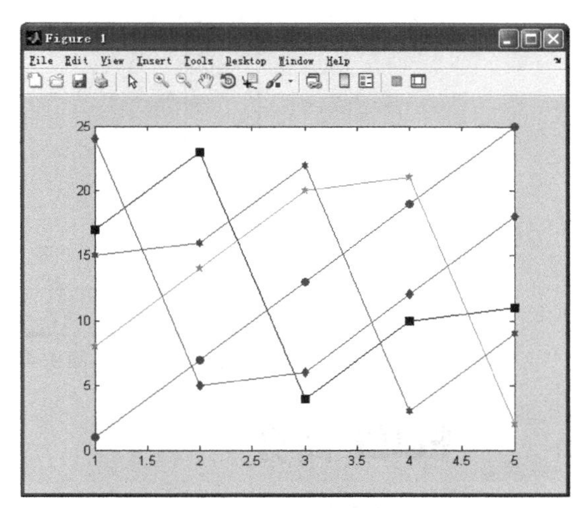

▲图 9-3　同时设置多个属性

【例 9-3】　轴对象的设置。

MATLAB 在用户调用绘图命令时会创建一个轴和图形对象。在用户创建一个图形 M 文件的时候，尤其是别人在使用用户创建的程序时，最好使用命令来设置轴和图形对象。进行此设置可以解决如下两个问题。

- 用户的 M 文件绘制的图形覆盖了当前图形窗口（用户单击图形窗口，该窗口就会变为当前窗口）。
- 当前图形或许处于一种意外的状态，并没有像程序设置的那样显示。

下面的例子演示了一个简单的 M 文件，它可以绘制一个函数的图形并求函数在一个指定区间上的平均值。

```
myfunc.m
function myfunc(x)
y = [1.5*cos(x) + 6*exp(-.1*x) + exp(.07*x).*sin(3*x)];
ym = mean(y);
hfig = figure('Name','Function and Mean',...
      'Pointer','fullcrosshair');                    % 设置窗口名和指针
hax = axes('Parent',hfig);
plot(hax,x,y)
hold on
plot(hax,[min(x) max(x)],[ym ym],'Color','red')
hold off
ylab = get(hax,'YTick');
set(hax,'YTick',sort([ylab ym]))                    % 设置轴对象
title ('y = 1.5cos(x) + 6e^{-0.1x} + e^{0.07x}sin(3x)') % 标题
xlabel('X Axis'); ylabel('Y Axis')                  % 坐标轴标签
```

然后在命令行调用以下函数。

```
>> x = -10:.005:40;
>> myfunc(x)
```

运行结果如图 9-4 所示。

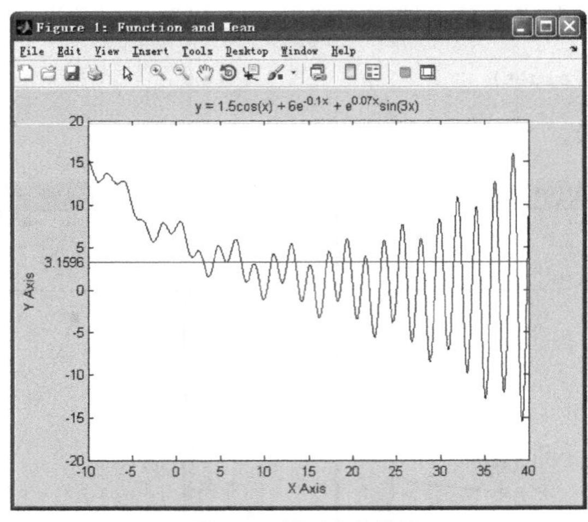

▲图 9-4 轴对象的设置

9.2 GUIDE 简介

MATLAB 为用户开发图形界面提供了一个方便高效的集成开发环境：MATLAB 图形用户界面开发环境（MATLAB Graphical User Interface Development Environment），简称 GUIDE。GUIDE 主要是一个界面设计工具集，MATLAB 将所有 GUI 支持的用户控件都集成起来，同时提供界面外观、属性和行为回调（CallBack）的设置方法。除了可以使用 GUIDE 创建 GUI 之外，用户还可以将设计好的 GUI 保存为一个 FIG 资源文件，同时自动生成对应的 M 文件，该 M 文件包含了 GUI 初始

化代码和组建界面布局的控制代码。

使用 GUIDE 创建 GUI 对象的效率高，可以交互式地进行组件布局设计，还能生成保存和发布 GUI 的对应文件。

- FIG 文件：该文件包含 GUI 及其子对象的完全描述，包含所有相关对象的属性信息，可以调用 hgsave 命令或者使用编辑器的 save 菜单生成该文件。FIG 文件是一个二进制文件，它包含系列化的图形窗口对象。所有对象的属性都是用户创建图形窗口时保存的属性。该文件最主要的功能是保存对象句柄。
- M 文件：该文件包含 GUI 设计、控制函数及控件的回调函数，主要用来控制 GUI 展开时的各种特征。该文件基本上可以分为 GUI 初始化和回调函数两个部分，控件的回调函数根据用户与 GUI 的具体交互行为来选择调用。应用程序 M 文件使用 openfig 命令来显示 GUI 对象。但是该文件不包含用户界面设计的代码，对应的代码由 FIG 保存。

9.2.1 启动 GUI

要启动 GUI，可以在“命令”窗口输入 guide 命令或者单击 New|Graphical User Interface 菜单命令，即可打开 GUIDE Quick Start 对话框，如图 9-5 所示。

利用 GUIDE Quick Start 对话框，用户可以创建新的 GUI，或者打开已有的 GUI。该对话框提供了常用的 GUI 模板，一旦用户选择了其中的一种模板，在 GUIDE Quick Start 对话框的右侧就会出现该模板的预览（Preview）。例如，如果选择 Blank GUI (Default)模板，出现的对话框如图 9-6 所示。

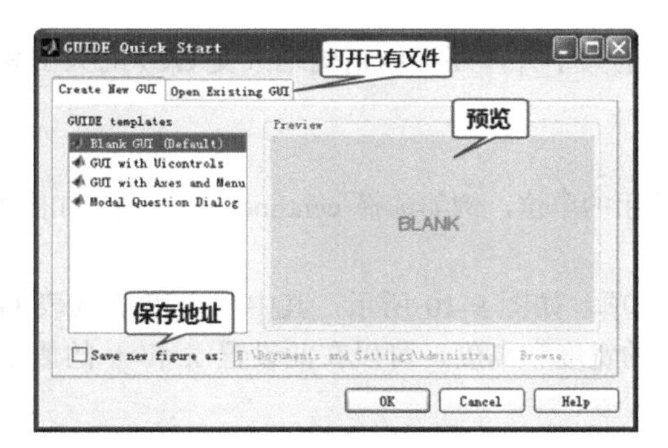

▲图 9-5 GUIDE Quick Start 对话框

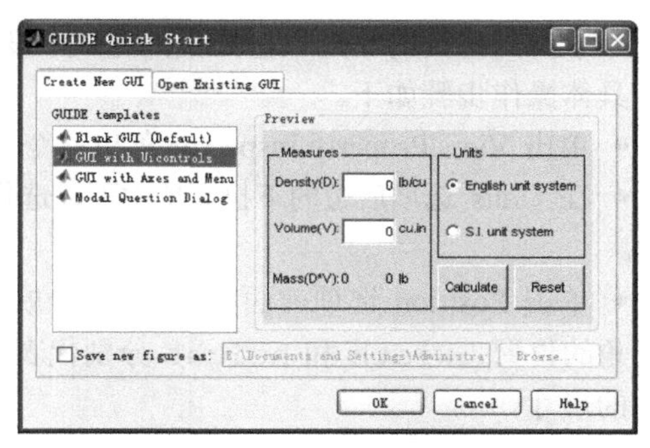

▲图 9-6 选择 GUI with Uicontrols 模板

9.2.2 Layout 编辑器

当用户在 GUIDE 中打开一个 GUI 时，该 GUI 将显示在 Layout 编辑器中，Layout 编辑器是所有 GUIDE 工具的控制面板。空白 Layout 编辑器如图 9-7 所示，用户可以使用鼠标拖动模板左边的控件（按钮、坐标轴、列表框等）到中间的设计区域。

Layout 编辑器窗口包括菜单栏、控制工具栏、GUI 控件面板和 GUI 编辑区域等。在 GUI 编辑区域右下角，可以通过鼠标拖曳的方式改变 GUI 的大小。默认情况下，该窗口中显示的 GUI 控件面板中只显示控件图标，不显示名称，用户可以通过 File 菜单中的

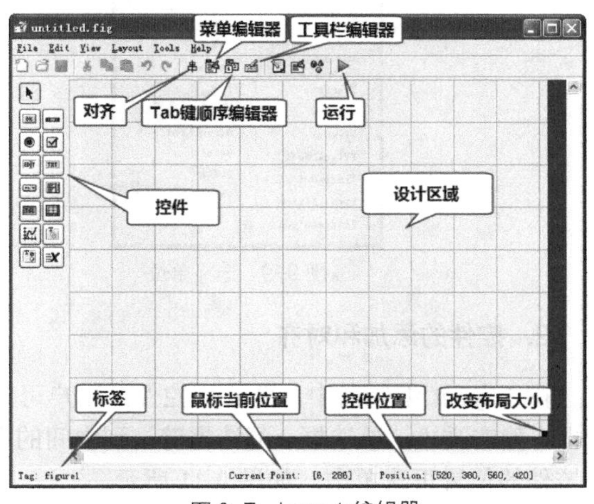

▲图 9-7 Layout 编辑器

Preferences 命令对此进行设置。

9.2.3　运行 GUI

单击工具栏最右边的绿色按钮▶或者按快捷键 Ctrl+T，即可运行当前设计的 GUI。例如，运行图 9-6 所示的模板，可以得到图 9-8 所示的结果。

如果在运行之前没有保存，MATLAB 首先会提示对该 GUI 窗口进行保存，并在运行时弹出 M 文件供用户进行编辑操作。

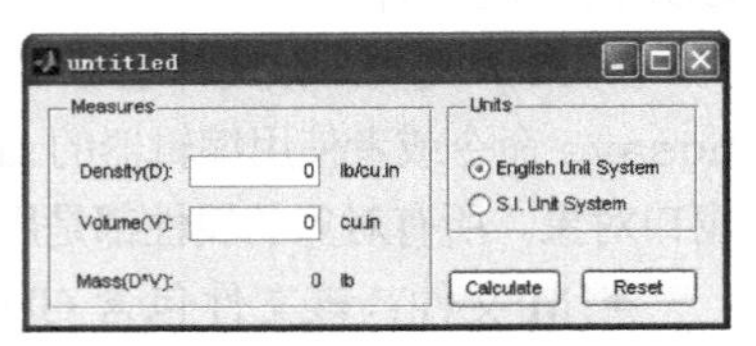

▲图 9-8　运行 GUI 的结果

9.3　创建 GUI

本节介绍使用 GUIDE 创建 GUI 的基本方法，包括 GUI 的布局设计、GUI 控件属性的设置和菜单的添加等。

9.3.1　GUI 的布局

启动 GUIDE 之后，用户就可以调整 GUI，包括改变窗口的大小、给 GUI 添加控件和对控件进行对齐操作等。

1. 改变 GUI 的大小

除了前面讲到的通过鼠标拖曳的方式改变 GUI 的大小外，还可以精确地改变 GUI 的大小和位置，具体操作步骤如下。

- 单击 View|Property Inspector 菜单命令。
- 在 Units 选项后边的下拉菜单中可以选择要使用的单位，例如选择 centimeters 选项，如图 9-9 所示。
- 单击 Position 选项前面的“+”符号展开该选项，如图 9-10 所示，其中，x 和 y 代表 GUI 左下角的位置，width 和 height 分别代表 GUI 的宽度和高度，可以在此设置 x 和 y 的值以及 GUI 的尺寸。

▲图 9-9　选择单位

▲图 9-10　更改位置

2. 控件的添加和对齐

在 Layout 编辑器中，要添加控件，用户可以单击并拖动模板左边的控件（按钮、坐标轴、列表框、静态文本、单选框、复选框等）到中间的布局区域，或者单击控件并在布局区域中需要放置该控件的位置再次单击，如图 9-11 所示。

接下来，可以对图 9-11 中的控件进行对齐操作。单击 Tools|Align Objects 菜单命令或者单击工具栏中的 图标，弹出 Align Objects 对话框，如图 9-12 所示，从中可以对 Layout 编辑器内用鼠标圈定或者使用 Ctrl 键选定的多个对象的水平位置、水平分布、竖直位置、竖直分布等布局方便地进行设置。

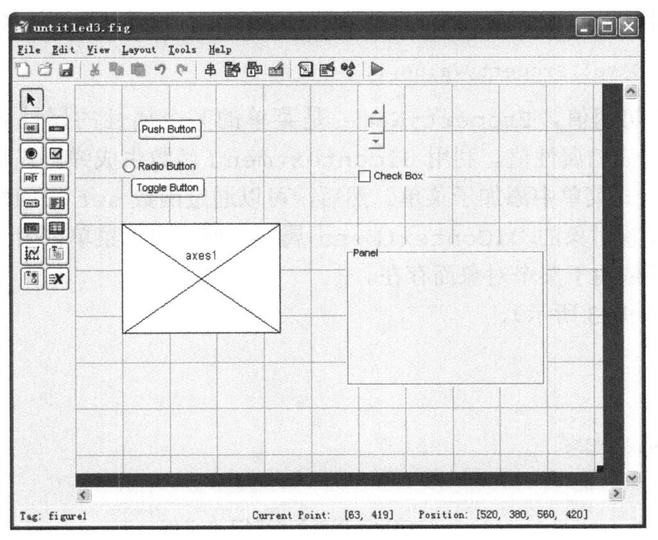

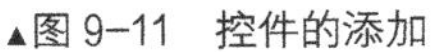
▲图 9-11 控件的添加

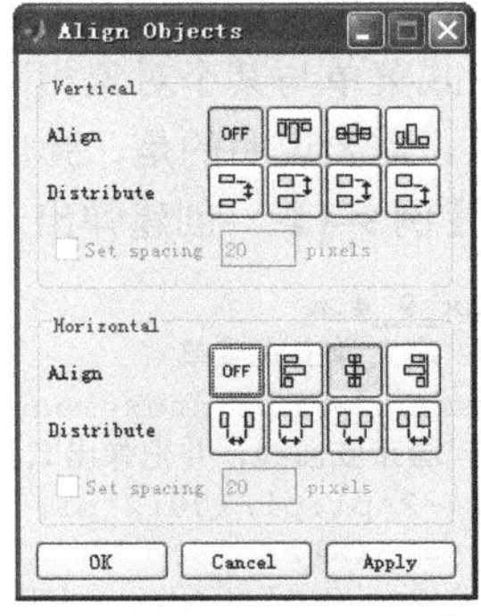

▲图 9-12 Align Objects 对话框

图 9-12 中上半部第一栏用于垂直方向的位置调整。其中，Align 表示对象间垂直对齐，Distribute 表示对象间的垂直分布，用户可以根据需要针对空间的上下边缘或中线进行对齐操作。单击 Distribute 中的某个图标后，Set spacing 才可用。然后，可以通过它来设置对象间的距离，距离的单位是像素（pixels）。下半部第二栏用于水平方向的位置调整。与垂直方向的位置调整一样，Align 表示对象间水平对齐，Distribute 表示对象间的水平距离，用户可以根据需要针对空间的左右边缘或中线进行对齐操作。单击 Distribute 中的某个图标后，Set spacing 才可用，其作用和单位同上。

9.3.2 菜单的创建

通常我们使用的窗口具有下拉菜单，一个菜单项还可以由自己的菜单项列表扩展出子菜单。在 MATLAB 中，可以通过命令行和 GUIDE 中的菜单编辑器两种方式为 GUI 创建菜单。

1. 通过命令行创建菜单

在命令行方式下，可以通过函数 uimenu 创建下拉菜单。uimenu 函数的调用语法如下。

- handle = uimenu('PropertyName',PropertyValue,...)：用指定的菜单属性和属性值在当前图形中创建菜单。
- handle = uimenu(parent,'PropertyName',PropertyValue,...)：parent 是菜单所在图形窗口的句柄值或者主菜单的句柄值。此命令用于创建一个菜单项或者子菜单，并把菜单的句柄返回给 handle。

函数 uimenu 用于创建主菜单与下拉子菜单。当函数中的变量 parent 是菜单所在图形窗口的句柄值时，创建的是主菜单；当 parent 是某个主菜单的句柄值时，创建的则是该菜单下的下拉子菜单。下面给出一段示例代码。

```
f = uimenu('Label','Workspace');
    uimenu(f,'Label','New Figure','Callback','figure');
    uimenu(f,'Label','Save','Callback','save');
    uimenu(f,'Label','Quit','Callback','exit',...
```

```
            'Separator','on','Accelerator','Q');
```

上述命令在当前图形窗口中创建一个 File 主菜单，并在此主菜单下创建 New、Save 和 Quit 子菜单。各子菜单间用分隔条隔开。此外，还为 Quit 子菜单设置了快捷键。

除了函数 uimenu 之外，还可以使用函数 uicontextmenu 创建弹出式菜单对象，其调用语法如下。

```
handle = uicontextmenu('PropertyName',PropertyValue,...)
```

其中，handle 是创建菜单项的句柄值，PropertyName 是菜单的某个属性的属性名，PropertyValue 是与菜单属性名相对应的属性值。利用 uicontextmenu 函数生成弹出式菜单后，可以用 uimenu 函数在创建的弹出式菜单中添加子菜单。然后，可以通过函数 set 把创建的弹出式菜单与某个对象相联系，通过设置对象的 UiContextMenu 属性，使弹出式菜单依附于该对象。需要说明的是，弹出式菜单必须依附于某个对象而存在。

【例 9-4】 创建弹出式菜单（如图 9-13 所示）。

```
Ex_9_4.m
% 定义弹出式菜单
cmenu = uicontextmenu;
% 画正弦曲线，并把弹出式菜单与正弦曲线联系起来
x=-2*pi:pi/100:2*pi;
y=sin(x);
hline = plot(x,y, 'UIContextMenu', cmenu); title('使用不同线型绘制正弦曲线')
% 定义弹出式菜单子菜单项的''callback''属性值
cb1 = ['set(hline, ''LineStyle'', ''--'')'];
cb2 = ['set(hline, ''LineStyle'', '':'')'];
cb3 = ['set(hline, ''LineStyle'', ''-'')'];
% 定义弹出式菜单的子菜单项
item1 = uimenu(cmenu, 'Label', 'dashed', 'Callback', cb1);
item2 = uimenu(cmenu, 'Label', 'dotted', 'Callback', cb2);
item3 = uimenu(cmenu, 'Label', 'solid', 'Callback', cb3);
```

当用户在图形中的曲线上右击时，会弹出图 9-13 所示的菜单，从中单击菜单项就可以在各种曲线类型之间进行转换了。

2. 通过 GUIDE 中的菜单编辑器创建菜单

利用 GUIDE 中的菜单编辑器，可以方便地创建下拉菜单和弹出式菜单。单击 Layout 编辑器中的 Tools|Menu Editor 菜单命令或工具栏中的图标，会弹出 Menu Editor 窗口，如图 9-14 所示。

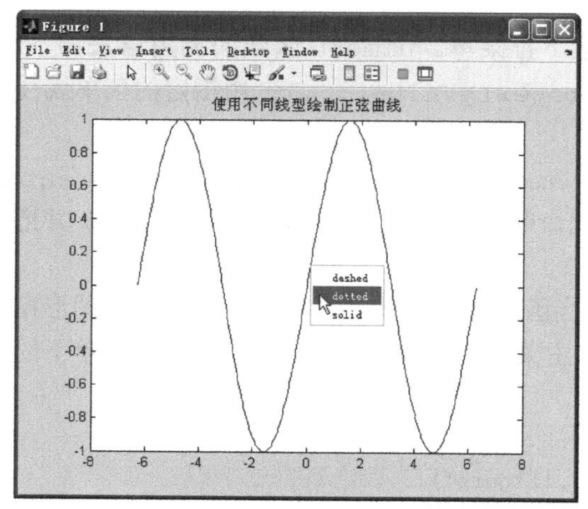

▲图 9-13 弹出式菜单

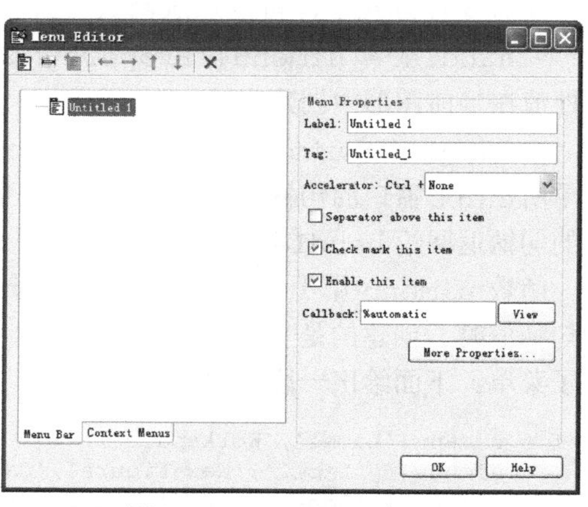

▲图 9-14 Menu Editor 窗口

（1）主菜单的创建

用户创建了主菜单之后，MATLAB 就将该菜单的标题添加到主菜单栏上，此时可以给该菜单添加菜单项，每个菜单项都可以包含多个子菜单，而子菜单也可以有自己的子菜单。

单击图 9-14 左侧的菜单标题 Untitled1，将在 Menu Editor 窗口的右边显示该菜单的属性供用户进行编辑，如 Label、Tag 和 Accelerator 等属性。单击 More Properties 按钮，将显示更多的菜单属性，而 View 按钮则用于对回调函数进行编辑。

用户可以使用 Menu Editor 窗口工具栏中的和图标，给当前菜单增添菜单项和子菜单项。此处增加 3 个菜单：File、Edit 和 View。其中，菜单 File 的子菜单分别为 Open、Save 和 Close；菜单 Edit 的子菜单分别为 Cut、Copy 和 Paste；菜单 View 的子菜单分别为 MenuBar 和 ToolBar，如图 9-15 所示。

创建完菜单后，运行 GUI，结果如图 9-16 所示。

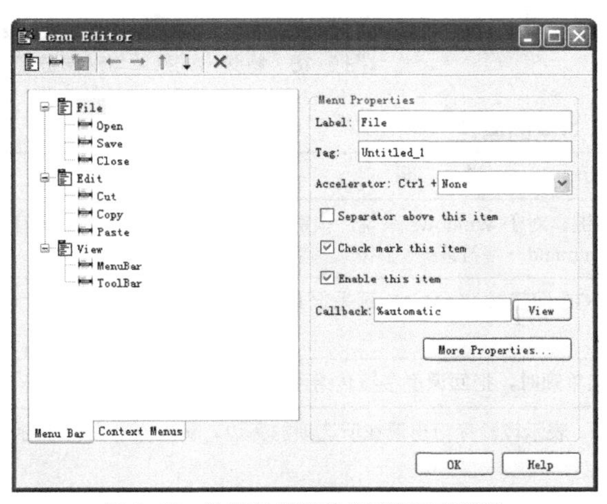

▲图 9-15　给菜单增添菜单项和子菜单项

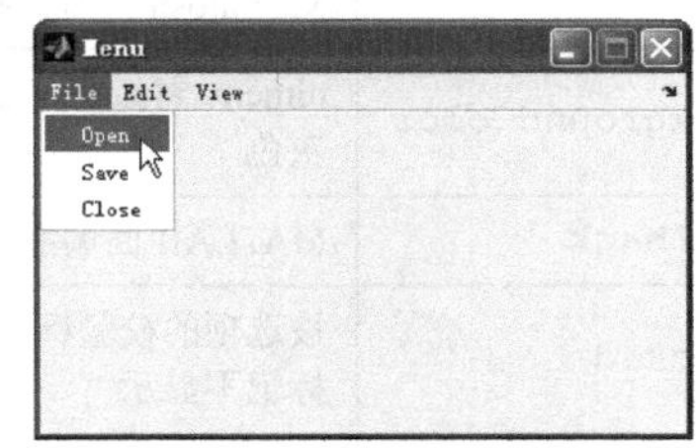

▲图 9-16　添加了菜单后的 GUI

（2）弹出式菜单的创建

当右击某个对象时，如果为该对象设置了弹出式菜单，那么将有弹出式菜单弹出，用户可以使用 Menu Editor 命令来定义菜单，并将它们与布局编辑器中的对象相连。

所有的弹出式菜单都是一个菜单的子对象，该菜单不在“图形”菜单栏中显示。要定义父菜单，可以在 Menu Editor 中选择 Context Menus 选项卡，然后按照添加下拉式菜单项的方法来给弹出式菜单添加菜单项。此处在 background_color 下添加了两个菜单项 red 和 green，如图 9-17 所示。

在 Layout 编辑器中，选择需要定义弹出式菜单的对象，使用 Property Inspector 添加该对象的 UIContextMenu 属性到所需的弹出式菜单中，如图 9-18 所示。这样在运行过程中右击该对象，就会弹出设置的弹出式菜单。

3. 菜单属性

同句柄图形函数一样，在创建菜单对象时可以使用 `uimenu` 函数定义属性，或者使用 `set` 函数改变属性。所有可设定的属性，包括标题、菜单颜色，甚至回调字符串都可以使用 `set` 函数来改变。这种功能让菜单和属性的定制变得非常方便。

表 9-2 列出了 MATLAB 中的菜单属性及其属性值。带有*的属性是非文件式的，使用时要谨慎。括号{}内的属性值是默认值。

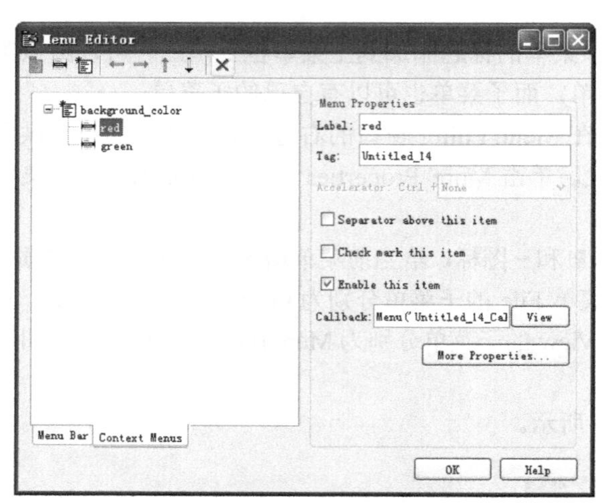

▲图 9-17　给弹出式菜单添加菜单项

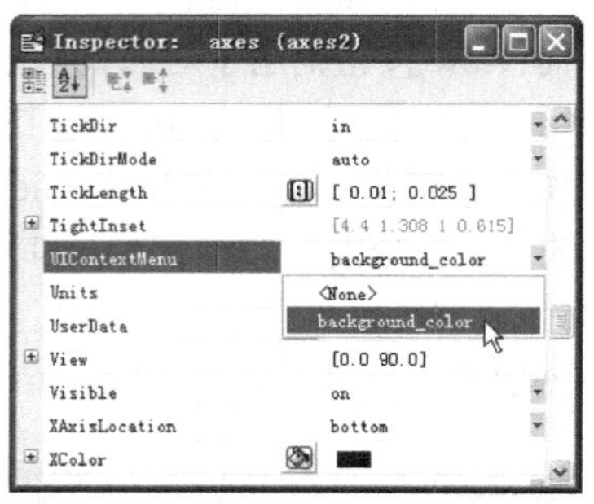

▲图 9-18　将弹出式菜单与对象链接

表 9-2　Uimenu 对象的属性

属　性	说　明
Accelerator	与指定菜单项等价的按键或快捷键。对于 Windows 系统，按键顺序是 Control→字符；对于 Macintosh 系统，按键顺序是 Command→字符或#→字符
BackgroundColor	uimenu 背景色，是 3 个元素的 RGB 向量或 MATLAB 预先定义的颜色名称。默认的背景色是亮灰色
Callback	MATLAB 回调字符串。当选择菜单项时，把回调串字符传给函数 eval，初始值为空矩阵
Checked	被选项的校验标记。若设置为 on，表示校验标记出现在所选项的旁边。默认值为 off，表示校验标记不显示
Enable {on}: off:	菜单使能状态。默认值为 on。若菜单项使能，选择菜单项能将回调字符串传给 eval；若菜单项不使能，菜单标志变灰，选择菜单项不起任何作用
ForegroundColor	uimenu 前景（文本）色，是 3 个元素的 RGB 向量或 MATLAB 预先定义的颜色名称。默认的前景色是黑色
Label	菜单标签。在 PC 系统中，如果标记前面有&，就定义了快捷键，它由 Alt+某一个字符激活。快捷键的具体设置请查阅帮助文档
Position	uimenu 对象的相对位置。顶层菜单从左到右编号，子菜单从上到下编号
Separator	分隔符与线的模式。若设置为 on，表示 分隔线在菜单项之上。默认值为 off，表示 不画分隔线
*Visible	uimenu 对象的可视性。默认值为 on，表示 uimenu 对象在屏幕上可见。若设置为 off，表示 uimenu 对象不可见
ButtonDownFcn	当对象被选择时，把 MATLAB 的回调串传给函数 eval。初始值为空矩阵
Children	其他 uimenu 对象的句柄
Clipping	限幅模式。默认值为 on，表示限幅模式对 uimenu 对象有效果。若设置为 off，表示 对 uimenu 对象无效果
DestroyFcn	仅用于 Macintosh 4.2 版本。没有文本说明

续表

属　性	说　明
Interrruptible	指明 ButtonDownFcn 和 CallBack 串可否中断。默认值为 no，表示回调串不可中断。若设置为 yes，表示回调串可中断
Parent	父对象的句柄。如果 uimenu 对象是顶层菜单，则为图形对象；若 uimenu 是子菜单，则为父的 uimenu 对象句柄
*Select	值为[on|off]
*Tag	文本串
Type	只读对象辨识串，通常为 uimenu
UserData	用户指定的数据。可以是矩阵、字符串等

9.3.3 控件

在绝大多数图形用户界面下都包含控件。控件是图形对象，它与菜单一起用于创建图形用户界面。通过使用各种类型的控件，可以创建操作简便、功能强大的图形用户界面。MATLAB 提供了多种控件，本节将详细介绍它们，可以把它们放置在图形窗口的任何位置，并用鼠标激活它们。

1. 控件对象类型

（1）复选框

复选框有一个标签文本，在标签文本的左边有一个小方框。它对于用户进行多项选择很有用。可以单击复选框对象，使复选框在选中与不选中两种状态间进行切换。当选中时，复选框的 Value 属性值是 1；当没有选中时，复选框的 Value 属性值为 0。复选框的 Style 属性值是 checkbox。

（2）可编辑文本框

当需要输入文本时，可以使用可编辑文本框。通过可编辑文本框，用户可以方便地输入或修改已经存在的文本，这与文本编辑器的功能是一样的。可编辑文本框可以是单行或多行文本模式。当可编辑文本框是单行模式时，只允许输入单行文本串；当可编辑文本框是多行模式时，可以输入多行文本串。可编辑文本框的 Style 属性值是 edit。

（3）列表框

列表框中会列出 String 属性的字符串项。用户可以方便地选择一个或多个列表项。列表框的 Max 与 Min 属性用于控制选择模式；Value 属性标明选择列表项的索引值。当在列表框上释放鼠标按钮时，MATLAB 会调用回调程序。一般来说，单击与双击列表框的效果是不一样的。列表框的 Style 属性值是 listbox。

（4）下拉列表

下拉列表有一个信息显示框，框的右边有一个下拉箭头。单击下拉箭头，会显示一个列表，里面包含 String 属性定义的值。当没有打开列表时，信息框内显示的是当前选择的表项。打开列表，从中选择一个表项并单击，该表项就会出现在信息显示框内。下拉列表对于用户进行不同的选择是很有用的。如果不使用下拉列表，就必须设置大量互不相同的单选按钮。下拉列表的 Style 属性值是 popupmenu。

（5）命令按钮

命令按钮是一个矩形的凸出对象。在命令按钮对象上标有一个字符串，用于标识该命令按钮。

单击命令按钮，会产生相应的动作。单击命令按钮后，命令按钮会凹下，松开鼠标按钮后，命令按钮又会弹起，这与下面要介绍的开关按钮不同。命令按钮的 Style 属性值是 pushbutton。

（6）单选按钮

单选按钮与复选框相似，单选按钮有一个标志文本，在标志文本的左边有一个小圆圈。它对于用户进行功能互斥的选择很有用。在一组单选按钮中，一次只能有一个单选按钮被选中，这与可以同时选中多个复选框不同。为了激活单选按钮，可以单击单选按钮对象，使单选按钮在选中与不选中两种状态间进行切换。当选中时，单选按钮的 Value 属性值是 1；当没有选中时，单选按钮的 Value 属性值为 0。单选按钮的 Style 属性值是 radiobutton。

（7）滚动条

滚动条由 3 个部分组成，分别是滚动槽、滚动槽内的指示条和滚动槽两端的箭头。其中，滚动槽表明滚动条的有效值范围，指示条表明滚动条的当前值，通过箭头可以左、右移动指示条。在选中指示条后，可以通过拖动指示条来改变滚动条的值，也可以通过单击滚动槽两端的箭头来改变滚动条的值。可以通过函数设置滚动条的最小值、最大值与当前值。滚动条的 Style 属性值是 sliders。

（8）静态文本框

静态文本框静态显示文本字符串。静态文本框通常用于显示同界面内其他控件的有关信息。例如，如果与滚动条相连，可以在静态文本框中显示滚动条的当前值。与可编辑文本框不同，用户不能交互地改变静态文本框中的内容。静态文本框中没有回调程序，Style 属性是 text。

（9）开关按钮

开关按钮的外观与命令按钮类似，是一个矩形的凸出对象。同时，在开关按钮对象上也标有一个字符串，用于识别该开关按钮。与命令按钮不同的是，当单击开关按钮并释放鼠标按钮后，开关按钮不会弹起，再单击一次，它才会弹起，这可以表明开关按钮的状态。单击开关按钮，会执行相应的回调程序。

2. 控件的创建

与菜单的创建一样，用户可以通过 GUIDE 和命令行两种方式创建控件。在 GUIDE 中，可以单击图 9-7 左侧控件面板中相应的控件，然后按住鼠标按钮不放并拖曳到设计区域即可。下面介绍命令行方式。

函数 uicontrol 用来创建控件对象，其调用语法如下。

- handle = uicontrol('PropertyName',PropertyValue,...)：用指定的属性创建控件对象。其中，handle 是创建的控件对象的句柄值，PropertyName 是控件的某个属性的属性名，PropertyValue 是与属性名相对应的属性值。
- handle = uicontrol(parent,'PropertyName',PropertyValue,...)：parent 是控件所在的图形窗口的句柄值；handle 是创建的控件对象的句柄值；PropertyName 是控件的某个属性的属性名；PropertyValue 是与属性名相对应的属性值。
- handle = uicontrol：以默认属性在当前图形对象中创建一个命令按钮控件。
- uicontrol(uich)：将焦点转移到由句柄 uich 指定的控件上。

【例 9-5】 使用 uicontrol 函数创建控件。

在图形的位置[20 150 100 70]创建一个名为“Clear”的命令按钮控件，其中，(20,150)为控件左下角的坐标，100 和 70 分别指定控件的宽度和高度。

```
h = uicontrol('Style', 'pushbutton', 'String', 'Clear',...
    'Position', [20 150 100 70], 'Callback', 'cla');
```

运行结果如图 9-19 所示。

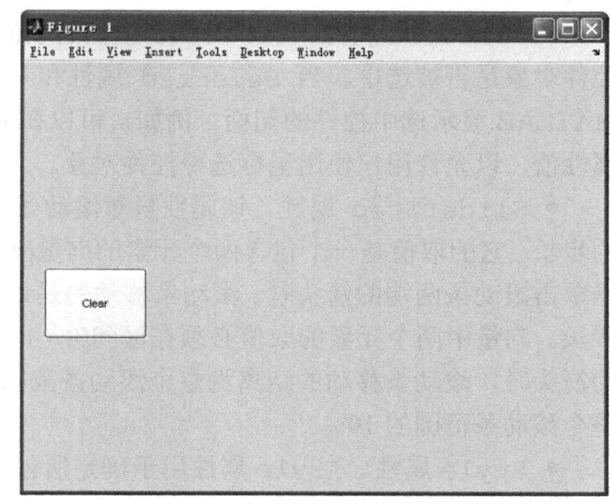

▲图 9-19 创建 Clear 控件

3. 控件的属性

利用对象属性查看器，可以查看每个对象的属性值，也可以修改、设置对象的属性值。在 Layout 编辑器工具栏中单击按钮，或者单击 View|Property Inspector 菜单命令，或者双击控件，都可以打开对象属性查看器的界面。另外，在 MATLAB 命令窗口中输入 `inspect`，也可以打开对象属性查看器。

下面介绍几种常用的属性。

- `BackgroundColor` 属性。`BackgroundColor` 属性用于设置控件的背景颜色，默认值是系统定义的颜色。该属性的取值可以是一个 1×3 向量，此时设置的是一个 RGB 颜色。可以通过查看 MATLAB 中的函数 `colorSgec` 来了解关于颜色的详细信息。
- `Cdata` 属性。`Cdata` 属性的取值是一个矩阵。该属性表明显示在控件上的图像的颜色值。
- `ForegroundColor` 属性。`ForegroundColor` 属性用于设置控件上显示的文本的颜色，即用于确定控件的 String 属性包含的字符串的颜色，默认属性值是黑色。该属性的取值可以是一个 1×3 向量的 RGB 颜色，向量中元素的取值必须在区间[0，1]内，向量中的 3 个元素分别代表 red、green 和 blue。可以通过查看 MATLAB 中的函数 `colorSpec` 来了解颜色的详细信息。
- `SelectionHighlight` 属性。`SelectionHighlight` 属性的取值可以是 on 或 off，on 是默认值。该属性用于确定当控件被选中时，是否显示被选中的状态。`SelectionHighlight` 属性要与 Selected 属性一起使用，共同控制控件对象的选中状态。
- `String` 属性。`String` 属性的取值是一个字符串。该属性用于设置控件上显示的文本串。对于复选框、可编辑文本框、命令按钮、单选按钮、静态文本框和开关按钮控件等，字符串显示在控件界面上；对于列表框与弹出式菜单，字符串显示在控件的列表项中。

对于只能显示一行文本的控件对象，如果字符串是一个矩阵字符串，那么只有第一个元素的几个字符能显示，将忽略后面的字符。对于静态文本框，从字符“\n”定义的地方开始分行。对于包含多个列表项的列表框与组合框，可以定义 `String` 属性的值是一个字符串矩阵，或定义成一个中间被字符“|”隔开的字符串。对于可编辑文本框，`String` 属性的值是用户在可编辑文本框中输入的字符串。

- `Visible` 属性。`Visible` 属性的取值可以是 on 或 off，on 是默认值。可以通过该属性控制控件的可见状态。默认情况下，所有的控件都是可见的。当设置 Visible 的属性值是 off 时，控件就不可见了，但控件仍然存在，仍然可以查询、设置控件的属性。
- `Enable` 属性。`Enable` 属性的取值可以是 on、inactive 或 off，on 是默认值。可以通过该属性使控件有效或失效。该属性用于确定在单击控件时控件的反应情况，包括控件的回调程序的执行与否。如果属性值是 on，表示控件是可用的；如果属性值是 inactive，表示控件是不可用的，但是在外表上控件与属性值是 on 时一样；如果属性值是 off，表示控件是不可用的，而且在外表上是灰色的。
- `Parent` 属性。`Parent` 属性的取值是本级控件的父对象的句柄。一个控件的父对象显示该控件的图形窗口。通过设置 `Parent` 属性的值为另一个父对象句柄，可以把本控件移到另一个图形窗口对象中。

● Selected 属性。Selected 属性的取值可以是 on 或 off，off 是默认值。该属性用于确定控件对象是否被选中。当 Selected 属性和 SelectionHighlight 属性的取值都是 on 时，MATLAB 显示选中控件的句柄。例如，可以在 ButtonDownFcn 事件的回调程序中设置这个属性的属性值，以允许用户使用鼠标选择控件对象。

● SliderStep 属性。该属性只对滚动条控件有效。通过该属性，可以控制滚动条每次移动的步长。它的取值是一个包含两个元素的向量[min_step max_step]，分别表示最小步长与最大步长。当单击滚动条两端的箭头时，滚动条移动的是最小步长；当在滑槽中单击时，滚动条移动的是最大步长。向量中两个元素的取值必须在区间[0，1]内，默认值是[0.01，0.10]，表示当单击滚动条两端的箭头时，滚动条移动的距离为整个滚动条范围的 1%；当在滑槽中单击时，滚动条移动的距离为整个滚动条范围的 10%。

● Style 属性。Style 属性用于确定所创建的控件的类型。Style 属性可以取如下属性值：pushbutton、togglebutton、radiobutton、checkbox、edit、text、slider、frame、listbox 和 popupmenu。其中，pushbutton 是默认的属性值。

● Tag 属性。标签属性是控件的身份证明，GUIDE 会自动给每一个控件赋予一个标签值（例如 listbox1），然后利用这个值来命名和 Callback 属性相关的回调操作。

GUIDE 通常使用 Tag 属性进行的操作包括：在运行和保存 GUI 时给产生的回调命名；给回调设置相应的 CallBack 属性；给包含对象句柄的结构增添一个域。

● Type 属性。Type 属性是只读字符串，用来标识图形对象的类型。对 uicontrol 对象来说，此属性的属性值永远是字符串“uicontrol”。

● Position 属性。Position 属性用于确定控件的位置及大小，该属性值标明了本控件在图形窗口的位置及大小。属性的取值是位置向量[left bottom width height]，默认值是[20 20 60 20]。其中，元素 left、bottom 分别表示控件对象的左下角距离图形窗口左下角的水平与垂直距离；元素 width、height 分别表示控件的宽度与高度。距离的单位由属性 units 决定。

● Units 属性。Units 属性用于确定控件大小、控件与图形窗口距离等的单位。Position 属性中的距离单位就由该属性确定。该属性可以取 pixels、normalized、inches、points、centimeters 和 characters 等值。其中，pixels 是默认属性值。所有的单位都假设以图形窗口的左下角为起点。其中，normalized 假设图形窗口左下角的坐标为（0,0），右上角的坐标为（1,1）。pixels、inches、centimeters 和 points 是绝对单位。characters 是应用于字符的单位，一个字符的宽度是字母“x”的宽度，字符的高度是两行文本基线之间的距离。

● Callback 属性。Callback 属性的取值是一个字符串，该属性定义控件对象的控制动作。当单击控件对象时，就执行回调程序。定义的字符串是一个有效的 MATLAB 表达式，或者是一个 M 文件的名字。字符串在 MATLAB 的命令窗口内执行。

为了执行可编辑文本框的 Callback 属性，当键入一些字符串后，可以把输入焦点从控件对象上移走（可以在界面上别的地方单击），然后对于只能输入单行文本的可编辑文本框按 Enter 键；对于可输入多行文本的可编辑文本框，可以按 Ctrl+ Enter 组合键。

● UIContextMenu 属性。UlContextMenu 属性的取值是一个上下文菜单的对象句柄。通过该属性，某个上下文菜单对象就与控件联系起来。当右击控件对象时，MATLAB 就会显示上下文菜单。上下文菜单可以通过函数 uicontextmenu 来创建。

● Max 属性。Max 属性的取值是一个标量，该属性定义的是 Value 属性允许的最大值。在不同的控件类型中，该属性的意义不同。在复选框中，当复选框被选中时，复选框的 Value 属性值即为该属性值。在可编辑文本框中，如果 Max-Min>1，那么可编辑文本框中可以进行多行输入；

如果 Max-Min≤1，那么可编辑文本框中只能进行单行输入。在列表框中，如果 Max-Min>1，那么列表框中允许进行多个列表项的选择；如果 Max-Min<1，那么列表框中不允许进行多个列表项的选择，只能单选。在单选按钮中，当单选按钮被选中时，单选按钮的 Value 属性值即为该属性值。在滚动条控件中，该属性值定义了滚动条的最大值，并且该属性值必须比 Min 属性值大，默认为 1。在开关按钮中，当开关按钮被选中时，开关按钮的 Value 属性值即为该属性值，默认为 1。对于 pop-up menus、push buttons 和 static text 类型的控件对象，没有 Max 属性。

● Min 属性。Min 属性的取值是一个标量，该属性定义的是 Value 属性允许的最小值。在不同的控件类型中，该属性的意义不同。在复选框中，当复选框没有被选中时，复选框的 Value 属性值即为该属性值。在可编辑文本框中，如果 Max-Min>1，那么可编辑文本框中可以进行多行输入；如果 Max-Min≤1，那么可编辑文本框只能进行单行输入。在列表框中，如果 Max-Min>1，那么列表框允许进行多个列表项的选择；如果 Max-Min≤1，那么列表框不允许进行多个列表项的选择，只能单选。在单选按钮中，当单选按钮没有被选中时，单选按钮的 Value 属性值即为该属性值。在滚动条控件中，该属性值定义了滚动条的最小值，并且该属性值必须比 Max 属性值小，默认值为 0。在开关按钮中，当开关按钮没有被选中时，开关按钮的 Value 属性值即为该属性值，默认值为 0。对于 pop-up menus、push buttons 和 static text 类型的控件对象，没有 Min 属性。

● Value 属性。Value 属性的取值是一个标量或者向量，该属性决定控件的当前值。在不同的控件类型中，该属性的意义不同。在复选框中，当复选框被选中时，该属性的值为 Max 属性值；当没有被选中时，该属性的值为 Min 属性值。在列表框中，设置该属性为向量形式，表明已经选中多个列表项，1 表示列表框中的第一个列表项。弹出式控件 pop-up menus 设置该属性值为已经选中的列表项的索引值，1 对应控件对象中的第一个列表项。在单选按钮中，当单选按钮被选中时，该属性的值为 Max 属性值；当没有被选中时，该属性的值为 Min 属性值。在滚动条控件中，设置该属性值为滑槽内指示条的当前值。在开关按钮中，当开关按钮被选中时，该属性的值为 Max 属性值；当没有被选中时，该属性的值为 Min 属性值。对于 editable text、push buttons 和 static text 类型的控件对象，没有 Value 属性。

9.4 回调函数

GUI 的 M 文件是由 GUIDE 命令生成的，它控制整个 GUI，并确定它对用户的行为（比如单击按钮或选择菜单项）的回调，包含运行 GUI（包括 GUI 控件的回调）的所有代码。但是通过前面介绍的内容可知，它只能产生 M 文件的骨架，实现 GUI 的外观与结构设计。如果要实现必要的功能，例如对按钮设置动作，令菜单具有实际的操作功能，而不仅仅是一个摆设，那么用户就必须对各个回调函数进行编写，这些回调函数是生成的 M 文件中的子函数。

9.4.1 变量的传递

当运行 GUI 时，M 文件创建一个包含所有 GUI 对象（如控件、菜单和坐标轴等）的句柄结构数组 handles，handles 作为一个回调函数的输入来处理。用户使用 handles 可以实现如下操作。

● 在各回调函数之间实现变量的传递。

● 访问 GUI 数据。

1. 回调函数之间变量的传递

要取得变量 X 的数据，可以首先将句柄结构的一个域设为 X，然后使用 guidata 函数保存此句柄结构，如以下代码所示。

```
handles.current_data=X;
guidata(hObject,handles)
```

要在其他任何回调函数中重新得到该变量的值，使用的命令如下。

```
X=handles.current_data;
```

2. 访问 GUI 数据

用户可以利用 handles 获取 GUI 控件的任意数据。例如，某个 GUI 有一个下拉菜单，该菜单的标签是 my_menu，其中包括 3 个下拉菜单项，这些菜单项的标签分别是 chocolate、strawberry 和 vanilla。要使用 GUI 中的另一个控件（比如一个按钮）来根据当前所选的菜单项实现某个操作，可以在该按钮的回调函数中插入如下命令。

```
all_choices=get(handles.my_menu,'String')
current_choice=all_choices{get(handles.my_menu,'Value')}
```

上述命令将 `current_choice` 的值设为 chocolate、strawberry 或 vanilla，具体是哪个值，取决于当前所选的是菜单中的哪个值。

用户可以通过句柄结构访问整个 GUI 的数据，如果该图形的标签是 figure1，那么 `handles.figure1` 包含了该图形的句柄。例如，可以通过如下命令关闭 GUI。

```
delete(handles.figure1)
```

9.4.2 函数编写

在完成布局设计之后，用户可以给 GUI 的 M 文件的如下部分子函数增加程序代码，以实现需要的功能。

- 打开函数（Opening function），该函数在 GUI 可见之前实施操作。
- 输出函数（Output function），在必要的时候向命令行输出数据。
- 回调函数（Callback function），在用户激活 GUI 中的相应控件时实施操作。

以上子函数常用的输入参数如下。

- `hObject`，图形或者回调对象的句柄。
- `handles`，具有句柄或者用户数据的结构。

为了使用 `handles` 在函数的最后阶段进行更新数据的保存，可以执行如下命令。

```
guidata(hObject,handles)
```

下面介绍打开函数、输出函数和回调函数的内容。

1. 打开函数的内容

打开函数包含 GUI 可见之前进行操作的代码，用户可以在打开函数中访问 GUI 的所有控件，因为所有 GUI 中的对象都在调用打开函数之前就已经创建。如果用户需要在访问 GUI 之前实现某些操作（如创建初始数据或图形），可以通过在打开函数中增添代码来实现。

对于一个文件名为 my_gui 的 GUI 来说，GUIDE 自动生成的打开函数如下。

```
% --- Executes just before mygui is made visible.
function mygui_OpeningFcn(hObject, eventdata, handles, varargin)
```

```
% This function has no output args, see OutputFcn.
% hObject    handle to figure
% eventdata  reserved - to be defined in a future version of MATLAB
% handles    structure with handles and user data (see GUIDATA)
% varargin   command line arguments to mygui (see VARARGIN)

% Choose default command line output for mygui
handles.output = hObject;

% Update handles structure
guidata(hObject, handles);

% UIWAIT makes mygui wait for user response (see UIRESUME)
% uiwait(handles.mygui);
```

在上面的程序语句中，除了上文提到的 hObject 和 handles 外，打开函数中还有输入参数 eventdata 和 varargin。

所有的命令流语句都通过 varargin 传递给打开函数。如果用户调用具有属性名（属性值）的 GUI，那么该 GUI 将按照设定的属性值打开。

2. 输出函数的内容

输出函数将输出结果返回命令行，这在用户需要将某个变量传递给另一个 GUI 时尤为实用。输出函数中输出的结果 handles.output 必须在打开函数中产生，或者在打开函数中调用 uiwait 函数来暂停操作，以等待其他回调函数生成输出结果。GUIDE 在输出函数中会自动生成如下代码。

```
% --- Outputs from this function are returned to the command line.
function varargout = my_gui_OutputFcn(hObject, eventdata, handles)
% varargout  cell array for returning output args (see VARARGOUT);
% hObject    handle to figure
% eventdata  reserved - to be defined in a future version of MATLAB
% handles    structure with handles and user data (see GUIDATA)
% Get default command line output from handles structure
varargout{1} = handles.output;
```

输出量 varargout 是一个元胞数组，该数组可以包含任意数量的输出参数。默认情况下，GUIDE 只产生一个输出参数 handles.output。如果用户需要创建其他的输出参数，可以在输出函数中添加如下命令。

```
varagout{2}=handles.second_output;
```

用户也可以使用 guidata 命令，在任意的回调中设置 handles.second_output 的值。

3. 回调函数的内容

当用户激活某个 GUI 控件时，GUI 就对控件的回调函数进行操作，回调的命令由该控件的标签属性决定。

例如，以下代码是一个按钮的回调函数。其中的注释部分 GUIDE 会自动添加，但是后面的具体回调动作则需要用户自己来指定。

```
% --- Executes on button press in pushbutton1.
function pushbutton1_Callback(hObject, eventdata, handles)
% hObject    handle to pushbutton1 (see GCBO)
% eventdata  reserved - to be defined in a future version of MATLAB
% handles    structure with handles and user data (see GUIDATA)
```

```
axes(handles.axes1);                              %  选择 axes
cla;

popup_sel_index = get(handles.popupmenu1, 'Value');  %  获取下拉菜单的状态
switch popup_sel_index
    case 1
        plot(rand(5));
    case 2
        plot(sin(1:0.01:25.99));
    case 3
        bar(1:.5:10);
    case 4
        plot(membrane);
    case 5
        surf(peaks);
end
```

函数 pushbutton1_Callback 是用户设计的 GUI 生成的 M 文件中的一个子函数，是 pushbutton1 的回调函数。这个函数通过获取下拉菜单的状态，然后根据不同的状态在绘图区域内绘制相应的图形。通过这个函数，在 GUI 运行之后可以用下拉菜单来选择绘图方式，然后在按下 Pushbotton1 之后，就可以实时地在窗口中绘制出相应的曲线。

9.5 GUI 设计示例

本节完整地展示 GUI 设计的全过程，以令读者能更好地理解 GUI 的设计过程。

【例 9-6】　设计图 9-20 所示的 GUI。此 GUI 中包括命令按钮、静态文本、下拉菜单和轴对象等。

首先，需要在 GUIDE 中对布局与控件进行设计。然后，保存并在相应的 M 文件中添加回调函数代码。完成之后，保存、运行即可。

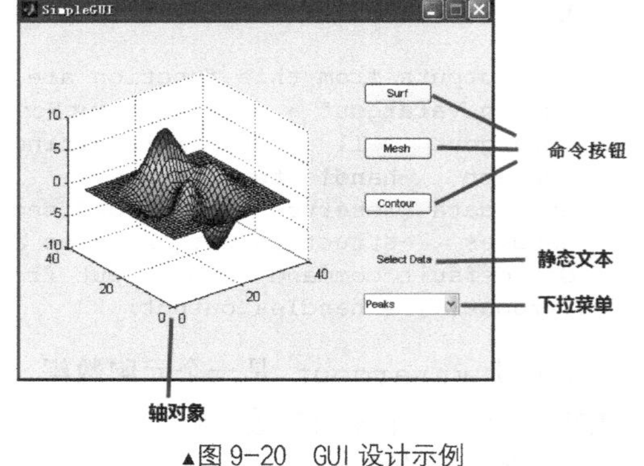

▲图 9-20　GUI 设计示例

1. 打开 Layout 编辑器

打开 Layout 编辑器，新建一个空白文件。前面已经介绍过如何打开 Layout 编辑器，但是图 9-7 所示控件面板中的控件只是图标，如果希望同时显示控件名称，可以单击 File|Preferences 命令弹出显示设置对话框，然后选中 Show names in component palette 复选框，确认之后，Layout 编辑器就会显示出控件的名称，如图 9-21 所示。

2. 设置 GUI 图形大小

通过拖曳网格设计区域右下角的黑点，可以改变设计区域的大小，这样就可以对设计图形的最终大小进行设置。

3. 添加控件

从左侧控件面板中单击 Push Button 控件，然后拖曳到设计区域中。重复操作，添加 3 个命令按钮，并将它们摆放到大致的目标位置上。

使用同样的方法向设计区域中添加一个轴对象（axes1）、一个静态文本框（Static Text）和一个

下拉列表（Pop-up Menu），并把它们同样摆放到需要的位置。注意，此过程中需要更改轴对象的大小，这样最终绘制的图形就能以合适的大小显示。本例中通过属性设置，将轴对象设置为 2.5 英寸[①]×2.5 英寸大小，设计结果如图 9-22 所示。

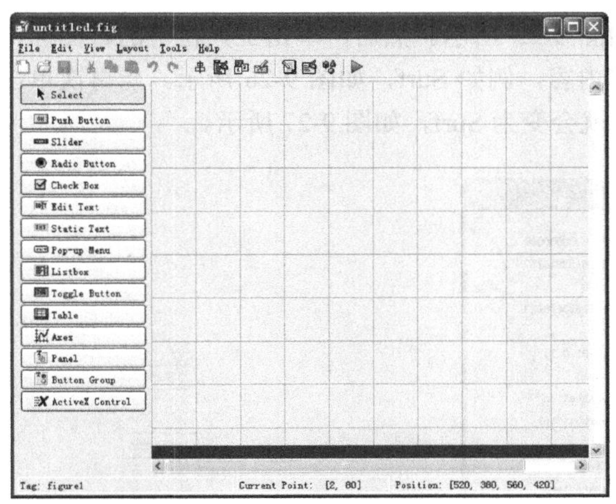

▲图 9-21　Layout 编辑器

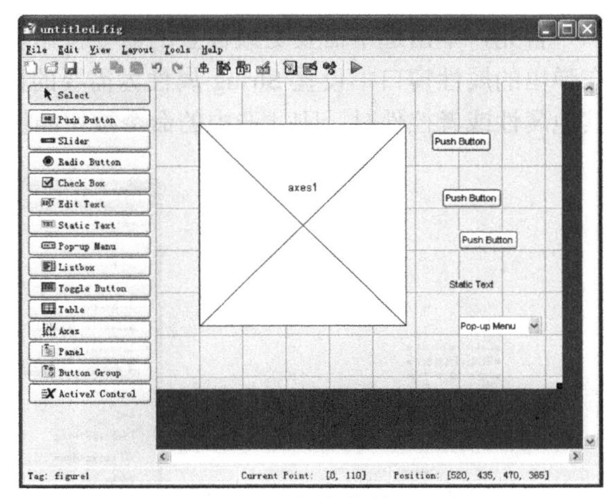

▲图 9-22　添加控件

4. 对齐控件

图 9-22 中控件的上下位置并不合适，为了将命令按钮对齐，就需要使用对齐工具。

通过以下操作可以对齐 3 个命令按钮。

- 按住 Ctrl 键的同时选中 3 个命令按钮。
- 单击工具栏中的串按钮。
- 对控件进行垂直分布和左对齐设置，如图 9-23 所示。

同样，可以对静态文本框和下拉列表进行对齐设置，结果如图 9-24 所示。

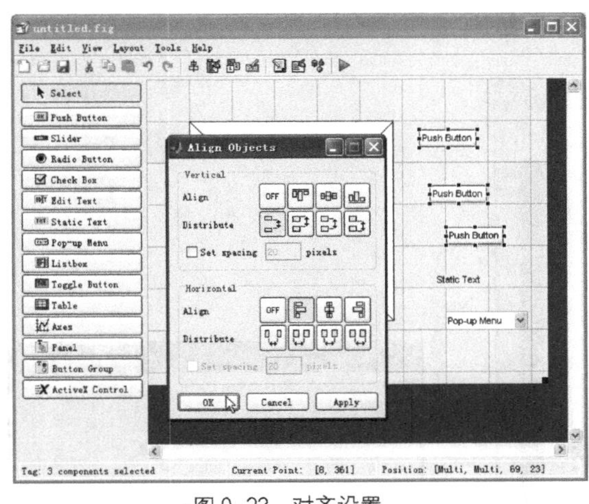

▲图 9-23　对齐设置

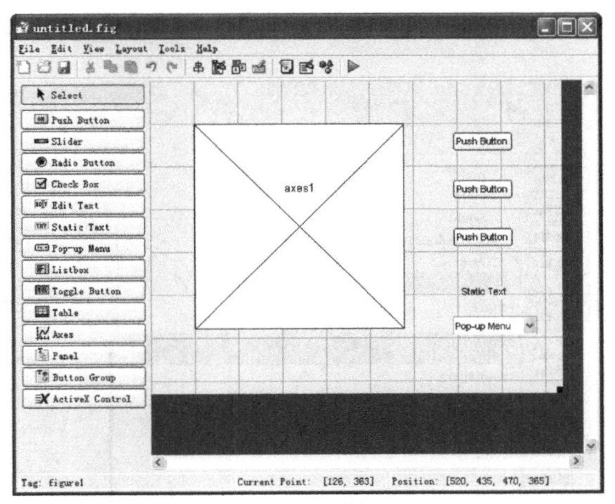

▲图 9-24　对齐后的结果

5. 为控件添加文本

尽管默认状态下命令按钮、下拉列表和静态文本框中显示了一些文本标签，但是这些文本并不

[①] 1 英寸=2.54 厘米。——编辑注

符合设计的需要，不能反映相应控件的功能，所以需要对控件上的文本进行修改。

（1）设置命令按钮的标签

3 个命令按钮的作用是令用户选择绘图类型 surf、mesh 和 contour。可以通过以下步骤来实现标签设置。

首先，单击选中需要更改标签的命令按钮，如图 9-25 所示。然后，单击工具栏中的图标，在弹出的属性窗口中设置 String 属性为需要的标签内容，例如 Surf，如图 9-26 所示。当再次单击其他属性或者控件时，刚才选中的命令按钮的标签就会变为 Surf，如图 9-27 所示。

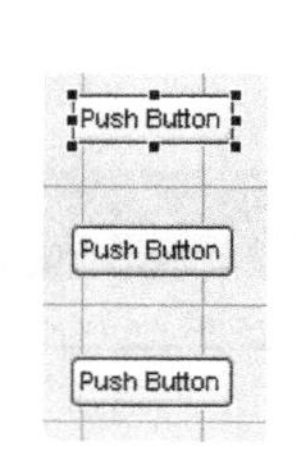

▲图 9-25　选中按钮

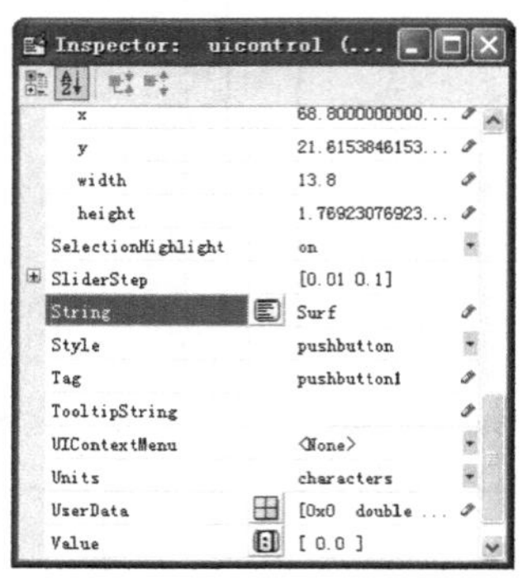

▲图 9-26　设置标签

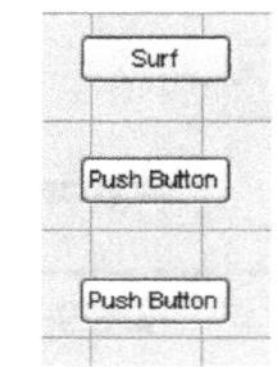

▲图 9-27　改变按钮的标签

单击其他控件，属性窗口会自动更改为当前选定控件的属性，用户可以通过这种方法设置其他按钮的标签。

（2）输入下拉列表项

下拉列表有 3 种数据可供选择：Peaks、Membrane 和 Sinc。这些数据名称与 MATLAB 中的相应函数同名。

首先，单击选定下拉列表控件。然后，单击 String 属性旁边的按钮，弹出 String 对话框，如图 9-28 所示。将现有的 Pop-up Menu 替换为 Peaks、Membrane 和 Sinc，可以按 Enter 键换行，每一行就是下拉列表的一个选项，设置的结果如图 9-29 所示。

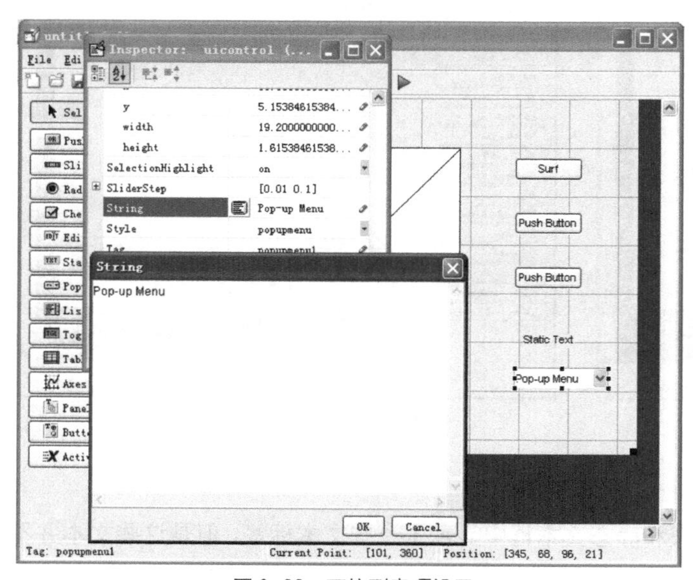

▲图 9-28　下拉列表项设置

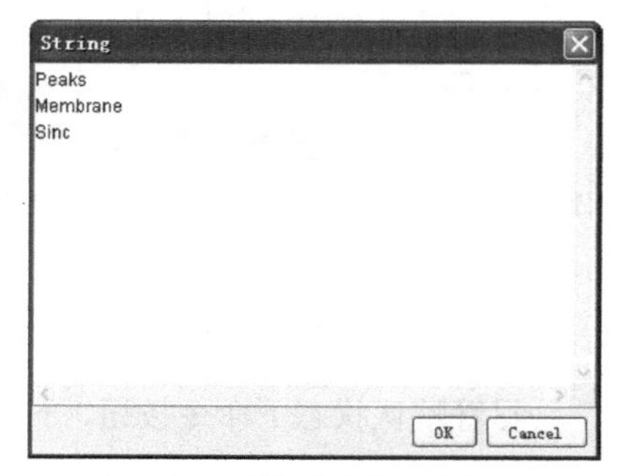

▲图 9-29　下拉列表项设置结果

单击 OK 按钮，下拉列表就会显示出设置的第一个选项 Peaks，如图 9-30 所示。

（3）修改静态文本

在这个 GUI 中，静态文本是作为下拉列表的标签存在的。GUI 的用户不能改变静态文本，但是在设计过程中该文本是可以改变的。

首先，单击选中静态文本控件。然后，在属性设置窗口中单击 String 属性旁边的按钮，弹出 String 对话框，将现有的文本改为 Select Data，如图 9-31 所示。单击 OK 按钮即可，结果如图 9-32 所示。

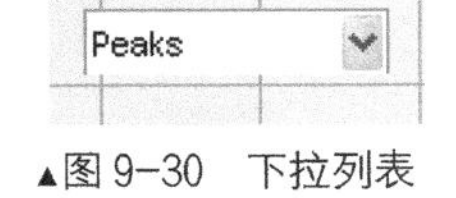

▲图 9-30　下拉列表

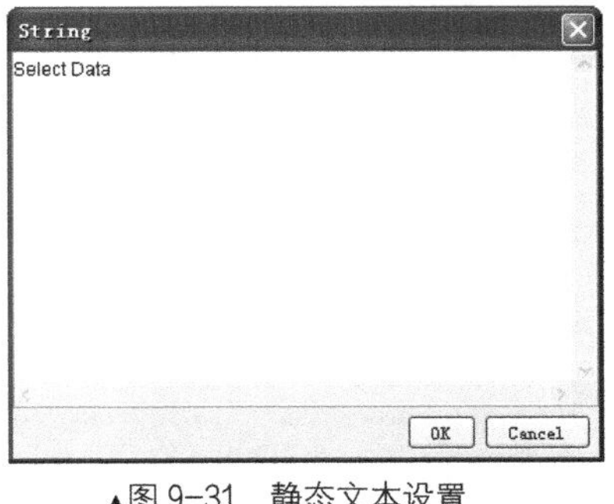

▲图 9-31　静态文本设置

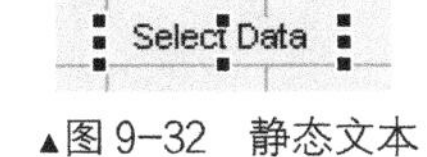

▲图 9-32　静态文本

6. 完成布局设计并保存

通过上面的操作，可以得到图 9-33 所示的结果，然后保存。通过菜单或者工具栏都可以完成这一简单操作，这里不再详述。

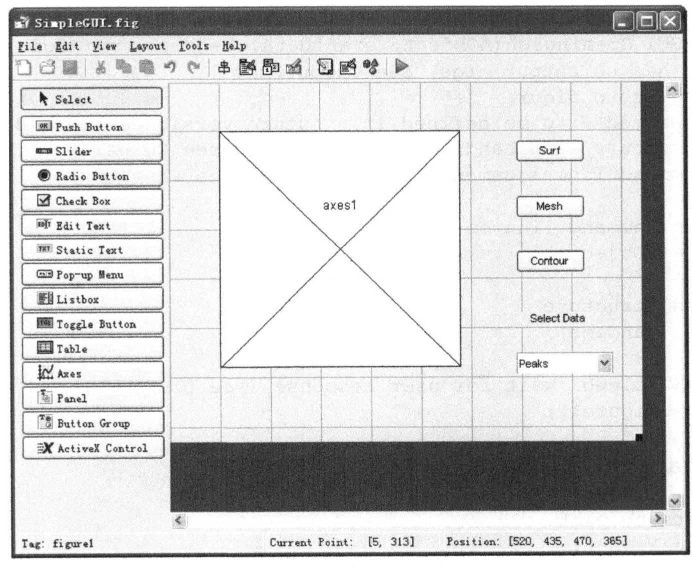

▲图 9-33　布局设计结果

7. 添加 M 文件代码

保存 GUI 布局设置之后，GUIDE 会创建两个文件：SimpleGUI.fig 和 SimpleGUI.m。保存后，MATLAB 会自动将保存的 M 文件打开。其中 SimpleGUI.fig 保存的是 GUI 的布局设计，而 SimpleGUI.m 保存的是控制 GUI 动作的代码。之前的设计并没有完成代码，这样运行 GUI 的结果是只能得到一个图形窗口，按钮等控件没有任何功能，为此需要向 M 文件中添加相应的代码。

8. 生成绘图数据

GUI 中的命令按钮用来绘制相应的图形，而数据是在打开函数中产生的。在本例中需要生成 3 块数据，以分别对应不同的绘图函数 peaks、membrane 和 sinc。可以通过单击 M 文件编辑器工具栏中的按钮 来定位打开函数的位置，如图 9-34 所示。

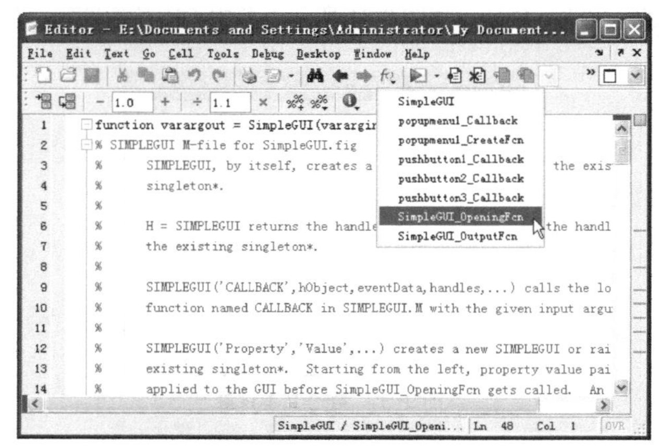

▲图 9-34　回调函数定位

通过定位打开函数，用户可以看到打开函数中已经有了以下一些内容，这是 GUIDE 自动生成的。

```
% --- Executes just before SimpleGUI is made visible.
function SimpleGUI_OpeningFcn(hObject, eventdata, handles, varargin)
% This function has no output args, see OutputFcn.
% hObject    handle to figure
% eventdata  reserved - to be defined in a future version of MATLAB
% handles    structure with handles and user data (see GUIDATA)
% varargin   command line arguments to SimpleGUI (see VARARGIN)

% Choose default command line output for SimpleGUI
handles.output = hObject;

% Update handles structure
guidata(hObject, handles);

% UIWAIT makes SimpleGUI wait for user response (see UIRESUME)
% uiwait(handles.figure1);
```

然后需要在% varargin 行下面添加如下代码。

```
% Create the data to plot.
handles.peaks=peaks(35);
handles.membrane=membrane;
[x,y] = meshgrid(-8:.5:8);
r = sqrt(x.^2+y.^2) + eps;
sinc = sin(r)./r;
handles.sinc = sinc;
% Set the current data value.
handles.current_data = handles.peaks;
surf(handles.current_data)
```

代码中的前 6 行通过调用 MATLAB 函数 peaks、membrane 和 sinc 生成了绘图所需要的数据，然后将这些数据保存在一个 handles 结构数组中，这样这些数据就可以被所有的回调函数调用。

最后两行创建了一块当前数据，将其设置为 peaks，然后使用 surf 函数绘图。完成以上步骤之后运行 M 文件，可以得到图 9-35 所示的结果，从中可以看到 axes 对象已经被打开函数预先设置为 Peaks 图像了。

9. 编写下拉列表程序

下拉列表可以让用户来选择进行绘图的数据。当 GUI 用户选择一个选项时，MATLAB 将下拉列表的 Value 属性值设置为被选选项的索引。下拉列表的回调函数会读取 Value 属性值，然后确定显示哪个绘图并相应地设置 handles.current_data 值。

可以通过图 9-36 所示的方法定位下拉列表的回调函数。

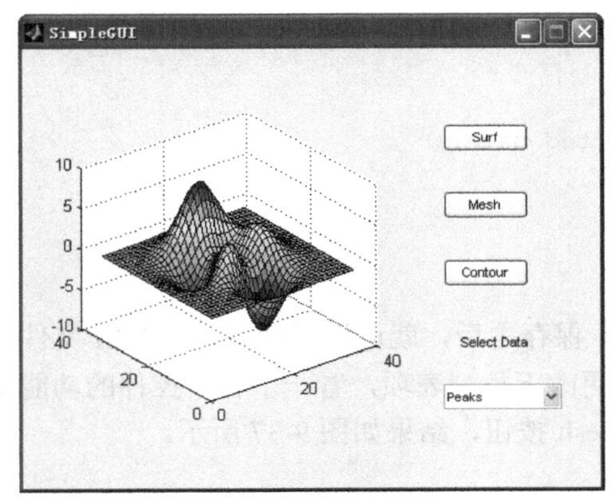

▲图 9-35 初步运行 GUI

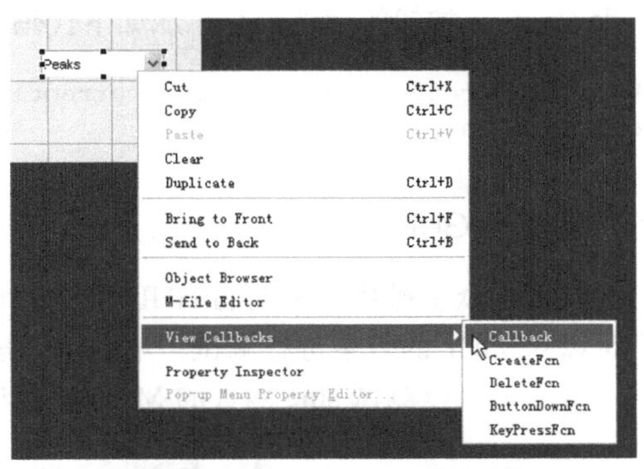

▲图 9-36 下拉列表回调函数的定位

单击 View Callbacks CallBack，可以看到相应的回调函数已经包括以下一些内容。

```
function popupmenu1_Callback(hObject, eventdata, handles)
% hObject    handle to popupmenu1 (see GCBO)
% eventdata  reserved - to be defined in a future version of MATLAB
% handles    structure with handles and user data (see GUIDATA)
```

然后在% handles 行下面添加如下代码。

```
% Determine the selected data set.
str = get(hObject, 'String');
val = get(hObject,'Value');
% Set current data to the selected data set.
switch str{val};
case 'Peaks' % User selects peaks.
   handles.current_data = handles.peaks;
case 'Membrane' % User selects membrane.
   handles.current_data = handles.membrane;
case 'Sinc' % User selects sinc.
   handles.current_data = handles.sinc;
end
% Save the handles structure.
guidata(hObject,handles)
```

10. 编写按钮的回调函数

每个按钮用来进行不同类型的绘图操作，下面介绍按钮回调程序的编写。

首先，使用图 9-36 中的方法定位 Surf 按钮的回调函数，可以看到该回调函数已经包含了以下内容。

```
function pushbutton1_Callback(hObject, eventdata, handles)
% hObject    handle to pushbutton1 (see GCBO)
% eventdata  reserved - to be defined in a future version of MATLAB
% handles    structure with handles and user data (see GUIDATA)
```

然后，在% handles 行下面添加如下代码。

```
% Display surf plot of the currently selected data.
surf(handles.current_data);
```

通过同样的方法，为 Mesh 按钮的回调函数添加如下代码。

```
% Display mesh plot of the currently selected data.
mesh(handles.current_data);
```

为 Contour 按钮的回调函数添加如下代码。

```
% Display contour plot of the currently selected data.
contour(handles.current_data);
```

11. 运行 GUI

通过以上众多操作，本例的 GUI 终于设计完成。保存之后，就可以运行 fig 或者 M 文件了。用户可以对 GUI 的效果进行测试，单击每个按钮，更改下拉列表项，看一下各个控件的功能是否正常。例如，可以测试 sinc 函数的 Mesh 图，单击 Mesh 按钮，结果如图 9-37 所示。

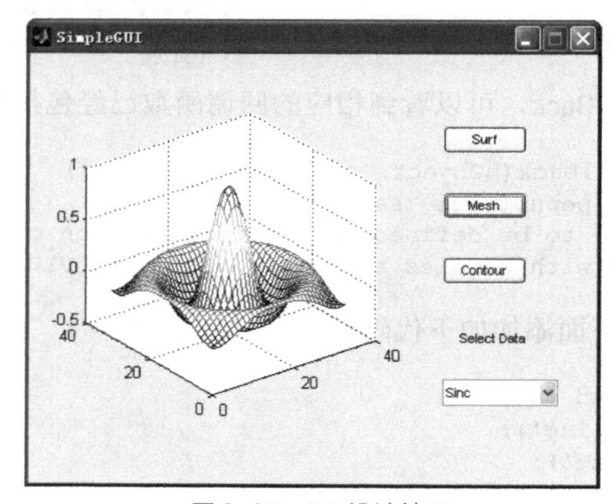

▲图 9-37　GUI 设计结果

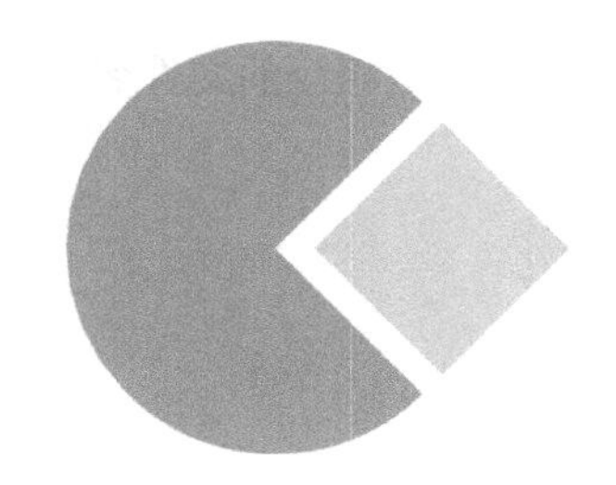

第 10 章　数据文件 I/O

实现 MATLAB 和其他格式文件的相互交换，以及实现 MATLAB 计算结果的保存、再次读取等，增强了 MATLAB 的应用功能。MATLAB 具有对磁盘文件进行直接访问的功能，这不仅可以进行高层次的程序设计，还可以对文件进行低层次的读写操作，这样就增加了 MATLAB 程序设计的灵活性和兼容性。在 MATLAB 中，提供了许多有关文件输入和输出的函数，使用这些函数，可以很方便地实现各种格式文件的读取，而且大多数函数都基于 C 语言的文件 I/O 函数，因此比较容易上手。

10.1 处理文件名称

为了实现各种不同格式文件的读取，MATLAB 提供了能够处理文件路径或者名称的函数。使用这些函数，用户可以对文件路径进行各种处理，如分隔路径名称、组合路径名称等。下面用简单的例子来说明如何调用这些函数。

在 MATLAB 中，可以使用 fileparts 函数来返回文件路径各部分的信息。其完整的调用格式如下。

```
[pathstr,name,ext]=fileparts(filename)
```

在该函数返回的参数中，pathstr 表示的是文件存储路径，name 是文件名称，ext 返回的是文件的后缀（包含后缀前面的点号）。

【例 10-1】 利用路径各部分的内容创建完整的文件路径。

在 MATLAB 的命令窗口中输入下面的代码，并得到其结果。

```
>> file = 'C:\Users\RICHARD\Documents\MATLAB\worldquantbeta.m'
file =
C:\Users\RICHARD\Documents\MATLAB\worldquantbeta.m
>> [pathstr,name,ext]=fileparts(file)
pathstr =
C:\Users\RICHARD\Documents\MATLAB
name =
worldquantbeta
ext =
.m
```

从结果中可以看出，把文件路径返回给了 pathstr，把文件名称返回给了 name，而 ext 返回的则是文件的后缀。

另外，在 MATLAB 中还可以使用 fullfile 函数得到完整的文件路径。其完整的调用格式如下。

```
f = fullfile(folderName1, folderName2, ..., fileName)
```

其中，folderName1 和 folderName2 等表示文件夹的名字，fileName 是相应的文件名。

【例 10-2】 使用硬盘分区名、路径和名称来创建文件的完整路径。

```
>> f = fullfile('C:', 'Applications', 'matlab', 'myfun.m')
f =
C:\Applications\matlab\myfun.m
```

使用如下命令也可以得到一个文件的完整路径。

```
>> fullfile(matlabroot, 'toolbox', 'matlab', 'general', 'Contents.m')
ans =
D:\Program Files\MATLAB\R2014b\toolbox\matlab\general\Contents.m
```

在以上命令中，前面的参数表示的是文件的路径，最后一个参数表示的是文件名称，该文件名称中如果不包含后缀，则创建的完整路径也不包含后缀。其中 matlabroot 表示 MATLAB 所在的安装目录。

在不同的操作系统中，文件路径使用的分隔符不同。例如，在 Windows 操作系统中，使用的路径分隔符是“\”；而在 UNIX 系统中，使用的分隔符则是“/”。MATLAB 提供了 filesep 函数来返回不同操作系统文件路径中的分隔符。

【例 10-3】 在不同的操作系统中调用 filesep 函数创建文件路径。

在 Microsoft Windows 系统中使用以下代码创建 iofun 的文件路径。

```
iofun_dir = ['toolbox' filesep 'matlab' filesep 'iofun']
iofun_dir =
   toolbox\matlab\iofun
```

在 UNIX 系统中使用以下代码创建 iofun 的文件路径。

```
iodir = ['toolbox' filesep 'matlab' filesep 'iofun']
iodir =
   toolbox/matlab/iofun
```

10.2 MATLAB 支持的文件格式

在使用 MATLAB 进行计算时，有时不可避免地需要进行文件操作。表 10-1 列举了一些 MATLAB 支持的文件格式，以及可以操作这些文件的相应的函数名称。

表 10-1　MATLAB 支持的文件格式

文件类型	文件格式	文件扩展名	应用函数
mat 文件	MATLAB 保存的数据文件	.mat	load，save
文本	文本格式	任意	textscan，textread
	确定分隔符的文本	任意	dlmread，dlmwrite
	逗号分隔符的数据	.csv	csvread，csvwrite
扩展标签语言	XML 格式文本	.xml	xmlread，xmlwrite
音频文件	NeXT/SUN sound	.au	auread，auwrite
	微软波形文件	.wav	wavread，wavwrite
视频文件	音频视频	.avi	aviread
科学数据	通用数据格式中的数据	.cdf	cdfread，cdfwrite

续表

文件类型	文件格式	文件扩展名	应用函数
科学数据	FITS 格式	.fits	fitsread
	HDF 格式	.hdf	hdfread
制表数据	微软 Excel 工作表	.xls	xlsread，xlswrite
	Lotus 123 工作表	.wkl	wklread，wklwrite
图像文件	标签图像文件	.tiff	imread，imwrite
	可移植网络图像文件	.pbg	imread，imwrite
	HDF 文件	.hdf	imread，imwrite
	位图文件	.bmp	imread，imwrite
	JPEG	.jpeg	imread，imwrite
	可交换的图像文件	.gif	imread，imwrite
	dos 图形文件	.pcx	imread，imwrite
	XWD 文件	.xwd	imread，imwrite
	指针图像	.cur	imread，imwrite
	图标图像	.ico	imread，imwrite

10.3 导入向导的使用

MATLAB 提供了多种方式，可以从磁盘导入文件或者将数据导出到文件中。将数据导入 MATLAB 工作区最简单的方法是使用 MATLAB 自带的数据导入向导。在使用导入向导时，并不需要知道待导入的文件格式，只要指定需要导入的文件，然后导入向导会自动选择合适的方式导入其中的数据。

▲图 10-1　选择 Import Data 图标

打开 MATLAB，在工具栏中单击 Import Data 按钮（如图 10-1 所示），即可弹出 Import Data 对话框。在 Import Data 对话框中选择自己需要打开的文件，例如 grades.txt，然后单击“打开”按钮，即可打开 Import Wizard 窗口，如图 10-2 所示。从中可以指定用于分开单个数据的字符，该字符称为分隔符或列分隔符，多数情况下导入向导会自动确定分隔符。

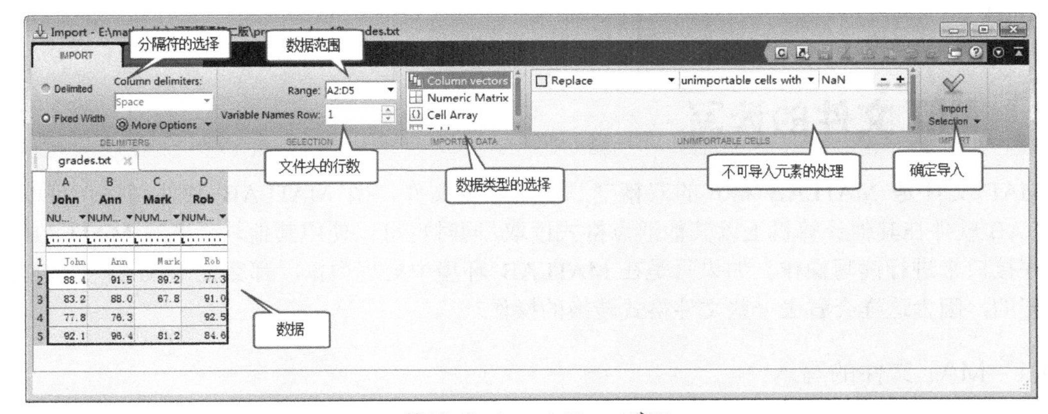

▲图 10-2　Import Wizard 窗口

单击 Next 按钮，弹出变量选择窗口，从中选择需要导入的变量。默认情况下，导入向导将所有的数值数据存放在一个变量中，而将文本数据存放在其他变量中。最后单击 Finish 按钮完成数据的导入。

当使用导入向导打开一个文本文件时，它在 Import Wizard 窗口的预览区仅显示原始数据的一部分，通过预览用户可以验证该文件中的数据是否为所期望的。

【例 10-4】 使用文件导入向导。文本文件 grades.txt 记录了学生的名字和每个学生三门课的成绩，导入这些数据，并且以学生的名字来命名其相对应的成绩变量。grades.txt 的内容如下。

```
John     Ann      Mark     Rob
88.4     91.5     89.2     77.3
83.2     88.0     67.8     91.0
77.8     76.3              92.5
92.1     96.4     81.2     84.6
```

进行图 10-1 和图 10-2 所示的操作之后，导入向导会根据文件的内容自动给变量命名，此时用户可以通过双击变量名对变量进行重命名，如图 10-3 所示。

注意，这一文件中第 3 列第 3 行没有数据，这时需要将不可导入的数据用其他数（比如 NaN）来代替，或者直接将所在行或者列删除。

在设置好变量名以及处理好不可导入数据之后，用户可以单击“确认”按钮将所选择的数据导入内存。导入完成后“确认”按钮下方会有导入成功提示，包括导入数据的名称与大小信息，如图 10-4 所示。

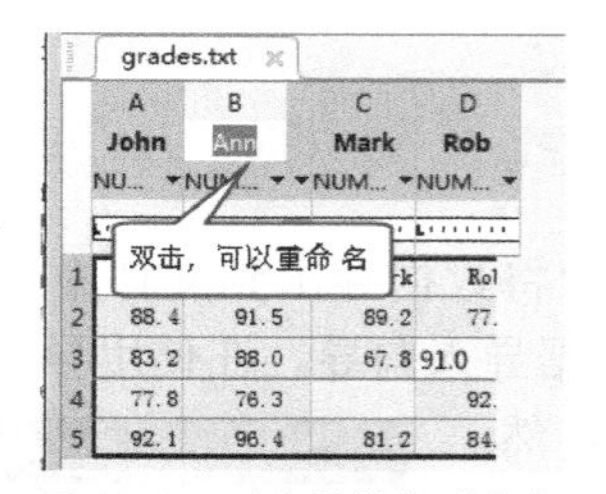

▲图 10-3　对变量进行重命名

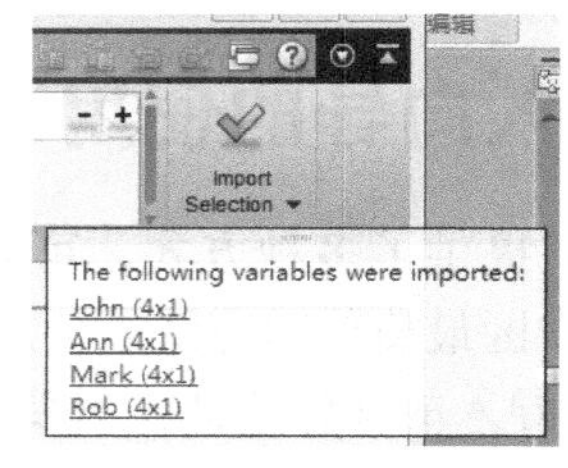

▲图 10-4　导入完成提示

当通过导入向导将 grades.txt 中的数据导入 Workspace 后，可以调用 whos 命令查看 Workspace 中的变量。

```
>> whos
  Name          Size              Bytes  Class     Attributes
  Ann          4*1                 32  double
  John         4*1                 32  double
  Mark         4*1                 32  double
  Rob          4*1                 32  double
```

10.4 MAT 文件的读写

MAT 文件是 MATLAB 格式的双精度二进制数据文件，由 MATLAB 软件创建。可以使用 MATLAB 软件在其他计算机上以其他浮点格式读取，同时也可以使用其他软件通过 MATLAB 的应用程序接口来进行读写操作。如果只是在 MATLAB 环境中处理数据，那么使用 MAT 文件格式是最方便的，因为这样会省去一些文件格式转换的操作。

10.4.1 MAT 文件的写入

通过调用 save 函数，可以将 Workspace 中的变量导出为二进制或者 ASCII 文件。调用一次

save 函数即可将 Workspace 中的变量全部导出（如果忽略了文件名，MATLAB 则会使用默认的 matlab.mat 文件名来保存文件）。

save 函数的调用语法如下。

```
save filename
```

如果没有指定输出路径，那么调用 save 函数以及后文所涉及的数据保存函数所输出的文件均保存在 MATLAB 当前目录下。

另外，也可以只保存 Workspace 中的指定变量。

```
save filename var1 var2 ... varN
```

在变量名中使用通配符（*），可以保存名字类似的变量。例如，使用下面的命令，可以保存名字以 str 开始的变量。

```
save strinfo str*
```

使用 whos -file 命令，可以检验 MAT 文件中写入了哪些变量。

```
>> whos -file strinfo
  Name            Size                       Bytes  Class
  str2            1*15                          30  char array
  strarray        2*5                          678  cell array
  strlen          1*1                            8  double array
```

在保存 MATLAB 结构数组时，可以选择保存整个结构数组，或者将结构数组的各个域分别作为独立变量保存到 MAT 文件中，也可以只将指定的域作为独立变量保存到 MAT 文件中。

【例 10-5】 保存结构数组。

有如下结构数组 S。

```
>> S.a = 12.7;  S.b = {'abc', [4 5; 6 7]};  S.c = 'Hello!';
```

通过使用一般的命令，即可将整个结构数组另存为 newstruct.mat。

```
>> save newstruct.mat S;
>> whos -file newstruct
  Name       Size              Bytes  Class     Attributes
  S          1*1                 810  struct
```

在调用 save 函数时加入-struct 参数，可以将结构数组的各个域分别作为独立变量保存到 MAT 文件中。

```
>> save newstruct.mat -struct S;
>> whos -file newstruct
  Name       Size              Bytes  Class     Attributes
  a          1*1                   8  double
  b          1*2                 262  cell
  c          1*6                  12  char
```

另外，在调用 save 函数时加入-struct 参数和指定的域名，可将结构数组指定的域作为独立变量保存到 MAT 文件中。

```
>> save newstruct.mat -struct S a c;
>> whos -file newstruct
  Name       Size                         Bytes  Class
  a          1*1                              8  double array
  c          1*6                             12  char array
```

10.4.2　MAT 文件的读取

通过调用 load 函数，可以从硬盘把 MAT 文件或者 ASCII 码文件导入 Workspace 中。load 函数可以将文件的变量全部导入 Workspace 中(如果忽略了文件名，MATLAB 则默认导入 matlab.mat 文件)。load 函数的调用语法如下。

```
load filename
```

另外，还可以只导入文件中指定的变量。

```
load filename var1 var2 ... varN
```

在变量名中使用通配符（*），可以导入文件中名字类似的变量（此用法只对 MAT 文件有效）。例如，使用下面的命令，可以导入名字以 str 开始的变量。

```
load strinfo str*
```

在把数据导入 Workspace 时，如果导入的变量名与 Workspace 中原有的变量相同，MATLAB 将会以新导入的变量覆盖原有变量。

在导入 MAT 文件之前，可以使用 whos -file 命令预览 MAT 文件中的变量。-file 参数表示 whos 函数要查看文件中的信息，-file 后面要指定文件名。whos -file 命令只适用于二进制 MAT 文件。

【例 10-6】 使用 whos -file 命令预览文件内容，并直接导入文件内的数据。

下面采用例 10-5 中的文件进行演示。

```
>> whos -file newstruct
  Name        Size              Bytes  Class     Attributes
  a           1*1                   8  double
  c           1*6                  12  char
>> load newstruct
>> whos                        % 查看导入工作区的文件的内容
  Name        Size              Bytes  Class     Attributes
  a           1*1                   8  double
  c           1*6                  12  char
```

在 load 函数中如果指定了一个输出变量，那么 MAT 文件中的数据就会导入 MATLAB 中一个以这个变量为名的结构数组中。

【例 10-7】 将 mydata.mat 文件中的变量导入结构数组 S 中。

```
>> S = load('newstruct.mat')
S =
    a: 12.7000
    c: 'Hello!'
>> whos S
  Name        Size              Bytes  Class     Attributes
  S           1×1                 372  struct
```

10.5　Text 文件的读写

虽然 MATLAB 自带的 MAT 文件为二进制文件，但为了便于和外部程序进行交换，以及查看文件中的数据，也常常采用文本数据格式与外界交换数据。在文本格式中，数据采用 ASCII 码格式，可以使用字母和数字字符。可以在文本编辑器中查看和编辑 ASCII 文本数据。

导入 Text 文件最方便的方法是使用数据导入向导。数据导入向导在 10.3 节已经介绍过，这里不再详述。除此之外，MATLAB 还提供了导入函数用于导入 Text 文件。

10.5.1 Text 文件的读取

若要在命令行或一个 M 文件中导入数据，就必须使用 MATLAB 数据导入函数，函数是依据文本文件中数据的格式而选择的。而文本文件的数据格式在行和列上必须采取一致的模式，并使用文本字符来分隔各个数据项，该字符称为分隔符。分隔符可以是空格、逗号、分号或其他字符，单个的数据可以是字母、数值字符或它们的混合形式。文本文件也可以包含称为头行的一行或多行文本，或可以使用文本头来标识各列或各行。

表 10-1 中对 MATLAB 提供的导入函数已经进行了介绍，但它只给出了文件格式与导入函数之间的基本对应关系。这里详细介绍导入文本数据的函数，如表 10-2 所示。

表 10-2 导入文本数据的函数

函　数	数 据 类 型	分 隔 符	返回值个数
csvread	数值数据	只有逗号	1
dlmread	数值数据	任何字符	1
fscanf	字母和数值	任何字符	1
load	数值数据	只有空格	1
textread	字母和数值	任何字符	多个

1. 导入数值 Text 数据

若用户的数据文件只包含数值数据，可以使用 MATLAB 导入函数进行导入。导入函数的选择取决于这些数据采用的分隔符。若数据中每行有同样数目的元素，这时可以使用最简单的命令：load（load 也能用于导入 MAT 文件，该文件为用于存储工作区中变量的二进制文件）。

【例 10-8】 导入数值文本数据。

文件 testdata1.txt 包含了两行数据，各数据之间用空格字符分隔。

```
1 2 3 4 5
6 7 8 9 10
```

当调用 load 函数时，它将导入数据，并在工作区中建立一个与该文件名同名的变量。

```
>> load testdata1.txt
>> whos
  Name            Size              Bytes   Class     Attributes
  testdata1        2×5                 80    double
>> testdata1
testdata1 =
     1      2      3      4      5
     6      7      8      9     10
```

需要指出的是，这时的 testdata1.txt 应该在 MATLAB 的工作目录下，如果不在，则应写上文件所处的路径。如果 testdata1.txt 在 MATLAB 工作目录下面的 test 目录内，则该命令应该写成以下形式。

```
>> load test\ testdata1.txt
```

调用函数形式的 load 命令可以指定导入 Workspace 内的变量名。运行下面的语句即可将数据导入 Workspace，并赋给变量 x。

```
>> x=load('testdata1.txt')
x =
     1     2     3     4     5
     6     7     8     9    10
```

2. 导入有分隔符的 ASCII 数据文件

如果数据文件不使用空格符而使用其他符号作为一个分隔符，用户则有多个可以选择的导入数据函数。

最简便的方法是调用函数 dlmread，下面看一个示例。

【例 10-9】 导入有分隔符的 ASCII 数据文件。

对于一个名为 testdata2.dat 的数据文件，数据内容由分号分隔。

```
7.2;  8.5;  6.2;  6.6
5.4;  9.2;  8.1;  7.2
```

要将此文件的全部内容读入 Workspace 中的矩阵 A，需键入如下命令。

```
>> A=dlmread('testdata2.dat',';')
A =
    7.2000    8.5000    6.2000    6.6000
    5.4000    9.2000    8.1000    7.2000
```

从这个例子可以看出，dlmread 的调用需要以数据文件中所使用的分隔符作为函数的第二个参数。需要指出的是：即使每行最后一个数据的后面不是分号，dlmread 函数仍能正确读取数据；当分号后面有空格符的时候，dlmread 会忽略数据间的空格符。因此，即使数据为如下格式，前面的 dlmread 函数仍能正常工作。

```
7.2;  8.5;        6.2;    6.6
5.4;  9.2;  8.1;          7.2
```

当文件中的分隔符是空格符的时候，用命令 A=dlmread('testdata2.dat',' ')读入文件即可。若文件中的相邻数据间有多个空格符，dlmread 函数则会忽略多余的空格符。

当分隔符是逗号时，既可以调用 dlmread 函数，也可以调用 csvread 函数来导入文件。例如，文件 testdata3.dat 中的数据如下。

```
7.2,  8.5,  6.2,  6.6
5.4,  9.2,  8.1,  7.2
```

要将此文件的全部内容读入 Workspace 中的矩阵 A，需键入如下命令。

```
>> A=csvread('testdata3.dat')
A =
    7.2000    8.5000    6.2000    6.6000
    5.4000    9.2000    8.1000    7.2000
```

函数 csvread 对空格的处理和对数据末尾分隔符的处理与函数 dlmread 一样，也是予以忽略。但需注意的是，函数 csvread 的分隔符只能是逗号。

3. 导入具有标题行的数值数据

调用 textscan 函数可以指定标题行参数，将包含标题行的 ASCII 数据文件导入 Workspace

中。textscan 函数可以预定义各种参数，从而读取不同的文件格式。关于这些参数的具体用法，可以参考 MATLAB 的帮助文件。通过标题行参数，用户可以指定 textscan 函数需要忽略的标题行数。

【例 10-10】 导入有标题行的 ASCII 数据文件。文件 grades.dat 包含了一行文本标题和数值数据，具体内容如下。

```
Grade1 Grade2 Grade3
  78.8   55.9   45.9
  99.5   66.8   78.0
  89.5   77.0   56.7
```

为了将 grades.dat 导入 Workspace，首先要调用 fopen 函数打开文件，返回文件句柄给 fid(fid 是一个整数标量)，然后调用 textscan 函数来读取内容。相应的命令如下。

```
>> fid = fopen('grades.dat', 'r');
>> %  fid 为返回的文件句柄
>> grades = textscan(fid, '%f %f %f', 3, 'headerlines', 1);
>> grades{:}
ans =
   78.8000
   99.5000
   89.5000
ans =
   55.9000
   66.8000
   77.0000
ans =
   45.9000
   78.0000
   56.7000
>> fclose(fid);
```

函数 fclose 的作用是在数据导入结束后关闭文件。

10.5.2 Text 文件的写入

要将一个数组导出一个有分隔符的 ASCII 码文件中，可以调用 save 函数。在调用时，要指定-ASCII 参数，也可以调用 dlmwrite 函数。save 函数用起来很方便，而 dlmwrite 函数则具有更大的灵活性，它允许用户把任何一个字符指定为分隔符，也允许通过指定一个值域来导出一个数组的子数组。

1. 使用 save 函数导出数组

下面举一个简单的例子来解释一下如何调用 save 函数导出数组。

【例 10-11】 用 save 导出数组 A = [1 2 3 4 ; 5 6 7 8]。

可通过 save 函数导出，命令行如下。

```
>> save  my_data.out  A  -ASCII
```

使用记事本可以看到文件 my_data.out 中有以下内容。

```
1.0000000e+000  2.0000000e+000  3.0000000e+000  4.0000000e+000
5.0000000e+000  6.0000000e+000  7.0000000e+000  8.0000000e+000
```

默认情况下，save 函数使用空格作为分隔符，但用户也可以通过添加-tabs 参数来使用制表符而不是空格符作为分隔符。

当调用 save 函数把一个字符数组写入 ASCII 码文件时，将字符对应的 ASCII 码写入文件也就等同于把字符写入文件。如果用户把字符串“hello”写入一个文件，实际上写入的 ASCII 码如下。

```
104 101 108 108 111
```

2. 调用 dlmwrite 函数导出数组

若要以 ASCII 码形式导出一个数组，并指定文件中所使用的分隔符，则需要调用 dlmwrite 函数。下面结合一个简单的例子讲解如何指定分隔符以导出数组。

【例 10-12】　指定分隔符以导出数组 A = [1 2 3 4 ; 5 6 7 8]到一个 ASCII 码形式的数据文件中，并指定使用分号作为分隔符。相应的运行命令如下。

```
>> dlmwrite('my_data3.out',A, ';')
```

使用记事本可以看到文件 my_data3.out 中有以下内容。

```
1;2;3;4
5;6;7;8
```

需要指出的是，在这里，dlmwrite 函数并不在每一行的末尾加上分隔符。默认情况下，若没有指定分隔符，dlmwrite 函数将采用逗号作为分隔符。当然，用户可以指定一个空格（' '）作为分隔符，也可以指定空的引号（''）作为分隔符，即无分隔符。

10.6 Excel 文件的读写

在 MATLAB 处理数据的过程中，很多情况下需要由 Excel 表格文件导入数据。

对 Excel 文档进行操作的函数主要有以下几个。

1. xlsfinfo：获得 Excel 文档的主要信息

调用 xlsfinfo 函数可以获得一个 Excel 文档的主要信息。xlsfinfo 函数的具体语法如下。

```
[status,sheets] = xlsfinfo(filename)
```

其中，若 filename 是 xls 文件，那么 status 返回的是 Microsoft Excel 电子表格，说明该文件可以通过 xlsread 函数来读取。若 filename 是其他类型的文件，status 返回的则是空字符串（''），说明该文件不能通过 xlsread 函数来读取。

【例 10-13】　调用 xlsfinfo 函数获得一个 Excel 文档 myExample.xlsx 的主要信息。该文档包含 3 个工作表，分别为 Sheet1、Sheet2 和 Sheet3。相应命令如下。

```
>> [status,sheets] = xlsfinfo('myExample.xlsx')
status =
Microsoft Excel Spreadsheet
sheets =
    'Sheet1'    'Sheet2'    'Sheet3'
```

可以看出，文件 myExample.xlsx 的类型是 Excel 文档，数据页包含'Sheet1''Sheet2'和'Sheet3'。

2. xlswrite：向 Excel 文档中写入数据

下面举一个简单的例子来说明 xlswrite 函数基本的用法。

【例 10-14】 新建一个矩阵，并调用 xlswrite 函数将其写入 Excel 文档中。

```
>> d = {'Time', 'Temp'; 12 98; 13 99; 14 97}
d =
    'Time'     'Temp'
    [   12]    [   98]
    [   13]    [   99]
    [   14]    [   97]
>> xlswrite('tempdata.xls', d, 'Temperatures', 'E1');
```

用 Excel 编辑器打开 tempdata.xls，输出结果如图 10-5 所示。

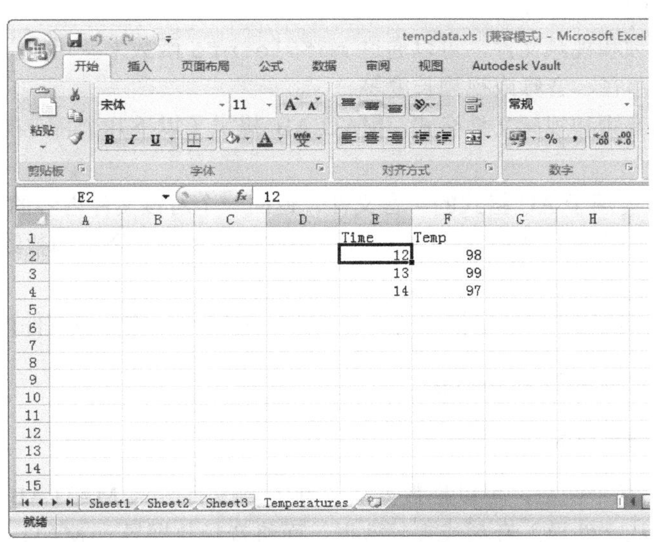

▲图 10-5 xlswrite 函数的输出结果

3. xlsread：读取 Excel 文档中的数据

下面举一个简单的例子来说明 xlsread 函数基本的用法。

【例 10-15】 调用 xlsread 函数，由 tempdata.xls 文档中导出数据到 Workspace 中。

```
>> ndata = xlsread('tempdata.xls', 'Temperatures')
ndata =
    12    98
    13    99
    14    97
```

如果需要既读出数值数据，又读出文本数据，则需为 xlsread 指定两个输出变量。

```
>> [ndata, headertext] = xlsread('tempdata.xls', 'Temperatures')
ndata =
    12    98
    13    99
    14    97
headertext =
    'Time'     'Temp'
```

可以看出，在 xlsread 所读取的数据中，数值数据存放在第一个变量中，文本数据存放在第二个变量中。因本书篇幅有限，与 xlswrite 和 xlsread 两个函数相关的其他参数这里不再介绍，读者可查阅相关的帮助文档。

10.7 音频/视频文件操作

MATLAB 也可以对音频和视频文件进行处理。本节介绍音频视频文件的读入与导出，即对其文件头的获取。

10.7.1　获取音频/视频文件的文件头信息

MATLAB 提供了几个可以查询包含音频或视频（或两者都包括）的文件基本信息的函数。有一些函数只支持特定的文件格式。

对于大多数的音频和视频文件，可以通过 mmfileinfo 函数来获得有关这个文件内容的一些信息，例如文件名、路径、音频或视频长度等。

针对一些特定的音频和视频文件格式，MATLAB 提供了以下几个特定的函数来获取特定文件格式的基本信息。

- aufinfo：只能用于 AU 格式的声音文件，返回一个对该文件内容的文本描述。
- avifinfo：只能用于 AVI 格式的音频视频文件，返回一个结构数组，这个结构数组中包含该文件的信息。
- wavfinfo：只能用于 WAV 格式的声音文件，返回一段关于该文件内容的文本描述。

10.7.2　音频/视频文件的导入与导出

1. 音频/视频文件的导入

MATLAB 提供了几个函数，可以把数据从音频/视频文件导入 MATLAB 的 Workspace 中。在这些函数中，有一些从文件导入音频或视频数据。而将音频数据导入 MATLAB 的 Workspace 中的方法是使用音频输入设备（比如麦克风）录制。下面分别介绍这两种方法。

2. 从文件导入音频/视频文件

MATLAB 提供的以下一些音频/视频文件导入函数分别适用于特定的文件格式。

- auread：由声音文件（AU）导入声音数据。
- aviread：由文件导入 AVI 数据为 MATLAB 电影。
- mmreader：由文件导入 AVI、MPG 或者 WMV 视频数据。
- wavread：由声音文件（WAV）导入声音数据。

注意： mmreader 函数只能用于 Microsoft Windows 操作系统。

3. 录制音频数据

使用音频录音机对象，可以将声音通过音频输入设备录制到 MATLAB 的 Workspace 中。此对象描述了 MATLAB 和音频输入设备之间的联系，比如，连接到系统的麦克风。通过调用 audiorecorder 函数可以创建此对象，然后即可利用此对象录制音频文件。

在使用 Windows 操作系统的计算机上，同时还可以调用 wavrecord 函数来录制声音，并以 WAV 格式导入 MATLAB 的 Workspace 中。

在导入音频文件之后，MATLAB 支持以多种方式试听。可以使用音频播放对象来播放音频数据，通过调用 audioplayer 函数可以创建音频播放对象。

另外，还可以调用 sound 或者 soundsc 函数来试听。在使用 Windows 操作系统的计算机上，同时还可以调用 wavplay 函数来试听.wav 格式的文件。

4. 音频/视频数据的导出

MATLAB 提供了几个函数，可以将工作区中的音频/视频数据导出到文件中。这些函数只能将音频/视频文件以几种特定的文件格式导出。

（1）导出音频数据

在 MATLAB 中，音频文件只是简单的数值数据，所以调用一般的数据导出函数（比如 save）即可将其导出。

MATLAB 同时还提供了以下一些函数，可以将音频数据导出为特定的格式。

- auwrite：将声音数据导出为 AU 格式的文件。
- wavwrite：将声音数据导出为 WAV 格式的文件。

（2）以 AVI 格式导出视频文件

通过调用 VideoWriter 函数创建一个 VideoWriter 对象，即可将 MATLAB 视频数据导出为 AVI 文件。

例如，在 MATLAB 中，可以将一连串图像另存为一部 MATLAB 电影，然后通过调用 movie 函数观看。和其他 MATLAB Workspace 中的变量一样，可以将 MATLAB 电影另存为 mat 文件，但是只有使用 MATLAB 软件才能观看此电影。

如果将一连串的 MATLAB 图像导出为 AVI 格式，则在 MATLAB 环境之外也可以观看这些文件。AVI 文件格式在 Windows 或 UNIX 操作系统下均可播放。需要指出的是，通过调用 movie2avi 函数，可以将 MATLAB 电影转换为 AVI 格式。

下面举一个简单的例子来解释一下如何将 MATLAB 图像序列另存为 AVI 文件。

【例 10-16】 创建 AVI 文件。

要将一连串 MATLAB 图像序列另存为 avi 格式文件，具体步骤如下。

首先，调用 VideoWriter 函数创建一个 AVI 文件对象。

```
>> writerObj = VideoWriter('peaks.avi');
>> open(writerObj);
```

然后，设置初始数据和图形属性。

```
Z = peaks; surf(Z);
axis tight
set(gca,'nextplot','replacechildren');
set(gcf,'Renderer','zbuffer');
```

接下来，调用 writeVideo 函数将图像放进 AVI 格式文件中。

```
for k = 1:20
   surf(sin(2*pi*k/20)*Z,Z)
   frame = getframe;
   writeVideo(writerObj,frame);
end
```

本例用了一个 for 循环来得到图像序列，并将它存储到 AVI 文件中。首先调用 surf 函数在窗口中绘制出图形，然后用 getframe 函数将当前窗口中的图形捕捉成一帧，接着用 writeVideo 函数将这一帧放到 AVI 文件中。

最后关闭文件即可。

```
>> close(writerObj);
```

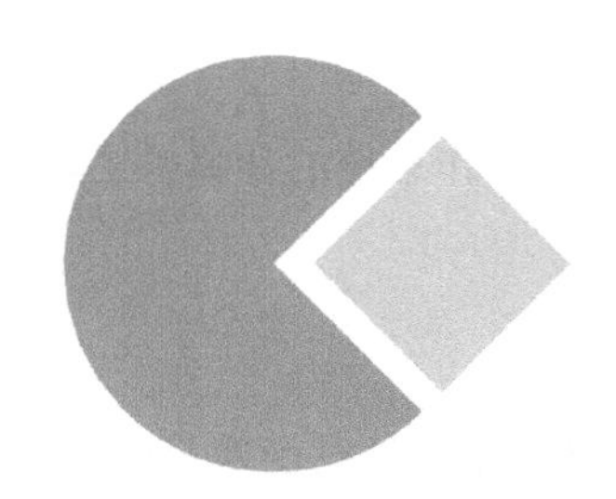

第 11 章　MATLAB 优化问题应用

优化理论是一门实践性很强的学科。所谓最优化问题，一般是指按照给定的标准在某些约束条件下选取最优的解集。它广泛地应用于生产管理、军事指挥和科学试验等领域，如工程设计中的最优设计、军事指挥中的最优火力配置问题等。优化理论和方法于 20 世纪 50 年代形成基础理论。在第二次世界大战期间，出于军事上的需要，提出并解决了大量的优化问题。但作为一门新兴学科，则是在 G. B. Dantzig 提出求解线性规划问题的单纯形法（1947 年），H.W.Kuhnh 和 A.W.Tucker 提出非线性规划基本定理（1951 年），以及 R.E.X Bellman 提出动态规划的最优化原理（1951 年）以后。之后，由于计算机的发展，使优化理论得到了飞速发展，至今已形成具有多分支的综合学科。其主要分支有：线性规划、非线性规划、动态规划、图论与网络、对策论、决策论等。

MATLAB 提供了优化工具箱来进行优化问题求解，其中包括各种带约束优化问题求解、多目标优化、方程求解等功能。除了优化工具箱之外，MATLAB 还提供了用途更为广泛的全局优化工具箱（Global Optimization Toolbox），提供了包括模式搜索法、模拟退火算法、遗传算法等智能算法，使用户在面对各种复杂问题时可以有更多的选择。

11.1 MATLAB 优化工具箱

MATLAB 的优化工具箱为各种优化问题提供了完整的解决方案。MATLAB 的优化工具箱（Optimization Toolbox）中包含一系列的优化算法函数，这些函数拓展了 MATLAB 数字计算环境的处理能力，可以用于解决如下一些实际问题。

- 求解无约束非线性极小值。
- 求解约束非线性极小值，包括目标逼近问题，极大、极小值问题，以及半无限极小值问题。
- 求解二次规划和线性规划问题。
- 非线性最小二乘逼近和曲线拟合。
- 约束线性最小二乘。
- 求解复杂结构的大规模的优化问题，包括线性规划和约束非线性最小值。
- 多目标优化，包括目标达成问题和极小、极大问题。
- 优化工具箱还提供了求解非线性系统方程的函数。

11.1.1 MATLAB 求解器

MATLAB 优化工具箱拥有以下 4 种求解器。

（1）最小值优化求解器

这一种求解器用于求解目标函数在初始点 $x0$ 附近取最小值的位置。它适用于无约束优化、线性规划、二次规划和一般非线性规划。

（2）多目标最小值优化求解器

这一种求解器用于求解一组方程极大值中的极小值，还可以求解一组方程低于某一特定值的定义域。

（3）方程求解器

这一种求解器用于求解一个标量或者向量非线性方程 $f(x) = 0$ 在初始点 $x0$ 附近的解。也可以将方程求解当作一种形式的优化，因为它等同于在 $x0$ 附近找到 $f(x)$模的最小值。

（4）最小二乘（曲线拟合）求解器

这一种求解器用于求解一组平方和的最小值。这样的问题常在求一组数据的拟合模型的过程中出现。这组求解器适用于求非负解、边界限定或者线性约束解问题，还适用于根据数据拟合出参数化非线性模型。

为此，应根据自己的实际需要和实际的约束条件，选择相应的求解器。4 种求解器所对应的所有优化函数如表 11-1 所示。

表 11-1　　MATLAB 优化工具箱函数列表

类　别	适 用 问 题	可 用 函 数
极小值优化	标量最小值优化问题	fminbnd
	无约束最小值优化问题	fminunc fminsearch
	线性规划	linprog
	二次规划	quadprog
	约束最小值优化问题	fmincon
	半无限问题	fseminf
	0-1 规划	bintprog
多目标最小值优化	目标达到	fgoalattain
	极小化极大	fminimax
方程求解	线性方程	\ （矩阵左除）
	非线性方程（单变量）	fzero
	非线性方程	fsolve
最小二乘（曲线拟合）问题	线性最小二乘	\ （矩阵左除）
	非负线性最小二乘	lsqnonneg
	约束线性最小二乘	lsqlin
	非线性最小二乘	lsqnonlin
	非线性曲线拟合	lsqcurvefit

11.1.2　极小值优化

1. 标量最小值优化

求解单变量最优化问题的方法有多种，根据目标函数是否需要求导，可以分为两类，即直接法和间接法。直接法不需要对目标函数进行求导，而间接法需要用到目标函数的导数。

常用的一维直接法主要有消去法和多项式近似法两种。

- 消去法：利用单峰函数具有的消去性质进行反复迭代，逐渐消去不包含极小点的区间，缩小搜索区间，直到搜索区间缩小到给定的允许精度为止。一种典型的消去法为黄金分割搜索（Golden Section Search）法。黄金分割搜索法的基本思想是在单峰区间内适当地插入两点，将区间分为 3 段，然后通过比较这两点函数值的大小来确定是删除最左段还是最右段，或同时删除左右两段，而保留中间段。重复该过程可以使区间无限缩小。插入点的位置放在区间的黄金分割点及其对称点上，所以该方法称为黄金分割搜索法。优点是算法简单，效率高，稳定性好。
- 多项式近似法：该方法用于目标函数比较复杂的情况。此时搜索一个与它近似的函数代替目标函数，并用近似函数的极小点作为原函数极小点的近似。常用的近似函数为二次和三次多项式。二次插值法的计算速度比黄金分割法快，但是对于一些强烈扭曲或可能多峰的函数，该方法的收敛速度会变得很慢，甚至失败。

间接法需要计算目标函数的导数，优点是计算速度很快。常见的间接法包括牛顿切线法、对分法、割线法和三次插值多项式近似法等。优化工具箱中用得较多的是三次插值法。如果函数的导数容易求得，一般应首先考虑使用三次插值法，因为它具有较高的效率。在只需要计算函数值的方法中，二次插值法是一个很好的方法，它的收敛速度较快，特别是在极小点所在区间较小时尤为如此。黄金分割搜索法则是一种十分稳定的方法，并且计算简单。基于以上分析，MATLAB 优化工具箱中使用得较多的方法是二次插值法、三次插值法、二次三次混合插值法和黄金分割搜索法。

MATLAB 优化工具箱提供了 fminbnd 函数来进行标量最小值问题的优化求解，其调用语法如下。

- x = fminbnd(fun,x1,x2)：返回标量函数 fun 在条件 x1 < x < x2 下取最小值时自变量 x 的值。
- x = fminbnd(fun,x1,x2,options)：用 options 参数指定的优化参数进行最小化。
- x = fminbnd(problem)：求解 problem 的最小值，其中 problem 是一个用输入变量来表达的结构数组。
- [x,fval] = fminbnd(...)：返回解 x 处目标函数的值 fval。
- [x,fval,exitflag] = fminbnd(...)：返回 exitflag 值以描述 fminbnd 函数的退出条件。
- [x,fval,exitflag,output] = fminbnd(...)：返回包含优化信息的结构数组 output。

其中，fun 为需要最小化的目标函数。fun 函数需要输入标量参数 x，返回 x 处的目标函数标量值 f。fun 可以是一个匿名函数的函数句柄，如下所示。

```
x = fminbnd(inline('sin(x*x)'),x0)
```

同样，fun 参数也可以是一个包含函数名的字符串，对应的函数可以是 M 文件、内部函数或 MEX 文件。options 为优化参数选项，用户可以用 optimset 函数设置或改变参数的值。至于 options 参数的具体设置，读者可自行查阅帮助文档。

【例 11-1】 对边长为 3m 的正方形铁板，在 4 个角处剪去相等的正方形，以制成方形无盖水槽，问如何剪才能使水槽的容积最大？

假设剪去正方形的边长为 x，则水槽的容积为

$$V=(3-2x)^2 x$$

现在要求在区间（0,1.5）上确定一个 x，使 V 最大化。因为优化工具箱中要求目标函数最小化，所以需要对目标函数进行转换：$V_1=-V$，即要求 V_1 的最小值。

首先，编写此问题的函数 M 文件。

```
myfun1.m
function f = myfun1(x)
f = -(3-2*x).^2 * x;
```

然后在命令行调用 fminbnd 函数：

```
>> x = fminbnd(@myfun1,0,1.5)
x =
    0.5000
```

即剪掉的小正方形的边长为 0.5m 时水槽的容积最大。可以调用 `myfun1` 函数来计算水槽的最大容积。

```
>> y= -myfun1(x)
y =
    2.0000
```

水槽的最大容积为 $2m^3$。

2. 无约束最小值优化

无约束最优化问题在实际应用中也比较常见，如工程中常见的参数反演问题。另外，许多有约束最优化问题也可以转化为无约束最优化问题进行求解。

求解无约束最优化问题的方法主要有两类，即直接搜索法（Search method）和梯度法（Gradient method）。

直接搜索法适用于目标函数高度非线性，没有导数或导数很难计算的情况。实际工程中很多问题都是非线性的，因此直接搜索法不失为一种有效的解决办法。常用的直接搜索法为单纯形法，此外还有 Hooke-Jeeves 搜索法、Pavell 共轭方向法等，其缺点是收敛速度慢。

在函数的导数可求的情况下，梯度法是一种更优的方法，该方法利用函数的梯度（一阶导数）和 Hessian 矩阵（二阶导数）构造算法，以获得更快的收敛速度。函数 $f(x)$的负梯度方向 $-\nabla f(x)$ 反映了函数的最大下降方向。当搜索方向取为负梯度方向时，梯度法称为最速下降法。但当需要最小化的函数有一狭长的谷形值域时，该方法的效率则很低。常见的梯度法有最速下降法、牛顿法、Marquart 法、共轭梯度法和拟牛顿法（Quasi-Newton method）等。这些方法中，用得最多的是拟牛顿法。

在 MATLAB 中，`fminunc` 和 `fminsearch` 两个函数用来求解无约束最优化问题。因为与表 11-1 中列出的函数调用语法比较类似，同时篇幅有限，所以下面只举例来说明一下这些函数的用法。

【例 11-2】 求函数 $f(x)=3x_1^2+2x_1x_2+x_2^2$ 的最小值。

首先，编写函数的 M 文件。需要注意的是，本例中的目标函数具有两个变量，在编写函数的时候需要将这两个自变量作为列向量输入目标函数。M 文件的具体内容如下。

```
myfun2.m
function f = myfun2(x)
f = 3*x(1)^2 + 2*x(1)*x(2) + x(2)^2;     % 目标函数
```

然后，在命令行调用 `fminunc` 函数来求目标函数在点［1,1］附近的最小值。

```
x0 = [1,1];
[x,fval] = fminunc(@myfun2,x0)
```

`fminunc` 函数经过多次迭代之后，给出如下计算结果。

```
x =                                              %  最小值所对应的 x 值
  1.0e-006 *
    0.2541    -0.2029
fval =                                           %  最小值的大小
  1.3173e-013
```

【例 11-3】　求以下 banana 方程的最小值。

$$f(x)=100(x_2-x_1^2)^2+(a-x_1)^2$$

通过分析可知，最小值 0 所对应的点为(a,a^2)。可以在指定 a 的情况下求这个方程的最小值，例如，令 $a=\text{sqrt}(2)$。下面创建一个包含参数 a 的匿名函数。

```
>> a = sqrt(2);
>> banana = @(x)100*(x(2)-x(1)^2)^2+(a-x(1))^2;
```

然后，在 MATLAB 命令行中输入以下命令。

```
>> [x,fval,exitflag] = fminsearch(banana, [-1.2, 1], ...
   optimset('TolX',1e-8))        % optimset('TolX',1e-8)用来设置算法终止误差
x =
    1.4142    2.0000
fval =
  4.2065e-018
exitflag =
     1
```

在点(sqrt(2), 2)得到了函数的最小值，`fval` 非常接近于 0，这说明本例中 `fminsearch` 函数的优化计算是非常成功的。

3. 线性规划

线性规划是处理线性目标函数和线性约束的一种较为成熟的方法，目前已经广泛地应用于军事、经济、工业、农业、教育、商业和社会科学等领域。线性规划问题的标准形式如下。

$$\min f(x)=\sum_{j=1}^{n}c_jx_j$$

$$\text{使得}\begin{cases}\sum\limits_{j=1}^{n}a_{ij}x_j\leqslant b_i,\ i=1,2,\cdots,\ m\\ x_j\leqslant 0,\ j=1,2,\cdots,\ n\end{cases}$$

写成矩阵形式为：

$$\max z=\boldsymbol{CX}$$

$$\begin{cases}\sum\limits_{j=0}^{n}p_jx_j=b\\ X\geqslant 0\end{cases}$$

其中，

$$C=(c_1,c_2,\cdots,\ c_n)$$

$$x=\begin{bmatrix}x_1\\x_2\\\vdots\\x_n\end{bmatrix}\quad p_j=\begin{bmatrix}a_{1j}\\a_{2j}\\\vdots\\a_{nj}\end{bmatrix}(j=1,2,\cdots n)\quad b=\begin{bmatrix}b_1\\b_2\\\vdots\\b_n\end{bmatrix}$$

线性规划的标准形式要求目标函数最小化、约束条件取等式、变量非负。不符合这几个条件的线性模型要首先转换成标准形。线性规划的求解方法主要是单纯形法。

MATLAB 优化工具箱提供了 `linprog` 函数用来进行线性规划的求解。

【例 11-4】 求如下函数的最小值。

$$f(x)=-5x_1-4x_2-6x_3$$

$$使得\begin{cases}x_1-x_2+x_3\leqslant 20\\3x_1+2x_2+4x_3\leqslant 42\\3x_1+2x_2\leqslant 30\end{cases}$$

并且满足 $0\leqslant x_1,0\leqslant x_2,0\leqslant x_3$。

首先，在 MATLAB 命令行中输入以下参数。

```
>> f = [-5; -4; -6];          % 用矩阵表示目标函数
>> A = [1  -1  1
      3   2  4
      3   2  0];              % 用矩阵形式表示约束条件系数
>> b = [20; 42; 30];          % 约束条件
>> lb = zeros(3,1);           % 下界约束
```

然后，调用 `linprog` 函数。

```
>> [x,fval,exitflag,output,lambda] = linprog(f,A,b,[],[],lb);
Optimization terminated.
>> x,lambda.ineqlin,lambda.lower                % 显示结果
x =
    0.0000
   15.0000
    3.0000
ans =
    0.0000
    1.5000                                       % 主动约束
    0.5000                                       % 主动约束
ans =
    1.0000                                       % 主动约束
    0.0000
    0.0000
```

Lambda 域中向量的非零元素可以反映出求解过程中的主动约束。在本例的结果中可以看出，第 2 个和第 3 个不等式约束（`lambda.ineqlin`）和第 1 个下界约束（`lambda.lower`）是主动约束。

4. 二次规划

二次规划是非线性规划中一类特殊的数学规划问题，它的解是可以通过求解得到的。通常通过解其库恩-塔克条件（K-T 条件），获取一个 K-T 条件的解，称为 K-T 对，其中与原问题的变量对

应的部分称为 K-T 点。二次规划的一般形式如下。

$$\min_x \frac{1}{2}x^{\mathrm{T}}Hx + f^{\mathrm{T}}x$$

$$使得\quad \boldsymbol{A}\boldsymbol{x} \leqslant \boldsymbol{b}$$

其中，$H \in \mathbf{R}^{n\times n}$ 为对称矩阵。

二次规划分为凸二次规划与非凸二次规划两种，前者的 K-T 点便是其全局极小值点，而后者的 K-T 点则可能连局部极小值点都不是。若它的目标函数是二次函数，则约束条件是线性的。求解二次规划的方法很多，较简便易行的是沃尔夫法，它是依据 K-T 条件，在线性规划单纯形法的基础上加以修正而得到的。此外还有莱姆基法、毕尔法和凯勒法等。

MATLAB 优化工具箱中提供了 quadprog 函数用来进行二次规划的求解。

【例 11-5】　求下面函数的最小值。

$$f(x) = \frac{1}{2}x_1^2 + x_2^2 - x_1x_2 - 2x_1 - 6x_2$$

$$使得\begin{cases} x_1 + x_2 \leqslant 2 \\ -x_1 + 2x_2 \leqslant 2 \\ 2x_1 + x_2 \leqslant 3 \\ 0 \leqslant x_1, 0 \leqslant x_2 \end{cases}$$

首先，注意，这个方程可以用矩阵形式来表示。

$$f(\boldsymbol{x}) = \frac{1}{2}\boldsymbol{x}^{\mathrm{T}}\boldsymbol{H}\boldsymbol{x} + \boldsymbol{f}^{\mathrm{T}}\boldsymbol{x}$$

其中，

$$\boldsymbol{H} = \begin{bmatrix} 1 & -1 \\ -1 & 2 \end{bmatrix},\ \boldsymbol{f} = \begin{bmatrix} -2 \\ -6 \end{bmatrix},\ \boldsymbol{x} = \begin{bmatrix} x_1 \\ x_2 \end{bmatrix}$$

在 MATLAB 命令行中输入以下参数命令。

```
>> H = [1 -1; -1 2];
>> f = [-2; -6];
>> A = [1 1; -1 2; 2 1];          % 线性不等式约束
>> b = [2; 2; 3];                  % 线性不等式约束
>> lb = zeros(2,1);
```

然后，调用二次规划函数 quadprog。

```
>> [x,fval,exitflag,output,lambda] = quadprog(H,f,A,b,[],[],lb)
Optimization terminated.
x =
    0.6667
    1.3333
fval =
   -8.2222
exitflag =
     1
output =
       iterations: 3
        algorithm: 'medium-scale: active-set'
    firstorderopt: []
     cgiterations: []
          message: 'Optimization terminated.'
```

```
lambda =
      lower: [2×1 double]
      upper: [2×1 double]
      eqlin: [0×1 double]
    ineqlin: [3×1 double]
```

exitflag = 1 表示计算的退出条件是收敛于 x。output 是包含优化信息的结构数组。lambda 返回了 x 处包含拉格朗日乘子的参数。

5. 有约束最小值优化

在有约束最优化问题中，通常要将该问题转换为更简单的子问题，对这些子问题可以求解并把它们作为迭代过程的基础。早期的方法通常是通过构造惩罚函数等将有约束的最优化问题转换为无约束最优化问题进行求解。现在，这些方法已经被基于 K-T 方程解的更有效的方法所取代。K-T 方程是有约束最优化问题求解的必要条件。

MATLAB 优化工具箱提供了 fmincon 函数来计算有约束的最小值优化。

【例 11-6】 求函数 $f(x)=-x_1x_2x_3$ 的最小值，搜索的起始值为 $x=[10;10;10]$，同时目标函数中的变量要服从以下约束条件：

$$0 \leqslant x_1+2x_2+2x_3 \leqslant 72$$

首先，写一个以 x 为变量的目标函数 myfun3.m，该目标函数要返回一个标量。

```
myfun3.m
function f = myfun3(x)
f = -x(1) * x(2) * x(3);
```

然后，改写约束条件为小于或者等于一个常数的形式：

$$-x_1-2x_2-2x_3 \leqslant 0$$

$$x_1+2x_2+2x_3 \leqslant 72$$

因为两个约束都是线性的，所以可以将其用矩阵来表示成 $\boldsymbol{Ax} \leqslant \boldsymbol{b}$ 这种形式，其中；

$$\boldsymbol{A}=\begin{bmatrix}-1 & -2 & -2\\ 1 & 2 & 2\end{bmatrix},\quad \boldsymbol{b}=\begin{bmatrix}0\\ 72\end{bmatrix}$$

接下来，调用 fmincon 函数进行优化。

```
>> x0 = [10; 10; 10];      % 求解的起始点
>> A=[-1 -2 -2;1 2 2];
>> b=[0;72];
>> [x,fval] = fmincon(@myfun3,x0,A,b)
x =
   24.0000
   12.0000
   12.0000
fval =
  -3.4560e+003
```

最后，可以对约束条件进行验证。

```
>> A*x-b
ans =
   -72
     0
```

11.1.3　多目标优化

前面介绍的最优化方法只有一个目标函数，是单目标最优化方法。但是，在许多实际工程问题中，往往希望多个指标都达到最优值，所以就有多个目标函数，这种问题称为多目标最优化问题。

多目标优化有许多解法，下面列出常用的几种。

● 化多为少法：将多目标问题化成只有一个或两个目标的问题，然后用简单的决策方法求解。最常用的是线性加权和法。

● 分层序列法：将所有的目标按其重要程度依次排序，先求出第一个（最重要的）目标的最优解，然后在保证前一个目标最优解的前提下依次求下一个目标的最优解，一直求到最后一个目标为止。

● 直接求非劣解法：首先求出一组非劣解，然后按事先确定好的评价标准从中找出一个满意的解。

● 目标规划法：当所有的目标函数和约束条件都是线性时，可以采用目标规划法，它是 20 世纪 60 年代初由查纳斯和库珀提出来的。此方法对每一个目标函数都事前给定一个期望值，然后在满足约束条件集合的情况下，找出使目标函数离期望值最近的解。

● 多属性效用法（MAUM）：各个目标分别用各自的效用函数表示，然后构成多目标综合效用函数，以此来评价各个可行方案的优劣。

● 层次分析法：通过对目标、约束条件、方案等的主观判断，对各种方案加以综合权衡比较，然后评定优劣。

● 重排次序法：对于原来不好比较的非劣解，通过其他办法排出优劣次序。此外，还有多目标群决策和多目标模糊决策等方法。

针对多目标优化问题，MATLAB 提供了 fgoalattain 和 fminimax 函数用来进行求解。由于篇幅有限，这里仅举例说明 fgoalattain 函数的用法，fminimax 函数的用法读者可自行查阅帮助文档。

【例 11-7】　某工厂因生产需要欲采购一种原材料，市场上这种原材料有两个等级，甲级单价 2 元/千克，乙级单价 1 元/千克。要求所花总费用不超过 200 元，购得原材料总量不少于 100 千克，其中甲级原材料不少于 50 千克，问如何确定最好的采购方案。

设 x_1、x_2 分别为采购甲级和乙级原材料的数量（千克），要求总采购费用尽量少，总采购重量尽量多，采购甲级原材料尽量多。

首先，编写目标函数的 M 文件 myfun4.m，返回目标计算值。具体代码如下。

```
function f=myfun4(x)
f(1)=2*x(1)+ x(2);
f(2)=-x(1)- x(2);
f(3)=-x(1);
```

给定目标，权重按目标比例确定，给出初始值。具体代码如下。

```
>> goal=[200 -100 -50];          % 要达到的目标
>> weight=[2040 -100 -50];       % 各个目标的权重
>> x0=[55 55];                   % 搜索的初始值
% 约束条件
>> A=[2 1;-1 -1;-1 0];
>> b=[200 -100 -50];
>> lb=zeros(2,1);
```

```
% 调用 fgoalattain 函数进行多目标优化
>> [x,fval,attainfactor,exitflag] =...
fgoalattain(@myfun4,x0,goal,weight,A,b,[],[],lb,[])
```

经过计算，MATLAB 输出的计算结果如下。

```
x =
    50    50
fval =
   150  -100   -50
attainfactor =
  3.4101e-010
exitflag =
     4
```

所以，对于给定的权重比例，最好的采购方案是采购甲级原材料和乙级原材料各 50 千克。此时采购总费用为 150 元，总重量为 100 千克，甲级原材料总重量为 50 千克。

11.1.4 方程组求解

毋庸置疑，解方程是我们在科学计算过程中最常遇到的问题之一。本节介绍 MATLAB 优化工具箱中相应的解方程命令。

优化工具箱提供了 3 个方程求解的函数，见表 11-1。其中，“\” 可用于求解线性方程组 $Cx=d$。当矩阵为 n 阶方阵时，采用高斯消元法进行求解；如果 A 不为方阵，则采用数值方法计算方程最小二乘意义上的解。fzero 采用数值解法求解非线性方程，fsolve 函数则采用非线性最小二乘算法求解非线性方程组。由于篇幅有限，下面仅举例介绍 fsolve 函数的用法，其他函数的用法读者可自行查阅帮助文档。

【例 11-8】 求解下面方程组的根，其中包含两个未知数和两个方程。

$$2x_1 - x_2 = e^{-x_1}$$
$$-x_1 + 2x_2 = e^{-x_2}$$

变换这个方程组以方便计算，也就是要求以下方程组的根。

$$2x_1 - x_2 - e^{-x_1} = 0$$
$$-x_1 + 2x_2 - e^{-x_2} = 0$$

首先，编写一个 M 文件 myfun5.m 来计算 x 点处的方程值 F。

```
function F = myfun5(x)
F = [2*x(1) - x(2) - exp(-x(1));
      -x(1) + 2*x(2) - exp(-x(2))];
```

然后，调用 fsolve 函数进行优化求解即可。

```
>> x0 = [-5; -5];                              % 猜测的搜索初始值
>> options=optimset('Display','iter');         % 输出显示选项设置
>> [x,fval] = fsolve(@myfun5,x0,options)       % 调用 fsolve 命令
                                          Norm of      First-order   Trust-region
 Iteration  Func-count     f(x)          step         optimality    radius
     0          3         47071.2                      2.29e+004             1
     1          6         12003.4              1       5.75e+003             1
     2          9         3147.02              1       1.47e+003             1
     3         12         854.452              1             388             1
     4         15         239.527              1             107             1
     5         18         67.0412              1            30.8             1
```

```
     6         21          16.7042              1            9.05            1
     7         24          2.42788              1            2.26            1
     8         27         0.032658       0.759511           0.206          2.5
     9         30      7.03149e-006      0.111927         0.00294          2.5
    10         33      3.29525e-013    0.00169132      6.36e-007          2.5
Optimization terminated: first-order optimality is less than options.TolFun.
x =
    0.5671
    0.5671
fval =
  1.0e-006 *
   -0.4059
   -0.4059
```

在本例中，通过调用 fsolve 函数求解得到了方程的解 x，然后返回了在解 x 处目标函数的值 fval。

11.1.5　最小二乘及数据拟合

在科学实验中，常需要依照实际测得的两个变量的多组数据找出它们近似的函数关系。通常把这种处理数据的方法称为经验配线，而所找出的函数关系称为经验公式。最小二乘法就是其中常用的一种配线方法。

最小二乘法是一种数学优化技术，它通过最小化误差的平方和找到一组数据的最佳函数匹配。最小二乘法通常用于曲线拟合。很多其他的优化问题也可以通过最小化能量或最大化熵用最小二乘形式表达。

MATLAB 中提供了多个函数来计算最小二乘问题，如\、lsqnonneg、lsqlin、lsqnonlin、lsqcurvefit 等，见表 11-1。由于篇幅有限，本节仅举例说明 lsqlin 和 lsqnonlin 函数的使用，其他函数的用法读者可自行查阅帮助文档。

【例 11-9】　求超定系统 $\boldsymbol{Cx}=\boldsymbol{d}$ 的最小二乘解，约束条件为 $\boldsymbol{Ax}\leqslant\boldsymbol{b}$，lb$\leqslant\boldsymbol{x}\leqslant$ub（具体的系数矩阵、边界条件如下所示）。

首先，输入系数矩阵和上下边界。

```
>> C = [0.9501    0.7620    0.6153    0.4057
    0.2311    0.4564    0.7919    0.9354
    0.6068    0.0185    0.9218    0.9169
    0.4859    0.8214    0.7382    0.4102
    0.8912    0.4447    0.1762    0.8936];
>> d = [0.0578
    0.3528
    0.8131
    0.0098
    0.1388];
>> A =[0.2027    0.2721    0.7467    0.4659
    0.1987    0.1988    0.4450    0.4186
    0.6037    0.0152    0.9318    0.8462];
>> b =[0.5251
    0.2026
    0.6721];
>> lb = -0.1*ones(4,1);
>> ub = 2*ones(4,1);
```

然后，调用约束最小二乘 lsqlin 函数。

```
>> [x,resnorm,residual,exitflag,output,lambda] = ...
                    lsqlin(C,d,A,b,[],[],lb,ub);
>> x,lambda.ineqlin,lambda.lower,lambda.upper    %  查看计算的结果
```

```
x =
   -0.1000
   -0.1000
    0.2152
    0.3502
ans =
         0
    0.2392            %  主动约束
         0
ans =
    0.0409            %  主动约束
    0.2784            %  主动约束
         0
         0
ans =
     0
     0
     0
     0
```

lambda 结构数组中向量的非零元素可以说明解的主动约束条件。在本例中，第二个不等式约束和第一个、第二个下界边界约束是主动约束。

【例 11-10】 对下面的公式进行最小化优化。

$$\sum_{k=1}^{10}\left(2+2k-\mathrm{e}^{kx_1}-\mathrm{e}^{kx_2}\right)^2$$

搜索的初始值为 $\boldsymbol{x}=[0.3\quad 0.4]$。

为了简化问题，lsqnonlin 函数用下面的向量值函数代替。

$$F_k(\boldsymbol{x})=2+2k-\mathrm{e}^{kx_1}-\mathrm{e}^{kx_2}$$

其中，$k=1{:}10$（因为 F 包含 k 个部分）。

首先，将上面的公式编写为函数 M 文件 myfun6.m，其内容如下。

```
myfun6.m
function F = myfun6(x)
k = 1:10;
F = 2 + 2*k-exp(k*x(1))-exp(k*x(2));
```

然后，调用 lsqnonlin 函数进行优化。

```
>> x0 = [0.3 0.4]                              % 初始值
>> [x,resnorm] = lsqnonlin(@myfun6,x0)         % 调用优化命令
x =
    0.2578    0.2578
resnorm =                                      % 平方和残差
    124.3622
```

即在点（0.2578，0.2578）处取得了最小值。

11.2 模式搜索法

模式搜索法是解决优化问题的一种搜索方法，它并不需要任何目标函数的梯度信息。与传统使用梯度或者高阶导数信息搜索最优点的方法不同，模式搜索法搜索当前点附近的一组点，查找比当前点更加优化的点。当目标函数不可微或者不连续时，可以考虑使用模式搜索法来求解。

除了优化工具箱之外，MATLAB 还提供了全局优化工具箱（Global Optimization Toolbox），在 MATLAB 2009b 及之前的版本中称为遗传算法和直接搜索工具箱（Genetic Algorithm and Direct Search Toolbox），该工具箱中包括两种模式搜索算法，分别为 generalized pattern search (GPS) algorithm 和 mesh adaptive search (MADS) algorithm，即广义模式搜索算法和网格自适应搜索算法。两种算法都是模式搜索算法，通过计算一系列的点来逼近最优值。每一步中，算法都将在当前点附近搜索一组点，这组点称为一个网格。网格是由当前点加上一组模式向量的标量倍得到的。如果模式搜索算法在网格中找到了一个比当前点使目标函数更加优化的点，那么当前点就变成下一次迭代的当前点。

MADS 算法是 GPS 算法的修正。两种算法的区别在于产生网格点的方法不同。GPS 算法使用的是固定方向的向量，而 MADS 算法用的则是一个随机向量。

MATLAB 提供了 `patternsearch` 函数来进行模式搜索，其调用语法如下。

- `x = patternsearch(@fun,x0)`：由初始值 `x0` 开始搜索函数 `fun` 的最小值，使用的算法为模式搜索算法。`fun` 函数作为一个函数句柄引入 `patternsearch`。
- `x = patternsearch(@fun,x0,A,b)`：在线性不等式约束条件 $\boldsymbol{Ax}\leqslant\boldsymbol{b}$ 下，搜索函数 `fun` 的最小值。
- `x = patternsearch(@fun,x0,A,b,Aeq,beq)`：在约束条件 Aeq*$\boldsymbol{x}$=beq 下，搜索函数 `fun` 的最小值。
- `x = patternsearch(@fun,x0,A,b,Aeq,beq,LB,UB)`：定义变量 x 的上下边界 LB 和 UB。如果问题有 n 个变量，那么 LB 和 UB 的长度也应该为 n。
- `x = patternsearch(@fun,x0,A,b,Aeq,beq,LB,UB,nonlcon)`：在非线性约束条件 `nonlcon` 下进行最小化搜索。
- `x = patternsearch(@fun,x0,A,b,Aeq,beq,LB,UB,nonlcon,options)`：设置可选参数的值，而不使用默认值。
- `x = patternsearch(problem)`：求解 `problem`，`problem` 是一个用输入变量进行描述的结构数组。
- `[x,fval] = patternsearch(@fun,x0, ...)`：返回在解 x 处的目标函数值。
- `[x,fval,exitflag] = patternsearch(@fun,x0, ...)`：返回 `exitflag` 参数，描述函数计算的退出条件。
- `[x,fval,exitflag,output] = patternsearch(@fun,x0, ...)`：返回 `output` 结构数组，其中包含了优化信息。

【例 11-11】 计算 MATLAB 系统自带的测试函数 `lincontest6` 在以下约束条件下的最小值。

$$\begin{bmatrix}1 & 1\\ -1 & 2\\ 2 & 1\end{bmatrix}\begin{bmatrix}x_1\\ x_2\end{bmatrix}\leqslant\begin{bmatrix}2\\ 2\\ 3\end{bmatrix}$$

其中，$x_1\geqslant 0, x_2\geqslant 0$。

首先，将约束条件的系数写成矩阵形式，具体命令如下。

```
>> A = [1 1; -1 2; 2 1];
>> b = [2; 2; 3];
>> lb = zeros(2,1);
```

然后，调用 `patternsearch` 函数，使用直接搜索法进行优化求解。运行下面的命令就可以完成题目的要求。

```
>> [x,fval,exitflag] = patternsearch(@lincontest6,[0 0],A,b,[],[],lb)
Optimization terminated: mesh size less than options.TolMesh.
x =
    0.6670    1.3340
fval =
   -8.2258
exitflag =
     1
```

本例的结果说明，在点（0.6670, 1.3340）处得到了目标函数的最小值-8.2258。

11.3 模拟退火算法

MATLAB 全局优化工具箱也支持模拟退火算法。

11.3.1 模拟退火算法简介

1982 年，Kirk Patrick 将退火思想引入组合优化领域，提出了一种解大规模组合优化问题的算法，对 NP 完全组合优化问题尤其有效。模拟退火算法源于固体的退火过程，即先将温度加到很高，再缓慢降温（即退火），使其达到能量最低点。如果急速降温（即为淬火），则不能达到能量最低点。

模拟退火算法是一种求最小值问题的学习过程。在此过程中，每一步更新过程的长度都与相应的参数成正比，这些参数扮演着温度的角色。与金属退火原理相类似，在开始阶段为了更快地最小化或学习，把温度升得很高，然后才（慢慢）降温以求稳定。

模拟退火算法是一种用于求解大规模优化问题的随机搜索算法，它以优化问题求解过程与物理系统退火过程之间的相似性为基础，优化的目标函数相当于金属的内能，优化问题的自变量组合状态空间相当于金属的内能状态空间，问题的求解过程就是找一个使目标函数值最小的组合状态。

根据 Metropolis 准则，粒子在温度 T 时趋于平衡的概率为 $\exp(-\Delta Ekt)$，其中 E 为温度 T 时的内能，ΔE 为内能的改变量，k 为玻耳兹曼常数。用固体退火模拟组合优化问题，将内能 E 模拟为目标函数值 f，将温度 T 演化成控制参数 t，即得到解组合优化问题的模拟退火算法：由初始解 i 和控制参数初值 t 开始，对当前解重复进行“产生新解→计算目标函数差→接受或舍弃”的迭代，并逐步衰减 t 值，算法终止时的当前解即为所得近似最优解，这是基于蒙特卡罗迭代求解法的一种启发式随机搜索过程。退火过程由冷却进度表（Cooling Schedule）控制，包括控制参数的初值 t 及其衰减因子 Δt、每个 t 值时的迭代次数 L 和停止条件 S 等。

11.3.2 模拟退火算法的应用

MATLAB 遗传算法和模式搜索工具箱提供了 `simulannealbnd` 函数来通过模拟退火算法搜索无约束或者具有边界约束的多变量最小化问题的解。该函数的调用语法如下。

- `x = simulannealbnd(fun,x0)`：由初始值 `x0` 开始搜索目标函数 `fun` 的最小值 `x`。目标函数输入的变量为 `x`，并且返回在 `x` 处的标量值。`x0` 是一个标量或者向量。
- `x = simulannealbnd(fun,x0,lb,ub)`：在边界条件 `lb` 和 `ub` 约束下，对 fun 进行优化求解。
- `x = simulannealbnd(fun,x0,lb,ub,options)`：设置可选参数的值，而不是使用默认值。
- `x = simulannealbnd(problem)`：求解 `problem`，`problem` 是一个用输入变量进行描述的结构数组。
- `[x,fval] = simulannealbnd(...)`：返回点 `x` 处的目标函数值 `fval`。

● [x,fval,exitflag] = simulannealbnd(...)：返回 exitflag 参数，描述函数计算的退出条件。

● [x,fval,exitflag,output] = simul annealbnd(fun,...)：返回 output 结构数组，其中包含了优化信息。

【例 11-12】 求 MATLAB 自带的测试函数 De Jong 第 5 函数的最小值。De Jong 第 5 函数是一个具有多个局部极小值的二维函数。可以在 MATLAB 命令行中直接输入 dejong5fcn 来查看 De Jong 第 5 函数的图形，如图 11-1 所示。

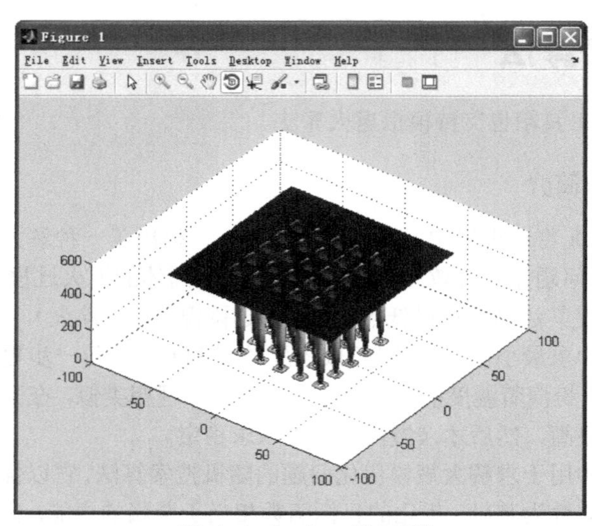

▲图 11-1 De Jong 第 5 函数

设搜索初始值为（0,0），在没有任何约束的情况下，相应的 MATLAB 模拟退火算法优化命令如下。

```
>> x0 = [0 0];
>> [x,fval] = simulannealbnd(@dejong5fcn,x0)
Optimization terminated: change in best function value less than options.TolFun.
x =
   31.9430   -15.9723
fval =
    9.8039
```

另外，在具有上下边界条件约束的情况下也可以调用 simulannealbnd 函数来求解。

```
>> x0 = [0 0];
>> lb = [-64 -64];    %  下边界约束
>> ub = [64 64];      %  上边界约束
>> [x,fval] = simulannealbnd(@dejong5fcn,x0,lb,ub)
Optimization terminated: change in best function value less than options.TolFun.
x =
  -31.9870   -31.9899
fval =
    0.9980
```

在最优化过程中同时可以绘图，显示最优点、最优值、当前点和当前值等优化信息。具体的 MATLAB 命令如下。

```
>> x0 = [0 0];
>> options = saoptimset('PlotFcns',{@saplotbestx,...
```

```
@saplotbestf,@saplotx,@saplotf});                                          %绘图参数设置
>> simulannealbnd(@dejong5fcn,x0,[],[],options)
Optimization terminated: change in best function value less than options.TolFun.
ans =
  -31.9772   -31.9778
```

即模拟退火算法在点（−31.9772, −31.9778）处搜索到了函数最小值。

程序在运行过程中实时地显示出了结果图形，最终绘制出的图像如图 11-2 所示。图中分别显示了最优点、最优值、当前点和当前值等优化信息。

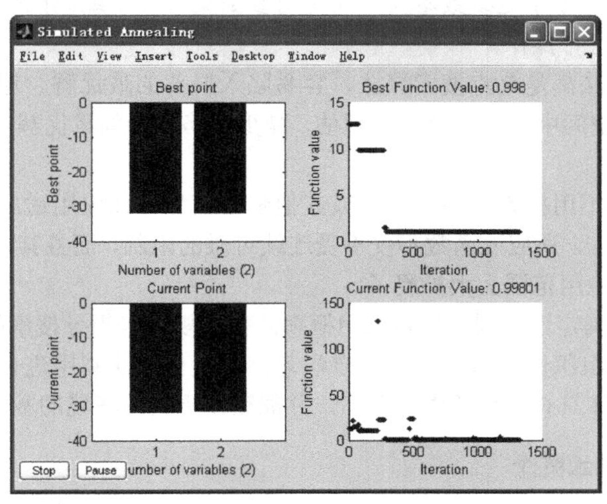

▲图 11-2 使用模拟退火算法优化 De Jong 第 5 函数

11.3.3 关于计算结果的说明

因为模拟退火算法是一种随机算法，也就是说，在优化的过程中存在随机选择，每次运行相同的命令结果都会有些不同。有时算法会陷入局部最优，导致一些结果会比较大。若要得到比较理想的解，也就是得到更小的目标函数值，就需要多次调用优化函数，然后在多次计算结果中选择最优的一个作为最终结果。

模拟退火算法在计算的过程中使用了 MATLAB 均匀随机数和正态随机数生成器。在决定是不是接受新的点时，使用 rand 和 randn 两个函数来选择。而每一次调用 rand 和 randn 函数，它们的种子都会变化，所以下一次再调用时就会得到不同的随机数。

通过设置随机种子，用户在第二次运行时可以得到相同的优化结果。但是建议读者最好不要设置随机种子，因为只有这样才能在多次运行中得到更优的结果，享受模拟退火算法的随机性带来的好处。其他的随机性算法（如遗传算法等）也具有类似属性，本章就不再详述。

11.4 遗传算法

MATLAB 全局优化工具箱也支持遗传算法。

11.4.1 遗传算法简介

遗传算法（Genetic Algorithm）是基于生物进化理论的原理发展起来的一种广为应用的、高效的随机搜索与优化方法。其主要特点是群体搜索策略和群体中个体之间的信息交换，搜索不依赖于梯度信息。它是 20 世纪 70 年代初期由美国密执根（Michigan）大学的霍兰（Holland）教授发展起

来的。迄今为止，遗传算法是进化算法中最广为人知的算法。

遗传算法主要在复杂优化问题求解和工业工程领域应用，取得了一些令人信服的成果，所以引起了很多人的关注。遗传算法成功的应用包括：作业调度与排序、可靠性设计、车辆路径选择与调度、成组技术、设备布置与分配和交通问题等。

1. 遗传算法的特点

遗传算法具有以下几方面的特点。

- 遗传算法的处理对象不是参数本身，而是对参数集进行了编码的个体。此操作使得遗传算法可以直接对结构对象进行操作。
- 许多传统搜索算法都是单点搜索算法，容易陷入局部的最优解。遗传算法同时处理群体中的多个个体，即对搜索空间中的多个解进行评估，减少了陷入局部最优解的风险，同时算法本身易于实现并行化。
- 遗传算法基本上不用搜索空间的知识或其他辅助信息，而仅用适应度函数值来评估个体，在此基础上进行遗传操作。适应度函数不仅不受连续可微的限制，而且其定义域可以任意设定。这一特点使得遗传算法的应用范围大大扩展了。
- 遗传算法不采用确定性规则，而是采用概率的变迁规则来指导搜索的方向。
- 遗传算法具有自组织性、自适应性和自学习性。遗传算法利用进化过程获得的信息自行组织搜索，适应度大的个体具有较高的生存概率，并能获得更适应环境的基因结构。

2. 遗传算法中的基本概念

遗传算法中的基本概念有以下几个。

- 群体（population）：又称种群、染色体群，是个体（individual）的集合，代表问题的解空间子集。
- 串（string）：个体的表达形式，对应遗传学中的染色体，对应实际问题的一个解。
- 群体规模（population size）：染色体群中个体的数目。
- 基因（gene）：染色体的一个片段，可以是一个数值、一组数或一串字符。
- 交换（crossover）：在一定条件下两条染色体上的一个或几个基因相互交换位置。
- 交换概率：判断是否满足交换条件的一个小于 1 的阈值。
- 变异（mutation）：在一定条件下随机改变一条染色体上的一个或几个基因值。
- 变异概率：判断是否满足变异条件的一个小于 1 的阈值。
- 后代：染色体经过交换或变异后形成的新的个体。
- 适应度（fitness）：用来度量种群中个体优劣（符合条件的程度）的指标值，它通常表现为数值形式。
- 选择（selection）：根据染色体对应的适应值和问题的要求，筛选种群中的染色体。染色体的适应度越高，生存下来的概率越大；反之则越小，甚至被淘汰。

3. 遗传算法终止规则

遗传算法终止的规则如下所示。

- 给定一个最大的遗传代数 MAXGEN，算法迭代在达到 MAXGEN 时停止。
- 当进化中两代最优个体小于要求的偏差 x 时，算法终止。
- 如果所有个体或者指定比例以上个体趋同，就停止计算。
- 达到最大计算时间限制。

11.4.2 遗传算法的应用

MATLAB 自 R14SP3 版，即 MATLAB 7.1 版开始推出遗传算法工具箱，提供了 ga 函数来通过遗传算法进行优化。ga 函数的调用语法如下。

- x = ga(fitnessfcn,nvars)：搜索无约束函数 fitnessfcn 的最小值 x，fitnessfcn 是目标函数。nvars 是需要优化 fitnessfcn 函数中变量的个数。fitnessfcn 函数的变量 x 为 1×nvars 的向量，并返回在 x 处的标量值。注意，如果要编写带有附加参数并且可以被 ga 调用的目标函数，请查看 MATLAB 帮助文档中 Optimization Toolbox 里的 Passing Extra Parameters 部分。
- x = ga(fitnessfcn,nvars,A,b)：在线性不等式约束条件下进行最优化。其中 A*x≤b。如果待解问题具有 *m* 个线性不等式和 *n* 个变量，那么 A 是一个 *m*×*n* 的矩阵，b 是一个长度为 *m* 的向量。注意，当 PopulationType 选项设置为 bitString 或者 custom 时，算法并不会满足线性约束。
- x = ga(fitnessfcn,nvars,A,b,Aeq,beq)：在线性等式约束条件下进行最优化。其中 Aeq*x=beq。如果不存在不等式约束，可以设置 A=[]和 b=[]。如果待解问题具有 *r* 个线性不等式和 *n* 个变量，那么 Aeq 是一个 *r*×*n* 的矩阵，beq 是一个长度为 *r* 的向量。
- x = ga(fitnessfcn,nvars,A,b,Aeq,beq,LB,UB)：在变量上下边界条件 LB 和 UB 下进行最优化，其中 LB≤x≤UB。
- x = ga(fitnessfcn,nvars,A,b,Aeq,beq,LB,UB,nonlcon)：用户可以自己定义非线性约束条件，并编写相应的 nonlcon 函数，在 nonlcon 约束下进行最优化。函数 nonlcon 接受变量 x，输出向量 C 和 Ceq 分别代表非线性不等式约束和非线性等式约束。C(x)≤0，Ceq(x)=0。
- x = ga(fitnessfcn,nvars,A,b,Aeq,beq,LB,UB,nonlcon,options)：设置可选参数的值，而不是使用默认值。
- x = ga(problem)：求解 problem，problem 是一个用输入变量来描述的结构数组。
- [x,fval] = ga(...)：返回点 x 处的目标函数值 fval。
- [x,fval,exitflag] = ga(...)：返回 exitflag 参数，描述函数计算的退出条件。
- [x,fval,exitflag,output] = ga(...)：返回 output 结构数组，其中包含了优化信息。
- [x,fval,exitflag,output,population] = ga(...)：返回群体矩阵 population，其中包含了最后一代群体。
- [x,fval,exitflag,output,population,scores] = ga(...)：返回最后一代群体的适应度。

【例 11-13】 在下列给定不等式约束和下边界条件约束下求 MATLAB 自带测试函数 lincontest6 的最小值。

$$\begin{bmatrix} 1 & 1 \\ -1 & 2 \\ 2 & 1 \end{bmatrix}\begin{bmatrix} x_1 \\ x_2 \end{bmatrix} \leqslant \begin{bmatrix} 2 \\ 2 \\ 3 \end{bmatrix}$$

其中，$x_1 \geqslant 0, x_2 \geqslant 0$。

首先，将约束条件用矩阵形式来表达，具体命令如下。

```
>> A = [1 1; -1 2; 2 1];          %  线性不等式约束条件
>> b = [2; 2; 3];                 %  线性不等式约束条件
>> lb = zeros(2,1);               %  边界约束
```

然后，调用遗传算法函数 ga，具体命令如下。

```
>> [x,fval,exitflag] = ga(@lincontest6,2,A,b,[],[],lb)
Optimization terminated: average change in the fitness value less than options.TolFun.
x =
    0.6679    1.3331
fval =
   -8.2245
exitflag =
     1
```

遗传算法程序在点（0.6679, 1.3331）处搜索到了 lincontest6 函数的最优值-8.2245。注意，因为随机数问题，所以每次调用 ga 函数得到的结果不同。

【例 11-14】 在无约束条件下，用遗传算法求 MATLAB 自带测试函数 shufcn 的最小值。

可以使用工具箱中的 plotobjective 函数来绘制 shufcn 函数在[-2 2; -2 2]范围内的图形，如图 11-3 所示。

```
>> plotobjective(@shufcn,[-2 2; -2 2]);
```

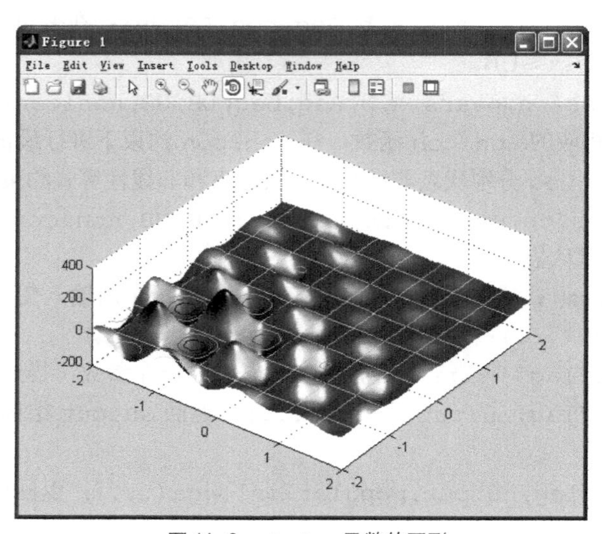

▲图 11-3　shufcn 函数的图形

将目标函数设置为 shufcn，并设置优化变量的个数为 2，然后调用遗传算法主函数 ga，具体命令如下。

```
>> FitnessFunction = @shufcn;          % 设置目标函数
>> numberOfVariables = 2;              % 目标函数变量个数
% 调用遗传算法程序
>> [x,Fval,exitFlag,Output] = ga(FitnessFunction,numberOfVariables);
```

可以通过如下命令将结果显示出来。

```
% 显示遗传代数
fprintf('The number of generations was : %d\n', Output.generations);
% 显示调用目标函数的次数
fprintf('The number of function evaluations was : %d\n', Output.funccount);
% 显示最优值
fprintf('The best function value found was : %g\n', Fval);
```

得到的结果如下。

```
The number of generations was : 51
The number of function evaluations was : 1040
The best function value found was : -186.63
```

11.5 Optimization Tool 简介

Optimization Tool 是用来解决优化问题的一个 GUI 工具，该工具可以调用优化工具箱、全局优化工具箱中的优化函数。通过 Optimization Tool，用户可以选择列表中的各种求解器来解决优化问题。用户可以在 Optimization Tool 中选择求解器，指定设置参数，并对问题进行优化。可以从 MATLAB 工作区中导入数据，或者导出数据到工作区中。还可以产生相应的包含指定求解器和各种参数设置的 M 文件。

可以在 MATLAB 命令行中输入以下命令来启动 Optimization Tool。

```
>> optimtool
```

也可以在 MATLAB 主界面中选择 APPS|Optimization 菜单项启动 Optimization Tool，如图 11-4 所示。

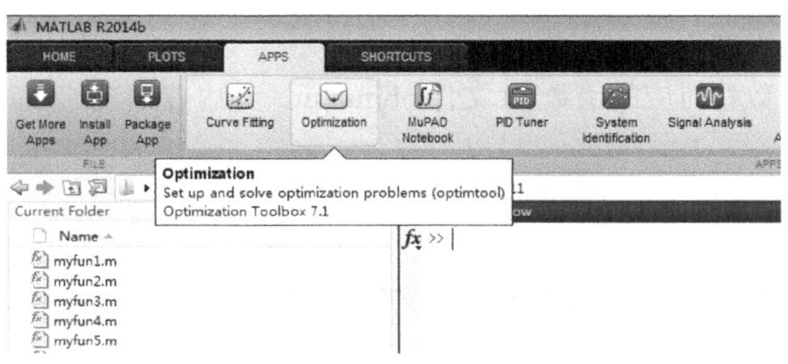

▲图 11-4 Optimization Tool 的启动

启动后的 Optimization Tool 界面如图 11-5 所示。

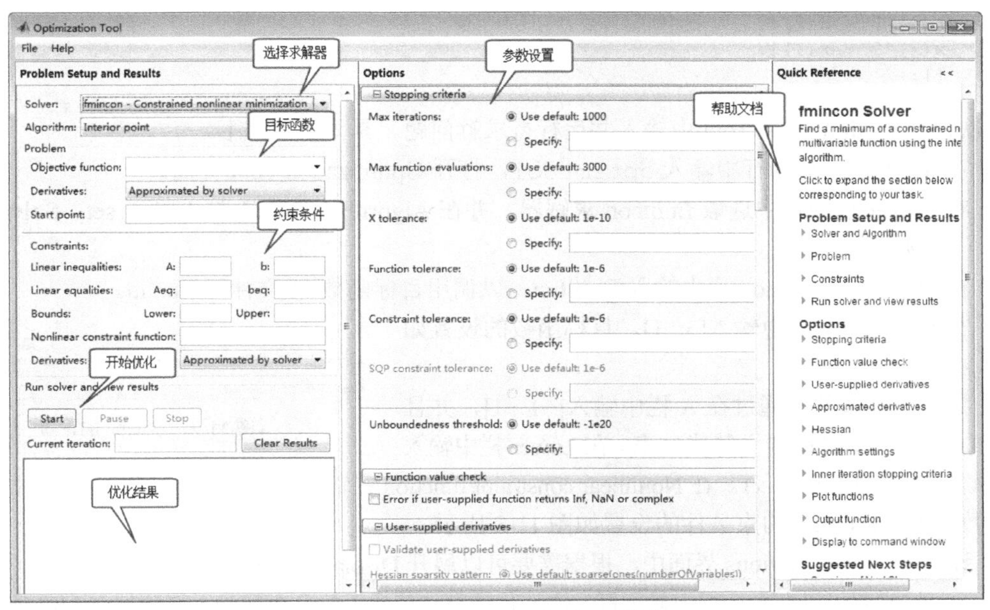

▲图 11-5 Optimization Tool 界面

在 MATLAB R2014b 版本的优化工具箱中，Optimization Tool 求解器中包括 fgoalattain、fminbnd、fmincon、fminimax、fminsearch、fminunc、fseminf、fsolve、fzero、ga、gamultiobj、linprog、lsqcurvefit、lsqlin、lsqnonlin、lsqnonneg、patternsearch、quadprog、simulannealbnd 这 19 种求解器。

下面举例说明如何使用 Optimization Tool。这里只以 fmincon 求解器为例。其他如遗传算法和模拟退火等求解器按照同样的步骤进行操作即可，这里不再详述。

【例 11-15】 使用 Optimization Tool 中的 fmincon 求解器求下面的 $f(x)$的最小值。

$$\min_{x} f(x) = x_1^2 + x_2^2$$

同时考虑以下线性和非线性约束条件和边界约束条件。

$$
\begin{aligned}
0.5 &\leqslant x_1 \\
-x_1 - x_2 + 1 &\leqslant 0 \\
-x_1^{\ 2} - x_2^{\ 2} + 1 &\leqslant 0 \\
-9x_1^{\ 2} - x_2^{\ 2} + 9 &\leqslant 0 \\
-x_1^{\ 2} - x_2 &\leqslant 0 \\
x_1 - x_2^{\ 2} &\leqslant 0
\end{aligned}
$$

搜索的初始值不妨设置为 $x_1 = 3$ 和 $x_2 = 1$。

首先，编写目标函数相对应的函数 M 文件 objfun.m，其内容如下。

```
objfun.m
function f = objfun(x)
f = x(1)^2 + x(2)^2;
```

然后，编写非线性约束条件对应的函数 M 文件 nonlconstr.m，其内容如下。

```
nonlconstr.m
function [c,ceq] = nonlconstr(x)
c = [-x(1)^2 - x(2)^2 + 1;
     -9*x(1)^2 - x(2)^2 + 9;
     -x(1)^2 + x(2);
     -x(2)^2 + x(1)];
ceq = [];
```

其次，在 Optimization Tool 中输入并运行待求解问题。具体步骤如下。

1）在 MATLAB 命令行中输入 optimtool，打开 Optimization Tool 界面。

2）在 Solver 选项栏中选取 fmincon 求解器，并在 Algorithm 栏中选取 Active set。Solver 的设置如图 11-6 所示。

3）在 Objective function 栏中输入@objfun，以调用目标函数 M 文件 objfun.m。

4）在 Start point 栏中输入[3; 1]。目标函数的设置如图 11-7 所示。

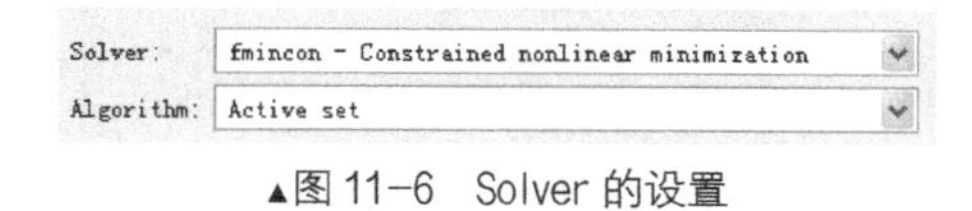

▲图 11-6 Solver 的设置

5）定义约束条件。通过在 A 栏中输入[-1 -1]，并且在 b 栏中输入－1，可以定义等式约束。在 Lower 栏中输入 0.5，以设置边界约束 0.5≤x1。在 Nonlinear constraint function 栏输入@nonlconstr，以调用非线性约束条件函数 nonlconstr.m。约束条件的设置如图 11-8 所示。

6）设置参数。在 Options 界面中，根据需要可以展开 Display to command window 选项，并且选取 iterative。这样就可以在命令行中显示每一次迭代的算法信息了。命令行显示选项如图 11-9 所示。

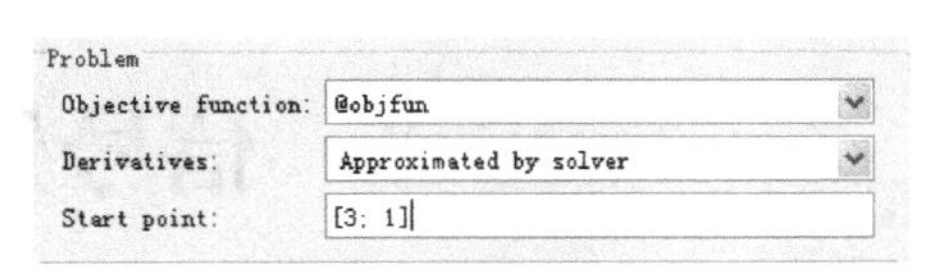

▲图 11-7　目标函数的设置

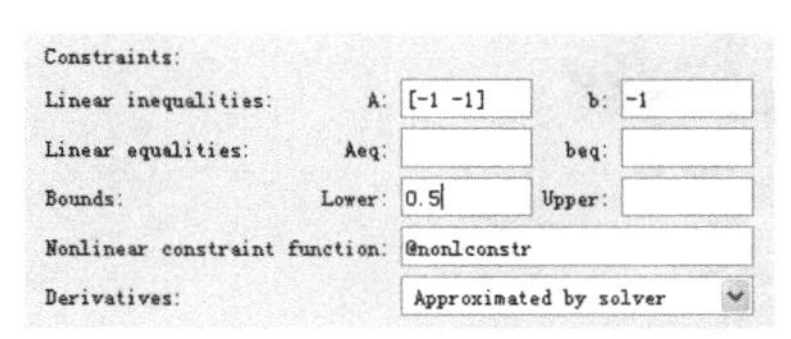

▲图 11-8　约束条件的设置

7）单击 Start 按钮开始进行优化，如图 11-10 所示。

▲图 11-9　命令行显示选项

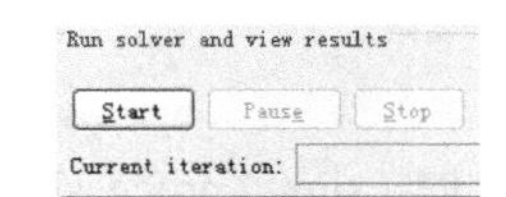

▲图 11-10　开始优化

8）完成运行。当算法结束的时候，在 Run solver and view results 栏中可以看到优化结果信息，如图 11-11 所示。

优化结果说明：当前的迭代次数也就是结束时的迭代次数，在本例中是 7。

当算法结束时，目标函数的最终值如下。

```
Objective function value: 2.000000000000001
```

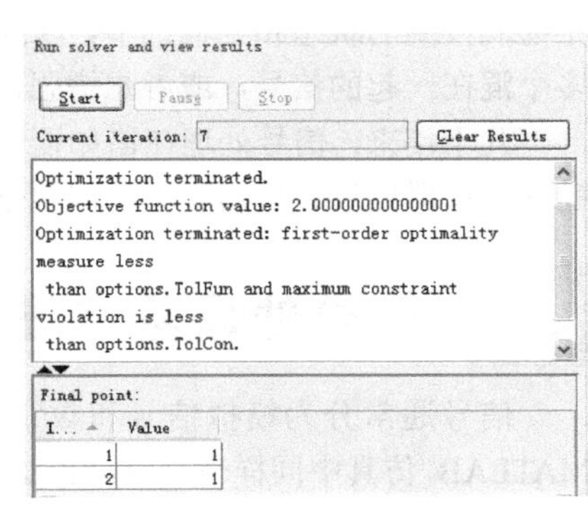

▲图 11-11　优化结果

算法结束的条件如下。

```
Optimization terminated: first-order optimality
measure less than options.TolFun and maximum
constraint violation is less than options.TolCon.
```

最终的解所对应的点在本例中如下。

```
    1
    1
```

在命令行中，算法相关的运行信息如下。

```
                                     max     Line search   Directional   First-order
Iter      F-count    f(x)       constraint  steplength   derivative    optimality
   0        3         10           2
   1        6    4.84298      -0.1322          1          -3.4          1.74
   2        9    4.0251       -0.01168         1          -0.78         4.08
   3       12    2.42704      -0.03214         1          -1.37         1.09
   4       15    2.03615     -0.004728         1        -0.373        0.995
   5       18    2.00033    -5.596e-005        1       -0.0357        0.0664
   6       21          2    -5.327e-009        1     -0.000326      0.000522
   7       24          2     -2.22e-016        1    -2.69e-008     1.21e-008
Optimization terminated: first-order optimality measure less
 than options.TolFun and maximum constraint violation is less
 than options.TolCon.
Active inequalities (to within options.TolCon = 1e-006):
  lower       upper      ineqlin   ineqnonlin
                                       3
                                       4
```

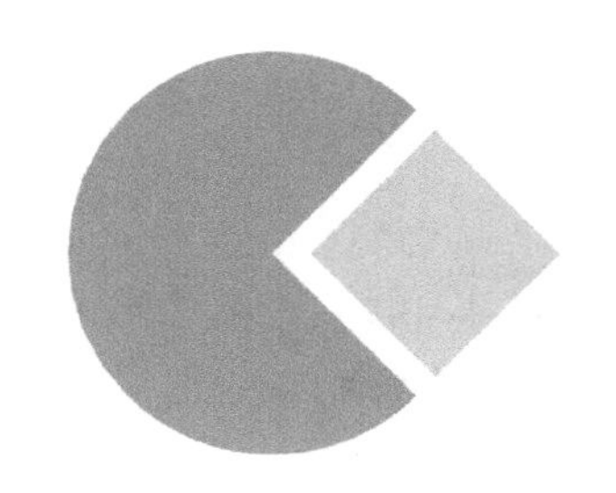

第 12 章　信号处理

信号处理（signal processing）是指信号的表示、变换和运算，以及提取它们所包含的信息。信号处理可以用于加强人类之间，或人与机器之间的联系；用于探测我们周围的环境，并揭示出那些不易观察到的状态和结构细节，以及用来控制和利用能源与信息。例如，我们可能希望分开两个或多个混在一起的信号，或者想增强信号模型中的某些分量或参数。

几十年来，信号处理在诸如语音与数据通信、生物医学工程、声学、声呐、雷达、地震、石油勘探、仪器仪表、机器人、日用电子产品以及其他领域起着关键的作用。

12.1 信号处理基本理论

信号通常分为模拟信号和数字信号两大类。在计算机中，信号都是以离散形式出现的，在 MATLAB 仿真中同样也是这样。这是因为计算机本身以离散方式处理所有的数据，只可能生成离散信号。如果要生成连续信号，则只能让信号的离散时间间隔趋于无穷小。

12.1.1 信号的生成

模拟信号为连续信号，用 $x(t)$表示；数字信号为离散信号，用 $x(n)$表示，其中 n 是整数，表示时间的离散时刻。在 MATLAB 中，数字信号用矩阵表示，一个列向量表示一个有限长序列，即一维信号。可以用 $n\times m$ 矩阵表示 m 个通道信号，即多维信号。这里主要讨论一维信号。通常，当用一个列向量表示一个信号序列时，还需要用一个对应的列向量表示信号的各个采样时刻。如 $\boldsymbol{n}$=[−5,5]，$\boldsymbol{x}$=[5 3 2 4 0 1 2 3 4 5]，当不需要采样位置信息时，可以只使用列向量 $\boldsymbol{X}$ 表示序列。需要注意的是，MATLAB 无法表示任意无限长序列。

数字信号处理理论中包括基本信号序列和其他信号序列。工程应用和理论研究中经常用到的数字信号序列（基本信号序列）的数学定义式和相对应的 MATLAB 实现语句见表 12-1。

表 12-1　基本信号序列

序　列	数学表达式	MATLAB 函数表达式
单位冲击序列	$\delta(n)=\begin{cases}1 & n=0\\0 & n\neq 0\end{cases}$	`X=[1 zeros(1,N-1)];`
单位冲阶跃列	$\mu(n)=\begin{cases}1 & n\geqslant 0\\0 & n<0\end{cases}$	`X=ones(1,N);`
矩形序列	$R_N(n)=\begin{cases}1 & 0\leqslant n\leqslant N-1\\0 & \text{其他}\end{cases}$	`X=ones(1,N);`
实指数序列	$X(n)=a^n,\ \forall n,a\in\mathbf{R}$	`N=0:N-1;X=A.^N;`
复指数序列	$X(n)=\mathrm{e}^{(\delta+\mathrm{j}\omega)n},\ \forall n\in\mathbf{R}$	`N=0:N-1;X=exp((A+J*W)*N);`
随机序列	—	`X=rand(1,N)`或`X=randn(1,N)`

除了表 12-1 中列出的基本信号序列之外，其他的序列有方波、锯齿波等，MATLAB 提供了相应的函数来生成这些信号。

1. square 函数

square 函数用于生成周期方波信号，其调用语法如下。

- f=square(a*t)：生成指定周期、峰值为+1 的周期方波，常数 a 为信号时域尺度因子，用于调整信号周期。当 a=1 时，生成周期为 2π、峰值为±1 的周期方波。
- f=square(a*t,duty)：生成指定周期、峰值为+1 的周期方波信号。duty 为信号占空比，即一个周期内信号为正的部分所占的比例，取值范围为（0,100）。

【例 12-1】　分别生成周期为 2π的方波、周期为 2π且占空比为 30%的方波、周期为 1 的方波、周期为 1 且占空比为 80%的方波信号。

```
Ex_12_1.m
clear
t=0:0.01:10;
subplot(4,1,1)
f1=square(t);            %  生成周期为 2pi 的方波信号
plot(t,f1)
axis([0,10,-1.2,1.2])
subplot(4,1,2)
f2=square(t,30);         %  生成周期为 2pi 且占空比为 30%的方波信号
plot(t,f2)
axis([0,10,-1.2,1.2])
subplot(4,1,3)
f3=square(2*pi*t);       %  生成周期为 1 的方波信号
plot(t,f3)
axis([0,10,-1.2,1.2])
subplot(4,1,4)
f4=square(2*pi*t,80);    %  生成周期为 1 且占空比为 80%的方波信号
plot(t,f4)
axis([0,10,-1.2,1.2])
```

以上代码的运行结果如图 12-1 所示。

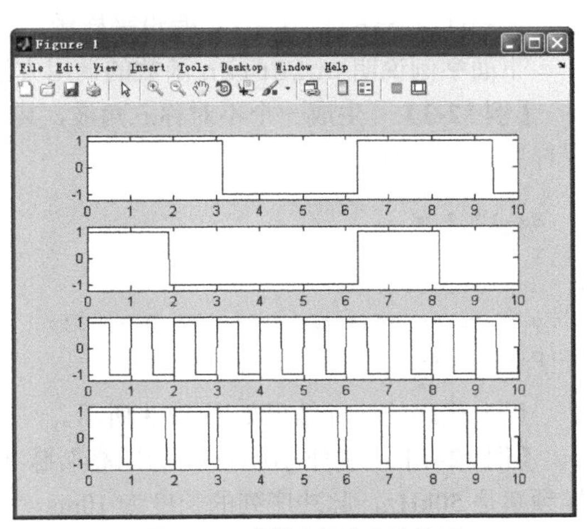

▲图 12-1　周期方波和方波信号

2. sawtooth 函数

sawtooth 函数用于生成周期锯齿波或三角波，其调用语法如下。

- f=sawtooth(a*t)：生成指定周期、峰值为 1 的周期锯齿波，常数 a 为信号时域尺度因子，用于调整信号周期。当 a=1 时，生成周期为 2π、峰值为 1 的周期锯齿波。
- f=sawtooth(a*t,width)：生成指定周期、峰值为 1 的周期三角波。width 是值为 0～1 的常数，用于指定在一个周期内三角波最大值出现的位置。当 width 等于 0.5 时，该函数生成标准的对称三角波。

【例 12-2】　使用 MATLAB 命令，分别生成周期为 2π的锯齿波、周期为 2 的锯齿波及周期为 1 的对称三角波。

首先，调用 sawtooth 函数来生成符合题目要求的 3 种锯齿波，然后绘制图形来显示相关的结果。

```
Ex_12_2.m
clear
t=0:0.01:15;
subplot(3,1,1)
f1=sawtooth(t);
plot(t,f1)
axis([0,15,-1.2,1.2])
set(gcf,'color','w')
subplot(3,1,2)
f1=sawtooth(pi*t);
plot(t,f1)
axis([0,15,-1.2,1.2])
subplot(3,1,3)
f1=sawtooth(2*pi*t,0.5);
plot(t,f1)
axis([0,15,-1.2,1.2])
```

以上代码的运行结果如图 12-2 所示。

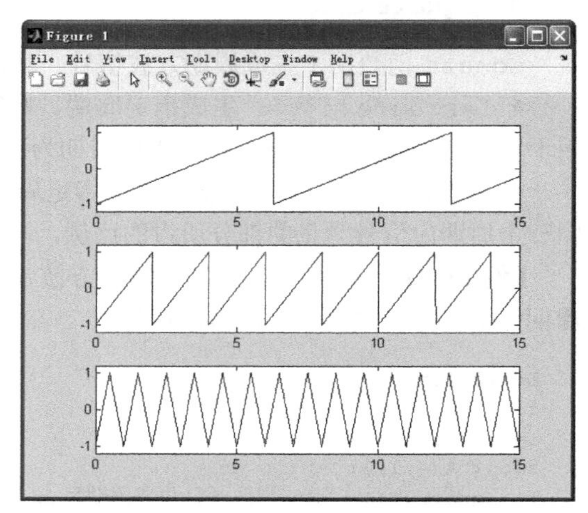

▲图 12-2　周期锯齿波和三角波信号

3. pulstran 函数

pulstran 函数用来生成脉冲序列，其主要调用语法如下。

- pulstran(t,d,'func',p1,p2,...)：生成一个基于连续函数 func 样本的脉冲序列。pulstran 对 func 进行 length(d)次计算，并将各次的结果求和：y = func(t-d(1)) + func(t-d(2)) + …。其中 func 可以有如下 3 种取值：gauspuls，生成一个高斯调制（Gaussian-modulated）的正弦脉冲；rectpuls，生成一个采样非周期矩形波；tripuls，生成一个采样非周期三角波。p1，p2，...是附加参数。
- pulstran(t,d,p,fs)：生成一个向量 p 脉冲的多重延时插值（multiple delayed interpolations）之和，采样频率为 fs。
- pulstran(t,d,p)：假设采样频率 fs 等于 1Hz。

下面举例说明 pulstran 函数的调用方法。

【例 12-3】 生成一个不对称三角波，其中重复频率是 3Hz，三角宽度为 0.1s，信号长度为 1s，采样频率为 1kHz。

```
Ex_12_3.m
t = 0:1/1e3:1;                              % 1kHz 采样频率,    总时间为 1s
d = 0:1/3:1;                                % 3Hz  重复频率
y = pulstran(t,d,'tripuls',0.1,-1);         %  三角波
plot(t,y)
```

以上代码的运行结果如图 12-3 所示。

【例 12-4】 生成 10kHz 的周期高斯脉冲信号，其带宽为 50%，脉冲的重复频率为 1kHz，采样频率是 50kHz，脉冲序列的长度为 10ms，重复振幅每次有 0.8 的衰减。

```
Ex_12_4.m
t = 0:1/50E3:10e-3;
d = [0:1/1E3:10e-3; 0.8.^(0:10)]';
y = pulstran(t,d,'gauspuls',10e3,0.5);
plot(t,y)
```

以上代码的运行结果如图 12-4 所示。

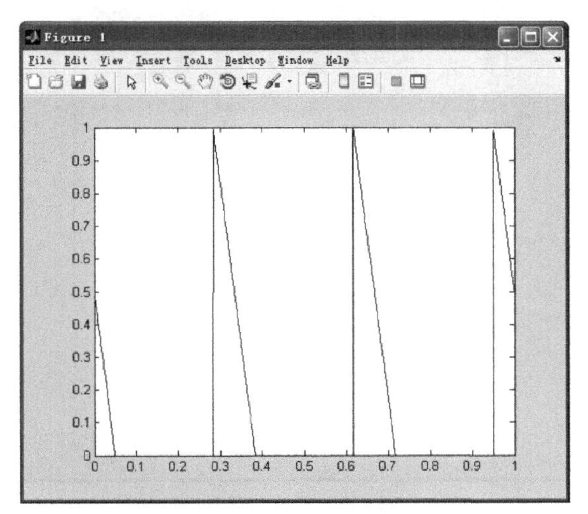

▲图 12-3 不对称三角波

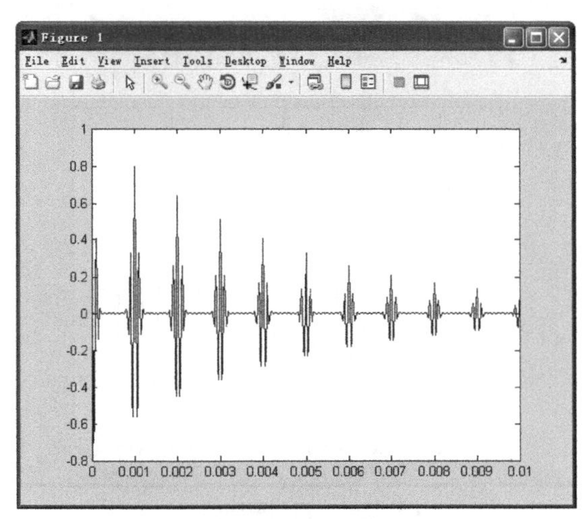

▲图 12-4 高斯脉冲信号

【例 12-5】 生成由 10 个海明窗构成的信号序列。

```
Ex_12_5.m
p = hamming(32);               % 海明窗
t = 0:320;
d = (0:9)'*32;
y = pulstran(t,d,p);
plot(t,y)
```

以上代码的运行结果如图 12-5 所示。

4. sinc 函数

sinc 函数的表达式如下。

$$\mathrm{sinc}(t)=\begin{cases}1, & t=0\\ \dfrac{\sin(\pi t)}{\pi t}, & t\neq 0\end{cases}$$

这个方程是宽度为 2π，高度为 1 的矩形脉冲的连续逆傅里叶变换。

$$\mathrm{sinc}(t)=\frac{1}{2\pi}\int_{\pi}^{\pi}\mathrm{e}^{\mathrm{j}\omega t}\mathrm{d}\omega$$

$y=\mathrm{sinc}(x)$返回和 x 大小一样的数组，y 中的元素是 x 中元素的 sinc 函数。

【例 12-6】 演示理想带阻插值，假设给定时间之外的信号为 0，并且严格按照奈奎斯特（Nyquist）频率进行采样。

```
Ex_12_6.m
t = (1:10)';                        % 时间样本的列向量
randn('state',0);                   % 便于读者验证
x = randn(size(t));                 % 数据的列向量
ts = linspace(-5,15,600)';          % 时间插值点
y = sinc(ts(:,ones(size(t))) - t(:,ones(size(ts)))')*x;
plot(t,x,'o',ts,y)
```

以上代码的运行结果如图 12-6 所示。

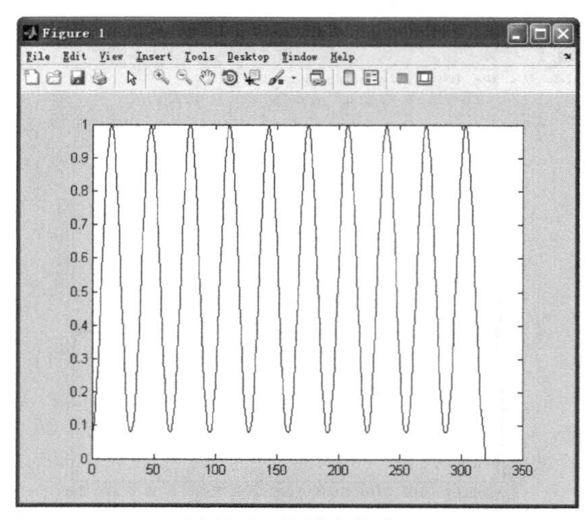

▲图 12-5　海明窗序列

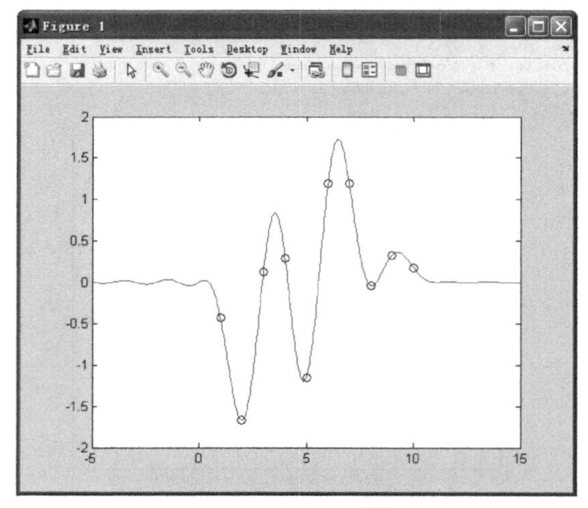

▲图 12-6　sinc 函数

12.1.2　数字滤波器结构

数字滤波器是指完成信号滤波处理功能并且用有限精度算法实现的离散时间线性非时变系统。数字滤波器在数字信号的处理中发挥着重要的作用。数字滤波器通过对采样数据信号进行数字运算处理来达到在频率域滤波的目的，其输入是一组数字量，其输出是经过变换的另一组数字量。因此，数字滤波器本身既可以是用数字硬件装配成的一台完成给定运算的专用单片机，也可以将所需要的运算编成程序，让计算机来执行。数字滤波器具有稳定性高、精度高、灵活性大等优点。

随着数字技术的发展，用数字技术实现滤波器的功能越来越受到人们的关注，并得到了广泛的应用。对于数字滤波器，从实现方法上可以分为 IIR 数字滤波器和 FIR 数字滤波器两种。IIR 滤波器是指无限冲激响应（Infinite Impulse Response）数字滤波器；FIR 滤波器是指有限冲激响应（Finite Impulse Response）数字滤波器。滤波器按功能可以分为低通滤波器（LPF）、高通滤波器（HPF）、带通滤波器（BPF）和带阻滤波器（BSF）这 4 种。

1. IIR 滤波器

IIR 滤波器的系统函数为：

$$H(z)=\frac{Y(z)}{X(z)}=\frac{b_0+b_1z^{-1}+\cdots+b_Mz^{-m}}{a_0+a_1z^{-1}+\cdots+a_Nz^{-n}}=\frac{\sum_{m=0}^{M}b_mz^{-m}}{\sum_{n=0}^{N}a_nz^{-n}}$$

其中，a_n、b_m 是滤波器的系数，同时 $a_0=1$。如果 $a_N\neq 0$，则上式所表示的滤波器的阶数是 N。IIR 滤波器的差分方程表示为：

$$y(n)=\sum_{m=0}^{m}b_mx(n-m)-\sum_{m=0}^{N}a_my(n-m)$$

在工程应用中，可通过 4 种结构来实现 IIR 滤波器：直接 I 型、直接 II 型、级联型和并联型。

2. FIR 滤波器

一个具有有限持续时间冲激响应的滤波器系统函数为：

$$H(z)=b_0+b_1z^{-1}+\cdots+b_{M-1}z^{-(M-1)}\sum_{n=0}^{M-1}b_nz^{-n}$$

则其冲激响应为：

$$h(n)=\begin{cases}b_n & 0\leqslant n\leqslant N\\ 0 & 其他\end{cases}$$

其差分方程可以描述为：

$$y(n)=b_0x(n)+b_1x(n-1)+\cdots+b_{M+1}x(n-M+1)$$

FIR 滤波器一般有 5 种结构：横截型、级联型、线性相位型、快速卷积型和频率采样型。

3. 数字滤波器的工作原理

数字滤波器的基本工作原理是利用离散系统特性对系统输入信号进行加工和变换，改变输入序列的频谱或信号波形，让有用频率的信号分量通过，抑制无用的信号分量输出。数字滤波器只能处理离散信号，下面举一个简单的数字滤波的例子。

例如，某一输出信号是输入序列相邻两点差值的平均。设输入序列号是 $x(n)$，输出为 $y(n)$，则 $y(n)$可表示为：

$$y(n)=\frac{x(n)-x(n-1)}{2}$$

对上式进行 z 变换，并根据系统函数 $H(z)$ 的定义，有：

$$H(z)=\frac{(1-z^{-1})}{2}$$

其频率响应为：

$$H(\mathrm{e}^{\mathrm{j}\omega})=\frac{(1-\mathrm{e}^{-\mathrm{j}\omega})}{2}=\mathrm{j}\mathrm{e}^{-\mathrm{j}\frac{\omega}{2}}\sin\frac{\omega}{2}$$

其频率响应如图 12-7 所示，可以看出这个系统是一个高通滤波器。

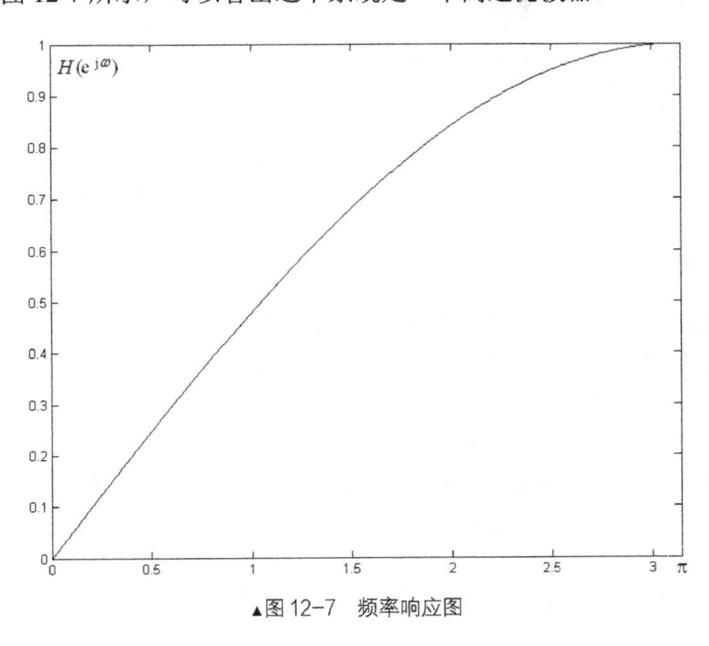

▲图 12-7 频率响应图

数字滤波器的设计一般包括以下 3 个基本步骤。

1）给出技术指标。

2）由技术指标确定数字滤波器的系统函数 $H(z)$，并实现频率特性的要求。

3）通过算法实现 $H(z)$。

12.2 IIR 滤波器的 MATLAB 实现

IIR 滤波器的冲激响应序列具有无限延伸的长度，它与模拟滤波器相匹配。进行 IIR 滤波器设计，就是利用幅值映射关系，将熟知的模拟滤波器转换为数字滤波器。和 FIR 滤波器相比，IIR 滤波器的主要优点是它在给定的要求下比相应的 FIR 滤波器具有更低的阶数。尽管 IIR 滤波器具有非线性相位，但是在 MATLAB 中的数据一般是“离线”处理的，就是说所有的数据序列在滤波前都是可用的。这是非因果、零相位的滤波逼近（使用 `filtfilt` 函数），因此消除了在 IIR 滤波器中的非线性相位失真。

表 12-2 列举了 IIR 滤波器的设计方法与可用的 MATLAB 函数。

表 12-2 IIR 滤波器设计方法与可用的 MATLAB 函数

设计方法	方法描述	函数调用
经典设计法	利用满足性能的连续域内一个低通模拟滤波器原型的零点和极点，从而通过频率变换和滤波器离散化得到一个数字滤波器	• 完全设计函数包括 besself、butter、cheby1、cheby2、ellip。 • 评估函数包括 buttord、cheb1ord、cheb2ord、ellipord。 • 低通模拟滤波器原型函数包括 besselap、buttap、cheb1ap、cheb2ap、ellipap。 • 频率变换函数包括 lp2bp、lp2bs、lp2hp、lp2lp。 • 滤波器离散化函数包括 bilinear、impinvar
直接设计法	直接设计数字滤波器，在离散时域内用最小二乘法逼近给定的幅频响应	yulewalk
通用巴特沃思法	设计零点多于极点的低通巴特沃思滤波器	maxflat
参数模型法	采用一个逼近指定时域或者频域的数字滤波器模型	时域建模函数包括 lpc、prony、stmcb。 • 频域建模函数包括 invfreqs 和 invfreqz

12.2.1 IIR 滤波器经典设计

IIR 数字滤波的特点是其单位抽样响应 $h(n)$ 为无限长序列。设计的基本思路是：模拟系统与离散系统存在着互相模仿的理论基础，所以可以通过数字滤波器的特性模仿模拟滤波器的特性，得到数字滤波器的系统函数 $H(z)$、频率响应 $H(e^{j\omega})$ 与模拟滤波器的传递函数 $H(s)$、频率响应 $H(j\Omega)$ 之间的变量变换关系。通过冲激响应不变法或双线性变换法，完成从模拟到数字的变换。常用的模拟滤波器有贝塞尔（Bessel）滤波器、巴特沃思（Butteworth）滤波器、切比雪夫（Chebyshev）滤波器和椭圆（Ellipse）滤波器等。这些滤波器各有特点，供不同的设计要求选用。

表 12-2 中的经典 IIR 滤波器设计方法包括以下几个步骤。

1）寻找一个截止频率为 1 的模拟低通滤波器，并将这个滤波器原型转换为需要的带宽结构。

2）将这个滤波器变换为数字滤波器。

3）将滤波器离散化。

MATLAB 信号处理工具箱提供了表 12-3 中的设计函数，用来实现以上操作。

表 12-3　　经典 IIR 滤波器设计方法中可用的函数

设计任务	可用的函数
模拟低通滤波器原型	buttap、cheb1ap、besselap、ellipap、cheb2ap
频率变换	lp2lp、lp2hp、lp2bp、lp2bs
离散化	bilinear、impinvar

butter、cheby1、cheby2、ellip 和 besself 等函数用于实现滤波器设计的所有步骤；buttord、cheb1ord、cheb2ord 和 ellipord 等函数用于实现 IIR 滤波器的最小阶数估计。这些函数对于多数设计问题来说已经足够了，表 12-3 中的多数函数一般情况下是不需要的。但是如果确实需要变换一个模拟滤波器的带宽边界或者离散化有理变换函数，这部分内容将为如何进行设计提供参考。

经典设计法的设计流程及设计过程中用到的 MATLAB 函数，可以由图 12-8 很清楚地表示出来。

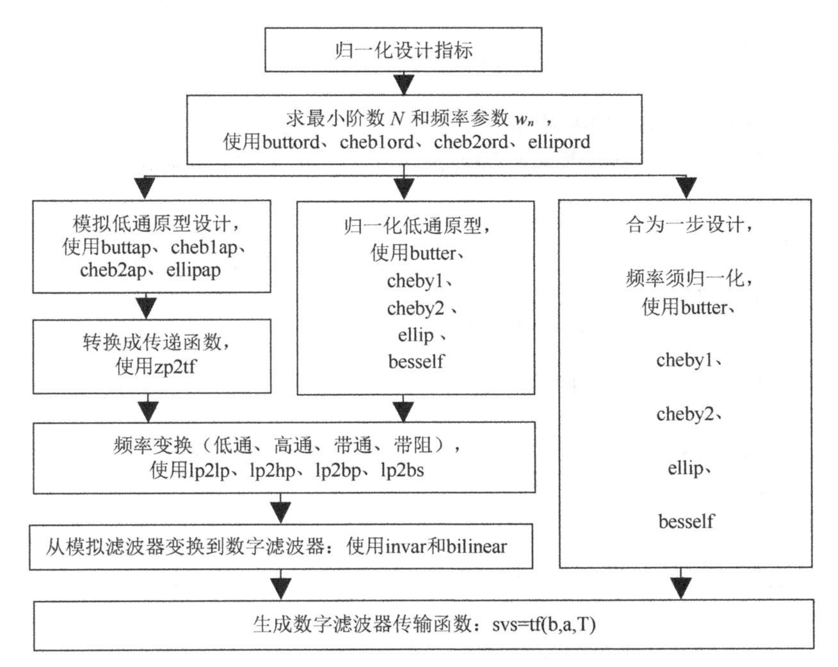

▲图 12-8　MATLAB 设计 IIR 滤波器流程

1. 模拟滤波器设计

MATLAB 信号处理工具箱对几种常用滤波器的设计提供了函数支持，以下是这几种滤波器的名称、定义及相应的原型滤波器设计函数。

- 贝塞尔（Bessel）模拟低通滤波器原、型设计函数为 besselap，其调用语法如下。

[z,p,k]=besselap(n)：z、p、k 分别为滤波器的零点、极点和增益，n 为滤波器的阶次。由于该滤波器没有零点，所以 z 为空矩阵。极点最多有 25 个。

- 巴特沃思（Butterworth）模拟低通滤波器原型设计函数为 buttap，其调用语法如下。

[z,p,k]=buttap(n)：z、p、k 分别为滤波器的零点、极点和增益，n 为滤波器的阶次。由于该滤波器没有零点，所以 z 为空矩阵。

- 切比雪夫 I 型（Chebyshev-I）模拟低通滤波器原型设计函数为 cheb1ap，其调用语法如下。

[z,p,k]=cheb1ap(n,Rp)：Rp（单位为分贝）是通带最大衰减，z、p、k 分别为滤波器的零点、极点和增益，n 为滤波器的阶次。因为该滤波器没有零点，所以 z 为空矩阵。

- 切比雪夫 II 型（Chebyshev-II）模拟低通滤波器原型设计函数为 cheb2ap，其调用语法如下。

[z,p,k]＝cheb2ap(n,Rs)：z、p、k 分别为滤波器的零点、极点和增益，n 为滤波器的阶次，其阻带内的波纹系数低于通带 RsdB。

- 椭圆（Elliptic）模拟低通滤波器原型设计函数为 ellipap，其调用语法如下。

[z,p,k]=ellipap(n,Rp,Rs)：椭圆模拟低通滤波器在通带和阻带具有等波纹，其通带波纹为 Rp 分贝，阻带波纹低于通带的 RsdB。

【例 12-7】　计算三阶贝塞尔模拟低通滤波器原型的幅频和相频响应。

```
Ex_12_7.m
[z,p,k]=besselap(3);        % 调用 besselap 函数
[b,a]=zp2tf(z,p,k);         % zp2tf 函数用于从零极点增益模型转换为传递函数模型
w=logspace(-1,1);
freqs(b, a);                % 模拟滤波器的频率响应
```

输出的幅频和相频响应如图 12-9 所示。

【例 12-8】　计算三阶巴特沃思模拟低通滤波器原型的幅频和相频响应。

```
Ex_12_8.m
[z,p,k]=buttap(3);
[b,a]=zp2tf(z,p,k);         % zp2tf 函数用于从零极点增益模型转换为传递函数模型
w=logspace(-1,1);
freqs(b, a);                % 模拟滤波器的频率响应
```

输出的幅频和相频响应如图 12-10 所示。

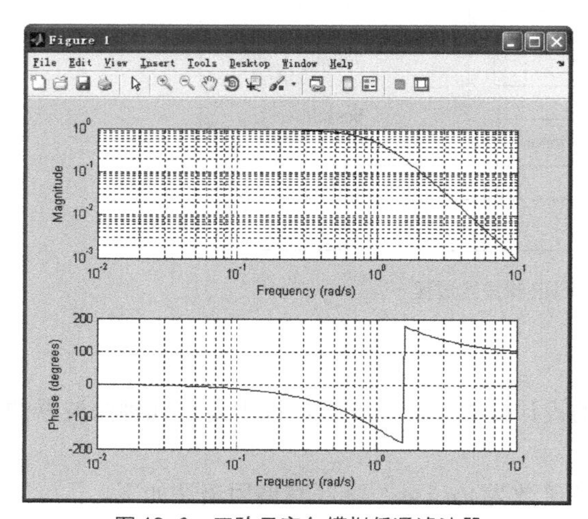

▲图 12-9　三阶贝塞尔模拟低通滤波器幅频和相频响应

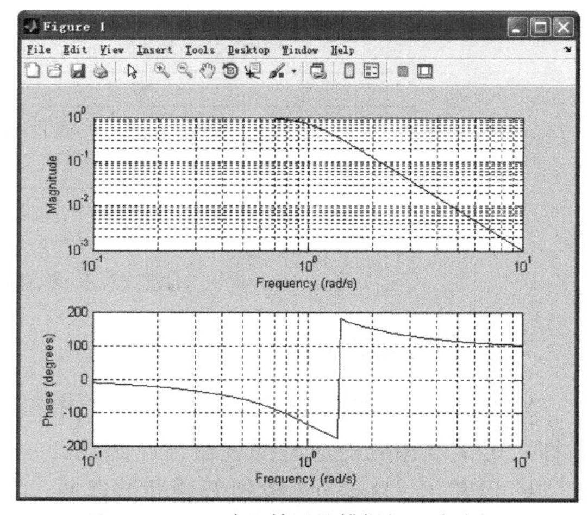

▲图 12-10　三阶巴特沃思模拟低通滤波器幅频和相频响应

【例 12-9】 计算四阶切比雪夫 I 型模拟低通滤波器原型的幅频和相频响应，通带最大衰减为 0.05dB。

```
Ex_12_9.m
[z,p,k]= cheb1ap(4,0.05);
[b,a]=zp2tf(z,p,k);            %  zp2tf 函数用于从零极点增益模型转换为传递函数模型
w=logspace(-1,1);
freqs(b,a);                    %  模拟滤波器的频率响应
```

输出的幅频和相频响应如图 12-11 所示。

【例 12-10】 计算三阶切比雪夫 II 型模拟低通滤波器原型的幅频和相频响应，阻带最小衰减为 60dB。

```
Ex_12_10.m
[z,p,k]=cheb2ap(3,60);
[b,a]=zp2tf(z,p,k);          %  zp2tf 函数用于从零极点增益模型转换为传递函数模型
w=logspace(-1,1);
freqs(b,a)                   %  模拟滤波器的频率响应
```

输出的幅频和相频响应如图 12-12 所示。

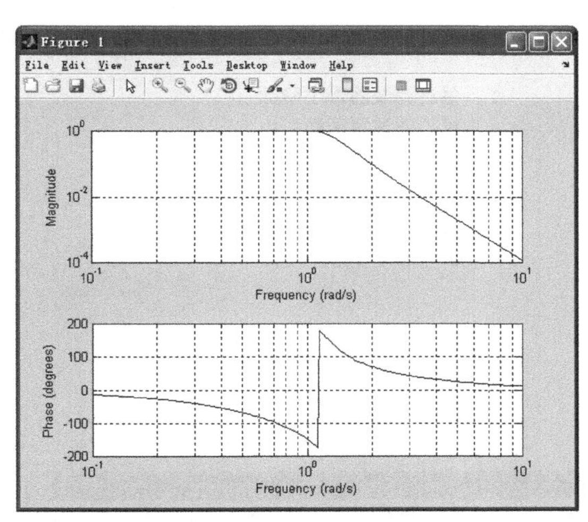

▲图 12-11 四阶切比雪夫 I 型模拟低通滤波器幅频和相频响应

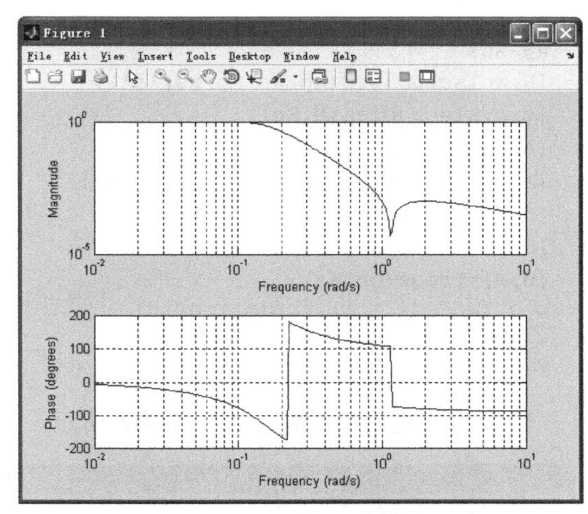

▲图 12-12 三阶切比雪夫 II 型模拟低通滤波器幅频和相频响应

【例 12-11】 计算二阶椭圆模拟低通滤波器原型的幅频和相频响应，通带最大衰减为 0.2dB，阻带最小衰减为 45dB。

```
Ex_12_11.m
[z,p,k]=ellipap(2,0.2,45);
[b,a]=zp2tf(z,p,k);
%  zp2tf 函数用于从零极点增益模型转换为传递函数模型
w=logspace(-1,1);
freqs(b,a)                  %  模拟滤波器的频率响应
```

输出的幅频和相频响应如图 12-13 所示。

2. 模拟滤波器转换

将模拟滤波器的系统函数映射到数字滤波器的系统函数主要有两种方法：一是冲激响应不变

法；二是双线性变换法。

1）冲激响应不变法

基于冲激响应不变法，MATLAB 提供了 impinvar 函数，其调用语法如下。

- [bz,az] = impinvar(b,a,fs)：创建一个分子、分母系数分别为 bz 和 az 的数字滤波器，数字滤波器的冲激响应等于系数为 b 和 a 的模拟滤波器的冲激响应。fs 是采样频率。如果没有指定 fs 参数或者指定其为空矩阵[]，那么 impinvar 函数会默认设置 fs 为 1Hz。
- [bz,az] = impinvar(b,a,fs,tol)：用 tol 参数作为计算误差。

【例 12-12】 用冲激响应不变法设计切比雪夫 I 型数字低通滤波器，通带截止频率 Ω_p=1200Hz，阻带截止频率 Ω_s=1600Hz，采样频率 F_p=1200Hz，通带衰减系数 R_p=0.2dB，阻带衰减系数 R_s 60dB。

本例首先采用 cheb1ord 函数来估计滤波器最小阶数，然后设计相应的模拟滤波器，并采用脉冲响应不变法设计切比雪夫 I 型数字低通滤波器，最终绘制滤波器幅频特性。

```
Ex_12_12.m
clear;clc
wp=1200*2*pi;
ws=1600*2*pi;
Fs=12000;
Rp=0.2;
Rs=60;
[N,Wn]=cheb1ord(wp,ws,Rp,Rs,'s');           % 估计滤波器最小阶数
[z,p,k]=cheb1ap(N,Rp);                       % 模拟滤波器函数引用
[A,B,C,D]=zp2ss(z,p,k);                      % 转换为状态空间形式
[At,Bt,Ct,Dt] = lp2lp(A,B,C,D,Wn);           % 频率转换
[b,a] = ss2tf(At,Bt,Ct,Dt);                  % 转换为 TF 形式
[bz,az]=impinvar(b,a,Fs);                    % 调用脉冲响应不变法
[H,W]=freqz(bz,az);
plot(W*Fs/(2*pi),abs(H));grid;
xlabel('frequency/Hz')
ylabel('magnitude')
```

输出的滤波器幅频特性如图 12-14 所示。

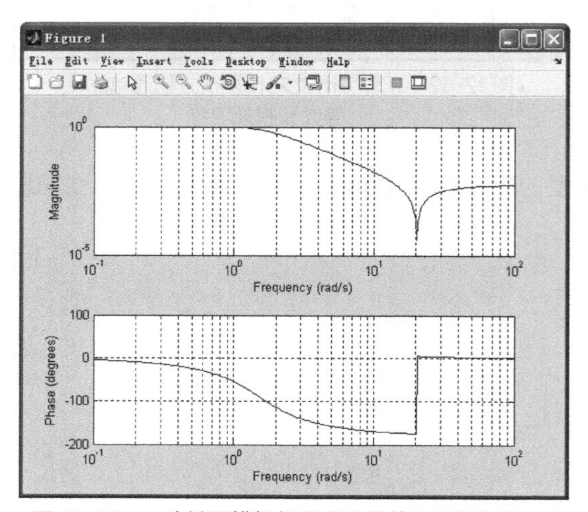

▲图 12-13　二阶椭圆模拟低通滤波器的幅频和相频响应

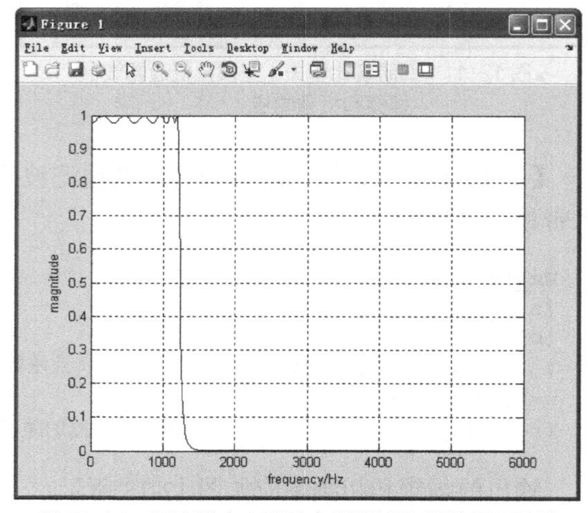

▲图 12-14　切比雪夫 I 型数字低通滤波器的幅频特性

2）双线性变换法

基于双线性变换法，MATLAB 提供了 bilinear 函数，其调用语法如下。

● [zd,pd,kd]=bilinear(z,p,k,fs)和[zd,pd,kd]=bilinear(z,p,k,fs,fp)：把模拟滤波器的零极点模型转换为数字滤波器的零极点模型，其中，fs 为采样频率。

● [numd,dend]=bilinear(num,den,fs)和[numd,dend]=bilinear(num,den,fs,fp)：将模拟滤波器的传递函数模型转换为数字滤波器的传递函数模型。

● [Ad,Bd,Cd,Dd]=bilinear(A,B,C,D,fs)和[Ad,Bd,Cd,Dd]=bilinear(A,B,C,D,fs,fp)：将模拟滤波器的状态方程模型转换为数字滤波器的状态方程模型。

在 bilinear 函数的参数中，fp 是预畸变参数。如果已知参数 fp，那么

```
fp = 2*pi*fp
fs = fp/tan(fp/fs/2)
```

否则，有

```
fs=2*fs
```

【例 12-13】 用双线性变换法设计一个巴特沃思数字低通滤波器，使其特性逼近低通模拟滤波器如下指标：通带截止频率 $\Omega_p=2\pi\times2800\text{rad/s}$，$\Omega_s=2\pi\times4300\text{rad/s}$，通带波纹系数 R_p=0.4dB，阻带波纹系数 R_s=40dB，采样频率 F_s=15000Hz。

本例首先估计滤波器最小阶数，然后调用 buttap 函数设计相应的模拟滤波器，再采用双线性变换法设计巴特沃思数字低通滤波器。

```
Ex_12_13.m
clear;clc
wp=2800*2*pi;
ws=4300*2*pi;
Fs=15000;
Rp=0.4;
Rs=40;
[N,Wn]=buttord(wp,ws,Rp,Rs,'s');                % 估计滤波器最小阶数
[z,p,k]=buttap(N);                              % 模拟滤波器函数引用
[Bap,Aap]=zp2tf(z,p,k);     % zp2tf 函数用于从零极点增益模型转换为传递函数模型
[b,a]=lp2lp(Bap,Aap,Wn);
[bz,az]=bilinear(b,a,Fs)                        % 双线性变换
freqz(bz,az)
```

运行以上代码，输出结果如下。

```
bz =
  Columns 1 through 7
    0.0000    0.0001    0.0008    0.0033    0.0090    0.0180    0.0270
  Columns 8 through 14
    0.0308    0.0270    0.0180    0.0090    0.0033    0.0008    0.0001
  Column 15
    0.0000
az =
  Columns 1 through 7
    1.0000   -3.7423    8.1266  -11.9931   13.2396  -11.3105    7.6466
  Columns 8 through 14
   -4.1183    1.7665   -0.5975    0.1564   -0.0306    0.0042   -0.0004
  Column 15
    0.0000
```

输出的滤波器幅频特性如图 12-15 所示。

【例 12-14】 用双线性变换法设计一个数字带通滤波器，使其指标接近满足如下技术指标

的模拟带通椭圆滤波器：w_{p1}=200Hz，w_{p2}=250Hz，w_{s1}=150Hz，w_{s2}=280Hz，采样频率 F_s=2500Hz，通带衰减系数 R_p=0.7dB，阻带衰减系数 R_s=50dB。

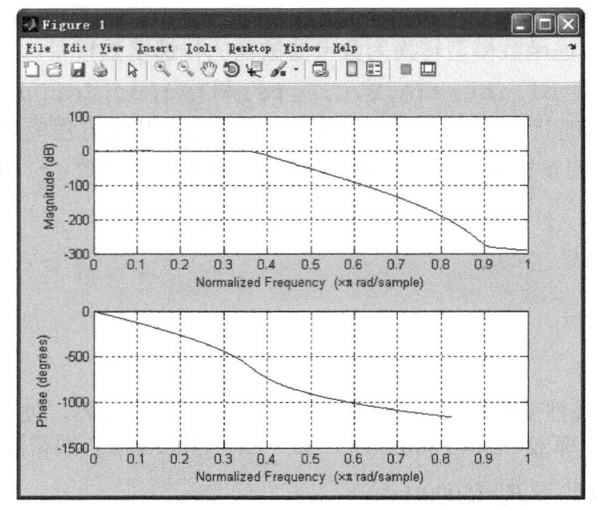

▲图 12-15 巴特沃思数字低通滤波器的幅频特性

本例首先估计滤波器最小阶数，然后调用 ellipap 函数设计相应的模拟滤波器，再采用双线性变换法设计数字带通滤波器。

```
Ex_12_14.m
clear
wp1=2*pi*200;
wp2=2*pi*250;
ws1=2*pi*150;
ws2=2*pi*280;
Fs=2*pi*2500;
Rp=0.7;
Rs=50;
Wp=[wp1 wp2];
Ws=[ws1 ws2];
[N,Wn]=ellipord(Wp/Fs*2,Ws/Fs*2,Rp,Rs,'s');          % 估计滤波器最小阶数
Bw=wp2-wp1;
Wo=sqrt(wp2*wp1);
[z,p,k] = ellipap(N,Rp,Rs);
[A,B,C,D] = zp2ss(z,p,k);                            % 转换为状态空间形式
[At,Bt,Ct,Dt] = lp2bp(A,B,C,D,Wo,Bw);
[Ad,Bd,Cd,Dd] = bilinear(At,Bt,Ct,Dt,Fs);            % 双线性变换
[b,a] = ss2tf(Ad,Bd,Cd,Dd);                          % 转换为 tf 形式
[h,w] = freqz(b,a);
semilogy(w*Fs/2/pi,abs(h)), grid
xlabel('Frequency (Hz)');
```

输出的滤波器的幅频特性如图 12-16 所示。

3. 调用滤波器完全设计函数设计 IIR 数字滤波器

【例 12-15】 调用滤波器完全设计函数设计带通切比雪夫 I 型数字滤波器，通带为 1200～1500Hz，过渡带为 50Hz，采样频率 F_s=5000Hz，通带衰减系数 R_p=0.7dB，阻带衰减系数 R_s=50dB。

本例首先估计滤波器最小阶数，然后调用 cheby1 函数进行滤波器设计。

```
Ex_12_15.m
clear;
Fs=5000;
```

```
Rp=0.7;
Rs=50;
wp=[1200 1500]/Fs*2;
ws=[1150 1550]/Fs*2;
[N,Wn]=cheb1ord(wp,ws,Rp,Rs)                 % 估计滤波器最小阶数
[b,a]=cheby1(N,Rp,Wn);                       % 滤波器设计
[h,w] = freqz(b,a);
plot(w*Fs/pi/2,abs(h));grid;
xlabel('Frequency (Hz)');
ylabel('magnitude');
```

运行结果为如下。

```
N =
    10
Wn =
    0.4800    0.6000
```

结果中的 N=10 是设计的滤波器的阶数，Wn=[0.4800 0.6000]是滤波器截止频率。输出的滤波器幅频特性如图 12-17 所示。

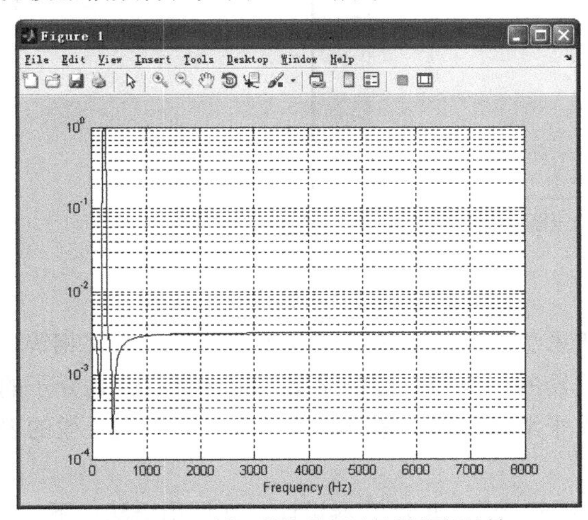

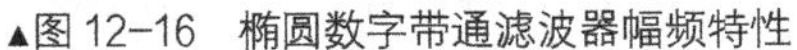

▲图 12-16　椭圆数字带通滤波器幅频特性

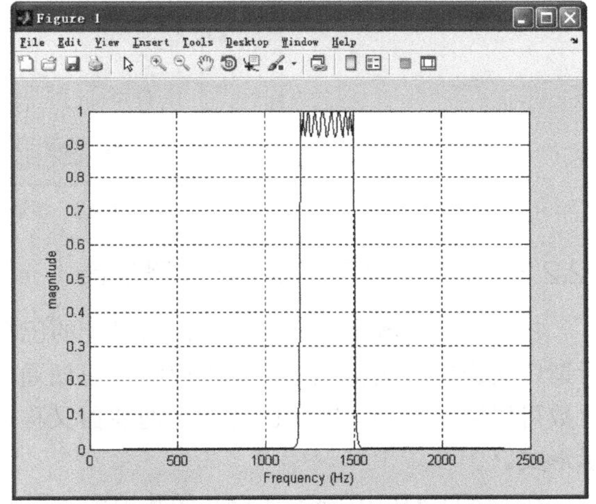

▲图 12-17　切比雪夫 I 型数字滤波器幅频特性

12.2.2　IIR 滤波器直接设计法

IIR 滤波器经典设计法只限于几种标准的低通、高通、带通和带阻滤波器，对于具有任意形状或者多频带滤波器的设计则无能为力。针对这一问题，MATLAB 提供了 yulewalk 函数，使用最小二乘法拟合给定的频率，使设计的滤波器达到期望的频率特性，这就是滤波器的直接设计法。

yulewalk 函数的调用语法如下。

[b,a]=yulewalk(n,f,m)：返回包括了 n 阶 IIR 滤波器的 n+1 个参数行向量 b 和 a。f 是一个 0～1 的频率点向量，第一个元素必须为 0，最后一个元素必须为 1，而且各元素必须是递增的。并且允许相邻元素在同频率响应相对应的条件下为同一频率点。m 是和频率向量对应的幅值向量。f 和 m 的维数必须相同。

在定义频率响应时，为了获得较好的设计，应避免通带至阻带的过渡带形状过分尖锐，通常要调整过渡带的斜率。

【例 12-16】　调用 yulewalk 函数设计一个多通带滤波器，并绘制相应的幅频特性曲线。

Ex_12_16.m

```
m = [0   0   1   1   0   0   1   1   1 0 0];
f = [0 0.1 0.2 0.3 0.4 0.5 0.6 0.7 0.8 0.9 1];
[b,a] = yulewalk(10,f,m);
[h,w] = freqz(b,a,128);
plot(f,m,w/pi,abs(h))
xlabel('Normalized Frequency(rad/sample)');
ylabel('magnitude')
```

运行以上代码，输出的滤波器幅频特性如图 12-18 所示，可以看出这是一个多通带滤波器。

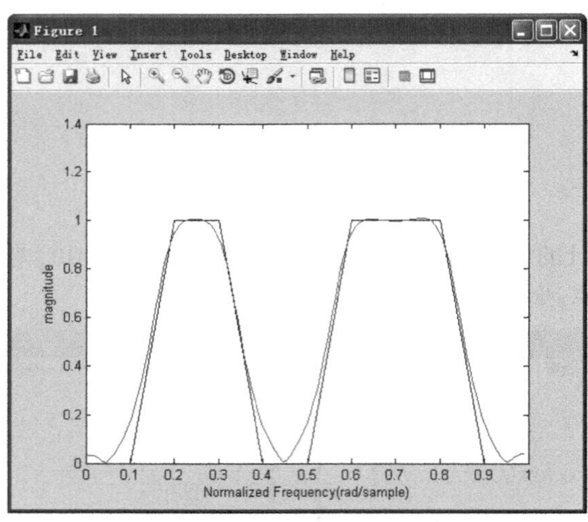

▲图 12-18　多通带滤波器的幅频特性

12.2.3　广义巴特沃思 IIR 滤波器设计

在 IIR 滤波器经典设计法中，所设计的巴特沃思滤波器系统函数的分子和分母阶数都相等。所谓广义巴特沃思滤波器，是指巴特沃思低通滤波器的分子和分母的阶数可以不同，并且分子的阶数可以高于分母。广义巴特沃思滤波器又称最大平滑滤波器，是巴特沃思滤波器更为一般的表示形式。

在 MATLAB 中，maxflat 函数用于实现广义巴特沃思 IIR 滤波器设计，其调用语法如下。

- [b,a] = maxflat(n,m,Wn)：b 和 a 是返回的巴特沃思低通滤波器函数的分子和分母系数向量，Wn 为滤波器–3dB 处的截止频率，范围为 0～1。
- b = maxflat(n,'sym',Wn)：返回的是对称 FIR 巴特沃思滤波器。*n* 必须是偶数，Wn 限制在[0,1]之内。
- [b,a,b1,b2] = maxflat(n,m,Wn)：返回两个多项式系数 b1 和 b2，b = conv(b1,b2)。b1 包含 z= −1 情况下所有的零点，b2 包含其他的零点。
- [b,a,b1,b2,sos,g] = maxflat(n,m,Wn)：返回滤波器二阶部分，sos 为滤波器矩阵，g 为滤波器增益。
- [...]=maxflat(n,m,Wn,'design_flag')：可以监控滤波器的设计。design_flag 可取以下参量：trace，用于获得滤波器设计的相应表格；plots，用于获得幅值响应、群延迟、零点和极点图；both，用于获得以上两者。

【例 12-17】 用 maxflat 函数设计一个通用巴特沃思低通滤波器，满足系统函数的分子阶数为 9，分母阶数为 3，截止频率为 π。

```
Ex_12_17.m
n = 9;
m = 3;
```

```
Wn = 0.2;
[b,a] = maxflat(n,m,Wn,'both')
```

运行以上代码，得出如下结果。

```
Table:
     L           M          N          wo_min/pi wo_max/pi
    9.0000         0     3.0000          0     0.2707
    8.0000    1.0000     3.0000     0.2707     0.3710
    7.0000    2.0000     3.0000     0.3710     0.4581
    6.0000    3.0000     3.0000     0.4581     0.5419
    5.0000    4.0000     3.0000     0.5419     0.6290
    4.0000    5.0000     3.0000     0.6290     0.7293
    3.0000    6.0000     3.0000     0.7293     1.0000
b =
  Columns 1 through 7
    0.0004    0.0034    0.0136    0.0318    0.0478    0.0478    0.0318
  Columns 8 through 10
    0.0136    0.0034    0.0004
a =
    1.0000   -1.6614    1.0863   -0.2308
```

结果中的 b 和 a 是返回的巴特沃思低通滤波器函数的分子和分母系数向量，输出的幅频响应、零极点图和群延迟图如图 12-19 所示。

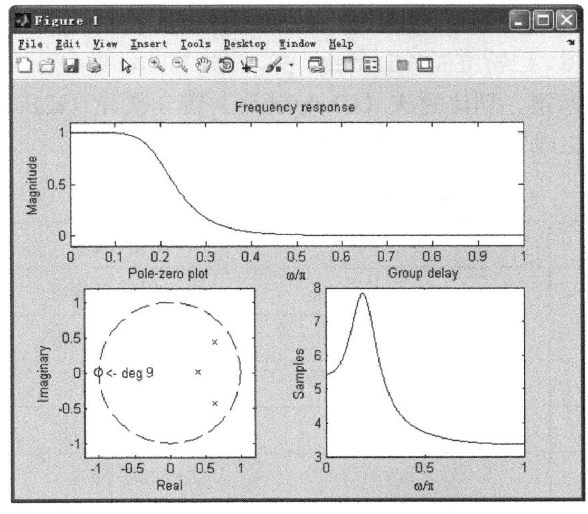

▲图 12-19 幅频响应、零极点图和群延迟图

12.3 FIR 滤波器的 MATLAB 实现

和 IIR 滤波器相比，FIR 滤波器既有优点又有缺点。

FIR 滤波器具有以下一些主要优点。

- 具有准确的线性相位。
- 永远稳定。
- 设计方法一般是线性的。
- 在硬件上具有更高的运行效率。
- 启动传输只需要有限的时间。

FIR 滤波器的主要缺点如下。

- FIR 滤波器为达到同样的性能要求需要比 IIR 滤波器高得多的阶数。
- 相应的 FIR 滤波器的延迟比同等性能的 IIR 滤波器高很多。

12.3.1　FIR 滤波器设计

MATLAB 信号处理工具箱提供的 FIR 数字滤波器的设计方法和工具函数如表 12-4 所示。

表 12-4　FIR 数字滤波器的设计方法和工具函数

设计方法	说　　明	工具函数
窗函数法	对理想滤波器加窗处理，根据滤波器性能指标，截取某一段来近似取代理想滤波器	fir1、fir2、kaiserord
多带和过渡带法	使用等波纹或者最小二乘法逼近频率范围内的子带	firls、firpm、firpmord
约束最小二乘法	满足最大误差限制条件下使整个频带平方误差最小化	fircls、fircls1
任意响应法	任意响应，包括非线性相位和复杂滤波器	cfirpm
升余弦法	具有光滑余弦过渡带的低通滤波器的设计	firrcos

窗函数法是设计 FIR 滤波器的最主要方法之一。下面主要介绍 FIR 滤波器窗函数设计法。

实际中遇到的离散时间信号总是有限长的，因此不可避免地要遇到数据截短问题。在信号处理中，对离散序列的截短是通过序列与窗函数相乘来实现的。

常用的窗函数有矩形窗、巴特立特（Bartlett）窗、三角窗、海明（Hamming）窗、汉宁（Hanning）窗、布莱克曼（Blackman）窗、切比雪夫（Chebyshev）窗和凯泽（Kaiser）窗。MATLAB 信号处理工具箱提供了一组用于生成窗函数的函数，见表 12-5。

表 12-5　MATLAB 信号处理工具箱中的窗函数汇总

函　　数①	函数功能
w=bartlett(n)	生成巴特立特窗
w=blackman(n)	生成布莱克曼窗
w=boxcar(n)	生成矩形窗
w=chebwin(n)	生成切比雪夫窗
w=hamming(n)	生成海明窗
w=hanning(n)	生成汉宁窗
w=kaiser(n)	生成凯泽窗
w=triang(n)	生成三角窗

① n 为窗的长度。

12.3.2　fir1 函数

MATLAB 信号处理工具箱提供了基于加窗的线性相位 FIR 滤波器设计函数 fir1 和 fir2。fir1 函数的调用语法如下。

b=fir1(n,Wn,'ftype',window)：n 表示滤波器的阶数；ftype 表示所设计的滤波器类型；window 为窗函数，是长度为 n+1 的列向量，默认情况下函数自动取海明窗。ftype 具体的可选参数如下：high 表示高通滤波器；stop 表示所设计的带阻滤波器；DC-1 表示多通带滤波器，第一频带为通带；DC-0 表示多通带滤波器，第一频带为阻带；默认情况下为低通或带通滤波器。

【例 12-18】 设计一个 55 阶的 FIR 带通滤波器，通带范围为 0.35≤ ω≤0.67。

```
Ex_12_18.m
b = fir1(55,[0.35 0.67]);          % 调用 fir1 函数设计 FIR 带通滤波器
freqz(b,1,512)                     % 画出幅频和相频响应图
```

输出的幅频特性如图 12-20 所示。

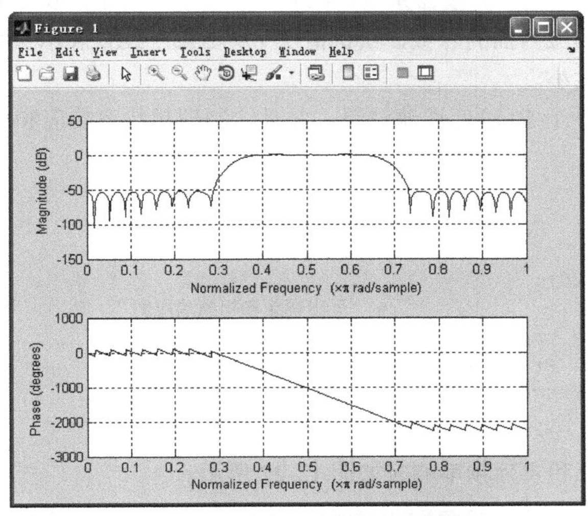

▲图 12-20 FIR 带通滤波器幅频特性

【例 12-19】 用窗函数法设计多通带滤波器，归一化通带为[0 0.2]、[0.4 0.6]、[0.8 1]。由于高频端为通带，因此滤波器的阶数应为偶数，这里定为 40。

首先将通带要求用向量 w 来表示，然后调用 fir1 函数进行滤波器设计。

```
Ex_12_19.m
w=[0.2 0.4 0.6 0.8];               % 滤波器设计参数
b=fir1(40,w,'dc-1');               % 用窗函数法设计多通带滤波器
freqz(b,1,512)                     % 绘制幅频—相频特性图
```

输出的幅频和相频特性如图 12-21 所示。

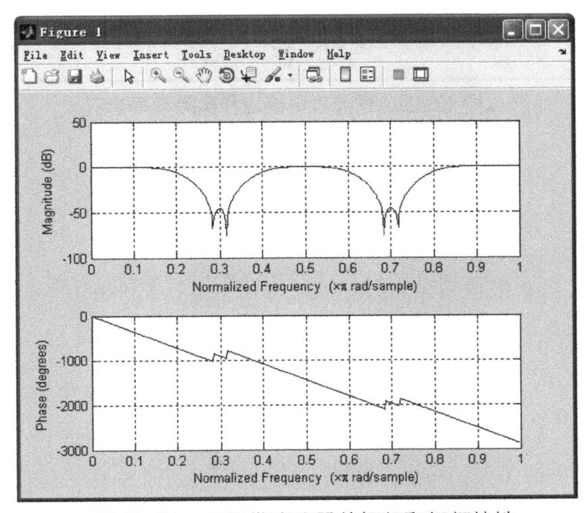

▲图 12-21 多通带滤波器的幅频和相频特性

12.3.3 fir2 函数

MATLAB 信号处理工具箱提供了 fir2 函数，用来进行基于频率采样的有限冲激响应滤波器设计，其调用语法如下。

b=fir2(n,f,m,npt,lap,window)：f 和 m 表示决定频率响应的向量，取值在[0,1]；n 表示滤波器阶数；b 向量表示返回滤波器系数；window 表示窗类型，长度必须为 n+1，默认时为海明窗；npt 表示对频率响应内插的点数，默认情况下为 512；lap 表示参数用于指定 fir2 在重复频率点附近插入的区域大小。

【例 12-20】 设计一个 50 阶低通滤波器，并且绘制理想频率响应和实际频率响应图。

```
Ex_12_20.m
f = [0 0.6 0.6 1];
m = [1 1 0 0];
b = fir2(50,f,m);
[h,w] = freqz(b,1,128);
plot(f,m,w/pi,abs(h))                % 画出幅频和相频响应图
legend('Ideal','fir2 Designed')
title('Comparison of Frequency Response Magnitudes')
xlabel('Normalized Frequency(rad/sample)');
ylabel('magnitude')
```

输出的理想频率响应和实际频率响应如图 12-22 所示。

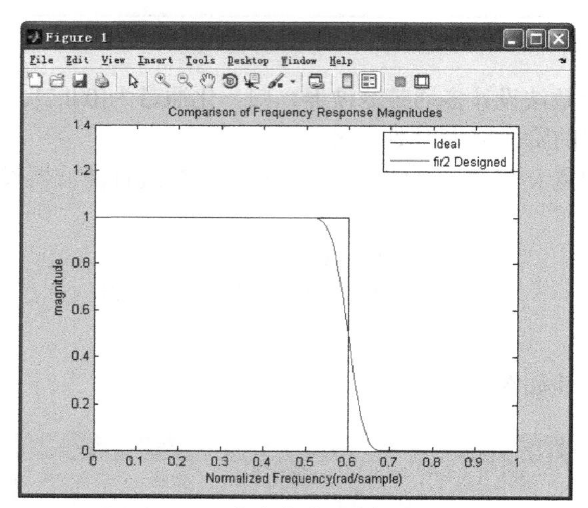

▲图 12-22 理想频率响应和实际频率响应

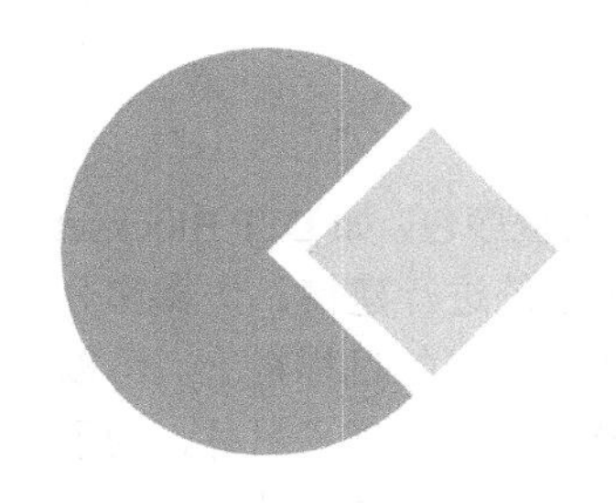

第 13 章 Simulink 仿真

Simulink 是 MATLAB 环境下一个进行动态系统建模、仿真和综合分析的集成软件包。它可以处理的系统包括：线性、非线性系统；离散、连续及混合系统；单任务、多任务离散事件系统。Simulink 已经成为学术和工业领域中在动态系统建模和模拟方面应用最广泛的软件包。

13.1 Simulink 简介

在 Simulink 提供的图形用户界面上，只要进行鼠标的简单拖曳操作就可以构造出复杂的仿真模型。其外表以方块图形式呈现，模块间连接数据线，且采用分层结构。从建模的角度讲，这既适于自上而下（Top-down）的设计流程（概念、功能、系统、子系统直至器件），又适于自下而上（Bottom-up）的逆设计。从分析研究的角度讲，这种 Simulink 模型不仅能让用户知道具体环节的动态细节，而且能清晰地了解各器件、各子系统、各系统间的信息交换，掌握各部分之间的交互影响。

在 Simulink 中，用户将摆脱理论演绎时需做理想化假设的无奈，观察到现实世界中摩擦、风阻、齿隙、饱和、死区等非线性因素和各种随机因素对系统行为的影响。在 Simulink 中，用户可以在仿真进程中改变感兴趣的参数，实时地观察系统行为的变化。由于 Simulink 环境使用户摆脱了深奥数学推演的压力和烦琐编程的困扰，因此用户在此环境中会产生浓厚的探索兴趣，激发活跃的思维，感悟出新的真谛。

13.1.1 Simulink 功能与特点

利用 Simulink 进行系统的建模仿真，其最大的优点是易学、易用，并能使用 MATLAB 提供的丰富的仿真资源。本节对 Simulink 的强大功能进行简单介绍。

1. 交互式图形化的建模环境

Simulink 提供了丰富的模块库，用户可以使用模块库快速建立动态系统模型。建模时只须使用鼠标拖入不同模块库中的系统模块，将它们连接起来即可。另外，还可以把若干功能块组合成子系统，建立起分层的多级模型。Simulink 这种图形化、交互式的建模过程非常直观，且容易掌握。

2. 交互式的仿真环境

Simulink 框图提供了交互性很强的仿真环境，既可以通过下拉菜单进行仿真，也可以通过命令行进行仿真。菜单方式对于交互工作非常方便，而命令行方式对于运行一大类仿真，如蒙特卡罗仿真等非常有用。在 Simulink 环境中，用户在仿真的同时可以采用交互或批处理的方式，方便地更换参数来进行“What-if”式的分析仿真。对仿真过程中的各种状态参数，可以在仿真运行的同时通过示波器或者利用 ActiveX 技术的图形窗口显示。

3. 专用模块库

作为 Simulink 建模系统的补充，MathWorks 公司还开发了专用功能块的程序包，如 DSP Blockset 和 Communication Blockset 等。通过使用这些程序包，用户可以迅速地对系统进行建模、仿真和分析。更重要的是，用户还可以对系统模型生成代码，并将生成的代码下载到不同的目标机上。可以说，MathWorks 为用户从算法设计、建模仿真到制导系统试验提供了完整的解决方案。另外，为了方便用户系统地实施，MathWorks 公司还开发了实施软件包，如 TI 和 Motorola 开发工具包，以方便用户进行目标系统的开发。

4. 提供了仿真库的扩充和定制机制

Simulink 的开放式结构允许用户扩展仿真环境的功能：采用 MATLAB、Fortran 和 C 代码能生成自定义模块库，并拥有自己的图标和界面。因此，用户可以将使用 Fortran 或者 C 的代码嵌入进来，或者购买使用第三方开发提供的模块库进行高级系统设计、仿真和分析。

5. 与 MATLAB 工具箱的集成

由于 Simulink 可以直接利用 MATLAB 的诸多资源与功能，因此用户可以直接在 Simulink 下完成诸如数据分析、过程自动化、参数优化等工作。工具箱提供的高级设计和分析能力可以融入仿真过程。

综合来说，Simulink 具有以下一些特点。

- 丰富的可扩充的预定义模块库。
- 交互式的图形编辑器。
- 通过模型分割实现复杂模型的管理。
- 可通过 Model Explorer 导航，配置、搜索模型中的任意信号、参数和属性。
- 支持通过 C 语言扩展功能模块。
- 进行系统交互式或批处理式的仿真。
- 支持交互式定义输入和浏览输出。
- 通过图形化调试工具检查和诊断模型行为。
- 通过 MATLAB 分析数据和可视化数据，开发图形用户界面，以及创建模型数据、参数。
- 提供模型分析和诊断工具。

13.1.2　Simulink 的安装与启动

Simulink 是否安装，由安装 MATLAB 时的选项来决定。如果用户购买了 Simulink 模块，系统就会按照默认设置自动安装 Simulink。

在启动 Simulink 软件包之前，首先要启动 MATLAB 软件。在 MATLAB 中有以下两种启动 Simulink 浏览器的方法。

- 单击工具栏上的 Simulink Library 按钮。
- 在命令行中键入 simulink。

随之会打开 Simulink Library Browser（即 Simulink 模型库浏览器），界面如图 13-1 所示。

模型库为用户提供了非常丰富的模块组，主要包括 Simulink、Aerospace Blockset、Fuzzy Logic Toolbox、Real Time Workshop、SimMechanics、SimPower System、Virtual Reality Toolbox、Stateflow、Communications Blockset、Gauges Blockset 等。

单击左侧的模块组，在右侧就会显示该模块组内的所有模块，或者右击需要打开的模块组的名字，从弹出的菜单中选择 Open **** Library（****代表模块组的名字），将会弹出一个新窗口，显示相应模块组的所有模块。图 13-2 所示为 Math Opentions 库中的模块。

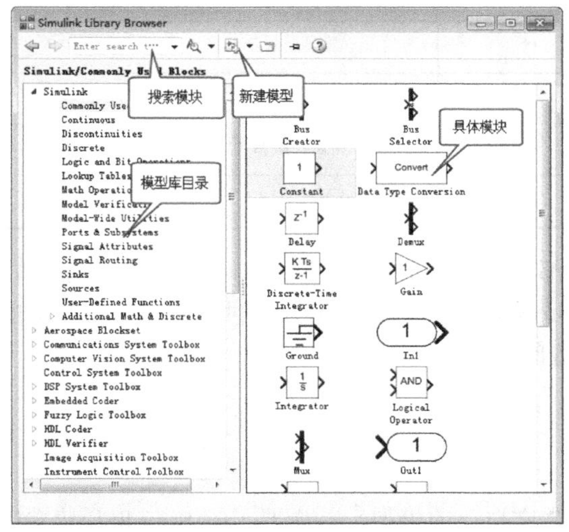

▲图 13-1 Simulink Library Browser 界面

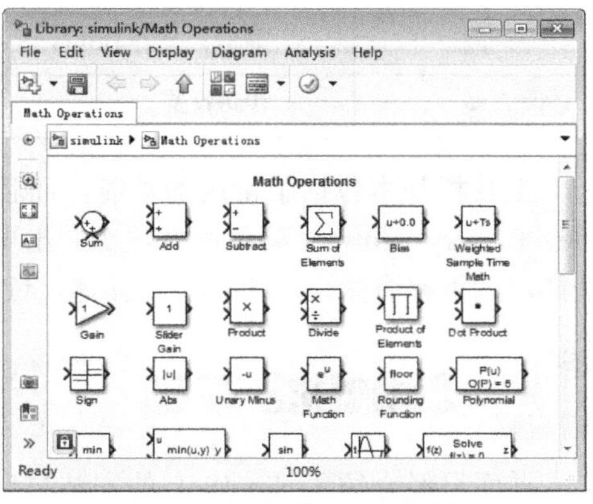

▲图 13-2 在新窗口中显示模块

单击模型库浏览器工具栏上的按钮，可以新建空白 Simulink 模型。另外，还可以单击模型库浏览器工具栏上的按钮，打开一个现有的 Simulink 仿真模型（.mdl 文件），此时会弹出 Simulink 建模仿真窗口。例如打开系统自带的 bounce 模型，如图 13-3 所示。

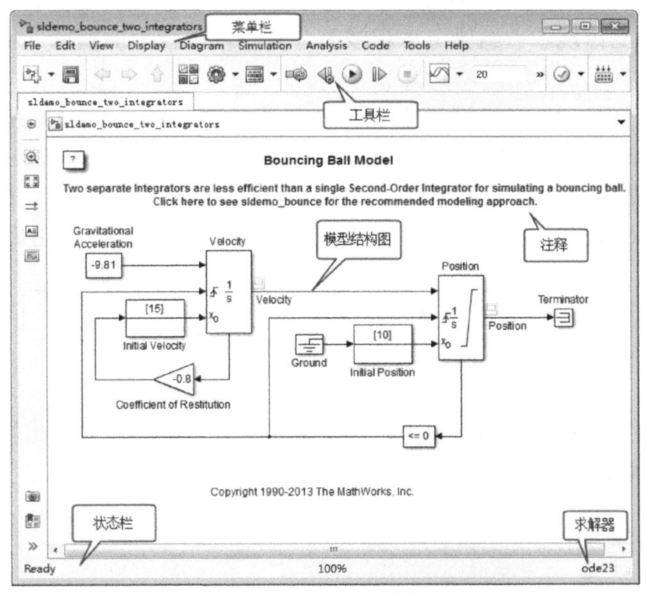

▲图 13-3 Simulink 建模仿真窗口

工具栏中各按钮的作用见表 13-1。

表 13-1　　工具栏按钮的作用

工具栏按钮	作　用	工具栏按钮	作　用
	开始/继续仿真		暂停（仿真过程中出现）
	停止仿真		仿真终止时间

续表

工具栏按钮	作　用	工具栏按钮	作　用
	建立模型		快速启动
	模型浏览器		数据检查器
	显示 Library Browser		模型参数配置
	步进设置		下一步

工具栏基本包括了常用的功能，而且在菜单中都有相对应的命令。例如单击按钮，或单击 View|Library Browser 菜单命令，都会出现 Library Browser 窗口。菜单命令提供了更多、更强大的功能，因篇幅有限，这里就不再详述，读者可自行查阅帮助文档。

13.2 Simulink 基础

前面已经介绍了 Simulink 的安装与启动。为了建立自己的模型，首先要了解 Simulink 建立模型过程中需要进行的基本操作。本节介绍 Simulink 的常用模块和信号线操作、模型注释、常用模型库以及仿真配置等内容。

13.2.1 Simulink 模型的含义

Simulink 模型有以下几层含义：在视觉上表现为直观的方框图，在文件上表现为扩展名是.mdl 的 ASCII 码，在数学上体现了一组微分方程或差分方程，在行为上模拟了物理器件构成的实际系统的动态结构。

从宏观的角度看，Simulink 模型通常包含三部分：信源（source）、系统（system）以及信宿（sink）。图 13-4 展示了这种模型的一般性结构，其中，系统就是指被研究系统的 Simulink 框图；信源可以是常数、正弦波、阶梯波等信号源；信宿可以是示波器、图形记录仪等。系统、信源、信宿，可以从 Simulink 模块库中直接获得，也可以根据需要，用库中的模块搭建而成。

▲图 13-4　Simulink 模型的一般性结构

当然，对于具体的 Simulink 模型而言，不一定完全包含这三部分。比如用于研究初始条件对系统影响的 Simulink 模型，就不必包含信源组件。

13.2.2 Simulink 模块操作

1. 模块的基本操作

（1）模块的添加

用鼠标指向模块库内所需的模块，按下鼠标左键，把它拖至建模仿真窗口内，或者右击该模块并从上下文菜单中选择 Add block to model 命令添加到仿真窗口，通过这两种方法就可以添加一个模块了。

（2）模块的选定

模块选定操作是指在图 13-3 所示的仿真窗口中选定需要进行操作的模块，模块选定是其他模块操作的基础。当把鼠标指针放在选定的模块上时，模块的 4 个角会出现小方块，单击选中模块之后，模块四周会有荧光高亮显示。模块选定后的显示状态如图 13-5 所示。

要选定单个模块，用鼠标指针指向待选模块，单击即可。

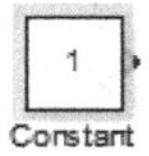

选定多个模块的操作方法如下。

▲图 13-5　模块选定后的显示状态

- 按下 Shift 键，同时依次单击所需选定的模块。
- 按住鼠标任意一键，拉出矩形虚线框，将所有待选模块包在其中，于是矩形里所有的模块均被选中。此方法适合于选取位置相近的模块。

（3）模块的移动

操作方法：选中需移动的模块，按下鼠标左键，将模块拖到合适的地方即可。在移动过程中按下 Shift 键，可以固定横向或者纵向移动。需要指出的是：模块移动时，与之相连的连线也会随之移动。

（4）模块的删除

选中待删除模块后，可以采用以下几种方法删除模块。

- 按键盘上的 Delete 键。
- 单击工具栏中的 ✂ 图标或者使用 Ctrl+X 快捷键，将选定的模块剪切到剪贴板上。

（5）模块的复制

不同模型窗口（包括模型库窗口在内）之间模块的复制方法如下。

- 在一个窗口中选中模块，按下鼠标左键，将其拖至另一模型窗口，然后释放。
- 在一个窗口中选中模块，使用 Ctrl+C 快捷键，然后用鼠标单击目标模型窗口中需要复制模块的位置，使用 Ctrl+V 快捷键即可（此方法也适用于同一窗口内的复制）。

在同一模型窗内复制模块的方法如下。

- 按下鼠标右键，拖动鼠标至合适的地方，然后释放。
- 按住 Ctrl 键，再按下鼠标左键，将待复制的模块拖至合适的地方，然后释放。

（6）改变模块大小

要改变模块的大小，首先选中该模块，待模块柄出现后，将光标指向适当的柄，也就是模块一角，按下鼠标左键并拖动，然后释放即可。改变模块大小的过程如图 13-6a～c 所示。

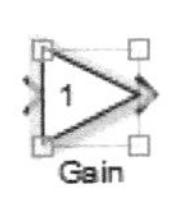

a）原尺寸

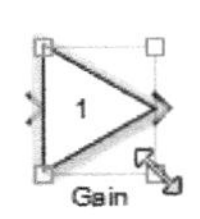

b）拖动边框

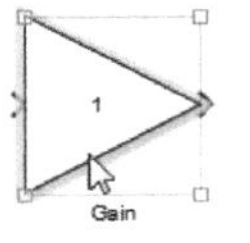

c）新尺寸

▲图 13-6　改变模块的大小

（7）模块的旋转

默认状态下的模块总是输入端在左，输出端在右，相应的模块显示状态如图 13-7a 所示。单击 Diagram|Rotate & Flip 命令，可以将选定的模块旋转 90°，相应的模块显示状态如图 13-7b 所示。另外，也可以选择 flip，将选定的模块旋转 180°，相应的模块显示状态如图 13-7c 所示。

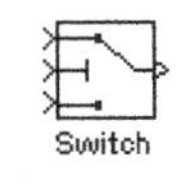

a）默认状态

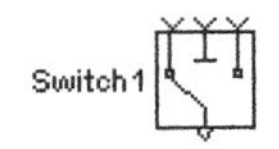

b）旋转 90°

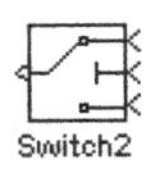

c）旋转 180°

▲图 13-7　模块的旋转

（8）模块名的设置

要修改模块名：单击模块名，这时光标就在文件名文本间闪动，用户就可以直接进行修改了。修改完毕，将光标移出该编辑框，单击其他地方即可结束修改。

要模块名字体设置，单击 Diagram|Format|Font Style 命令，打开字体对话框后，可根据需要设置。

要改变模块名的位置，选中模块后，单击 Diagram|Rotate & Flip|Flip Block Name 命令，可将模块名从原先位置移到“对侧”。

要隐藏模块名，选中模块后，去掉 Diagram|Format|Show Block Name 命令前的对勾就可以了。如果想显示模块名，那么再次选中该选项即可。

（9）模块的阴影效果

选中 Diagram|Format|Block Shadow 命令，即可为选定的模块加上阴影效果。取消对该选项的选择，可以去除阴影效果。模块的阴影效果如图 13-8 所示。

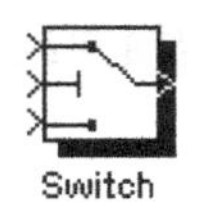

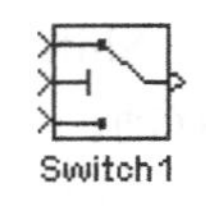

▲图 13-8　模块的阴影效果

2. 向量化模块和标量扩展

几乎所有的 Simulink 模块都接受标量或向量输入，产生标量或向量输出，并且允许用户提供标量或向量参数。

标量扩展是向量化模块进行符合规则运算所必须具备的自适应能力，Simulink 对大部分模块的输入或参数都可进行标量扩展。所谓标量扩展，是指将一个标量值转换为一个适当长度的向量，该向量的各元素值等于原来的标量值。当使用有多个输入端的模块（诸如 Sum 或 Relational Operator 模块）时，可以将向量输入和标量输入混合在一起。此时，标量将扩展成向量，而宽度则与向量输入相等。

如果多个模块的输入是向量，那么它们包含的元素个数应该相等。

【例 13-1】　示波模块的向量显示能力。

如图 13-9 所示，这一模型具有两个标量输入：锯齿波和正弦波。经过 Mux 模块的处理，形成一个向量波形。双击 scope 模块可以显示所产生的向量波形，如图 13-10 所示。

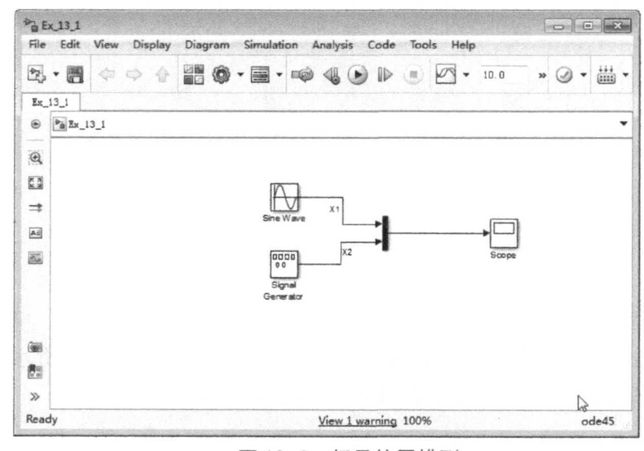

▲图 13-9　标量扩展模型

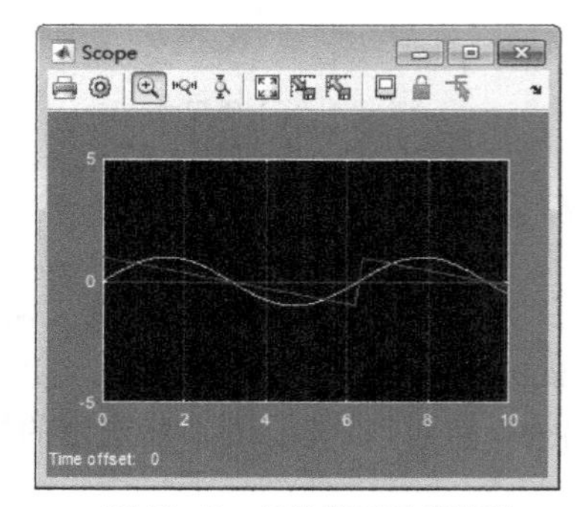

▲图 13-10　示波器显示的波形

【例 13-2】　求和模块的向量处理能力：输入扩展。

如图 13-11 所示，假设 add 模块有两个输入端，一个输入四元向量[2,32,56,24]，另一个输入标量 9。该模块执行功能的数学表达式为：[2,32,56,24]+9=[11,41,65,33]，在此 add 模块的扩展了第 2 个输入。

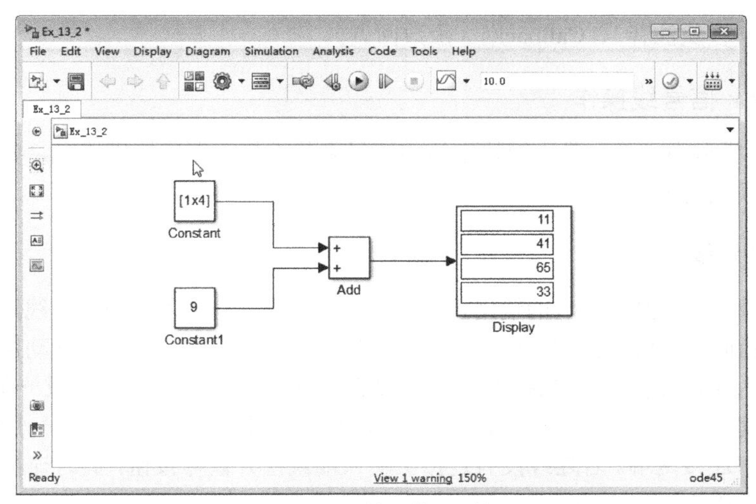

▲图 13-11 输入的标量扩展

【例 13-3】 增益模块的向量处理能力：参数扩展。

假设 Gain 模块输入一个四元向量[13,23,54,2]。该模块执行功能的数学表达式为：[13,23,54,2]*0.46=[5.98, 10.58,24.84,0.92]。相应的 Simulink 模型如图 13-12 所示。

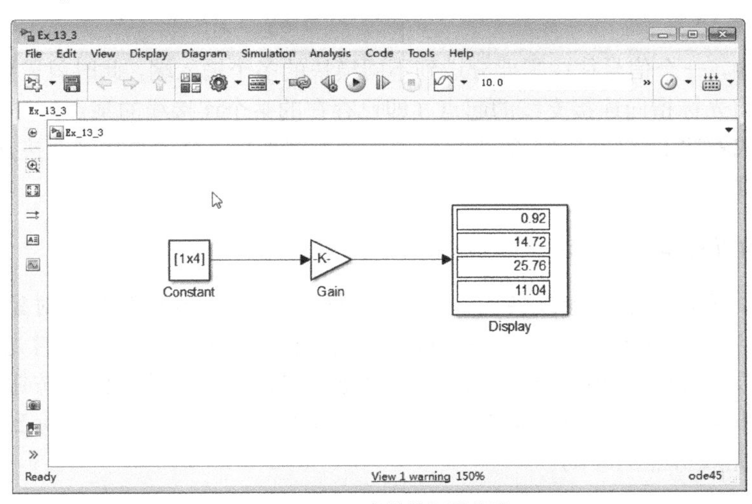

▲图 13-12 参数的标量扩展

3. 参数设置

几乎所有的模块都有一个相应的参数对话框，该对话框可以用来对模块参数进行设置。双击选定的模块，就会弹出该模块的参数对话框，然后设置对话框中适当栏目中的值即可。例如双击图 13-12 中的 Constant 模块，就会弹出图 13-13 所示的参数设置对话框。

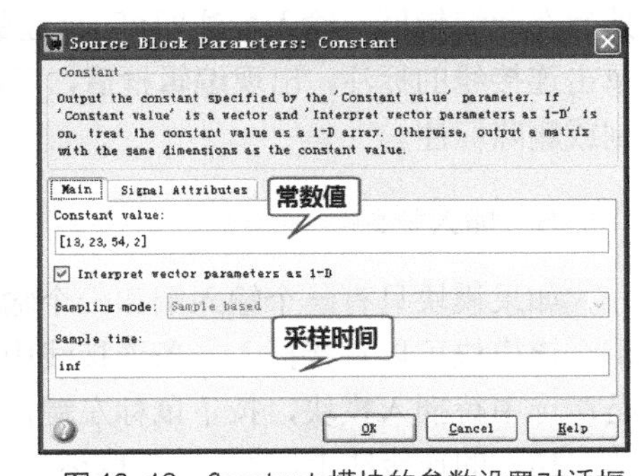

▲图 13-13 Constant 模块的参数设置对话框

此外，假如选中某一个模块并右击，从上下文菜单中选择 Properties 命令，Simulink 会弹出一个基本属性对话框。在该对话框中会列出由用户根据需要设定的 5 个基本属性：Description（描述）、Priority（优先级）、Tag（标签）、

Block Annotation（模块注释）、Callbacks（函数回调）。

13.2.3 Simulink 信号线操作

在 Simulink 模型中，信号是由模块之间的连线来传送的。在连接模块时，要注意模块的输入端、输出端和各模块间信号的流向。

1. 模块间的连线

模块间的连线是指从某一模块的输出端开始到另一个模块的输入端的有向线段。要另起一段绘制过程，将光标指向模块的输出端，待光标变成十字形后，按下鼠标左键，拖动鼠标，移动光标到另一个模块的输入端，然后释放鼠标按钮即可。此时，Simulink 就会自动生成一条带箭头的线段，把两个模块连接起来，箭头的方向表示信号流向。如果输入端和输出端不在同一水平线上，Simulink 会自动生成折线来连接两端。若连线没有连接上输入端就松开鼠标按钮，此时连接线就会变成一条红色的虚线来提醒用户连接有误。

连接线的移动和删除与模块的移动和删除非常相似。移动的方法是选中连接线，按住鼠标左键，移动到期望的位置，然后释放鼠标按钮即可。删除连接线方法是直接选中连接线，然后按键盘上的 Delete 或 Backspace 键即可。

2. 画支线

在实际模型中，一个信号往往需要分送到不同模块的多个输入端，此时就需要绘制支线。支线的绘制方法为：将光标指向连接支线的起点（即已存在的某个连接线的某点），按下 Ctrl 键的同时按下鼠标左键，或者按下鼠标右键，等光标变成一个十字形后，移动光标到连接支线的终点处，然后释放鼠标按钮即可。

3. 连接线的折曲和折点移动

在模型图中，有时需要连接线转向，以腾出空白位置绘制或放置其他对象。让连接线产生折曲的过程是：首先选中连接线，将光标移动到待折处，按下 Shift 键，这时光标变成一个小圆圈，并且在折点处显示一个小黑方块，然后移动光标到合适处，松开鼠标按钮即可。或者选中连接线，移动光标到折点处，当光标变成小圆圈时按下鼠标左键，移动鼠标到目标处，然后松开鼠标按钮即可完成折点的移动。

4. 标注信号线

要对某一连接线进行标注，只要双击此连接线，Simulink 就会在连接线旁边显示一个编辑框，然后在此编辑框中输入标注即可。标注的字体可以通过选择 Diagram|Format|Font Style 命令来修改。单击连接线的标注，出现编辑框后，可以对标注进行修改。将光标指向编辑框后，还可以移动、复制或删除标注。

5. 插入模块

如果模块只有一个输入端和一个输出端，那么该模块可以直接插入一条连接线中。方法是：选中待插入模块，按下鼠标左键，拖动至希望插入的连接线上，然后松开鼠标按钮即可。模块的插入实现过程如图 13-14 所示。

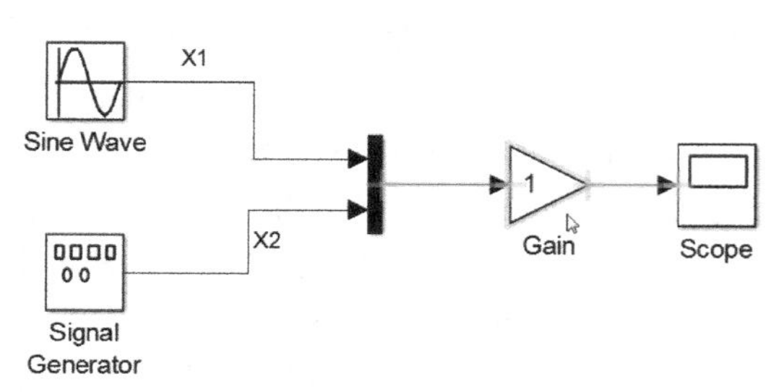

▲图 13-14　模块的插入

13.2.4 Simulink 对模型的注释

在建立模型的过程中，书写注释是为了更好地理解模型。

（1）模型注释的创建

在将用做注释区的中心位置双击，出现编辑框。在框中输入所需的文字，完成注释输入之后，在编辑框之外单击即可。

（2）注释位置的移动

在注释文字处单击就可以把该编辑框移动到任何希望的位置。

（3）注释文字的字体控制

单击注释编辑框，再单击 Diagram|Format|Font Style 命令，弹出标准的 Windows“字体”对话框，从中可以选择字体及文字大小，然后在编辑框之外单击即可。

需要指出的是，自 MATLAB 7.0（即 Simulink 6.0）之后的某些版本中，模型注释中就不能包括中文。如果有中文，保存文件时就会弹出一个错误提示对话框，提示模型不能保存。不过在 2014b 版本中是可以添加中文注释的。如果用户使用的是不能添加中文注释的版本，那么建议用户使用英文来注释，或者采用新版本的软件。

13.2.5 Simulink 中常用的模型库

由 Simulink Library Browser 窗口可以看出，Simulink 模型库包含了丰富的模块组。表 13-2 显示的是 Simulink 中所包含的模块组。本节介绍常用的 Sinks 模块组和 Sources 模块组。

表 13-2　Simulink 中所包含的模块组

模 块 组	对应的英文名
常用模块组	Commonly Used Blocks
连续模块组	Continuous
非连续模块组	Discominuties
离散模块组	Discrete
逻辑与二进制操作模块组	Logic and Bit Operations
寻表操作组	Lookup Tables
数学运算模块组	Math Operations
模型验证操作模块组	Model Verification
Model-Wide 功能	Model-Wide Utilities
端口与子系统模块组	Ports & Subsystems
信号路由模块组	Signal Routing
接收器模块组	Sinks
信号源模块组	Sources
自定义函数模块组	User-Defined Functions
附加数学和离散模块组	Additional Math & Discrete

1. Simulink 中常用的 Sources 模块组

Sources 模块组包括常用的信号发生模块，如图 13-15 所示。

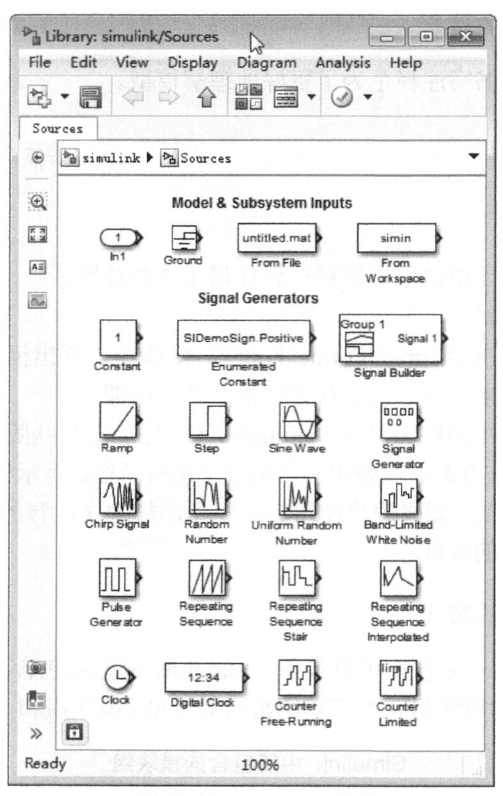

▲图 13-15　Sources 模块组

Sources 模块组中各个模块及其相应的功能见表 13-3。

表 13-3　　信号源模块及其说明

模 块 名	使用说明
输入端口（In1）模块	用来反映整个系统的输入端，在模型线性化与命令行仿真时，这个设置非常有用，可作为信号输入
接地（Ground）模块	一般用于表示零输入模块，如果一个模块的输入端没有接其他任何模块，仿真时往往会出现警告，此时可以接入接地模块，其功能类似于终结（Terminator）模块
从文件中输入数据（From File）模块	从外部输入数据，从.mat 文件中输入
从工作区输入数据（From Workspace）模块	从外部输入数据，从 MATLAB 工作区输入数据
常数（Constant）模块	产生不变常数
枚举常量（Enumerated Constant）模块	产生枚举数值的标量、数组或者矩阵
信号发生器（Signal Generator）模块	可产生正弦波、方波、锯齿波等信号，并且可以设置幅度和频率
脉冲发生器（Pulse Generator）模块	产生脉冲信号，可以设置幅度、周期、宽度等信息
信号构造器（Signal Builder）模块	在模块窗口双击此模块，在弹出的对话框中绘制信号，即可构造出所需信号
斜坡信号（Ramp）模块	产生斜坡信号
正弦波信号（Sine Wave）模块	产生正弦波信号

续表

模 块 名	使用说明
阶跃信号（Step）模块	产生阶跃信号
重复序列（Repeating Sequence）模块	可构造重复的输入信号
Chirp 信号（Chirp Signal）模块	产生一个线性 Chirp 信号
随机数（Random Number）模块	产生正态分布的随机信号
均匀分布随机数（Uniform Random Number）模块	产生均匀分布的随机信号
带限白噪声（Band-Limited White Noise）	一般用于连续或混合系统的白噪声信号输入
重复离散信号（Repeating Sequence Interpolated）模块	构造可重复输入的离散信号，样本间信号采用线性插值
累加信号（Counter Free-Running）模块	信号不断累加，当累加的信号大于 2^N-1 时，信号会自动回零，其中 N 由参数设置对话框中 Number of Bits 设置
有限计数器（Counter Limited）模块	可自定义计数上限
时钟（Clock）模块	用于显示和提供仿真时间信号
数字时钟（Digital Clock）模块	用于显示在指定的样本间隔内的时间，其他情况下保持时间不变

2. Simulink 常用的 Sinks 模块组

Sinks 模块组包括常用的离散模块，如图 13-16 所示。

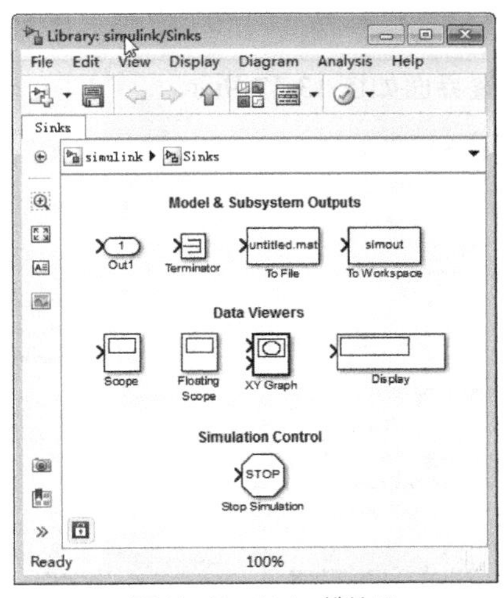

▲图 13-16 Sinks 模块组

Sinks 模块组中各个模块及其相应的功能见表 13-4。

表 13-4 信宿模块及其说明

模 块 名	使用说明
输出到动作空间（Out1）模块	用来反映整个系统的输出端，这样的设置在模型线性化与命令行仿真时是必需的，在系统直接仿真时，这样的输出将自动在 MATLAB 工作区中生成变量
终结（Terminator）模块	用来终结输出信号，在仿真的时候可以避免由于某些模块的输出端未连接信号而导致的警告
输出数据到文件（To File）模块	将模块输入的数据输出到.mat 文件中
输出数据到工作区（To Workspace）模块	将模块输入的数据输出到工作区当中

续表

模 块 名	使用说明
示波器（Scope）模块	将输入信号输出到示波器中并显示出来
悬浮示波器（Floating Scope）模块	悬浮示波器模块可以在仿真过程中显示任何选定的信号，而无须修改系统模型
XY 示波器（XY Graph）模块	将两路信号分别作为示波器的两条坐标轴，以显示信号的相位轨迹
显示（Display）模块	以数字形式显示数据
终止仿真（Stop Simulation）模块	如果输入为零，则强制终止仿真

13.2.6　Simulink 仿真配置

Simulink 模型本质上是一个计算机程序，它定义了描写被仿真系统的一组微分或差分方程。当单击 Simulation|Run 命令或者单击按钮时，Simulink 开始用一种数值解算方法去求解方程。

在进行仿真前，用户如果不采用 Simulink 默认设置，就必须对各种仿真参数进行配置。这包括：仿真的起始和终止时刻的设定、仿真步长的选择、各种仿真容差的选定、数值积分算法的选择、是否从外界获得数据和是否向外界输出数据等。

在建模仿真窗口中单击 Simulation|Model Configuration Parameters 命令，即可弹出仿真参数配置窗口，其中含有求解器参数设置、仿真数据的输入/输出设置、仿真异常情况诊断参数配置、优化参数设置、硬件执行、模型参考、real-time workshop、HDL Coder 等子参数的设置。

1. 求解器参数的设置

求解器（Solver）参数的设置界面如图 13-17 所示。

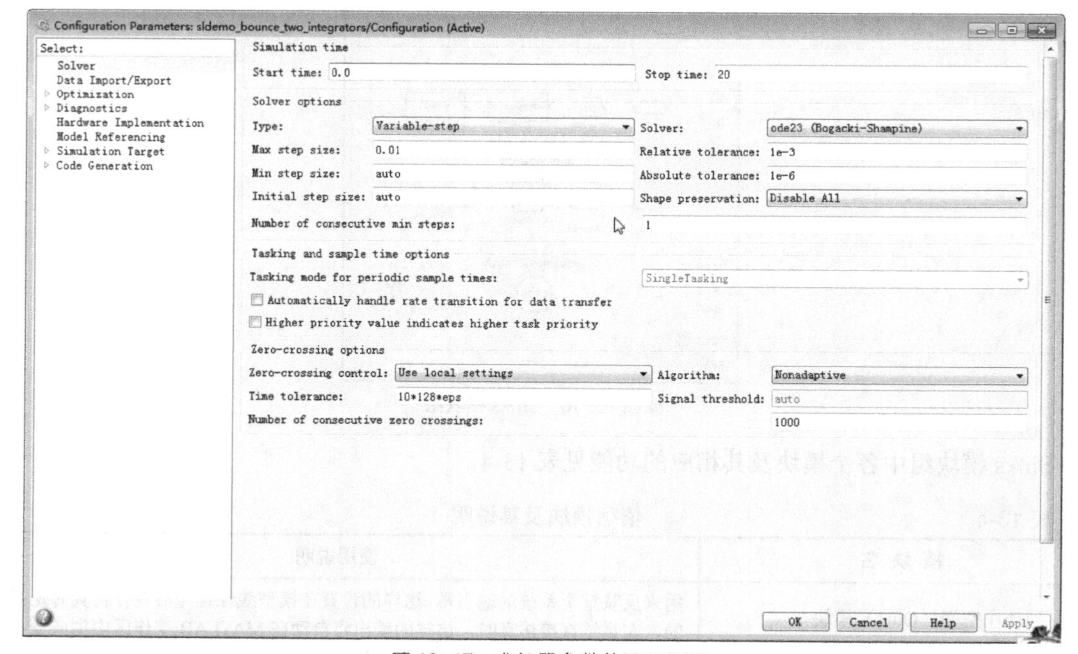

▲图 13-17　求解器参数的设置界面

求解器的具体参数设置如下。

（1）Simulation time 的设置

- Start time 栏：默认设置为 0，单位为秒。

- Stop time 栏：默认设置为 10，单位为秒。

（2）Solver options 的设置

- Type 栏：设定求解器类别。求解器分为两大类别：变步长（Variable-step）求解器和定步长（Fixed-step）求解器。默认设置是 Variable-step。这种求解器能在保证精度下使用尽可能大的步长，能完全排除积分步长和输出“解点”间隔之间的相互制约，可不必为获得光滑输出而设定很小的步长。“解点”是指：由自变量数据和相应输出值所表示的解空间的点。它由实际步长和输出模式共同决定。当求解器为变步长类别时，需要设置最大步长和初始步长，相对容差和绝对容差。
- Solve 栏：设定求解器的具体算法类型，如 ode45、ode23、ode113、ode15s 等。默认采用变步长算法 ode45。

（3）Tasking and sample time options 的设置

- Tasking mode for periodic sample times：用来选择模块，以决定如何设置采样时间周期。默认设置为 Auto。
- Automatically handle rate transition for data transfer：用来指定 Simulink 是否自动在不同采样速率模块之间插入隐藏的速率转换模块，来保证任务之间数据传输的完整性。
- Higher priority value indicates higher task priority：用来指定在模型的目标实时系统执行异步数据传输时，是否为具有高优先级的任务分配较高或者较低的优先级权重。

（4）Zero-crossing options 的设置

在模型变步长模拟过程中开启过零检测。对于大部分模型来说，这可以通过采用更大的时间步长来增加模拟速度。

2. 仿真数据的输入/输出设置

仿真数据的导入/导出设置界面如图 13-18 所示，此界面可通过在图 13-17 所示界面的左侧边栏中单击 Data Import/Export 项来显示。

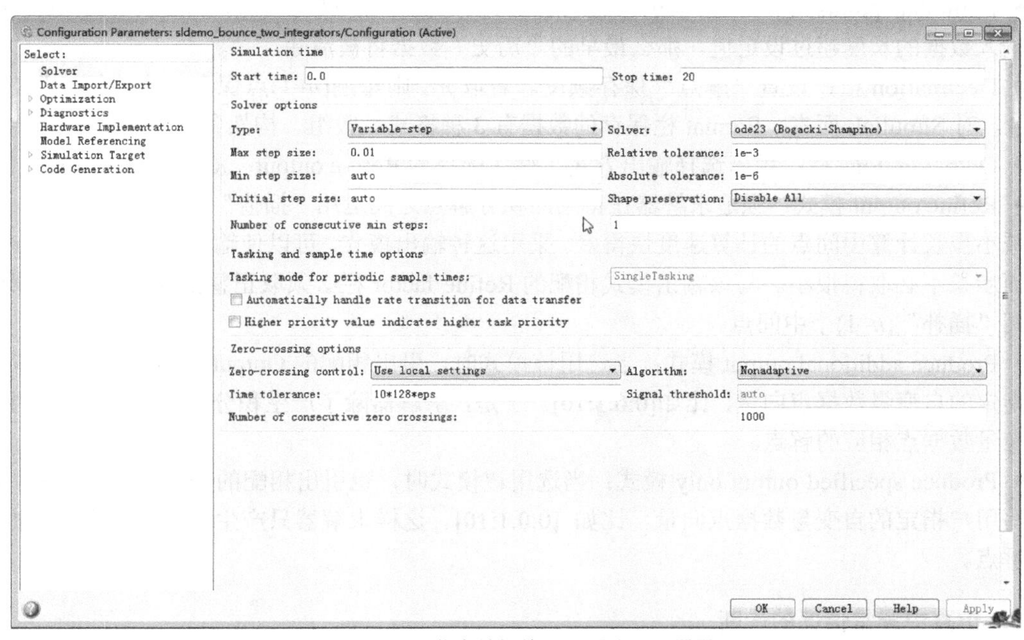

▲图 13-18 仿真数据的导入/导出设置界面

关于 Simulink 内状态向量的说明：可以将 Simulink 模型看作一组联立的一阶微分或差分方程。

构成模型的传递函数模块、状态方程模块、非线性模块（部分）等都具有相应的状态变量，于是就引出了状态变量的存取（Access）问题。解决存取问题最简单的途径是利用导入/导出设置界面。

（1）Load from Workspace

- Input 栏：假如模型窗口中使用输入模块 In1，那么就必须勾选 Input 栏，并填写上在 MATLAB 工作区中的输入数据变量名，比如[t,u]。倘若输入模块有 n 个，则 u 的第 1，2，…，n 列分别送往输入模块 In1，In2，…，Inn。
- Initial state 栏：勾选该选项，将强迫模型在进行仿真前从工作区中获取模型内所有状态变量的初始值，而该模型中各模块设置过的初始值都会被覆盖。该栏空白处填写的变量名（默认名为 xInitial）应是工作区中存在的变量。该变量包含模型状态向量的“初始值”。

（2）Save to Workspace

- Time 栏：勾选该选项后，模型将把仿真过程中的时间变量以指定的变量名（默认名为 tout）存放于工作区中。
- States 栏：勾选该选项后，模型将把其仿真过程中的状态变量以指定的变量名（默认名为 xout）存放于工作区中。
- Output 栏：勾选该选项后，模型将把其仿真过程中的信号数据以指定变量名存放于工作区中。数据的存放方式与输入情况相似。
- Final states 栏：勾选该选项后，在仿真结束时将向工作区中以指定的名称（默认名为 xFinal）存放最终状态值。若这个最终状态向量在该模型的新一轮仿真中又被用作初值，那么这新一轮仿真则是前一轮仿真的“继续”。
- Signal logging 栏：在全局范围内控制信号是否能够存入。默认设置为 On，参数为 logsout。Inspect signal logs when simulation is paused/stopped 栏用于指定 Simulink 在模拟结束或者暂停时，显示连接到 MATLAB 时间序列工具里面的信号。默认设置为关闭。

（3）Save options

- Limit data points to last 栏：勾选该选项后，可设定保存变量接收数据的长度。默认值为 1000。假如输入数据的长度超过设定值，那么最早的“历史”数据将被清除。
- Decimation 栏：设置“解点”保存频度。若取 n，则每隔$(n-1)$点保存一个“解点”。默认值为 1。对 Simulink 而言，Format 栏保存的数据有 3 种格式：数组、构架和带时间量的构架。
- Output options 栏：用于选择输出方式。默认选择为 Refine output；Refine factor 取 1。
- Refine output 模式：强迫求解器在持续的积分解点之间运用“插值”算法插入中间点。这比采用减小步长计算中间点的计算速度快得多。采用这种输出模式，可以使输出轨迹在呈现形式上光滑，而步长不必取得很小。与该输出模式相配的 Refine factor 栏必须取正整数 n，它决定在积分解点之间“插补”$(n-1)$个中间点。
- Produce additional output 模式：当选用该模式时，引出相配的 Output Times 栏。栏中应填写用户指定的自变量数据点向量，比如[0:0.1:10]。于是，求解器除了产生积分解点外，还将产生与指定自变量数据点相应的解点。
- Produce specified output only 模式：当选用该模式时，也引出相配的 Output Times 栏。栏中应填写用户指定的自变量数据点向量，比如 [0:0.1:10]。这样求解器只产生与指定自变量数据点相应的解点。

3. 仿真中异常情况的诊断

在异常情况的诊断参数配置界面中可以配置适当的参数，如图 13-19 所示，以便在仿真执行过程中遇到异常条件时采取相应的措施。此设置页可以通过在图 13-17 中左侧菜单栏中单击

Diagnostics 选项得到。

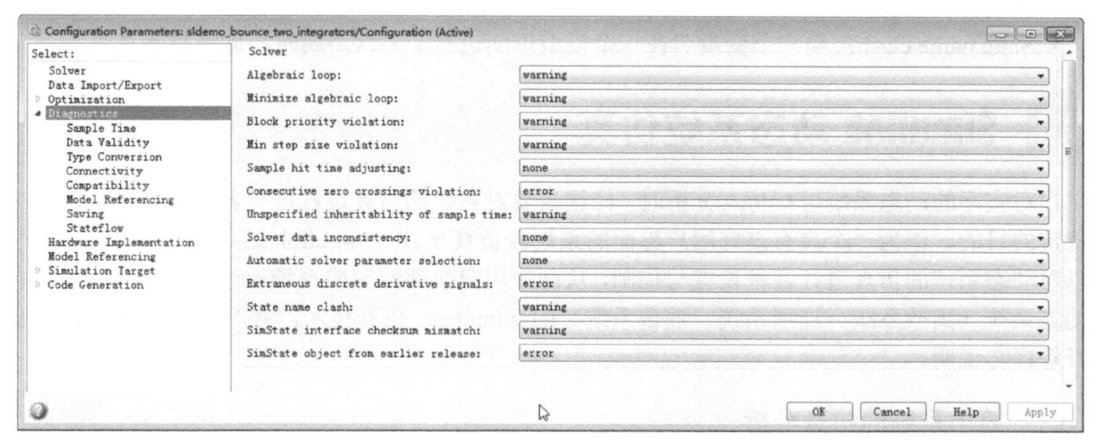

▲图 13-19 异常情况的诊断参数配置界面

因篇幅有限，这里只介绍 Solver 选项的诊断参数设置。其他的参数界面，如 Sample Time、Data Validity、Type Conversion、Connectivity、Compatibility、Model Referencing 等，读者可自行查阅帮助文档。

当 Simulink 检测到与求解器相关的错误时，在 Solver 选项卡中可以设置诊断措施。

- Algebraic loop：在执行模型仿真时可以检测到代数环。共有 3 个参数供选择：none、warning 和 error。如果选择 error，Simulink 将会显示错误信息，并高亮显示组成代数环的模块；如果选择 none，则不给出任何信息及提示；如果选择 warning，则会给出相应的警告，而不会中断模型的仿真。
- Minimize algebraic loop：如果需要 Simulink 消除包含子系统的代数环及这个子系统的直通输入端口，就可以设置此选项来采取相应的诊断措施。如果代数环中存在一个直通输入端口，仅当代数环所用的其他输入端口没有直通时，Simulink 才可以消除这个代数环。
- Block priority violation：当仿真运行时，Simulink 检测优先设置错误选项的模块。
- Min step size violation：允许下一个仿真步长小于模型设置的最小时间步长。当设置模型误差需要的步长小于设置的最小步长时，此选项起作用。
- Sample hit time adjusting：当模型运行时，如果 Simulink 做出一个小的调节以适合 sample hit time，此选项起作用。
- Consecutive zero crossings violation：当 Simulink 检测到连续的过零数超出指定的最大值时，此选项起作用。
- Unspecified inheritability of sample time：当模型中包含 S 函数但又不排除函数从父模型中继承样本时间时，指定诊断时采取的应对措施。仅当仿真过程中使用的是固定步长的离散求解器并且求解器有周期样本时间限制时，Simulink 才会检测。
- Solver data inconsistency：兼容性检测中的一个调试工具，以确保满足 Simulink 中 ODE 求解器的若干假设。其主要作用是让 S 函数和 Simulink 的内部模块具有相同的执行规则。由于兼容性检测会导致仿真性能大大降低，甚至可达到 40%，因此一般这个选项都设置为 none。利用兼容性检测来检测 S 函数，有利于找到出现非预期仿真结果的原因。
- Automatic solver parameter selection：当 Simulink 改变求解器参数时采取的诊断措施。假如使用一个连续求解器来仿真离散模型，并设置此选项为 warning，此时，Simulink 就会改变求解器的类型为离散，并在 METLAB 命令窗口中显示一条相关的警告消息。

● Extraneous discrete derivative signals：当一个离散信号通过一个模型传输到一个输入为连续状态的模块时，此选项起作用。

● State name clash：当一个变量名在一个模型里面进行了多次声明时，此选项起作用。

13.3 Simulink 动态系统仿真

在对实际的动态系统进行仿真分析时，往往需要对系统的仿真过程进行各种设置与控制，以达到特定的目的。作为一个具有友好用户界面的系统级仿真平台，Simulink 通过它的图形仿真环境，可以对动态系统的仿真进行各种设置与控制，从而使用户快速地完成系统设计的任务。本节介绍各种动态系统（离散系统、连续系统、混合系统）的 Simulink 仿真技术，并对系统仿真参数的设置进行解释与说明。

13.3.1 简单系统的仿真分析

简单系统是指系统方程中不含状态变量的系统。本节举例介绍简单系统的仿真技术。

【例 13-4】 对于下述的简单系统进行仿真，其中$u(x)$为系统的输入，$f(x)$为系统的输出。

$$f(x)=\begin{cases}2u(x), & x>30\\5u(x), & x\leqslant 30\end{cases}$$

1. 建立系统模型

首先，根据系统的数学描述选择合适的 Simulink 系统模块，然后使用前两节介绍的操作方法建立此简单系统的系统模型。这里使用的主要系统模块如下。

● Sources 模块组中的 Sine Wave 模块：用来作为系统的输入信号。

● Math 模块组中的 Relational Operator 模块：用来实现系统中的时间逻辑关系操作。

● Sources 模块组中的 Clock 模块：用来表示系统运行时间。

● Nonlinear 模块组中的 Switch 模块：用来实现系统的输出选择。

● Math 模块组中的 Gain 模块：用来实现系统中的信号增益。

此简单系统的系统模型如图 13-20 所示。从图中可以看出，整个系统模型的建立只需要用户根据系统提供的方程依次添加并连接所需要的各种数学或者信号模块即可。如果需要表示乘法，就增加一个增益模块；如果需要条件判断，就增加一个 switch 模块，以此类推。

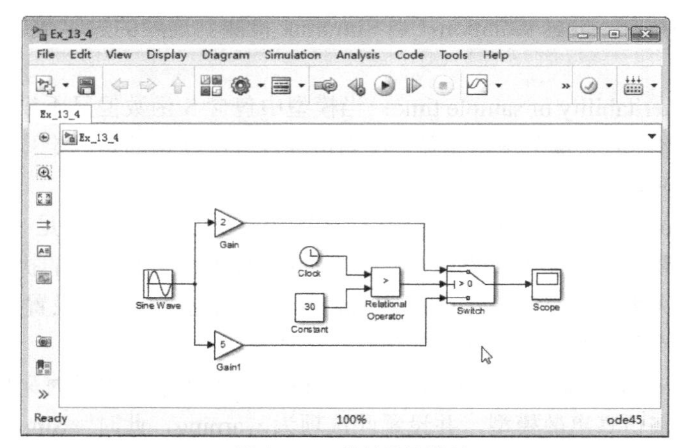

▲图 13-20　简单系统模型

2. 设置系统模块参数

完成了系统模型的建立，接下来需要对系统中各模块的参数进行合理的设置。这里采用的模块参数设置如下。

- Sine Wave 模块：采用默认参数设置，即单位幅值、单位频率的正弦信号。
- Relational Operator 模块：其参数设置为“>”，如图 13-21 所示。

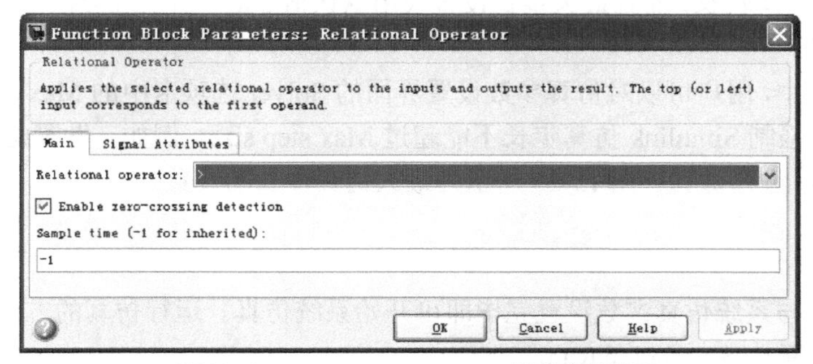

▲图 13-21　Relational Operator 模块参数设置

- Clock 模块：采用默认参数设置。
- Switch 模块：设定 Switch 模块的 Threshold 值为 0.8（其实只要大于 0 小于 1 即可，因为当 Switch 模块在输入端口 2 的输入大于或等于给定的阈值 Threshold 时，模块输出为第 1 端口的输入，否则为第 3 端口的输入），从而实现此系统的输出随仿真时间正确地切换，如图 13-22 所示。

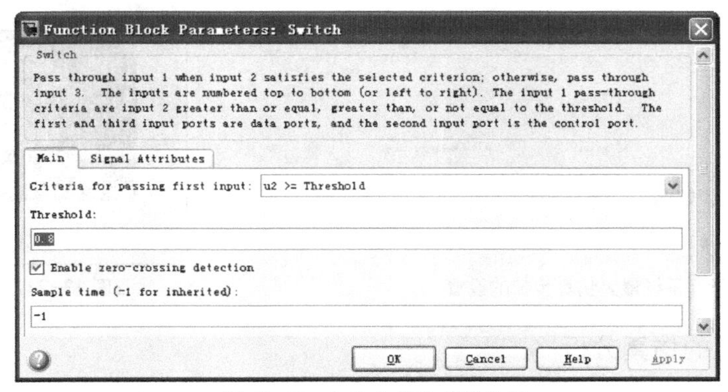

▲图 13-22　Switch 模块参数设置

- Gain 模块：其参数设置如图 13-20 中系统模型所示，分别设置为 2 和 5。

3. 进行系统仿真参数设置及仿真分析

在对系统模型中的各个模块进行正确而合适的参数设置之后，还需要设置仿真时间和求解器等参数系统才能够得到正确的、需要的仿真结果。所以，接下来需要对系统仿真参数进行必要的设置以开始仿真。

仿真参数的选择对仿真结果有很大的影响。对于简单系统来说，由于系统中并不存在状态变量，因此每一次计算都应该是准确的（不考虑数据截断误差）。在使用 Simulink 对简单系统进行仿真时，影响仿真结果输出的因素有仿真起始时间、结束时间和仿真步长等。

默认情况下，Simulink 默认的仿真起始时间为 0s，仿真结束时间为 10s。对于此简单系统，当时间大于 25s 时系统输出才开始转换，因此需要设置合适的仿真时间。设置仿真时间的方法为：打开仿真参数设置界面，如图 13-17 所示，在 Solver 选项卡中可以设置用户需要的系统仿真时间区间。例如可以设置系统仿真起始时间为 0s，结束时间为 80s（仿真时间这一项也可以在工具栏中直接设置）。

对于简单系统仿真来说，不管采用何种求解器，Simulink 总是在仿真过程中选用最大的仿真步长。如果仿真时间区间较长，而且最大步长设置采用默认值 auto，则系统会在仿真时使用大的步长，即仿真时间的 1/50。

在此简单系统中，用户可以对仿真参数设置界面的 Solver 选项卡中的 Max step size（最大步长）进行适当的设置，强制 Simulink 仿真步长不能超过 Max step size。例如，设置此简单系统的最大仿真步长为 0.2，然后进行仿真。图 13-23 所示为最大仿真步长的设置。

4. 运行仿真

系统模块参数与系统仿真参数设置完毕即可开始系统仿真。运行仿真的方法有如下几种。

- 在菜单栏中单击 Simulation|Run。
- 使用系统组合键 Ctrl+T。
- 使用模型编辑器工具栏中的开始仿真按钮。

系统仿真结束后，双击系统模型中的 Scope 模块即可查看仿真的结果，显示的系统仿真结果如图 13-24 所示。

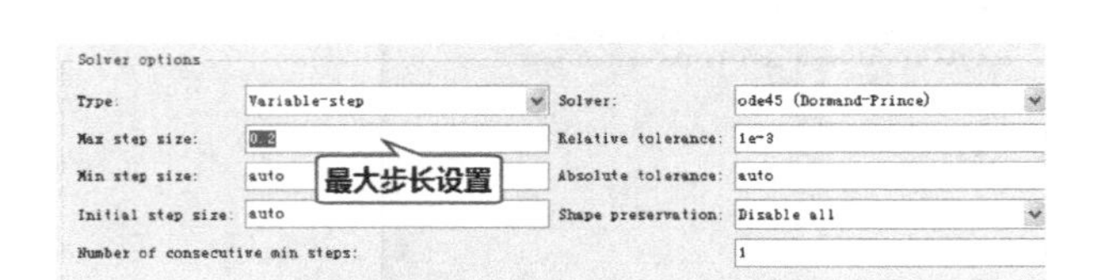

▲图 13-23　系统最大仿真步长的设置

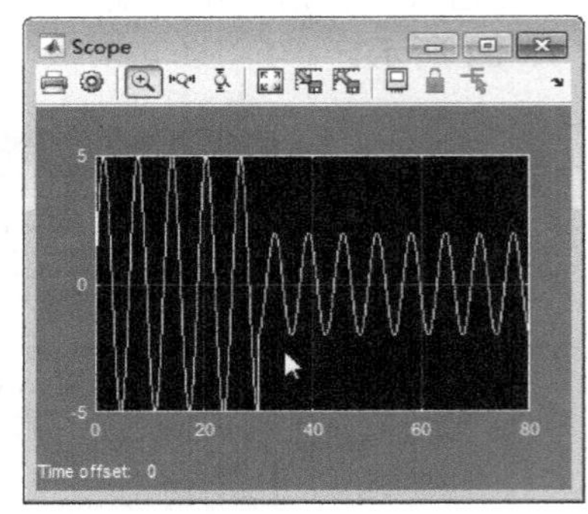

▲图 13-24　系统仿真结果

13.3.2　离散系统的仿真分析

上一节介绍了简单系统的仿真技术，并对系统仿真步长的设置进行了较详细的说明。本节将以人口动态变化的非线性离散系统为例介绍动态离散系统仿真建模技术和动态系统仿真参数的设置。

【例 13-5】　人口变化离散系统模型仿真。

这是一个简单的人口变化模型。在此模型中，设某一年的人口数目为 $p(n)$，其中 n 表示年份，它与上一年的人口 $p(n-1)$、人口出生率 r、人口死亡率 d 以及新增资源所能满足的个体数目 K 之间的动力学方程，由如下差分方程所描述：

$$p(n)=(1+r-d)p(n-1)\left[1-\frac{p(n-1)}{K}\right]$$

由此差分方程中可以看出，此人口变化系统为一个非线性离散系统。如果设人口初始值 $p(0)=100000$，人口出生率 $r=12.09‰$，人口死亡率 $d=6.81‰$，新增资源所能满足的个体数目 $K=1000000$，要求建立此人口动态变化系统的系统模型，并分析人口数目在 0 至 100 年的变化趋势。

（1）建立人口变化系统的模型

在建立这个表示人口变化的非线性离散系统模型之前，首先对 Discrete 模块组中比较常用的模块进行如下简单介绍。

- Unit Delay 模块：其主要功能是将输入信号延迟一个采样时间，它是离散系统的差分方程描述以及离散系统仿真的基础。在仿真时只要设置延迟模块的初始值，便可计算系统输出。
- Zero-Order Hold 模块：其主要功能是对信号进行零阶保持。

当使用 Simulink 对离散系统进行仿真时，单位延迟是由 Discrete 模块组中的 Unit Delay 模块来完成的。对于人口变化系统模型而言，需要将 $p(n)$作为 Unit Delay 模块的输入，以得到 $p(n-1)$，然后按照系统的差分方程来建立人口变化系统的模型。

因为此系统的结构比较简单，所以这里直接给出系统的模型框图，如图 13-25 所示。

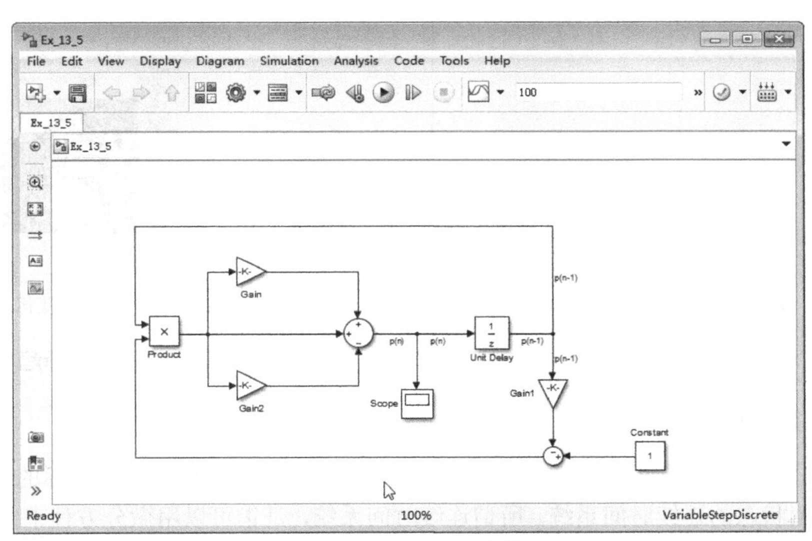

▲图 13-25　人口变化系统的模型框图

需要指出的是，此人口变化系统模型中没有输入信号，只须给出人口的初始值便可进行仿真。另外，模块 Gain 表示人口出生率 r，而模块 Gain1 则表示新增资源所能满足的个体数目 K 的倒数（即 $1/K$）。

（2）设置系统模块参数

系统模型建立之后，首先需要按照系统的要求设置各个模块的参数，如下所述。

- 模块 Gain 表示人口出生率，故取值为 0.01209。
- 模块 Gain2 表示人口死亡率，故取值为 0.00681。
- 模块 Gain1 表示新增资源所能满足的个体数目的倒数，故取值为 1/100000。
- Unit Delay 模块参数设置：对于离散系统而言，必须正确设置所有离散模块的初始取值，否则系统仿真结果会出现错误。这是因为在不同的初始值下，系统的稳定性会发生变化。单位延迟模块的参数设置如图 13-26 所示。

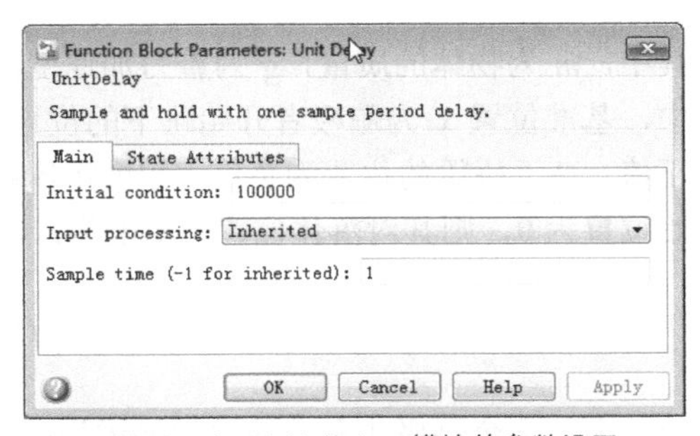

▲图 13-26　Unit Delay 模块的参数设置

（3）进行系统仿真参数设置及仿真分析

在正确设置系统模型中各模块的参数之后，接下来需要对系统仿真参数进行设置。下面设置人口变化系统的仿真参数。

- 仿真时间设置：按照系统仿真的要求，设置系统仿真时间范围为 0～100s。
- 离散求解器与仿真步长设置：对离散系统进行仿真需要使用离散求解器。对于离散系统的仿真，无论是采用定步长求解器还是采用变步长求解器，都可以对离散系统进行精确的求解。这里选择定步长求解器，对此系统进行仿真分析。定步长与变步长的区别，将在后面介绍。

可以使用 Simulation 菜单中的 Configuration Parameters 命令设置系统仿真参数，如图 13-27 所示。

（4）仿真的运行

对系统中的各模块参数以及系统仿真参数进行正确设置之后，运行系统仿真，对人口数目在指定的时间范围之内的变化趋势进行分析。图 13-28 所示为系统仿真输出结果。

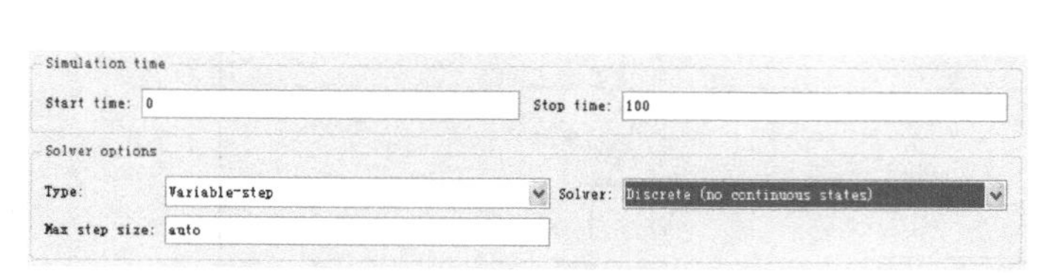

▲图 13-27 仿真时间与求解器设置

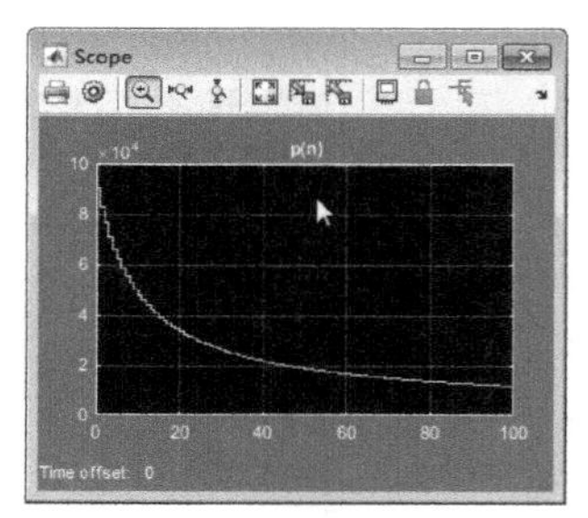

▲图 13-28 人口变化系统仿真输出结果

从图中可以看出，本例中的人口系统在 100 年内首先会急剧下降，然后下降趋势趋于平缓。

13.3.3 连续系统的仿真分析

前面两节分别对简单系统、离散系统的仿真技术做了介绍。然而，对于实际的动态系统而言，大都是具有连续状态的连续时间系统。所谓连续时间系统，是指可以用微分方程来描述的系统。现实世界中的多数物理系统都是连续时间系统。连续系统可以分为两类：线性的和非线性的。用于建模连续系统的模块大多位于 Simulink 模块库的 Continuous、Math 以及 Nonlinear 模块组中。本节举例介绍连续系统的仿真技术。

【例 13-6】 蹦极跳系统的仿真。

蹦极跳是一种挑战身体极限的运动，蹦极者系着一根弹力绳从高处的桥梁（或山崖等）向下跳。在下落的过程中，蹦极者几乎处于失重状态。按照牛顿运动规律，自由下落的物体的位置由下式确定。

$$m\ddot{x} = mg - a_1\dot{x} - a_2|\dot{x}|\dot{x}$$

其中，m 为物体的质量，g 为重力加速度，x 为物体的位置，第 2 项与第 3 项表示空气的阻力。其中，基准位置 x 为蹦极者开始跳下的位置（即选择桥梁作为位置的起点 x=0），低于桥梁的位置为正值，高于桥梁的位置为负值。如果物体系在一个弹性常数为 k 的弹力绳索上，定义绳索下端的初始位置为 0，则其对落体位置的影响为：

$$f(x)=\begin{cases}-kx, & x>0\\ 0, & x\leqslant 0\end{cases}$$

因此整个蹦极跳系统的数学描述为：

$$m\ddot{x} = mg + fx - a_1\dot{x} - a_2\left|\dot{x}\right|\dot{x}$$

从蹦极跳系统的数学描述中可以看到，此系统为一个具有连续状态的典型非线性连续系统。设桥梁距离地面 50 m，蹦极者的起始位置为绳索的长度 0m，即 $x(0)=0$，蹦极者起始速度为 0，即 $\dot{x}(0)=0$；其余的参数分别为：$k=20$，$a_2=a_1=1$，$m=70\text{kg}$，$g=10\text{m/s}^2$。下面将建立蹦极跳系统的仿真模型，并基于上面的参数对系统进行仿真，分析此蹦极跳系统对体重为 70kg 的蹦极者而言是否安全。

1. 建立蹦极跳系统的 Simulink 仿真模型

与建立离散系统模型的例子类似，在建立蹦极跳系统的模型之前，首先对连续系统模块组 Continuous 中比较常用的模块进行如下简单介绍。

- Integrator（积分器）：积分器的主要功能在于对输入的连续信号进行积分运算。积分器是建立连续系统微分方程的基础，也就是建立连续系统模型的基础，同时它也是 Simulink 对具有连续状态的连续系统仿真的基础。在连续系统中，通常使用积分器来实现系统中的微分运算，一个积分器模块表示一阶微分，高阶微分则由多个积分器模块串联构成。
- Derivative（微分器）：微分器的主要功能在于对输入的连续信号进行微分运算。虽然在连续系统的数学描述中使用连续状态的微分（导数），但是一般不提倡直接使用微分器建立系统模型。一般只有当微分方程中包含系统输入的微分时才使用。

在蹦极跳系统模型中，主要使用的系统模块如下。

- Continuous 模块组中的 Integrator 模块：用来实现系统中的积分运算。
- User-Defined Functions 模块组中的 Fcn 模块：用来实现系统中空气阻力的函数关系。
- Commonly Used Blocks 模块组中的 Switch 模块：用来实现系统中弹力绳索的函数关系。

蹦极跳系统的模型如图 13-29 所示。

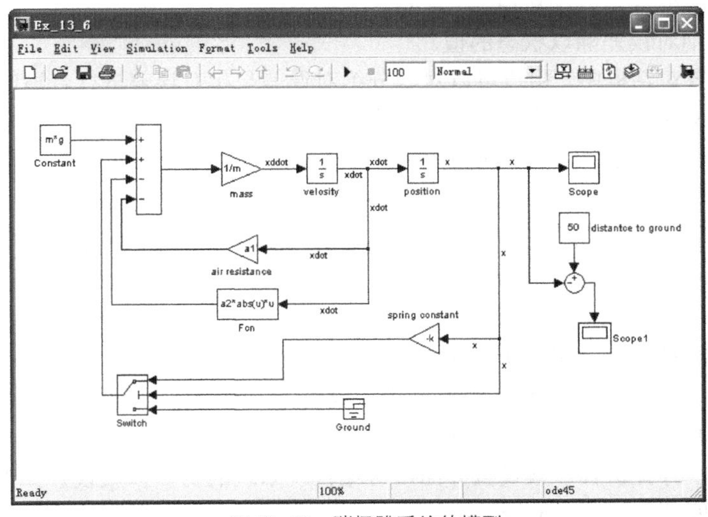

▲图 13-29　蹦极跳系统的模型

在蹦极跳系统模型中使用了两个 Scope 输出模块：Scope 模块用来显示蹦极者的相对位置，即相对于桥梁的位置；而 Scope1 模块则用来显示蹦极者的绝对位置，即相对于地面的距离。

2. 设置系统模块参数

建立蹦极跳系统模型之后，接下来需要设置系统模型中各个模块的参数。这里使用 MATLAB 工作区中的变量作为系统模块的参数，蹦极者质量 m，重力加速度 g，弹性常数 k，常数 a_1 与 a_2，如

图 13-29 所示。在系统仿真之前，需要在命令行中对这些变量进行赋值。采用 MATLAB 工作区中变量的主要目的是增加系统的可理解性。另外，将积分器模块 velocity 与 position 的初始值均设置为 0。

在具有连续状态的连续系统中，千万不能忘记对积分器模块的初始值进行设置。因为在不同的初始值下，系统的动态规律可能大相径庭。至于其他的模块，其参数都比较简单，这里不再给出。

3. 进行系统仿真参数设置与仿真分析

在对蹦极跳系统模型中各个模块的参数正确设置之后，接下来需要设置系统仿真参数以对此系统进行仿真分析。在进行系统仿真参数设置之前，首先简单介绍一下 Simulink 的连续求解器。

对于任何一个动态系统而言，Simulink 总是通过系统模型与 MATLAB 求解器之间的交互来完成系统仿真。但是 Simulink 的连续求解器与离散求解器有着本质的区别。这是因为，对于离散系统而言，系统仿真分析的基础是差分方程，离散求解器能够对差分方程进行精确求解（不考虑数据截断误差）；而对于具有连续状态的连续系统而言，系统仿真分析的基础是微分方程，而 MATLAB 对微分方程只能进行数值求解以获得近似的结果。因此，当使用 Simulink 连续求解器对具有连续状态的连续系统进行仿真时，必定存在着一定的误差。

微分方程的不同数值求解方法对应不同的连续求解器。Simulink 的连续求解器可以使用不同的数值求解方法对连续系统进行求解。

- 定步长连续求解器：ode5、ode4、ode3、ode2、ode1。
- 变步长连续求解器：ode45、ode23、ode113、ode15s、ode23s、ode23t、ode23tb。

定步长求解器使用固定的仿真步长对连续系统进行求解，但使用定步长求解器不能对系统中的积分误差进行控制；而变步长求解器则能够根据用户指定的积分误差自动调整仿真步长，也就是说，变步长求解器能够对通过积分求解的误差进行控制。积分误差分为如下两种。

- 绝对误差：积分误差的绝对值。
- 相对误差：绝对误差除以状态的值。

在仿真参数设置对话框中，用户可以对积分绝对误差与相对误差进行合适的设置。这样，在系统仿真中，求解器只有满足给定的误差条件时才能够进行下一步的计算。一般来说，当状态值较大时，相对误差小于绝对误差，由相对误差控制求解器的运行；而当状态值接近零时，绝对误差小于相对误差，则由绝对误差来控制求解器的运行。

虽然减小积分误差限制可以提高系统仿真结果的精度，但是这在一定程度上会影响系统仿真的效率，使系统仿真的速度变慢；虽然使用较大的积分误差限制或定步长求解器可以加快系统的仿真速度，但是这会使仿真结果的精度降低。故在实际使用中，需要综合考虑系统仿真精度与仿真效率，然后选择合适的积分误差限制。此外，在使用变步长求解器时，用户需要设置合适的初始仿真步长与最大仿真步长。这是因为对于某些系统而言，系统仿真需要特殊的启动条件，不合适的初始仿真步长有可能导致系统进入不稳定状态。

对于本例来说，打开仿真参数设置界面，对蹦极跳系统的仿真参数设置如下。

- 系统仿真时间范围为 0～100 s。
- 选择 Variable-step（变步长）求解器，求解算法设置为 ode45，相对误差设置为 1e-3，最大仿真步长设置为 0.1，初始仿真步长设置为 0.01。

具体设置如图 13-30 所示。

4. 进行仿真

完成参数设置之后进行系统仿真，输出结果（蹦极者相对于地面的距离）如图 13-31 所示。

从结果中可知：对于体重为 70kg 的蹦极者来说，此系统是不安全的，因为蹦极者与地面之间的距离出现了负值（即蹦极者在下落的过程中会触地）。因此，必须使用弹性常数较大的弹性绳索，才能保证蹦极者的安全。

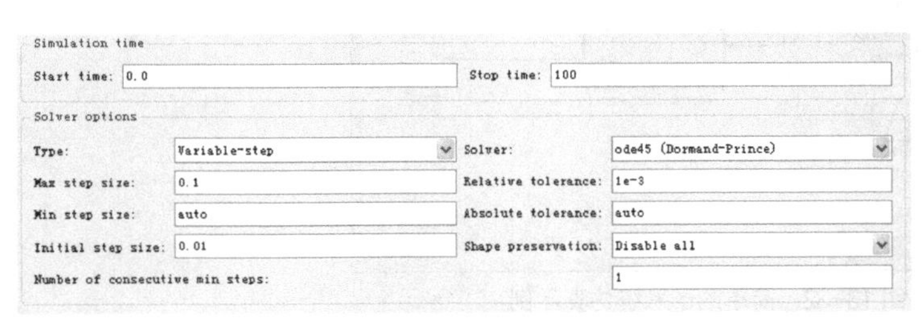

▲图 13-30　仿真参数设置

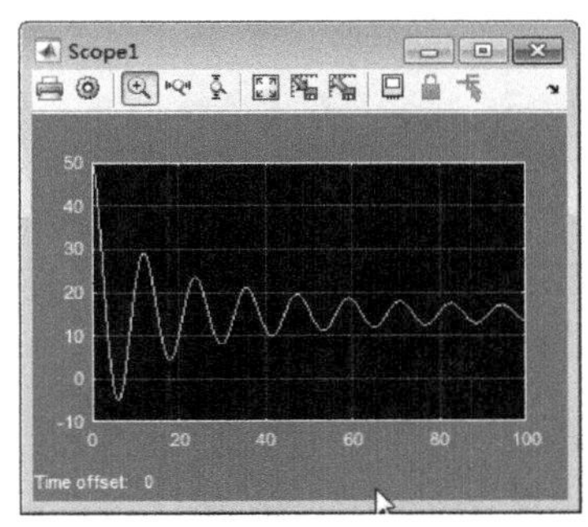

▲图 13-31　蹦极者相对于地面的距离

13.4 Simulink 模型中的子系统

随着系统规模和复杂性的增加，模型也在不断地增大。为了使复杂的问题得到简化，可以把模型中的这些模块组合成一个新的模块，使得系统看起来更为简洁，而且使用方便。简单地说，建立子系统的好处有以下几点。

- 可减少显示在窗口中的模块数目，使模型看起来更加简洁。
- 将与功能相关的模块组合在一起，可实现模块化的要求。
- 构建一个分层的系统。

13.4.1　子系统的建立

如果被研究的系统比较复杂，那么直接用基本模块构成的模型就比较庞大，模型中信息的主要流向就不容易辨认。此时，若把整个模型按实现功能或对应物理器件的存在划分成块，将有利于理顺整个系统的逻辑关系。以下两种方法可以建立子系统。

- 在模型窗口中添加一个 Subsystem 模块，然后把该模块包含的模块添加进去即可。
- 将模型窗口中的现有模块归入一个子系统中。

1. 由 Subsystem 模块建立子系统

如果模型本身不包含组成子系统的模块，在模型中新建立一个子系统可以按下列步骤进行。

1）在 Simulink Library Browser 的 Ports & Subsystems 模块组中选取合适的 Subsystem 模块并拖至模型窗口中。

2）双击 Subsystem 模块，打开 Subsystem 窗口。

3）把要组合进子系统的模块拖拉到 Subsystem 窗口中，然后在该窗口中加入 Inport 模块，表示从子系统外部到内部的输入；加入 Outport 模块，表示从子系统内部到外部的输出。把这些模块按设计顺序连接起来，子系统就建立成功了。

【例 13-7】　创建子系统模型。

首先，创建图 13-32 所示的模型。注意，在模型中添加了一个 Atomic Subsystem。然后，双击子系统模块，可以看到该子系统模块刚开始只有一个输入端、一个输出端。接下来，向子系统窗口中加入图 13-33 所示的模块。

在各模块均采用默认设置的情况下，示波器的输出结果如图 13-34 所示。

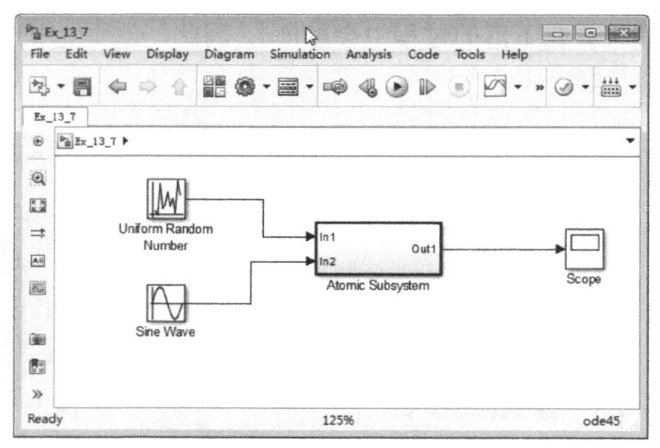

▲图 13-32　简单的子系统仿真示例

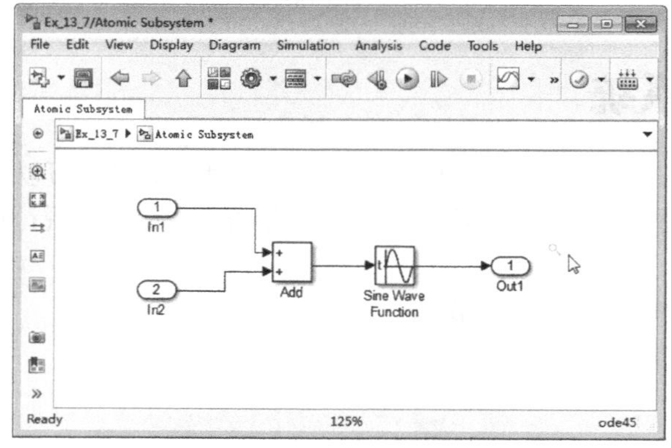

▲图 13-33　子系统结构图

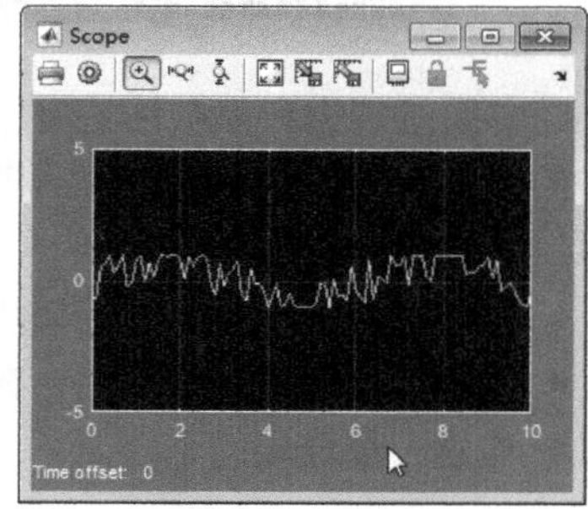

▲图 13-34　仿真结果

2. 组合已有的模块建立子系统

如果用户创建完了一些模块，又想把这些模块变成子系统，其操作步骤如下：用方框同时选中待组合的模块，或者按住 Shift 键逐个选中，在菜单栏中单击 Edit|Create Subsystem 命令，或者右击，从弹出的菜单中选择 Create Subsystem 命令，子系统就建成了。此操作非常简单方便，请读者自行尝试，这里不再举例说明。

13.4.2　子系统的封装

为了将功能相关的模块组合在一起实现模块化的要求，常常会使用到子系统的功能。但是子系统变多之后，管理起来就会很麻烦。原因是当我们需要修改子系统内模块的参数时，就要分别打开各模块的参数对话框，设置好参数之后还需要将参数对话框分别关闭。如果要修改的模块很多，修改工作就会变得相当麻烦。

为了解决这个问题，Simulink 提供了一个封装（mask）的功能，让用户自己定义基于整体的独立操作界面，将所有可能被修改的参数整合到同一个界面上。然后可以在此界面中进行所有需要的参数修改，而不相关的参数就不会成为界面内的选项。一般来说，采用封装的方法有以下好处。

- 将子系统内众多的模块参数对话框集成为一个单独的对话框，用户可以在该对话框内输入不同模块（同一个子系统）的参数值。
- 可以将个别模块的描述或者帮助集成在一起，这样能有效地帮助用户了解该子系统。
- 可以制作该子系统的图标，来表示该模块的用途。
- 使用定制的参数对话框，可以避免不小心修改了不可改变的参数。

简单来说，封装的过程就是选中子系统模块，在菜单栏中单击 Diagram|Mask|Creat Mask 命令，这将弹出 Mask Editor 窗口，在这个窗口中设置好参数，模块的封装就完成了。

【例 13-8】 以 MATLAB 自带的 sldemo_househeat.mdl 为例说明子系统的封装。

在命令行中输入：

```
>> mdl='sldemo_househeat';          % 设置要打开的文件名
>> open_system(mdl);                % 打开 sldemo_househeat 仿真模型
```

这可以打开相应的模型，sldemo_househeat.mdl 模型的结构如图 13-35 所示。

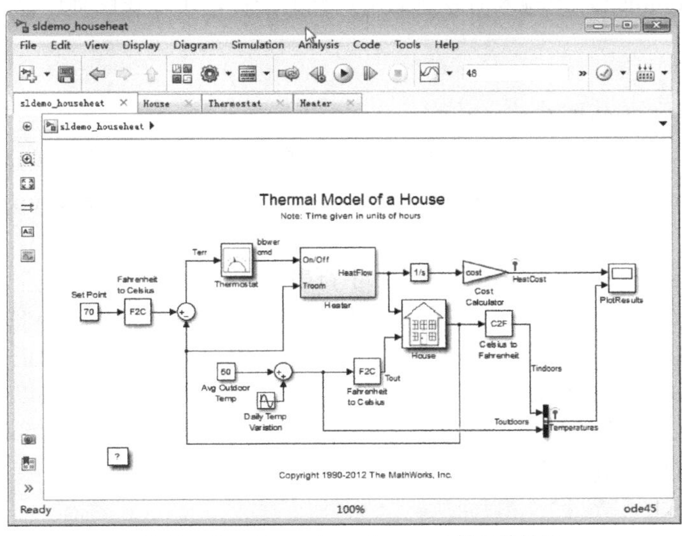

▲图 13-35 sldemo_househeat.mdl 模型的结构

sldemo_househeat.mdl 是 MATLAB 软件自带的室内加热系统的一个仿真示例。这个模型用来模拟温度调节装置和室外环境是如何影响室内温度的，并计算了加热所需的能量。打开图 13-35 所示的模型后，可以看到 Thermostat 和 House 等子系统已经封装好了。可以通过选定相应的子系统，然后单击 Diagram | Mask | Edit Mask 命令，或者右击并从上下文菜单中选择 Mask | Edit Mask 命令，打开 Mask Editor 窗口，从中可以看到是如何封装子系统的。Thermostat 子系统的 Mask Editor 窗口如图 13-36 所示。

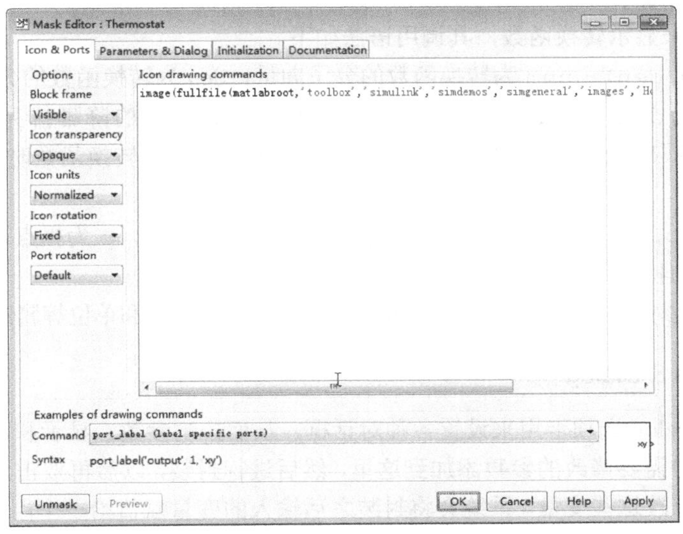

▲图 13-36 Mask Editor 窗口

可以看到，Mask Editor 窗口包括 4 个选项卡：Icon & Ports、Parameters & Dialog、Initialization 和 Documentation。这 4 项参数的设置是讲解子系统封装的重点。

1. Icon & Ports

在 Icon & Ports 选项卡中可以定制封装模块的图标。系统提供了几种设置封装图标特性的下拉式菜单和进行个性化设置的 Icon drawing commands。

在模块的外观上，以最能表示模块功能的方式输入“文字”　“图像”和“转换函数”等。通过在 Icon drawing commands 中输入命令建立用户化的图标，可以在图标中显示文本图形、图像或传递函数值。

（1）显示文字

在对话框中显示文本的指令有以下几种。

- `disp(variable/'text')`：在图标中显示变量 `variable` 的值或显示字符串 `text`。
- `text(x,y,variable/'text')`：在图标的点 `(x,y)` 处显示变量 `variable` 的值或者显示字符串 `text`。
- `fprintf('string')`：在图标中显示字符串。
- `fprintf('format',variable)`：在图标中显示变量 `variable` 的值。

这几种命令的区别在于：命令 `disp` 和 `fprintf` 把内容显示在图标的正中央，而 `text` 命令则按照指定的位置 `(x,y)` 来显示；当显示变量的值时，用 `fprintf` 命令可以指定值的显示格式，而命令 `disp` 和 `text` 没有该功能。当显示文本或者变量时，命令 `text` 还可以限制文本或者变量相对于指定点 `(x,y)` 的排列方式。

（2）显示图形

除了文本外，还能在封装图标中显示图形和图像。

- `plot(y)`：横坐标使用向量 `y` 中元素的序号。
- `plot(x,y)`：绘制 `(x,y)` 图形。
- `image(p)`：在图标上显示图像，这里 `p` 是一个包含 R.G.B 值的三维数组。
- `patch(x,y,[r g b])`：在曲线中填充颜色形成图像，其中 `x`、`y` 分别是曲线的横、纵坐标，`[r g b]` 为填充颜色的 RGB 值。

（3）显示转换函数

`dpoly` 函数用来显示转换函数，其调用语法如下。

- `dpoly(num,den)`：`num` 为转换函数的分子向量，den 为转换函数的分母向量。
- `dpoly(num,den,'character')`：当需要显示按“z”的降幂排列离散转换函数时，`character` 的值应取为 z；当需要显示按“$1/z$”的升幂排列离散转换函数时，`character` 的值应取为 z^{-1}。
- `droots(z,p,k)`：显示零极点模型的转换函数，`z` 为零点，`p` 为极点，`k` 为增益。

（4）封装图形的特性设置

图 13-36 中左侧参数栏用来控制图标的边框、透明度、旋转特性和单位等属性，读者可自行实验。

2. Parameters & Dialog

Parameters & Dialog 选项卡用来设置各种对话框，从而控制参数、显示和各种动作。用户可以将子系统各个模块中需要修改的参数添加到这里，然后进行封装，以后再双击该子系统就可以在弹出的窗口中方便地修改这些变量。系统会将封装之后输入的变量赋值给一个用户设置的变量名，然后通过这个变量名将具体的数值传递给子系统中相关的模块。

Parameters & Dialog 包含以下几部分。

（1）Controls

控件的主要功能是在对话框中进行数据的输入和修改等操作。用户可以在其中加入以下对话框控件。

- Parameter：参数是用户在仿真过程中需要使用到的输入变量。Parameters & Dialog 选项卡中提供了多种控件以供用户使用。例如可编辑对话框、下拉菜单、复选框、单选按钮和滚动条等。
- Display：用来将封装后对话框中的控件进行分组、显示文字和图形的控件。
- Action：可以实现多种动作控制，例如可以单击超链接或者按钮。

（2）Dialog box

可以通过拖曳等方式将控件添加进来，从而创建封装对话框。

（3）Property editor

Property editor 可以对添加的各种控件进行属性设置。

可以定义参数的 Prompt Variable 及其他一些相关选项，如图 13-37 所示。在本例中为 Thermostat 子系统设置了两个参数，来演示封装中参数的设置。

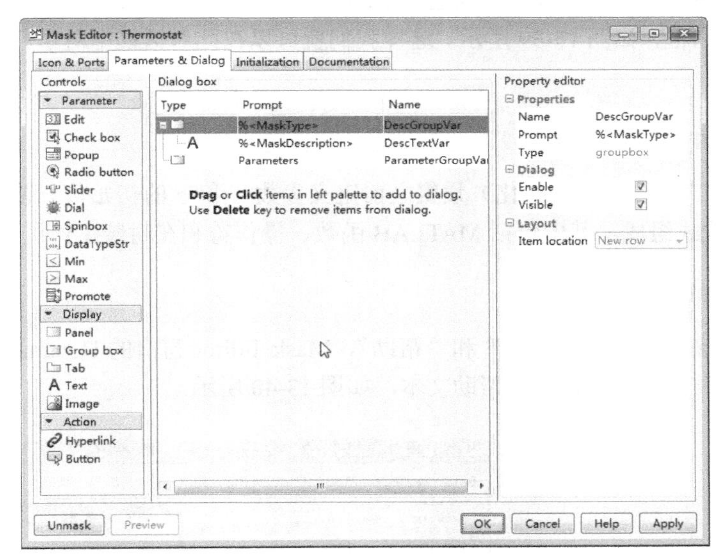

▲图 13-37 子系统封装参数的设置

通过用鼠标进行拖曳，用户可以从左侧的 Controls 栏将所需要的控件添加到对话框中。通过右击菜单或者接相应的快捷键，用户可以实现对控件的剪切、复制和删除等操作。另外，用户还可以在对话框内对各控件进行拖曳，从而改变控件的位置、层级关系等。

在 Dialog box 中，Prompt 用来描述参数的提示符；Variable 用来存储参数值的变量名；Type 显示的是控件的类型，同时也显示控件之间的顺序与层级关系。

本例中，我们要为 Thermostat 子系统的封装设置两个相关变量 d 和 c，在子系统中的 Relay1 模块的参数设置界面中将 Switch on point 和 Switch off point 两项分别设置为变量 d 和 c，如图 13-38 所示。用户可以通过 d 和 c 两个变量来实现参数的传递，在封装之后将用户输入 Thermostat 子系统的参数通过这两个变量传递到子系统内的 Relay1 模块。

然后对 d 和 c 两个变量进行封装，具体设置过程如下：拖动 Control 栏中的 edit 控件，将其放在 Dialog box 中的 Parameters 一行上面，这样就在 Parameters 下面添加了一个子项。在 Prompt 栏中输入提示符“switch on point”，在 Variable 栏中输入变量名“d”同样再添加一个 edit 控件，然后在 Prompt 栏中输入提示符“switch off point”，在 Variable 栏中输入变量名“c”。

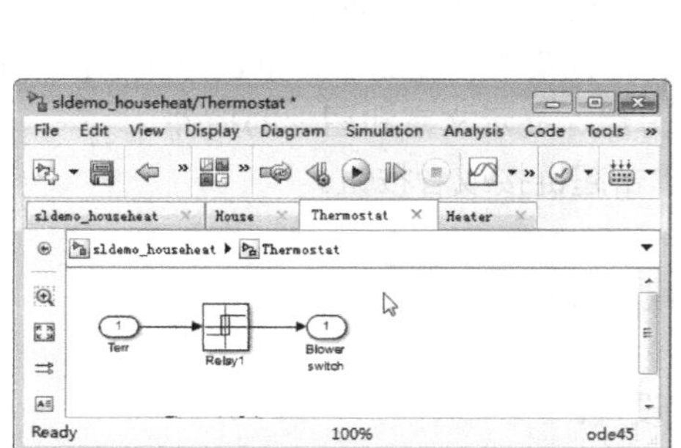

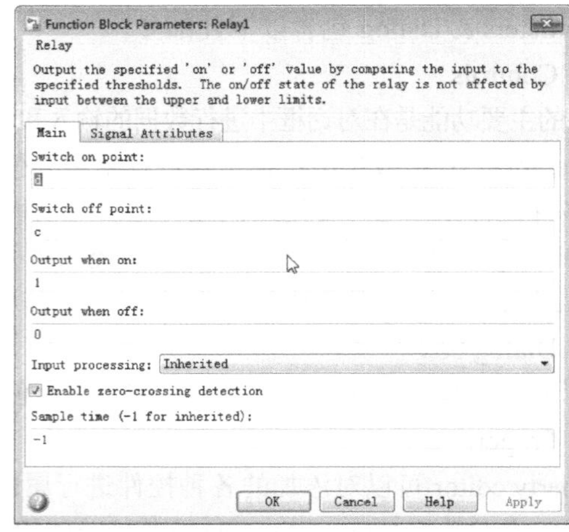

▲图 13-38　子系统参数设置

这一步设置结束后，如果不封装块描述和帮助文本设置，双击 Thermostat 子系统模块，就会弹出一个参数设置对话框，如图 13-39 所示。这样我们就可以在此对话框中对子系统中的参数方便地进行修改。

3. Initialization

Initialization 用户可以在（初始化）设置之前定义参数 d 和 c 的初始值。初始化命令可以由有效的 MATLAB 表达式组成，其中包括 MATLAB 函数、操作符和在封装工作区中定义的变量。

4. Documentation

现在缺少的是该子系统的“说明”和“帮助”，Mask Editor 窗口的 Documentation 选项卡中可以定义模块的封装类型、模块描述和帮助文本，如图 13-40 所示。

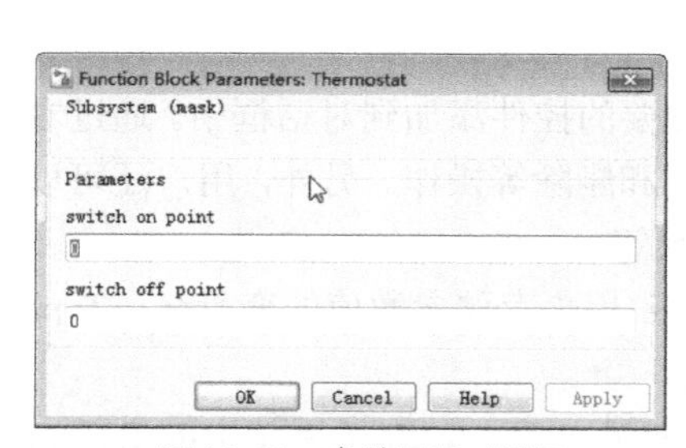

▲图 13-39　参数设置对话框

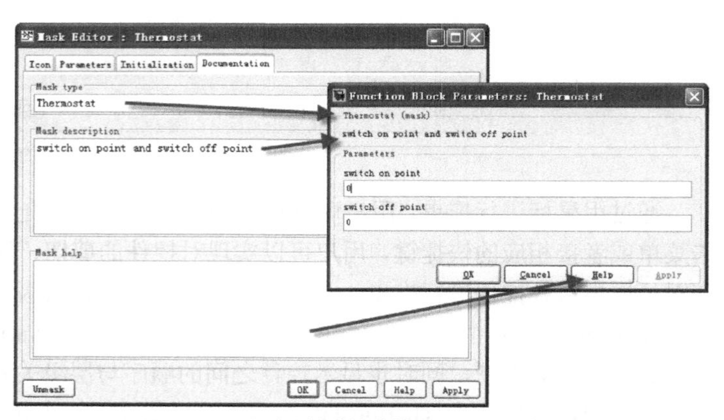

▲图 13-40　子系统封装块的描述和帮助文本设置

在 Mask Editor 窗口的 Mask Type 中设置模块的封装类型没有什么实际意义。可以输入字符串，其作用就是和内置的封装模块区别开来。这里输入的字符串加上“mask”字符串显示在封装模块对话框的顶部。

在 Mask description 本文框中输入描述文本，输入的内容显示在封装模块对话框的上部。输入的文本一般是对模块的目的或者功能的描述。

在 Mask help 文本框中输入文本，单击封装模块对话框中的 Help 按钮，就会显示这些输入的内容。

13.5 Simulink 中的 S 函数

S 函数（即系统函数）是用户自己编写的函数文件。很多情况下，它都是非常有用的，它是扩展 Simulink 功能的强有力的工具。它使用户可以利用 MATLAB、C、C++以及 Fortran 等语言的程序创建自定义的 Simulink 模块。例如，对一个工程中几个不同的控制系统进行设计，而此时已经用 M 文件建立了一个动态模型。在这种情况下，就可以将模型加入到 S 函数中，然后使用独立的 Simulink 模型来模拟这些控制系统。这样可以实现代码的重用，而且模型还可以方便地进行扩展。S 函数还可以提高仿真的效率，尤其是在带有代数环的模型中。

13.5.1 S 函数

S 函数是对一个动态系统的计算机程序语言的描述。S 函数可以使用 MATLAB 或者 C 语言等编写。用 C 语言写成的 S 函数，需要用 Mex 工具编译成 Mex 文件。与其他的 Mex 文件一样，它们在需要的时候动态地链接到 MATLAB。图 13-41 所示就是使用 C 语言编写 S 函数的示意图。

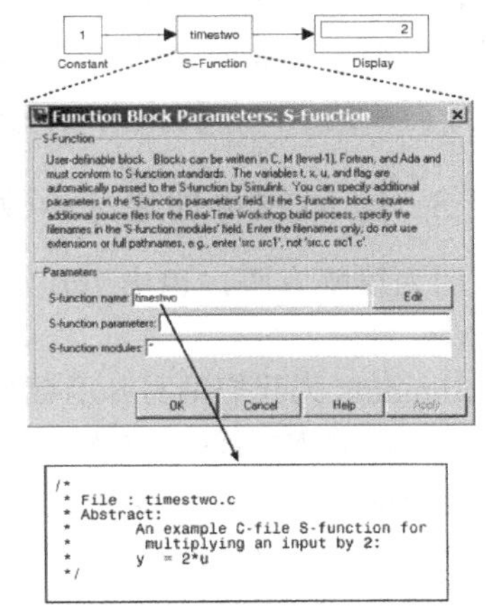

▲图 13-41 使用 C 语言编写 S 函数的示意图

S 函数使用一种特殊的调用规则，使得用户可以与 Simulink 的内部解法器进行交互。这种交互和 Simulink 内部解法器与内置的模块之间的交互非常相似，而且可以适用于不同性质的系统，例如连续系统、离散系统以及混合系统。因此，几乎所有的 Simulink 模型都可以描述为 S 函数。

S 函数适用于多种场合，如下所示

- 在 Simulink 中加进新的通用模块。
- 将已存在的 C 代码合并入一个仿真中。
- 将一个系统描述为一系列的数学方程。
- 使用图形动画。

通过 User-Defined Functions 模块组中的 S-Function 模块，可以将 S 函数加进 Simulink 模型中，使用 S-Function 模块对话框可以指定 S 函数的名字。

可以使用 Simulink 的模板工具为 S-Function 模块创建一个定制的对话框和图标。模板对话框使得为 S 函数指定附加的参数变得更容易一些。

13.5.2 S 函数的作用和原理

使用 S 函数的一个优点是可以创建一个通用的模块，在模型中可以多次使用它，使用时只需要改变它的参数值即可。

在 Simulink 中，模型的仿真有两大阶段：初始化阶段和仿真执行阶段。

1. 初始化阶段的主要任务

- 把模型中各种多层次的模块“平铺化”（Flatten），即用基本库模块展开多层次的封装模块。
- 确定模型中各模块的执行次序。
- 为未直接指定相关参数的模块确定信号属性：信号名称（Name）、数据类型（Data type）、数值类型（Numeric type）、维数（Dimensionality）、采样时间（Sample time）和参数值（Block

parameters）等。

- 配置内存。

2. 仿真执行阶段的主要任务

模型初始化结束后，就进入仿真环（Simulation loop）。在一个主时步（Major time step）内要执行仿真环中的各个运算环节。

- 计算下一个主采样时点（Sample hit）（当含有变采样时间模块时）。
- 计算当前主时步上的全部输出。
- 更新各模块的连续状态（通过积分）、离散状态以及导数。

对连续状态进行“过零”检测。假如发现状态穿越了零，那么就可以采取以下措施。

- 采用插值的方法，计算出“过零”时刻，进入子时步（Minor time step）环。
- 在紧贴穿越时刻的两侧计算各块的输出。
- 在紧贴穿越时刻的两侧计算各块的状态（通过积分）和导数。需要指出的是，“过零”检测和子时步的引入，将大大改善仿真输出的精度。

13.5.3 用 M 文件创建 S 函数

因为篇幅有限，也出于开发简便和交互方便考虑，本节只举例介绍如何用 M 文件创建 S 函数。

Simulink 为我们编写 S 函数提供了各种模板文件，其中定义了 S 函数完整的框架结构，用户可以根据自己的需要修改。在编写 S 函数时，推荐使用 S 函数模板文件 sfuntmpl.m。这个文件包含了一个完整的 S 函数，它包含 1 个主函数和 6 个子函数。在主函数内，程序根据标志变量 Flag，由一个开关转移（Switch-Case）结构根据标志将执行流程转移到相应的子函数。Flag 标志量作为主函数的参数，由系统（Simulink 引擎）调用时给出。用户可以在 MATLAB 命令行中输入以下命令打开 sfuntmpl.m 模板文件并查看其代码：

```
>> edit sfuntmpl             % 或者输入 open sfuntmpl
```

因篇幅有限，读者可自行查阅帮助文档来了解 sfuntmpl.m 模板的使用方法。下面介绍 S 函数的创建步骤：写 S 函数，把 S 函数嵌入 S-function 模块，适当地封装（此步并非必需）。

由于中等规模至大规模非线性模型的复杂性，因此用 M 文件来写一组微分方程会更有效。这些 M 文件可以由 Simulink 通过 S-Function 模块来调用。因此这种方法具有由 ode45 直接求解 M 文件的优势，同时还可以以图形界面的形式与其他的 Simulink 模块建立联系。

【例 13-9】 非等温 CSTR 系统仿真。假设需要模拟一个非等温 CSTR 系统，具体的微分方程组如下。

$$\frac{\mathrm{d}C_{\mathrm{a}}}{\mathrm{d}t}=\frac{F}{V}(C_{\mathrm{af}}-C_{\mathrm{a}})-k_0\exp\left[-\frac{E_{\mathrm{a}}}{R(T+460)}\right]C_{\mathrm{a}}$$

$$\frac{\mathrm{d}T}{\mathrm{d}t}=\frac{F}{V}(T_{\mathrm{f}}-T)-\frac{\Delta H}{\rho C_{\mathrm{p}}}\left[k_0\exp\left[-\frac{E_{\mathrm{a}}}{R(T+460)}\right]C_{\mathrm{a}}\right]-\frac{UA}{\rho C_{\mathrm{p}}V}(T-T_{\mathrm{j}})$$

模拟这个系统时以夹套温度（jacket temperature），即 T_{j} 为输入变量。同时还要监测 CSTR 系统中的液体浓度与温度作为输出变量。

首先，写一个通过 MATLAB 求解器（比如 ode45）来直接求解微分方程所对应的函数 M 文件，命名为 reactor.m，并保存在 MATLAB 当前目录下。reactor.m 文件的具体内容如下。

```
reactor.m
function dx = reactor(t,x,Tj)
%
% 反应器模型
%
Ca = x(1);              % lbmol/ft^3
T = x(2);               % T
Ea = 32400;             % BTU/lbmol
k0 = 15e12;             % hr^-1
dH = -45000;            % BTU/lbmol
U = 75;                 % BTU/hr-ft^2-oF
rhocp = 53.25;          % BTU/ft^3
R = 1.987;              % BTU/lbmol-oF
V = 750;                % ft^3
F = 3000;               % ft^3/hr
Caf = 0.132;            % lbmol/ft^3
Tf = 60;                % oF
A = 1221;               % ft^2
%  为了方便书写，以上是对公式各部分内容定义的变量
ra = k0*exp(-Ea/(R*(T+460)))*Ca;
dCa = (F/V)*(Caf-Ca)-ra;                        %  Ca 的导数
dT = (F/V)*(Tf-T)-(dH)/(rhocp)*ra...
-(U*A)/(rhocp*V)*(T-Tj);                        %  T 的导数
dx =[dCa;dT];                                   %  输出 dx，也就是输出 Ca 的导数和 T 的导数
```

然后，编写 S 函数。对于本例来说，可以写如下文件，并另存为 reactor_sfcn.m。我们将以 reactor_sfcn.m 作为 S 函数。

```
reactor_sfcn.m
function [sys,x0,str,ts]=reactor_sfcn(t,x,u,flag,Cinit,Tinit)
switch flag
        case 0                              %  初始化
        str=[];                             %  特殊的保留变量，请勿修改此条命令
        ts = [0 0];                         %  采样时间及偏移量，此处为默认值
        s = simsizes;                       %  调用 simsizes 函数
                                            %  返回规范格式的 s 结构数组
                                            %  用户请勿修改此条命令
        s.NumContStates = 2;                %  该模块的连续状态的数目
        s.NumDiscStates = 0;                %  该模块的离散状态的数目
        s.NumOutputs = 2;                   %  该模块的输出数目
        s.NumInputs = 1;                    %  该模块的输入数目
        s.DirFeedthrough = 0;               %  该模块的馈路数目
        s.NumSampleTimes = 1;               %  至少需要一个采样时间
        sys = simsizes(s);                  %  将结构数组 s 赋给 sys
                                            %  用户请勿修改此条命令
        x0 = [Cinit, Tinit];                %  S 函数参数
    case 1                                  %  计算模块导数
        Tj = u;
        sys = reactor(t,x,Tj);              %  调用微分方程组函数
    case 3                                  %  输出
        sys = x;
    case {2 4 9}                            %  2:discrete
                                            %  4:calcTimeHit
                                            %  9:termination
        sys =[];
    otherwise
        error(['unhandled flag =',num2str(flag)]);
end
```

打开 Simulink Library Browser，定位到 User-Defined Functions 子目录，将 S-Function 模块用鼠标拖到新建模型窗口中，然后再拖入 Step、Demux、Scope 等模块，构建图 13-42 所示的模型。

双击 S-function 模块，并且填写相应的参数，把 S-function name 改为 reactor_sfcn。然后填写 S-function parameters 栏，对于模型来讲，需要输入 0.1，40（即 Cinit 和 Tinit 的值），如图 13-43 所示。

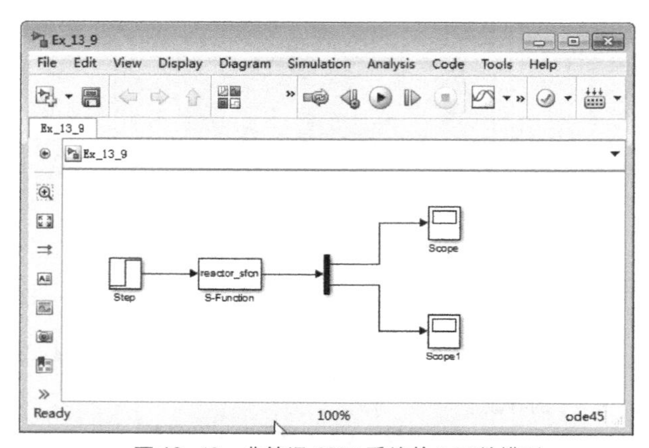

▲图 13-42　非等温 CSTR 系统的 S 函数模型

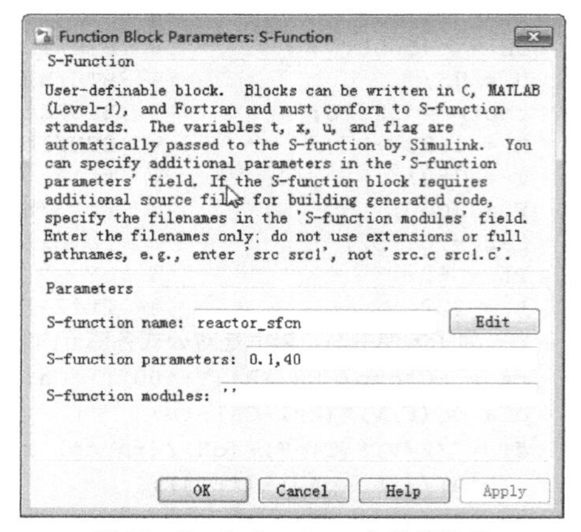

▲图 13-43　S-Function 参数的设置

说明：S-function modules 选项应用于模块使用 C MEX 文件作为 S 函数，并且打算使用 Real-Time Workshop 来生成模块所包含代码的情况。

设置好各项参数之后，单击工具栏中的运行按钮，就可以对本例中的非等温 CSTR 系统进行仿真。双击示波器模块，并通过右击设置自动坐标范围，就可以得到图 13-44a 和 b 所示的结果。

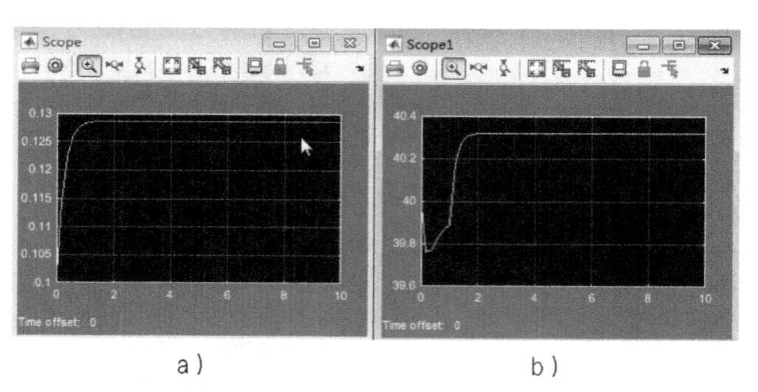

a）　　　　b）

▲图 13-44　非等温 CSTR 系统中的液体浓度与温度

图 13-44a 就是非等温 CSTR 系统中出料浓度 C_a 随时间变化的规律，图 13-44b 则是系统中的出料温度 T 随时间变化的规律。

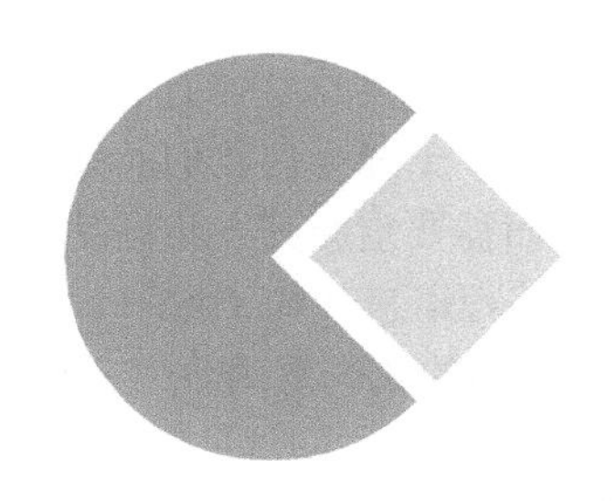

第 14 章　应用程序接口

MATLAB 和外部程序的编程接口总的来说有两大类：一是关于如何在 MATLAB 中调用其他语言编写的代码；二是如何在其他语言程序中调用 MATLAB。这些技术拓宽了 MATLAB 在使用过程中的应用范围，给开发者提供了多种解决问题的灵活多变的途径，避免了开发人员在编写代码的过程中对于同一代码使用不同语言重复开发的情况，从而也提高了 MATLAB 在市场上的竞争力。

14.1　MATLAB 应用程序接口介绍

MATLAB 接口技术包括以下几个方面的内容。

- 数据的导入和导出。这些技术主要包括在 MATLAB 环境中利用 MAT 文件技术进行数据的导入和导出。
- 和普通的动态链接库（dll）文件的接口。
- 在 MATLAB 环境中调用 C/C++、Fortran 等语言代码的接口。尽管 MATLAB 软件是一个完整、独立的编程与处理数据的环境，但是同其他软件进行数据和程序的交互是非常有用的，可以节省相当多的开发时间，或者方便使用多种开发语言的人分工合作。MATLAB 提供了 C/C++、Fortran 等语言代码的应用程序接口。可以通过接口函数将其编译为 MEX 文件，然后就可以在 MATLAB 命令行中调用相应的 MEX 文件了。
- 在 C/C++、Fortran 中调用 MATLAB 引擎。MATLAB 引擎库包括可以使用户在自己的 C/C++、Fortran 程序中调用 MATLAB 软件的程序，也就是说，用户可以把 MATLAB 当作一个计算引擎来调用。MATLAB 提供了可以开始和停止调用 MATLAB 进程、传递数据、传递命令的库函数。
- 在 MATLAB 中调用 Java。MATLAB 包含一个 Java 虚拟机，所以用户可以通过 MATLAB 命令来使用 Java 语言解释器，从而实现对 Java 对象的调用。
- MATLAB 软件对 COM 的支持。这是通过使用 MATLAB 的 COM 编译器来实现的。这个编译器是 MATLAB 编译器的一个扩展。MATLAB 的 COM 编译器能够把 MATLAB 函数转换、编译成 COM 对象，产生的 COM 对象能够在多种编程语言中使用。
- 在 MATLAB 中使用网络服务。网络服务一般是指基于 XML 并且能够通过网络连接实现远程调用的技术。MATLAB 能够向提供网络服务的服务器发出申请，也能够在收到服务器的回应后处理接收到的信息。
- 和串行口的通信接口。这个接口是和计算机硬件的接口。通过这个接口，MATLAB 可以和连接在计算机串行口的其他外围设备进行通信。

下面介绍使用 MATLAB 接口技术的优点。

（1）代码重用

代码重用是每个软件开发人员都努力争取的目标之一。对于一个机构，甚至是科研人员来说，在长期研究与开发过程中，可能已经积累了相当数量的代码，这些代码大多已经在以往的课题研究试验中被证实能够正确地完成其设计的功能。能否在现在或者将来的开发过程中利用这些已有的成果，则显得非常重要。如果能够通过一定的技术，灵活地利用以往的开发成果，无疑会使我们的开发达到事半功倍的效果。反之，如果由于技术的限制无法利用已有的代码，而需要重新开发相同功能的代码，这无疑是对人力资源的一种浪费。MATLAB 提供了和其他主要编程语言（如 C/C++、Fortran 等在科学计算中广泛使用的计算语言）的接口技术，这有助于开发过程的代码重用。

（2）合理使用开发组资源

软件开发的另外一个目标是快速地完成开发任务。对于一些复杂应用程序的开发，往往需要一个团队的高度合作。团队成员的专业背景以及技术长处可能各不相同，如果团队领导者在初期制订技术方案时能够考虑到各个开发人员的技术长处，根据实际问题以及各种编程语言的特点，合理地制订开发方案，无疑会加快整个开发进程，而且也更有可能开发出高效的软件。MATLAB 的接口技术给开发者提供了和多种其他编程语言交互的使用途径，这有助于人们制订和实施高效的开发方案。

（3）方便发布

传统的 MATLAB 应用程序多由一个或者多个 M 文件组成，客户必须先安装 MATLAB 软件才能够使用这些应用程序，这样并不是很方便。另外，考虑到 MATLAB 的价格，这样做也不经济。MATLAB 的接口技术给开发者提供了多种实用的应用软件发布手段。利用 MATLAB 的接口技术，这些应用软件可以通过动态链接库（*.dll）、可执行文件（*.exe）和 COM 对象（*.dll）等形式发布，这有助于降低开发成本，缩短产品从开始开发到推向市场所需要的时间。

（4）提高程序运行效率

相对于其他需要编译的编程语言，比如 C/C++或者 FORTRAN 来说，MATLAB 能够缩短开发时间。这主要得益于 MATLAB 所提供的丰富的矩阵运算功能、涵盖多个科技领域的工具箱以及强大的图形显示功能等。MATLAB 特别适合于开发小型应用问题，或者对算法的验证与开发。然而，对于一些大型或者复杂的应用程序来说，完全使用 MATLAB 开发的程序可能在执行时显得太慢。对于这种情况，一种可行的办法是利用 MATLAB 的 MEX 技术，使用 C/C++或者 Fortran 来编写计算最繁重的部分，然后在 MATLAB 里直接调用 MEX 文件。实践证明，这是一种有效地提高程序运行效率的办法。

14.2 MATLAB 调用 C/C++

C/C++是一般用户最常用的编程语言之一，用户经常需要在 MATLAB 中调用 C/C++程序以节省开发的时间。本节介绍如何在 MATLAB 中调用 C/C++程序。

14.2.1 MATLAB MEX 文件

MEX 代表 MATLAB Executable。MEX 文件是一种特殊的动态连接库函数，它能够在 MATLAB 里面像一般的 M 函数那样执行。MEX 文件必须包含一个特殊的函数，以作为在 MATLAB 中使用的接口。另外，也可以包含一个或多个用户自己定义的函数。

MEX 文件可以通过编译 C/C++或者 Fortran 源文件产生。因此使用 MEX 文件，给用户提供了一种在 MATLAB 中使用其他编程语言的途径。

需要注意的是，并不是所有的情况都适合编写和使用 MEX 文件。作为一种高效的高级编程语言，MATLAB 简单易学，同时提供了多种功能的函数命令，特别适合科学计算中的算法开发。而 C/C++或者 Fortran 则属于低级编程语言，使用这些语言作为开发工具进行算法开发可能需要更长的时间，而且程序的执行效率也并不一定比 MATLAB 函数高。因为 MATLAB 中的内置函数都已经经过了高度优化，执行效率非常高。如果用户花很长的时间用其他语言来实现相同的功能，总体效率反而可能会低很多。所以，如果应用程序不是必须要使用 MEX 文件，那么最好尽量避免使用

MEX 文件，而直接使用 MATLAB 语言来进行开发。

在各种操作系统平台上，MATLAB 能够自动监测到 MEX 文件的存在。和普通的 M 文件一样，只要 MEX 文件在 MATLAB 的搜索路径上，在 MATLAB 命令行键入某个 MEX 文件的文件名（不包括后缀），就能够执行相应的 MEX 文件。

注意： 如果在 MATLAB 的搜索路径上同时存在同名的 M 文件和 MEX 文件，那么 MEX 文件的优先级高于 M 文件。例如，如果 myfunc.m 和 myfunc.mex 都在搜索路径上，那么在 MATLAB 命令行输入 myfunc，就会运行 myfunc.mex。但是 help myfunc 只能从 myfunc.m 读取内容。所以我们在做项目的时候，可以将某个 MEX 文件对应的帮助文档写到与其同名的 M 文件中。

MEX 文件是通过编译相应的 C/C++或者 Fortran 源程序而产生的。MATLAB 对 MEX 文件的支持是内置的，并不需要特殊的工具箱或者 MATLAB 编译器。不过 MATLAB 需要使用外部编译器来完成对源程序的编译。其他的编译过的 MEX 文件所需要的库函数等都由 MATLAB 来提供。在 MATLAB 2013b 之前的版本中，系统本身提供了另一个 C 编译器——LCC 编译器，但是 2013b 之后的版本就不再提供 LCC 编译器了，这时用户必须自己安装并选用其他的编译器。

1. MEX 编译环境的配置

在安装完 MATLAB 和所需要的编译器后，首先需要配置 MEX 编译环境，然后才能够使用 mex 函数进行编译。MATLAB 编译 MEX 文件的函数是 mex。在 MATLAB 中配置编译环境的方法是在命令行输入以下命令。

```
>> mex -setup
```

此命令将会自动检测当前计算机上已经安装的 MATLAB 所支持的编译器，并把它们罗列出来供用户选择。这个配置过程完成以后，mex 函数就能够读取相应的配置文件，并调用相应的编译器来编译 MEX 文件了。Visual C++是一种在 Windows 平台使用极为广泛的 C/C++编译器，这里以 Visual C++为例来说明应用程序接口如何使用。下面这段代码演示了在 MATLAB 中使用 mex -setup C++命令来配置编译器环境的过程。

```
>>  mex -setup C++
MEX configured to use 'Microsoft Visual C++ 2010' for C++ language compilation.
Warning: The MATLAB C and Fortran API has changed to support MATLAB
  variables with more than 2^32-1 elements. In the near future
  you will be required to update your code to utilize the
  new API.
```

通过上面代码中的内容，可以看出这里以'Microsoft Visual C++ 2010 作为编译器。

2. mex 函数

一旦使用 mex-setup 成功配置所用的编译器后，用户就可以使用 MATLAB 的 mex 函数来编译 MEX 文件。虽然在不同的操作系统上或者在同一系统中不同的编译器相对应的配置过程有所不同，但在配置所用的编译器之后，mex 函数的调用语法是相同的。

在 MATLAB 中编译 MEX 文件的函数就是 mex。mex 函数的调用语法如下。

- mex -help：显示 mex 命令的 M 文件中的帮助信息。
- mex -setup：选择或者改变默认的编译器。

- mex filenames：编译或者连接一个或多个由 filenames 指定的 C/C++或 Fortran 源文件到 MATLAB 中的二进制 MEX 文件。
- mex options filenames：在一个或者多个指定的命令行选项下对源文件进行编译。
- mex [options ...] file [files …]：[]中的内容表示是可选的，也就是说，参数和文件名可以有多个。

假设有一个 MEX 源文件 myfun.c，如果要把它编译成一个 MEX 函数，最简单的方法如下。

```
>> mex myfun.c
```

如果编译过程中需要用到另外一个二进制对象文件 myobj.obj，则可使用如下命令。

```
>> mex myfun.c myobj.obj
```

如果编译过程需要用到另外一个库文件 mylib.lib，相应的命令如下。

```
>> mex myfun.c myobj.obj mylib.lib
```

3. mex 函数支持的参数

mex 函数也支持一些命令行参数，允许用户使用这些参数来控制 MEX 文件的编译过程。在各种操作系统中 mek 函数可以使用的命令行参数如表 14-1 所示。

表 14-1　mex 函数可以使用的命令行参数

命令行参数	使用说明	适用的操作系统
-c	只是把源程序编译成目标文件，并不连接生成 MEX 文件	所有操作系统
-compatibleArrayDims	通过 MATLAB 7.2 版的数组处理 API 创建一个 MEX 文件，这个文件限制其中数组最多有 $2^{31}-1$ 个元素。这个选项是默认的	所有操作系统
-D<name>	定义编译 C 语言的预处理符号。等价于源文件中的"#define <name>"。	所有操作系统
-D<name>=<value>	定义编译 C 语言的预处理符号和相应的值。等价于源文件中的"#define <name>" <value>	所有操作系统
-f <optionsfile>	使用用户指定的文件作为 MEX 配置文件。<optionsfile>是该配置文件的名字，如果该文件没有在 MATLAB 的当前目录中，那么<optionsfile>需要包括完整目录	所有操作系统
-g	编译、创建带调试信息（debug）的 MEX 文件。如果使用这个选项，那么就关闭了 MEX 建立目标代码的默认优化功能	所有操作系统
-h[elp]	列出 mex 函数的帮助信息。-h 和-help 是等价的	所有操作系统
-I<pathname>	把路径<pathname>加到编译器的头文件搜索路径上	所有操作系统
-inline	将以 mx 打头的矩阵存取为内联函数。注意，生成的 MEX 文件可能和新的版本不兼容	所有操作系统
-l<name>	连接目标库文件。在 PC 上 name 可以扩展为“<name>.lib”或“lib<name>.lib”。在 UNIX 系统中，被扩展为“lib<name>”	所有操作系统
-L<directory>	把<directory>加到-I 选项指定的连接库函数的搜索路径上。在 UNIX 系统中，用户必须同时设置 run-time 库的路径	所有操作系统
-largeArrayDims	通过 MATLAB 中的大规模数组处理 API 创建 MEX 文件。这个 API 可以处理元素多于 $2^{31}-1$ 个的数组。参见-compatibleArrayDims 选项	所有操作系统
-n	非执行模式。使用这个参数，mex 函数会列出所有要用到的参数，但并不执行这些参数	所有操作系统

续表

命令行参数	使用说明	适用的操作系统
-O	在连接时优化所用的目标代码。默认情况下，mex 函数会使用优化参数。当使用-g 命令时，将不使用优化，不过可以使用-O 进行强制优化	所有操作系统
-outdir <dirname>	指定输出目录。编译生成的所有文件将保存在该目录下	所有操作系统
-output <resultname>	指定创建的 MEX 文件名	所有操作系统
-setup lang	将默认编译器（c）改变为 lang 语言的编译器，如果和其他命令行参数一起使用，那么其他命令则会被忽略	所有操作系统
-U<name>	取消之前定义的 C 预处理符号<name>。它是-D 命令的逆命令	所有操作系统
-v	详细信息模式。显示重要的内部变量和运行的命令。显示每一个编译步骤和最后的连接步骤	所有操作系统
<name>=<value>	用新的定义值取代所用配置文件中相应的变量。其中<name>是变量名，<value>为新定义的变量值	所有操作系统
@<rspfile>	<rspfile>是个文本文件，其内容将会被读取，并作为 MEX 函数的命令行参数	Windows 所有操作系统
-cxx	如果第一个源文件是 C 语言写的，并且有一个或者多个 C++源文件或目标文件，使用 C++连接器来连接 MEX 文件	UNIX 所有操作系统
-fortran	指定 MEX 的入口函数 mexFunction 是由 Fortran 编写的源程序。否则，mex 函数一般假设该入口函数在命令行中的第一个源文件中	UNIX 所有操作系统

14.2.2 C/C++ MEX 文件的使用

一个 C/C++ MEX 源程序通常包括以下 4 个组成部分，其中前面 3 个是必须包含的内容。至于第 4 个，则可根据所实现的功能灵活选用。

- #include“mex.h”。
- MEX 文件的入口函数 mexFunction。
- mxArray。
- API 函数。

mex.h 是一个 C/C++语言头文件，它给出了以 mx 和 mex 打头的 API 函数的定义。每个 C/C++语言的 MEX 源程序必须包含它，否则编译过程无法顺利完成。

MEX 文件其实是个动态连接库文件。它只导出一个函数，那就是 mexFunction。在 MATLAB 命令行中调用 MEX 文件，就像其他函数的使用方法一样来调用。如果用 C/C++语言，mexFunction 函数的定义语法则为：

```
/* The gateway function */
void mexFunction( int nlhs, mxArray *plhs[],
                  int nrhs, const mxArray *prhs[])
{
/* variable declarations here */

/* code here */
}
```

其中，prhs 为一个 mxArray 结构体类型的指针数组，该数组的数组元素按顺序指向所有的输入参数；nrhs 为整数类型，它标明了输入参数的个数；plhs 同样为一个 mxArray 结构体类型的指针数组，该数组的数组元素按顺序指向所有的输出参数；nlhs 则表明了输出参数的个数，其为整数类型。

下面举例说明如何创建 MEX 文件。

【例 14-1】　创建类似于其他编程语言中简单的“Hello, World!”程序的“Hello, MEX!”，在命令行中输出“Hello, MEX!”语句。

首先要创建一个 C 语言程序 hellomex.c，内容如下。

```
hellomex.c
#include "mex.h"

void mexFunction( int nlhs, mxArray *plhs[],
                  int nrhs, const mxArray *prhs[])
{
    mexPrintf("hello, MEX!\n");
}
```

这个程序非常简单，没有输入输出语句，MEX 入口函数体里只有一个 API 函数 mexPrintf，用来在 MATLAB 命令行中输出字符串“Hello, MEX!”。

把上面的 hellomex.c 文件保存在 MATLAB 当前目录下，然后用如下命令进行编译。

```
>> mex -v hellomex.c
```

通过编译就可以在 MATLAB 当前目录下产生 hellomex.mexw64 文件，这就是在 64 位 Windows 操作系统中编译好的 MEX 文件。在其他平台上，MEX 文件的后缀将有所不同。在 MATLAB 命令行中输入 hellomex，就可以执行相应的 MEX 文件。

```
>> hellomex
hello, MEX!
```

【例 14-2】　在 MATLAB 中，在有输入/输出参数的情况下创建 MEX 文件。

MATLAB 提供了一些关于 MEX 文件的示例，用来演示 MATLAB 应用程序接口的应用，这些示例在%matlab 目录%\R20014b\extern\examples\目录下面。下面以其中的一个为例，来说明 MEX 源文件的创建。

```
arrayProduct.c
/*==========================================================
 * arrayProduct.c - example in MATLAB External Interfaces
 *
 * Multiplies an input scalar (multiplier)
 * times a 1xN matrix (inMatrix)
 * and outputs a 1xN matrix (outMatrix)
 *
 * The calling syntax is:
 *
 *          outMatrix = arrayProduct(multiplier, inMatrix)
 *
 * This is a MEX-file for MATLAB.
 * Copyright 2007-2012 The MathWorks, Inc.
 *
 *========================================================*/

/*必须包含的头文件*/
#include "mex.h"

/* 计算程序*/
```

```
void arrayProduct(double x, double *y, double *z, mwSize n)
{
    mwSize i;
    /* 将每一个 y 元素乘以 x*/
    for (i=0; i<n; i++) {
        z[i] = x * y[i];
    }
}

/* 接口函数*/
void mexFunction( int nlhs, mxArray *plhs[],
                  int nrhs, const mxArray *prhs[])
{
    double multiplier;              /*输入标量*/
    double *inMatrix;               /*1*N 输入矩阵*/
    size_t ncols;                   /* 矩阵的尺寸 */
    double *outMatrix;              /*输出矩阵*/

    /* 输入/输出变量检验*/
    if(nrhs!=2) {
        mexErrMsgIdAndTxt("MyToolbox:arrayProduct:nrhs","Two inputs required.");
    }
    if(nlhs!=1) {
        mexErrMsgIdAndTxt("MyToolbox:arrayProduct:nlhs","One output required.");
    }
    /* 检验第一个输入变量是否是标量 */
    if( !mxIsDouble(prhs[0]) ||
         mxIsComplex(prhs[0]) ||
         mxGetNumberOfElements(prhs[0])!=1 ) {
        mexErrMsgIdAndTxt("MyToolbox:arrayProduct:notScalar","Input multiplier must
         be a scalar.");
    }

    /* 检验第二个输入变量是否是 double 类型*/
    /* make sure the second input argument is type double */
    if( !mxIsDouble(prhs[1]) ||
         mxIsComplex(prhs[1])) {
        mexErrMsgIdAndTxt("MyToolbox:arrayProduct:notDouble","Input matrix must be
         type double.");
    }

    /* 检验输入变量的行数是否为 1*/
    /* check that number of rows in second input argument is 1 */
    if(mxGetM(prhs[1])!=1) {
        mexErrMsgIdAndTxt("MyToolbox:arrayProduct:notRowVector","Input must be a row
         vector.");
    }

    /* 获取标量输入的值  */
    multiplier = mxGetScalar(prhs[0]);

    /* 创建指向输入矩阵数据的指针 */
    inMatrix = mxGetPr(prhs[1]);

    /* 获取输入矩阵的维数 */
    ncols = mxGetN(prhs[1]);

    /* 创建输出矩阵 */
    plhs[0] = mxCreateDoubleMatrix(1,(mwSize)ncols,mxREAL);
```

```
    /* 创建指向输出矩阵的指针 */
    outMatrix = mxGetPr(plhs[0]);

    /* 调用计算程序 */
    arrayProduct(multiplier,inMatrix,outMatrix,(mwSize)ncols);
}
```

将以上文件保存为 arrayProduct.c，并且确定其在 MATLAB 当前目录下。然后运行以下命令，将 arrayProduct.c 编译成 MEX 文件。

```
>> mex arrayProduct.c
Building with 'Microsoft Visual C++ 2010 (C)'.
MEX completed successfully.
```

接下来，可以对 MEX 文件进行测试。在命令行中输入以下内容。

```
>> s = 5;                          % 测试参数，它是一个标量
>> A = [1.5, 2, 9];                % 测试参数，它是一个向量
>> B = arrayProduct(s,A)           % 调用编译后的 mex 文件
```

MATLAB 会返回如下结果，可以看出结果 B 就是数组 A 中的每个元素都成为原来的 s 倍，也就是 5 倍。

```
B =
    7.5000    10.0000    45.0000
```

同时还可以测试输入错误的情况，在命令行中输入以下内容。

```
>> arrayProduct
```

在 MATLAB 命令窗口中就会显示如下错误消息。

```
??? Error using ==> arrayProduct
Two inputs required.
```

【例 14-3】 将 C++程序 mexcpp.cpp 编译为 MEX 文件。文件 mexcpp.cpp 采用了 member functions、constructors、destructors 和 iostream 等 C++常用内容。具体的 mexcpp.cpp 文件内容如下。

```
mexcpp.cpp
/*==========================================================
 * mexcpp.cpp - example in MATLAB External Interfaces
 *
 * Illustrates how to use some C++ language features in a MEX-file.
 * It makes use of member functions, constructors, destructors, and the
 * iostream.
 *
 * The routine simply defines a class, constructs a simple object,
 * and displays the initial values of the internal variables.  It
 * then sets the data members of the object based on the input given
 * to the MEX-file and displays the changed values.
 *
 * This file uses the extension .cpp.  Other common C++ extensions such
 * as .C, .cc, and .cxx are also supported.
 *
 * The calling syntax is:
 *
```

```
 *         mexcpp( num1, num2 )
 *
 * Limitations:
 * On Windows, this example uses mexPrintf instead cout.  Iostreams
 * (such as cout) are not supported with MATLAB with all C++ compilers.
 *
 * This is a MEX-file for MATLAB.
 * Copyright 1984-2013 The MathWorks, Inc.
 *
 *========================================================*/

#include <iostream>
#include <math.h>
#include "mex.h"

using namespace std;

void _main();

/****************************/
class MyData {

public:
  void display();
  void set_data(double v1, double v2);
  MyData(double v1 = 0, double v2 = 0);
  ~MyData() { }
private:
  double val1, val2;
};

MyData::MyData(double v1, double v2)
{
  val1 = v1;
  val2 = v2;
}

void MyData::display()
{
#ifdef _WIN32
 mexPrintf("Value1 = %g\n", val1);
 mexPrintf("Value2 = %g\n\n", val2);
#else
  cout << "Value1 = " << val1 << "\n";
  cout << "Value2 = " << val2 << "\n\n";
#endif
}

void MyData::set_data(double v1, double v2) { val1 = v1; val2 = v2; }

/*********************/

static
void mexcpp(
     double num1,
     double num2
     )
{
#ifdef _WIN32
 mexPrintf("\nThe initialized data in object:\n");
#else
```

```
  cout << "\nThe initialized data in object:\n";
#endif
  MyData *d = new MyData; // 创建一个 MyData 对象
  d->display();           // d 应该初始化为 0

  d->set_data(num1,num2); // 设置数据为输入值

#ifdef _WIN32
  mexPrintf("After setting the object's data to your input:\n");
#else
  cout << "After setting the object's data to your input:\n";
#endif
  d->display();           // 确认 set_data()有效
  delete(d);
  flush(cout);
  return;
}

void mexFunction(
       int          nlhs,
       mxArray      *[],
       int          nrhs,
       const mxArray *prhs[]
       )
{
  double      *vin1, *vin2;

  /* 检查输入变量的确切个数 */

  if (nrhs != 2) {
    mexErrMsgIdAndTxt("MATLAB:mexcpp:nargin",
            "MEXCPP requires two input arguments.");
  } else if (nlhs >= 1) {
    mexErrMsgIdAndTxt("MATLAB:mexcpp:nargout",
            "MEXCPP requires no output argument.");
  }

  vin1 = (double *) mxGetPr(prhs[0]);
  vin2 = (double *) mxGetPr(prhs[1]);

  mexcpp(*vin1, *vin2);
  return;
}
```

然后在 MATLAB 命令行中输入以下命令来创建 MEX 文件。

```
>> mex mexcpp.cpp
Building with 'Microsoft Visual C++ 2010'.
MEX completed successfully.
```

程序 mexcpp.cpp 定义了类 MyData，其中包含成员函数 display 和 set_data，还有变量 v1 和 v2。该程序构造了 MyData 的类 d，并显示 v1 和 v2 的初始值。然后将用户输入的参数传递给变量 v1 和 v2，并显示其新的值。最后使用 delete 命令清除对象 d。

在创建了 MEX 文件之后，它的调用语法及其相应的结果如下。

```
>> mexcpp(31, 54)

The initialized data in object:
```

```
Value1 = 0
Value2 = 0

After setting the object's data to your input:
Value1 = 31
Value2 = 54
```

可见，原来 v1 和 v2 的值是[0;0]，而程序将用户输入的参数[31;54]传递给了变量 v1 和 v2，并显示其新的值。

14.3 在 C/C++中调用 MATLAB 引擎

除了在 MATLAB 中调用 C/C++程序之外，很多情况下需要将这个过程反过来，即在 C/C++中调用 MATLAB 引擎来进行计算。

14.3.1 MATLAB 计算引擎概述

MATLAB 的引擎库提供了一些接口函数，利用这些接口函数，用户可以在自己的程序中以计算引擎方式调用 MATLAB。在这种应用中，应用程序和 MATLAB 往往运行于各自独立的两个进程，两者通过相关的技术进行通信。在 UNIX/Linux 中，应用程序通过管道和 MATLAB 进行通信；而在 Windows 中，两者则通过 COM 接口相连。

MATLAB 提供了分别对应于 C 和 Fortran 语言的有关引擎调用的函数库，通过调用其中的函数，可以在 C/C++或者 Fortran 语言的程序中实现对 MATLAB 计算引擎的控制和操作，包括引擎的启动和关闭、数据传递以及待执行 M 代码的传递等。

下面是 MATLAB 计算引擎的一些典型应用。

- 在 C/C++或者 Fortran 中调用 MATLAB 的数学计算功能。比如计算矩阵的特征值，或者调用快速傅里叶变换等。
- 作为复杂系统的组成部分，提供了强大的计算和数据图形化功能。比如在某些雷达信号分析系统中，图形界面由 C 语言开发，MATLAB 计算引擎提供了强大的数据处理功能。

使用 MATLAB 计算引擎的优点之一，是在 UNIX 平台上可以通过网络连接调用能够运行于其他计算机上的 MATLAB 计算引擎。这样就有可能把界面显示和复杂的计算分开，其中显示在本机上完成，而计算则可在别的计算机上进行。

在其他语言程序中调用 MATLAB 功能的另外一种方法则是 MATLAB 编译器。也就是使用 MATLAB 编译器把 M 代码转换成 C/C++语言代码，然后在自己的程序中使用。两种方法比较起来，使用 MATLAB 编译器只能把事先写好的 M 代码转换成 C/C++，也就是只能使用这些 M 文件实现的功能，不利于扩展。而事实上，使用 MATLAB 计算引擎可以实现任何复杂的计算功能，具有良好的灵活性。另外，MATLAB 编译器并不支持 Fortran 语言，而 MATLAB 计算引擎则有 Fortran 函数库。

MATLAB 计算引擎是 MATLAB 最早提供的外部接口技术的一种。早在 MATLAB 4.*x* 版本就有了对 MATLAB 引擎的支持。MATLAB 的计算引擎的库函数封装了有关的技术细节，用户只需调用这些库函数，就可以实现调用 MATLAB 计算引擎的功能。

14.3.2 MATLAB 计算引擎库函数

MATLAB 引擎库包含表 14-2 所示的控制计算引擎的函数，各个函数都以 eng 这 3 个字母为前缀。

表 14-2 MATLAB 提供的 C 语言计算引擎函数库

函 数	说 明	函 数	说 明
engOpen	启动 MATLAB 计算引擎	engOutputBuffer	创建字符缓冲区，以获取 MATLAB 文本输出
engClose	关闭 MATLAB 计算引擎	engOpenSingleUse	启动一个非共享的 MATLAB 计算引擎
engGetVariable	从 MATLAB 计算引擎获得数据	engGetVisible	检测 MATLAB 命令窗口是否可视
engPutVariable	向 MATLAB 计算引擎发送数据	engSetVisible	设置 MATLAB 命令窗口是否可视
engEvalString	在 MATLAB 计算引擎中执行命令		

Fortran 语言的 MATLAB 计算引擎函数库只提供表中的前 6 个函数。也就是说，在 Fortran 语言中，无法实现后 3 个函数提供的功能。

关于这些函数的详细调用方式，可参阅 MATLAB 的帮助文档。一般来说，在程序中调用 MATLAB 计算引擎有如下 3 个步骤。

（1）打开 MATLAB 计算引擎。

（2）在引擎中执行 MATLAB 命令，或者传递数据等。

（3）关闭 MATLAB 计算引擎。

打开 MATLAB 计算引擎需要调用 engOpen 函数。其在 C 语言中的调用语法如下。

```
#include "engine.h"
/* MATLAB 引擎程序头文件，包括了引擎程序的函数原型*/
Engine *engOpen(const char *startcmd);
/*打开 MATLAB 计算引擎*/
```

其中，参数 startcmd 是字符串。在 Windows 平台上，startcmd 必须是个空指针（NULL）。在 UNIX/Linux 平台上，startcmd 可以使代表不同意义的字符串。比如，当 startcmd 为空时，engOpen 将启动本机的 MATLAB 计算引擎；当 startcmd 为一个主机名时，engOpen 会利用这个主机名，以如下方式生成一个扩展的字符串，从而用这个字符串启动远程 MATLAB 计算引擎。

```
"rsh hostname \"/bin/csh -c 'setenv DISPLAY\ hostname:0; matlab'\""
/*将 hostname 替换成用户需要远程登录的主机名即可*/
```

如果 startcmd 是其他字符串，比如包含空格或者其他特殊字符，engOpen 将以 startcmd 指定的方式启动 MATLAB 计算引擎。

在 Windows 平台，engOpen 将会启动 MATLAB 服务，并打开一个 COM 通道与之连接。这个过程要求 MATLAB 已经被注册成 COM 服务器。一般来说，MATLAB 的安装过程已经在系统中注册了 MATLAB 服务器。如果由于某种原因，MATLAB 并不是在一个系统注册过的 COM 服务器，则可在 Windows 命令行执行如下命令来手动注册。

```
matlab /regserver
```

成功打开 MATLAB 计算引擎后，将在程序中获得指向该引擎的指针。通过这个指针，就可以调用引擎来执行 MATLAB 命令，这需要调用 engEvalString 函数。engEvalString 函数的 C 语言语法如下。

```
#include "engine.h"
```

```
int engEvalString(Engine *ep,const char *string);
```

其中，参数 ep 为指向 MATLAB 计算引擎的指针，string 为需要执行的字符串。string 通常为一个有效的 MATLAB 命令，比如 string="a=magic(4)"。

有时需要启动一个非共享的 MATLAB 计算引擎。相应的 C 语言调用语法如下。

```
#include "engine.h"
Engine *engOpenSingleUse(const char *startcmd, void *dcom,
  int *retstatus);
```

这个函数与 engOpen 相似，不同之处在于它允许一个用户进程以独占的方式使用本地计算机上的 MATLAB Engine Server。

在 Windows 系统中使用这个函数时，前两个参数应该都设置为空。如果出错，则第 3 个参数返回一个可能的错误原因序号。

在调用 MATLAB 计算引擎的过程中，有 engGetVariable 和 engPutVariable 两个函数可以用来进行数据交换。相应的 C 语言语法如下。

```
#include "engine.h"
mxArray *engGetVariable(Engine *ep, const char *name);
int engPutVariable(Engine *ep, const char *name, const mxArray *pm);
```

其中，ep 是指向 MATLAB 计算引擎的指针，name 就是需要传递的 mxArray 的名字，pm 则是指向 mxArray 的指针。

完成对 MATLAB 计算引擎的调用后，应该关闭引擎，这需要调用 engClose 函数。engClose 函数的 C 语言语法如下。

```
#include "engine.h"
int engClose(Engine *ep);
```

其中，ep 是指向 MATLAB 计算引擎的指针。

14.3.3 在 C/C++中调用 MATLAB 引擎的示例

本节以 Microsoft Visual C++ 2010 为例，介绍如何在 C/C++中调用 MATLAB 计算引擎。

【例 14-4】 在 C/C++中调用 MATLAB 计算引擎。

1. 创建 C++程序 EngDemo.cpp

打开 Microsoft Visual C++ 2010，创建一个 Win32 应用程序，并命名为 EngDemo，然后将以下代码输入 EngDemo.cpp 中。

```
EngDemo.cpp
/*
 *    engdemo.cpp
 *
 *    A simple program to illustrate how to call MATLAB
 *    Engine functions from a C++ program.
 *
 * Copyright 1984-2011 The MathWorks, Inc.
 * All rights reserved
 */
#include <stdlib.h>
#include <stdio.h>
#include <string.h>
#include "engine.h"
```

```
#define  BUFSIZE 256

int main()

{
Engine *ep;
mxArray *T = NULL, *result = NULL;
char buffer[BUFSIZE+1];
double time[10] = { 0.0, 1.0, 2.0, 3.0, 4.0, 5.0, 6.0, 7.0, 8.0, 9.0 };

/*
 * 使用空字符串来调用 engOpen 函数，
 *使用命令 matlab 在当前主机上启动了一个 MATLAB 进程
 *
 */
if (!(ep = engOpen(""))) {
    fprintf(stderr, "\nCan't start MATLAB engine\n");
    return EXIT_FAILURE;
}

/*
 * PART I
 *
    *演示程序的第一部分将向 MATLAB 发送数据,
    * 分析数据并且绘制结果
 */

/*
    * 创建数据变量
 */
T = mxCreateDoubleMatrix(1, 10, mxREAL);
memcpy((void *)mxGetPr(T), (void *)time, sizeof(time));
/*
    * 将变量 T 输入 MATLAB Workspace
 */
engPutVariable(ep, "T", T);

/*
    * 计算落体下落距离，distance = (1/2)g.*t.^2
    * (g 是重力加速度)
 */
engEvalString(ep, "D = .5.*(-9.8).*T.^2;");

/*
    * 绘制结果图
 */
engEvalString(ep, "plot(T,D);");
engEvalString(ep, "title('Position vs. Time for a falling object');");
engEvalString(ep, "xlabel('Time (seconds)');");
engEvalString(ep, "ylabel('Position (meters)');");

/*
    *使用 fgetc() 函数以确保暂停足够长时间,
    *我们可以看到绘制的结果图
 */
printf("Hit return to continue\n\n");
fgetc(stdin);
/*
    *完成第一部分，释放内存，关闭 MATLAB 引擎
 */
```

```
printf("Done for Part I.\n");
mxDestroyArray(T);
engEvalString(ep, "close;");


/*
 * PART II
 *
    * 演示程序的第二部分要求输入一个 MATLAB 命令字符串，
    * 定义一个变量 X
    * MATLAB 将会创建这个变量，并返回数据的类型
 */

/*
    * 使用 engOutputBuffer 函数来获取 MATLAB 的输出，
    * 确认缓冲器总是以 NULL 终止
 */

buffer[BUFSIZE] = '\0';
engOutputBuffer(ep, buffer, BUFSIZE);
while (result == NULL) {
    char str[BUFSIZE+1];
    /*
        * 从用户输入来获取一个字符串
     */
    printf("Enter a MATLAB command to evaluate.  This command should\n");
    printf("create a variable X.  This program will then determine\n");
    printf("what kind of variable you created.\n");
    printf("For example: X = 1:5\n");
    printf(">> ");

    fgets(str, BUFSIZE, stdin);

    /*
        * 使用 engEvalString 来执行命令
     */
    engEvalString(ep, str);

    /*
     * Echo the output from the command.
     */
    printf("%s", buffer);

    /*
     *  获取计算结果
     */
    printf("\nRetrieving X...\n");
    if ((result = engGetVariable(ep,"X")) == NULL)
      printf("Oops! You didn't create a variable X.\n\n");
    else {
     printf("X is class %s\t\n", mxGetClassName(result));
    }
}

/*
    * 完成，释放内存，关闭 MATLAB 引擎并结束
 */
printf("Done!\n");
mxDestroyArray(result);
engClose(ep);
```

```
return EXIT_SUCCESS;
}
```

在程序 EngDemo.cpp 中，首先启动 MATLAB 计算引擎。然后，演示程序的第一部分计算自由落体运动下落距离和时间之间的关系，向 MATLAB 发送分析数据，并且绘制结果。接下来，演示程序的第二部分要求输入一个 MATLAB 命令字符串来定义一个变量 x，MATLAB 会创建这个变量并返回数据的类型，完成之后释放内存，关闭 MATLAB 引擎并结束。

2. 设置 Microsoft Visual C++ 2010 环境

在调用 MATLAB 引擎之前，首先需要对 Microsoft Visual C++ 2010 环境进行设置，用户可以通过在工程中加入头文件和库文件路径来进行设置。

在 Visual Studio 主界面的菜单栏中单击【项目】|【属性】命令，在弹出的属性页面对话框中单击【配置属性】|【VC++目录】，在【包含目录】项添加头文件 engine.h 等所在目录，在本例中需要添加以下两个头文件目录。

- D:\Program Files\MATLAB\R2014b\toolbox\matlab\winfun\mwsamp
- D:\Program Files\MATLAB\R2014b\extern\include

添加头文件之后的选项配置如图 14-1 所示。

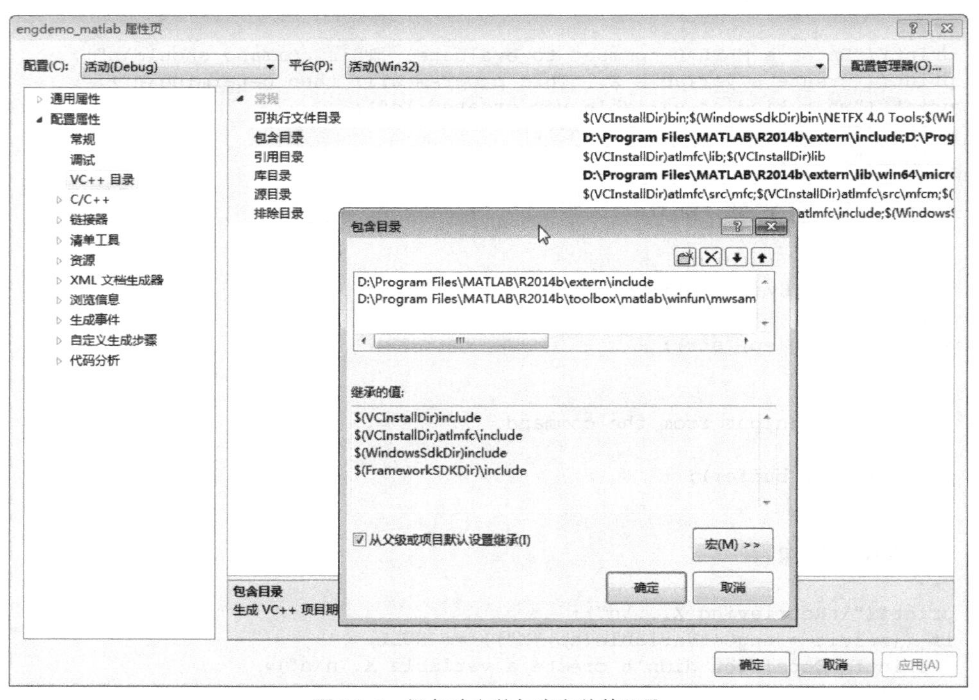

▲图 14-1 添加头文件与库文件的目录

然后需要用同样的方法在【库目录】下拉菜单选项中添加库文件目录，例如，在笔者的计算机上，需要添加的是 D:\Program Files\MATLAB\R2014b\extern\lib\win32\microsoft。

接下来，设定工程属性。单击【项目】|【属性】菜单命令，在弹出的“属性页”对话框中单击【配置属性】|【链接器】|【输入】栏目，在【附加依赖项】添加 3 个库文件：libmx.lib、libmex.lib 和 libeng.lib。

添加库文件之后的设置如图 14-2 所示。

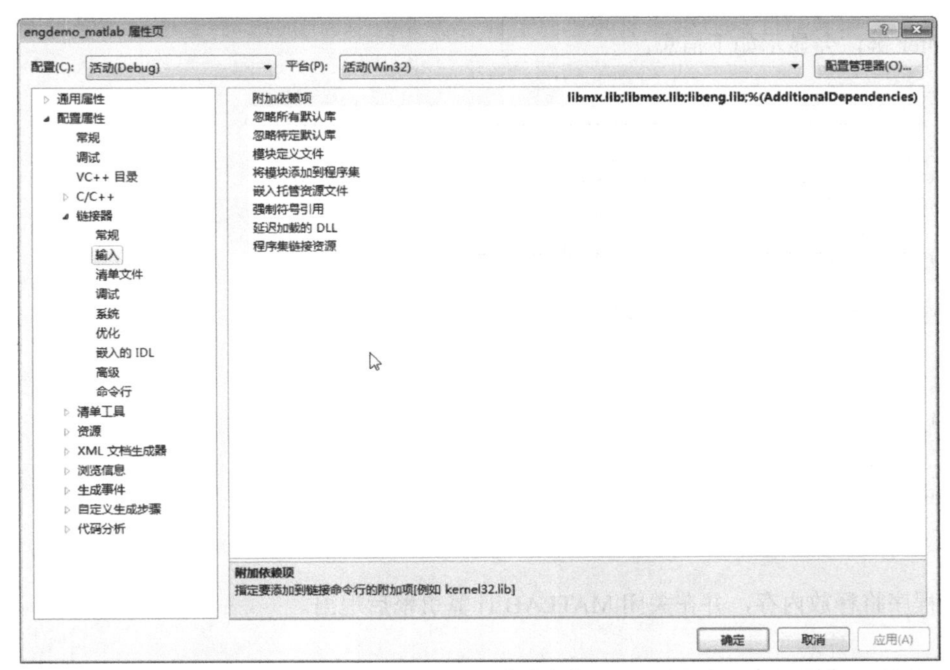

▲图 14-2　添加库文件

由于在上面的环境设置过程中指定了代码 EngDemo.cpp 中需要的 MATLAB 引擎的头文件与库文件，因此在之后的调试过程中就不会发生找不到相关文件的错误了。

3. 调试与执行 EngDemo.cpp 文件

通过在 Microsoft Visual C++ 2010 中调试并运行 EngDemo.cpp，就可以得到图 14-3 所示的结果。在这个执行过程中，Microsoft Visual C++ 2010 启动并调用了 MATLAB 计算引擎。

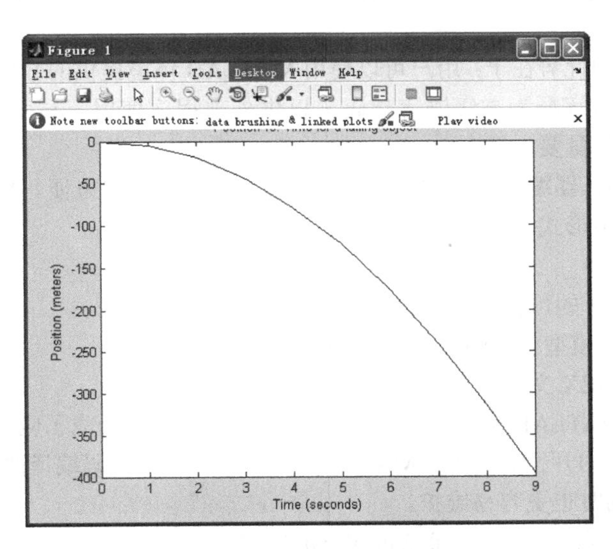

▲图 14-3　EngDemo.cpp 运行结果

可以在 cmd 窗口看到如下提示。

```
Press Return to continue
```

按 Enter 键，会显示如下信息。

```
Done for Part I.
Enter a MATLAB command to evaluate.  This command should
create a variable X.  This program will then determine
what kind of variable you created.
For example: X = 1:5
```

例如，输入 MATLAB 命令，就可以得到以下内容。

```
>> X=magic(5)     %magic 函数可以生成魔方矩阵
X =
    17    24     1     8    15
    23     5     7    14    16
     4     6    13    20    22
    10    12    19    21     3
    11    18    25     2     9
Retrieving X...
X is class double
Done!
```

最终程序将释放内存，并在关闭 MATLAB 计算引擎后退出。

14.4 MATLAB 编译器

MATLAB 编译器是一个运行于 MATLAB 环境的独立工具。MATLAB 编译器的主要功能是编译 M 文件、MEX 文件、MATLAB 对象或者其他 MATLAB 代码。通过使用 MATLAB 编译器，用户可以生成独立的应用程序，还可以生成 C/C++共享库（如动态链接库等）。

MATLAB 编译器包括 3 个组件：经过优化的编译器（MCC）、MATLAB 数学库和 MATLAB 图形库，它使得用户可以将包含 MATLAB 数学库、图形库和用户界面的 MATLAB 程序转换为不需要任何 MATLAB 支持的独立程序，这些程序可以是独立的可执行程序，可以是共享库，也可以以动态链接库的形式发布。

MATLAB 编译器的优势在于：用户可以使用 MATLAB 环境提供的数值计算的强大功能，并且可以将这些代码有效地解释为高级语言代码，以供外部程序使用。与手工编码翻译相比，使用 MATLAB 编译器的工作量要小得多。

同时 MATLAB 编译器编译出来的代码形式灵活，发布起来很方便。目前 MATLAB 编译器可以将 M 文件编译为以下形式。

- C/C++源代码。
- 独立于 MATLAB 的可执行二进制代码。
- 可以在 Simulink 模型执行的 C 语言代码。
- 运行时连接的 MEX 文件。

另外一个优点是 MATLAB 编译器将很多工具箱的 M 文件编译成了应用程序可连接的库，这样就大大方便了应用程序的开发。另外，MATLAB 编译器可以将代码编译成二进制形式，能够保护开发者的知识产权，同时也更容易维护。

将 MATLAB 编译器和 Microsoft Visual Studio 集成开发环境相结合，能最大限度地发挥出 MATLAB 编译器的强大功能，减少开发人员的工作量。

MATLAB 编译器也支持以下语言特性。

- 多维数组。
- 结构数组。
- 元胞数组。
- 稀疏矩阵。
- 参数 varargin/varargout。
- switch/case 流控制。
- try/catch 流控制。
- eval/evalin（MEX 形式）。
- persistent 关键字。

14.4.1 MATLAB 编译器的安装和设置

和其他的工具箱类似，MATLAB 编译器也是一个独立的产品，可以额外购买与安装。MATLAB 编译器只能根据 M 程序产生一些 C/C++代码，如果要把这些代码再编译、连接成可执行文件等格式，还需要安装外部 C/C++编译器。

在第一次使用之前，需要在 MATLAB 环境中配置外部 C/C++编译器。通过 MathWorks 公司的技术支持文档，可以知道 MATLAB 软件和 MATLAB 编译器所支持的所有产品。具体的文档参见 Mathworks 官网。

在各种平台上配置所支持的 C/C++编译器的命令是相同的，它就是 MATLAB 的 mbuild 命令。在 MATLAB 命令行环境中执行 mbuild -setup 命令，即可开始设置将要用到的 C/C++编译器。下面是相应的 MATLAB 命令行配置过程。

```
>> mbuild -setup
MBUILD configured to use 'Microsoft Visual C++ 2010 (C)' for C language compilation.

To choose a different language, select one from the following:
 mex -setup C++ -client MBUILD
 mex -setup FORTRAN -client MBUILD
```

这时用户需要选择语言的种类，有 C++和 Fortran，单击 mex -setup C++ -client MBUILD 的超链接或者直接在命令行输入此语句，即可完成配置并返回以下信息。

```
MBUILD configured to use 'Microsoft Visual C++ 2010' for C++ language compilation.
```

从结果可以看出，我们选择了'Microsoft Visual C++ 2010'作为 C/C++编译器。

14.4.2 MATLAB 编译器的使用

mcc 函数是调用 MATLAB 编译器的命令。用户可以在 MATLAB 命令行、DOS 或者 UNIX 命令行（standalone 模式）中使用 mcc 指令，相应的语法如下。

```
mcc [-options] mfile1 [mfile2 ... mfileN] [C/C++file1 ... C/C++fileN]
```

使用时选项可以分开，也可以合在一起。以下两条命令在 MATLAB 编译器中是等价的。

```
>> mcc -m -g myfun
>> mcc -mg myfun
```

注意，文件名可以不加后缀。

MATLAB 编译器的选项相当多。mcc 函数的参数使用说明如表 14-3 所示。

表 14-3　　mcc 函数的参数使用说明

mcc 函数的参数	说　明	备　注
-a filename	把 filename 加到 CTF 文件中	无
-b	生成 Excel 兼容的公式函数	需要安装 MATLAB Builder EX
-B filename[:arg[, arg]]	在 mcc 命令行中用 filename 内容替换-B filename	文件 filename 应该包含 mcc 命令行选项。以下是 MathWorks 公司包含的选项文件。 • B csharedlib:foo——C shared library • B cpplib:foo——C++ library
-c	生成 C 语言代码	等于以下命令： -T codegen
-C	使 mcc 并不是默认地将 CTF 文件嵌入 C/C++语言、main/Winmain 共享库、二进制独立可执行程序中	参见帮助文档中的 Overriding Default CTF Archive Embedding Using MCR Component Cache 部分
-d directory	将结果输出到指定目录中	无
-e	在生成独立应用程序的时候避免出现 MS-DOS 命令窗口	使用-e 代替-m 选项。只在 Windows 平台可用。同时使用-R 选项来产生错误记录。 等同于命令。-W WinMain -T link:exe
-f filename	在调用 mbuild 命令时使用具有指定的 filename 的文件	推荐使用 mbuild-setup
-F project_name.prj	使用指定的项目文件作为 mcc 的输入文件	当使用-F 选项时，其他参数不可用
-g	生成调试信息	无
-G	同-g	无
-I directory	增加 M 文件的搜索目录	MATLAB 目录会由 MATLAB 运行时自动加载，但是在 DOS/UNIX 平台并不自动运行
-l	创建函数库的宏	等同于命令-W lib -T link:lib
-m	生成 C 语言独立应用程序的宏	等同于命令-W main -T link:exe
-M string	传递 string 到 mbuild	用来定义 compile-time 选项
-N	清除最小必需的目录外的所有路径	无
-o outputfile	指定最终输出文件名	使用合适的扩展名
-p directory	将 directory 添加到一个 order-sensitive context 中	需要-N 选项
-Roption	为 MCR 指定 run-time 选项	option 可以设置为-nojvm、-nojit 和-nodisplay
-S	创建一个 MCR	需要安装 MATLAB Builder NE
- Ttarget	指定输出阶段	Target 可以设置为 codegen、compile:bin 和 link:bin。 其中 bin 可以设置为 exe 和 Lib
-v	详细信息；显示编译过程的每一步	无
-w option	显示警告信息	option 可以设置为 list、level 和 level:string。 其中 level 可以设置为disable、enable 和 error

续表

mcc 函数的参数	说　明	备　注
-w type	控制函数封装的生成	type 可以设置为 main、cpplib:<string>、lib:<string>、none 和 com:compname,clname,version
-Y licensefile	当检查一个 MATLAB 编译器许可证时使用 licensefile 文件	无
-z path	指定库和包含文件的路径	无
-?	显示帮助信息	无

需要注意的是，MATLAB 编译器较之前的一些版本中各个选项的定义有所不同，尤其与 4.0 版本以前的旧版本的差别很大，读者应查询帮助文档后再使用，以免发生错误。

假设要把 myfun1.m 和 myfun2.m 编译成可执行文件，可以使用如下命令。

```
>> mcc -m myfun1 myfun2
```

假设要生成 myfun.m 的独立可执行文件，在/files/source 目录中查找源文件 myfun.m，并将结果输出到/files/target 目录中，可以使用以下命令。

```
>> mcc -m -I /files/source -d /files/target myfun
```

如果需要创建名为 liba 的共享或者动态链接库，源文件为 a0.m 和 a1.m，可以使用如下命令。

```
>> mcc -W lib:liba -T link:lib a0 a1
```

14.4.3 独立应用程序

如果用户想创建一个应用程序来计算魔方矩阵的秩，有两种方法可以考虑：一是创建一个完全由 C 或者 C++语言代码写成的应用程序，但这需要用户自己来编写创建魔方矩阵、计算秩等程序；另一种更为简便的方法是创建一个由一个或者多个 M 文件写成的应用程序，因为这样就可以利用 MATLAB 软件及其工具箱的强大的功能优势了。

用户可以创建 MATLAB 应用程序，发挥 MATLAB 数学函数的长处，但是并不要求末端用户安装 MATLAB 软件。独立应用程序是一个将 MATLAB 的强大功能打包并发布定制应用程序给用户的一种简便方法。

独立 C 语言应用程序的源代码可以全部是 M 文件，也可以是 M 文件、MEX 文件、C 或者 C++源代码的结合。

MATLAB 编译器使用 M 文件和产生 C 语言源代码的函数，使用户可以在 MATLAB 之外调用 M 文件。通过编译这个 C 语言源代码，结果中的目标文件是连接到 run-time 库的。产生 C++语言的独立应用程序的过程与此类似。

用户可以通过 MATLAB 编译器生成的独立应用程序来调用 MEX 文件，这样 MEX 文件就会被独立的代码加载并调用。

【例 14-5】 使用 MATLAB 编译器编译生成魔方矩阵的函数 M 文件 magicsquare.m，并且创建独立 C 语言应用程序 magicsquare.exe，最后发布给其他用户。

将以下程序另存为 magicsquare.m，并确定其保存目录为 MATLAB 当前工作目录。magicsquare 函数用于产生由 n 指定维数的魔方矩阵。

```
magicsquare.m
function m = magicsquare(n)
%  magicsquare 函数用于产生由 n 指定维数的魔方矩阵

if ischar(n)
    n=str2num(n);
end
m = magic1(n)
function M = magic1(n)

n = floor(real(double(n(1))));

%  奇数情况
if mod(n,2) == 1
   [J,I] = meshgrid(1:n);
   A = mod(I+J-(n+3)/2,n);
   B = mod(I+2*J-2,n);
   M = n*A + B + 1;

%  除以 2 后仍是偶数的情况
elseif mod(n,4) == 0
   [J,I] = meshgrid(1:n);
   K = fix(mod(I,4)/2) == fix(mod(J,4)/2);
   M = reshape(1:n*n,n,n)';
   M(K) = n*n+1 - M(K);

%  除以 2 后是奇数的情况
else
   p = n/2;
   M = magic(p);
   M = [M M+2*p^2; M+3*p^2 M+p^2];
   if n == 2, return, end
   i = (1:p)';
   k = (n-2)/4;
   j = [1:k (n-k+2):n];
   M([i; i+p],j) = M([i+p; i],j);
   i = k+1;
   j = [1 i];
   M([i; i+p],j) = M([i+p; i],j);
end
```

然后在 MATLAB 命令行中输入以下命令，对 magicsquare.m 进行编译。

```
>> mcc -mv magicsquare.m
```

这个命令用于创建名为 magicsquare 的独立应用程序和附加的文件。在 Windows 平台会给应用程序加上.exe 后缀。通过以上命令，可以产生 magicsquare.exe、magicsquare.prj、magicsquare_ main.c、magicsquare_mcc_component_data.c 和 readme.txt 等文件。其中 readme.txt 文件包含了如何将用户所生成的应用程序、组件或者库成功地发布出去的程序。

用户可以将 MATLAB 编译器生成的应用程序、组件或者库发布到任何与用户开发这个应用程序使用相同的操作系统的计算机上。例如，要发布一个应用程序到 Windows 系统的计算机上，则必须使用 Windows 版本的 MATLAB 编译器在一个有 Windows 平台的计算机上来创建应用程序。这是因为各个平台的二进制格式是不相同的，由 MATLAB 编译器生成的组件并不能够跨平台移动。

如果需要将应用程序发布到与开发它的具有不同操作系统的计算机上，则必须在目标平台上重新创建应用程序。例如，要将之前在 Windows 平台上创建的应用程序发布到 Linux 平台上，则必须在 Linux 平台上使用 MATLAB 编译器重新创建应用程序，而且用户必须同时拥有两个平台上的 MATLAB 编译器许可证才可以。

发布应用程序的步骤如下。

1）确认在目标计算机上安装了 MATLAB Compiler Runtime（MCR），并确认自己也安装了正确的版本。可以通过下面的步骤来验证这一点。

- 验证在用户计算机上安装了 MCR。
- MATLAB R2014b 使用的 MCR 版本是 8.4。可以在 MATLAB 命令行中输入以下命令来获得所安装的 MCR 版本信息。

```
>> [mcrmajor,mcrminor]=mcrversion
```

2）将下面所列的几个文件打包发送给目标计算机，具体的文件名与所使用的操作系统有关。以 Windows 为例，需要 3 个文件：magicsquare.ctf（MATLAB R2008a 之前的版本需要）、MCRInstaller.exe 和 magicsquare.exe。其中，magicsquare.ctf 在最新的几个 MATLAB 版本中并不是必需的，在其他版本中，可以在编译的过程中通过在命令行中加入`-C`选项来获得。

在最新的几个版本中如果不加-C 选项，则默认将 CTF 文件嵌入 C/C++语言、main/Winmain 共享库和二进制独立应用程序中。另外，如果在选用默认设置时不加-C 选项，那么在发布独立应用程序的时候就可以不发送 CTF 文件，只须把 MCRInstaller.exe 和 magicsquare.exe 两个文件打包发送给目标计算机即可。

对于 MCRInstaller.exe，可以在 MATLAB 命令行中输入`mcrinstaller`来获取其所在位置。如在笔者的计算机中，在 MATLAB 命令行输入`mcrinstaller`命令，就可以得到以下信息。

```
>> mcrinstaller
The WIN64 MCR Installer, version 8.4, is:
    D:\Program Files\MATLAB\R2014b\toolbox\compiler\deploy\win64\MCRInstaller.exe

MCR installers for other platforms are located in:
    D:\Program Files\MATLAB\R2014b\toolbox\compiler\deploy\<ARCH>
 <ARCH> is the value of COMPUTER('arch') on the target machine.

Full list of available MCR installers:
D:\Program Files\MATLAB\R2014b\toolbox\compiler\deploy\win64\MCRInstaller.exe

For more information, read your local MCR Installer Help.
Or see the online documentation at MathWorks' web site. (Page may load slowly.)
ans =
D:\Program Files\MATLAB\R2014b\toolbox\compiler\deploy\win64\MCRInstaller.exe
```

D:\Program Files\MATLAB\R2014b\toolbox\compiler\deploy\win64\MCRInstaller.exe 就是笔者计算机中 MCRInstaller.exe 文件的目录。

magicsquare.exe 就是编译过程中生成的独立应用程序。

3）在目标计算机上运行 MCR Installer 来安装 MCR。

复制 CTF 文件和可执行文件或库到用户的应用程序根目录。

4）在系统命令行中运行 magicsquare 独立应用程序，并给出所期望的魔方矩阵的大小，例如 4。

```
magicsquare 4
m=
     16     2     3    13
     5     11    10     8
     9      7     6    12
```

```
        4    14    15     1
```

一种创建独立应用程序的方法是用一个或者多个 M 文件或 MEX 文件作为源文件，如前面例子中的魔方矩阵。用 M 文件来编写应用程序代码，用户可以获得 MATLAB 交互式开发环境的优势。只要用户的 M 文件可以正确运行，就可以将相应的代码编译并创建成独立应用程序。

【例 14-6】 只由 M 文件作为源文件来进行编译。考虑这样一个简单的应用程序，它由 mrank.m 和 main.m 两个 M 文件组成。这个例子可以由用户的 M 文件生成 C 代码。

mrank.m 返回一个整数向量 r。每一个元素代表一个魔方矩阵的秩。例如执行该函数后，r(3) 包含了 3×3 魔方矩阵的秩。

```
mrank.m
function r = mrank(n)
r = zeros(n,1);
for k = 1:n
   r(k) = rank(magic(k));
end
```

在这个例子中，r = zeros(n,1)这一行命令预先将内存分配给 r，以提高 MATLAB 编译器的运行效率。

main.m 包括了一个调用 mrank 函数的“主程序”，并将结果显示出来。

```
main.m
function main
r = mrank(5)
```

可以通过以下命令来调用 MATLAB 编译器，以对这两个函数进行编译，并创建独立应用程序。

```
mcc -m main mrank
```

选项-m 可使 MATLAB 编译器生成适合于独立应用程序的 C 代码。例如，MATLAB 编译器生成 C 代码文件 main_main.c 和 main_mcc_component_data.c。main_main.c 包含了一个名为 main 的 C 语言函数，而 main_mcc_component_data.c 则包含了 MCR 执行该应用程序所需要的数据。

用户可以通过使用 mbuild 函数编译并连接以上文件来创建应用程序，或者也可以像上面那样自动地完成所有的创建过程。

如果用户需要将其他代码（例如 Fortran 代码）同应用程序结合在一起，或者想创建一个编译应用程序的 makefile，则可使用下面的命令。

```
mcc -mc main mrank
```

选项-mc 用来约束 mbuild 的使用。如果用户想查看 mbuild 的详细输出，以决定怎样设置 makefile 中的编译器选项，运行以下命令就可以查看 mbuild 函数在平台上每一步的转换和选项。

```
mcc -mv main mrank
```

下面举例说明如何用 M 文件和 C 或 C++源代码来混合编程。一种创建独立应用程序的方法是将其中一些用一个或者多个 M 文件函数来编写，而其他部分则直接用 C 或 C++语言编写代码。在用这种方法编写独立应用程序之前需要了解以下两点。

- 调用由 MATLAB 编译器生成的 C 或 C++语言外部函数。
- 传递这些 C 或 C++函数返回的结果。

【例 14-7】 举例说明如何混合调用 M 文件和 C 语言代码。考虑这样一个简单应用程序，它由 mrank.m、mrankp.c、main_for_lib.c 和 main_for_lib.h 等代码文件组成。

mrank.m 是一个计算大小从 1 到 n 的魔方矩阵秩并返回相应向量的函数。

```
mrank.m
function r = mrank(n)
%mrank.m 是一个计算大小从 1 到 n 的魔方矩阵秩并返回相应向量的函数
r = zeros(n,1);
for k = 1:n
   r(k) = rank(magic(k));
end
```

printmatrix.m 文件用来显示矩阵 m。

```
printmatrix.m
function printmatrix(m)
%printmatrix.m 用来显示矩阵 m
disp(m);
```

mrankp.c 是 C 语言主程序，它调用 mcc 命令编译 mrank.m 文件生成的 mlfMrank。

```
mrankp.c
/*
 * MRANKP.C
 * "Posix" C main program
 * Calls mlfMrank, obtained by using MCC to compile mrank.m.
 *
 */
#include <stdio.h>
#include <math.h>
#include "libPkg.h"
#include "main_for_lib.h"

int run_main(int ac, char **av)
{
    mxArray *N;    /* Matrix containing n. */
    mxArray *R = NULL;    /* Result matrix. */
    int      n;    /* Integer parameter from command line. */

    /* Get any command line parameter. */

    if (ac >= 2) {
        n = atoi(av[1]);
    } else {
        n = 12;
    }

    /* Call the mclInitializeApplication routine. Make sure that the application
     * was initialized properly by checking the return status. This initialization
     * has to be done before calling any MATLAB API's or MATLAB Compiler generated
     * shared library functions. */
    if( !mclInitializeApplication(NULL,0) )
    {
        fprintf(stderr, "Could not initialize the application.\n");
        return -2;
    }
    /* Call the library intialization routine and make sure that the
     * library was initialized properly */
    if (!libPkgInitialize())
    {
      fprintf(stderr,"Could not initialize the library.\n");
```

```
        return -3;
      }
      else
      {
      /* Create a 1-by-1 matrix containing n. */
          N = mxCreateDoubleScalar(n);

      /* Call mlfMrank, the compiled version of mrank.m. */
      mlfMrank(1, &R, N);

      /* Print the results. */
      mlfPrintmatrix(R);

      /* Free the matrices allocated during this computation. */
      mxDestroyArray(N);
      mxDestroyArray(R);

      libPkgTerminate();     /* Terminate the library of M-functions */
      }
  /* Note that you should call mclTerminate application in the end of
   * your application. mclTerminateApplication terminates the entire
   * application.
   */
      mclTerminateApplication();
      return 0;
  }
```

main_for_lib.c 文件用来定义输入结构。

```
main_for_lib.c
#include "main_for_lib.h"
/* for the definition of the structure inputs */

int run_main(int ac, const char  *av[]);

int main(int ac, const char* av[])
{
    mclmcrInitialize();
    return mclRunMain((mclMainFcnType)run_main,ac,av);
}
```

main_for_lib.h 为头文件。

```
main_for_lib.h
#ifndef _MAIN_H_
#define _MAIN_H_
#ifndef mclmcrrt_h
/* Defines the proxy layer. */
#include "mclmcrrt.h"
#endif
typedef struct
{
    int ac;
    const char** av;
    int err;
} inputs;

#endif
```

将以上 mrank.m、printmatrix.m、mrankp.c、main_for_lib.c 和 main_for_lib.h 等复制到 MATLAB 当前目录中。以下为创建应用程序的过程。

1）编译 M 代码。

2）生成库封装文件。

3）创建二进制文件。

运行下面的命令就可以执行以上步骤。

```
>> mcc -W lib:libPkg -T link:exe mrank printmatrix mrankp.c main_for_lib.c
```

MATLAB 编译器生成了如下 C 语言代码文件：libPkg_mcc_component_data.c、libpkg.c 和 libPkg.h。可以在 MATLAB 的当前目录下找到相应的文件。

前面运行的命令调用了 mbuild 来编译之前编译器生成的文件和编写的 C 语言代码，并连接到需要的库。

下面对 mrankp.c 做进一步说明。

mrankp.c 的核心是调用 mlfMrank 函数。在这个调用之前的大部分代码都用来创建 mlfMrank 函数的输入变量，而之后的代码则用来显示 mlfMrank 的返回结果。首先，代码必须初始化 MCR 和 libPkg 库。

```
mclInitializeApplication(NULL,0);
libPkgInitialize(); /* 初始化 M 函数库 */
```

为了了解怎样调用 mlfMrank，可以查看其 C 语言版本的函数代码。

```
void mlfMrank(int nargout, mxArray** r, mxArray* n);
```

根据上面的命令，mlfMrank 函数输入一个参数并返回一个值。所有的输入和输出参数都是指向 mxArray 数据类型的指针。

如果用户在 C 语言代码中想创建并操作 mxArray 变量，则可调用 mx 程序。例如要创建 1×1 的名为 N 的 mxArray 变量，mrankp.c 则调用了 mxCreateDoubleScalar。

```
N = mxCreateDoubleScalar(n);
```

mrankp.c 现在就可以调用 mlfMrank 函数了，它传递初始化了的 N 作为唯一的输入变量。

```
R = mlfMrank(1,&R,N);
```

mlfMrank 返回它的结果，名为 R 的 mxArray * 变量。变量 R 被初始化为 NULL。还没有赋值给有效 mxArray 的结果应该设置为 NULL。显示 R 内容最简单的方法是调用 mlfPrintmatrix 函数。

```
mlfPrintmatrix(R);
```

这个函数是由 Printmatrix.m 定义的。

最后，mrankp.c 必须释放内存，并调用终止函数。

```
mxDestroyArray(N);
mxDestroyArray(R);
libPkgTerminate();  /* 终止 M 函数库 */
mclTerminateApplication();  /* 终止 MCR */
```

【例 14-8】 调用一个编译过的 M 文件。假设创建应用程序所需要的源文件有以下几个。

- multarg.m，定义了函数 multarg。
- multargp.c，调用 C 接口程序。
- printmatrix.m，显示矩阵的帮助文件。

- main_for_lib.c，包括了一个主程序。
- main_for_lib.h、main_for_lib.c 和 multargp.c 中结构数组使用的头文件。

multarg.m 指定了两个输入变量，并返回两个输出变量。

```
multarg.m
function [a,b] = multarg(x,y)
a = (x + y) * pi;
b = svd(svd(a));
```

multargp.c 中的代码调用了 mlfMultarg 函数，并显示 mlfMultarg 返回的两个值。

```
multargp.c
#include <stdio.h>
#include <string.h>
#include <math.h>
#include "libMultpkg.h"

/*
 * 函数原型; MATLAB 编译器由 multarg.m 创建 mlfMultarg
 *
 */

void PrintHandler( const char *text )
{
    printf(text);
}

int main( )    /* Programmer-written coded to call mlfMultarg */
{
#define ROWS  3
#define COLS  3
    mclOutputHandlerFcn PrintHandler;
    mxArray *a = NULL, *b = NULL, *x, *y;
    double  x_pr[ROWS * COLS] = {1, 2, 3, 4, 5, 6, 7, 8, 9};
    double  x_pi[ROWS * COLS] = {9, 2, 3, 4, 5, 6, 7, 8, 1};
    double  y_pr[ROWS * COLS] = {1, 2, 3, 4, 5, 6, 7, 8, 9};
    double  y_pi[ROWS * COLS] = {2, 9, 3, 4, 5, 6, 7, 1, 8};
    double *a_pr, *a_pi, value_of_scalar_b;

    /* Initialize with a print handler to tell mlfPrintMatrix
     * how to display its output.
     */
    mclInitializeApplication(NULL,0);
    libMultpkgInitializeWithHandlers(PrintHandler,PrintHandler);


    /* 创建输入矩阵 "x" */
    x = mxCreateDoubleMatrix(ROWS, COLS, mxCOMPLEX);
    memcpy(mxGetPr(x), x_pr, ROWS * COLS * sizeof(double));
    memcpy(mxGetPi(x), x_pi, ROWS * COLS * sizeof(double));

    /*创建输入矩阵 "y" */
    y = mxCreateDoubleMatrix(ROWS, COLS, mxCOMPLEX);
    memcpy(mxGetPr(y), y_pr, ROWS * COLS * sizeof(double));
    memcpy(mxGetPi(y), y_pi, ROWS * COLS * sizeof(double));

    /* 调用 mlfMultarg 函数 */
    mlfMultarg(2, &a, &b, x, y);

    /* 显示输出矩阵"a"的所有内容 */
```

```
    mlfPrintmatrix(a);

    /*显示输出标量"b"的所有内容   */
    mlfPrintmatrix(b);

    /* 分配临时矩阵 */
    mxDestroyArray(a);
    mxDestroyArray(b);
    libMultpkgTerminate();
    mclTerminateApplication();
    return(0);
}
```

可以将这个程序创建为独立应用程序，具体命令如下。

```
>> mcc -W lib:libMultpkg -T link:exe multarg printmatrix...
 multargp.c main_for_lib.c
```

这个程序首先显示 3×3 矩阵 a，然后显示标量 b。

```
  6.2832 +34.5575i  25.1327 +25.1327i  43.9823 +43.9823i
 12.5664 +34.5575i  31.4159 +31.4159i  50.2655 +28.2743i
 18.8496 +18.8496i  37.6991 +37.6991i  56.5487 +28.2743i

 143.4164
```

下面对这段 C 语言代码进行进一步的说明。

调用 MATLAB 编译器，可由 multarg.m 生成 C 语言函数原型。

```
extern void mlfMultarg(int nargout, mxArray** a, mxArray** b, mxArray* x, mxArray* y);
```

这个 C 语言函数具有两个输入变量（mxArray* x 和 mxArray* y）和两个输出变量（返回值和 xArray** b）。

使用 mxCreateDoubleMatrix 来创建两个输入矩阵（x 和 y）。x 和 y 都具有实部和虚部两部分。memcpy 函数用来初始化这两个部分，例如以下代码。

```
x = mxCreateDoubleMatrix(,ROWS, COLS, mxCOMPLEX);
memcpy(mxGetPr(x), x_pr, ROWS * COLS * sizeof(double));
memcpy(mxGetPi(y), x_pi ROWS * COLS * sizeof(double));
```

这个例子中的代码由预先定义的两个常数数组（x_pr 和 x_pi）来初始化变量 x。而现实中更可能从数据文件或者数据库读取数组的值。

在创建了输入矩阵后，主程序调用了 mlfMultarg 函数。

```
mlfMultarg(2, &a, &b, x, y);
```

函数 mlfMultarg 返回矩阵 a 和 b。a 具有实部和虚部，而 b 则是只有实部的标量。这个程序使用 mlfPrintmatrix 函数来输出矩阵，例如以下代码。

```
mlfPrintmatrix(a);
```

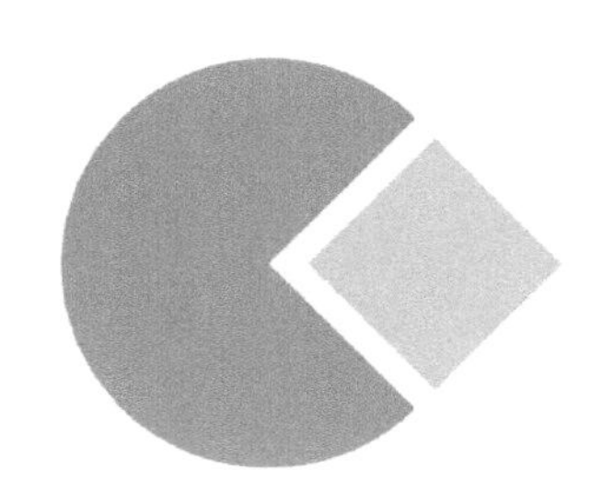

第 15 章　MATLAB 基础计算技巧

在实际应用中，因为我们所遇到的问题千变万化，所以总有些是难以解决的，这就需要读者深刻理解 MATLAB 软件的工作原理和基本用法。本章介绍用户经常遇到的一些问题以及解决方案。下面将举例介绍相对基础一些的方法与技巧，或者注意事项。通过各种示例，读者可以领略在实际工作中非常实用的方法与技巧。

15.1 MATLAB 数组创建与重构技巧

为了生成比较复杂的数组，或为了对已生成的数组进行修改、扩展，MATLAB 提供了诸如反转、插入、提取、收缩、重组等操作。第 2 章已经对此进行了初步介绍。这里通过示例来帮助读者加深理解 MATLAB 数组的创建与重构操作，这对灵活使用 MATLAB 非常有帮助。

【例 15-1】　数组的扩展。

```
>> A=reshape(1:9,3,3)                % 通过将向量 1:9 改变形状来创建 3*3 数组
A =
     1     4     7
     2     5     8
     3     6     9
>> A(5,5)=55                         % 扩展为 5*5 数组
A =
     1     4     7     0     0
     2     5     8     0     0
     3     6     9     0     0
     0     0     0     0     0
     0     0     0     0    55
>> A(:,6)=66                         % 扩展为 5*6 数组
A =
     1     4     7     0     0    66
     2     5     8     0     0    66
     3     6     9     0     0    66
     0     0     0     0     0    66
     0     0     0     0    55    66
>> AA=A(:,[1:6,1:6])               % 相当于 repmat(A,1,2)
AA =
     1     4     7     0     0    66     1     4     7     0     0    66
     2     5     8     0     0    66     2     5     8     0     0    66
     3     6     9     0     0    66     3     6     9     0     0    66
     0     0     0     0     0    66     0     0     0     0     0    66
     0     0     0     0    55    66     0     0     0     0    55    66
>> B=ones(2,6)                       % 创建 2*6 数组
B =
     1     1     1     1     1     1
     1     1     1     1     1     1
>> AB_r=[A;B]                       % 扩展行数
```

```
AB_r =
     1     4     7     0     0    66
     2     5     8     0     0    66
     3     6     9     0     0    66
     0     0     0     0     0    66
     0     0     0     0    55    66
     1     1     1     1     1     1
     1     1     1     1     1     1
>> AB_c=[A,B(:,1:5)']              %  扩展列数
AB_c =
     1     4     7     0     0    66     1     1
     2     5     8     0     0    66     1     1
     3     6     9     0     0    66     1     1
     0     0     0     0     0    66     1     1
     0     0     0     0    55    66     1     1
```

【例 15-2】 提取子数组，合成新数组。

```
>> AB_BA=triu(A,1)+tril(A,-1)                    %  令主对角线为 0
AB_BA =
     0     4     7     0     0    66
     2     0     8     0     0    66
     3     6     0     0     0    66
     0     0     0     0     0    66
     0     0     0     0     0    66
>> AB1=[A(1:2,end:-1:1);B(1,:)]                  %  注意 end 的使用
AB1 =
    66     0     0     7     4     1
    66     0     0     8     5     2
     1     1     1     1     1     1
```

【例 15-3】 单下标寻访和 reshape 函数的使用。

```
>> clear                                         %  清除内存变量
>> A=reshape(1:16,2,8)                           %  变一维数组为 2*8 数组
A =
     1     3     5     7     9    11    13    15
     2     4     6     8    10    12    14    16
>> reshape(A,4,4)                                %  变 2*8 数组为 4*4 数组
ans =
     1     5     9    13
     2     6    10    14
     3     7    11    15
     4     8    12    16
>> s=[1 3 6 8 9 11 14 16];                       %  创建数组，用于表示单下标
>> A(s)=0                                        %  利用单下标数组对 A 中的元素重新赋值
A =
     0     0     5     7     0     0    13    15
     2     4     0     0    10    12     0     0
```

【例 15-4】 “对列（或行）同加一个数”的 3 种操作方法。

```
>> clear
>> A=reshape(1:9,3,3)                            %  创建 3*3 数组
A =
     1     4     7
     2     5     8
     3     6     9
>> b=[1 2 3];A_b1=A-b([1 1 1],:)                 %  使 A 的第 1、2、3 行分别减去向量[1 2 3]
                                                 %  注意 b([1 1 1],:)的调用方法
```

```
A_b1 =1
     0     2     4
     1     3     5
     2     4     6
>> A_b2=A-repmat(b,3,1)
A_b2 =
     0     2     4
     1     3     5
     2     4     6
>> A_b3=[A(:,1)-b(1),A(:,2)-b(2),A(:,3)-b(3)]
A_b3 =
     0     2     4
     1     3     5
     2     4     6
```

【例 15-5】 使用逻辑数组作为下标。

```
>> randn('state', 0);                          % 设置随机种子，方便读者验证
>> R=randn(3,6)                                % 用随机数组进行测试
R =
   -0.4326    0.2877    1.1892    0.1746   -0.5883    0.1139
   -1.6656   -1.1465   -0.0376   -0.1867    2.1832    1.0668
    0.1253    1.1909    0.3273    0.7258   -0.1364    0.0593
>> L=abs(R)<0.5|abs(R)>1.5                   % 不等式条件运算，返回逻辑数组，作为下一步的下标
L =
     1     1     0     1     0     1
     1     0     1     1     1     0
     1     0     1     0     1     1
>> R(L)=0                                      % 把零赋给逻辑 1 对应的元素
R =
         0         0    1.1892         0   -0.5883         0
         0   -1.1465         0         0         0    1.0668
         0    1.1909         0    0.7258         0         0
>> s=(find(R==0))'                            % 查找值为 0 的元素，返回单下标
s =
     1     2     3     4     8     9    10    11    14    15    16    18
>> R(s)=111                                    % 利用单下标赋值
R =
  111.0000  111.0000    1.1892  111.0000   -0.5883  111.0000
  111.0000   -1.1465  111.0000  111.0000  111.0000    1.0668
  111.0000    1.1909  111.0000    0.7258  111.0000  111.0000
>> [ii,jj]=find(R==111);                      % 查找符合条件的元素的双下标
>> disp(ii'),disp(jj')
     1     2     3     1     2     3     1     2     2     3     1     3
     1     1     1     2     3     3     4     4     5     5     6     6
```

【例 15-6】 元胞数组的扩展。

```
>> C = {'Madison', 'G', [5 28 1967]; ...
      46, '325 Maple Dr', 3015.28}
C =
    'Madison'    'G'                 [1×3 double]
    [      46]    '325 Maple Dr'    [3.0153e+003]
>> C{3, 1} = ...
struct('Fund_A', .45, 'Fund_E', .35, 'Fund_G', 20);
>> C
C =
    'Madison'           'G'                 [1×3 double]
    [             46]    '325 Maple Dr'    [3.0153e+003]
    [1x1 struct]                     []                []
```

【例 15-7】 circshift 函数的使用。

circshift 函数用于将矩阵沿着一维或者多维循环移动。

```
>> A = [1:8; 11:18; 21:28; 31:38; 41:48]
A =
     1     2     3     4     5     6     7     8
    11    12    13    14    15    16    17    18
    21    22    23    24    25    26    27    28
    31    32    33    34    35    36    37    38
    41    42    43    44    45    46    47    48
>> B = circshift(A, [0, 3])
B =
     6     7     8     1     2     3     4     5
    16    17    18    11    12    13    14    15
    26    27    28    21    22    23    24    25
    36    37    38    31    32    33    34    35
    46    47    48    41    42    43    44    45
>> C= circshift(A, [-2, 3])
C =
    26    27    28    21    22    23    24    25
    36    37    38    31    32    33    34    35
    46    47    48    41    42    43    44    45
     6     7     8     1     2     3     4     5
    16    17    18    11    12    13    14    15
```

【例 15-8】 如何快速得到一个满足一定条件的三维矩阵？若 ***A*** 为 $n\times n\times p$ 的三维矩阵（如 n=100，p=30，即 100×100×30），其中的元素已知（可以随便假定）。现在求另一个矩阵 ***M***，它也为 100×100×30 的三维矩阵。对于 ***M*** 矩阵中的任何一个元素，***M*** 矩阵中(i,j,s)点的值计算如下。

$$M(i,j,s)=\Sigma\,[A(i,j,z)*\mathrm{abs}(s-z)]/(\mathrm{sum}(A(i,j,:\,)-A(i,j,s))$$

i 和 j 的取值范围都为 1:n，s 的取值范围为 1:p。其中，Σ表示求和，$\Sigma[A(i,j,z)*\mathrm{abs}(s-z)] = A(i,j,1)*\mathrm{abs}(s-1) + A(i,j,2)*\mathrm{abs}(s-2)+A(i,j,3)*\mathrm{abs}(s-3)+...+A(i,j,p)*\mathrm{abs}(s-p)$。

例如，要计算 $M(71,24,2)$的值，可以使用以下命令。

```
A=rand(100,100,30);
b=A(71,24,: );
mm=0;
for i=1:30
   k=b(i)*abs(i-2);              %  其中 2 即为(71,24,2)中的 2
   mm=mm+k;
end
aa=mm/(sum(b)-b(2));             %  sum(A(i,j,: )-A(i,j,s)，其中 2 即为(71,24,2)中的 2
```

但是以上方法所求得的矩阵 ***M*** 只是一个系数，每计算一步，得到 ***A*** 后，都要重新计算 ***M***。对于大矩阵，若计算的步数过万次后，计算时间可能就会很长。为此，不使用循环，通过以下命令就可以得到目标矩阵 ***M***。

```
>> M=convn(A,reshape([29:-1:1 0:29],1,1,59),'same')./...
(repmat(sum(A,3),[1 1 30])-A);
>> aa
aa =
   13.9923
>> bb=M(71,24,2)               %  验证计算结果
bb =
   13.9923
```

由本例可以看出，综合运用 MATLAB 的数组重构函数可以让程序更加简洁，运行速度更快。

【例 15-9】 把 1×1×2000 维的矩阵改成 2000×1 维。

可以使用以下多种方法达到目的。

- 可以用降维函数 y=squeeze(x)'。
- 可以利用矩阵的特点 y=x(:)。
- 可以利用重组矩阵维数的函数 y=reshape(x,1,2000)
- 应用循环，但是考虑运行效率问题，不建议读者使用此方法。

【例 15-10】 创建一个 2×*n* 的矩阵，其中第 1 列都是某一个数的倍数。例如，a=[3*1　0;3*2　0; … ;3*n　0]。用户可以通过以下命令来创建符合条件的矩阵。

```
>> n=5;
>> a = [1:n]';
>> b(1:n) = 0;
>> a = [3*a b']
a =
     3     0
     6     0
     9     0
    12     0
    15     0
```

【例 15-11】 对于一个 *n*×*n*×*n* 的三维矩阵中的数据，使它沿某条轴旋转 90°。即假设矩阵的 3 个方向分别为(*x*,*y*,*z*)，使它变成(*y*,*z*,*x*)或(*z*,*x*,*y*)。假设三维矩阵 ***a*** 为 3×3×3 的矩阵，现在要得到矩阵 ***b***，***b*** 满足以下条件。

- ***b*** 的第 1 页 *b*(:,:,1)为 *a*(:,:,1),*a*(:,:,2),*a*(:,:,3)的第 1 列数据。
- ***b*** 的第 2 页 *b*(:,:,2)为 *a*(:,:,1),*a*(:,:,2),*a*(:,:,3)的第 2 列数据。
- ***b*** 的第 3 页 *b*(:,:,3)为 *a*(:,:,1),*a*(:,:,2),*a*(:,:,3)的第 3 列数据。

若 ***a*** 为 50×50×50 的三维矩阵，应按照要求生成矩阵 ***b***。

本书第 2 章已经介绍过在二维情况下调用的函数 rot90，例如以下代吗。

```
>> p=rand(2)
p =
    0.5317    0.5708
    0.5608    0.5065
>> rot90(p)
ans =
    0.5708    0.5065
    0.5317    0.5608
```

但是在三维的情况下并不能使用 rot90 函数，不过可以通过以下命令来实现。

```
>> a=reshape(1:27,3,3,3)
a(:,:,1) =
     1     4     7
     2     5     8
     3     6     9
a(:,:,2) =
    10    13    16
    11    14    17
    12    15    18
a(:,:,3) =
    19    22    25
    20    23    26
    21    24    27
>> b=permute(a,[3,1,2])
b(:,:,1) =
```

```
     1     2     3
    10    11    12
    19    20    21
b(:,:,2) =
     4     5     6
    13    14    15
    22    23    24
b(:,:,3) =
     7     8     9
    16    17    18
    25    26    27
>> c=permute(b,[2,1,3])
c(:,:,1) =
     1    10    19
     2    11    20
     3    12    21
c(:,:,2) =
     4    13    22
     5    14    23
     6    15    24
c(:,:,3) =
     7    16    25
     8    17    26
     9    18    27
```

【例 15-12】 创建一个 100×100 的矩阵，里面只随机出现 0 和 1 两个数字，并且要求 1 只有 20 个，其余的都是 0。

如果对 0 和 1 的数量不做要求，则可用以下命令求得该矩阵。

```
>> C=randint(m,n);          %  其中 m 和 n 分别是行和列
```

如果规定了 1 的出现概率，则可使用以下命令。

```
>> a=ones(1,20);
>> b=zeros(1,80);
>> c=cat(2,a,b);
>> d=c(randperm(100));
>> e=reshape(d,10,10);
```

【例 15-13】 在一个矩阵中随机地取若干行，而且要求取得的这几行不重复。比如，对于一个 500×300 的矩阵，要求每次随机取 250 行构成一个新矩阵，并且这 250 行之间两两不相同。本例的问题等价于怎样生成若干个完全不同的随机数。

```
>> x=randperm(500);
>> rows=x(1:250);
>> b=a(rows,:);
```

下面是个简化的例子。

```
>> a=reshape(1:100,10,10);
>> x=randperm(10)
x =
     6     1     2     9     5    10     3     8     7     4
>> rows=x(1:6);
>> b=a(rows,:)
b =
     6    16    26    36    46    56    66    76    86    96
     1    11    21    31    41    51    61    71    81    91
     2    12    22    32    42    52    62    72    82    92
     9    19    29    39    49    59    69    79    89    99
```

```
     5    15    25    35    45    55    65    75    85    95
    10    20    30    40    50    60    70    80    90   100
```

如果要求各行的顺序不变，那么先对 rows 用 sort 排一下序就行了。

```
>> rows=sort(rows)
rows =
     1     2     5     6     9    10
>> c=a(rows,:)
c =
     1    11    21    31    41    51    61    71    81    91
     2    12    22    32    42    52    62    72    82    92
     5    15    25    35    45    55    65    75    85    95
     6    16    26    36    46    56    66    76    86    96
     9    19    29    39    49    59    69    79    89    99
    10    20    30    40    50    60    70    80    90   100
```

15.2 MATLAB 数据类型使用技巧

MATLAB 中提供了多种函数来进行数据类型之间的转换。本节举例说明一些数据类型转换的应用。

【例 15-14】 将已有的 double 型矩阵转换成 sym 型。

```
>> syms a b;
>> c=zeros(20,20);              % 定义 C 矩阵
>> c(1,1)=1;c(2,5)=1;c(3,9)=1;c(4,13)=1;c(5,17)=1;c(6,19)=1;c(7,18)=1;
>> c=sym(c);                    % 转换为 sym 型
>> c(8,1)=a;                    % 对 sym 型数组进行赋值
>> c(20,20)=b;
```

【例 15-15】 sym 型数据的使用。

```
>> f1='x^2-9';                  % 这里面的表达式带引号
>> s1=solve(f1)
s1 =
 -3
  3
>> syms x;
>> f2=x^2-9;                    % 这里面的表达式不带引号
>> s2=solve(f2)
s2 =
 -3
  3
>> whos
  Name      Size            Bytes  Class     Attributes

  f1        1×5                10  char
  f2        1×1               112  sym
  s1        2×1               112  sym
  s2        2×1               112  sym
  x         1×1               112  sym
```

【例 15-16】 常用元胞数组转换函数。

1）使用 num2cell 函数把数值数组转换成元胞数组。

```
>> rand('state',0);
>> A=rand(2,3,2)                % 生成测试数组
A(:,:,1) =
```

```
    0.9501    0.6068    0.8913
    0.2311    0.4860    0.7621
A(:,:,2) =
    0.4565    0.8214    0.6154
    0.0185    0.4447    0.7919
>> C1=num2cell(A)                    % 把数值数组 A 转换成元胞数组中
C1(:,:,1) =
    [0.9501]    [0.6068]    [0.8913]
    [0.2311]    [0.4860]    [0.7621]
C1(:,:,2) =
    [0.4565]    [0.8214]    [0.6154]
    [0.0185]    [0.4447]    [0.7919]
>> C2=num2cell(A,1)                  % 把行方向的元素装入 C2 的一个元胞中
C2(:,:,1) =
    [2*1 double]    [2*1 double]    [2*1 double]
C2(:,:,2) =
    [2*1 double]    [2*1 double]    [2*1 double]
>> C3=num2cell(A,[2,3])              % 把列和页方向的元素装入 C3 的一个元胞中
C3 =
    [1*3*2 double]
    [1*3*2 double]
```

2）使用 mat2cell 函数把矩阵分解成元胞数组。

```
>> clear
>> x=zeros(4,5);
>> x(:)=1:20
x =
     1     5     9    13    17
     2     6    10    14    18
     3     7    11    15    19
     4     8    12    16    20
>> C4=mat2cell(x, [2 2], [3 2])
C4 =
    [2*3 double]    [2*2 double]
    [2*3 double]    [2*2 double]
>> celldisp(C4)
C4{1,1} =
     1     5     9
     2     6    10
C4{2,1} =
     3     7    11
     4     8    12
C4{1,2} =
    13    17
    14    18
C4{2,2} =
    15    19
    16    20
```

3）使用 cell2mat 函数把元胞数组转换成单个矩阵。

```
>> D=cell2mat(C4(1,:))
D =
     1     5     9    13    17
     2     6    10    14    18
```

【例 15-17】 cell2struct 函数的调用。

例如，有包含树木信息的一个元胞数组 c。

```
>> c = {'birch', 'betula', 65;  'maple', 'acer', 50}
c =
```

```
    'birch'     'betula'    [65]
    'maple'     'acer'      [50]
```

可以通过调用 cell2struct 函数将这些信息转换为一个结构数组，各个域名分别为 name、genus 和 height。

```
>> fields = {'name', 'genus', 'height'};
>> s = cell2struct(c, fields, 2);
>> s(1)
ans =
      name: 'birch'
     genus: 'betula'
    height: 65
>> s(2)
ans =
      name: 'maple'
     genus: 'acer'
    height: 50
```

【例 15-18】　struct2cell 函数的调用。

struct2cell 函数可以用来将结构数组转换为元胞数组。

```
>> clear s, s.category = 'tree';
>> s.height = 37.4; s.name = 'birch';
>> s
s =
    category: 'tree'
      height: 37.4000
        name: 'birch'
>> c = struct2cell(s)
c =
    'tree'
    [37.4000]
    'birch'
```

15.3 MATLAB 数值计算技巧

【例 15-19】　A=[1, 2, 3, NaN, 5, NaN, 7, 8, 9, 10]，将除了 NaN 以外的 8 个数加起来，然后求这 8 个数的平均数。

```
>> A=[1, 2, 3, NaN, 5, NaN, 7, 8, 9, 10]
>> mean_A=mean(A(~isnan(A)))
```

【例 15-20】　在 1～500 中，找出能同时满足用 3 除余 2，用 5 除余 3，用 7 除余 2 的所有整数。

```
>> a=1:500;
>>b=a(find(rem(a,3)==2));             %  rem 函数用来计算余数
>>c=b(find(rem(b,5)==3));
>>d=c(find(rem(c,7)==2));
>>disp('在 1~500 中，找出能同时满足用 3 除余 2，用 5 除余 3，用 7 除余 2 的所有整数:')
>>disp(d)
在 1~500 中，找出能同时满足用 3 除余 2，用 5 除余 3，用 7 除余 2 的所有整数:
    23   128   233   338   443
```

【例 15-21】　在 MATLAB 里面表示一个 3 段的分段函数。

$$f(x)=\begin{cases} x-1 & x\geqslant 1 \\ 0 & |x|<1 \\ x+1 & x\leqslant -1 \end{cases}$$

第 1 种方法如下。

```
x=-10:1:10;
for i=1:21
    f(i)=(x(i)-1)*(x(i)>1)+(x(i)+1)*(x(i)<-1);
end
plot(x,f,'r*')
```

第 2 种方法如下。

```
x=-10:10;
f=zeros(size(x));
a=x>1;
b=x<-1;
f(a)=x(a)-1;
f(b)=x(b)+1;
```

第 3 种方法如下。

```
x=-10:10;
f=(x-1).*(x>1)+0.*(abs(x)<1)+(x+1).*(x<-1)
```

在这里推荐使用后两种方法。第 1 种方法中有循环，MATLAB 中循环的计算效率并不高，所以在应用中应尽量避免循环。

【例 15-22】 对于 $\boldsymbol{x}$ = [0.1200 0.2400 0.3600 0.5800 0.6600 0.7400 0.8100 0.8700 0.9100 1.0000]，随机生成一个数 a = rand，把大于 a 的第 1 个 $x(i)$选出来。

```
>> x = [0.1200 0.2400 0.3600 0.5800 0.6600 0.7400 0.8100 0.8700 0.9100 1.0000];
>>a=rand
a =
    0.8795
>>k=find(x>a);
>>x(k(1))
ans =
    0.9100
```

【例 15-23】 已知向量 $\boldsymbol{A}$ 和 $\boldsymbol{B}$，把向量 $\boldsymbol{A}$ 中与向量 $\boldsymbol{B}$ 中相同的元素清除掉，最后得到两个向量中的不同元素。

```
>> A=[1:2:20]
A =
     1     3     5     7     9    11    13    15    17    19
>> B=1:3:25
B =
     1     4     7    10    13    16    19    22    25
>> c1 = setdiff(A, B)           %  setdiff 函数用来返回矩阵中的不同元素
c1 =
     3     5     9    11    15    17
>> c2 = setdiff(B, A)           %  注意和 c1 的区别
c3 =
     4    10    16    22    25
```

【例 15-24】 quad2d 的使用。

求被积函数 $f(x,y)=\text{sqrt}(10^4-x^2)$ 在 $x^2+y^2\leqslant 10^4$ 区域的积分。函数 quad2d 用来求解一般区域的二重积分。该函数最简单的调用格式（详细使用方法可以查阅帮助文档）如下。

```
y = quad2d(f,a,b,c,d);
```

其中，f 是被积函数，可以是匿名函数、句柄、内联函数等；a、b 是最外层积分的常数项；c、d 可以是常数，也可以是匿名函数，代表内层积分的上下限。

读者可以比较下面两种代码的运算时间。

```
>> tic
>> y1 = dblquad(@(x,y) sqrt(10^4-x.^2).*(x.^2+y.^2<=10^4),...
-100,100,-100,100)
>> t1=toc
>> tic
>> y2 = quad2d(@(x,y)sqrt(10^4-x.^2),-100,100,...
@(x)-sqrt(10^4-x.^2),@(x)sqrt(10^4-x.^2))
>> t2=toc
y1 =
  2.6667e+006
t1 =
    8.7196
y2 =
  2.6667e+006
t2 =
    0.0069
```

多次运行以上代码之后（首次运行效率差别不是这么明显），可以看到上面两种方法的速度相差了 1250 多倍。可见，quad2d 才是真正有效求解一般区域二重积分的函数。

15.4 MATLAB 文件读取操作技巧

【例 15-25】 带有文件头的文本读取。假设有一个数据文件，文件开头有 *N* 行标题栏，这些标题在读取的过程中并不需要，因此在读取的过程中就可以忽略这些行。

首先，假设数据文件名为 testdata.dat，内容如下。

```
test line 1
test line 2
test line 3
test line 4
1 11 111 1111
2 22 222 2222
3 33 333 3333
4 44 444 4444
```

如果需要忽略前面 4 行标题行，可以这样读。

```
>> [a b c d] = textread('testdata.dat', '%n%n%n%n','delimiter', '', 'headerlines', 4)
a =
     1
     2
     3
     4
b =
    11
    22
    33
    44
c =
   111
   222
   333
```

```
   444
d =
        1111
        2222
        3333
        4444
```

【例 15-26】 利用 num2str 等函数实现文件的批量读取。比如，要生成 data1.txt,data2.txt, ...，就可以使用以下命令，通过循环来构成文件名。

```
for i=1:2;
    filename= ['data'  num2str(i) '.txt'];
    load(filename)
end
```

【例 15-27】 把 Figure 中已画好的图像批量另存为 jpg 格式。

```
if ~exist('picture','dir')                  % 检查是否存在 picture 目录
mkdir('picture')                            % 如果不存在，则创建 picture 目录作为保存路径
end
paths=[pwd,'\picture\'];                    % 完整的保存路径
for k=1:3;
    figure;
    R=rand(200);
    imshow(R,[]);                           % 测试图像
    axis on
    saveas(gcf,[paths,'picture',num2str(k),'.jpg']);      % 保存
    close
end
```

【例 15-28】 在程序中动态地自定义变量名，比如在循环变量 k=5 时定义 Num5 = magic(5)。本例可以结合 eval 和 sprintf 函数来实现。

```
>> for i=4:6
strCmd = sprintf('Num%d=magic(%d);', i, i);      % 构建语句代码，存储在字符串变量中
eval(strCmd)                                     % 用 eval 函数执行存储在字符串中的代码
end
>> whos                                          % 查看工作区中的变量
  Name        Size            Bytes  Class     Attributes
  Num4        4×4               128  double
  Num5        5×5               200  double
  Num6        6×6               288  double
  i           1×1                 8  double
  strCmd      1×14               28  char
```

15.5 MATLAB 绘图技巧

本节介绍 MATLAB 绘图方面的一些操作技巧。

【例 15-29】 使绘图的坐标轴的刻度标记显示为月份。比如使横坐标显示为 1 月、2 月等。

```
>> bar(1:12,randperm(12))
>> set(gca,'xticklabel',{'1 月','2 月','3 月','4 月','5 月','6 月',...
'7 月','8 月','9 月','10 月','11 月','12 月'});
```

运行结果如图 15-1 所示。

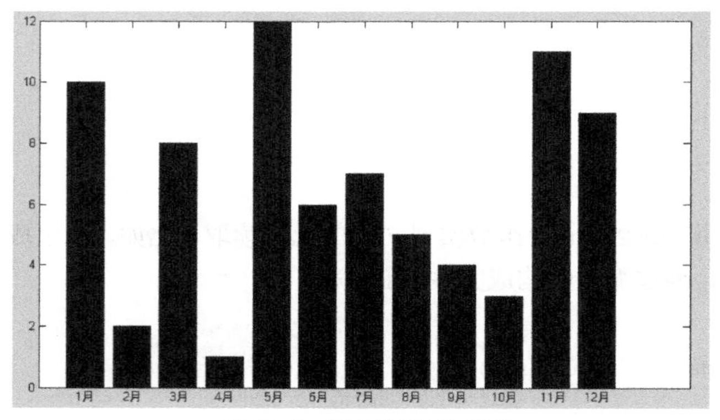

▲图 15-1　坐标轴标记为月份

【例 15-30】　透视图形的绘制。

```
>> [X0,Y0,Z0]=sphere(30);                    % 生成单位球面的三维坐标
>> X=2*X0;Y=2*Y0;Z=2*Z0;                     % 生成半径为 2 的球面的三维坐标
>> surf(X0,Y0,Z0);                           % 画单位球面
>> shading interp                            % 采用插补明暗处理
>> hold on,mesh(X,Y,Z),colormap(hot),hold off          % 采用 hot 色图
>> hidden off                                % 产生透视效果
>> axis equal,axis off                       % 不显示坐标轴
```

运行的结果如图 15-2 所示。

【例 15-31】　图形的剪切。

```
>> clear
>> t=linspace(0,2*pi,100);
>> r=1-exp(-t/2).*cos(4*t);                  % 旋转母线
>> [X,Y,Z]=cylinder(r,60);                   % 生成旋转曲面数据
>> ii=find(X<0&Y<0);                         % 确定 x-y 平面第四象限中的数据下标
>> Z(ii)=NaN;                                % 通过 NaN 实现剪切
>> surf(X,Y,Z);                              % 绘图
>> colormap(flag)                            % 采用 flag 色图
>> shading interp
>> light('position',[-3,-1,3],'style','local')          % 设置光源
>> material([0.5,0.4,0.3,10,0.3]);                     % 设置表面反射
```

运行的结果如图 15-3 所示。

▲图 15-2　透视效果球

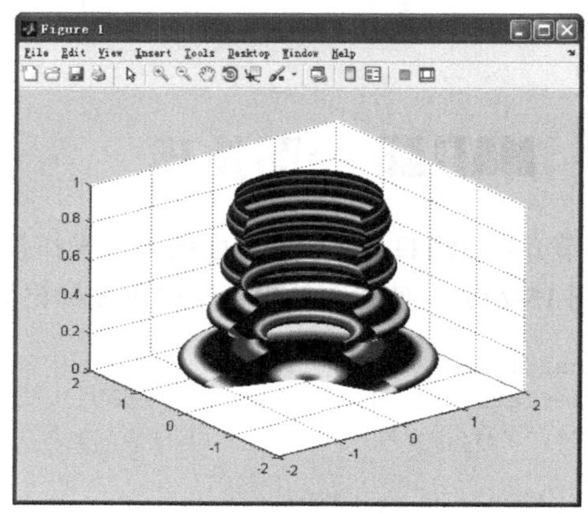

▲图 15-3　图形的剪切

【例 15-32】 图形的镂空。

```
>> P=peaks(30);                          % 使用 peaks 函数生成测试数据
>> P(18:20,9:15)=NaN;                    % 通过 NaN 进行镂空处理
>> surfc(P);colormap(summer)
>> light('position',[50,-10,5]),lighting flat
>> material([0.9,0.9,0.6,15,0.4])
```

运行结果如图 15-4 所示。

【例 15-33】 绘制切面。

```
>> clf,
>> x=[-8:0.05:8];
>> y=x;[X,Y]=meshgrid(x,y);
>> ZZ=X.^2-Y.^2;
>> ii=find(abs(X)>6|abs(Y)>6);
>> ZZ(ii)=zeros(size(ii));          % 通过强制设置为 0，实现切面的绘制
>> surf(X,Y,ZZ),shading interp;
>> colormap(copper)
>> light('position',[0,-15,1]);lighting phong
>> material([0.8,0.8,0.5,10,0.5]);
```

运行结果如图 15-5 所示。

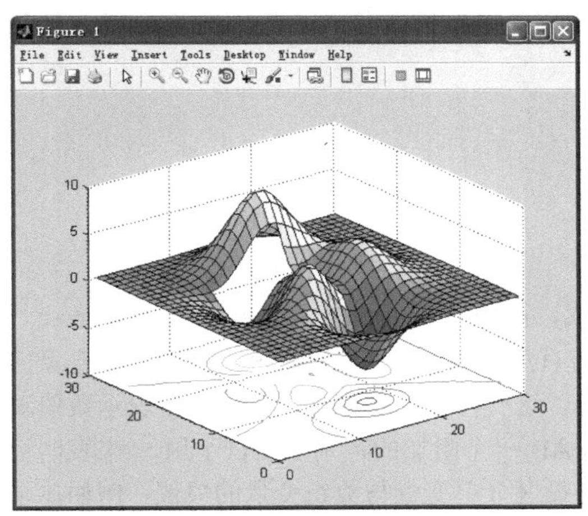

▲图 15-4 图形的镂空

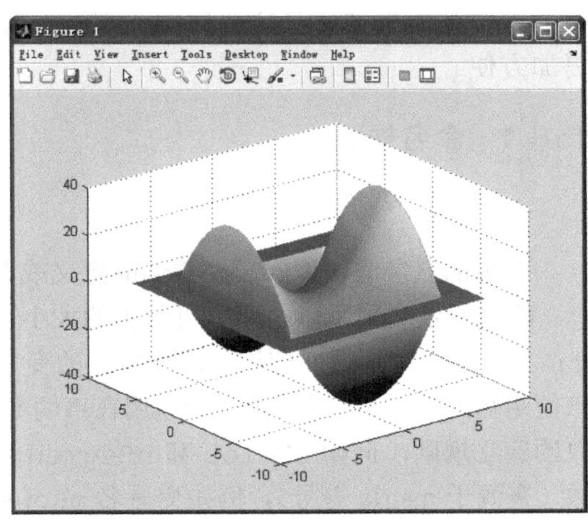

▲图 15-5 切面的绘制

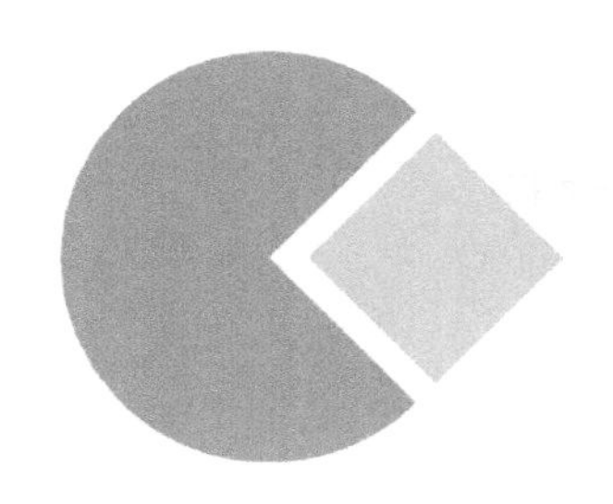

第 16 章 MATLAB 编程技巧

在使用 MATLAB 语言进行编程时，有很多需要注意的地方，例如应尽量减少循环的使用以提高效率，采用良好的编程风格以提高正确率和可读性等。本章介绍在 MATLAB 编程中非常实用的一些技巧与原则。

16.1 MATLAB 编程风格

每一种编程语言都有对应的“良好”的编程风格，这些风格都是类似的，但是又各有不同。本节介绍一些 MATLAB 的编程风格，希望能对读者有所帮助。本节提到的原则并不是必须遵守的，但是如果遵守了这些原则，那么在阅读和修改程序以及同其他人合作的时候，就会感到更加方便。

16.1.1 命名规则

1. 变量

变量的名字应该能够反映它们的意义或者用途。

建议变量名采用以小写字母开头的大小写混合形式，例如 linearity、credibleThreat、qualityofLife 等。应用范围比较大的变量应该拥有有意义的变量名，应用范围比较小的变量应该使用短的变量名。前缀 n 应该用在声明数值对象时。这一符号来自数学，在数学中表示数值对象的建立规则，例如 nFiles 和 nSegments。MATLAB 一个附加的特别之处在于用 m 来表明行数（来源于 matrix 符号），例如变量名 mRows。应该遵循区分单变量与数组变量的惯例，例如单个变量使用 point，数组变量使用 pointArray。循环变量应该以 i、j、k 等为前缀，例如 irows、jcols。如果有嵌套循环，则可使用以下形式。

```
for  iFile = 1: nFiles
    for  jPosition = 1: nPositions
        …
    end
end
```

另外，要避免使用一个关键字或者特殊意义的字作为变量名，例如不要使用 for 或者 if 这样的关键字来命名。

2. 常数

命名常数（包括全局变量）应该采用大写字母，用下画线分隔单词。例如，MAX_ITERATIONS、COLOR_RED。这个规则在 C++开发团体中是非常普遍的。尽管 MATLAB 的代码中可能会出现以小写字母命名常数的情况，例如 pi，但这种内建常数事实上是函数。

参数可以用某些通用类型名作为前缀，这样命名的常数就给出了一个附加信息，指明它们属于哪一类，以及它们代表的意义。如 COLOR_RED、COLOR_GREEN 和 COLOR_BLUE。

3. 结构体

结构体的命名应该以一个大写字母开头。这与 C++实际编程规范是一致的，这样有助于区分结构体与普通变量。结构体的命名应该是暗示性的（implicit），并且不需要包括域名。例如，Segment.SegmentLength 给出的重复是多余的，应采用 Segment.length。

4. 函数

函数名应该说明它们的用途。

关于函数名，有下面一些注意事项。

1）函数名应该采用小写字母。

函数名必须与它的文件名相同。采用小写字母可以避免混合系统操作时出现潜在的文件名问题。例如，getname()、computetotalwidth()。

还有另外两种普遍使用的函数名命名规则。一些人喜欢在函数名中用下画线增加其可读性，另外一些人则喜欢根据上面提到的变量的命名规则对函数命名。

2）函数名应该是具有意义的。

有一种不好的 MATLAB 惯例，那就是采用短的函数名，这经常使得其名字含糊不清。为了增强其可读性，这种习惯也应该避免。例如，采用 computetotalwidth()，而避免采用 compwid()。

但是对于那些在数学中广泛使用的缩写或者首字母缩写的情况则是例外。例如 max()、gcd()等。具有这种短函数名的函数应该在最开始注释的地方有整个完整的单词，使得其意义清楚，并且支持 lookfor 命令的查询搜索。

3）单输出变量的函数可以根据输出参数命名。

这在 MATLAB 的代码中也是经常采用的。例如，mean()、standarderror()。

4）没有输出变量或者返回值为句柄的函数应该根据其实现的功能命名。

这种规则可以增强可读性，使得用户很清楚函数应该（或者不应该）干什么。这就使得代码简洁明了，并且易于理解其功能。例如，plot()。

5）前缀 get/set 应该作为访问对象或者属性的保留前缀。

这一条在 MATLAB 与 C++以及 Java 的实际开发中经常使用。一个合理的例外是用 set 作为逻辑置位的操作。例如，getobj()、setappdata()。

6）前缀 compute 应该用在计算某些量的函数的地方。

一致应用这条规则可以加强可读性。它给了读者一条线索：这里是潜在的、比较复杂的或者比较耗时的操作。例如，computweightedaverage()、computespread()。

7）前缀 find 可以用在那些具有查询功能函数的地方。

这是一个查询方法，包含有少量的计算。一致应用这条规则可以增强其可读性，是 get 的一个好的替换方法。例如，findoldestrecord()、findheavieststelement()。

8）前缀 initialize 可以用在建立对象或者概念（concept）的地方。

美语中的 initialize 指的就是英国英语中的 initialise。应该避免使用缩写形式 init。例如 initializeproblemstate()。

9）前缀 is 应该用在返回逻辑变量的函数命名的地方。

这通常在 MATLAB 代码以及 C++与 Java 代码中普遍使用。例如，isoverpriced()、

iscomplete()、ischar()。

在某些环境下，存在少量替代它的前缀，包括 has、can 以及 should 等前缀。

10）避免无意识地覆盖（shadowing）。

通常，函数的命名应该是唯一的。覆盖（两个或者多个函数具有相同的函数名）会增加不可预测的行为或者错误。在 MATLAB 中，可以通过 which -all 或者 exist 命令来检查文件名重复的情况。

5. 一般命名原则

关于命名，有下面一些原则。

1）命名多维变量与常量应该具有单位后缀。

只采用单一的单位集合是一个很不错的想法，但是通常在程序的完整实现中这是很少见的。增加单位后缀可以帮助避免必然的混淆。例如，incidentAngleRadians。

2）命名中应该避免缩写。

利用完整的单词命名可以减少含糊，有利于使得代码自成为文档（self-documenting）。应采用 computearrivaltime()，而避免采用 comparr()。

但是特殊领域中常用语的简写或者首字母缩写形式更容易理解，因此它们应该保持缩写形式，甚至在它们第一次出现、定义注释的时候都是允许的。例如，html、cpu、cm。

3）考虑使得名字可以拼读。

在命名的时候应该至少考虑易于拼读与记忆。

4）所有的命名都应该以英语的形式写出。

MATLAB 是以英语发布的，英语是国际研发交流中最适合的语言。用户最好按照英文单词的习惯来命名。如果合作者都会中文，汉语拼音也是可以考虑的。

16.1.2　文件与程序结构

将代码结构化，不只是在文件内部，也包括在文件之间，都能够使得程序更易于理解。程序结构块的分割和条理化可以增加代码的质量。

1. M 文件

关于 M 文件，有下面一些注意事项。

1）实现模块化。

编写一个大程序最好的方法是将它以好的设计分化为小块（通常采用函数的方式）。这种方式通过减少为了理解代码的作用而必须阅读的代码数量，使得程序的可读性、易于理解性和可测试性增强了。超过编辑器两屏幕的代码都应该考虑进行换行分割。另外，设计规划很好的函数也使得它在其他应用中的可用性增强了。

2）确保交互过程清晰。

函数通过输入/输出参数以及全局变量与其他代码交互通信。其中使用参数几乎总是比使用全局变量清楚明了。采用结构数组可以避免那种一长串的输入/输出参数的形式。

3）进行分割。

所有的子函数和函数都应该只把一件事情做好，那就是每个函数应该隐藏一些内容。

4）利用现有的函数。

开发一个有正确功能的、可读的、合理灵活的函数是一项有重大意义的任务。或许寻找一个现成的提供了部分功能甚至全部功能的函数会更快，也更正确。

5）对代码进行封装。

在多个 m 文件中出现的任何代码块都应该考虑用函数的形式封装起来。如果代码只在一个文件中出现，那么修改变换起来就会容易得多。

6）加强对子函数的维护。

只被另外一个函数调用的函数应该作为一个子函数写在同一个文件中，这样可使代码更加利于理解与维护。

7）编写测试脚本。

为每一个函数写一个测试脚本，这样可以提高初期版本的质量和改进版本的可靠性。需要注意的是，任何一个函数如果不易于测试，那也就不易于编写。“一个好的反 bug 人员知道，设计测试案例比实际的测试需要更多的行动。”

2. 输入/输出

关于输入/输出，注意以下两方面。

1）编写输入/输出模块。

输出要求无须特别注意就可以根据变化而改变，输入的格式与内容根据变化经常很混乱。找到处理输出的地方进行改善，提高其可维护性。避免将输入/输出部分的代码与计算功能的代码混淆在一起，单个函数预处理的情况除外。混合各种功能的函数的可再用性一般很低。

2）格式化输出使得其易于利用。

- 如果人工阅读输出的可能性比较大，那么输出采用描述更清楚的方式。
- 如果输出可能通过其他软件而不是人调用，那么应该使得输出更容易解析。
- 如果这以上两种情况都很重要，将输出表达成易于解析的格式，并编写一个格式化输出的函数来产生一个人工可读的输出版本。

16.1.3 基本语句

1. 变量与常数

关于变量，要注意以下几方面。

1）变量不应该重复使用（赋予为不同意义），除非因为内存限制的需要。

通过确保所有的变量名都只有唯一的意义可以增强代码的可读性，通过消除误解的定义可以降低错误的概率。

2）同种类型的相近的变量可以在同一个语句中定义。

3）不相近的变量不要在同一个语句中定义。

通过变量分组可以增强其可读性。例如：

```
persistent x, y, z
global REVENUE_JANUARY, REVENUE_FEBRUARY
```

4）在文件开始部分的注释中为重要的变量编写文档。

在其他编程语言中，在声明变量的地方为它们编写文档是一种标准的操作。既然 MATLAB 不需要变量声明，这种信息就可以在注释中提供。例如：

```
%  pointArray Points are in rows with coordinates in columns.
```

关于常数，注意，在语句行注释的最后为常数编写文档。

这是参数有关合理性、应用和约束等的附加信息。例如：

```
THRESHOLD = 10; %  Maximum noise level found by experiment.
```

2. 全局变量和全局常量

应该尽量少用全局变量。少用全局变量有助于代码清晰性与可维护性方。在某些应用全局变量的地方，可以用 persistent 和 getappdata 代替它们。

应该尽量少用全局常量。利用 m 文件或者 mat 文件，就可以很清楚常数是在什么地方定义的，从而避免无意识地重复定义。如果文件的访问接口在使用时不是很方便，那么可以考虑采用全局常数结构的形式。

3. 循环语句

关于循环语句，应注意以下方面。

1）循环变量应该在循环开始前立即被赋值。

这样做可以提高循环的速度，有助于防止循环没有执行所有的可能索引而产生的虚假值。例如：

```
result = zeros(nEntries,1);
for index = 1:nEntries
    result(index)= foo(index);
end
```

2）在循环中应该尽量少用 break 与 continue。

这些结构和其他语言中的 goto 语句类似，多次使用可能会造成流程的混乱。只有当确定使用这些结构可以比它们相应的结构化部分有更好的可读性的时候，才可以使用。

3）在嵌套式循环的时候应该在 end 行中加上注释。

在长的嵌套循环的 end 命令行中添加注释，有助于弄明白哪些语句在哪个循环体内、在此处之前已经完成了哪些功能。

4. 条件语句

关于条件语句，应注意以下方面。

1）应该避免复杂的条件表示式，而采用临时逻辑变量替代。

通过对表达式指定逻辑变量，使程序易于作为文档，程序结构更易于阅读与调试。

应避免使用以下代吗。

```
if (value>=lowerLimit) & (values<=upperLimit) &~ismember(value,valueArray)
    ……
    ……
end
```

而应该用如下方式代替。

```
isValid = (value>=lowerLimit) & (values<=upperLimit);
isNew = ~ismember(value,valueArray)
if ( isValid & isNew)
    ……
    ……
end
```

2）在 if-else 结构中，发生较频繁的事件应该放在 if 部分，例外情况应放在 else 部分。

这样通过将例外情况排除在常规执行路径之外，可以提高程序的可读性。例如：

```
fid = fopen(filename);
if (fid ~= -1)
    ......
else
    ......
end
```

3）一个 switch 语句应该包含 otherwise 条件。

将 otherwise 情况遗漏在外是一种通常错误，这或许会导致不可预测的结果。

正确示例如下。

```
switch (condition)
    case ABC
        ......
    case DEF
        ......
    otherwise
        ......
end
```

4）switch 变量通常应该是字符串。

在 switch 语句中，采用字符串通常能够很有效，比采用列举值的形式意义更丰富。

5. 小结

关于 MATLAB 编程，应注意以下方面。

1）避免含糊代码。

在一些程序员中存在这样一种倾向：将 MATLAB 代码写得很简洁，甚至很模糊。编写简练的程序是一种表现语言特色的方式，这一点非常重要。然而，在很多情况下，清楚才是最核心的问题。正如 MathWorks 公司的 Steve Lord 写道："从现在开始，一个月后，如果我再看这些代码，我能否理解它们是干什么的？"

另外，很多情况下代码是需要人来阅读的，所以一般人只能写出一段计算机能够理解的代码，而好的程序员则能写出人能够理解的代码。如果将代码写得非常难懂，那么日后的维护成本就会非常高。

2）采用附加说明。

MATLAB 对于操作运算有个关于优先级的文档，但是谁愿意记住它们的具体内容呢？如果在某些地方有任何疑问，采用附加说明能表达得很清楚，特别是在扩展逻辑表达式的时候尤其有用。

3）尽量在表达式中少用数字，可能会改变的数字应该用常数代替。

如果一个数字本身没有明确的意义，将它命名为常数可以加强程序的可读性。另外，改变参数的定义比改变文件中所有出现数字的地方要容易得多。

4）浮点常数应该在小数点前面写上一个阿拉伯数字。

这是坚持数学习惯的语法要求，例如尽管 MATLAB 允许使用 .5 这种方式来表示 0.5，但是 0.5 比 .5 更具有可读性，因为 .5 很有可能被误认为是整数 5。例如，应采用 THRESHOLD = 0.5，避免采用 THRESHOLD = .5。

5）浮点数的比较应该要小心。

计算机中二进制的存储与计算方式可能导致误差，如下面的代码所示。

```
>> shortSide = 3;
>> longSide = 5;
>> otherSide = 4;
```

```
>> longSide^2 == (shortSide^2+otherSide^2)
ans =
1
>> scaleFactor = 0.01;
>> (scaleFactor*longSide)^2 == (scaleFactor*shortSide)^2 + ...
(scaleFactor*otherSide)^2
ans =
0
```

这是因为 0.01 在使用二进制表达时有截断误差，乘以 0.01 后，等式左右两边就会产生误差，所以在比较的时候就出现了不相等的情况。

16.1.4　排版、注释与文档

1. 排版

关于排版，应注意以下方面。

排版的目的是帮助读者理解代码，缩排特别有助于展示程序的机构。

1）应该将代码内容控制在前 80 列之内。

对于一个编辑器、终端仿真器、打印机、调试器以及文件来说，列数通常是 80，因此几个人的程序共享的时候，通常会将内容控制在前 80 列之内。在程序员之间传递文件的时候，避免无意识地分行可以增强程序代码的可读性。在 M 文件编辑器中有一个标记线可供参考，如图 16-1 所示。

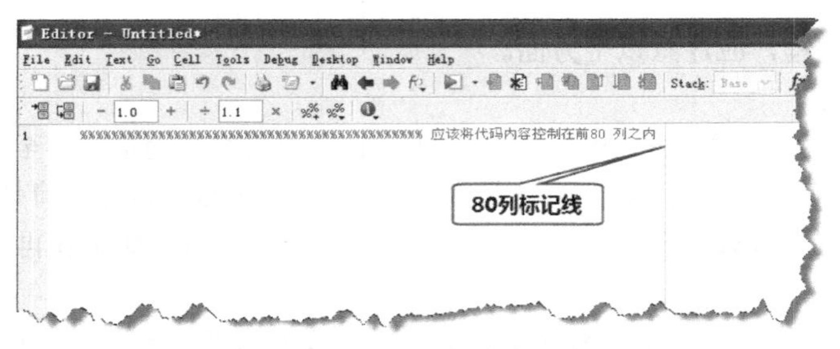

▲图 16-1　80 列文字标记线

2）在恰当的地方应该换行。

当语句长度超过 80 列限制的时候，应该换行。

- 在一个逗号或者空格之后断开。
- 在一个操作符之后断开。
- 在表达式开始前的地方重新开始新的一行。

例如：

```
totalSum = a +b +c + ...
d+e;
function (param1, param2, ...
param3)
setText(['Long line split' ...
'into two parts.']);
```

3）基本缩排间距应该是 3 或者 4 个空格。

好的缩排或许是唯一一个展现程序结构的好方法。

一个空格的缩排，间距太小，不能够强调代码的逻辑分层；两个空格的缩排，建议在为了减少因为嵌套循环超过 80 列而换行的断裂的时候采用，而 MATLAB 通常没有太多太深的循环嵌套；

大于 4 个空格的缩排，因为行切分的机会增大而使得代码的可读性变差。4 个空格的缩排间距是 MATLAB 编辑器的默认设置，不过值得指出的是，在以前的一些版本中默认缩排间距是 3 个空格。

4）应该与 MATLAB 编辑器的缩排间距一致。

MATLAB 编辑器提供了使得代码结构清晰的缩排间距，并且与 C++与 Java 推荐使用的缩排方式一致。

5）通常情况下，一行代码应该只包含一个可执行语句。

这种方式可以提高可读性，并且允许 JIT 加速。

6）单个短的 `if`、`for` 或者 `while` 语句可以写在一行。

这种方式更加紧凑，但是它失去了缩排格式提示的优点。例如：

```
if (condition), statement; end
while (condition), statement; end
for iTest = 1:nTest, statement; end
```

7）适当添加空格。

空格通过将各个部分的语句独立出来，而增强了程序的可读性。

在=、&与|前后加上空格，在指定的字符前后加上空格，可以增强其可视化的分隔提示，明显地将语句左右两部分分开。在二值逻辑操作符前后加上空格，可以使复杂的表达式更加清晰。例如：

```
simpleSum = firstTerm+secondTerm;
```

在常规的操作符两边可以加上空格。这种方式是有争议的。部分人认为它可以增强其可读性。例如：

```
simpleAverage = (firstTerm + secondTerm) / two;
1 : nIterations
```

在逗号后面可以加上空格。这些空格可以增强可读性。例如 `foo(alpha, beta, gamma)`，也可以写做 `foo(alpha,beta,gamma)`。

分号或者同一行多条指令的逗号之后应该加上一个空格，这样可以增强其可读性。例如：

```
if (pi>1), disp('Yes'), end
```

在关键字后面应该加上空格。这种方式有助于区分关键字与函数。

一个块（block）内部的一个逻辑组语句应该通过一个空白行将其分隔开。在块的逻辑单元之间加入空白行，可以增强代码的可读性。

块之间应该用多个空白行分隔。一种方式是采用 3 个空白行。与块内分隔相区别，采用大的间隔在文件中可以使块看起来非常明显。另外一种方式是在注释符号后面加上多个诸如*或者-之类的符号。另外，块之间也可以加上一个以两个相连的百分号%%开头的注释行，这样就可以让块变成一个单元，代码间的区别可以变得很明显。

可通过排列成行列整齐的方式来加强可读性。代码排列成行列整齐的形式可以使得切分表达式容易阅读与理解，这种排版方式也有助于揭示错误。例如：

```
weithedPopulation = (doctorWeight * nDoctors) + ...
                    (layerWeight * nLawyers) + ...
                    (chiefWeight * nChiefs);
```

2. 注释

注释的目的是为代码增加信息。注释的典型应用是解释用法、提供参考信息、证明结果、阐述需要的改进等。经验表明，在写代码的同时就加上注释，比代码写完之后再补充注释要好。

关于注释注意以下方面。

1）注释不能够改变写得很糟糕的代码效果。

注释不能够弥补因为代码命名不当、没有清晰的逻辑结构等造成的缺陷。存在这类缺陷的代码应该重写。

2）注释文字应该简洁易读。

一个糟糕或者无用的注释反而会影响读者的正常理解。如果代码与注释不一致，可能两者都是错误的。通常更重要的是，注释应该讲的是“why”和“how”，而不是“what”。

3）函数头部的注释应该支持利用 help 与 lookfor 进行查询。

help 命令用于输出文件开头的第一块注释行。lookfor 命令用于搜寻路径上的所有 m 文件的第一个注释行，应尽量在这一行中包含可能的搜索关键字。

4）函数头部的注释应该说明对输入参数的特殊要求等。

使用者通常需要知道输入是否有特殊的单位要求或者矩阵类型要求。例如：

```
% ejectionFraction must be between 0 and 1, not a percentage.
% elepsedTimeSceconds must be one dimensional.
```

5）函数头部的注释应该描述其任何副作用。

副作用是指函数的行为，而不是指输出参数的设定。一个常见的例子是图的产生，在函数头部的注释中描述其副作用，便于在用 help 指令输出的时候是可见的。

6）通常情况下，函数头部注释的最后一句应该重申函数语句行。

这样可以让用户在一眼扫过 help 指令的输出时发现函数的输入/输出参数的用法。

7）避免在函数头部注释的 help 输出中混乱。

函数文件开头的注释，通常包括版权以及修改日期等信息。在文件头部的说明和这些信息的说明之间应该加入一个空白行，以避免在用 help 指令的时候显示出来。

8）所有的注释语句应该尽量用英语写作。

在国际环境中，英语是最提倡使用的语言。不过，如果程序只是在中文用户之间交流，那么使用中文进行注释则更加方便。

3. 文档

关于文档，应注意以下方面。

1）文档应规范化。

有用的文档应该包含一个关于如下内容的清晰描述：代码打算干什么（要求），它是如何工作的（设计），它依赖于其他什么函数以及怎么被其他代码调用（接口），它是如何测试的，等等。出于额外的考虑，文档可以包含关于解决方案的选择性的讨论以及扩展与维护方面的建议。

2）首先考虑书写文档。

一些程序员相信的方法是：“代码第一，回答问题是以后的事情。”而通过经验，我们绝大多数人知道：首先开发设计然后再实现可以得到更加满意的结果。

如果将测试与文档留在最后，那么开发项目几乎不能够按期完成。首先书写文档，可以确保其按时完成，甚至可能缩短开发时间。

3）加强对于修改的管理。

对代码中的修改进行管理和书写文档的专业方法是采用源程序控制工具。对于很简单的工程，在函数文件的注释中加入修改历史比什么都不做要好。例如：

```
% 24 November 1971, D.B.Cooper, exit conditions modified.
```

16.2 MATLAB 编程注意事项

下面讨论 MATLAB 编程方面的一些注意事项。

1）避免使用 i 或者 j 作为变量。

MATLAB 使用字母 i 和 j 表示虚数单位。如果用户在计算过程中涉及了复数运算，那么应该避免使用 i 或者 j 作为变量。

如果用户需要创建一个复数，而不是用 i 和 j 作为虚数单位，则可使用 complex 函数。例如，c = complex(a,b)表示 c = a + bi。

2）在元胞数组中存储字符串数组。

经常将字符串数组以元胞数组的形式存储更加方便，尤其是字符串具有不同长度的时候。字符串数组中的字符串必须具有相同的长度，这就要求使用空格等来填补较短的字符串。而使用元胞数组就不必这样做。

例如，下面的 cellRecord 就不需要使用空格来填补较短的字符串。

```
cellRecord = {'Allison Jones'; 'Development'; 'Phoenix'};
```

3）在 for 循环中改变循环变量的值。

用户不能在一个 for 循环的循环体中改变循环变量的值。例如，下面的循环中，尽管每次循环都对循环变量 k 进行了重新赋值，但是循环最终只执行了 5 次。

```
for k = 1:5
   fprintf('Pass %d\n', k)
   k = 1;
end
Pass 1
Pass 2
Pass 3
Pass 4
Pass 5
```

尽管 MATLAB 允许在循环内使用一个与循环变量同名的变量名，但是并不建议用户这样做。

4）熟记 MATLAB 的搜索顺序。

在编程的过程中，如果 MATLAB 在运行的过程中遇到命令 test_command，它将按照以下搜索顺序来检查输入命令的具体含义。了解 MATLAB 的搜索顺序和了解运算符的优先级顺序是同等重要的，建议读者熟记以下搜索顺序，以免在编程过程中遇到难以察觉的错误。

① 检查 test_command 是否是一个变量名，如果不是则执行下一步。

② 检查 test_command 是否是一个子函数，如果不是则执行下一步。

③ 检查 test_command 是否是一个私有函数，如果不是则执行下一步。

④ 检查 test_command 是否是一个类构造器，如果不是则执行下一步。

⑤ 检查 test_command 是否是一个重载函数，如果不是则执行下一步。

⑥ 检查 test_command 是否是当前目录下的 M 文件，如果不是则执行下一步。

⑦ 检查 test_command 是否是 MATLAB 搜索目录下的 M 文件或者 MATLAB 内建函数，如果不是则执行下一步。

⑧ 如果经过以上步骤还是找不到 test_command，MATLAB 将给出错误信息。

5）添加搜索路径目录。

可以通过以下任意一种方法添加目录到搜索路径中。

- 在 MATLAB 的菜单栏中，单击【File】|【Set Path】命令。
- 在命令行使用 addpath 函数。

另外，用户还可以使用这些方法一次性将一个目录及其子目录添加到搜索路径中。如果在命令行进行这些操作，可以将 genpath 和 addpath 两个函数配合使用。genpath 函数的使用方法请查阅帮助文档。下面这个例子中，将/control 目录和它的子目录添加到 MATLAB 搜索路径中。

```
addpath(genpath('K:/toolbox/control'))
```

6）明确文件的优先级。

如果用户在调用过程中只使用一个文件的名字，而没有加文件类型的后缀，而且目录中有重名的多个文件，MATLAB 将按照以下优先级顺序来确定调用哪个文件。

- MEX 文件
- MDL 文件
- P-Code 文件
- M 文件

7）不能创建非搜索路径中的函数的句柄

用户不能创建非搜索路径中的函数的句柄。但是用户可以通过在该目录下创建一个脚本文件，在脚本文件中创建函数句柄。这样调用这个脚本文件时，用户就可以得到需要的函数句柄。下面给出一个示例。

① 创建一个非搜索路径中的脚本文件 E:/testdir/createFhandles.m，内容类似于以下命令。

```
E:/testdir/createFhandles.m
fhset = @setItems
fhsort = @sortItems
fhdel = @deleteItem
```

② 在当前目录下运行这个脚本以创建函数句柄。

```
run E:/testdir/createFhandles
```

③ 通过函数句柄来调用需要的函数。

```
fhset(item, value)
```

16.3 内存的使用

第 6 章已经介绍过一些关于提高内存使用效率的方法，本节对一些细节进行补充说明。

1）建议使用 A = logical(sparse(m,n))替代 A = sparse(false(m,n))。

二者的结果一样，但是后者生成 m×n 的临时矩阵，浪费空间，且当 m、n 很大时，后者不一定能申请成功。

2）使用 sparse 的几点注意事项。

- 由于 MATLAB 按照“先行后列”的方式读取数据（即先把第 1 列所有行读取完以后再读取第 2 列的各行），因此定义稀疏矩阵时，最好行数大于列数，这样有利于寻址和节省空间（读者可对比 a=sparse(10,5); whos a 和 b= sparse(5,10);whos b）。
- 对大型矩阵用 sparse 非常有效（不但节省空间，而且能加快速度。这在动态申请数组空间的时候尤其方便。当然，数组不是太大的时候也可以使用 eval，即字符串的方法），但对小型矩阵使用反而会增加存储量（读者可对比 a=false(5,1); whos a 和 b=logical(sparse(5,1));whos b），这是由于稀疏矩阵需要存储额外的信息引起的。

3）用结构数组（Struct Array）比用数组结构（Array Struct）节省内存。

读者可以通过下面的例子来看一下二者所占用内存的不同。

```
>> S1.R(1:100,1:50) = 1;
>> S1.G(1:100,1:50) = 2;
>> S1.B(1:100,1:50) = 3;

>> for m=1:50
    for n = 1:100
        S2(n,m).R = 1;
        S2(n,m).G = 2;
        S3(n,m).B = 3;
    end
end
>> whos S1 S2
  Name          Size                 Bytes  Class     Attributes
  S1            1x1                 120528   struct
  S2          100x50               1200128   struct
```

16.4 提高 MATLAB 运行效率

很多读者可能在此之前没有学过编程语言，所以编写的程序可能效率比较低。另外，还有很多读者在学习 MATLAB 语言之前学习过 C/C++等其他语言，但是 C/C++语言与 MATLAB 还是有很大差别的。例如，对于 C/C++来说，只要算法的思想不变、采用的数据结构相同，不同人写出来的语句在效率上一般不会有太大的差别。所以对于 C/C++来说，程序的好坏一般由算法来决定。但是在 MATLAB 中，对于同样的算法、同样的结构、同样的流程，如果采用的语句不一样，在效率上就会大不相同。所以，尽管 MATLAB 入门非常容易，但是要想精通还是有一定难度的。

本节介绍如何提高 MATLAB 的运行效率。

16.4.1 提高运行效率的基本原则

本节介绍提高运行效率需要遵循的一些基本原则。

1）在语句后面加分号。

MATLAB 在运行 m 文件时，会不停地在命令窗口中输出没有加分号的语句返回的值，因为输出结果也是需要消耗时间的，所以这样会使运行的速度非常慢。为此，在语句后面应当加上分号。如果想查看结果，可以在程序运行最后添加输出结果的语句。

2）将循环结构向量化。

MATLAB 是一种解释性语言，所以它的循环语句执行速度比其他语言慢了很多。但是 MATLAB 擅长矩阵计算，很多情况下用户可以将循环体采用向量化计算的方式来实现，这样效率会大大提高。将循环结构向量化的方法将在下一节中介绍。

3）合理安排循环顺序。

在必须使用多重循环时，如果两个循环执行的次数不同，则外层循环中的循环次数少，而内层循环中的循环次数多，这样可以显著提高速度。可以通过以下例子进行比较。

```
clear
tic;
```

```
for n=1:10
   for m=1:1000000
        sum = m+n;
   end
end
t1=toc                          % 内层循环中循环次数多的情况下所需的时间
tic;
for n=1:1000000
   for m=1:10
        sum = m+n;
   end
end
t2=toc                          % 外层循环中循环次数多的情况下所需的时间
```

得到的结果如下。

```
t1 =
    9.2679
t2 =
   10.9983
```

另外，MATLAB 在运行时列优先，所以在通过循环调用矩阵元素时在外层循环列，在内层循环行，这样运行的效率要高，因为提高了缓存的命中率。

4）为数组预先分配内存。

当某条操作改变了原来变量的数据类型或形状（尺寸、维数）时，就会减慢运行的速度。尤其是在循环结构中改变某变量的尺寸时，运行速度的减慢会更加明显。这是因为每次运行到该语句时，都需要对改变量重新进行内存的分配，这样就会消耗一些时间。所以需要预先使用 `ones` 或者 `zeros` 等函数为变量分配内存，即事先确定变量的尺寸、维数，然后在语句中只修改其中的某些值即可。

5）规范复数的表达。

应该这样使用复数常量：`x = 7 + 2i`，而不应该这样使用复数常量：`x = 7 + 2*i`，后者会降低运行的速度。

6）当要预分配一个非 double 型变量时，使用 `repmat` 函数可以加速。

如将代码 `A = int8(zeros(100))` 换成 `A = repmat(int8(0), 100, 100)`。

7）利用自动语法检查功能。

编辑窗口具有自动语法检查功能，这可以在一定程度上避免使用没有定义或赋值的变量。另外，也可以帮助用户优化代码。

8）考虑使用并行计算。

MATLAB 提供有并行计算工具箱（Parallel Computing Toolbox），用户可以考虑将 `for` 循环替换为 `parfor`。另外，还可以考虑采用多线程计算。

9）使用 MEX 文件。

如果不能将一个循环向量化，那么可以考虑将这个循环转换成 MEX 文件。这样循环执行起来会更快，因为不用每次运行的时候都对命令进行解释。

10）使用函数，而不是脚本。

把同样的代码写成函数 M 文件，运行速度要比一般的脚本 M 文件快。

11）`load` 和 `save` 函数要比文件 I/O 函数的速度快。

用户应尽可能使用 `load` 和 `save` 函数来代替低层的 MATLAB 文件 I/O 函数，例如 `fread` 和 `fwrite` 函数。因为 `load` 和 `save` 函数已经被优化，所以运行的速度要快，而且产生的内存碎片更少。

12）修改循环体算法。

在不少情况下，`for` 循环本身已经不再是计算的瓶颈，尤其是当循环体本身需要较多计算的时候。此时，提高效率的关键在于改善循环体本身，而不是去掉 for 循环。

13）调用结构设计。

MATLAB 的函数调用过程（非内建函数）有显著开销，因此，在效率要求较高的代码中，应该尽可能采用扁平的调用结构，也就是在保持代码清晰和可维护的情况下，尽量直接写表达式和利用内建函数，避免不必要的自定义函数调用过程。在循环次数很多的循环体内（包括在 cellfun、arrayfun 等实际蕴含循环的函数）形成长调用链会带来很大的开销。

14）调用函数类型的选择。

在调用函数时，首选是内建函数，然后是普通的 M 文件函数，接着才是函数句柄或者匿名函数。在使用函数句柄或者匿名函数作为参数传递时，如果该函数将被调用多次，那么最好首先把它赋给一个变量，然后再传入该变量，这样可以有效地避免重复的解析过程。

15）数据类型的选择。

在可能的情况下，应使用数值数组或者结构数组，它们的效率大幅度高于元胞数组（几十倍甚至更多倍）。对于结构数组，应尽可能使用普通的域访问方式。在执行次数较少而灵活性要求较高的代码中，可以考虑使用动态名称的域访问。

16）关于面向对象编程。

虽然面向对象编程从软件工程的角度来说略胜一筹，而且对象的使用很多时候很方便，但是 MATLAB 目前对于面向对象编程的实现效率很低，在效率关键的代码中应该慎用对象。

在新的版本（尤其是 2008 以后的版本）中，MATLAB 对于面向对象编程提供了强大的支持。在 2008a 版本中，它对于面向对象编程的支持已经不亚于 Python 等高级脚本语言。虽然在语法上提供了全面的支持，但是 MATLAB 中面向对象的效率很低，开销巨大。

17）关于设计类。

如果需要设计类，应该尽可能采用普通的属性，而避免使用灵活但是效率很低的依赖属性。如非确实必要，应避免重载 subsref 和 subsasgn 函数，因为这会全面接管对于对象的接口调用，往往会带来非常巨大的开销（成千上万倍地减慢运行速度），甚至会使得本来几乎不是问题的代码成为性能瓶颈。

16.4.2 提高运行效率的示例

本节举例说明如何提高运行的效率。

【例 16-1】 改写如下程序，以提高运行的效率。

原始程序如下。

```
[No,Ns]=size(t);
for i=1:No
    sum_te=0;
    for j= 1:Ns
        sum_te=sum_te+abs((t(i,j)-y(i,j))/t(i,j)*100);
    end  % 序列 t 和 y 的相对误差绝对值之和
    err(i)=sum_te/Ns;          %相对误差绝对值的平均值
end
```

它可以改写为如下形式。

```
[No,Ns]=size(t);
sa=sum(abs((t-y)./t*100),2);
sb=sa./Ns;
```

【例 16-2】 根据 A 的取值使用矩阵 B 中元素的值。

首先，创建测试数据。

```
A = randn(100, 100);
B = zeros(size(A));
```

然后，比较以下 3 种方法的效率差别。

方法 1，采用以下代码。

```
tic
[X,Y] = find(A > 0.6);
for i = 1:length(X)
    B(X(i),Y(i)) = 1;
end
toc
Elapsed time is 0.000781 seconds.
```

方法 2，采用以下代码。

```
tic
B = zeros(size(A));
X = find(A > 0.6);
B(X) = 1;
toc
Elapsed time is 0.000667 seconds.
```

方法 3，采用以下代码。

```
tic
B = zeros(size(A));
X = logical(A > 0.6);
B(X) = 1;
toc
Elapsed time is 0.000527 seconds.
```

可以看到，这 3 种方法中方法 3 用时最短。方法 1 因为使用了 for 循环，所以用时最长。而方法 2 中因为有 find 函数，所以运行时间比方法 3 中的 logical 函数要长。这是因为在可以替换的情况下，find 函数的执行效率要比 logical 低很多。所以，建议能使用 logical 函数替代 find 函数的时候，应采用 logical 函数。

【例 16-3】 改写一个三重循环。

改写下面的三重循环程序，其中 gNode 为一个 3354×2 的矩阵。

```
for i=1:3354;
    for j=1:3354
        x(i)=gNode(i,1);
        y(i)=gNode(i,2);
        x(j)=gNode(j,1);
        y(j)=gNode(j,2);
        for zz=0.5:0.5:3;
            RR(i,j)=sqrt( (x(j)-x(i))^2 + (y(j)-y(i))^2 +zz^2);
        end
    end
end
```

以上程序存在以下问题。

1）我们可以看到 x(i) 和 y(j) 在循环中进行了多次重复赋值。这是由于笔者自己的编程思路没有理清造成的。关于赋值这部分，完全可以不使用循环，而简化为以下命令。

```
x=gNode(:,1);
y=gNode(:,2);
```

2）另外一个很严重的问题是最内层循环中循环体的计算完全没有表义。循环变量 zz 虽然在变，但是每循环一次就把前面的结果覆盖掉了。笔者原本想要表达的是将计算之后的结果存入矩阵 RR(i,j,k)，k=6，对应于 zz 的 6 个不同的取值。

3）即使使用循环，也完全可以将次数多的循环嵌入内层，将次数少的循环放在外层。

以上程序可以改写为如下形式。

```
clear
n=1000;
gNode=rand(n,2);

tic
x1=repmat(gNode(:,1),1,n);
x2=repmat(gNode(:,1),1,n)';
y1=repmat(gNode(:,2),1,n);
y2=repmat(gNode(:,2),1,n)';
x3=repmat(x1,[1 1 6]);
x4=repmat(x2,[1 1 6]);
y3=repmat(y1,[1 1 6]);
y4=repmat(y2,[1 1 6]);
zz1=0.5:0.5:3;
zz2=repmat(zz1,n*n,1);
zz=reshape(zz2,n,n,6);     %  6为size(zz1)
RR=sqrt((x3-x4).^2 + (y3-y4).^2 +zz.^2);
toc
```

通过对 n=1000 情况下程序改写前后所用时间进行测试，得到的结果如下。

```
Elapsed time is 30.052271 seconds.      %  修改前
Elapsed time is 0.490902 seconds.       %  修改后
```

通过比较可以看出，经过修改之后的程序运行时间约等于修改前的 1/60。将 for 循环改写为向量运算形式，计算的时间减少了，但是需要比循环占用更多的内存。如果数据量特别大，那么就可能出现内存溢出的情况。这就需要采用内存优化的方法来解决，并且可能需要在内存与计算效率之间做相应的平衡。

第 17 章　MATLAB 在数学建模中的应用

数学建模就是使用数学方法解决实际应用问题。

数学建模是应用学科的核心内容，多数学科都可以在数学的框架下表达自己解决问题的思想和方法，并和别的专业或者方向分享这些思想与方法。只有当其使用数学时，才是优秀并且精确的学科。数学建模一般包括以下步骤。

1）分析实际问题中的各种因素，使用变量表示。

2）分析这些变量之间的关系，哪些是相互依存的，哪些是独立的，它们之间具有什么样的关系。

3）根据实际问题选用合适的数学框架（典型的有优化问题、配置问题等），并将具体的应用问题在这个数学框架下表示出来。

4）选用合适的算法求解数学框架下表示出的问题。

5）使用计算结果解释实际问题，并且分析结果的可靠性。

数学建模需要以下几种能力。

- 数学思维能力。
- 分析问题本质的能力。
- 资料检索能力：可以使用 Google 等互联网资源与图书馆进行检索。
- 编程的能力：常用的数学工具软件有 MATLAB 和 Mathematica。

因为 MATLAB 容易入手、计算功能强大、拥有丰富的数据可视化函数等，所以它已经成为数学建模领域中重要的、应用最为广泛的工具软件。本章介绍 MATLAB 在一些基本数学模型中的应用。

17.1　MATLAB 蒙特卡罗模拟

17.1.1　蒙特卡罗方法简介

蒙特卡罗方法（Monte Carlo method）也称统计模拟方法，是 20 世纪 40 年代中期由于科学技术的发展和电子计算机的发明，而提出的以概率统计理论为指导的一类非常重要的数值计算方法，是指使用随机数（或更常见的伪随机数）来解决很多计算问题的方法。蒙特卡罗方法的名字来源于摩纳哥的一个城市蒙特卡罗，该城市以赌博业闻名，而蒙特卡罗正是以概率为基础的方法。与蒙特卡罗方法对应的是确定性算法。

蒙特卡罗方法在金融工程学、宏观经济学、生物医学和计算物理学（如粒子输运计算、量子热力学计算、空气动力学计算等）等领域的应用较为广泛。

1. 蒙特卡罗方法的基本思想

当所求解的问题是某种随机事件出现的概率或者某个随机变量的期望值时，可通过某种“实验”

的方法，以这种事件出现的频率估计这一随机事件的概率，或者得到这个随机变量的某些数字特征，并将其作为问题的解。有一个例子可以比较直观地了解蒙特卡罗方法：假设我们要计算一个不规则图形的面积，那么图形的不规则程度和分析性计算（比如积分）的复杂程度是成正比的。蒙特卡罗方法是怎么计算的呢？假想你有一袋豆子，首先把豆子均匀地朝这个图形上撒，然后数这个图形内外有多少颗豆子，计算豆子占所有豆子的比例，接着乘以撒豆子的总面积就是图形的面积。豆子越小，撒得越多，结果就越精确。在这里要假定豆子都在一个平面上，且相互之间没有重叠。

2. 蒙特卡罗方法的工作过程

在应用蒙特卡罗方法解决实际问题时，主要有以下两部分工作。

- 当用蒙特卡罗方法模拟某一过程时，需要产生各种概率分布的随机变量。
- 用统计方法把模型的数字特征估计出来，从而得到实际问题的数值解。

3. 蒙特卡罗方法在数学中的应用

通常蒙特卡罗方法通过构造符合一定规则的随机数，来解决数学上的各种问题。对于那些由于计算过于复杂而难以得到解析解或者根本没有解析解的问题，蒙特卡罗方法是一种有效地求出数值解的方法。一般蒙特卡罗方法在数学中最常见的应用就是蒙特卡罗积分。

17.1.2 蒙特卡罗方法编程示例

蒙特卡罗方法的实现对于 MATLAB 语言来说相对比较简单。因为 MATLAB 是以矩阵为基本计算单位的，在模拟过程中，C/C++语言需要使用循环来进行计算。但是通过第 16 章的介绍，相信读者对于避免使用循环已经有所理解。对于蒙特卡罗方法来说，通常循环结构都是可以避免的。

【例 17-1】 利用蒙特卡罗方法，求单位圆的面积，进而计算出圆周率。

首先，使用均匀分布在边长为 1 的正方形面积内生成随机数。然后，计算随机数落在圆内的比例，那么就可以得到圆占正方形面积的比例了，进而可以反推出圆周率。不过，因为蒙特卡罗方法是一种随机方法，所以这个圆周率的误差比使用其他解析方法得到的结果误差要大很多。

因为 rand 函数生成的是 1 以内的均匀分布随机数，为了方便，这里只计算 1/4 圆的面积。相应的代码如下。

```
>> clear
>> A=rand(1000,1000);
>> B=rand(1000,1000);
>> C=sqrt(A.^2+B.^2);
>> D=logical(C<=1);
>> F=sum(D(:));
>> mypi=F/numel(A)*4          %  计算 pi，其中 numel(A)为 A 中的元素个数
mypi =
    3.1413
```

从结果可以看出，用蒙特卡罗算法得到的圆周率误差不算很大。

【例 17-2】 采用蒙特卡罗方法计算图 17-1 中阴影部分图形的面积。其中 3 个椭圆的方程如下。

$$\frac{x^2}{9}+\frac{y^2}{36}=1$$
$$\frac{x^2}{36}+y^2=1$$
$$(x-2)^2+(y+1)^2=9$$

以下是他人编写的一段程序，可通过蒙特卡罗方法计算阴影部分的面积。

```
clear
tic
N=10000;
n=100;
for j=1:n
    k=0;
    for i=1:N
        a=12*rand(1,2)-6;
        x(i)=a(1,1);
        y(i)=a(1,2);
        a1=(x(i)^2)/9+(y(i)^2)/36;
        a2=(x(i)^2)/36+y(i)^2;
        a3=(x(i)-2)^2+(y(i)+1)^2;
        if a1<1
           if a2<1
              if a3<9
                 k=k+1;
              end
           end
        end
    end
m(j)=(12^2)*k/N;
end
mj=mean(m)
toc
```

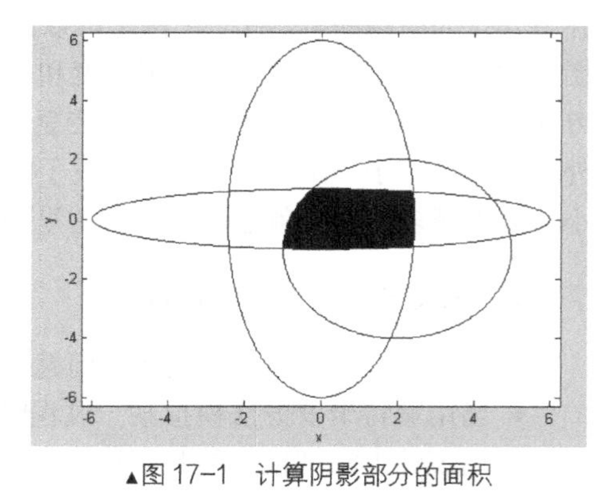

▲图 17-1　计算阴影部分的面积

以上代码明显没有掌握 MATLAB 矩阵编程的精髓，依然采用的是 C 语言中的思路，采用了过多的循环结构。而 MATLAB 在处理循环方面效率欠佳，改写成矩阵形式才能发挥 MATLAB 的优势。下面是笔者自己编写的相应程序，请读者予以比较。

```
clear
tic
X=12*rand(1000,1000)-6;
Y=12*rand(1000,1000)-6;
C1=sqrt(X.^2/9+Y.^2/36);
C2=sqrt(X.^2/36+Y.^2);
C3=sqrt((X-2).^2/9+(Y+1).^2/9);
D1=logical(C1<=1);
D2=logical(C2<=1);
D3=logical(C3<=1);
D=D1&D2&D3;
F=sum(D(:));
area_shade=F/numel(X)*12*12
toc
```

通过运行，可以得到所需的时间分别为 3.918847s 和 0.173212s，时间相差了 20 倍左右。通过本例，读者可以理解蒙特卡罗方法的使用，并且更加深刻地理解向量化计算。

17.2 MATLAB 灰色系统的理论与应用

灰色系统理论是 20 世纪 80 年代由华中理工大学邓聚龙教授首先提出并创立的一门新兴学科。它是基于数学理论的系统工程学科，主要用于解决一些包含未知因素的特殊领域的问题，广泛地应用于农业、地质、气象等学科。本节介绍灰色系统理论及其 MATLAB 实现。

17.2.1　GM(1,1)预测模型简介

1. GM(1,1)灰色系统

所谓灰色系统，是指既含有已知信息，又含有未知信息的系统，是由邓聚龙教授在 1986 年提出的。灰色理论自诞生以来发展很快。由于它所需因素少，模型简单，特别是对于因素空间难以穷尽，运行机制尚不明确，又缺乏建立确定关系的信息系统来说，灰色系统理论及方法为解决此类问题提供了新的思路和有益的尝试。

灰色预测方法根据过去及现在已知的或非确知的信息，建立一个从过去引申到将来的 GM 模型，从而确定系统在未来发展变化的趋势，为规划决策提供依据。在灰色预测模型中，对时间序列进行数量大小的预测，弱化了随机性，增强了确定性。此时在生成层次上求解得到生成函数，据此建立被求序列的数列预测，其预测模型为一阶微分方程，即只有一个变量的灰色模型，记为 GM(1,1)模型。

灰色 GM(1,1)预测模型在计算过程中主要以矩阵为主，它和 MATLAB 的结合可以有效地解决灰色系统理论在矩阵计算中的问题，为灰色系统理论的应用提供了一种新的方法。

2. GM(1,1)预测模型的基本原理

GM(1,1)模型是灰色预测的核心，它是一个单个变量预测的一阶微分方程模型，其离散时间响应函数近似呈指数规律。建立 GM(1,1)模型的方法如下。

设 $X^{(0)}=\left\{X^{(0)}(1),X^{(0)}(2),\cdots,X^{(0)}(n)\right\}$ 为原始非负时间序列， $X^{(1)}(t)$ 为累加生成序列，即：

$$X^{(1)}(t)=\sum_{m=1}^{i}X^{(0)}(m),t=1,2,\cdots,n \tag{17-1}$$

GM(1,1)模型的白化微分方程为：

$$\frac{\mathrm{d}X^{(1)}}{\mathrm{d}t}+aX^{(1)}=u \tag{17-2}$$

式（17-2）中，a 为待辨识参数，亦称发展系数；u 为待辨识内生变量，亦称灰作用量。设待辨识向量 $\boldsymbol{a}=\begin{pmatrix}a\\u\end{pmatrix}$，按最小二乘法求得 $\boldsymbol{a}=(\boldsymbol{B}^{\mathrm{T}}\boldsymbol{B})^{-1}\boldsymbol{B}^{\mathrm{T}}\boldsymbol{y}$，式中：

$$\boldsymbol{B}=\begin{bmatrix}-\frac{1}{2}\left(X^{(1)}(1)+X^{(1)}(2)\right) & 1\\ -\frac{1}{2}\left(X^{(1)}(2)+X^{(1)}(3)\right) & 1\\ \vdots & \vdots\\ -\frac{1}{2}\left(X^{(1)}(n-1)+X^{(1)}(n)\right) & 1\end{bmatrix}$$

$$\boldsymbol{y}=\begin{bmatrix}X^{(0)}(2)\\ X^{(0)}(3)\\ \vdots\\ X^{(0)}(n)\end{bmatrix}$$

于是可得到灰色预测的离散时间响应函数：

$$X^{(1)}(t+1)=\left(X^{(0)}(1)-\frac{u}{a}\right)e^{-at}+\frac{u}{a} \tag{17-3}$$

$X^{(1)}(t+1)$ 为所得的累加预测值，将预测值还原为：

$$\hat{X}^{(0)}(t+1)=\hat{X}^{(1)}(t+1)-\hat{X}^{(1)}(t),\ t=1,2,3,\cdots,n \tag{17-4}$$

17.2.2　灰色预测计算示例

【例 17-3】　北方某城市 1986～1992 年道路交通噪声平均声级数据见表 17-1。

表 17-1　某市近年来交通噪声数据

序　号	年　份	L_{eq}[dB(A)]	序　号	年　份	L_{eq}[dB(A)]
1	1986	71.1	5	1990	71.4
2	1987	72.4	6	1991	72.0
3	1988	72.4	7	1992	71.6
4	1989	72.1			

1. 级比检验

建立如下交通噪声平均声级数据时间序列。

$$\begin{aligned}x^{(0)}&=\left(x^{(0)}(1),x^{(0)}(2),\cdots,x^{(0)}(7)\right)\\&=(71.1,72.4,72.4,72.1,71.4,72.0,71.6)\end{aligned}$$

1）求级比 $\lambda(k)$ 。

$$\lambda(k)=\frac{x^{(0)}(k-1)}{x^{(0)}(k)}$$

$$\begin{aligned}\lambda&=\left(\lambda(2),\lambda(3),\cdots,\lambda(7)\right)\\&=(0.982,1,1.0042,1.0098,0.9917,1.0056)\end{aligned}$$

2）判断级比。

由于所有的 $\lambda(k)\in[0.982,1.0098],k=2,3,\cdots,7$ ，因此可以用 $x^{(0)}$ 来进行 GM(1,1)建模。

2. GM(1,1)建模

1）对原始数据 $x^{(0)}$ 进行一次累加，即：

$$x^{(1)}=(71.1,143.5,215.9,288,359.4,431.4,503)$$

2）构造数据矩阵 $\boldsymbol{B}$ 及数据向量 $\boldsymbol{Y}$。

$$B=\begin{bmatrix}-\frac{1}{2}\left(x^{(1)}(1)+x^{(1)}(2)\right) & 1\\ -\frac{1}{2}\left(x^{(1)}(2)+x^{(1)}(3)\right) & 1\\ \vdots & \vdots\\ -\frac{1}{2}\left(x^{(1)}(6)+x^{(1)}(7)\right) & 1\end{bmatrix},\quad Y=\begin{bmatrix}x^{(0)}(2)\\ x^{(0)}(3)\\ \vdots\\ x^{(0)}(7)\end{bmatrix}$$

3）计算 $\boldsymbol{u}$。

$$u=(a,b)^{\mathrm{T}}=(B^{\mathrm{T}}B)^{-1}B^{\mathrm{T}}Y=\begin{bmatrix}0.0023\\72.6573\end{bmatrix}$$

于是得到 $a=0.0023$，$b=72.6573$。

4）建立模型。

$$\frac{\mathrm{d}x^{(1)}}{\mathrm{d}t}+0.0023x^{(1)}=72.6573$$

求解得：

$$x^{(1)}(k+1)=\left(x^{(0)}(1)-\frac{b}{a}\right)\mathrm{e}^{-ak}+\frac{b}{a}=-30929\mathrm{e}^{-0.0023k}+31000$$

5）求生成的数列值 $\hat{x}^{(1)}(k+1)$ 及模型还原值 $\hat{x}^{(0)}(k+1)$。

令 $k=1,2,3,4,5,6,$ 由上面的时间响应函数可算得 $\hat{x}^{(1)}$，其中：

$$\hat{x}^{(1)}(1)=\hat{x}^{(0)}(1)=x^{(0)}(1)=71.1$$

由 $\hat{x}^{(0)}(k)=\hat{x}^{(1)}(k)-\hat{x}^{(1)}(k-1)$，取 $k=2,3,4,5,6,7$，得：

$$\begin{aligned}\hat{x}^{(0)}&=(\hat{x}^{(0)}(1),\hat{x}^{(0)}(2),\cdots,\hat{x}^{(0)}(7))\\&=(71.1,72.4,72.2,72.1,71.9,71.7,71.6)\end{aligned}$$

3. 模型检验

模型的各种检验指标值的计算结果见表 17-2。

表 17-2　GM(1,1)模型检验指标值的计算结果

年　份	初 始 值	预 测 值	残　差	相对误差	级比误差
1986	71.1	71.1	0	0	—
1987	72.4	72.4	–0.0057	0.01%	0.0023
1988	72.4	72.2	0.1638	0.23%	0.0203
1989	72.1	72.1	0.0329	0.05%	–0.0018
1990	71.4	71.9	–0.4984	0.7%	–0.0074
1991	72.0	71.7	0.2699	0.37%	0.0107
1992	71.6	71.6	0.0378	0.05%	–0.0032

经验证，该模型的精度较高，可进行预测和预报。

相应的 MATLAB 计算程序如下。

```
Ex_17_3.m
clc,clear
x0=[71.1 72.4 72.4 72.1 71.4 72.0 71.6];
n=length(x0);
lamda=x0(1:n-1)./x0(2:n)
range=minmax(lamda)
x1=cumsum(x0)
for i=2:n
z(i)=0.5*(x1(i)+x1(i-1));
end
B=[-z(2:n)',ones(n-1,1)];
Y=x0(2:n)';
```

```
u=B\Y
x=dsolve('Dx+a*x=b','x(0)=x0');
x=subs(x,{'a','b','x0'},{u(1),u(2),x1(1)});
yuce1=subs(x,'t',[0:n-1]);
digits(6),y=vpa(x)                % 为提高预测精度，先计算预测值，再显示微分方程的解
yuce=[x0(1),diff(yuce1)]
epsilon=x0-yuce                   % 计算残差
delta=abs(epsilon./x0)            % 计算相对误差
rho=1-(1-0.5*u(1))/(1+0.5*u(1))*lamda      % 计算级比偏差值
```

17.3 MATLAB 模糊聚类分析

17.3.1 模糊聚类分析简介

在工程技术和经济管理中，常常需要对某些指标按照一定的标准（相似的程度或亲疏关系等）进行分类处理。例如，根据空气的性质对空气质量进行分类，以及工业上对产品质量的分类、工程上对工程规模的分类、图像识别中对图形的分类、地质学中对土壤的分类、水资源中对水质的分类等。这些对客观事物按一定的标准进行分类的数学方法称为聚类分析，它是多元统计“物以聚类”的一种分类方法。然而，在科学技术、经济管理中有许多事物的类与类之间并无清晰的划分，边界具有模糊性，它们之间更多的是模糊关系。对于这类事物的分类，一般可使用模糊数学方法，我们把应用模糊数学方法进行的聚类分析称为模糊聚类分析。

下面介绍模糊聚类分析法的实现。

1. 数据标准化

要实现数据标准化，可以按以下步骤进行。

1）获取数据。

设论域 $X=\{x_1,x_2,\cdots,x_n\}$ 为被分类的对象，每个对象又由 m 个指标表示其性态，即：

$$x_i=\{x_{i1},x_{i2},\cdots,x_{im}\}\ \ i=1,2,\cdots,n$$

于是可以得到原始数据矩阵 $\boldsymbol{A}=(x_{ij})_{n\times m}$。

2）数据的标准化处理。

在实际问题中，不同的数据可能有不同的性质和量纲。为了使原始数据能够适合模糊聚类的要求，需要对原始数据矩阵 $\boldsymbol{A}$ 进行标准化处理，即通过适当的数据变换，将其转换为模糊矩阵。常用的方法有“平移-标准差变换”和“平移-极差变换”两种。

2. 建立模糊相似矩阵

设 $X=\{x_1,x_2,\cdots,x_n\}$，$x_i=\{x_{i1},x_{i2},\cdots,x_{im}\}(i=1,2,\cdots,n)$，即数据矩阵 $\boldsymbol{A}=(x_{ij})_{n\times m}$。如果 x_i 与 x_j 的相似程度为 $r_{ij}=R(x_i,x_j)$，则称 r_{ij} 为相似系数。确定相似系数 r_{ij} 有下列一些方法。

- 数量积法。
- 夹角余弦法。
- 相关系数法。
- 指数相似系数法。
- 最大最小值法。
- 算术平均值法。

- 几何平均值法。
- 绝对值倒数法。
- 绝对值指数法。
- 海明距离法。
- 欧氏距离法。
- 切比雪夫距离法。
- 主观评分法。

3. 聚类

所谓聚类方法，就是依据模糊矩阵对所研究的对象进行分类的方法。对于不同的置信水平 $\lambda \in [0,1]$，可以得到不同的分类结果，从而形成动态聚类图。常用的方法如下。

（1）传递闭包法

从求出的模糊相似矩阵 $\boldsymbol{R}$ 出发，来构造一个模糊等价矩阵 $\boldsymbol{R}^*$。其方法就是用平方法求出 $\boldsymbol{R}$ 的传递闭包 $t(R)$，则 $t(R)=\boldsymbol{R}^*$。然后，由大到小取一组 $\lambda \in [0,1]$，确定相应的 λ 截矩阵，则可将其分类，同时也可以构成动态聚类图。

（2）布尔矩阵法

设论域 $X=\{x_1,x_2,\cdots,x_n\}$，$\boldsymbol{R}$ 是 X 上的模糊相似矩阵，对于确定的 λ 水平，求 X 中的元素分类。

首先由模糊相似矩阵确定其 λ 截矩阵 $\boldsymbol{R}_\lambda=(r_{ij}(\lambda))$，即 $\boldsymbol{R}_\lambda$ 为布尔矩阵，然后依据 $\boldsymbol{R}_\lambda$ 中的 1 元素可以对其分类。

- 如果 $\boldsymbol{R}_\lambda$为等价矩阵，则 $\boldsymbol{R}$ 也是等价矩阵，它可直接分类。
- 若 $\boldsymbol{R}_\lambda$不是等价矩阵，则首先按照一定的规则将 $\boldsymbol{R}_\lambda$改造成一个等价的布尔矩阵，再进行分类。

（3）直接聚类法

此方法直接由模糊相似矩阵求出聚类图，具体步骤如下。

① 取 $\lambda_1=1$（最大值），对于每个 x_i 构造相似类：$[x_i]_R=\{x_j \mid r_{ij}=1\}$，即将满足 $r_{ij}=1$ 的 x_i 与 x_j 视为一类，构成相似类。相似类和等价类有所不同，不同的相似类可能有公共元素，实际中对于这种情况可以合并为一类。

② 取 $\lambda_2(\lambda_2<\lambda_1)$ 为次大值，从 $\boldsymbol{R}$ 中直接找出相似程度为 λ_2 的元素对 (x_i,x_j)，即 $r_{ij}=\lambda_2$，并相应地将对应于 $\lambda_1=1$ 的等价分类中 x_i 与 x_j 所在的类合并为一类，即可得到λ_2 水平上的等价分类。

③ 依次取 $\lambda_1>\lambda_2>\lambda_3>\cdots$，按上步的方法依次类推，直到合并到 X 成为一类为止，最后可以得到动态聚类图。

17.3.2 模糊聚类分析应用示例

【例 17-4】 某地区有 12 个气象观测站，10 年来各站测得的年降水量如表 17-3 所示。为了节省开支，想要适当地减少气象观测站，试问减少哪些观察站可以使所得到的降水量信息仍然足够大？

表 17-3　　年降水量（单位：mm）

年份	站 1	站 2	站 3	站 4	站 5	站 6	站 7	站 8	站 9	站 10	站 11	站 12
1981	276.2	324.5	158.6	412.5	292.8	258.4	334.1	303.2	292.9	243.2	159.7	331.2
1982	251.5	287.3	349.5	297.4	227.8	453.6	321.5	451.0	466.2	307.5	421.1	455.1
1983	192.7	433.2	289.9	366.3	466.2	239.1	357.4	219.7	245.7	411.1	357.0	353.2

续表

年份	站 1	站 2	站 3	站 4	站 5	站 6	站 7	站 8	站 9	站 10	站 11	站 12
1984	246.2	232.4	243.7	372.5	460.4	158.9	298.7	314.5	256.6	327.0	296.5	423.0
1985	291.7	311.0	502.4	254.0	245.6	324.8	401.0	266.5	251.3	289.9	255.4	362.1
1986	466.5	158.9	223.5	425.1	251.4	321.0	315.4	317.4	246.2	277.5	304.2	410.7
1987	258.6	327.4	432.1	403.9	256.6	282.9	389.7	413.2	466.5	199.3	282.1	387.6
1988	453.4	365.5	357.6	258.1	278.8	467.2	355.2	228.5	453.6	315.6	456.3	407.2
1989	158.2	271.0	410.2	344.2	250.0	360.7	376.4	179.4	159.2	342.4	331.2	377.7
1990	324.8	406.5	235.7	288.8	192.6	284.9	290.5	343.7	283.4	281.2	243.7	411.1

我们把 12 个气象观测站的观测值看成 12 个向量组。由于本题只给出了 10 年的观测数据，根据线性代数的理论可知，若向量组所含向量的个数大于向量的维数，则该向量组必然线性相关。于是只要求出该向量组的秩，就可以确定该向量组的最大无关组所含向量的个数，也就是需要保留的气象观测站的个数。由于向量组中的其余向量都可由极大线性无关组线性表示，因此可以使所得到的降水信息量足够大。

用 $i=1,2,\cdots,10$ 分别表示 1981 年，1982 年，…，1990 年。第 j 个观测站第 i 年的观测值用 $a_{ij}(i=1,2,\cdots,10, j=1,2,\cdots,12)$ 来表示，记 $\boldsymbol{A}=(a_{ij})_{10\times12}$。

利用 MATLAB 可计算出矩阵 $\boldsymbol{A}$ 的秩 $r(\boldsymbol{A})=10$，且任意 10 个列向量组成的向量组都是极大线性无关组。例如，选取前 10 个气象观测站的观测值作为极大线性无关组，则第 11 个和第 12 个气象观测站的降水量数据完全可以由前 10 个气象观测站的数据表示。设 $x_i(i=1,2,\cdots,10)$ 表示第 i 个气象观测站或第 i 个观测站的观测值，则有：

$$x_{11}=0.0124x_1-0.756x_2+0.1639x_3+0.3191x_4-1.3075x_5\\-1.0442x_6-0.1649x_7-0.8396x_8+1.679x_9+2.9379x_{10}$$

$$x_{12}=1.4549x_1+10.6301x_2+9.8035x_3+6.3458x_4+18.9423x_5\\+19.8061x_6-27.0196x_7+5.868x_8-15.5581x_9-26.9397x_{10}$$

到目前为止，问题似乎已经完全解决了。其实不然，因为如果上述观测站的数据不是 10 年的降雨量，而是超过 12 年的降雨量，则此时向量的维数大于向量组所含的向量个数，这样的向量组未必线性相关，所以上述解法不具有一般性。下面我们考虑一般的解法。首先，利用已有的 12 个气象观测站的数据进行模糊聚类分析。然后，确定从哪几类中去掉几个观测站。

1. 建立模糊集合

设 A_j（这里仍用普通集合表示）表示第 j 个观测站的降水量信息 $(j=1,2,\cdots,12)$，利用模糊数学建立隶属函数：

$$a_j=\frac{\sum_{i=1}^{10}a_{ij}}{10}$$

则 $b_j=\sqrt{\frac{1}{9}\sum_{i=1}^{10}(a_{ij}-a_j)^2}$。

利用 MATLAB 程序可以求得 a_j、b_j $(j=1,2,\cdots,12)$ 的值，见表 17-4 和表 17-5。

表 17-4 a_1～a_{12} 的值

a_1	a_2	a_3	a_4	a_5	a_6	a_7	a_8	a_9	a_{10}	a_{11}	a_{12}
291.98	311.77	320.32	342.28	292.22	315.15	343.99	303.71	312.16	299.47	310.72	391.89

表 17-5　　$b_1 \sim b_{12}$的值

a_1	a_2	a_3	a_4	a_5	a_6	a_7	a_8	a_9	a_{10}	a_{11}	a_{12}
100.25	80.93	108.24	63.97	94.1	94.2	38.05	85.07	109.4	57.25	86.52	36.83

2. 利用格贴近度建立模糊相似矩阵

令 $r_{ij} = e^{-\left(\frac{a_j - a_i}{b_i + b_j}\right)^2} \quad (i, j = 1, 2, \cdots, 12)$，求模糊相似矩阵 $\boldsymbol{R} = (r_{ij})_{12\times12}$，具体求解结果略。

3. 求 R 的传递闭包

求得的 $\boldsymbol{R}^4$ 是传递闭包，也就是所求的等价矩阵。传递闭包的结果略。

取 $\lambda = 0.998$ 并进行聚类，可以把观测站分为以下 4 类。

$$\{x_1, x_5\} \cup \{x_2, x_3, x_6, x_8, x_9, x_{10}, x_{11}\} \cup \{x_4, x_7\} \cup \{x_{12}\}$$

上述分类具有明显的意义，x_1, x_5 属于该地区 10 年中平均降水量偏低的观测站，x_4, x_7 属于该地区 10 年中平均降水量偏高的观测站，x_{12} 是平均降水量最大的观测站，而其余观测站则属于中间水平。

4. 选择保留观测站的准则

显然，去掉的观测站越少，保留的信息量越大。为此，在去掉的观测站数目确定的条件下，我们考虑使得信息量最大的准则。由于该地区的观测站分为 4 类，且第 4 类中只含有一个观测站，因此可从前 3 类中各去掉一个观测站，准则如下。

$$\min \text{SSE} = \sum_{i=1}^{10} (\bar{d}_{i3} - \bar{d}_i)^2$$

其中，SSE 表示误差平之和，$\bar{d}_i$ 表示该地区第 i 年的平均降水量，$\bar{d}_{i3}$ 表示该地区去掉 3 个观测站以后第 i 年的平均降水量。

利用 MATLAB 软件，计算了 28 组不同的方案（见表 17-6），求得为了满足上述准则应去掉的观测站为 x_5、x_6、x_7。此时，该地区的年平均降水量曲线和取消 3 个站点后的年平均降水量曲线分别如图 17-2a、b 所示，二者很接近。

表 17-6　　前 3 类中各取消一个观测站后各方案的误差平方和

取消的站点编号			SSE	取消的站点编号			SSE
1	4	2	1.71e+03	5	4	2	3.36e+03
1	4	3	1.30e+03	5	4	3	2.27e+03
1	4	6	2.03e+03	5	4	6	1.14e+03
1	4	8	2.94e+03	5	4	8	3.26e+03
1	4	9	2.29e+03	5	4	9	2.04e+03
1	4	10	1.94e+03	5	4	10	4.08e+03
1	4	11	1.49e+03	5	4	11	2.39e+03
1	7	2	1.29e+03	5	7	2	2.51e+03
1	7	3	1.82e+03	5	7	3	2.36e+03
1	7	6	1.95e+03	5	7	6	6.26e+02

续表

取消的站点编号			SSE	取消的站点编号			SSE
1	7	8	1.53e+03	5	7	8	1.42e+03
1	7	9	1.65e+03	5	7	9	9.72e+02
1	7	10	1.11e+03	5	7	10	2.81e+03
1	7	11	1.05e+03	5	7	11	1.51e+03

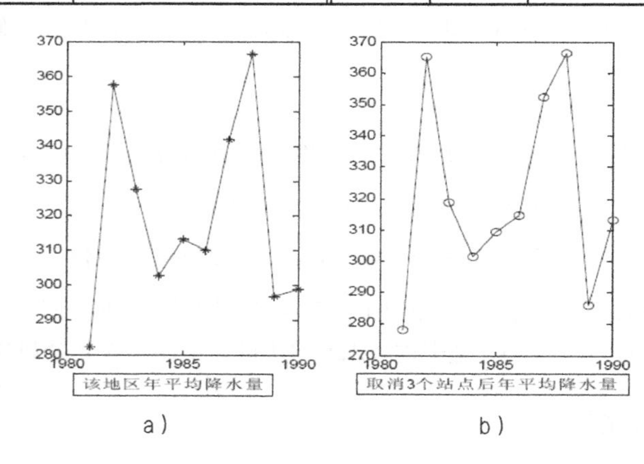

▲图 17-2 年平均降水量曲线

5. 编写用于求解的 MATLAB 程序

1）求模糊相似矩阵的 MATLAB 程序如下。

```
Ex_17_4_1.m
a=[276.2 324.5 158.6 412.5 292.8 258.4 334.1 303.2 292.9 243.2 159.7 331.2
251.5 287.3 349.5 297.4 227.8 453.6 321.5 451.0 466.2 307.5 421.1 455.1
192.7 433.2 289.9 366.3 466.2 239.1 357.4 219.7 245.7 411.1 357.0 353.2
246.2 232.4 243.7 372.5 460.4 158.9 298.7 314.5 256.6 327.0 296.5 423.0
291.7 311.0 502.4 254.0 245.6 324.8 401.0 266.5 251.3 289.9 255.4 362.1
466.5 158.9 223.5 425.1 251.4 321.0 315.4 317.4 246.2 277.5 304.2 410.7
258.6 327.4 432.1 403.9 256.6 282.9 389.7 413.2 466.5 199.3 282.1 387.6
453.4 365.5 357.6 258.1 278.8 467.2 355.2 228.5 453.6 315.6 456.3 407.2
158.2 271.0 410.2 344.2 250.0 360.7 376.4 179.4 159.2 342.4 331.2 377.7
324.8 406.5 235.7 288.8 192.6 284.9 290.5 343.7 283.4 281.2 243.7 411.1];
mu=mean(a);
sigma=std(a);
for i=1:12
    for j=1:12
        r(i,j)=exp(-(mu(j)-mu(i))^2/(sigma(i)+sigma(j))^2);
    end
end
save data1 r a
```

2）合成矩阵的 MATLAB 函数如下。

```
hecheng.m
function rhat=hecheng(r)
n=length(r);
rhat=zeros(n);
for i=1:n
    for j=1:n
        rhat(i,j)=max(min([r(i,:);r(:,j)']));
    end
```

```
end
```

3）求模糊等价矩阵和聚类的程序如下。

```
Ex_17_4_2.m\
load data1
r1=hecheng(r);
r2=hecheng(r1);
r3=hecheng(r2);
bh=zeros(12);
bh(r2>0.998)=1;
```

4）通过编程计算表 17-6 中的数据。

计算误差平方和的函数如下。

```
wucha.m
function err=wucha(a,t)
b=a;b(:,t)=[];
mu1=mean(a,2);mu2=mean(b,2);
err=sum((mu1-mu2).^2);
```

计算 28 个方案的主程序如下。

```
Ex_17_4_3.m
load data1
ind1=[1,5];ind2=[2:3,6,8:11];ind3=[4,7];
for i=1:length(ind1)
    for j=1:length(ind3)
        for k=1:length(ind2)
            t=[ind1(i),ind3(j),ind2(k)];
            err=wucha(a,t);
            so=[so;[t,err]];
        end
    end
end
tm=find(so(:,4)==min(so(:,4)));
shanchu=so(tm,1:3);
```

17.4 MATLAB 层次分析法的应用

层次分析法（Analytic Hierarchy Process，AHP）是对一些较为复杂、较为模糊的问题做出决策的简易方法，特别适用于那些难于完全定量分析的问题。它是美国运筹学家 T. L. Saaty 教授于 20 世纪 70 年代初期提出的一种简便、灵活而又实用的多准则决策方法。

17.4.1 层次分析法简介

在进行社会的、经济的以及科学管理领域问题的系统分析时，人们面临的常常是一个由相互关联、相互制约的众多因素构成的复杂而往往缺少定量数据的系统。层次分析法为这类问题的决策和排序提供了一种新的、简洁而实用的建模方法。

层次分析法的基本原理是排序的原理，即最终对各方法（或措施）排出优劣次序，作为决策的依据。要运用层次分析法建模，大体上可按下面 4 个步骤进行。

1）建立递阶层次结构模型。

2）构造出各层次中的所有判断矩阵。

3）进行层次单排序及一致性检验。

（4）进行层次总排序及一致性检验。

下面介绍这 4 个步骤的实现过程。

1. 递阶层次结构的建立与特点

当应用 AHP 分析决策问题时，首先要把问题条理化、层次化，构造出一个有层次的结构模型。在这个模型下，复杂问题被分解为元素的组成部分，这些元素又按其属性及关系形成若干个层次，上一层次的元素作为准则对下一层次的有关元素起支配作用。这些层次可以分为以下 3 类。

- 最高层：这一层次中只有一个元素，一般它用于分析问题的预定目标或理想结果，因此也称为目标层。
- 中间层：这一层次中包含了为实现目标所涉及的中间环节，它可以由若干个层次组成，包括所需考虑的准则、子准则，因此也称为准则层。
- 最底层：这一层次包括了为实现目标可供选择的各种措施、决策方案等，因此也称为措施层或方案层。

递阶层次结构中的层次数与问题的复杂程度及需要分析的详尽程度有关，一般来说，层次数不受限制。每一层次中各元素所支配的元素一般不要超过 9 个，这是因为支配的元素过多会给两两比较判断带来困难。

2. 构造判断矩阵

层次结构反映了因素之间的关系，但准则层中的各准则在目标衡量中所占的比重并不一定相同，在决策者的心目中，它们各占有一定的比例。

在确定影响某因素的诸因子在该因素中所占的比重时，遇到的主要困难是这些比重常常不易定量化。此外，如果影响某因素的因子较多，当直接考虑各因子对该因素有多大程度的影响时，常常会因考虑不周全、顾此失彼而使决策者提出与他实际认为的重要性程度不相一致的数据，甚至有可能提出一组隐含矛盾的数据。为了看清这一点，可进行如下假设：将一块重为 1kg 的石块砸成 n 小块，可以精确地称出它们的重量，设它们分别为 $w_1,\cdots,w_n$。现在，请人估计这 n 小块的重量占总重量的比例（不能让他知道各小石块的重量），此人不仅很难给出精确的比值，而且完全可能因顾此失彼而提供彼此矛盾的数据。

设现在要比较 n 个因子 $X=\{x_1,\cdots,x_n\}$ 对某因素 Z 的影响程度，怎样比较才能提供可信的数据呢？Saaty 等人建议可以采取对因子进行两两比较并建立成对比较矩阵的办法。即每次取两个因子 x_i 和 x_j，以 a_{ij} 表示 x_i 和 x_j 对 Z 的影响程度之比，全部比较结果用矩阵 $A=(a_{ij})_{n\times n}$ 表示，称 A 为 $Z-X$ 之间的成对比较判断矩阵（简称判断矩阵）。很容易看出，若 x_i 与 x_j 对 Z 的影响之比为 a_{ij}，则 x_j 与 x_i 对 Z 的影响程度之比应为 $a_{ji}=\dfrac{1}{a_{ij}}$。

关于如何确定 a_{ij} 的值，Saaty 等建议引用数字 1～9 及其倒数作为标度，见表 17-7。

表 17-7　　1～9 标度的含义

标　度	含　义
1	表示两个因素相比，具有相同重要性
3	表示两个因素相比，前者比后者稍重要
5	表示两个因素相比，前者比后者明显重要
7	表示两个因素相比，前者比后者强烈重要
9	表示两个因素相比，前者比后者极端重要

续表

标　度	含　义
2，4，6，8	表示上述相邻判断的中间值
倒数	若因素 i 与因素 j 的重要性之比为 a_{ij}，那么因素 j 与因素 i 重要性之比为 $a_{ji}=\frac{1}{a_{ij}}$

从心理学的观点来看，分级太多会超越人们的判断能力，既增加了判断的难度，又容易因此而提供虚假数据。Saaty 等人还用实验的方法比较了在各种不同标度下人们判断结果的正确性。实验结果也表明，采用 1～9 标度最为合适。

最后应该指出，一般进行 $\frac{n(n-1)}{2}$ 次两两判断是必要的。有人认为把所有的元素都和某个元素比较，即只进行（$n-1$）个比较就可以了。这种做法的弊病在于：任何一个判断的失误均可导致不合理的排序，而个别判断的失误对于难以定量的系统往往是难以避免的。进行 $\frac{n(n-1)}{2}$ 次比较可以提供更多的信息，通过各种不同角度的反复比较，从而得出一个合理的排序。

3. 进行层次单排序及一致性检验

判断矩阵 $\boldsymbol{A}$ 对应于最大特征值 $\lambda_{\max}$ 的特征向量 $\boldsymbol{W}$，经归一化后即为同一层次相应因素对于上一层次某因素相对重要性的排序权值，这一过程称为层次单排序。

上述构造成对比较判断矩阵的办法虽能减少其他因素的干扰，较客观地反映出一对因子影响力的差别，但综合全部比较结果时，其中难免包含一定程度的非一致性。如果比较结果是前后完全一致的，则矩阵 $\boldsymbol{A}$ 的元素还应当满足：

$$a_{ij}a_{jk}=a_{ik}\text{，}\quad \forall i,j,k=1,2,\cdots,n$$

我们可以由 $\lambda_{\max}$ 是否等于 n 来检验判断矩阵 $\boldsymbol{A}$ 是否为一致矩阵。由于特征根连续地依赖于 a_{ij}，因此 $\lambda_{\max}$ 比 n 大得越多，$\boldsymbol{A}$ 的非一致性程度也就越严重，$\lambda_{\max}$ 对应的标准化特征向量也就越不能真实地反映出 $X=\{x_1,\cdots,x_n\}$ 在对因素 Z 的影响中所占的比重。因此，对决策者提供的判断矩阵有必要进行一次一致性检验，以决定是否能接受它。

对判断矩阵的一致性检验的步骤如下。

（1）计算一致性指标 CI。

$$\mathrm{CI}=\frac{\lambda_{\max}-n}{n-1}$$

（2）查找相应的平均随机一致性指标 RI。

对 $n=1,\cdots,9$，Saaty 给出了 RI 的值，见表 17-8。

表 17-8　RI 的值

n	1	2	3	4	5	6	7	8	9
RI	0	0	0.58	0.90	1.12	1.24	1.32	1.41	1.45

RI 的值是这样得到的：用随机方法构造 500 个样本矩阵，随机地从 1～9 及其倒数中抽取数字构造正互反矩阵，求得最大特征根的平均值 $\lambda'_{\max}$，并定义：

$$\mathrm{RI}=\frac{\lambda'_{\max}-n}{n-1}$$

（3）计算一致性比例 CR。

$$\mathrm{CR}=\frac{\mathrm{CI}}{\mathrm{RI}}$$

当 $\mathrm{CR}<0.10$ 时，可认为判断矩阵的一致性是可以接受的；否则，应对判断矩阵进行适当的修正。

4．进行层次总排序及一致性检验

上面得到的是一组元素对其上一层中某元素的权重向量。我们最终要得到各元素（特别是最低层中各方案）对于目标的排序权重，从而进行方案选择。总排序权重要自上而下地对单准则下的权重进行合成。

设上一层次（A 层）包含 m 个因素 $A_1,\cdots,A_m$，它们的层次总排序权重分别为 $a_1,\cdots,a_m$。又设其后的下一层次（B 层）包含 n 个因素 $B_1,\cdots,B_n$，它们关于 A_j 的层次单排序权重分别为 $b_{1j},\cdots,b_{nj}$（当 B_i 与 A_j 无关联时，$b_{ij}=0$）。现求 B 层中各因素对于总目标的权重，即求 B 层各因素的层次总排序权重 $b_1,\cdots,b_n$。可以按表 17-9 所示的方式进行计算，即 $b_i=\sum_{j=1}^{m}b_{ij}a_j$，$i=1,\cdots,n$。

表 17-9　　*B* 层中各因素对于总目标的权重

A 层 / *B* 层	A_1　a_1	A_2　a_2	…	A_m　a_m	*B* 层总排序权重
B_1	b_{11}	b_{12}	…	b_{1m}	$\sum_{j=1}^{m}b_{1j}a_j$
B_1	b_{21}	b_{22}	…	b_{2m}	$\sum_{j=1}^{m}b_{2j}a_j$
⋮	⋮	⋮	…	⋮	⋮
B_n	b_{n1}	b_{n2}	…	b_{nm}	$\sum_{j=1}^{m}b_{nj}a_j$

对层次总排序也需进行一致性检验，检验仍像层次总排序那样由高层到低层逐层进行。这是因为虽然各层次均已经过层次单排序的一致性检验，各成对比较判断矩阵都已具有较为满意的一致性，但当综合考察时，各层次的非一致性仍有可能积累起来，引起最终分析结果较严重的非一致性。

设 B 层中与 A_j 相关的因素的成对比较判断矩阵在单排序中经一致性检验，求得的单排序一致性指标为 $\mathrm{CI}(j)$ $(j=1,\cdots,m)$，相应的平均随机一致性指标为 $\mathrm{RI}(j)$ ($\mathrm{CI}(j)$、$\mathrm{RI}(j)$) 已在层次单排序时求得)，则 B 层总排序随机一致性比例为：

$$\mathrm{CR}=\frac{\sum_{j=1}^{m}\mathrm{CI}(j)a_j}{\sum_{j=1}^{m}\mathrm{RI}(j)a_j}$$

当 $\mathrm{CR}<0.10$ 时，可认为层次总排序结果具有较满意的一致性，并接受该分析结果。

17.4.2　层次分析法的应用

在应用层次分析法研究问题时，遇到的主要困难有两个：一方面，如何根据实际情况抽象出较为贴切的层次结构；另一方面，如何将某些定性的量进行比较接近实际的定量化处理。层次分析法

对人们的思维过程进行了加工整理，提出了一套系统分析问题的方法，为科学管理和决策提供了较有说服力的依据。但层次分析法也有其局限性，主要表现在以下两方面。

- 它在很大程度上依赖于人们的经验，主观因素的影响很大。它至多只能排除思维过程中的严重非一致性，却无法排除决策者个人可能存在的严重片面性。
- 比较、判断过程较为粗糙，不能用于精度要求较高的决策问题。AHP 至多只能算是一种半定量（或定性与定量结合）的方法。

经过几十年的发展，许多学者针对 AHP 的缺点进行了改进和完善，形成了一些新理论和新方法。像群组决策、模糊决策和反馈系统理论等，近几年已成为该领域的新热点。

在应用层次分析法时，建立层次结构模型是十分关键的一步。下面分析一个示例，以便说明如何从实际问题中抽象出相应的层次结构。

【例 17-5】 挑选合适的工作。经双方恳谈，已有 3 个单位表示愿意录用某毕业生。该毕业生根据已有信息建立了一个层次结构模型，如图 17-3 所示。

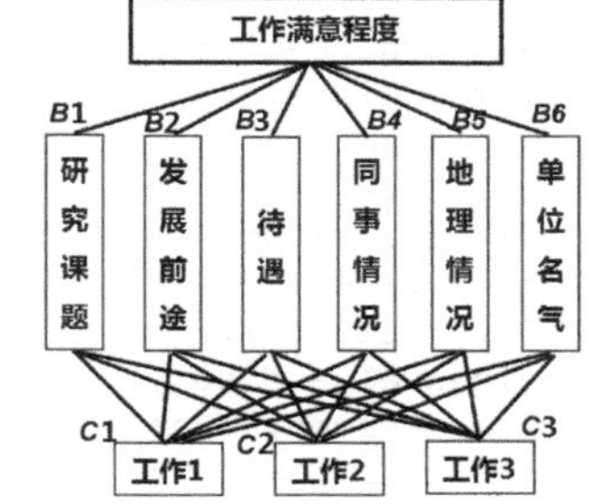

▲图 17-3 层次结构模型

准则层 B 如下所示。

A	B_1	B_2	B_3	B_4	B_5	B_6
B_1	1	1	1	4	1	1/2
B_2	1	1	2	4	1	1/2
B_3	1	1/2	1	5	3	1/2
B_4	1/4	1/4	1/5	1	1/3	1/3
B_5	1	1	1/3	3	1	1
B_6	2	2	2	1/3	3	1

方案层 C 如下所示。

B_1	C_1	C_2	C_3	B_2	C_1	C_2	C_3	B_3	C_1	C_2	C_3
C_1	1	1/4	1/2	C_1	1	1/4	1/5	C_1	1	3	1/3
C_2	4	1	3	C_2	4	1	1/2	C_2	1/3	1	7
C_3	2	1/3	1	C_3	5	2	1	C_3	3	1/7	1
B_4	C_1	C_2	C_3	B_5	C_1	C_2	C_3	B_6	C_1	C_2	C_3
C_1	1	1/3	5	C_1	1	1	7	C_1	1	7	9
C_2	3	1	7	C_2	1	1	7	C_2	1/7	1	3
C_3	1/5	1/7	1	C_3	7	1/7	1	C_3	1/9	1	1

最终的层次总排序见表 17-10。

表 17-10 准则尽 B 中各因素对于总目标的权重

准　则		研究课题	发展前途	待　遇	同事情况	地理位置	单位名气	总排序权值
准则层权值		0.1507	0.1792	0.1886	0.0472	0.1464	0.2879	
方案层单排序权值	工作 1	0.1365	0.0974	0.2426	0.2790	0.4667	0.7986	0.3952
	工作 2	0.6250	0.3331	0.0879	0.6491	0.4667	0.1049	0.2996
	工作 3	0.2385	0.5695	0.6694	0.0719	0.0667	0.0965	0.3052

根据层次总排序权值，该生最满意的工作为工作 1。具体的程序如下。

```
Ex_17_5.m
clc
a=[1,1,1,4,1,1/2
   1,1,2,4,1,1/2
   1,1/2,1,5,3,1/2
   1/4,1/4,1/5,1,1/3,1/3
   1,1,1/3,3,1,1
   2,2,2,3,3,1];
[x,y]=eig(a);
eigenvalue=diag(y);
lamda=eigenvalue(1);
ci1=(lamda-6)/5;
cr1=ci1/1.24;
w1=x(:,1)/sum(x(:,1));
b1=[1,1/4,1/2;4,1,3;2,1/3,1];
[x,y]=eig(b1);
eigenvalue=diag(y);
lamda=eigenvalue(1);
ci21=(lamda-3)/2;
cr21=ci21/0.58;
w21=x(:,1)/sum(x(:,1));
b2=[1 1/4 1/5;4 1 1/2;5 2 1];
[x,y]=eig(b2);
eigenvalue=diag(y);
lamda=eigenvalue(1);
ci22=(lamda-3)/2;
cr22=ci22/0.58;
w22=x(:,1)/sum(x(:,1));
b3=[1 3 1/3;1/3 1 1/7;3 7 1];
[x,y]=eig(b3);
eigenvalue=diag(y);
lamda=eigenvalue(1);
ci23=(lamda-3)/2;
cr23=ci23/0.58;
w23=x(:,1)/sum(x(:,1));
b4=[1 1/3 5;3 1 7;1/5 1/7 1];
[x,y]=eig(b4);
eigenvalue=diag(y);
lamda=eigenvalue(1);
ci24=(lamda-3)/2;cr24=ci24/0.58;
w24=x(:,1)/sum(x(:,1));
b5=[1 1 7;1 1 7;1/7 1/7 1];
[x,y]=eig(b5);
eigenvalue=diag(y);
lamda=eigenvalue(2);
ci25=(lamda-3)/2;
cr25=ci25/0.58;
w25=x(:,2)/sum(x(:,2));
b6=[1 7 9;1/7 1 1 ;1/9 1 1];
[x,y]=eig(b6);
eigenvalue=diag(y);
lamda=eigenvalue(1);
ci26=(lamda-3)/2;
cr26=ci26/0.58;
w26=x(:,1)/sum(x(:,1));
w_sum=[w21,w22,w23,w24,w25,w26]*w1;
ci=[ci21,ci22,ci23,ci24,ci25,ci26];
cr=ci*w1/sum(0.58*w1);
```